21 世纪高职高专系列教材

机械制造工艺学基础

（第三版）

主　编　陈福恒　孔凡杰

副主编　王秋敏　梁克华　庞恩泉

山 东 大 学 出 版 社

21 世纪高职高专系列教材
编委会成员名单

出版说明

江泽民同志在党的十六大报告中指出:“教育是发展科学技术和培养人才的基础,在现代化建设中具有先导性全局性作用,必须摆在优先发展的战略地位。……加强职业教育和培训,发展继续教育,构建终身教育体系。”职业教育作为我国教育事业的一个重要的组成部分,改革开放以来,尤其是近年来获得了长足发展。据不完全统计,目前全国各类高等职业学校有近千所,仅山东省就有五十多所,为国家和地方培养了一大批高素质的劳动者和专门人才。与此相适应,教材建设也硕果累累,各出版社先后推出了多部具有高职特色的高职高专教材。但总体上看,与迅猛发展的高职教育相比,教材的出版相对滞后,这不仅表现在教材品种相对较少,更表现在内容的针对性不强,某些方面与高职的专业设置、培养目标相去甚远。同时,地方性、区域性的高职教材也稍嫌不足。以山东省为例,作为一个经济强省、人口大省、教育大省,迄今为止,居然没有一套统编的、与山东省社会、经济、文化发展相适应的高职教材,严重地制约了我省高职高专教育的发展。

有鉴于此,我们在山东省教育厅的领导与支持下,依据教育部《高职高专教育基础课程教学基本要求》和《高职高专教育专业人才培养目标及规格》,并结合我省高职院校及专业设置的特点,组织省内二十余所高职院校长期从事高职高专教学和研究的专家、教授,编写了这套“21世纪高职高专系列教材”。该教材充分借鉴近年来国内高职高专院校教材建设的最新成果,认真总结和汲取省内高职院校和成人高校在教育、培养新时期技术应用性专门人才方面所取得的成功经验,以适应高职院校教学改革的需要为目标,重点突出实用性、针对性,力求从内容到形式都有一定的突破和创新。本系列教材拟分批出版,约一百余种。出齐后,将涵盖山东省高职高专教育的基础课程和主干课程。

编写这套教材,在我们是一次粗浅的尝试,也是一次学习、探索和提高的机会。由于我们水平有限,加之编写时间仓促,本教材无论在内容还是形式上都难免会存在这样那样的缺憾或不足,敬请专家和读者批评指正。

21世纪高职高专系列教材编写委员会

2018年8月

前 言

本书是根据全国高职教育会议的精神，结合山东省的经济发展现状，由 21 世纪高职高专教材编写委员会组织编写。

本教材以高职院校机电类专业为基准，从工艺实施的生产实际出发，以技术应用为主线，基础理论以必需、够用为度，突出通用典型实例，结合了现代机械制造业的新技术、新工艺，注重理论与实际应用的结合，强调应用性和能力的培养。

本书为突出高职教育的特点，以适应高职院校专业教学改革的需要。在教学大纲的确定时，广泛征求了省内有机械类专业的高职院校的意见，增加了切削原理与刀具的基础知识，把机床夹具编入其中，同时加强了机械加工方法的内容和篇幅，并紧密地和生产实际加工相结合。

本书主要内容包括：金属切削原理与刀具基础、机械切削加工方法和特种加工、机床夹具基础、机械加工工艺规程的制定 、机械加工精度和表面质量、典型零件的机械加工工艺、装配工艺基础等。

在内容处理上，注重基本概念和原理的讲述和分析，保证理论体系的完整性；注重结论的应用，通过实例与生产实际紧密的结合；弱化了纯理论的分析和推导。为培养学生掌握编制工艺的初步能力，从加工方法入手，由浅入深、循序渐进展开。

本书可供高等职业技术院校、高等专科学校、技师学校的机械制造、机电一体化等机械类专业使用，也可作为职业大学、电视大学和技师培训的教材，并可供从事机械制造专业的工程技术人员参考。

本书由山东劳动职业技术学院陈福恒、山东工业职业学院孔凡杰任主编，王秋敏、梁克华、庞恩泉任副主编。绪论由李仁杰编写；第一章由张新成、杨振虎，孔凡杰、常生德编写；第二章由邵芳、孙永华编写；第三章由王秋敏、赵亮培、许毅编写；第四章由孙永华、陈福恒编写；第五章由庞恩泉编写；第六章由梁克华编写；第七章由王秋敏编写。全书由陈福恒统稿和定稿。

由于水平有限，编写时间又很紧迫，书中难免有不少欠妥之处，恳请读者批评指正。

编　者

2018 年 8 月

前　言

目　录

绪　论…………………………………………………………………………………（1）

第一章　机械加工原理与方法……………………………………………………（4）

§1-1　金属切削的基础知识 ……………………………………………………（4）
§1-2　外圆表面加工 ……………………………………………………………（26）
§1-3　内孔表面加工 ……………………………………………………………（43）
§1-4　平面加工 …………………………………………………………………（59）
§1-5　沟槽和特形面加工 ………………………………………………………（71）
§1-6　螺纹加工 …………………………………………………………………（83）
§1-7　齿面的加工 ………………………………………………………………（90）
习　题…………………………………………………………………………………（104）

第二章　机床夹具基础知识……………………………………………………（106）

§2-1　概　述 ……………………………………………………………………（106）
§2-2　机床夹具的定位原理和定位元件 ………………………………………（109）
§2-3　定位误差的分析与计算 …………………………………………………（124）
§2-4　机床夹具的夹紧装置 ……………………………………………………（130）
§2-5　典型机床专用夹具实例 …………………………………………………（137）
习　题…………………………………………………………………………………（148）

第三章　机械加工工艺规程的制定……………………………………………（154）

§3-1　基本概念 …………………………………………………………………（154）
§3-2　机械加工工艺规程的编制 ………………………………………………（159）
§3-3　零件的结构工艺性分析及毛坯的选择 …………………………………（163）
§3-4　定位基准的选择 …………………………………………………………（165）
§3-5　工艺路线的拟定 …………………………………………………………（170）
§3-6　加工余量的确定 …………………………………………………………（174）
§3-7　工序尺寸及其公差的确定 ………………………………………………（178）

§3-8 时间定额和提高劳动生产率的方法 …… (186)
习 题 …… (190)

第四章 机械加工质量 …… (196)

§4-1 机械加工精度 …… (196)
§4-2 机械加工表面质量 …… (215)
习 题 …… (229)

第五章 典型零件的加工工艺 …… (230)

§5-1 轴类零件的加工 …… (230)
§5-2 套筒零件的加工 …… (253)
§5-3 箱体零件加工 …… (259)
§5-4 机体类零件的加工 …… (277)
§5-5 圆柱齿轮加工 …… (283)
习 题 …… (291)

第六章 装配工艺基础 …… (296)

§6-1 概 述 …… (296)
§6-2 装配尺寸链 …… (299)
§6-3 保证装配精度的工艺方法 …… (302)
§6-4 装配工艺规程的制订 …… (309)
习 题 …… (319)

第七章 特种加工 …… (320)

§7-1 概 述 …… (320)
§7-2 电火花加工 …… (325)
§7-3 电解加工 …… (335)
§7-4 超声加工 …… (336)
§7-5 激光加工 …… (340)
§7-6 其他特种加工 …… (342)
习 题 …… (345)

参考文献 …… (346)

绪　论

一、机械制造工艺学研究的对象与内容

我国社会主义现代化建设要求机械制造工业为国民经济各部门和自身的技术改造提供先进的技术装备，不论是传统产业，还是新兴产业，都离不开各种各样的机械装备。机械制造工业是国民经济的装备部，在国民经济中具有十分重要的地位和作用。

为了加快技术进步，振兴机械工业，必须大力发展机械制造工艺及装备技术，其主要途径是依靠技术开发、技术引进、技术推广和技术改造，同时狠抓基础件、基础技术和基础机械，使我国的机械工业上质量、上品种、上水平，提高经济效益。

任何一台机械产品都是由零部件组成的，如轴、套、箱体、齿轮、凸轮、活塞、连杆、螺栓等，各种零件可由不同材料经热加工制成毛坯，再经机械加工达到图样规定的结构几何形状和质量要求，然后经过部件和整机装配，满足产品的性能要求，成为机械产品。各种机械产品的用途和零件结构形状的差异虽说很大，但它们的制造工艺过程却都存在共性。

机械制造工艺学是以机械制造中的工艺问题为研究对象的一门应用性制造技术学科。所谓工艺，是使各种原材料、半成品成为产品的方法和过程；而机械制造工艺，是指各种机械的制造方法和过程的总称。所谓制造技术学科，就是在深入了解实际的基础上，利用各种基础理论知识，经过实事求是的分析对比，找出客观规律，解决面临的工艺问题的学科。

机械制造工艺的内容极其广泛，它包括零件的毛坯制造、机械加工、热处理和产品的装配等。机械制造工艺学的研究范围主要是零件的机械加工和产品的装配两部分。它是长期生产实践和科学研究成果的积累和总结，是一门应用性技术学科，是机械制造专业的一门专业课。

机械制造工艺学涉及面极广，行业上百种，产品成千上万，但研究的内容围绕两个方面。

(1) 保证和提高产品的质量　产品质量包括整台机械的装配精度、使用性能、使用寿命和可靠性，以及零件的加工精度和加工表面质量。

零件的加工质量由设计人员规定，能否达到设计要求则是工艺人员的职责。为达到设计要求，工程技术人员必经深入研究在加工过程中各种误差因素对加工质量影响的规律，同时通过大量的科学实验和生产实践，采用新工艺和改进工艺装备等措施来保证。这

是所研究内容的主要方面。

(2) 提高生产率、降低生产成本　在保证质量的前提下，要求生产时消耗的物质、能源和劳动量要尽可能地少，生产周期短，也就是提高生产率，降低生产成本。这就需要工艺人员对各种加工工艺过程方案进行分析比较，从中选优，采用新技术、新工艺，以优质、高效、低耗的工艺完成产品的加工和装配。

机械制造过程中的质量、生产率和经济性的指标要求，三者具有密切的辩证关系和灵活性，在实际操作中，要全面分析共同考虑，三者最优的工艺才是合理和先进的工艺。

二、学习本课程的目的与要求

机械制造工艺学是机械类专业的一门主要专业课之一。通过本课程的课堂理论教学、现场教学、实验和习题等及有关教学环节，与生产实习相结合，使学生初步具有分析和解决工艺问题的能力，具有自学新工艺、新技术的理论基础。具体要求是：

(1) 了解金属切削原理，掌握各种表面的金属切削方法、特点、适用场合等。

(2) 掌握机械制造工艺的基本理论，编制工艺规程的基本原则、方法步骤，学会进行工艺分析、实验研究的原理方法。

(3) 掌握机床夹具的基本理论，并合理使用。

(4) 具有制定一般零件的机械加工工艺规程和一般产品的装配工艺规程的基本能力。

(5) 了解机械制造中的新技术、新工艺和发展动向，提高应用的能力，并能对某些现行工艺进行革新。

三、本课程的特点与学习方法

(1) 涉及知识面广　要掌握零件制造过程中的共性规律和解决具体工艺问题的知识和能力，不是一门课程所能解决的。它涉及多门课程的内容，如毛坯的制造工艺是金属工艺学的范围；金属切削与刀具是切削原理与机床课程的内容；机械加工过程中的材质控制是金属学与热处理课程的范围；加工质量和装配质量的标准和检验和公差与测量技术课程密切相关等。本课程是在上述先修课程的基础上的综合，组成全面地分析和运用到机械制造工艺过程中，其他先修课程内容的掌握程度对学好本课程影响较大，同时管理技术也影响到制造技术，因此要善于综合运用已学过的各课程知识。

(2) 实践性强　本学科的内容来自生产和科研实践，而工艺理论的发展又促进和指导生产的发展，学习机械制造工艺学的目的在于应用，进一步提高实际的工艺水平。因此要加强实践性教学和学习，有条件的要多进工厂车间、多参与实践，充分重视生产和专业实习。尤其在学习开始阶段，从实践中得到一定的感性认识，能帮助理解和掌握基本概念及在实际中的应用。

(3) 灵活多变　机械制造工艺涉及的行业多、产品多，工艺理论和工艺方法的应用灵活性很大，实用的工艺规程很多，虽说有共同性的规律，但总是存在差异。另外，即使是相同的产品，不同的生产企业，还会受生产类型、现有生产条件的制约，而采用不同的加工工艺。因此，在制定和分析加工工艺时，必须根据具体情况进行辩证的分析，寻找质量、效率和经济性的最佳结合点。

综上所述，本课程既是机械制造专业的一门重要专业课程，又是综合多门课程知识进行应用、研究，解决生产实际工艺问题的归结性课程，理论与实际联系密切。学习中到生产一线认真地多看、多问和多思考；学习方法要适合本课程的特点；注重分析问题和解决问题能力的培养。

第一章　机械加工原理与方法

§1-1　金属切削的基础知识

一、概　述

1. 切削加工的概念、特点和作用

切削加工是利用切削工具从工件上切去多余材料的加工方法。通过切削加工使工件的形状、尺寸、位置精度和表面质量达到工件图纸的要求，成为合格的零件。切削加工分为机械加工和钳工加工。通常将在金属切削机床上利用刀具从工件上切去多余材料的加工称为切削加工。

在现代机械制造中，目前，除少数采用精密铸造、精密锻造以及粉末冶金和工程塑料压制成形等方法直接获得零件外，绝大多数机械零件要靠切削加工成形。因此，切削加工在机械制造业中占有十分重要的地位，目前占机械制造总工作量的40%～60%。它与国家整个工业的发展紧密相连，起着举足轻重的作用。完全可以说，没有切削加工，就没有机械制造业。切削加工具有如下主要特点：

(1) 切削加工的精度和表面粗糙度的范围广泛，且可获得很高的加工精度和很低的表面粗糙度数值。目前，切削加工的尺寸公差等级为IT12～IT3，甚至更高；表面粗糙度 Ra 值为25～0.008μm，其范围之广、精密程度之高，是目前其他加工方法难于达到的。

(2) 切削加工零件的材料、形状、尺寸和重量的范围较大。切削加工多用于金属材料的加工，如各种碳钢、合金钢、铸铁、有色金属及其合金等，也可用于某些非金属材料的加工，如石材、木材、塑料和橡胶等。对于零件的形状和尺寸一般不受限制，只要能在机床上实现装夹，大都可进行切削加工，且可加工常见的各种形面，如外圆、内圆、锥面、平面、螺纹、齿形及空间四面等。切削加工零件重量的范围很大，重的可达数百吨，如葛洲坝一号船闸的闸门，高30余米，重600吨；轻的只有几克，如微型仪表零件。

(3) 切削加工的生产率较高。在常规条件下，切削加工的生产率一般高于其他加工方法。只是在少数特殊场合，其生产率低于精密铸造、精密锻造和粉末冶金等方法。

(4) 切削过程中存在切削力，刀具和工件均须具有一定的强度和刚度，且刀具材料的硬度必须大于工件材料的硬度。

2. 机械零件表面的成形方法

机械零件无论是简单还是复杂，无论是大还是小，都是由平面、圆柱面、圆锥面、成形面等几何表面组成，如图 1-1所示。

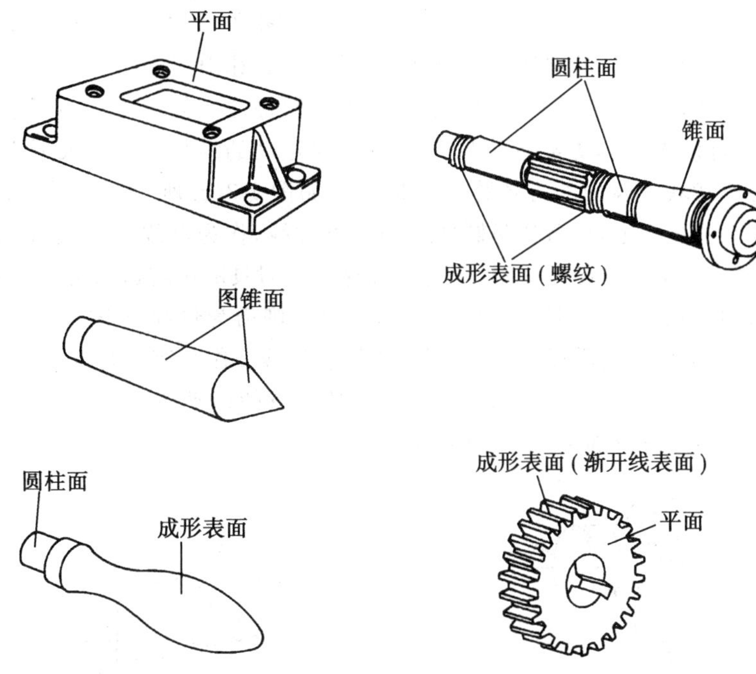

图 1-1　机械零件的几何组成

构成机械零件的几何表面，可以看作一条线(称为母线)沿着另一条线(称为导线)运动的轨迹。母线和导线统称为发生线。如图 1-2所示，直线 1(母线)沿着直线 2(导线)移

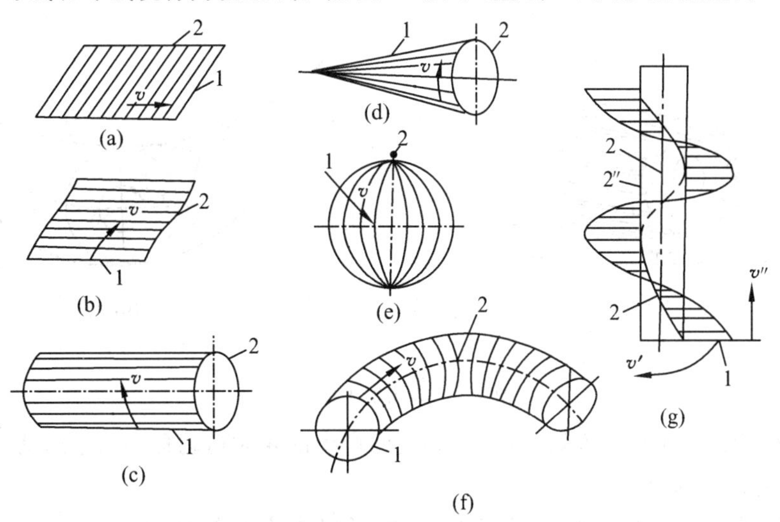

图 1-2　构成机械零件的几何表面的形成

(a) 平面　(b) 直线成形表面　(c) 圆柱面　(d) 圆锥面

(e) 球面　(f) 圆环面　(g) 螺旋面

动形成平面[图 1-2(a)]；直线 1(母线)沿着曲线 2(导线)移动形成成型面[图 1-2(b)]；直线 1(母线)沿着圆 2(导线)移动形成圆柱面[图 1-2(c)]，等等。发生线的相对运动可以得到各种表面。

在机床上发生线可以通过刀具和工件的相对运动获得。如图 1-3(a)所示，刀尖的直线运动轨迹形成母线，工件的旋转运动轨迹形成导线，其相对运动的结果获得了圆柱面，像这种靠刀尖的运动轨迹获得表面的方法称为刀尖轨迹法。如图 1-3(b)所示，切削刃的曲线为母线，工件的旋转运动轨迹形成导线，其相对运动的结果获得了成形面，像这种靠刀具切削刃的形状获得表面的方法称为成形法。如图 1-3(c)所示，圆柱铣刀铣平面，铣刀切削刃分布在圆柱面上，可看作是圆柱面的一条素线，作为母线，工件的直线运动轨迹看作是导线，其相对运动的结果获得了平面，像这种靠刀具的旋转运动与工件形成切线获得表面的方法称为相切法。如图 1-3(d)所示，刀具切削刃为母线 1，图示形状为圆，也可以是直线或曲线，曲线 2 可看成导线，当母线 1 沿着导线 2 作纯滚动时，导线 2 就是母线 1 在运动过程中的包络线，曲线 3 是切削刃上任意选定点的运动轨迹。像这种利用刀具和工件作展成切削运动进行加工的方法称为展成法。

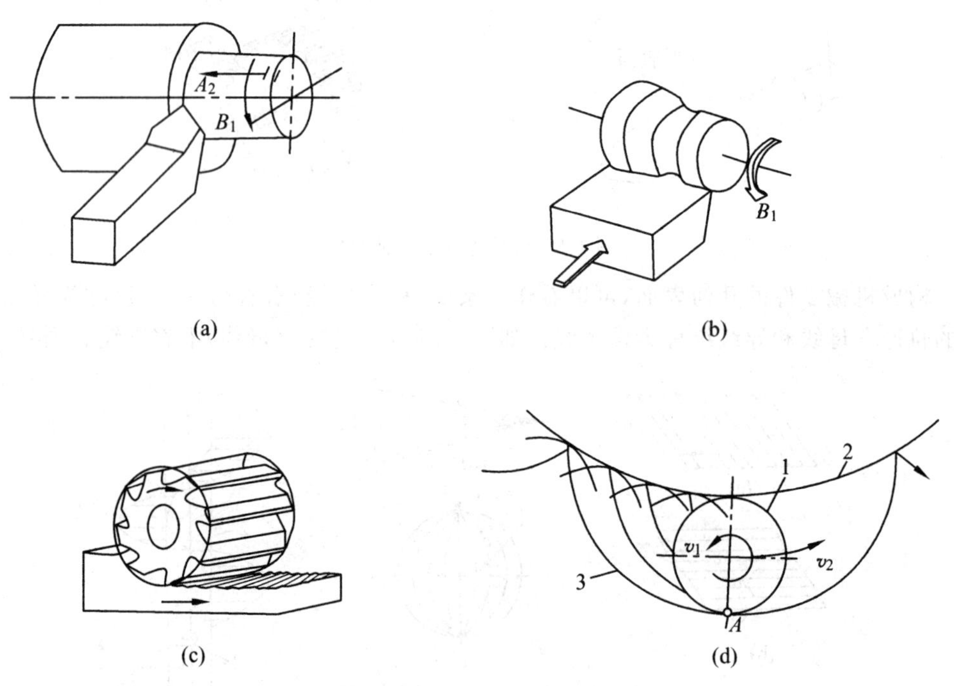

图 1-3　形成发生线的方法

为获得所需的工件表面，工件和刀具之间产生的相对运动称为切削运动。

3. 切削运动的组成

切削运动主要有金属切削机床提供，也可以由人力提供，分为主运动和进给运动两种。

(1) 主运动

主运动是指“由机床或人力提供的主要运动,它促使刀具和工件之间产生相对运动,从而使刀具前刀面接近工件”(摘自 GB/T12204-1990)。也就是说,主运动是使刀具从工件上切除金属层使之变为切屑的主要运动,是切削过程中消耗能量最多、切削速度最快的运动。

主运动由旋转运动和直线运动两种运动形式。大部分机床的主运动是旋转运动,由刀具或工件来完成,如车床的主运动是工件旋转,铣床、镗床、磨床的主运动是刀具旋转。主运动是直线运动的机床如工件往复的龙门刨床,刀具往复的牛头刨床等。机床上旋转运动的速度常用每分钟的转数为单位,直线运动的速度常用每分钟的双行程为单位。

(2) 进给运动

进给运动是指“由机床或人力提供的运动,它使刀具和工件之间产生附加的相对运动,加上主运动,即可不断地或连续地切除切屑,并得出具有所需几何特性的已加工表面”(摘自 GB/T12204-1990)。也就是说,进给运动是使被切削的金属层不断的投入切削,从而逐渐加工出整个工件表面的运动。进给运动在切削过程中消耗能量少,切削速度也较低。进给运动可以是一个单独的简单运动,也可以是包含几个简单运动的合成运动。

大部分机床的进给运动是直线运动,如车床、铣床的进给运动;少部分机床的进给运动是旋转运动,如外圆磨床的圆周进给运动。进给运动可能是连续不断的,如车床、铣床的进给运动;也可能是断续的,如牛头刨床、龙门刨床等。进给运动的速度常用进给量来表示,使用的单位有:mm/r,mm/min,mm/z,mm/双行程。

4. 切削加工中的工件表面

切削加工时,工件上产生了三个不断变化着的表面,待加工表面、已加工表面和过渡表面如图 1-4所示。

待加工表面——工件上有待切除的表面。

已加工表面——工件上经刀具切削后形成的表面。

过渡表面——工件上由刀具的切削刃正在切削而形成的表面。

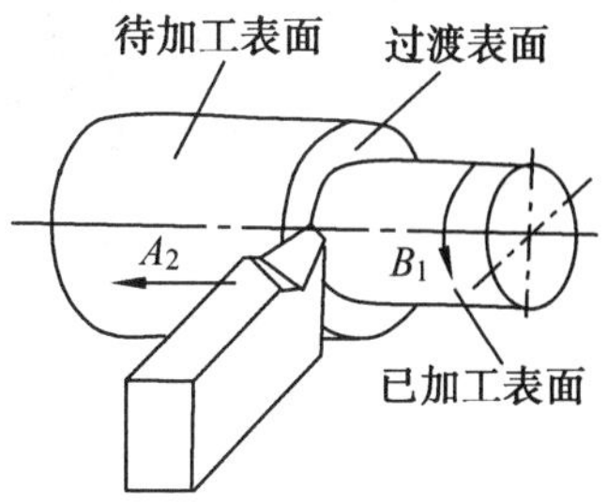

图 1-4　切削加工中的工件表面

5. 切削用量

切削用量是切削过程中的切削速度、进给量和背吃刀量的总称。切削用量直接影响工件加工质量、刀具磨损和刀具耐用度、机床的动力消耗及生产率,合理地选择切削用量是一项重要工作。

(1) 切削速度 v_c

切削速度指切削刃选定点相对于工件主运动的瞬时速度,单位为 m/min。当主运动为旋转运动时切削速度用下式计算:

$$v_c = \frac{\pi d n}{1000}$$

式中:d——切削刃选定点处所对应的工件或刀具的直径(mm);

n——工件或刀具转速(r/min)。

(2) 进给量 f

进给量是刀具在进给运动方向上相对于工件的位移量。可用刀具或工件每转(或每行程）的位移量来表述和度量。车、钻、镗、铣削时，单位：mm/r；刨、插削时，单位：mm/str。对于铣削，还有每齿进给量 f_z（mm/z）和每分钟进给量，即进给速度 v_f（mm/min）。

（3）背吃刀量 a_p

背吃刀量一般指工件已加工表面和待加工表面间的垂直距离，也就是每次进给时刀齿切入工件的深度，单位：mm。如图 1-5所示为车削外圆时背吃刀量 a_p，可按下式计算：

$$a_p=\frac{d_w-d_m}{2}$$

式中：d_w——工件待加工表面直径（mm）；

d_m——工件已加工表面直径（mm）。

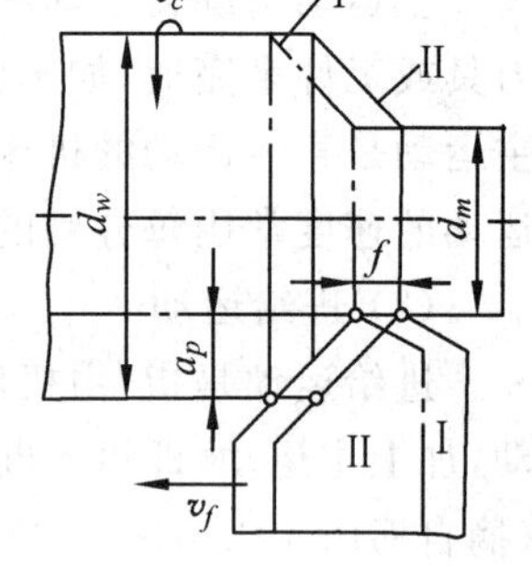

图 1-5　车削外圆时的切削用量

铣削背吃刀量 a_p 不同于车削时的背吃刀量，它是指平行于铣刀轴线测量的切削层尺寸。圆周铣削时，a_p 是被加工表面的宽度；端铣时，a_p 是待加工表面与已加工表面的垂直距离，如图 1-6所示。

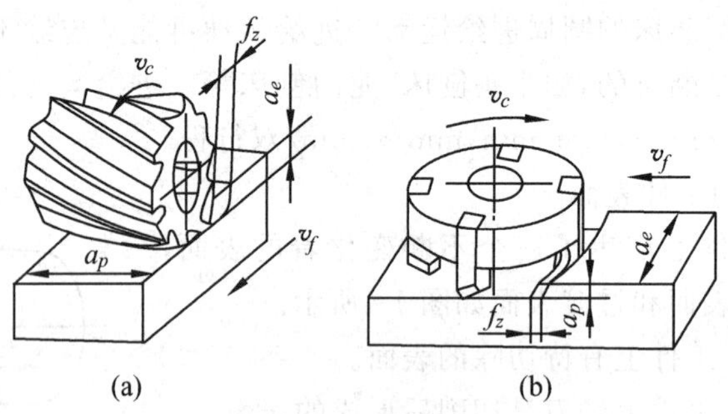

图 1-6　铣削用量

（a）圆周铣削　（b）端铣

二、刀具切削部分的几何参数

1. 刀具的组成

金属切削刀具的种类虽然很多，但它们的切削部分的几何形状与参数都有共性，即无论刀具结构如何复杂，它们的切削部分总是近似地以外圆车刀的切削部分为基本形态。

图 1-7所示为常见的外圆车刀，它由刀柄（刀具上的夹持安装部分）和切削部分组成。刀具切削部分由刀面、切削刃构成，具体包括下列组成要素：

（1）刀　面

前刀面（A_γ）：刀具上切屑流过的表面。

后刀面（A_α）：与过渡表面相对的刀具表面。

副后刀面（A'_α）：与工件上已加工表面相对着的刀具表面。

（2）切削刃及刀尖

主切削刃（S）：承担主要切削任务的切削刃，它是前刀面与后刀面相交的部位。

副切削刃(S'):配合主切削刃完成少量切削任务的切削刃,它是前刀面与副后刀面相交的部位。

刀尖:是主切削刃与副切削刃交会处相当少的一部分切削刃,它可以是一小段直线或圆弧。

外圆车刀的组成要素如图 1-7 所示。

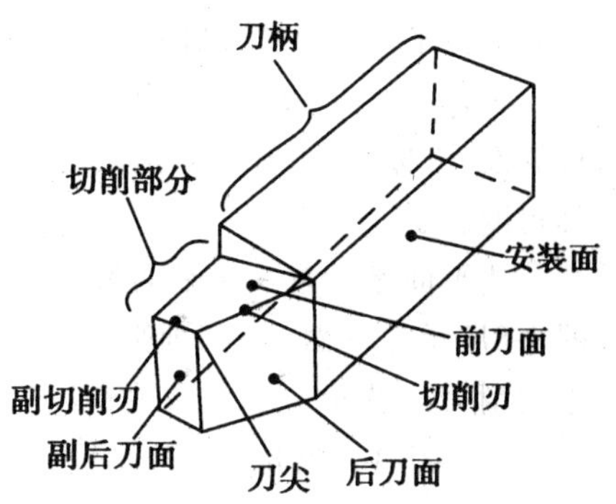

图 1-7　常见的外圆车刀

2. 刀具的标注角度

(1) 参考系的建立

为了确定刀具前刀面、后刀面及切削刃在空间的位置,首先应建立参考系。用来定义刀具角度的参考系有两大类:一类是静止参考系,是用于定义刀具在设计、制造、刃磨和测量时刀具几何参数的参考系,它由主运动方向确定,在刀具静止参考系中定义的角度称标注角度;另一类是刀具工作参考系,该参考系考虑了切削运动和实际安装情况对刀具几何参数的影响,它由合成切削运动确定。在工作参考系定义的刀具角度称为工作角度。本书仅讲述刀具静止参考系及其几何角度的定义。

正交平面参考系　正交平面参考系由以下三个坐标平面组成,如图 1-8所示。

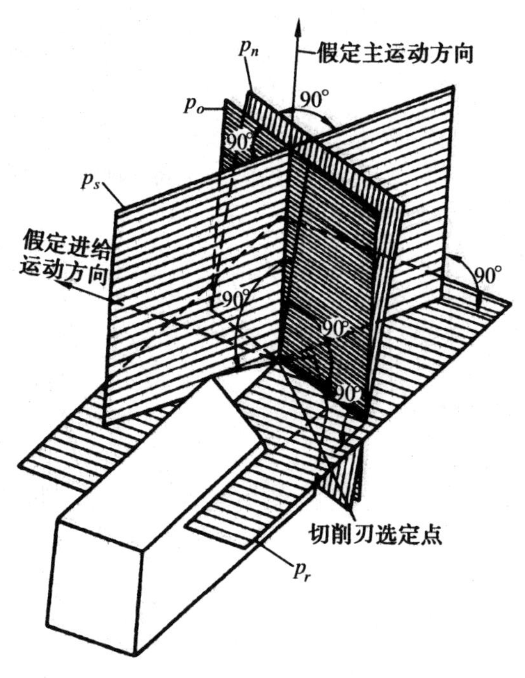

图 1-8　刀具静止参考系

基面 p_r:过切削刃选定点垂直于假定主运动方向的平面。车刀的基面平行于刀柄的安装面。

切削平面：过切削刃选定点与切削刃相切并垂直于基面的平面。也就是切削刃与切削速度方向构成的平面。对应于主切削刃和副切削刃的切削平面分别称为主切削平面 p_S 和副切削平面 p_S'。

正交平面 p_o：过切削刃选定点同时垂直于基面和切削平面的平面。

p_r，p_S，p_o 构成了一个相互垂直的空间直角坐标系，称为正交平面参考系。它是在刀具的设计、标注、刃磨和测量中应用最广的刀具参考系，本书将重点介绍此参考系内的刀具角度。

法平面参考系　法平面参考系由基面 p_r、切削平面 p_S、法平面 p_n 三个平面组成，如图 1-8所示。基面 p_r、切削平面 p_S 与正交平面相同，法平面 p_n 是过切削刃选定点并垂直于切削刃的平面。

(2) 刀具几何角度

① 在正交平面 p_o 内测量的角度，如图 1-9所示。

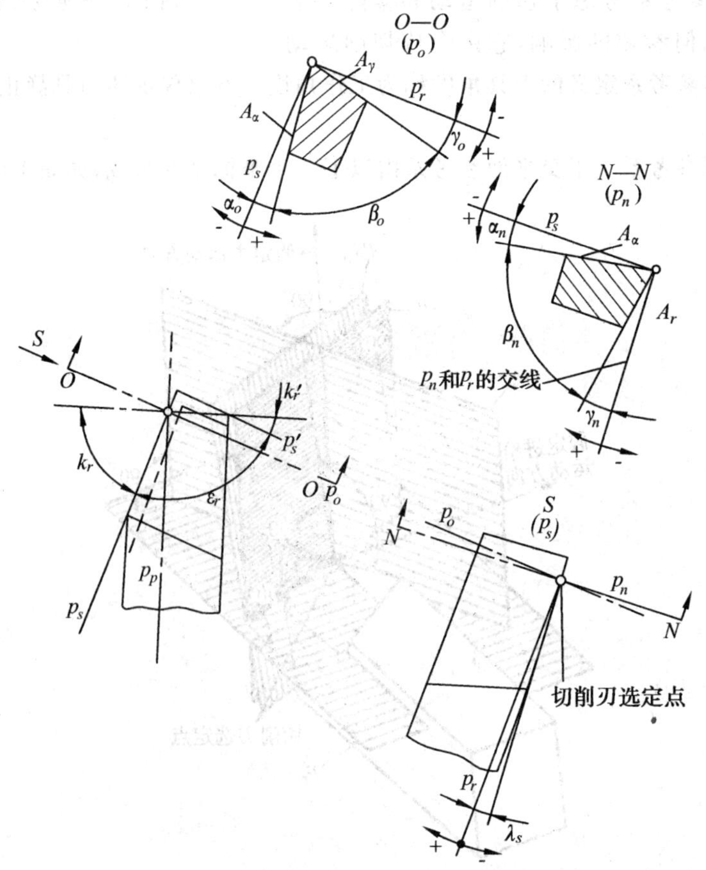

图 1-9　刀具静止参考系标注角度

前角 γ_o：前刀面与基面之间的夹角。

前角可以是正值、负值或零，其正、负值规定如下：在正交平面内，当前刀面与切削平面夹角小于 90°时为正值，大于 90°时为负值，前刀面与基面平行时为零。

后角 α_o：后刀面与切削平面的夹角。

后角有正值、负值或零之分，其正、负值规定如下：在正交平面内，当后刀面与基面夹角小于 90°时为正值，大于 90°时为负值，后刀面与切削平面平行时为零。

楔角 β_o：前刀面与后刀面之间的夹角。当前角和后角确定后，楔角可由下式计算：

$$\beta_o = 90° - (\gamma_o + \alpha_o)$$

② 在基面 p_r 内测量的角度，如图 1-9所示。

主偏角 κ_r：主切削刃在基面内的投影与进给运动方向的夹角。

副偏角 κ_r'：副切削刃在基面内的投影与反向进给运动方向的夹角。

刀尖角 ε_r：主切削平面与副切削平面之间的夹角。当主偏角和副偏角确定后，刀尖角可由下式计算：

$$\varepsilon_r = 180° - (\kappa_r + \kappa_r')$$

③ 在切削平面 p_S内测量的角度，如图 1-9所示。

刃倾角 λ_S：主切削刃与基面之间的夹角。当切削刃与基面重合时，刃倾角为零度；当刀尖为切削刃最高点时，刃倾角为正值；当刀尖为切削刃最低点时，刃倾角为负值。

同理，可以给出副前角 γ_o'、副后角 α_o'的定义

④ 在法平面参考系内测量的角度，如图 1-9所示。

在法平面内测量的角度有法前角 γ_n、法后角 α_n 和法楔角 β_n。对于某些大刃倾角刀具，为表明其刀齿强度，常要求标注法平面参考系中的角度。当刃倾角 $\lambda_S = 0$ 度时，法平面与正交平面重合。当刃倾角 $\lambda_S \neq 0$ 时，法平面与正交平面相交 λ_S 角。

三、刀具材料

在金属切削过程中，刀具材料的切削性能直接影响着生产效率、工件的加工精度、刀具消耗和加工成本。因此，应当重视刀具材料的正确选用及合理使用。

1. 材料应当具备的性能

在切削加工中，刀具切削部分受到切削力、切削热和摩擦的作用，有时还会遇到冲击和振动。因此，刀具材料应具有以下基本性能：

(1) 高的硬度和耐磨性　刀具材料的硬度必须高于工件材料的硬度，否则在高温高压下，就不能保持刀具锋利的几何形状。在常温下，刀具硬度应高于 HRC60 以上。耐磨性指刀具材料抵抗磨损的能力，一般刀具材料的硬度越高，耐磨性越好。对于同硬度的刀具，其耐磨性还取决于它们的显微组织。耐磨性越好的材料碳化物颗粒越多，晶粒越细，分布越均匀。

(2) 足够的强度和韧性　切削时，刀具承受很大的切削力和冲击，刀具要有较高的抗弯强度和冲击韧性，防止刀具崩刃和断裂。一般刀具材料强度高者，韧性也较高，但硬度和耐磨性常因此而下降，这两个方面性能是相互矛盾的。一种好的刀具材料，应根据它的使用要求，兼顾以上两方面的性能，而有所侧重。

(3) 高的耐热性　耐热性指刀具材料在高温下保持硬度、强度、韧性和耐磨性基本不

变的性能，又称红硬性或热硬性。它是衡量刀具材料切削性能的主要指标。

(4) 良好的工艺性　为了便于刀具制造，刀具材料应具有良好的可加工性，包括锻、轧、焊接、切削加工和可磨削性、热处理特性等。

(5) 经济性　经济性是评价新型刀具材料的重要指标之一，也是正确选用刀具材料、降低产品成本的主要依据之一。

2. 刀具材料的种类

刀具材料可分为工具钢(碳素工具钢、合金工具钢和高速钢)、硬质合金、陶瓷和超硬材料四大类，但目前应用最多的是高速钢和硬质合金。随着难加工材料应用的增加，陶瓷刀具、人造金刚石等超硬材料的使用量日益增长。

(1) 高速钢

高速钢是含有较多的钨(W)、钼(Mo)、铬(Cr)、钒(V)的高合金工具钢。高速钢在500℃～600℃时仍能保持高硬度，从而切削速度比碳素工具钢和合金工具钢成倍增加。高速钢又有“风钢”或“锋钢”之称。

高速钢是综合性能好、应用广泛的一种刀具材料。它可以承受较大的切削力和冲击，其强度和韧性是现有刀具材料中最高的(其抗弯强度是硬质合金的2～3倍，韧性是硬质合金的9～10倍)，具有一定的硬度和耐磨性，同时高速钢还具有良好的工艺性，特别适合于制造各种复杂及大型成形刀具，如成形车刀、各种铣刀、钻头、拉刀、齿轮刀具和螺纹刀具等。

普通高速钢可分为钨系高速钢和钨钼系高速钢。钨系高速钢的典型代表是W18Cr4V(简称W18)，它具有较好的综合性能，是我国最常用的一种高速钢。钨钼系高速钢的典型代表是W6Mo5Cr4V2(简称M2)，它以Mo取代一部分W，其碳化物细小，分布均匀，抗弯强度、抗冲击韧性和热塑性均超过W18Cr4V，主要用于轧制或扭制麻花钻。M2钢的缺点是热处理容易脱碳、易氧化、淬火温度范围较窄。W9Mo3Cr4V(简称W9)是我国自行研制的新钢种。其硬度、强度、热塑性略高于W6Mo5Cr4V2，此钢易轧易锻。

高性能高速钢是指在普通钢中加钴、钒、铝等合金元素，进一步提高耐磨性和耐热性的新型高速钢。主要用于高温合金、钛合金、不锈钢等难加工材料的切削加工。典型的材料有W2Mo9Cr4V2Co8，W6Mo5Cr4V2Al等。

粉末冶金高速钢是用高压惰性气体(如氩气)将熔炼好的钢液雾化成粉末，再经过热压、烧结制成钢坯，再经轧制或锻造成材。粉末冶金克服了熔炼高速钢产生的碳化物偏析现象，热处理变形小，磨削加工性能好，可切削各种难加工材料。

(2) 硬质合金

硬质合金是以高硬度的碳化钨、碳化钛等为基体，与粘结金属钴、镍等用粉末冶金的方法制成。硬质合金中大量碳化物，其熔点高，硬度高，因此硬质合金的硬度、耐磨性、耐热性很高。切削温度达1000℃时硬度仍无明显下降。在相同刀具耐用度下，硬质合金的切削速度高于高速钢4～10倍。但其韧性很差，通常把它制成不同形状的刀片，再通过焊接或紧固件镶嵌在刀体上。目前，绝大多数车刀、端铣刀和部分立铣刀、深孔钻、浅孔钻、绞刀等均已采用硬质合金制造。由于硬质合金的工艺性较差，用于复杂刀具尚受到很大限制。硬质合金占刀具材料使用量的30%～40%。

硬质合金常见种类与牌号主要有以下几种：

① 钨钴类硬质合金(YG)　由 WC 和 Co 组成,用于切削铸铁、有色金属、非金属材料和含 Ti 的不锈钢。我国常用牌号有 YG3,YG6,YG6X,YG8 等。YG 类硬质合金随含钴量的增加,其硬度降低,抗弯强度增加,承受冲击的能力增强,适合粗加工;反之,含钴量减少,硬度耐磨性增加,但强度韧性低,适合精加工。

② 钨钛钴类硬质合金(YT)　由 WC,TiC 和 Co 组成,用于切削钢和其他韧性较大的塑性材料,但不宜切削含 Ti 的不锈钢。我国常用牌号有 YT5,YT14,YT15 和 YT30。YT 类硬质合金随 TiC 含量的增加,Co 含量的降低,材料硬度和耐磨性提高,抗弯性能降低。与 YG 类硬质合金相比,YT 类合金的硬度、耐热、耐磨性较高,但强度及韧性有所下降。

③ 钨钛钽(铌)钴类硬质合金(YW)　由 WC,TiC,TaC(NbC)和 Co 组成,主要用于加工高温合金、高锰钢、不锈钢及可锻铸铁、球墨铸铁等难加工材料。常用牌号有 YW1 和 YW2,YW1 用于粗加工和半精加工,YW2 用于半精加工和精加工。

(3) 其他刀具材料

① 陶瓷　以氧化铝为主要成分,经高压成形,高温烧结而成的刀具材料。陶瓷刀具材料有很高的硬度和耐磨性。常温硬度达 HRA91～95。其最大缺点是强度韧性低。主要用于半精加工和精加工有色金属、铸铁、各种工具钢和淬硬钢。

② 人造金刚石　它是碳的同素异形体,是通过合金触媒的作用在高温高压下由石墨转化而成。其硬度达 HV10000,是除天然金刚石之外最硬的物质。人造金刚石刀具不适于加工铁族材料的零件,因为人造金刚石中的碳元素与铁元素有很强的化学亲和力,适宜精密切削有色金属及合金、高硬度的非金属材料如陶瓷、硬质合金、刚玉、耐磨塑料等。

③ 立方氮化硼　它是由六方氮化硼(白石墨)在高温、高压下加入催化剂转化而成,其热稳定性和化学惰性大大优于金刚石,可对高温合金、淬硬钢、冷硬铸铁进行半精加工和精加工。

四、金属的切削过程

金属切削过程是指通过切削运动,刀具从工件表面上切除金属,形成切屑和已加工表面的过程。在这个过程中将产生许多物理现象,如切削力、切削热、刀具磨损等,这些均以切削过程中金属的弹、塑性变形为基础。而生产实践中出现的积屑瘤、振动等现象,又都同切削过程中的变形规律有关。因此,研究和掌握切削过程中的基本规律,将有利于金属切削技术的发展,对合理选择刀具的几何参数、切削用量保证工件的加工质量,降低生产成本提高生产效率等,都有重要的意义。

1. 切屑的形成过程与种类

(1) 切屑的形成过程

如图 1-10 所示,在切削过程中,刀具推挤工件,切削层金属在此外力作用下,首先使工件上的一层金属产生弹性变形,刀具继续前进,位于刀具前方的区域主要受剪切力的作用,在此剪切力的作用下继而产生塑性变形,金属内部晶格产生剪切滑移,当剪切力超过金属的强度极限时,金属就断裂下来成为切屑。切屑沿着刀具前刀面排出时,受到刀具前刀面的挤压和摩擦进一步变形,同时已加工表面受到刀具后刀面的挤压摩擦作用也产生变形。可见,切削层金属是在前刀面和切削刃的不断挤压作用下,产生了弹性、塑性变形继而剪切滑移而成为切屑。

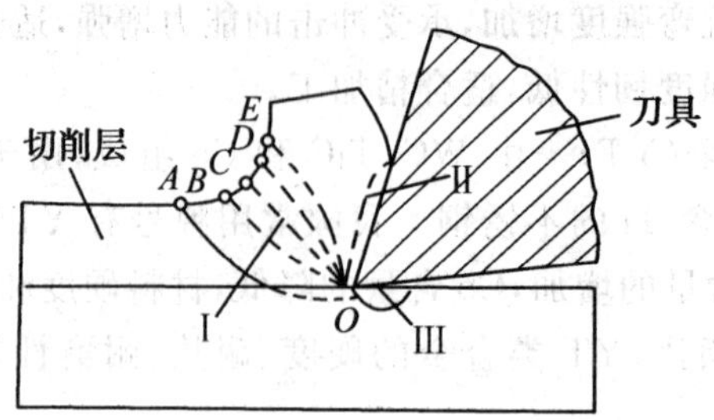

图 1-10　切屑形成过程

(2) 切屑的种类

由于工件材料不同,切削条件不同,切削变形的程度也就不同,因而所产生的切屑形态也就多种多样。一般将切屑分为四种,如图 1-11所示。

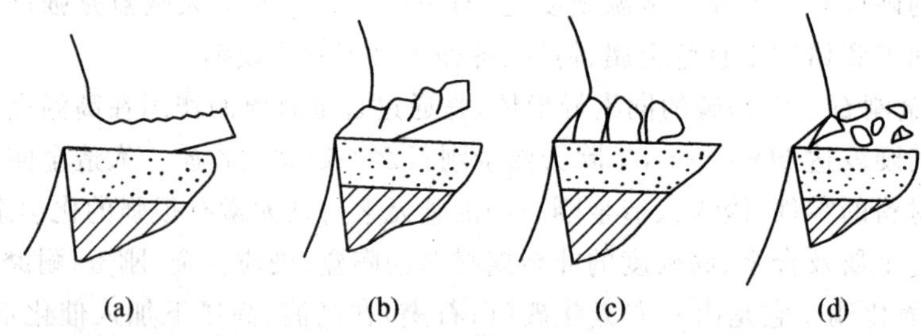

图 1-11　切屑的种类

(a) 带状切屑　(b) 节状切屑　(c) 单元切屑　(d) 崩碎切屑

① 带状切屑　带状切屑是最常见的一种连续状切屑。它内表面光滑,外表面呈毛茸状,一般加工塑性金属材料,在切削速度较高,切削厚度较小,刀具前角较大,容易产生这种切屑。产生带状切屑,其塑性变形还不充分,滑移还没有达到破裂程度。

② 节状切屑　节状切屑又称为挤裂切屑,其外弧表面呈锯齿形,内弧表面有时有裂纹,这种切屑大都在切削速度较低、切削厚度较大的情况下产生。形成节状切屑的过程中,剪切滑移量大,局部地方滑移已达到破裂程度。

③ 粒状切屑　在切屑形成时,若整个剪切面上剪应力超过材料的破裂强度,则整个单元被切离,成为大小较均匀的粒状切屑。一般采用小前角或负前角刀具,以极低的切削速度和大的切削厚度切削塑性金属时易产生此种切屑。实际生产中很少见。

以上三种切屑是切削塑性金属时得到,形成带状切屑时,切削力波动小,切削过程平稳,已加工表面质量高。节状切屑和粒状切屑次之,但带状切屑切屑过长会妨碍工作,容易发生人身事故,所以应采取断屑措施。

④ 崩碎切屑　切削脆性材料时,金属层在弹性变形后一般不经过塑性变形突然崩裂形成不规则的碎块状切屑,同时切削过程很不平稳,工件已加工表面凹凸不平,表面质量

差。工件材料越硬脆、切削厚度越大时，越容易产生此类切屑。

在不同的切削条件下，形成的切屑种类不同，当条件改变时它们可以互相转化。掌握其变化规律，有助于控制切屑形态，控制切削过程。

(3) 积屑瘤

切削塑性材料时，往往会在切削刃口附近粘结堆积一楔状或鼻状的金属块，它包围着切削刃且覆盖部分前刀面，这种堆积物叫做积屑瘤，如图 1-12所示。

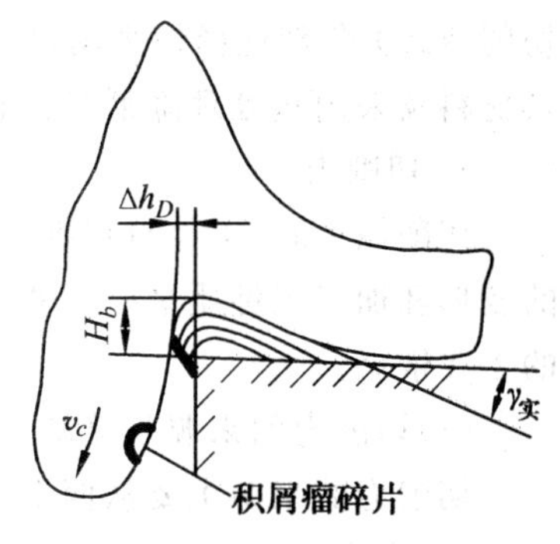

图 1-12　积屑瘤

积屑瘤对切削过程有较大的影响，积屑瘤硬度高达母体的 2～3 倍，故能代替切削刃进行切削，保护刀尖，减轻刀具磨损；增大实际前角（可达 35°），减小切削变形；积屑瘤不断地长大和脱落使切削厚度不断变化，造成"切削刃"的不规则和不光滑，形成"过切"现象，使已加工表面粗糙，尺寸精度降低；积屑瘤脱落的碎片或损伤刀具表面或粘附于工件已加工表面，影响工件表面质量。因此精加工时必须设法抑制积屑瘤的形成。

一般认为，在中温条件下切削塑性材料时，切屑沿刀具前面流出，由于强烈的摩擦产生粘结现象，粘结金属层经剧烈塑性变形硬度很高，它代替切削刃继续切削时，一次次层层堆积，高度逐渐增大而形成积屑瘤。

实验表明，加工碳素钢时，切削温度 300℃左右时积屑瘤最容易产生，500℃以上时趋于消失。由于切削参数直接影响切削温度，故切削参数对积屑瘤的影响，如图 1-13所示。

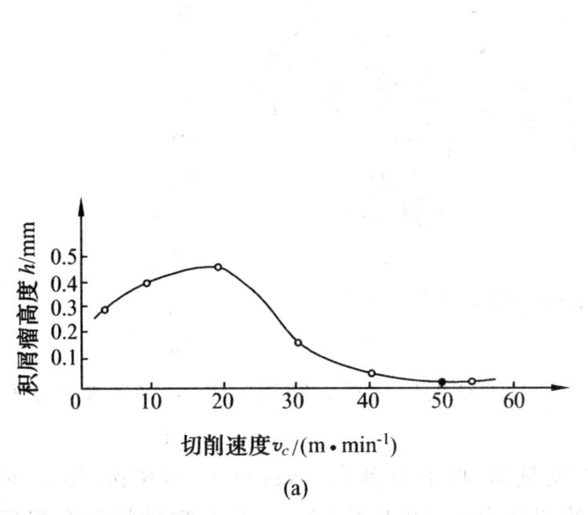

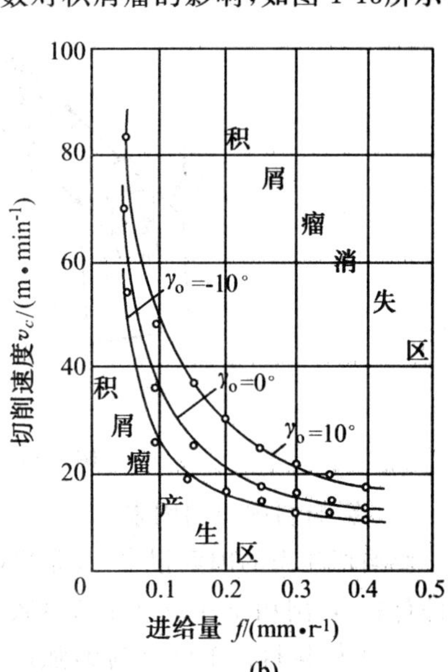

图 1-13　切削参数对积屑瘤的影响

(a) 切削速度对积屑瘤的影响（加工条件：材料 45 钢）

(b) 切削速度 v_c、进给量 f 和前角 γ_0 对积屑瘤的影响（加工条件：材料合金钢）

在生产中抑制积屑瘤产生，可以采取以下措施：① 采用低速或高速切削，从而避免采用积屑瘤易产生的速度区;② 增大刀具前角、减小进给量、提高刀具刃磨质量、合理选用切削液;③ 合理选择切削用量,以防止形成中温区域;④ 选用与工件材料亲和力小的刀具材料及采用热处理降低工件材料的塑性、韧性等均有利于抑制积屑瘤。

2. 切削力

切削加工时,工件材料抵抗刀具切削所产生的阻力称为切削力。它是影响工艺系统的变形和加工工件质量的重要因素。切削力是设计机床、刀具和夹具、计算切削动力消耗的主要依据。

(1)切削力的来源与分解

切削力的来源主要从两个方面:一方面是工件上的切削层和已加工表面产生弹性变形、塑性变形所产生的变形阻力;另一方面是工件与刀具间、切屑与刀具间的摩擦阻力。以上各力的总和便形成了作用在车刀上的合力 F,称为切削抗力。F 是一个空间矢量,不易测量也不实用。生产中,为了分析切削力对工件、刀具和机床的影响,通常把切削力 F 分解为三个分力,如图 1-14所示。

主切削力 F_c——垂直于基面,与切削速度 v_c 方向一致的分力。主切削力消耗大部分切削功率,是计算刀具强度、机床功率的主要依据。

背向力 F_p——在基面内,与进给方向相垂直的分力。F_p 不消耗功率,它会使工件弯曲变形,影响工件的形状精度,是引起振动的主要因素。

进给力 F_f——在基面内,与进给运动方向相平行的分力。F_f 作用在进给机构上,是验算机床进给系统强度、刚性的依据。

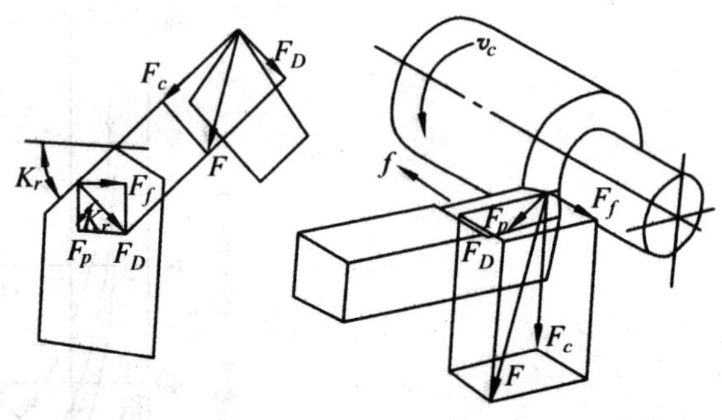

图 1-14　切削时切削合力及其分力

(2) 影响切削力的因素

影响切削力的因素很多,凡是影响变形和摩擦的因素都影响切削力,其中主要因素有工件材料、切削用量和刀具几何参数。

① 工件材料　工件材料的强度、硬度越高,切削力越大。如:与 45 钢相比,加工 60 钢的切削力 F_c 增大了 4%,加工 35 钢的切削力 F_c 减少了 13%。当两种材料强度相近时,塑性、韧性大的材料切削力大。如不锈钢 1Cr18Ni9Ti 的延伸率是 45 钢的 4 倍,所以切削时变形大,加工时产生的切削力 F_c 较 45 钢增大 25%。切削铸铁等脆性材料,变形小,摩擦力小,切削力也较小。

② 切削用量　切削用量中对切削力影响最大的是背吃刀量 a_p,其次是进给量 f,切

削速度 v_c 的影响最小。背吃刀量 a_p 增大一倍时，切削力 F_c 也增大一倍。进给量 f 增大一倍时，切削力 F_c 增大 0.7～0.8 倍。切削速度 v_c 对切削力影响较小，如当切削速度从 50m/min 增加到 500m/min时，切削力减少约 40%。

③ 刀具几何参数　前角 γ_o 增大，切削变形减小，切削力明显下降，如图 1-15所示。

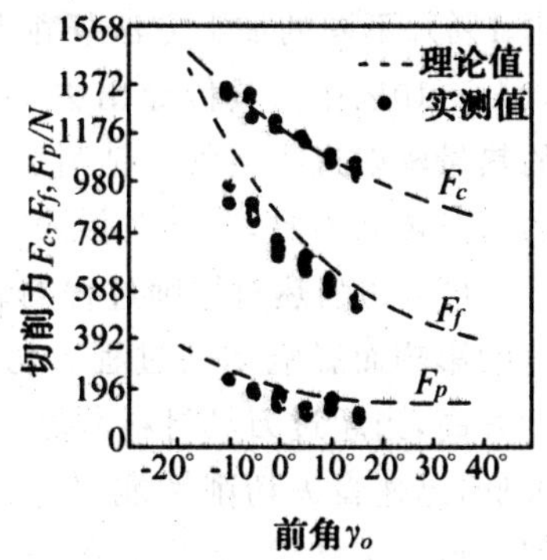

图 1-15　前角 γ_0 对切削力的影响

加工条件：工件材料 50 钢；

刀具材料 YT15

当主偏角 κ_r＝60°～75°时，切削力 F_c 最小。主偏角变化改变背向力 F_p 和进给力 F_f 的比例。由图 1-16可知，主偏角 κ_r 增大，背向力 F_p 减少，进给力 F_f 增大。

刃倾角 λ_s 对切削力 F_c 的影响较小，对背向力 F_p 和进给力 F_f 影响较大。实验证明，当刃倾角 λ_s 逐渐由正值变为负值时，背向力 F_p 增大，进给力 F_f 减少，如图 1-17所示。因此，系统刚性较差时，如加工细长轴，应选用正的刃倾角。

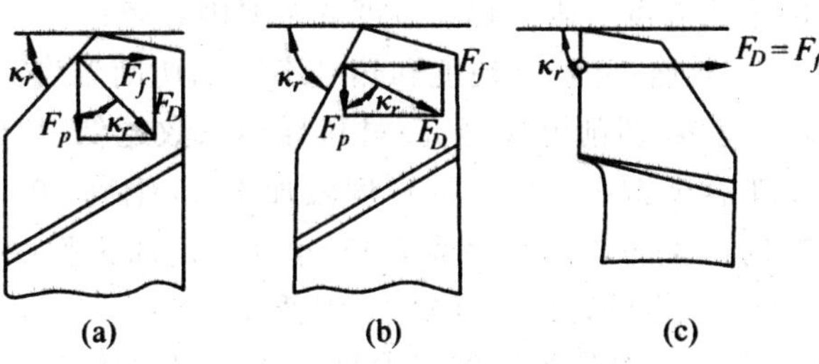

图 1-16　主偏角 κ_r 对背向力和进给力的影响

(a) κ_r＝30°　(b) κ_r＝60°　(c) κ_r＝90°

刀尖圆弧半径 r_ε 由 0.25mm 增大到 1mm 时，F_p 可增大 20%左右，易引起振动。

负倒棱使切削刃变钝，切削力增加。

④ 刀具材料　被切削材料相同，刀具材料与工件材料的摩擦系数、亲和力越小，切削力 F_c 越小。陶瓷刀具比硬质合金刀具的切削力低 5%～10%，而高速钢刀具的切削力比硬质合金刀具略高。

⑤ 切削液　合理选用切削液可以减少塑性变形和刀具与工件之间的摩擦，切削力 F_c 比不用切削液时一般可降低 10%～15%。对于高速钢刀具更有实际意义，而硬质合金和陶瓷刀具由于对热裂敏感，一般不加切削液。

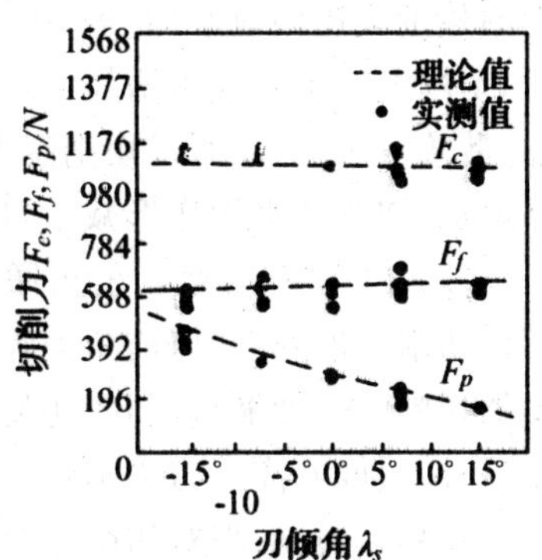

图 1-17　刃倾角 λ_s 对切削力的影响

3. 切削热与切削温度

(1) 切削热的来源与传导　切削热来源于切削层金属弹性变形和塑性变形产生的热量及切屑与前刀面、工件与后刀面摩擦产生的热量，如图 1-18所示。

切削热主要通过切屑、工件、刀具传出，周围介质带走的热量很小（无切削时约占1%）。不同的加工方法切削热传导的比例不同。车削加工，50%～86%由切屑带走，40%～10%由刀具传导出去，3%～9%传入工件，1%左右的热量辐射进入空气。钻削加工，28%切削热由切屑带走，14.5%传入刀具，52.5%传入工件，5%传入周围介质。

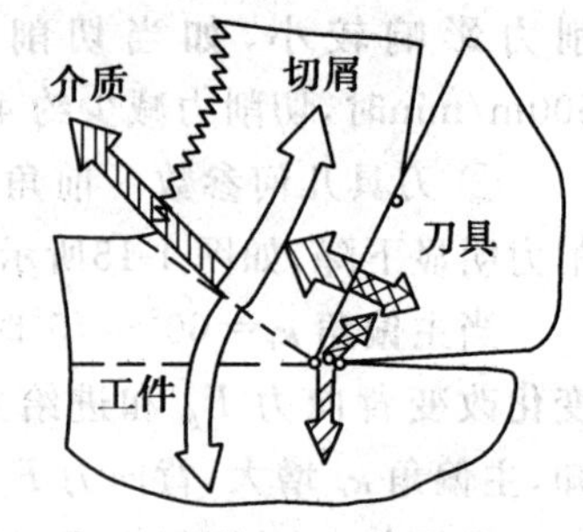

图1-18　切削热的来源与传导

(2) 切削热对切削过程的影响　切削热通过对切削温度的影响而影响切削过程。切削热传入刀具后，使刀具温度升高，当超过刀具材料所能承受的温度时，刀具材料硬度降低，迅速丧失切削性能，使刀具磨损加快，寿命降低。切削热传入工件后，工件温度升高而产生热变形，影响工件的加工精度和表面质量。所以，必须对刀具和工件的温度升高加以控制。

(3) 影响切削温度的主要因素　切削时工件、切屑和刀具吸收切削热而使温度升高。切削温度的高低不仅取决于切削时产生热的多少还与热的传导率密切相关。一般所说的切削温度是指切削区的平均温度。影响切削温度的主要因素有：

① 工件材料　工件材料通过强度、硬度和热导率影响切削温度。材料强度、硬度越高，切削时消耗的切削功越多，切削温度越高；材料导热系数越低，切削区传出的热量越少，切削温度高。如：加工合金钢产生的切削温度较加工45钢高30%；不锈钢导热系数较45钢小3倍，故切削时产生的切削温度多于45钢40%。加工脆性金属材料产生的变形和摩擦均较小，故切削时产生的切削温度较45钢低25%。

② 切削用量　切削用量中对切削温度影响最大的是切削速度 v_c，其次是进给量 f，背吃刀量 a_p 影响最小，如图1-19所示。因为切削速度增大，变形速度增大，由摩擦产生的热量也随之大大增加。随着切削速度的增加，切削变形减小，其流出速度也增加，切屑带走的热量成比例地增加，因此，刀具温度变化不大。实验得出，当切削速度 v_c 增大一倍时，切削温度不会成倍增加，增高20%～30%。当背吃刀量增加一倍时，刀刃工件长度增加，散热情况改善，所以切削温度只增高5%～8%。进给量 f 增加一倍时，切屑的温度容易增加，切屑的平均变形减小，切屑带走的热量也增加，所以切削温度仅增高10%左右。

③ 刀具几何参数　前角增大，切削变形和摩擦减小，切削力降低，消耗的功率减小，所以切削温度降低；但前角太大，散热条件不好，切削温度会上升。主偏角增大，主切削刃参加切削的长度缩短，同时还使刀尖角减小，切削热相对集中，散热面积减小，散热条件变差，切削温度升高。刀尖圆弧半径增大，使刀具的散热条件有所改善，切削温度降低。

另外，刀具磨损对切削温度影响很大。刀具磨损越严重产生的变形越大，切削热越多，切削温度急剧升高。切削过程中使用切削液，切削液带走大量的切削热，切削温度降低。

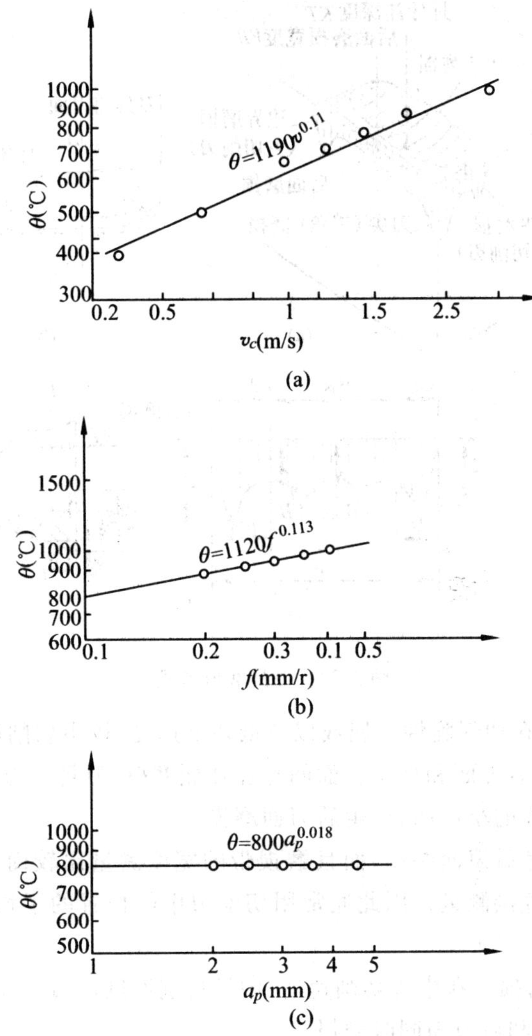

图 1-19 切削用量对切削温度的影响

工件材料:45 钢正火,187HBS;刀具:YT15

4. 刀具磨损和刀具耐用度

刀具在切削过程中,承受高温、高压及剧烈的摩擦,切削刃和刀具表面会逐渐被磨损,如图 1-20所示。

(1) 刀具磨损形式 刀具磨损有正常磨损和非正常磨损两种。正常磨损是指刀具在正常的切削过程中出现的缓慢磨损。非正常磨损是由于冲击、振动、热效应等原因使刀具崩刀、碎裂而损坏。正常磨损有三种磨损形式:

① 前刀面磨损 在切削速度较高、切削层厚度较大(>0.5mm)的情况下加工塑性金属,切屑在前刀面上常常会磨出一个月牙洼。所以前刀面磨损又称月牙洼磨损。在切削过程中,月牙洼不断扩展,切削刃强度大大降低,极易导致崩刃。月牙洼的磨损量以其深度 KT 表示。

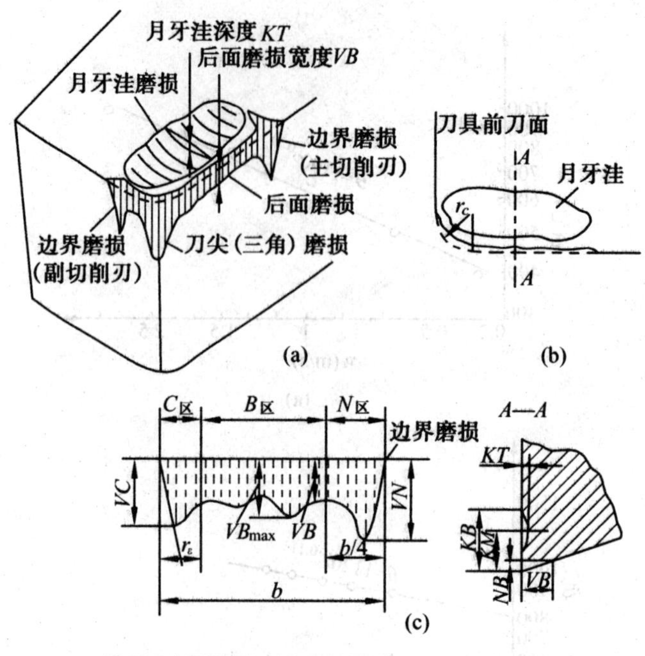

图 1-20　刀具磨损形式

② 后刀面磨损　在切削脆性金属或以较低切削速度、较小切削厚度(≤0.1mm)切削塑性金属时,由于刀具后刀面和加工表面间存在强烈摩擦,刀具后刀面上毗邻切削刃的地方很快被磨出后角为零的小棱面,产生后刀面磨损。

刀具的磨损主要是后刀面磨损,而且磨损带的宽度测量比较简单(可用带刻度的10倍放大镜对准后刀面直接测量),因此通常用切削刃中间位置的平均磨损量(VB)来表示刀具的磨损程度。

③ 前、后面同时磨损　在中等切削速度、中等切削厚度(0.1～0.5mm)切削塑性金属时,往往会出现前刀面和后刀面同时磨损。

(2) 刀具的磨损原因　造成刀具磨损的原因有很多方面,主要有下列几种:

① 磨粒磨损　工件或切屑上的硬质点在刀具表面上刻划而造成的磨损。磨粒磨损在各种切削速度下都存在。但在低速切削时,这是刀具磨损的主要原因。工件中的硬质点越多,工件材料硬度与刀具硬度越接近,磨粒磨损就越严重。

② 粘结磨损　工件或切屑表面与刀具表面之间在较高的温度下发生粘结,刀具表面微粒被带走而造成的磨损。刀具材料与工件材料的化学亲和力愈大,粘结磨损愈严重。通常硬质合金刀具在产生积屑瘤的切削速度范围内,最易产生这种磨损。

③ 氧化磨损　高温切削时,硬质合金中的碳化物氧化成硬度和强度低的氧化物,被工件或切屑带走而造成的磨损。

④ 扩散磨损　高温切削时,刀具与工件材料的合金元素相互扩散,降低物理、力学性能而造成的磨损。

⑤ 相变磨损　切削温度超过相变温度时,金相组织发生变化硬度降低,刀具迅速磨

损。通常高速钢刀具在切削温度超过 550℃～620℃时，就会发生相变磨损。

高速钢刀具在低温时以磨粒磨损为主，温度升高时发生粘结磨损，达到相变温度时形成相变磨损，失去切削能力。硬质合金刀具在低温时以磨粒磨损为主，温度升高时发生粘结磨损，高温时氧化磨损与扩散磨损加剧。

(3) 刀具磨损过程　刀具的磨损随切削时间而逐渐扩大。以后刀面磨损为例，刀具的磨损过程可用磨损曲线表示，如图 1-21所示，大致可分为三个阶段。

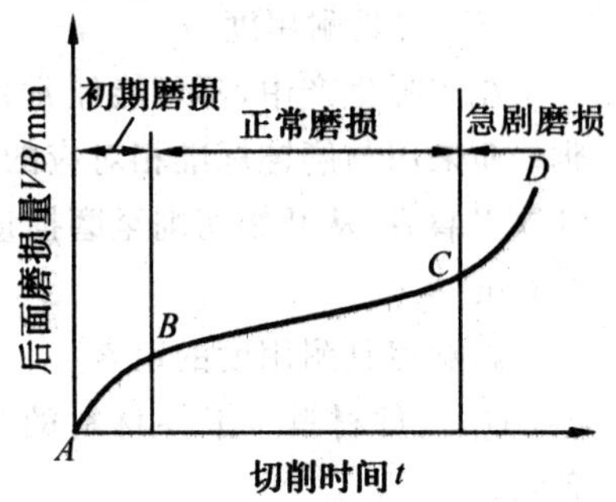

图 1-21　刀具磨损过程

① 初期磨损阶段　初期磨损与刀具刃磨质量有很大关系。由于刀具刃磨后，表面粗糙度数值大，在开始切削的短时间内，磨损较快。实践证明，经仔细研磨过的刀具，其初期磨损量很小。

② 正常磨损阶段　随着切削时间增长，磨损量缓慢而均匀地增大，这是由于刀具表面磨平后，接触面较大，压力减小所致。在该阶段，切削力和切削温度随磨损量增加而逐渐增大，是刀具工作的有效期。

③ 急剧磨损阶段　当磨损量达到一定程度后，刀具变钝，切削力、切削温度增加，磨损量急剧升高。从而导致已加工表面粗糙度数值增大，并出现噪声、振动增大等现象。应在此阶段前换刀。

(4) 磨钝标准　刀具磨损不但影响切削过程中的切削变形、切削力和切削温度，还影响已加工表面的质量和加工精度。因此，当刀具磨损达到了规定的标准时应重磨或换刀。磨钝标准通常指刀具后面磨损带中间部位平均磨损量允许达到的最大值，以 VB 表示。表 1-1列出了一般情况下车刀磨钝标准的推荐值。

表 1-1　**车刀磨钝标准**

车刀类型	工件材料	加工性质	磨钝标准 VB/mm	
			高速钢	硬质合金
外圆车刀、端面车刀、镗刀	碳钢、合金钢	粗车	1.5～2.0	1.0～1.4
		精车	1.0	0.4～0.6
	灰铸铁、可锻铸铁	粗车	2.0～3.0	0.8～1.0
		精车	1.5～2.0	0.6～0.8
	耐热钢、不锈钢	粗、精车	1.0	1.0
	钛合金	粗、精车		0.4～0.5
	淬硬钢	精车		0.8～1.0

陶瓷刀具：$VB=0.5$

在加工时，应合理采用刀具磨钝标准，在刀具将进入剧烈磨损阶段时就应换刀。否则会使磨损加剧，使刀具耐用度缩短，且重磨困难。有时，也用观察来判断刀具的磨损程度，如：加工表面出现亮点，已加工表面的表面粗糙度加大，切屑形状和颜色发生变化等，往往是刀具磨损的预兆。

(5) 刀具耐用度

在实际生产中，不可能经常停机去测量刀具后面的 VB 值，以确定是否达到磨钝标准。而采用与磨钝标准相对应的切削时间，即刀具耐用度来表示。刀具耐用度的定义为：刀具刃磨后，从开始切削至磨损量达到磨钝标准为止所用的总切削时间，以 T 表示，单位为 min。

影响刀具耐用度的因素：

① 工件材料　工件材料的强度硬度高材料的热导率小，刀具磨损快，刀具耐用度降低。

② 刀具材料　刀具材料高温硬度高，耐磨性好，刀具耐用度高。

③ 刀具几何参数　前角 γ_o 增大，切削温度降低，刀具耐用度延长；但前角 γ_o 太大，散热体积减小，刀具耐用度下降。因此，刀具前角有一个最佳值，该值可通过切削实验求得。减小主偏角、副偏角，增大刀尖圆弧半径，散热体积增加，刀具耐用度延长。

④ 切削用量　当工件、刀具材料和几何参数选定后，切削用量是影响刀具耐用度的主要因素。用 YT5 硬质合金车削 $\sigma_b=0.637\text{GPa}$ 的碳钢时，通过实验求得刀具耐用度公式为：

$$T=\frac{C_T}{v_c^5 f^{2.25} a_p^{0.75}}$$

式中 C_T——与除切削用量之外的切削条件诸因素有关的系数。

由以上公式可知，切削速度对刀具耐用度的影响最大，进给量次之，背吃刀量最小，这与它们对切削温度的影响是一致的。所以，当刀具耐用度的数值确定后，为了提高切削效率，应首先以增大背吃刀量和进给量着手，而不应盲目提高切削速度。

五、磨削机理

1. 砂轮的特性

砂轮是由磨料加结合剂用制造陶瓷的方法制成的，其特性主要由五个因素来决定：磨料、粒度、结合剂、硬度和组织。

(1) 磨料　常用的磨料有氧化物系、碳化物系、高硬磨料系三类。各种磨料性能及适用范围如表 1-2所示。

(2) 粒度　粒度表示磨粒的大小程度。粒度号有两种表示方法：对于用筛选法来区分得较大的磨粒（制砂轮用），以每英寸筛网长度上筛孔的数目来表示。例如，36 号粒度是指磨粒刚好通过每英寸 36 格的筛网。所以粒度号愈大，磨粒的实际尺寸愈小。对于用显微镜测量来区分的微细磨粒，其直径通常小于 40μm，称微粉（供超精磨和研磨用），以其最大尺寸（单位为 μm）前加 W 来表示。表 1-3为常用磨粒粒度及适用范围。

表 1-2 常用磨料的名称及代号

系别	名称	代号	性能	使用范围
氧化物系	棕刚玉	A	棕褐色,硬度较低,韧性较好	磨削碳素钢、合金钢、可锻铸铁与青铜
	白刚玉	WA	白色,较棕刚玉硬度高,磨粒锋利,韧性差	磨削淬硬的高碳钢、合金钢、高速钢,磨削薄壁零件、成形零件
	铬刚玉	PA	红色,韧性比白刚玉好	磨削高速钢、不锈钢,成形磨削,刀具刃磨,高表面质量磨削
碳化物系	黑碳化硅	C	黑色带光泽,比刚玉类硬度高,导热性好,韧性较差	磨削铸铁、黄铜、耐火材料及其他非金属材料
	绿碳化硅	GC	绿色带光泽,较黑碳化硅硬度高,导热性好,韧性较差	磨削硬质合金、光学玻璃
高硬磨料	立方氮化硼	CBN	棕黑色,硬度仅次于人造金刚石,韧性较人造金刚石好。	磨削高性能高速钢、不锈钢、耐热钢等难加工材料
	人造金刚石	MBD	白色、黑色,硬度最高,耐热性较差	磨削硬质合金、光学玻璃、陶瓷等高硬度材料

表 1-3 常用磨粒粒度及适用范围

类别	粒度号	适用范围
磨粒	8# 10# 12# 14# 16#	粗磨、精磨、打磨毛刺
	20# 22# 24# 30# 36#	磨钢锭,打磨铸件毛刺、磨耐火材料等
	40# 46# 54# 60#	内圆磨、外圆磨、平面磨、工具磨等
	70# 80#	内圆、外圆、平面、工具磨等半精磨或精磨
	90# 100# 120# 150# 180# 220# 240#	半精磨、精磨、珩磨、成形磨等
微粉	W40 W28	精磨、超精磨、珩磨等
	W20 W14 W10	精磨、精细磨、超精磨
	W7 W5 W3.5 W2.5 W1.5 W1.0 W0.5	研磨、超精加工、镜面磨削

磨粒的大小对磨削生产率和加工表面粗糙度有很大的影响。一般来说，粗磨用较大磨粒的砂轮，精磨用较小磨粒的砂轮，当工件材料软、塑性大和磨削面积大时，为避免堵塞砂轮，也可采用较粗的磨轮。

(3) 结合剂　结合剂作用是将磨粒粘结在一起，使砂轮具有一定的形状和强度。常用结合剂及其特点如下：

① 陶瓷结合剂(V)　主要成分是滑石、硅石等陶瓷材料。特点是化学性质稳定、耐热、耐油、耐酸碱的腐蚀、强度高，但较脆。除薄片砂轮外还可制成各种砂轮。

② 树脂结合剂(B)　主要成分为酚醛树脂。特点是强度高、弹性好，但耐热性差、不耐酸碱，多用于高速磨削、切断、开槽砂轮。

③ 橡胶结合剂(R)　多数采用人造橡胶，特点是强度高，弹性更好，抛光作用好，耐热性差，不耐酸、碱，多用于无心磨床的导轮，切断、开槽及抛光砂轮。

(4) 硬度　硬度是指磨粒在砂轮表面上脱离的难易程度。砂轮硬，磨粒不易脱落，砂轮软，磨粒容易脱落。选用砂轮时硬度应适当。若砂轮太硬，磨钝了的磨粒不能及时脱离，会产生大量的磨削热，造成工件的烧伤；若太软，会使磨粒很快脱落，不能充分发挥其切削作用。砂轮硬度等级见表 1-4。

表 1-4　　砂轮硬度等级及其选用

等　级	超　软	软	中　软	中	中　硬	硬	超　硬
代　号	D,E,F	G,H,J	K,L,M	M,N	P,Q,R	S,T	Y
选　择	磨未淬硬钢选用 L～N，磨淬火合金钢选用 H～K，高表面质量磨削时选用 K～L，刃磨硬质合金刀具选用 H～J						

选择砂轮硬度时，可参照以下几条原则：

① 工件硬度越硬，磨粒磨损快，为使新的磨粒及时投入切削，应该选软的砂轮；② 磨削软的材料，磨粒不易磨损，应选较硬的砂轮；③ 但磨削很软的材料(如有色金属)时，砂轮易被堵塞，应选较软的砂轮；④ 精磨和成形磨削时，应选用硬一些的砂轮，以保持砂轮必要的形状精度；⑤砂轮与工件的接触面积大时，为避免堵塞砂轮，应采用较软的砂轮；⑥磨削薄壁零件及导热性差的工件时，因不易散热，表面常被烧伤，故应采用较软的砂轮。

(5) 组织　砂轮组织表示砂轮中磨粒、结合剂、气孔三者体积的比例关系。砂轮可分为 0～14 组织号，如表 1-5所示。紧密组织砂轮适用于重压力下的磨削；中等组织的砂轮适用于一般的磨削工作；疏松组织的砂轮适用于平面磨、内圆磨等磨削接触面积较大的工件，以及热敏性强的材料或薄工件。

表 1-5　　砂轮组织号极其选用

组织号	0	1	2	3	4	5	6	7	8	9	10	11	12	13	14
磨粒率(%)	62	60	58	56	54	52	50	48	46	44	42	40	38	36	34
用　途	精密磨削				磨削淬火钢、刀具刃磨				磨削韧性大而硬度不高的材料					磨削热敏性大的材料	

2. 磨削运动

如图 1-22 所示，外圆磨削的磨削运动有四个。

① 磨削速度 v_c 磨削的主运动是砂轮的旋转运动。砂轮的切线速度即为磨削速度 v_c（单位：m/s）：

$$v_c=\frac{\pi d_0 n_0}{1000}$$

式中：d_0——砂轮直径；

n_0——砂轮速度（r/s）。

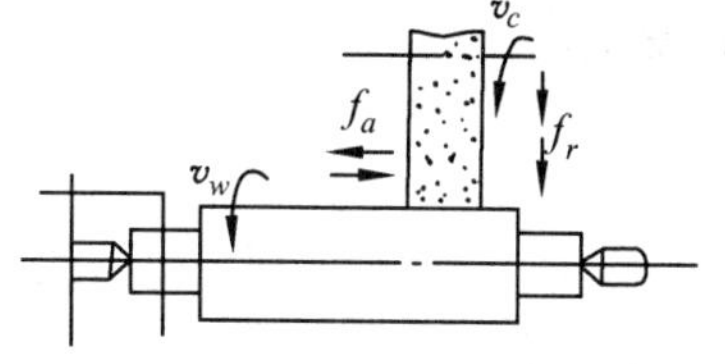

图 1-22 磨削运动的组成

② 径向进给量 f_r（磨削深度） 用工作台每单行程或双行程砂轮切入工件的深度（单位：mm/单行程、mm/双行程）。

③ 轴向进给量 f_a 用工件每转相对于砂轮的轴向移动量（单位：mm/r）。

④ 工件速度 v_ω 工件运动的切线速度（单位：mm/s）。

3. 磨削表面形成机理

磨削加工是靠砂轮表面排列的大量磨粒完成的，每个磨粒可以近似看成一个切削刃，而这些微小的切削刃的几何形状、几何角度又千差万别，如图 1-23所示。在磨削过程中，由于磨粒在砂轮表面上所分布高度不同，比较锋利的凸出的磨粒，有较大的切削厚度，形成如图 1-23(a)所示的切屑。而比较钝的凸出高度较小的磨粒，切不掉切屑，只起刻划作用，在工件表面挤压出微细的沟槽，如图 1-23(b)所示。更钝的磨粒，只稍微滑擦工件的表面，起抛光作用，如图 1-23(c)所示。所以磨削过程是磨粒的切削、刻划、抛光综合作用的结果，如图 1-24所示。

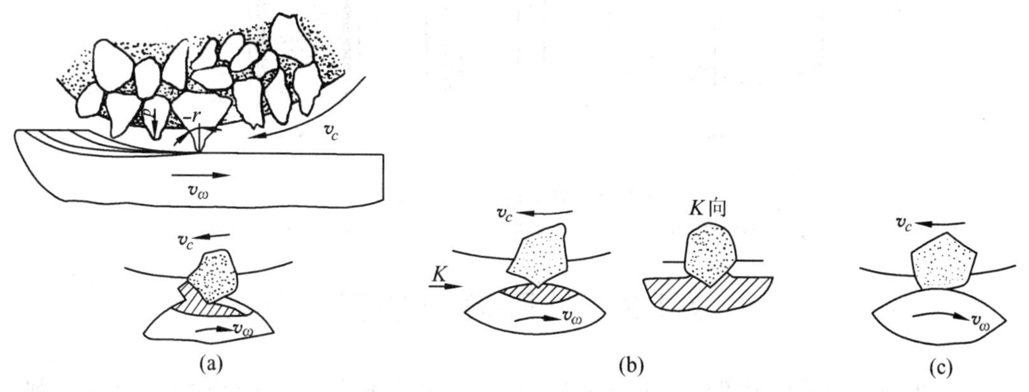

图 1-23 磨削过程中磨粒的切削、刻划、抛光作用

(a) 切削作用 (b) 刻划作用 (c) 抛光作用

4. 砂轮的磨损与修整

砂轮经过一段时间工作后，会失去磨削性能，产生磨损。其主要形式有：

(1) 磨粒磨损 磨粒的棱角被磨平变钝，影响磨削加工。

(2) 磨粒破碎 磨粒在磨削时瞬间高温，又在切削液作用下骤冷，易引起磨粒破碎。

(3) 砂轮表面堵塞 磨削时，切屑会粘附在磨粒与磨粒间，或嵌入砂轮气孔中使砂轮失去磨削能力。

(4) 砂轮轮廓变形　砂轮磨粒脱落不均匀,使砂轮失去已有的轮廓,砂轮硬度太软时易发生。

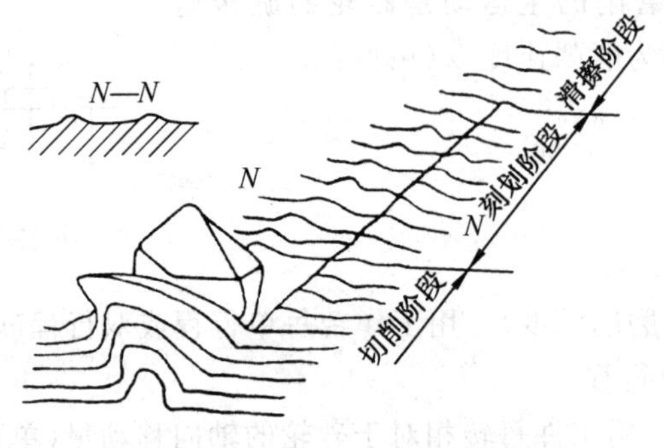

图 1-24　磨削过程中磨粒的切削过程

砂轮磨钝后应及时修整。常采用大颗粒金刚石笔、多粒细碎金刚石笔和金刚石滚轮来修整,如图 1-25所示。

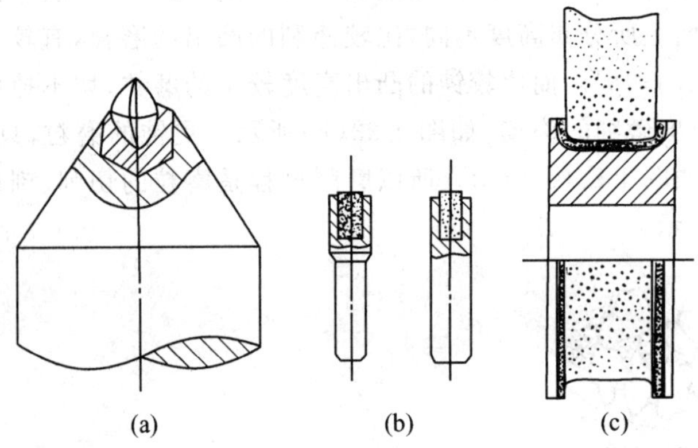

图 1-25　修整砂轮用的工具

a) 大颗粒金刚石笔　(b) 多粒细碎金刚石笔　(c) 金刚石滚轮

§1-2　外圆表面加工

外圆表面是构成机器零件的主要表面之一。外圆表面常用的机械加工方法有车削、磨削和光整加工。

一、车削外圆

在车床上利用车刀对工件进行切削加工的方法称为车削。工件的旋转是主运动,刀具的移动是进给运动。车削可以在卧式车床、立式车床、转塔车床、仿形车床、数控车床和专用车床上进行。车削加工因切削层厚度大、进给量大、切削速度较高、刀具简单而成为回转体表面加工最经济有效和广泛应用的加工方法。常用于加工外圆柱、外圆锥表面和回转体成形表面。车削就其经济加工精度和经济表面质量来看，一般用于粗加工和半精加工，用高精度的机床也可对有色金属进行精加工。

1. CA6140 型卧式车床

CA6140 型卧式车床外形如图 1-26 所示。其主要构成部分如下：

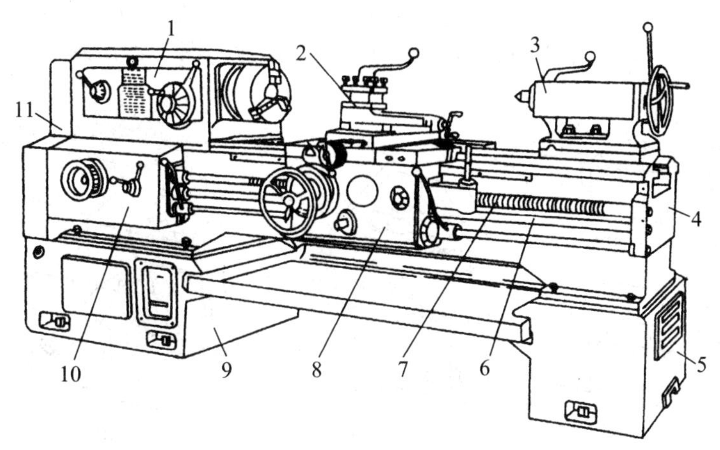

图 1-26 CA6140 型卧式车床外形图

1—主轴箱 2—刀架 3—尾座 4—床身 5—床腿 6—光杠
7—丝杠 8—溜板箱 9—床腿 10—进给箱 11—挂轮箱

(1) 床身 床身是用于支承和连接车床上各部件，并带有精确导轨的基础零件。溜板箱和尾座可沿导轨左右移动。床身由床脚支承，并用地脚螺栓固定在地基上。

(2) 主轴箱 主轴箱是装有主轴和变速机构的箱形部件。其速度变换是通过调整变速手柄位置，改变变速机构的齿轮啮合关系实现的。主轴是空心的，可使棒料通过，其前端有锥孔用于装顶尖，外锥面用于安装卡盘或花盘时定位。

(3) 进给箱 进给箱是装有进给变换机构的箱形部件。内有变速机构，主轴通过交换齿轮把运动传递给它。改变箱内变速机构的齿轮啮合关系，可使光杠、丝杠获得不同的旋转速度。

(4) 溜板箱 溜板箱是装有操纵车床进给运动机构的箱型部件。它将光杠的旋转运动传给刀架，使刀架作纵向或横向进给的直线运动，操纵开合螺母手柄可接通或断开丝杠带动溜板的移动，完成螺纹加工工作。

(5) 刀架部件 刀架是多层结构，分为大拖板、中拖板、小拖板、转盘、方刀架等部分，如图1-27所示。方刀架夹持刀具，大拖板使刀具作纵向移动、中拖板使刀具作横向移动、小拖板使刀具作斜向移动。

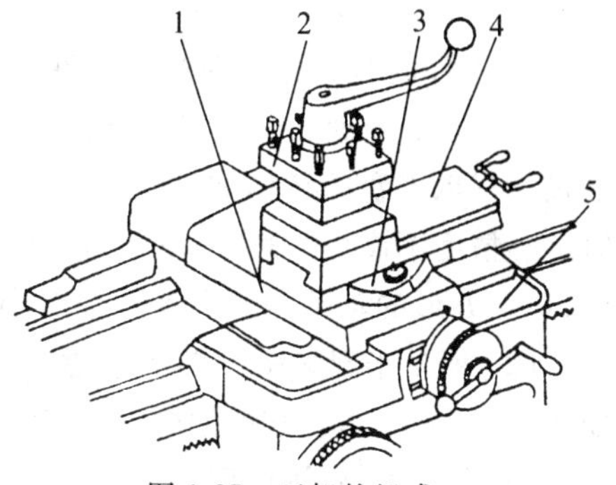

图 1-27 刀架的组成

1—中拖板 2—方刀架 3—转盘
4—小拖板 5—大拖板

(6)尾座　尾座主要用于配合主轴支承工件或安装加工工具。当安装钻头等刀具时，可进行孔加工。

2. 外圆车刀的种类和用途

车刀按刀具材料常用的有高速钢、硬质合金和陶瓷等三种。按结构常用的有整体式、焊接式、机夹式和可转位式四种，如图 1-28所示。按用途一般分为外圆车刀、内孔车刀、切断车刀、成形车刀、端面车刀等。常用车刀的基本用途如图 1-29所示。

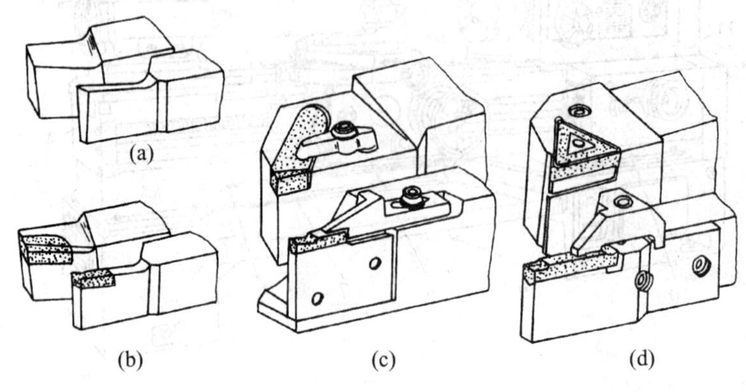

图 1-28　车刀的结构类型

(a) 整体式　(b) 焊接式　(c) 机夹式　(d) 可转位式

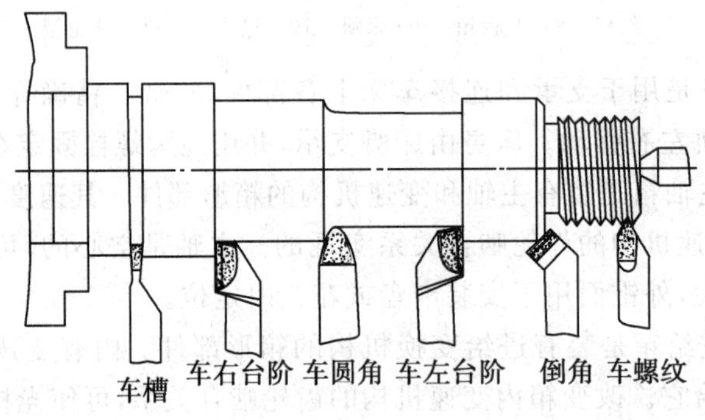

图 1-29　常用车刀的用途

3. 工件的装夹方式和车床附件

(1) 三爪卡盘装夹　三爪卡盘是三爪自定心卡盘的简称。这是车床上最常用的装夹方式。三爪卡盘的结构如图 1-30所示。用三爪自定心卡盘装夹能自动定心，装夹方便，但定心精度不高(一般为 0.05～0.08mm)，夹紧力较小。适用于装夹截面为圆形、正三角形、正六方形的轴类和盘类零件中的小型零件。

(2) 四爪卡盘装夹　四爪卡盘是卡爪单动卡盘，是车床上常用的夹具之一。其外形如图 1-31(a)所示。它的四个卡爪分别通过四个调整螺钉调整。用四爪卡盘装夹工件的特点是:夹紧可靠、用途广泛，但不能自动定心，要与划线盘、百分表配合进行找正安装工件，如图 1-31(b)所示。通过校正后的工件安装精度较高，夹紧可靠，这种方法适合方形、长方形、椭圆形及各种不规则形状的零件装夹，也用于偏心轴零件的加工。

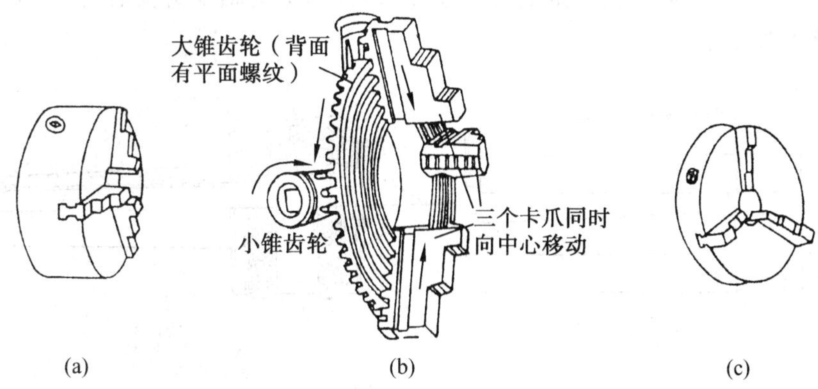

图 1-30　三爪自定心卡盘

(a) 三爪自定心卡盘外形　(b) 三爪自定心卡盘结构　(c) 反三爪自定心卡盘

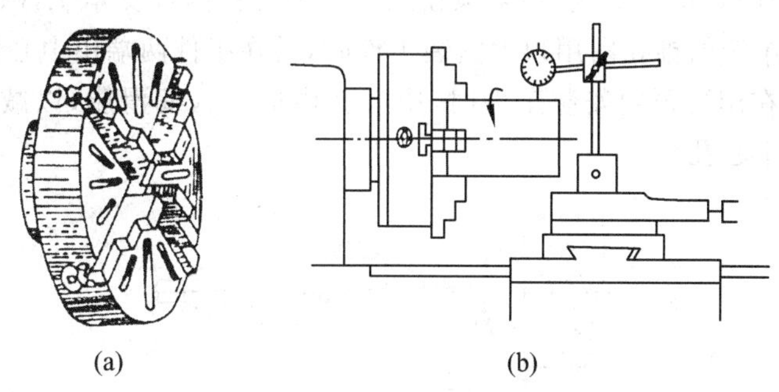

图 1-31　四爪卡盘装夹工件

(a) 外形　(b) 用百分表找正

(3) 顶尖装夹　较长的轴类零件在加工时常用两顶尖装夹，如图 1-32所示。工件支承在前后两顶尖之间，工件的一端用鸡心夹头夹紧，由安装在主轴上的拨盘带动旋转。这种方法定位精度高，能保证轴类零件的同轴度。另外，还可用一夹一顶的方法装夹，将工件一端用主轴上的三爪卡盘或四爪卡盘夹持，另一端用尾座上的顶尖支撑，这种方法夹紧力较大，适于轴类零件的粗加工和半精加工。但工件调头安装时不能保证同轴度，精加工时应改用两顶尖装夹。

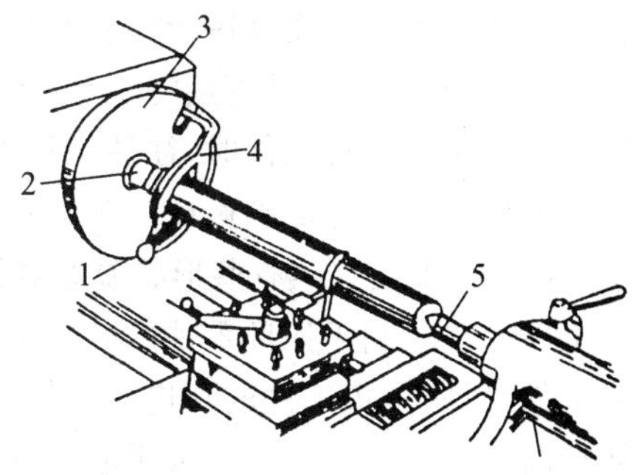

图 1-32　用两顶尖安装工件

1—夹紧螺钉　2—前顶尖　3—拨盘　4—鸡心夹　5—后顶尖

顶尖的结构有两种，一种是固定顶尖，另一种是回转顶尖，如图 1-33所示。固定顶尖刚性好，定心准确，但与中心孔间因产生滑动摩擦而发热过多，容易将中心孔或顶尖“烧坏”。因此只适用于低速加工精度要求较高的工件。回转顶尖是将顶尖与中心孔间的滑动摩擦改成顶尖内部轴承的滚动摩擦，能在很高的转速下正常工作，克服了固定顶尖的缺点，应用很广泛。但回转顶尖存在一定的装配误差，以及当滚动轴承磨损后，会使顶尖产生跳动，从而降低加工精度。

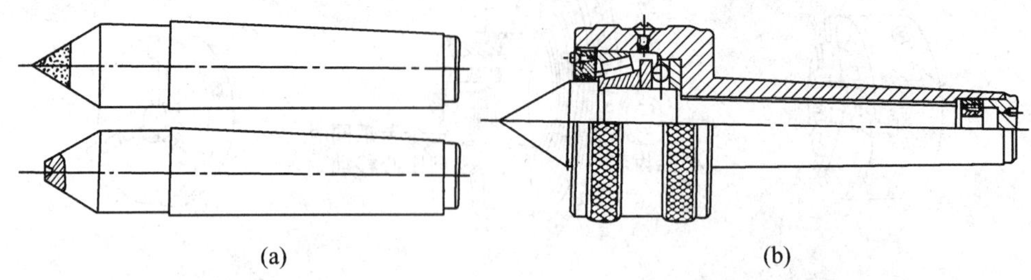

图 1-33　顶尖
(a) 固定顶尖　(b) 回转顶尖

顶尖头部带有 60°锥形尖端，用来顶在工件的中心孔内以支承工件；莫氏锥体的尾部安装在主轴孔或尾座的锥孔内用顶尖安装工件时，需在工件两端用中心钻加工出中心孔，如图 1-34所示。在用死顶尖安装工件时，中心孔内应加入润滑脂，以减少因滑动摩擦发热而烧伤顶尖或中心孔。

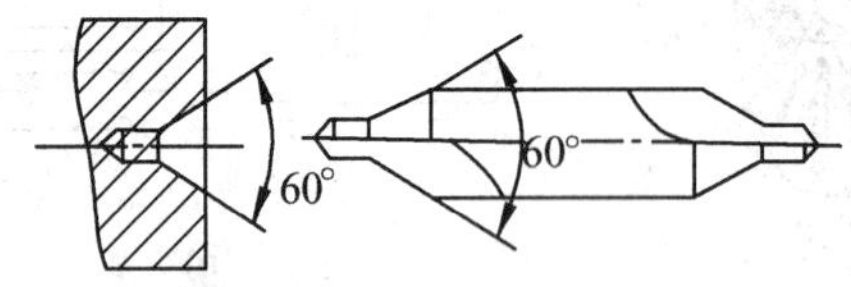

图 1-34　顶尖孔

(4) 花盘、弯板装夹　花盘是安装在主轴上的一个圆盘，端面上有许多 T 形槽用于安装螺栓装夹工件。花盘用于形状不规则且三爪和四爪卡盘无法装夹的工件。用花盘安装工件有两种形式，一是直接将工件安装在花盘上，二是增加弯板后再安装工件，如图1-35所示。用花盘装夹工件时，往往工件重心偏向一边，为了防止转动时产生振动，一般在花盘上工件的另一边加平衡铁。工件在花盘上的位置需要用划线盘等校正。

(5) 心轴装夹　有些形状复杂或同轴度要求较高的套、盘类零件，可采用心轴进行安装工件。这有利于保证零件的外圆与内孔的同轴度及端面对孔的垂直度要求。用心轴安装工件时，应先将工件的孔进行精加工，然后以孔定位将工件安装在心轴上，再把心轴安装在前后顶尖之间。各种常用心轴如图 1-36所示。

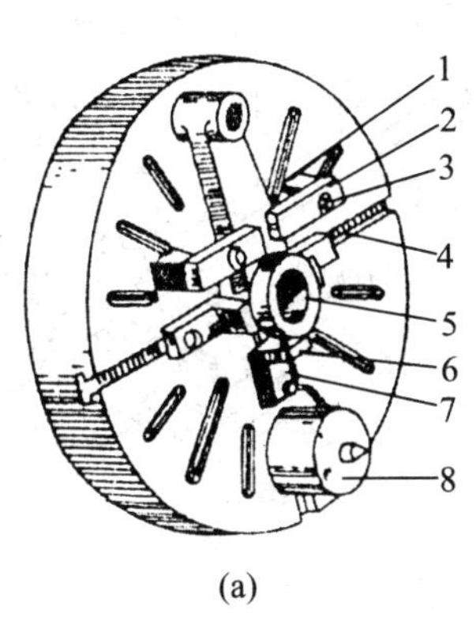

(a)

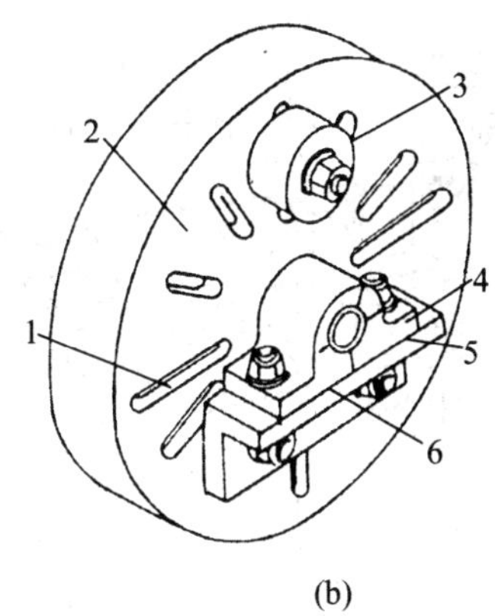

(b)

图 1-35　花盘、弯板装夹工件

(a) 在花盘上安装工件　1—垫铁　2—压板　3—螺钉　4—螺钉槽　5—工件　6—角铁　7—紧定螺钉　8—平衡铁

(b) 在花盘弯板上安装工件 1—螺钉孔槽　2—花盘　3—平衡铁　4—工件　5—安装基面　6—弯板

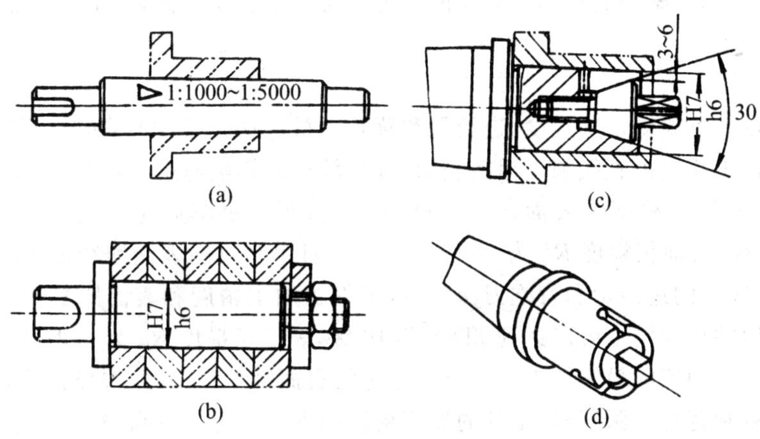

图 1-36　各种常用心轴

(a) 小锥度心轴　(b) 台阶心轴　(c) 胀力心轴　(d) 槽做成三等分

(6) 中心架与跟刀架的应用　加工细长轴时，为减少工件的变形保证加工精度，除用两顶尖装夹外，还需采用中心架或跟刀架作为辅助支承，以提高工件的刚度。如图 1-37 所示。

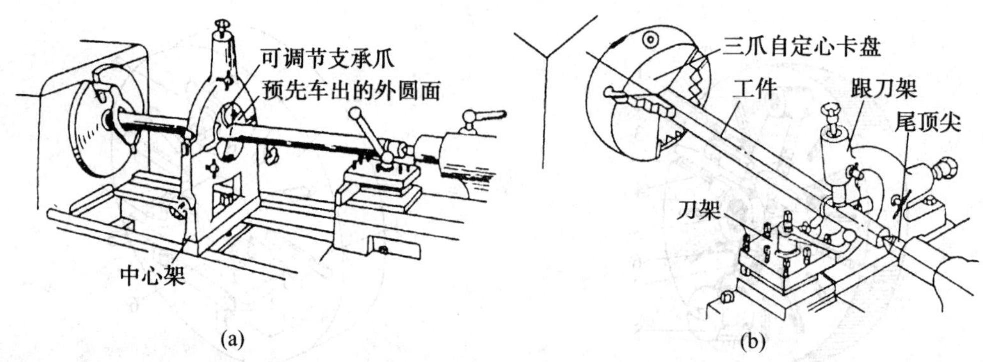

图 1-37　中心架与跟刀架的应用

(a) 用中心架车外圆　　(b) 跟刀架的应用

中心架用压板及压板螺栓紧固在车床导轨上，调整三个可调支承爪与工件接触，可增加工件的刚性。它用于加工细长轴、阶梯轴、长轴端面、端部的孔的加工。跟刀架紧固在刀架滑板上，并与刀架一起移动。它用两个可调支承爪支承工件，适用于不带台阶的细长轴的车削。

4. 切削用量

切削用量的三要素切削速度、进给量和背吃刀量选择的参数不同时，工件的加工精度和表面质量也不相同。直接加工毛坯表面，选择较小的切削速度，较大的进给量和背吃刀深度时，工件的加工精度和表面质量较低，称为粗车。粗车后工件的尺寸精度一般为IT10～IT13 级，表面粗糙度 Ra 为 30～12.5μm。对粗车过的表面继续加工时，选择较大的切削速度，较小的进给量和背吃刀深度时，工件的加工精度和表面质量较高，称为半精车。半精车后的尺寸精度可以达到 IT8～IT10 级，表面粗糙度 Ra 为 6.3～3.2μm。一般可作为中等精度加工的最终加工。对半精车过的表面继续加工时，选择合适的切削速度，更小的进给量和背吃刀深度时，工件的加工精度和表面质量会更高，称为精车。精车后的工件尺寸精度可以达到 IT7～IT9 级，表面粗糙度 Ra 为 1.6～0.8μm。对于精度较高的毛胚，视具体情况，可不经粗车直接进行半精车或精车。

精车后继续加工称为精细车。精细车是一种光整加工方法，主要用于有色金属的高精度加工。其工艺特征是背吃刀量小($a_p=0.05\sim0.03$mm)、进给量小($f=0.02\sim0.12$mm/r)、切削速度高($v=120\sim600$m/min)。一般情况下，其加工精度可达到 IT6～IT7 级，表面粗糙度 Ra 为 0.4～0.025μm。有色金属不宜采用磨削，所以常采用精细车代替磨削，它比加工钢件和铸件能获得更高的加工质量，但同时对机床精度、刀具质量、操作水平也有较高的要求。

由表 1-6、表 1-7 和表 1-8 列出了车削切削用量的经验数据。

表 1-6 硬质合金刀具粗车外圆及端面的进给量

工件材料	车刀刀杆尺寸(mm)	工件直径(mm)	背吃刀量 a_p/mm				
			≤3	>3~5	>5~8	>8~12	>12
			进给量 f/(mm·r^{-1})				
碳素结构钢、合金结构钢及耐热钢	16×25	20	0.3~0.4	—	—	—	—
		40	0.4~0.5	0.3~0.4	—	—	—
		60	0.5~0.7	0.4~0.6	0.3~0.5	—	—
		100	0.6~0.9	0.5~0.7	0.5~0.6	0.4~0.5	—
		400	0.8~1.2	0.7~1.0	0.6~0.8	0.5~0.6	—
	20×30 25×25	20	0.3~0.4	—	—	—	—
		40	0.4~0.5	0.3~0.4	—	—	—
		60	0.6~0.7	0.5~0.7	0.4~0.6	—	—
		100	0.8~1.0	0.7~0.9	0.5~0.7	0.4~0.7	—
		400	1.2~1.4	1.0~1.2	0.8~1.0	0.6~0.9	0.4~0.6
铸铁及铜合金	16×25	40	0.4~0.5	—	—	—	—
		60	0.6~0.8	0.5~0.8	0.4~0.6	—	—
		100	0.8~1.2	0.7~1.0	0.6~0.8	0.5~0.7	—
		400	1.0~1.4	1.0~1.2	0.8~1.0	0.6~0.8	—
	20×30 25×25	40	0.4~0.5	—	—	—	—
		60	0.6~0.9	0.5~0.8	0.4~0.7	—	—
		100	0.9~1.3	0.8~1.2	0.7~1.0	0.5~0.8	—
		400	1.2~1.8	1.2~1.6	1.0~1.3	0.9~1.1	0.7~0.9

表 1-7 车削加工的切削速度参考数值

加工材料		硬度 HBS	a_p/(mm)	高速钢刀具		硬质合金刀具				陶瓷刀具	
				v_c/(mm/s)	f/(mm/r)	v_c/(mm·s^{-1})		f/(mm/r)	材料	v_c/(mm/s)	f/(mm/r)
						焊接式	可转位式				
碳钢	低碳	125~225	1	0.27-0.77	0.18	2.33-2.5	2.83-3.25	0.18	YT15	8.67-9.67	0.13
			4	0.57-0.63	0.40	1.92-2.1	2.25-2.5	0.50	YT14	6.1-7.1	0.25
	中碳	175~275	1	0.57-0.67	0.18	1.92-2.17	2.5-2.67	0.18	YT15	7.67-8.67	0.13
			4	0.38-0.5	0.40	1.5-1.67	1.92-2.1	0.50	YT14	4.83-5.83	0.25
	高碳	175~275	1	0.5-0.62	0.18	1.92-2.17	2.33-2.58	0.18	YT15	7.67-8.67	0.13
			4	0.4-0.45	0.40	1.47-1.58	1.75-2	0.50	YT14	4.58-5.58	0.25

(续表)

合金钢	低碳	125～225	1 4	0.68-0.77 0.53-0.62	0.18 0.40	2.25-2.5 1.75-2	2.83-3.1 2.25-2.42	0.18 0.50	YT15 YT14	8.67-9.67 6.1-6.58	0.13 0.25
	中碳	175～275	1 4	0.57-0.68 0.43-0.53	0.18 0.40	1.75-1.92 1.42-1.5	2.17-2.5 1.75-2	0.18 0.50	YT15 YT14	7.67-8.67 4.67-6	0.13 0.25
	高碳	175～275	1 4	0.5-0.62 0.4-0.45	0.18 0.40	1.75-1.92 1.4-1.5	2.25-2.42 1.75-1.92	0.18 0.50	YT15 YT14	7.67-8.67 4.58-5.58	0.13 0.25
灰铸铁		160～260	1 4	0.43-0.72 0.28-0.45	0.18 0.40	1.4-2.25 1.15-1.83	1.67-2.75 1.35-2.1	0.18-2.5 0.40-0.50	YG8, YW2	6.6-9.2 4.1-6.1	0.13-0.25 0.25-0.40

表 1-8　　硬质合金外圆车刀半精车的进给量

工件材料	表面粗糙度 Ra(μm)	车削速度范围(m/min)	刀尖圆弧半径 r_ε(mm)		
			0.5	1.0	2.0
			进给量 f(mm/dst)		
铸铁、青铜、铝合金	6.3	不限	0.25～0.40	0.40～0.50	0.50～0.60
	2.2		0.15～0.25	0.20～0.40	0.40～0.60
	1.6		0.10～0.15	0.15～0.20	0.20～0.35
碳钢及合金钢	6.3	<50	0.30～0.50	0.45～0.60	0.55～0.70
		>50	0.40～0.55	0.55～0.65	0.65～0.70
	3.2	<50	0.18～0.25	0.25～0.30	0.30～0.40
		>50	0.25～0.30	0.30～0.35	0.35～0.50
	1.6	<50	0.10	0.11～0.15	0.15～0.22
		50～100	0.11～0.16	0.16～0.25	0.25～0.35
		>100	0.16～0.20	0.20～0.25	0.25～0.35

二、磨削外圆

在机床上用砂轮作为刀具对工件进行切削加工的过程称为磨削。磨削是零件精加工的主要方法之一。

磨削加工是利用磨粒的尖角形成众多的切削刃，在工件表面上刻划而实现切削加工的。由于磨削加工所采用的磨料颗粒细小，硬度高，耐热性好，所以切削速度一般为30～50m/s，生产效率高，适用于各种高硬度材料和淬火后零件的加工。加工过程中同时参与切削运动得颗粒数量多，能切除极薄极细的切屑，因而加工精度高，表面粗糙度数值小。

磨削加工可以达到的经济精度为IT6，表面粗糙度 Ra 值为1.25～0.32μm。精密磨削后的工件精度可达到IT5以上，表面粗糙度 Ra 值可达0.01μm。

随着科技水平的不断提高，磨床和砂轮的性能不断改善，磨削不再仅用于精加工，在粗加工和半精加工中也得到广泛应用，发达国家已占到了磨削工作量的近50%，在国内的应用也比较广泛。

磨削外圆是利用普通外圆磨床、万能外圆磨床、无心外圆磨床等机床对外圆柱表面和外圆锥表面进行切削加工。

1. M1432A型万能外圆磨床及磨削加工

(1) M1432A型万能外圆磨床的组成及作用　图1-38所示为M1432A型万能外圆磨床的外形图。它的主要组成部分的名称及作用如下：

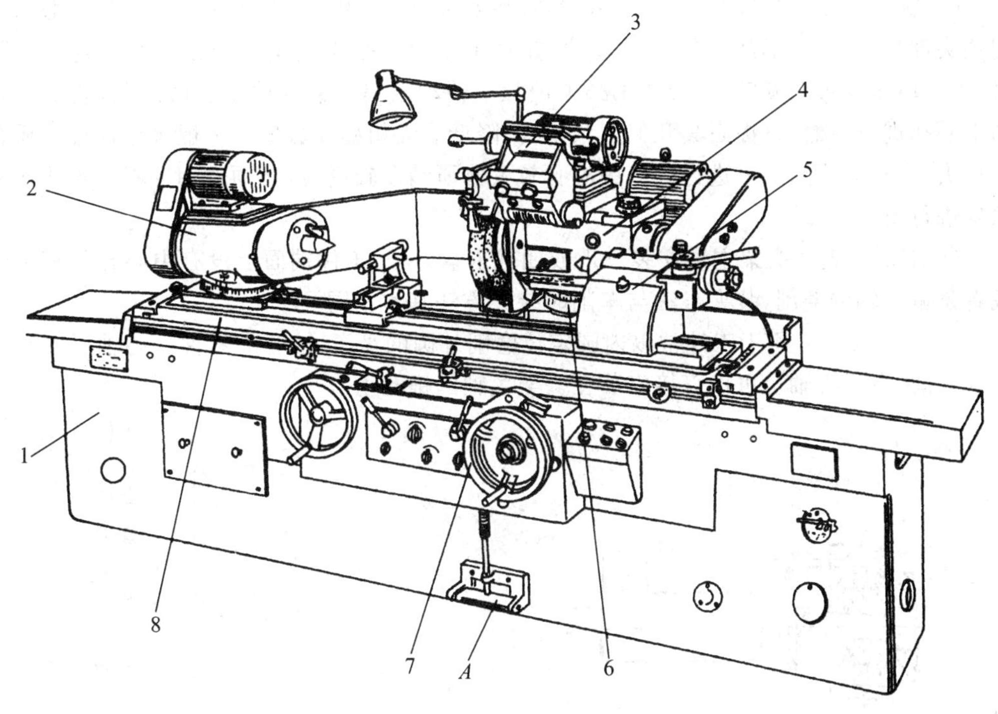

图1-38　M1432A型万能外圆磨床外形

1—床身　2—头架　3—内圆磨具　4—砂轮架　5—尾架
6—床鞍　7—横向进给手轮　8—工作台

① 床身　床身用于支承和连接各部件。其上部装有工作台和砂轮架，内部装有液压传动系统。床身上有纵向导轨和横向导轨。

② 工作台　工作台由液压驱动，沿床身的纵向导轨作直线往复运动，实现工件纵向进给。在工作台前侧面的T形槽内，装有两个换向挡块，用以控制工作台的纵向移动的距离并实现自动换向。工作台也可以通过转动手轮实现手动移动。工作台分上下两层，上层可在水平面内偏转一个较小的角度，用于磨削圆锥面。

③ 头架　头架上装有头架主轴，头架主轴前端有莫氏4号锥孔，可以安装顶尖和卡

盘，以便装夹工件。头架上有单独的电动机产生动力，通过带传动机构传递运动并变速，带动拨盘旋转。头架可在水平面内偏转一定的角度。

④ 砂轮架　砂轮架上安装主轴，由主电动机通过带传动直接带动旋转。砂轮安装在主轴上。砂轮架沿床身后部的导轨上作横向移动。砂轮架可在水平面内旋转。

⑤ 内圆磨具　内圆磨具是磨削内圆表面用的，主轴上安装内圆磨削砂轮，由单独电动机带动。内圆磨头绕支架旋转，使用时翻下，不用时翻向砂轮架上方。

⑥ 尾座　尾座的套筒内安装顶尖，用来支承工件。尾座在工作台上的位置，可根据工件长度的不同进行调整。扳动尾座上的手柄，顶尖套筒可伸缩以便装卸工件。

(2) 磨外圆工件的装夹方法　在外圆磨床上，工件一般用前、后顶尖装夹，也可用三爪卡盘、四爪卡盘、心轴等装夹。

① 顶尖装夹　如图 1-39(a)所示，其安装方法与车削中所用方法基本相同，但磨床所用顶尖都是死顶尖，不随工件一起转动，并且尾座顶尖是靠弹簧推拉力夹紧工件。磨削时，工件由拨盘带动旋转，头架主轴必须锁紧不转动以提高磨削质量。磨削前，要对工件的中心孔进行研磨，以提高其几何形状精度，降低表面粗糙度数值。一般采用四棱硬质合金顶尖，在车床或钻床上进行。当中心孔较大修研精度较高时，必须选用油石顶尖或铸铁顶尖进行研磨。

② 卡盘装夹　头架主轴安装三爪或四爪卡盘，用于工件端面上没有中心孔的短工件或者是偏心轴的磨削，装夹方法与车削时装夹方法基本相同。

③ 心轴装夹　用于工件常以内圆定位磨削外圆的盘类、轴套类零件。心轴可安装在两顶尖间，专用心轴也可以直接安装在头架主轴的锥孔里。

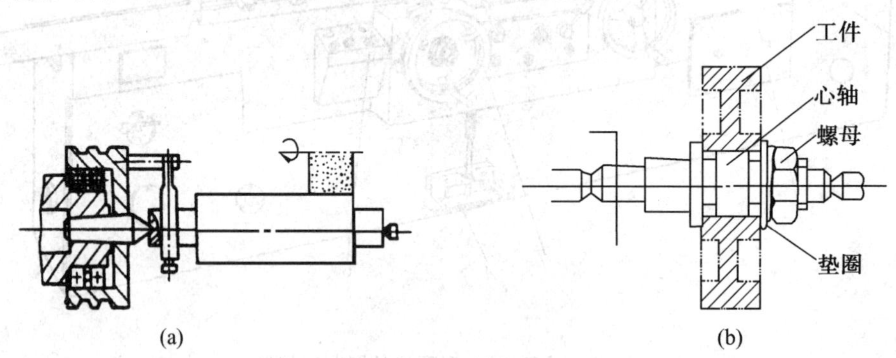

图 1-39　工件的装夹

(a) 顶尖安装工件　　(b) 心轴

(3) 工件的磨削方法　图 1-40为在万能外圆磨床上加工外圆表面的示意图。(a)图是磨削外圆柱表面；(b)图是磨床工作台转动一小角度，磨削小锥度轴；(c)图是砂轮架转动一个角度磨削大锥度表面。

根据砂轮、工件的运动方式不同，外圆工件的磨削方法可分为纵磨、横磨和深磨三种方式，如图 1-41所示。

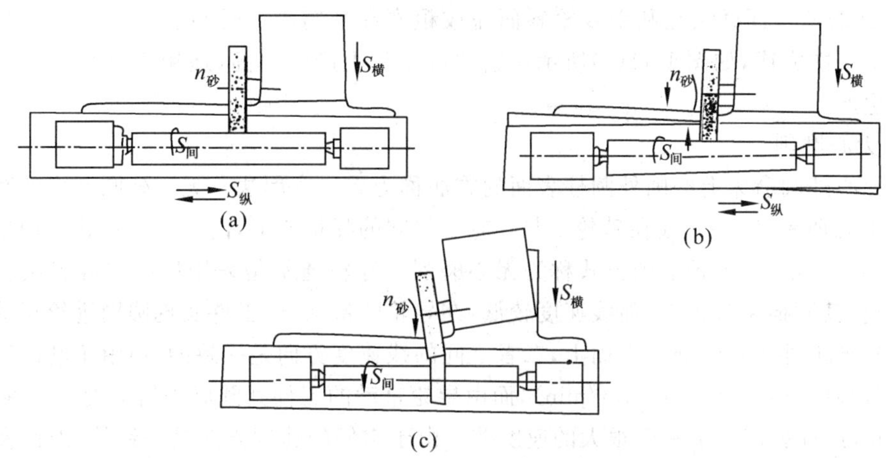

图 1-40　万能外圆磨床上加工外圆表面的示意图

① 纵磨法　纵磨法是工件随工作台纵向往复运动，即纵向进给，每个行程终了时砂轮作横向进给一次，直至磨到所需尺寸，如图 1-41(a)所示。纵磨法的特点是：每次磨削深度小，磨削力小，磨削热少，散热条件好，不易烧伤工件表面，另外在磨削至最后时，可进行几次无横向进给的"光磨"行程，直到无火花，能逐步消除因弹性变形而产生的误差，所以工件加工精度较高，表面粗糙度数值较小；可用同一砂轮磨削长度不同的各种工件，适应性好；生产效率不高，所以广泛用于单件、小批生产及精磨，特别适用于细长轴的磨削。

② 横磨法　横磨法是工件不作纵向进给，砂轮一边高速旋转进行磨削加工，一边以缓慢的速度连续或断续地作横向进给，直到去除全部磨削余量为止，如图 1-41(b)所示。它的特点是：工件与砂轮的接触面积大，磨削力大，发热量高、集中，散热条件差，工件易变形和烧伤，所以只能磨削刚性好的且待磨表面较短的工件，如阶梯轴的轴颈等工件，并要提供充足的冷却液；由于工件和砂轮无纵向运动，磨粒会在工件表面上留下重复刻划痕迹，当砂轮因修整得不好或磨损不均匀时，会直接影响工件的精度，所以加工精度和表面质量不如纵磨法；生产效率高。适用于成批或大量生产，将砂轮修整成特定形状，可以加工成形表面，生产简便。

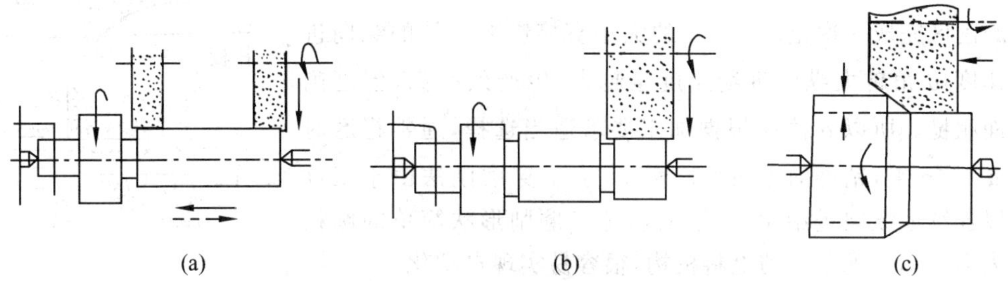

图 1-41　外圆磨削工艺方法

(a) 纵磨法　(b) 横磨法　(c) 深磨法

③ 深磨法　深磨法是利用砂轮斜面完成粗磨和半精磨，外圆柱面完成精磨和修光，全部磨削一次完成，如图 1-41(c)所示。它的特点是生产效率高，适用于刚性好的短轴的大批量生产。

2. 无心磨削

在无心外圆磨床上磨削外圆柱表面的方法称为无心磨削法。无心外圆磨床的磨削方式如图 1-42所示，工件 2 放在砂轮 1 与导轮 3 之间的托板 4 上，由于工件不是采用顶尖或卡盘定心和支承，故这种磨削方式称为无心磨削。导轮通常是采用树脂或橡胶黏合剂制成的砂轮，其摩擦系数很大，而线速度较低，在导轮的带动下，工件实现圆周进给运动。在磨削砂轮与工件接触的磨削表面上，二者之间的线速度方向是一致的，但由于磨削砂轮的线速度很高(一般 2000～3000m/min)，而由导轮带动的工件其圆周进给速度一般在 20～80m/min，这样就产生了一个很大的速度差。由于它们的速度方向是一致的，因此实际上工件的旋转是由磨削砂轮的切削力带动的。导轮则依靠摩擦力对工件进行“制动”，限制工件的圆周速度，保持工件与磨削砂轮之间的这一速度差，实现正常磨削。

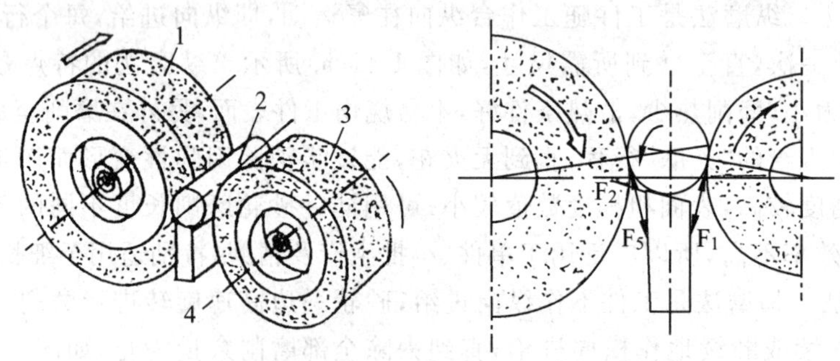

图 1-42　无心外圆磨床的工作原理

无心外圆磨床的基本磨削方法有两种：贯穿磨削法和切入磨削法。

(1) 贯穿磨削法　贯穿磨削法如图 1-43 所示，调整导轮架的转动体，使导轮轴线在垂直平面内倾斜一个角度 α，将工件从机床前端推入磨削区后，工件既作旋转运动，同时又由于导轮和工件间水平摩擦分力的作用沿轴向移动，直到全部移出磨削区完成一次走刀。α 角的大小直接影响工件的纵向进给速度，α 角越大纵向进给速度也越大，生产效率高，但磨削表面粗糙。所以 α 值应根据加工要求适当选择，通常粗磨时取 $\alpha=3°\sim4°$，精磨时取 $\alpha=1°\sim1.5°$。贯穿磨削法由于工件可以连续地纵向进给生产效率高，适宜磨削形状简单的圆柱形表面。如果配备自动上料机构，很容易实现自动化。

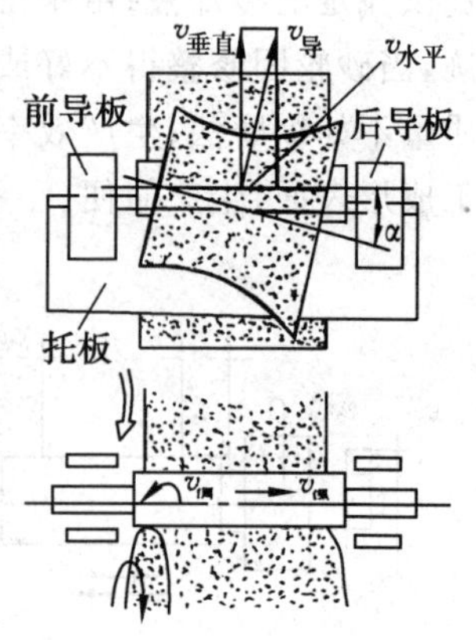

图 1-43　贯穿磨削法

(2) 切入磨削法　切入磨削法如图 1-44 所示，工件不作轴向移动，由砂轮作横向切入运动。由于工件无须作纵向进给运动，导轮轴线仅需倾斜一个很小的角度(约 30′)，以使导轮对工件产生一个很小的轴向力，工件在加工中顶紧在定程挡销上，实现可靠的轴向定位。切入磨削法适于磨削阶梯轴、圆锥面和各种成型回转表面。配备自动装卸料机构,也可以实现自动化。

由于在无心磨床上进行磨削时,工件无须打中心孔,这样既排除了因中心孔偏斜而带来的加工误差,又可节省时间。支承刚性好,便于采用较大进给量,便于磨削直径小的轴。采用贯穿磨削时可对工件进行连续加工,生产率较高。由于机床调整费时,不适于单件、小批量生产。因无心式磨削工件的定位方法和加工方法所限,不适于磨削外圆和内孔同轴度要求较高的外圆表面或周向不连续表面。

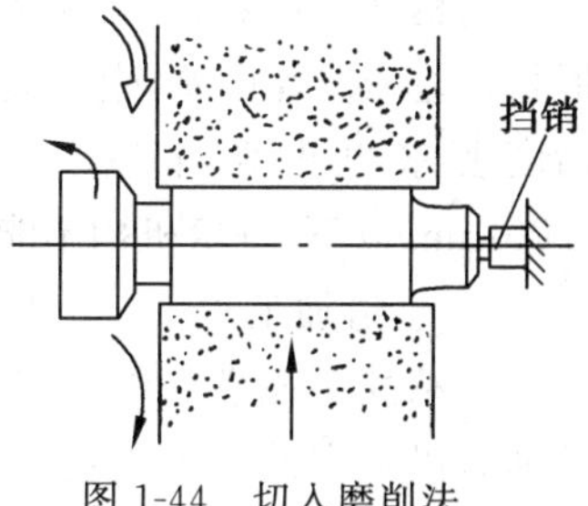

图 1-44　切入磨削法

三、外圆表面的光整加工

随着现代制造技术的发展,对产品的加工精度和表面粗糙度要求也越来越高,如精密磨床的砂轮主轴,其主轴支承轴颈的尺寸精度达到 1μm,表面粗糙度 *Ra* 值为 0.02～0.01μm,这就需要采用特殊加工方法。外圆表面的光整加工是提高表面质量的重要手段,其方法有高精度磨削、超精加工、研磨、外圆珩磨、滚压、抛光等。现将主要方法介绍如下。

1. 高精度磨削

工件表面的表面粗糙度 *Ra* 值在 0.16μm 以下的磨削工艺,称为高精度磨削。高精度磨削又分类精密磨削(*Ra* 值为 0.16～0.06μm)、超精密磨削(*Ra* 值为 0.04～0.02μm)和镜面磨削(*Ra* 值为 0.01μm)。高精度磨削与一般磨削方法相同,但需要特别软的砂轮和较少的磨削用量,例如采用树脂或橡胶作为砂轮结合剂,并加入一定量的石墨作填料。

高精度磨削的原理:砂轮表面每一颗磨粒就是一个切削刃(简称微刃)。这些微刃不可能在同一个圆周上,如图 1-45(a)所示。在砂轮未进行修整前,微刃不等高,磨削时参加工作的微刃减少,加工后的表面粗糙度数值增大。精细修整砂轮后,微刃趋向等高,磨粒形成能同时进行磨削的许多微刃,如图 1-45(b)所示,能磨削出表面粗糙度数值小的表面。磨削继续进行,锐利的微刃逐渐钝化到半钝状态,如图 1-45(c)所示。这种半钝化的微刃,切削作用降低,但是在压力作用下,能产生摩擦抛光作用,使工件表面获得的表面粗糙度数值更低。

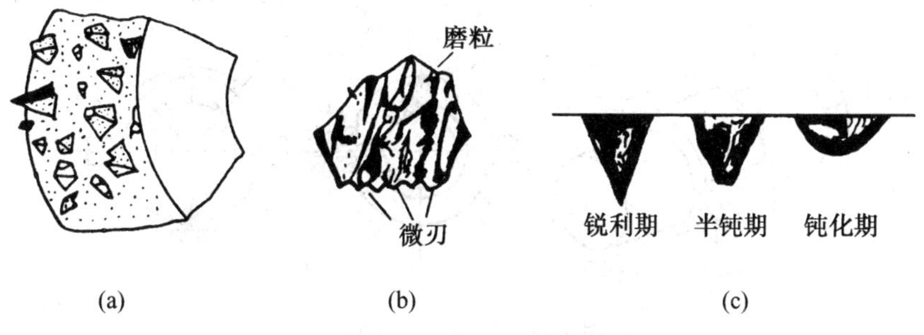

图 1-45　磨粒的微刃及磨削中微刃的变化

(a) 修整前　(b) 修整后　(c) 微刃的变化

高精度磨削特点：能够修正上道工序留下的形状误差和位置误差，生产效率高，但对机床本身精度要求也很高，机床回转精度与振幅须在0.001mm以下，进给机构不能有低速"爬行"现象。

2. 超精加工

超精加工原理如图1-46所示，它是将细粒度的油石以一定的压力压在工件表面，加工时工件低速转动、磨头轴向进给、油石高速往复振动，此三种运动使磨粒在工件表面上形成复杂运动轨迹，以完成对工件表面的切削作用。其实质就是低速微量磨削。

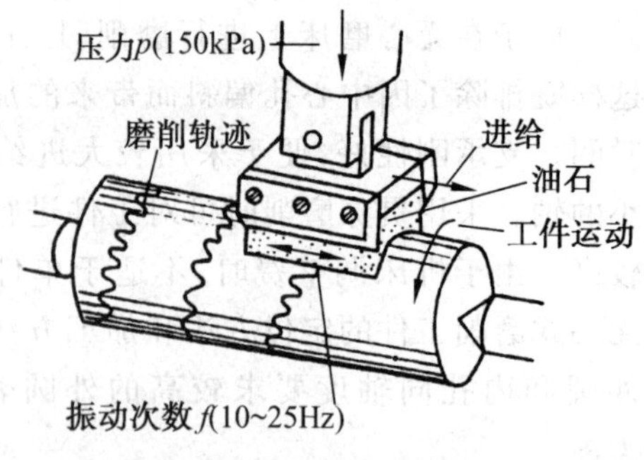

图1-46 超精加工原理

超精加工切削过程分为四个阶段：

(1) 强烈切削阶段　开始时因工件表面粗糙，只有少数凸峰与油石接触，单位面积压力很大，油石易破碎脱落，切刃锋利，切削作用强烈。

(2) 正常切削阶段　当少数凸峰磨平后，接触面积增大，单位面积压力降低，致使切削作用减弱而进入正常切削阶段。

(3) 微弱切削阶段　随着接触面积逐渐增大，单位面积压力更小，切削作用微弱，细小的切屑嵌入油石空隙中，油石产生光滑表面，起摩擦抛光作用。

(4) 自动停止切削阶段　工件磨平，单位面积上压力很小，工件与油石之间形成液体摩擦的油膜，不再接触，切削作用停止。

超精加工特点：超精加工磨粒运动轨迹复杂，能由切削过程过渡到摩擦抛光过程。为了增加运动轨迹的复杂性，有些超精加工还对油石的振动安装了变频机构，加工中不断更换振动频率。超精加工能加工的余量很小(0.005～0.025mm)，不能纠正工件的形状和位置误差。超精加工可得到的表面粗糙度 Ra 值为0.08～0.01μm。超精加工切削速度低、切削力小、发热量小，没有烧伤等现象。超精加工对设备要求简单，可在卧式车床上进行。

3. 研　磨

研磨是最早出现的一种光整加工方法，因该方法简便可靠，所以至今仍普遍应用。

研磨原理如图1-47所示，研磨套与工件之间加入研磨液，在一定压力下作复杂的相对运动，带动磨料对工件表面进行切削。研磨液在研磨过程中起到三种作用：

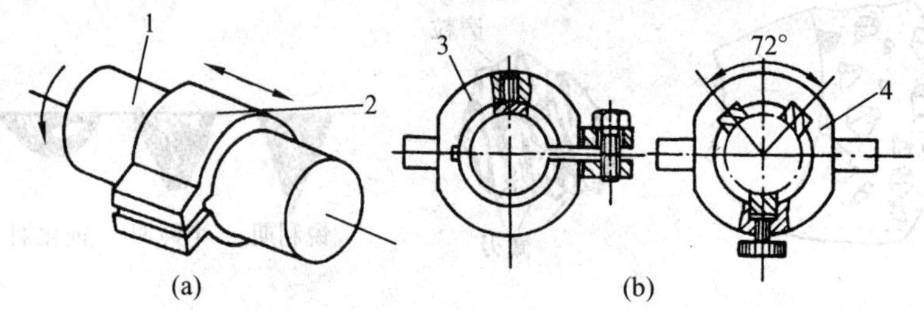

图1-47 研磨原理与研具

(a) 外圆研磨示意　(b) 外圆柱面研具

1—工件　2—研具　3—开口可调研磨环　4—三点式研具

（1）机械切削作用　磨粒在压力作用下滚动、挤压和刮擦，切下细微的金属层，图 1-48(a)所示为加工塑性材料，图 1-48(b)为加工脆性材料的情况。

（2）物理作用　磨粒与工件接触点的局部压强非常大，因而瞬时产生高温、挤压等作用，形成平滑而表面粗糙度值较小的表面。

（3）化学作用　研磨液中加入硬脂酸或油酸，与工件表面的氧化物薄膜产生化学作用，使被研磨表面软化，提高研磨效果。

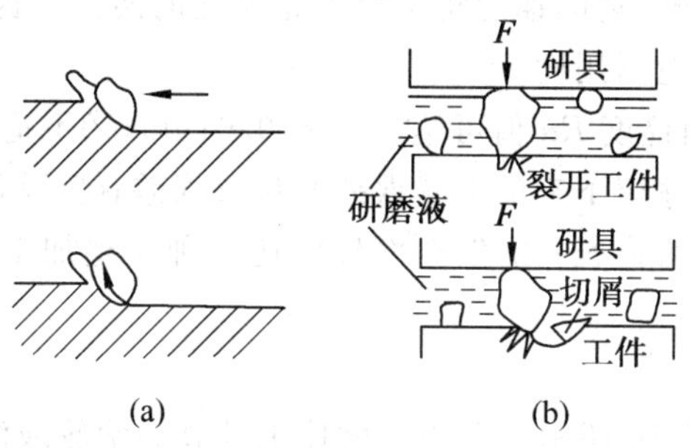

图 1-48　研磨时磨粒的切削作用

(a) 加工塑性材料　(b) 加工脆性材料

研磨用的研具要根据加工工件特制，要有较高的形状精度，其硬度要低于工件硬度，一般用铸铁和软钢制作。

研磨特点：研磨一般都在低速下进行，研磨过程的塑性变形小，切削热少，表面变形层薄，运动复杂，可获得较小的表面粗糙度 Ra 值(0.16～0.01μm)；研磨可提高表面形状精度与尺寸精度，但是一般不能提高表面位置精度；研磨方法简单、可靠，可手工研磨，也可机械研磨，而且研磨对加工设备要求的精度不高；研磨适用范围广，不仅可以加工金属，也可加工非金属，如光学玻璃、陶瓷、半导体、塑料等。

4. 珩　磨

外圆珩磨原理如图 1-49所示。

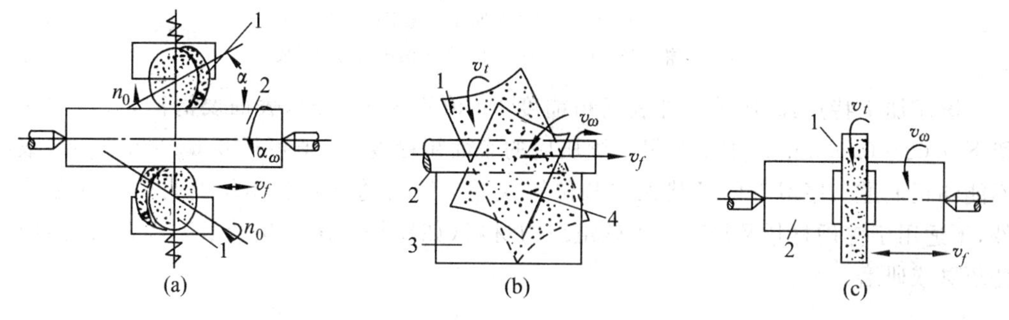

图 1-49　外圆珩磨

(a) 双轮珩磨　(b) 无心珩磨　(c) 高速珩磨

1—珩磨轮　2—工件　3—托架　4—导轮

图 1-49(a)为双轮珩磨示意图。珩磨轮相对工件轴心线倾斜 27°～35°,并以一定的压力从相对的方向压向工件表面,工件(或珩磨轮)作轴向往复运动。在工件转动时,因摩擦力带动珩磨轮旋转,并产生相对滑动,起微量切削作用,它是类似于超精加工的方法。

图 1-49(b)为无心珩磨示意图。这是在无心磨基础上发展起来的一种新型珩磨方式。这种无心珩磨的生产率相当于外圆磨,表面质量相当于研磨,可实现超精研磨加工。

图 1-49(c)所示为在两顶尖上高速珩磨的示意图。当工件表面线速度提高到珩磨轮线速度时,若两者逆向回转,切削速度将是珩磨轮速度的两倍。这种珩磨方式可降低单位能耗和发热量,提高珩磨轮耐用度。

珩磨特点:① 表面粗糙度 Ra 值可达 0.04～0.01μm;②不适用于带肩轴类零件和锥形表面,不能纠正上道工序留下来的形状误差和位置误差;③ 设备要求简单,珩磨轮可采用细粒度磨料自制,使用寿命长;④ 生产率较前述三种光整加工方法都高,工作可靠、质量稳定。

5. 滚压加工

滚压加工原理如图 1-50 所示。采用硬度比工件高的滚轮或滚珠,对半精加工后的零件表面加压,使受压点产生塑性变形,工件表面上原有的波峰被填充到相邻的波谷中去。滚压加工降低了表面粗糙度值,而且使表面的金属结构和性能发生变化,晶粒变细,表面留下残余压应力。另外,表面层强度极限和屈服极限提高,显微硬度提高 20～40%,使零件抗疲劳强度、耐磨性和耐腐蚀性都有明显的改善。

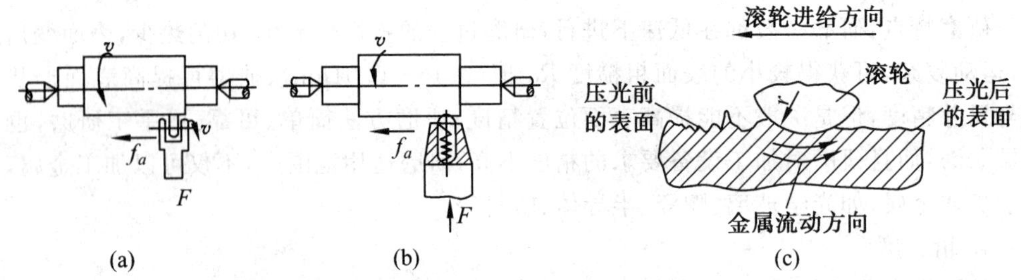

图 1-50　滚压加工示意图

(a) 滚轮滚压　(b) 滚珠滚压　(c) 滚压表面的形成

滚压加工特点:滚压前工件表面粗糙度 Ra 值不大于 5μm,表面要清洁,直径方向上留下 0.02～0.03mm 的加工余量。滚压后的表面粗糙度 Ra 值可达 0.63～0.16μm,滚压不能纠正上道工序留下的形状误差和位置误差。滚压适于材料组织均匀的塑性金属零件,不适用于淬硬材料及局部有松软组织的材料(如铸铁);滚压生产效率高,常以滚压代替珩磨或研磨。

四、外圆表面的加工方法选择

外圆表面的加工方法有很多种,但是每种加工方法所能达到的加工精度、表面粗糙度、生产率和加工成本各不相同,因此必须根据具体情况选用最适当的加工方案。表 1-9 列出了外圆表面加工方案及经济精度。

表 1-9　外圆表面加工方法

序号	加工方法	经济精度（IT）	经济粗糙度 *Ra* 值（μm）	适用范围
1	粗车	IT13～11	50～12.5	适用于淬火钢以外的各种金属
2	粗车—半精车	IT10～8	6.3～3.2	
3	粗车—半精车—精车	IT8～7	0.8～1.6	
4	粗车—半精车—精车—滚压（或抛光）	IT8～7	0.2～0.0255	
5	粗车—半精车—磨削	IT8～7	0.8～0.4	主要用于淬火钢，也可用于未淬火钢，但不宜加工有色金属
6	粗车—半精车—粗磨—精磨	IT7～6	0.4～0.1	
7	粗车—半精车—粗磨—精磨—超精加工（或轮式超精磨）	IT5	0.1～0.012（或 Rz0.1）	
8	粗车—半精车—精车—精细车（金刚车）	IT7～6	0.4～0.025	主要用于要求较高有色金属加工
9	粗车—半精车—粗磨—精磨—超精磨（或镜面磨）	IT5 以上	0.025～0.006（或 Rz0.1）	极高精度的外圆加工
10	粗车—半精车—粗磨—精磨—研磨	IT5 以上	0.1～0.012（或 Rz0.1）	

§1-3　内孔表面加工

孔是空心圆杆类、套筒类、盘环类、箱体类零件的主要表面，同时也是许多零件的辅助表面，如车床主轴孔，法兰盘及齿轮上的孔，箱体上的轴承孔、螺钉孔等。孔是组成零件的基本表面之一。

孔加工比外圆表面加工条件差，孔加工具有刀具的刚性差、排屑困难、散热条件差的特点。因为加工表面处在已加工表面包围之中，刀具的直径及刀轴的直径和长度受到孔本身的尺寸限制，如细长孔的刀具直径小，刀轴又细又长。加工孔排屑困难，容易划伤表面，切屑堵塞时易卡死刀具，甚至使刀具折断。刀具处于被加工孔的包围之中，大量高温切屑不能及时排出，切屑、刀具与工件间的摩擦也大，冷却润滑液不易引入切削区。因此，加工孔与加工同等精度和表面粗糙度要求的外圆相比，加工难度大、生产效率低、生产成本高。

内孔表面的加工方法很多，主要有钻、扩、铰、镗、磨、拉、研磨、珩磨等。

一、钻孔、扩孔与铰孔

（一）钻　孔

用钻头在实体材料上加工出孔的方法称为钻孔。如图 1-51所示。钻孔最常用的刀具是麻花钻。用麻花钻钻孔精度较低，一般为 IT11～IT13，表面较粗糙，*Ra* 为 12.5μm。

因此，钻孔主要用于粗加工。例如，精度和粗糙度要求不高的螺钉孔、油孔等；一些内螺纹在攻丝之前进行钻孔；要求精度较高和表面粗糙度数值较低的孔，也要以钻孔作为预加工工序。

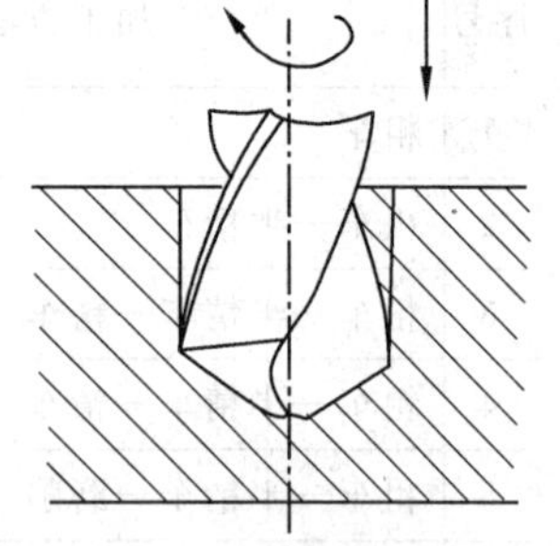

图 1-51　钻　孔

单件、小批量生产的中小型工件上的小孔（一般 $D<13\text{mm}$），常用台式钻床加工，如图 1-52(a)所示；中小型工件上直径较大的孔（一般 $D<50\text{mm}$），常用立式钻床加工如图 1-52(b)所示；大中型工件上的孔，则采用摇臂钻床加工，如图 1-52(c)所示。回转体工件上的孔多在车床上加工。钻孔也可在铣床或镗床加工。在成批和大量生产中，为了保证加工精度、提高生产率和降低加工成本，广泛使用钻模、多轴钻或组合机床进行孔的加工。

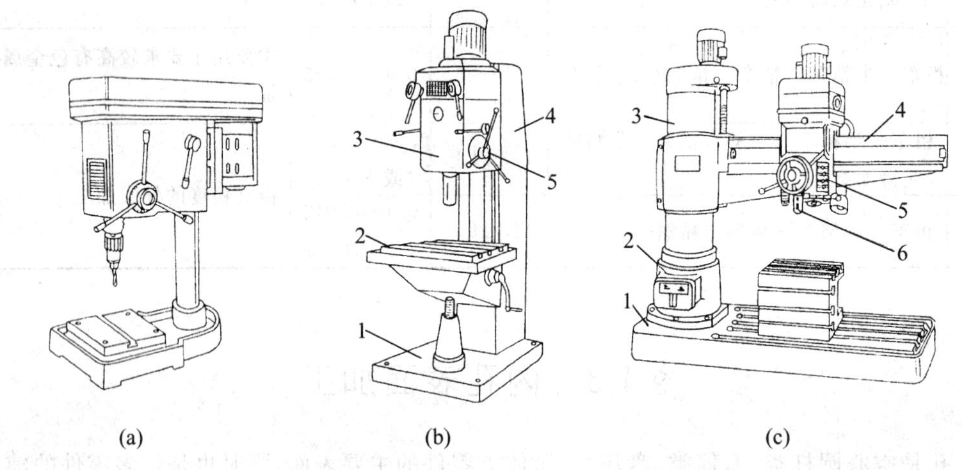

图 1-52　钻　床

(a) 台式钻床　(b) 立式钻床　(c) 摇臂钻床

1. 麻花钻

麻花钻的材料一般为高速钢。麻花钻由工作部分、颈部及柄部三部分组成，如图 1-53所示。

(1) 工作部分　工作部分又分为切削部分和导向部分。切削部分担负着切削工作；导向部分的作用是当切削部分切入工件后起引导作用，也是切削部分的备磨部分。为了减少钻头导向部分与孔壁的摩擦，工作部分有很小的倒锥。

(2) 钻柄　钻头的夹持部分，并用来传递转矩。钻柄有直柄和锥柄两种，前者用于直径小于 14mm 的钻头，后者用于直径大于等于 14mm 的钻头。

(3) 颈部　颈部在工作部分与刀柄之间，磨削时砂轮退刀之用，也是打印标记的地方。直柄麻花钻没有颈部。

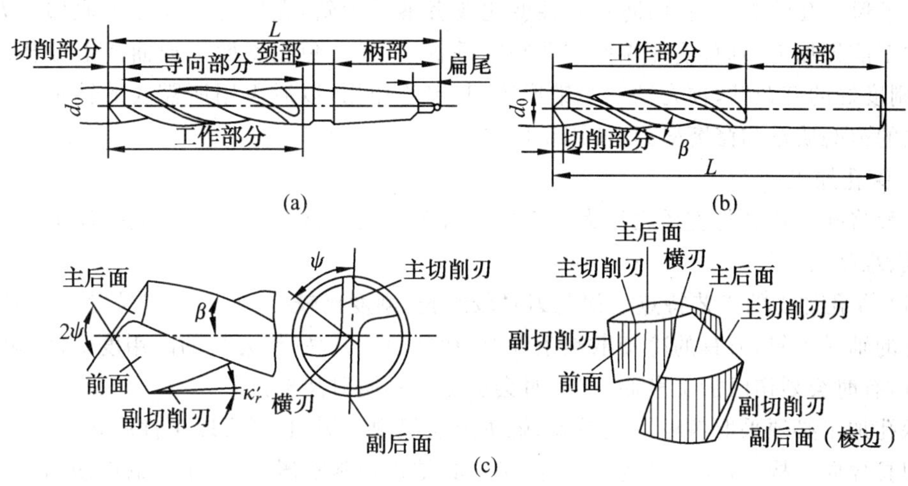

图 1-53　标准高速钢麻花钻

（a）锥柄麻花钻　（b）直柄麻花钻　（c）麻花钻的切削部分

2. 钻孔的方法

常见的钻孔方式主要有两种：一种方式是钻头旋转工件不转，如钻床、镗床上钻孔。此方式钻孔时孔轴线容易发生歪斜，但孔径无明显变化。另一种方式是钻头不转，工件旋转，如在车床钻孔，当钻头引偏时，孔径有变化，孔的形状发生误差(圆柱度误差)，而轴线不易发生歪斜。

在钻床上钻孔，单件生产时常用划线钻孔；批量生产时一般用钻模钻孔。划线钻孔常见的装夹方式如图 1-54所示。

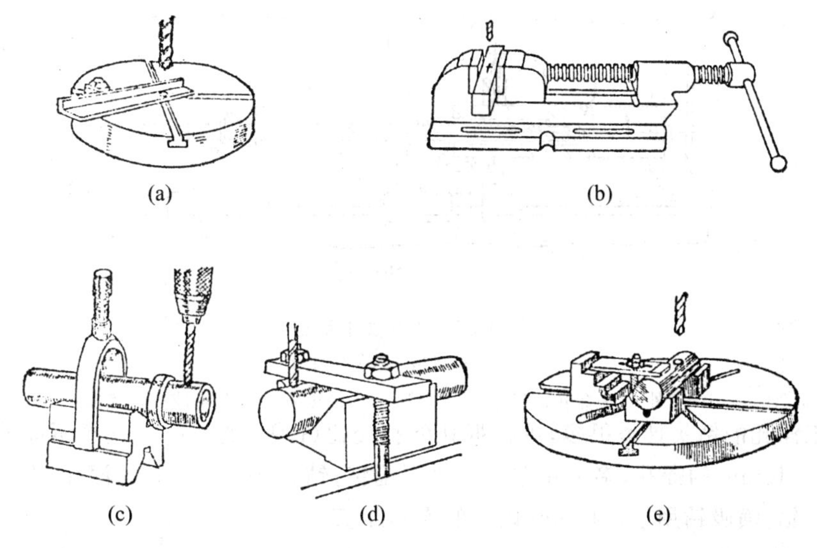

图 1-54　划线钻孔装夹方式

为了保证孔的加工精度,防止孔径变化或者轴线歪斜,在钻孔时往往采取如下方法,在孔加工前先加工端面,使孔端面与孔轴线垂直,尽量避免在斜面上或曲面上钻孔;用小顶角、刚度好的麻花钻,预先钻一个锥形坑,起定心作用,以后再用所需要的钻头钻孔;提高钻头的刃磨质量和修磨横刃;使用钻床夹具。

3. 深孔加工

一般将孔的长度与直径之比大于 5 的孔称为深孔。深孔加工与一般孔加工比较,生产率低、难度大。

(1) 深孔加工的工艺特点　深孔刀具较细长,刚度比较差,加工中容易发生引偏和振动使孔的轴线歪斜;刀具的冷却散热条件差,切削温度升高,使刀具的耐用度降低;切屑排出困难,有时会划伤已加工表面,严重时会引起刀具崩刃甚至折断。

深孔加工必须采取各种工艺措施,解决上述问题。例如,可采取工件旋转的方式以及改进刀具导向结构,减少刀具的引偏;改进刀具结构强制断屑;采用压力输送切削液,冷却刀具和排出切屑等。

(2) 深孔钻削　单件小批生产中的深孔钻削,常采用接长的麻花钻在卧式车床上进行加工。为了排屑和冷却刀具,钻头每进给一段不长的距离即需从孔内退出排屑,这是因为钻头的频繁进退,既影响钻孔效率又增加工人劳动强度。

在成批生产中的深孔钻削,常采用深孔钻头在专用深孔加工机床上进行。如图 1-55 所示为常用的内排屑和外排屑方式深孔加工示意图。

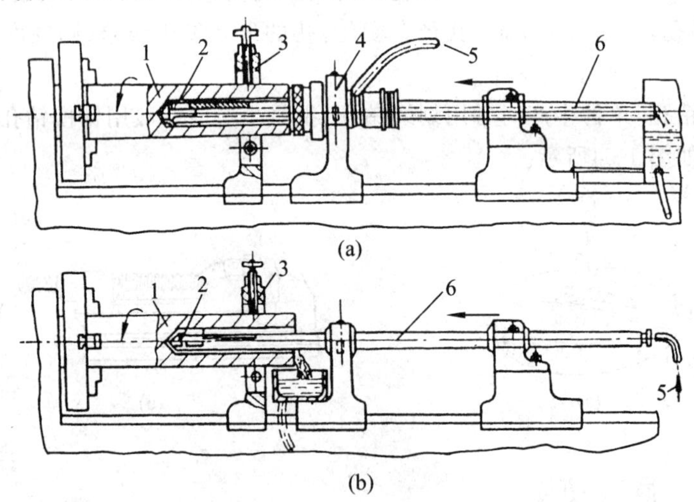

图 1-55　深孔加工示意图

(a) 内排屑　(b) 外排屑

1—工件　2—深孔钻头　3—中心架　4—油压头　5—切削液　6—钻杆

加工深孔的钻头种类很多,可根据孔的长径比(L/D)的不同而选择不同的钻头。一般钻∅2～10mm 的深孔,多采用单刃内排屑枪钻;钻∅30～75mm 的深孔,多采用双刃内排屑深孔钻;喷吸钻用于∅18mm 以上的深孔加工。

(二) 扩　孔

扩孔是用扩孔钻对已钻出的孔或毛坯孔进行扩大加工。如图 1-56所示。扩孔用的刀具为扩孔钻，有时用麻花钻代替。由于扩孔时，切削深度较小，排屑容易，且扩孔钻刚性好，刀齿较多，因此扩孔精度和表面粗糙度均比钻孔好。扩孔的经济精度为 IT10～IT11，经济表面粗糙度 Ra 值为 6.3～12.5μm。扩孔常用于铰孔前的预加工，也用于要求不高孔的终加工。

（三）铰　孔

铰孔是中、小尺寸未淬火孔的主要精加工方法之一，应用比较普遍。一般是在扩孔（或镗孔）的基础上进行加工，如图 1-57所示。铰孔精度一般可达 IT7～IT9，表面粗糙度 Ra 值为 3.2～0.8μm，手铰可达 IT6，表面粗糙度 Ra 值为 0.4～0.1μm。

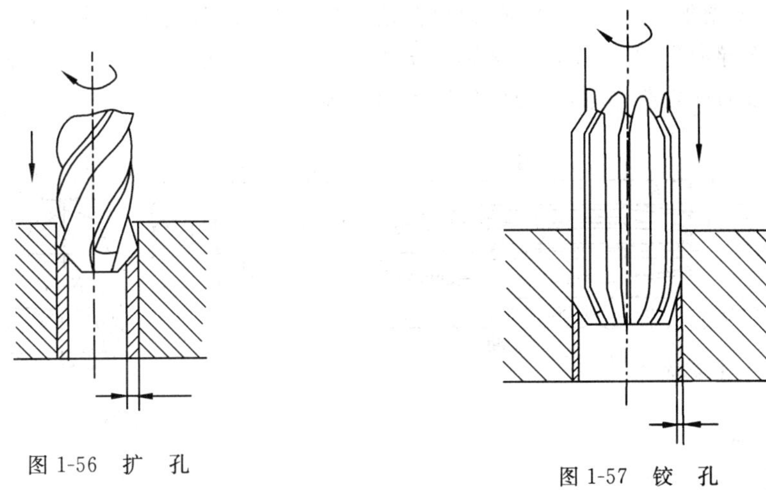

图 1-56　扩　孔　　　　图 1-57　铰　孔

1. 铰　刀

铰刀是铰孔用的刀具，如图1-58所示。按铰孔的方法不同分为机铰刀和手铰刀两

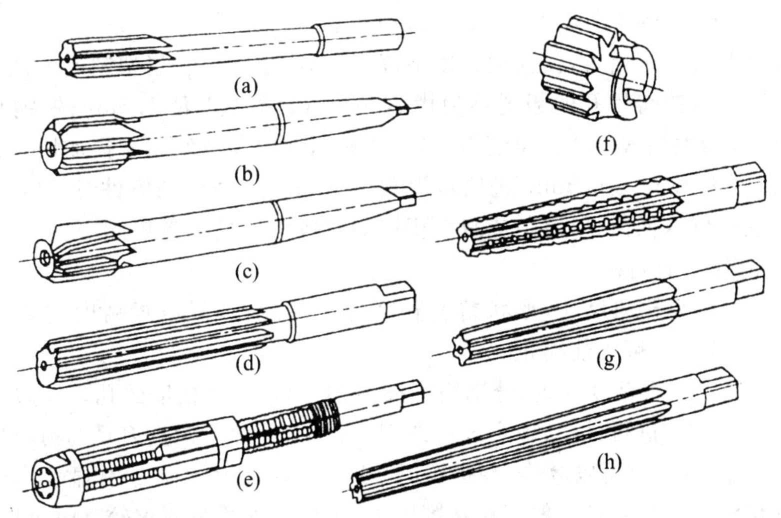

图 1-58　铰刀的类型

（a）直柄机用铰刀　（b）锥柄机用铰刀　（c）硬质合金锥柄机用铰刀　（d）手用铰刀
（e）可调节手用铰刀　（f）套式机用铰刀　（g）直柄莫氏圆锥铰刀　（h）手用 1∶50 锥度铰刀

种。机铰刀装在钻床、车床等机床上进行铰孔；手铰刀用于钳工手工铰孔。按铰孔的类型可分为圆柱铰刀和圆锥铰刀两种。

(1) 铰刀的类型　常见铰刀的类型如图 1-58所示。

(2) 铰刀结构　铰刀是定尺寸刀具，其直径大小取决于被加工孔所要求的孔径(工件经铰孔后一般不再进行加工)。图 1-59所示为手铰刀的结构，铰刀分为柄部、颈部和工作部分。柄部是夹持部分并用以传递扭矩。颈部连接柄部和工作部分，并作为磨削铰刀的退刀槽以及打标记用。工作部分由引导锥、切削部分和校准部分组成。校准部分分为圆柱校准部分和倒锥校准部分，校准部分除了刮削、挤压并保证孔径尺寸外，还起导向作用。校准部分长度增加，导向作用增强，但也会使摩擦增加，排屑困难。手用绞刀的校准部分长些，以增强导向作用；机用铰刀其导向作用由机床保证，校准部分短些。为了便于切入工件，提高铰刀的定心作用，铰刀前端带有引导锥。

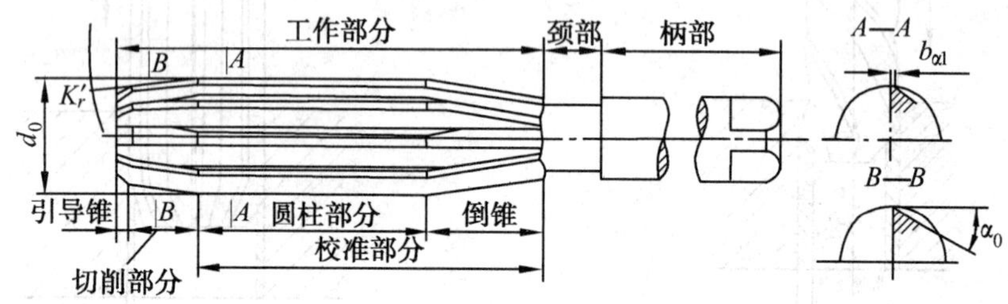

图 1-59　手铰刀的结构

2. 铰削用量

合理选择铰削用量，是保证加工质量的重要因素。铰削余量不宜留得过大，过大会使表面粗糙度值变大及铰刀寿命下降，过小则上道工序的加工缺陷不能去除。一般粗铰余量为 0.1～0.35mm，精铰余量为 0.04～0.06mm。

切削速度和进给量增大，铰孔的精度下降，粗糙度值增大。当切削速度从 8m/min 增加到 30m/min 时，铰铸铁孔的粗糙度值由 $Ra0.4\mu m$ 增大到 $Ra1.6\mu m$；铰钢孔的粗糙度值由 $Ra0.8\mu m$ 增大到 $Ra3.2$。速度提高后，还易引起振动使铰刀磨损加快。通常铰削钢件时，铰削速度为 1.5～5 m/min，进给量为 0.3～2mm/r；铰削铸铁件时，进给量为 0.5～3mm/r。铰削速度取低值，以避免或减少积屑瘤对铰削质量的影响。

3. 铰孔时注意的问题

(1) 铰孔可提高孔的尺寸，形状精度和降低粗糙度值，但位置精度主要由前工序保证，如孔的轴线歪斜一般不能纠正。

(2) 铰刀分为三个精度等级，分别用于铰削 H7，H8，H9 精度的孔。在刀具正式用于加工成批零件之前应进行试切，确定合适的刀具直径，并注意检查刀具的刃磨质量。

(3) 用冷却润滑液，可以散热、冲排切屑、减小摩擦，对铰孔质量有显著作用。铰削钢件一般加乳化液。铰削铸件一般不用切削液，在工件表面质量要求较高时可用煤油。

二、镗　孔

镗孔是对工件上已有的孔作进一步加工，是常用的孔加工方法之一。镗孔的加工范围很广，可以对不同直径、不同材料的孔进行粗加工、半精加工和精加工。镗孔精度可达IT6～IT7，表面粗糙度 Ra 值为 6.3～0.4μm。镗孔可以在镗床、车床、铣床、数控加工中心等机床上进行。

1. 镗　床

卧式镗床的加工范围广泛，尤其适合大型、复杂的箱体类零件上的孔的加工。除镗孔外，卧式镗床还可以加工端面、平面、外圆、螺纹及钻孔等。零件可在一次安装中完成许多表面的加工。

卧式镗床的外形如图 1-60 所示。主轴箱 10 可沿前立柱 9 的导轨上下移动。在主轴箱中，装有镗轴 8、平旋盘 7、主运动和进给运动变速机构和操纵机构。工作时刀具可以装在镗轴 8 或平旋盘 7 上。镗轴 8 作旋转主运动，并可作轴向进给运动；平旋盘只能作旋转主运动。工件安装在工作台 6 上，可以与工作台 6 一起随下滑座 4 或上滑座 5 作纵向或横向移动。工作台还可绕上滑座的圆导轨在水平平面内转位，以便加工互相成一定角度的平面或孔。装在后立柱 1 上的后支架 2，用于支承悬伸长度较大的镗轴悬伸端，以增强刚度。后支架可沿后立柱上的导轨与主轴箱同步升降，以保持后支架支承孔与镗轴在同一轴线上。后立柱可沿床身的导轨 3 移动，以适应镗杆的不同悬伸长度。当刀具装在平旋盘 7 的径向刀架上时，径向刀架可带动刀具作径向进给，用以镗削内孔中的刀槽。

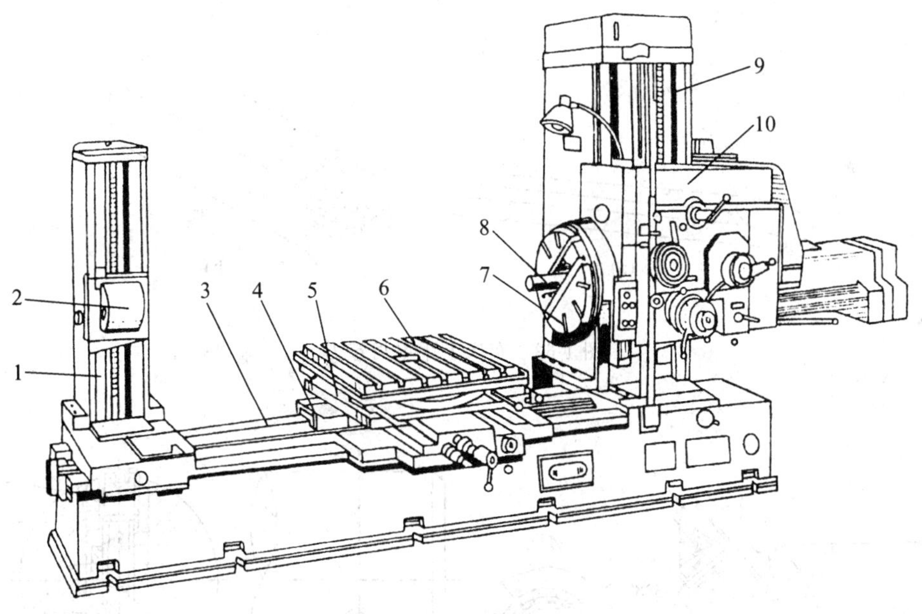

图 1-60　卧式镗床外形图

1—后立柱　2—后支架　3—导轨　4—下滑座　5—上滑座
6—工作台　7—平旋盘　8—镗轴　9—前立柱　10—主轴箱

卧式镗床具有的运动包括：镗杆和平旋台的旋转主运动，镗杆的轴向进给运动，主轴箱的竖直进给运动，工作台纵向和横向进给运动，平旋盘上的径向架进给运动。

2. 镗　刀

镗刀的种类很多，按切削刃数量可分为单刃镗刀和双刃镗刀。

单刃镗刀适用于孔的粗、精加工，切削效率较低，并对操作工人的技术要求较高。加工小直径孔的镗刀常做成整体式，加工大直径孔的镗刀可做成机夹式。图 1-61所示为镗床上用的机夹式单刃镗刀，它的镗杆可长期使用。镗刀头通常做成正方形，镗杆上有与其相配的方孔。镗杆不宜太细、太长，以免切削时产生振动。为了使镗刀头在镗杆内有较大的安装长度，并且有足够的位置安装压紧螺钉和调节螺钉，在镗不通孔或阶梯孔时，镗刀头与刀杆轴线倾斜一个角度；镗通孔时垂直。图 1-62所示为车床上使用的单刃镗刀。精加工时，为便于调整镗孔尺寸，常采用图 1-63所示的微调试镗刀和刀杆或图 1-64所示的差动镗刀和刀杆。

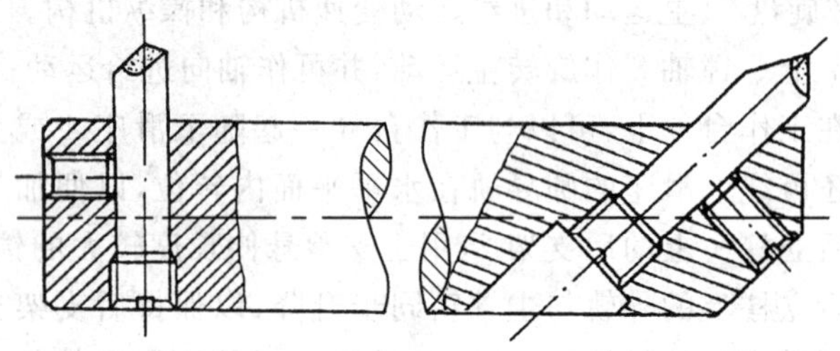

图 1-61　镗床上用单刃镗刀

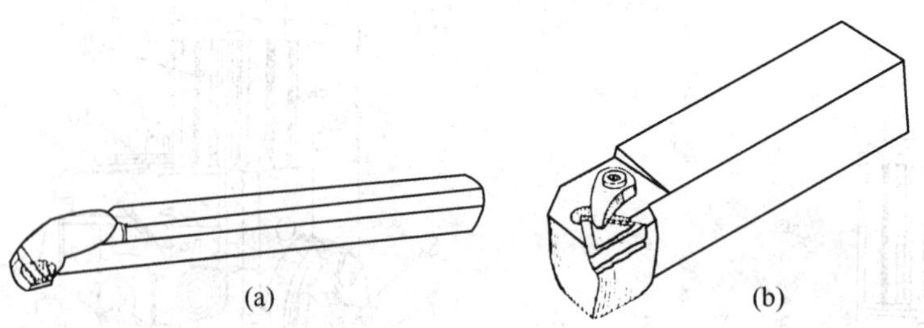

图 1-62　车床上用单刃镗刀

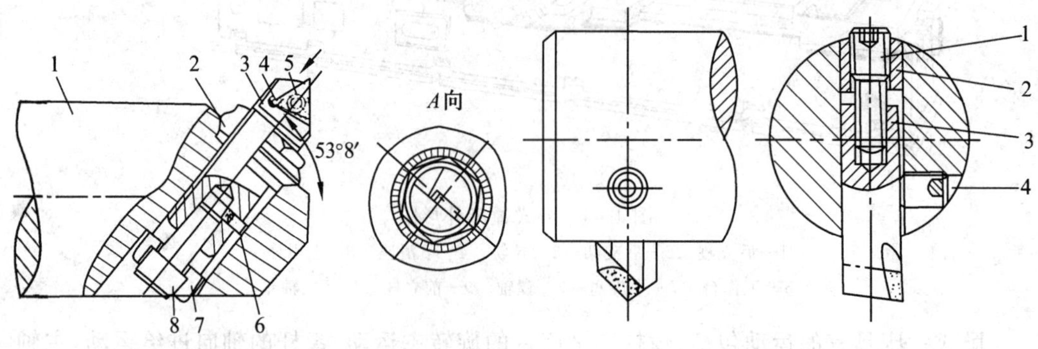

图 1-63　微调试镗刀和刀杆　　图 1-64　差动镗刀和刀杆

镗刀的杆刚性差，切削时易产生振动，所以镗刀的主偏角略选得大一些，以减少径向力。

双刃镗刀的结构如图 1-65 所示。双刃镗刀两边都有切削刃，工作时可以消除径向力对镗杆的影响，工件的孔径尺寸与精度由镗刀径向尺寸保证。镗刀上的两个刀片径向可以调整，因此，可以加工一定尺寸范围的孔。镗孔时刀头通过紧固螺栓固定在刀杆上，可以提高孔的尺寸、形状和位置精度。双刃镗刀多采用浮动连接结构称为浮动镗，刀头以很小的间隙配合状态浮动地安装在镗杆的径向孔中，工作时刀块在切削力的作用下保持平衡对中，可以减少镗刀块安装误差及镗杆径向跳动所引起的加工误差。双刃浮动镗应在单刃镗之后进行。镗孔后仅能提高孔的尺寸精度和降低表面粗糙度数值。

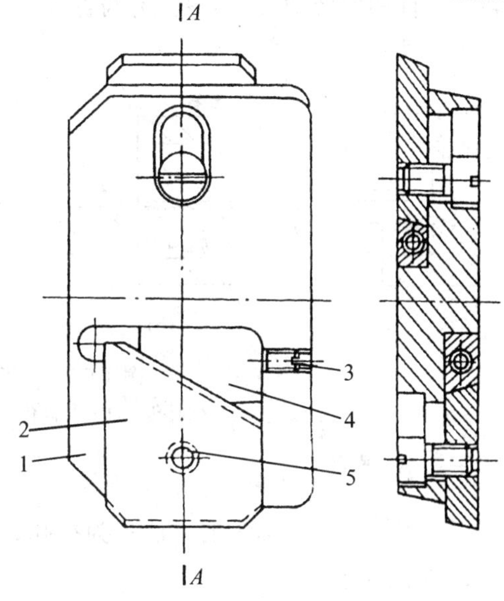

图 1-65　浮动镗刀

1—刀体　2—刀片　3—调节螺钉　4—楔块　5—紧固螺钉

3. 镗孔的方法

(1) 镗床上镗孔，镗杆可以重复使用，孔径大小靠调整刀头伸出长度调节，一般多用单刃镗刀镗孔。刀具结构简单，特别适于高精度大孔和位置精度要求较高的孔系的加工，如箱体孔的加工。生产率低，操作水平要求高，适合单件小批生产。图 1-66所示为在卧式镗床上镗孔的几种方法。其中，图(a)为用装在镗轴上的悬伸刀杆镗孔，由镗轴移动完成纵向进给运动。图(b)为利用后支承架支承的长刀杆镗削同一轴线上的两个孔，由工作台移动完成纵向进给运动。图(c)为用装在平旋盘上的悬伸刀杆镗削大直径的孔，由工作台移动完成纵向进给运动。图(d)，图(e)为用装在平旋盘刀具溜板上的镗刀加工内沟槽或端面台阶孔，由刀具溜板移动完成径向进给运动。

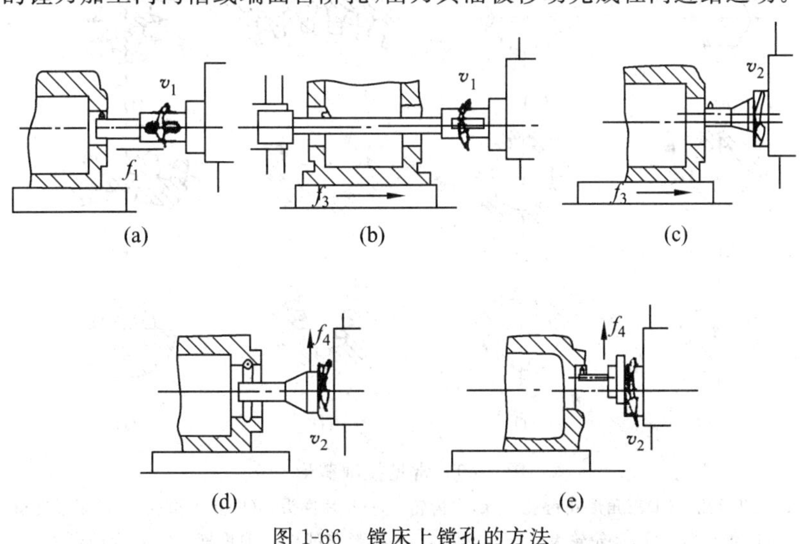

图 1-66　镗床上镗孔的方法

(2) 在车床上镗孔是常用的加工方法之一。加工时工件旋转,刀具移动。适合加工回转体零件的回转轴线上的孔,易与保证孔与外圆表面之间位置精度。常见的镗孔方法如图 1-67所示。

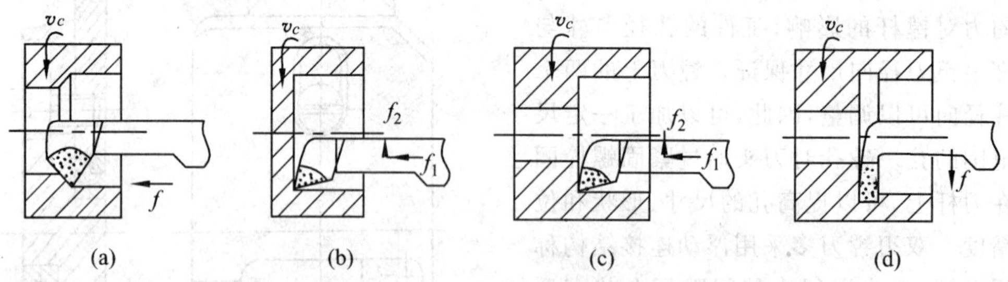

图 1-67 车床上镗孔的方法

(a) 车通孔 (b) 车盲孔 (c) 车台阶孔 (d) 车内槽

三、拉 孔

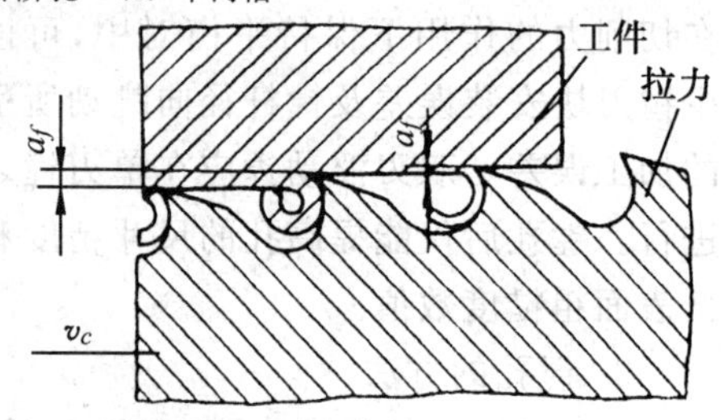

图 1-68 拉刀齿升量

用拉刀对孔进行加工的方法称为拉孔。

1. 拉削原理

拉刀的结构特点是后一刀齿(或后一组刀齿)比前一刀齿(或前一组刀齿)在半径或高度方向上的尺寸有所增加,这个增加量称为拉刀齿升量,如图 1-68所示。拉削时,只有沿拉刀轴向的主运动,而没有进给运动,拉刀借助于齿升量来一层一层地切去金属余量。拉刀切削齿齿升量设计成从大到小的阶梯式递减方式,以此对应完成工件的粗加工、半精加工和精加工,而工件的被加工表面的形状和尺寸则由拉刀最后几个校准刀齿来保证。拉削效率和加工精度都比较高,应用很广泛。拉削可加工各种截面形状的通孔及各种特殊形状的外表面,如图 1-69所示。

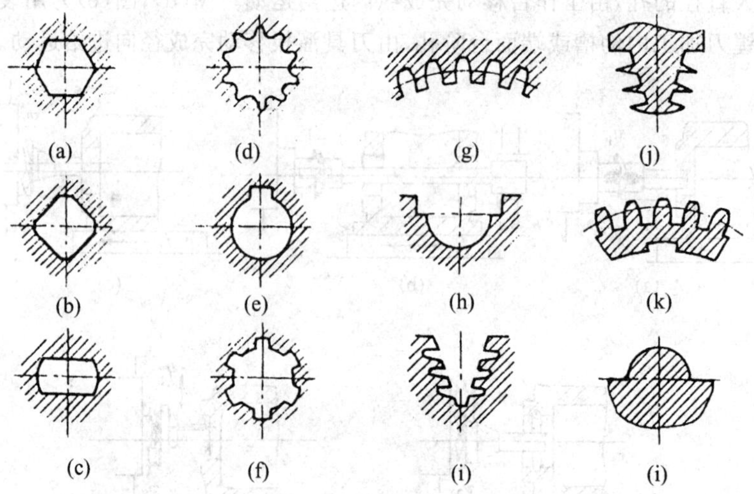

图 1-69 常见拉削截形

(a)六边形孔 (d)三角形花键孔 (g)内齿轮 (j)叶片榫头 (b)正方形孔 (e)矩形键槽 (h)组合面 (k)齿轮轮齿 (c)扁圆孔 (f)矩形花键孔 (i)榫槽 (i)组合凸半圆

2. 拉 刀

拉刀的种类繁多，按其加工表面可分为内拉刀和外拉刀。内拉刀用于加工各种内表面，如各种截面形状的孔。外拉刀用于加工各种外表面，如平面、成形表面等。图 1-70所示为几种常见的内拉刀。

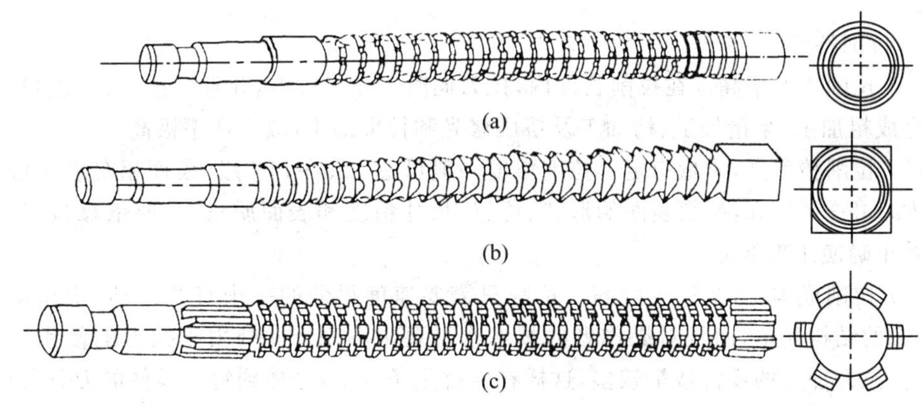

图 1-70 几种常见的内拉刀

(a) 圆拉刀 (b) 四方拉刀 (c) 花键拉刀

圆拉刀的结构如图 1-71 所示。一般由前柄、颈部、过渡锥部、前导部、切削部、校准部、后导部、后柄等部分构成。

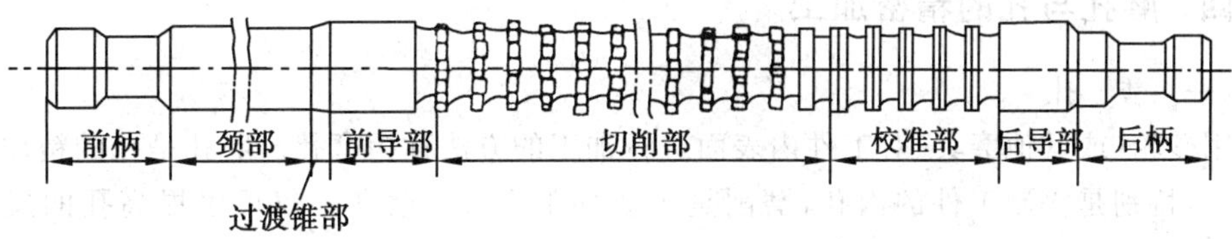

图 1-71 圆拉刀的结构

前柄——用于将拉刀夹持在拉床的夹头中，传递动力。

颈部——头部与工作部分的连接部分，其直径常与柄部直径相一致。此部分的长度应根据工件及拉床床壁厚度灵活确定，是一个长度调节环节。

过渡锥部——使拉刀容易进入工件的预制孔内，起导入作用。

前导部——其端面截形与预制孔截形相同，尺寸略小，其作用是保证拉刀进入切削前，与工件保持正确的位置，并检查预制孔径的大小，以免第一个刀齿负载过大，使拉刀刀齿损坏。

切削齿部——切削齿部的刀齿担负切去全部余量的工作。

校准齿部——拉刀校准齿的齿数很少，一般只有几个齿，除修光、校准以保证孔的精度和表面粗糙度外，还有替补与后备的作用，也就是说，当前面的切削齿磨损后，校准齿就依次替补，变成了切削齿。

后导部——当拉刀刀齿离开工件后，可保持工件与拉刀的相对位置，防止工件下落而损坏工件已加工表面或损坏拉刀刀齿。

后柄(尾部)——后柄一是起支承作用,二是当拉床的后油缸将太重的拉刀向后拉,使其复位时,起被夹持和传递拉力的作用。一般较轻小的拉刀没有后柄,在不需要自动复位的拉削加工中,较重的或较长的拉刀应设一段圆柱形的尾部,采用随行支架支承拉刀后端。

3. 拉削特点

(1) 拉削生产率高。在拉削长度内,拉刀同时工作齿数多,并且一把(或一组)拉刀可连续完成粗加工、半精加工、精加工及挤压修光和校准加工,故生产率极高。

(2) 拉削精度高,质量稳定。拉削精度一般可达 IT9~IT7 级,表面粗糙度一般可控制到 $Ra1.6 \sim 0.8\mu m$,拉削表面的形状、位置、尺寸精度和表面质量,主要依靠拉刀设计、制造及正确使用来保证。

(3) 拉削成本低,经济效益高。拉削只需要速度很低的一个直线运动(主运动),所以,拉床的结构简单,而且对操作者的技术水平要求不高。此外由于拉刀的使用寿命较长,一把拉刀加工的零件数量较多,这样在大批量条件下,分摊到每个零件的刀具费用(包括刀具制造成本及刃磨费用)并不高,因而拉削成本低。

(4) 在拉削过程中,排屑、冷却润滑不便。由于受到拉刀制造工艺以及拉床动力的限制,过小或特大尺寸的孔均不适宜拉削加工,盲孔、台阶孔和薄壁孔亦不适于拉削加工。

(5) 拉刀是定尺寸、高精度、高生产率专用刀具,制造成本很高,所以拉削加工只适用于批量生产,最好是大批量生产,一般不宜用于单件、小批量生产。

四、磨孔与孔的精密加工

(一) 磨　孔

用砂轮(或其他磨具)对工件内表面进行加工的方法称为磨孔。磨孔是孔的精加工方法之一,特别是淬硬工件的内孔,磨削是主要加工手段。磨孔不仅可以提高孔的尺寸精度、形状精度和位置精度,同时还可降低表面粗糙度数值。磨孔的精度等级可达 IT6~IT8,表面粗糙度可控制到 $Ra0.8 \sim 0.2\mu m$。磨削内孔与磨削外圆原理一样,但磨内孔的工作条件较差,因此不如外圆磨削应用普遍。

磨孔一般在内圆磨床或万能外圆磨床上进行。内孔磨削的工艺范围如图 1-72所示。

磨孔的工艺特点如下:

(1) 砂轮直径受到工件孔径的限制,一般砂轮直径为工件孔径的 0.5~0.9 倍,砂轮直径小,损耗快,砂轮需经常修整和更换,所以生产率低。

(2) 砂轮直径小,虽然内圆磨头转速很高,每分钟可达几万转,但仍很难达到外圆磨削时的切削速度,所以磨削表面质量比外圆低,一般磨削内孔表面粗糙度 Ra 值为 $0.8 \sim 0.4\mu m$。

(3) 砂轮轴受到工件孔径与长度的限制,直径小、刚性差,容易产生弯曲变形和振动。影响加工质量,同时磨削深度和进给量也受到限制。

(4) 砂轮与工件内切,接触面积大,切削液不易注入磨削区,磨屑不易排出,散热条件差,易烧伤加工表面。

由于上述特点,磨孔主要用于不宜采用铰削、拉削、镗削的孔的精加工,如经过淬火的孔、断续表面的孔和轴承内滚道等。

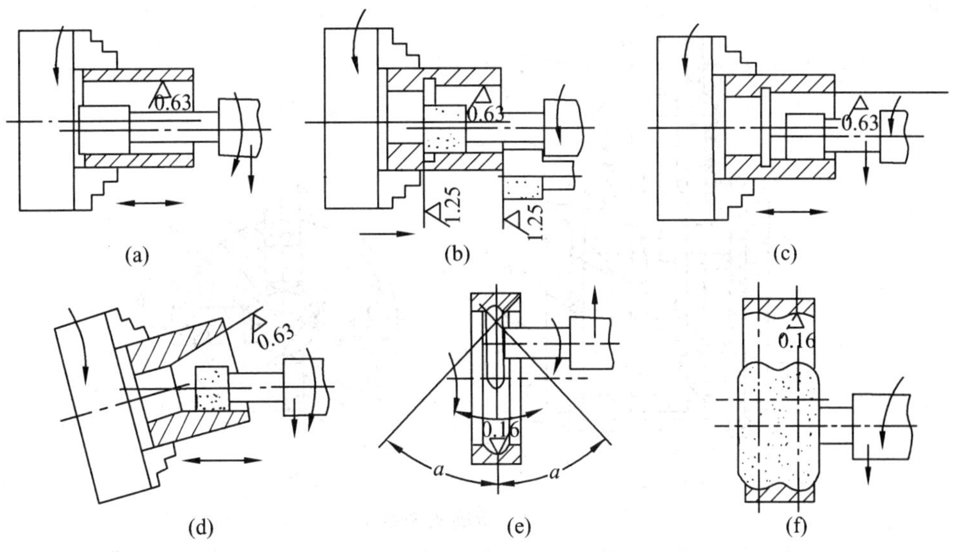

图 1-72 内孔磨削的工艺范围

（二）孔的精密加工

当孔的加工精度和表面质量要求较高时，在精加工之后还需要对孔进行精密加工。常用的精密加工方法有珩磨、研磨、滚压和金刚镗等。

1. 珩　磨

珩磨是利用装夹在珩磨头圆周上的若干条细磨粒油石，由胀开机构将油石沿径向撑开，使其压向工件孔壁。与此同时，使珩磨头作回转运动和直线往复运动，对孔进行低速磨削，如图 1-73所示。珩磨头运动的组合，使油石上的磨粒在孔的表面上的切削轨迹成交叉而不重复的网纹，因而易获得粗糙度较小的加工表面。

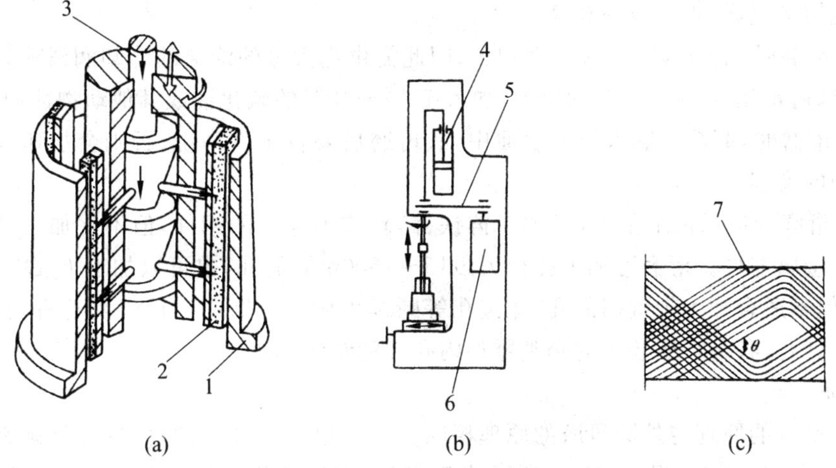

图 1-73 珩磨原理

(a) 珩磨原理 (b) 珩磨机 (c) 珩磨形成的切削网纹

1—工件 2—油石 3—进刀磨削压力 4—液压缸 5—链条 6—变速机构 7—网纹轨迹

珩磨时用的工具叫珩磨头，其结构有多种，图 1-74所示为一种简单的结构。

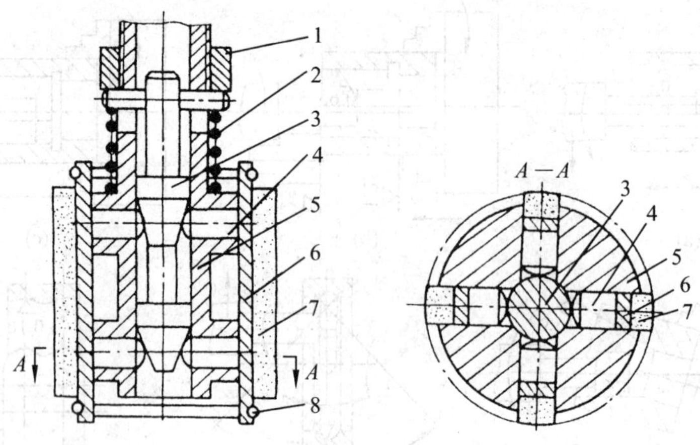

图 1-74　珩磨头的结构

1—螺母　2—预紧弹簧　3—锥体　4—顶销　5—头体　6—垫块　7—油石　8—弹簧卡箍

珩磨的工艺特点：

(1) 珩磨时，油石与孔壁接触面积大，参加切削的磨粒很多，因此，每一磨粒上的磨削力很小，加之珩磨的切削速度较低，所以珩磨过程中发热少，孔的表面不易烧伤，而且变形层极薄，从而使孔的表面质量很高。同时，珩磨能够获得很高的尺寸精度和形状精度。珩磨孔的尺寸精度可达 IT6，圆度和圆柱度可达到 0.003～0.005mm。但由于珩磨余量较小，为保证切削时余量均匀，珩磨头和机床主轴浮动连接，因而珩磨不能修正被加工孔轴线的位置误差和直线度误差。

(2) 珩磨时，虽然珩磨头的转速较低，但往复速度较高，参加切削的磨粒又很小，所以能很快地切除金属，生产效率较高。

(3) 珩磨时，油石与工件接触面积大，因此需供应大量的清洁的冷却润滑液。加工钢和铸铁时，通常用 60%～90%的煤油，加入 10%～40%的硫化油或其他动物性油。

(4) 珩磨时，磨粒会嵌入加工表面中，故珩磨后要将工件精洗，否则会加速零件在工作过程中的磨损。

(5) 珩磨的应用范围很广，可加工铸铁、淬硬或不淬硬的钢件，但不宜加工易堵塞油石的韧性金属零件。珩磨可加工孔径为∅15～1500mm 的孔，也可以加工 $L/D>10$ 以上的深孔，但不适合加工带键槽的孔、花键孔等断续表面。珩磨广泛用于发动机的汽缸孔、缸套及连杆孔，各种液压装置的套类零件内孔等的精密加工。

2. 研　磨

内孔研磨的原理与外圆研磨的原理相同。研具用比工件软的材料(如低碳钢、铸铁、铜、巴氏合金等)制成。图 1-75(a)所示为粗研具，常用铸铁制成；图 1-75(b)所示为精研具，用低碳钢制成，研磨棒表面开槽以存研磨剂。

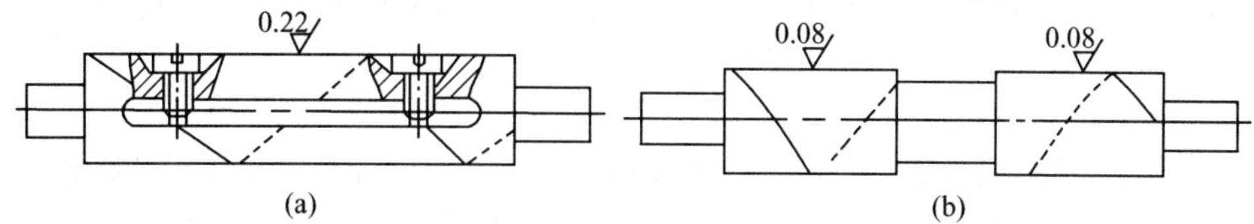

图 1-75 研磨棒

(a) 粗研具 (b) 精研具

内孔研磨的工艺特点：

(1) 尺寸精度可达 IT6 级以上，表面粗糙度 Ra 值为 0.16～0.01μm。

(2) 孔的位置精度只能由前工序保证。

(3) 使用设备简单，可在普通车床上进行。对操作者的技术水平要求高。

(4) 生产效率低。研磨之前，孔必须经过磨削、精铰或精镗等工序。

3. 孔滚压

孔滚压加工原理与外圆滚压相同。由于滚压加工效率高，近年来已采用滚压工艺来代替珩磨工艺。孔经滚压后，精度在 0.01mm 以内，表面粗糙度 Ra 值为 0.16μm 或更小，表面硬化耐磨，生产效率可提高数倍。滚压不适宜铸铁和淬硬工件的加工。

图 1-76 所示为一液压缸滚压头，滚压孔表面的圆锥形滚柱 3 支撑在锥套 5 上，滚压时圆锥形滚柱与工件有 30′或 1°的斜角，使工件能逐渐恢复弹性，避免工件孔壁的表面变粗糙。孔滚压前，通过调节螺母 11 调整滚压头的径向尺寸，旋转螺母 11 可使其相对心轴 1 沿轴向移动，调整滚压头的径向尺寸。滚压头径向尺寸应根据孔滚压的过盈量来确定，通常钢材滚压的过盈量取 0.1～0.12mm，滚压后孔径增大 0.02～0.03mm。

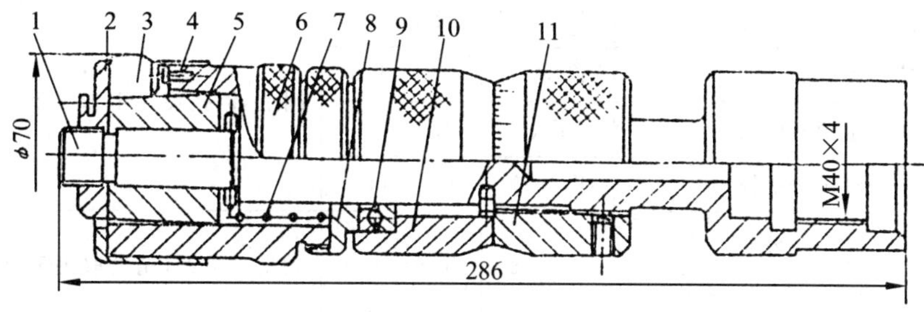

图 1-76 液压缸的滚压头

1—心轴 2—盖板 3—圆锥形滚柱 4—销子 5—锥套 6—套圈 7—压缩弹簧 8—衬套 9—推力球轴承 10—过渡套 11—调节螺母

径向尺寸调整好的滚压头，滚压过程中圆锥形滚柱所受的轴向力，经销子、套圈、衬套作用在推力球轴承上，最终是经过渡套、调节螺母及心轴传至滚压头右端的刀杆上。滚压完毕后，滚压头从孔中反向退出时，圆锥形滚柱受到一个向左的轴向力，此力传给盖板 2，经套圈、衬套将压缩弹簧压缩，实现向左移动，使滚压头直径缩小，保证滚压头从孔中退出时不碰已滚压好的孔壁。滚压头完全退出孔壁后，在压缩弹簧力的作用下复位，使径向尺寸恢复到原调整值。

滚压速度通常选用60～80m/min，进给量0.25～0.35mm/r，切削液采用50%硫化油加50%柴油或煤油。

4. 金刚镗

金刚镗是在金刚镗床上实现孔的精密加工的一种方法。金刚镗床是一种高速精密镗床，因以前采用金刚石镗刀而得名，现已大量采用硬质合金刀具。其特点是切削速度很高，切削钢件时可达1.7～3.3m/s，加工有色金属及合金时可达5～25m/s，背吃刀量一般不超过0.1mm，进给量一般为0.01～0.14mm/r，因此可以获得很高的加工精度。尺寸精度一般为IT6～IT7，表面粗糙度 Ra 一般为1.25～0.08。金刚镗在成批生产、大量生产中获得了广泛的应用，常用于加工发动机的气缸、连杆、活塞等零件上的精密孔。

五、内孔表面的加工方法选择

内孔表面的加工方法有很多种，但是每种加工方法所能达到的加工精度、表面粗糙度、生产率和加工成本各不相同，因此必须根据具体情况选用最适当的加工方案。表1-10列出了内孔表面加工方案及经济精度。

表1-10　内孔表面加工方案及经济精度

序号	加工方案	经济精度	经济粗糙度 Ra(μm)	适用范围
1	钻	IT11～13	12.5	加工未淬火钢及铸铁的实心毛坯，也可用于加工有色金属（但表面粗糙度稍粗糙，孔径小于15～20mm）
2	钻—铰	IT9	3.2～1.6	
3	钻—铰—精铰	IT7～8	1.6～0.8	
4	钻—扩	IT10～11	12.5～6.3	同上，但孔径大于15～20mm
5	钻—扩—铰	IT8～9	3.2～1.6	
6	钻—扩—粗铰—精铰	IT7	1.6～0.8	
7	钻—扩—机铰—手铰	IT6～7	0.4～0.1	
8	钻—扩—拉	IT7～9	1.6～0.1	大批量生产（精度取决于拉刀精度）
9	粗镗（或扩孔）	IT11～12	12.5～6.3	除淬火钢外的各种材料，毛坯有铸出孔或锻出孔
10	粗镗（粗扩）—半精镗（精扩）	IT8～9	3.2～1.6	
11	粗镗（粗扩）—半精镗（精扩）—精镗（铰）	IT7～8	1.6～0.8	
12	粗镗（粗扩）—半精镗（粗扩）—精镗—浮动镗刀精镗	IT6～7	0.8～0.4	
13	粗镗（扩）—半精镗—磨孔	IT7～8	0.8～0.2	主要用于淬火钢也可用于未淬火钢但不宜用于有色金属
14	粗镗（扩）—半精镗—粗磨—精磨	IT6～7	0.2～0.1	

（续表）

15	粗镗(扩)—半精镗—精镗—金刚镗	IT6～7	0.4～0.05	主要用于精度要求高的有色金属
16	钻—(扩)—粗铰—精铰—珩磨；钻—(扩)—拉—珩磨；粗镗—半精镗—精镗—珩磨	IT6～7	0.2～0.025	精度要求很高的孔
17	以研磨代替上述方案中的珩磨	IT6级以上		

§1-4 平面加工

加工平面常用的加工方法有车削、铣削、刨削、刮削、宽刀细刨、普通磨削、导轨磨削、精密磨削、砂带磨削、超精加工、研磨和抛光等；特种加工方法有电解磨削平面和电火花线切割平面等。本节主要学习平面的车削、铣削、刨削、插削、拉削、平面的精密加工以及平面加工方案的选择。

一、平面的车削加工

平面的车削一般用于加工回转体类零件的端面。因为回转体类零件的端面大多与其外圆表面、内圆表面有垂直度要求，而车削可以在一次安装中将这些表面全部加工出来，有利于保证它们之间的位置精度要求。粗车端面的表面粗糙度值为 $Ra6.3 \sim 1.6\mu m$，精车端面的表面粗糙度值为 $Ra0.8 \sim 0.2\mu m$。

1. 工件的装夹

车削平面时工件的装夹方法与车削外圆时相同。大平面的盘类零件或其他零件，一般都用三爪或四爪卡盘的反爪来装夹。用反爪，工件端面可以靠在卡爪端面上定位，既可省去工件端面的找正，在切削力作用下工件也不会移动。

2. 车平面用的刀具

车平面常用的刀具有以下四种：右偏刀，主要是车外圆用的，附带也可车面积不大、余量不多的端面，如图 1-77(a)所示；弯头车刀如图 1-77(b)所示，它可以车外圆也可以车端面和倒角；左偏刀，把它横装在刀架上[如图 1-77(c)所示]，适于车削较大的端面和较短的台阶外圆；端面车刀如图 1-77(d)所示，是专门车平面的不重磨刀具，耐用度较高。

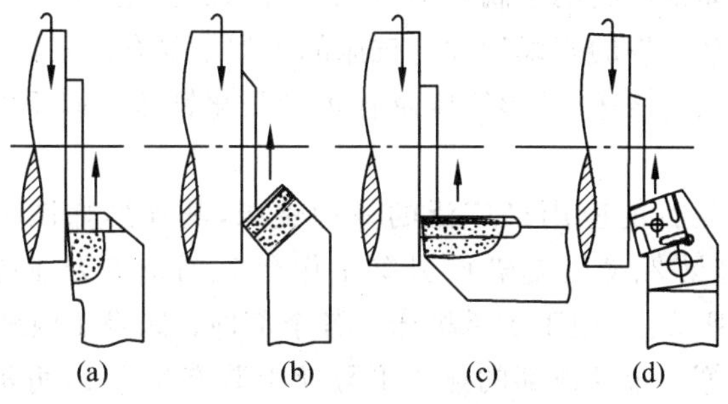

图 1-77 车平面的车刀

3. 车平面的走刀方向

在车床上车平面可以从中心往外面走刀，也可以从外面向中心走刀。从外面车到中心时，测量轴向尺寸方便。车难加工材料的大平面，因刀尖逐渐磨损而形成凸面，如图 1-78(a)所示。用 90°偏刀车削时，切削刃会使刀尖啃入工件，形成凹面，如图 1-79(a)所示。从中心往外面走刀时，工件中心要有孔，如图 1-79(b)所示。测量轴向尺寸不方便。车难加工材料的大平面因刀尖逐渐磨损而形成凹面，如图 1-78(b)所示。一般精车大平面都采用从中心向外走刀。

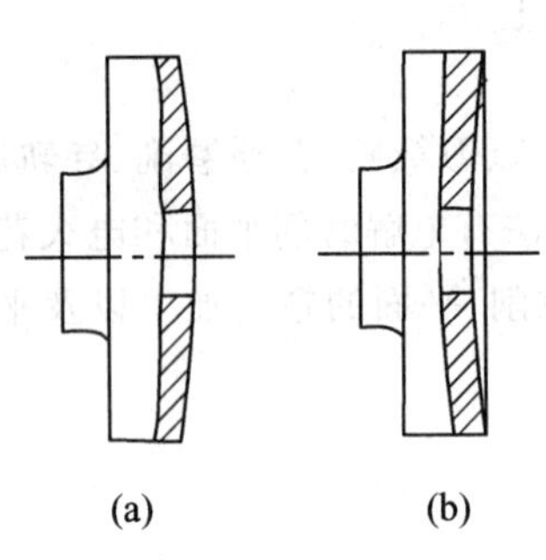

图 1-78　端面的外凸与内凹

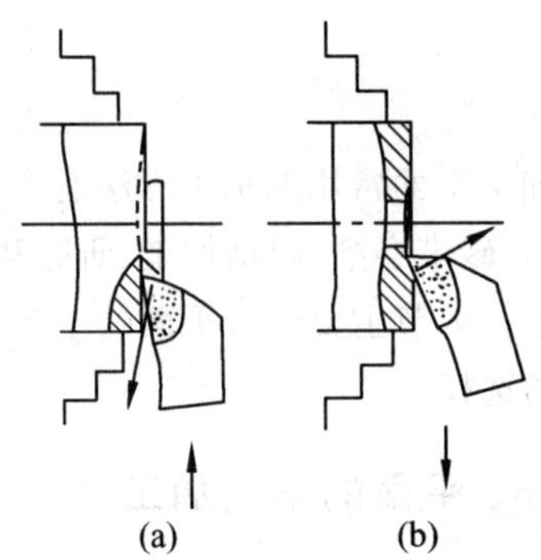

1-79　用偏刀车端面的两种走刀方向

4. 平面车削的特点

平面车削的表面粗糙度为 Ra 值 6.3～1.6μm，精车后的平面度误差在直径为 100mm 的端面上最小可达 0.005～0.008mm。中小型零件的端面一般在卧式车床上加工，大型零件的端面一般在立式车床上加工。

二、平面的铣削加工

铣削加工是目前平面加工应用最广泛的切削加工方法之一。铣削加工是在铣床上完成的，由于铣刀是一种多刃刀具，同时几个刀齿参加切削，因此生产率比刨削高，平面加工质量也较好，在机械加工中所占比重比刨削大。

1. 铣　床

铣床是一种用途非常广泛的金属切削机床。铣床的主运动是铣刀的旋转运动，进给运动一般是工作台带动工件的直线运动。铣床的类型主要有卧式铣床、立式铣床、工作台升降铣床、龙门铣床、工具铣床、仿形铣床及各种专门化铣床。以下我们主要介绍卧式铣床的结构。

卧式升降台铣床是目前应用最广泛的一种铣床，其外形如图 1-80所示。它由床身 1、底座 8、铣刀轴 3、悬梁 2、悬梁支架 6、升降工作台 7、滑座 5 及工作台 4 等主要部件组成。床身 1 固定在底座 8 上，用于支承机床的各个部件。床身 1 内装有主轴部件、主传动装置和变速操纵机构等。床身顶部的燕尾形导轨上装有悬梁 2，可沿水平方向调整其位置。在悬梁的下面可装支架 6，用来支承刀杆 3 的悬伸端，以提高刀杆的刚度。升降工作台 7 安装在床身的垂直导轨上，可作垂直方向运动。升降台内装有进给运动、快速移动装置及操纵机构等。升降台上面的水平导轨上装有滑座 5，滑座 5 带着其上的工作台和工件可作横向移动，工作台 4 装在滑座 5 的导轨上可作纵向运动。这样固定在工作台上的工件，可以在三个方向上实现任一方向的调整或进给运动。

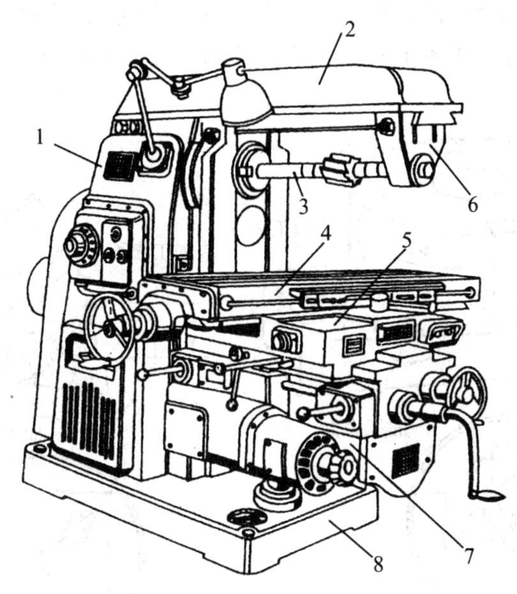

图 1-80　卧式升降台铣床

1—床身　2—悬梁　3—铣刀轴　4—工作台

5—滑座　6—悬梁支架　7—升降台　8—底座

2. 平面铣刀

平面铣刀主要有圆柱铣刀和端铣刀，如图 1-81所示。

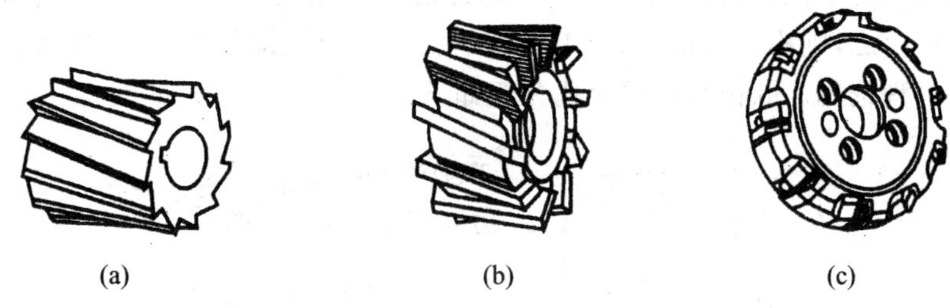

图 1-81　加工平面用铣刀

(a) 整体式圆柱形铣刀　(b) 镶齿圆柱形铣刀　(c) 可转位硬质合金刀片端铣刀

(1) 圆柱铣刀　圆柱铣刀按刀齿和轴线的位置状态可分为直齿圆柱铣刀和螺旋齿圆柱铣刀；按齿数的多少分为粗齿铣刀和细齿铣刀两种。主要用于在卧式铣床上加工宽度较小的平面。

(2) 端铣刀　有整体式、镶齿式和可转位式三种，是加工较大平面时应用较多的刀具。主要用于立式铣床也用于在卧式铣床上加工垂直面。

此外，加工较小的平面时可使用立铣刀和三面刃铣刀。

3. 铣削方式

铣削工件时，铣刀不同、铣刀的转向和进给方向不同，其铣削方式也不同。端铣刀用端面刃铣削称为端铣，如图 1-82(a) 所示。圆柱铣刀的圆周刃铣削称为周铣，如图 1-82(b)所示。

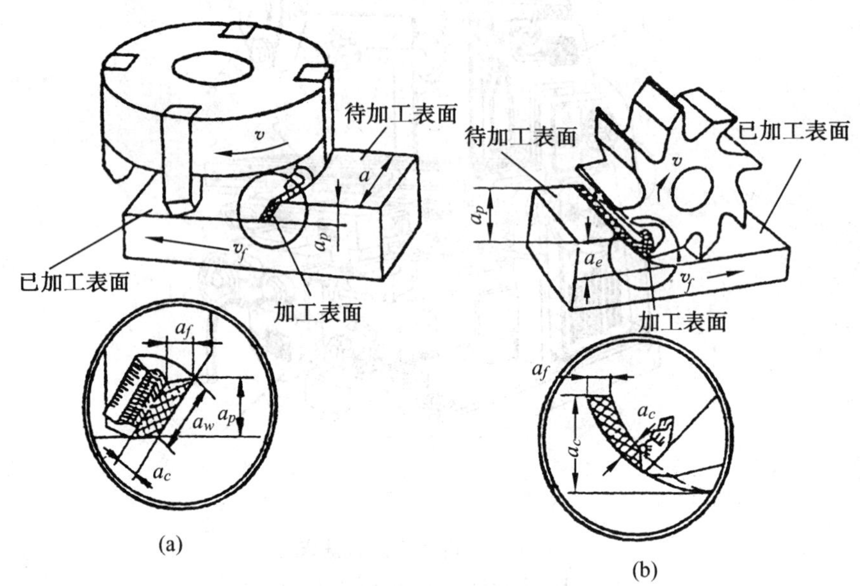

图 1-82　铣削方式

(a) 端铣　(b) 周铣

(1) 顺铣和逆铣

圆周铣削分为顺铣和逆铣两种方式。铣刀的切削速度方向与工件的进给方向相反时，称为逆铣；反之，则称为顺铣，如图 1-83所示。逆铣和顺铣各有特点，应根据加工的具体条件进行合理选择。顺铣和逆铣对比分析如下：

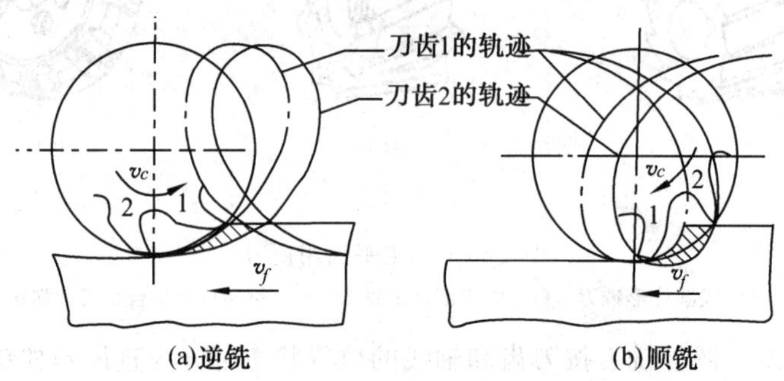

图 1-83　圆周铣削方式

(a) 逆铣　　(b) 顺铣

① 逆铣时，切削厚度逐渐增大。当铣刀刃口圆弧半径大于瞬时切削厚度时，刀具实际切削前角为负值，刀齿在加工表面上挤压、滑行，不易切下切屑，使这段表面产生严重的冷硬层，下一个刀齿切入时，又在冷硬层上挤压、滑行，这样，铣刀刀齿磨损较快；顺铣时，刀齿切入工件时的切削厚度从最大开始，避免了挤压、滑行现象，刀具磨损较慢，不适用于铣削带硬皮的工件。

② 逆铣时，刀齿切入工件时垂直分力是向下的且最大，当刀齿切离工件时，垂直铣削分力是向上的且最大，如图 1-84(a)所示。由于切削力的大小和方向都是变化的，容易引起振动，影响加工精度，工件易松动。顺铣时，垂直分力的方向始终向下，如图 1-84(b)所示，把工件压向工作台，避免了工件的振动。

③ 逆铣时，工件受到的纵向铣削分力与工作台的进给方向相反，铣床工作台丝杠始终与螺母接触，如图 1-84(a)所示；而顺铣时，工件受到的纵向铣削分力与工作台的进给方向相同，由于铣刀的切削速度大于工作台的进给速度，如图 1-84(b)所示，铣刀会带动工作台向前窜动，使铣削进给量不均匀，甚至会打刀。因此，在没有消除丝杠螺母副间隙的情况下，不能采用顺铣方式，最好采用逆铣。

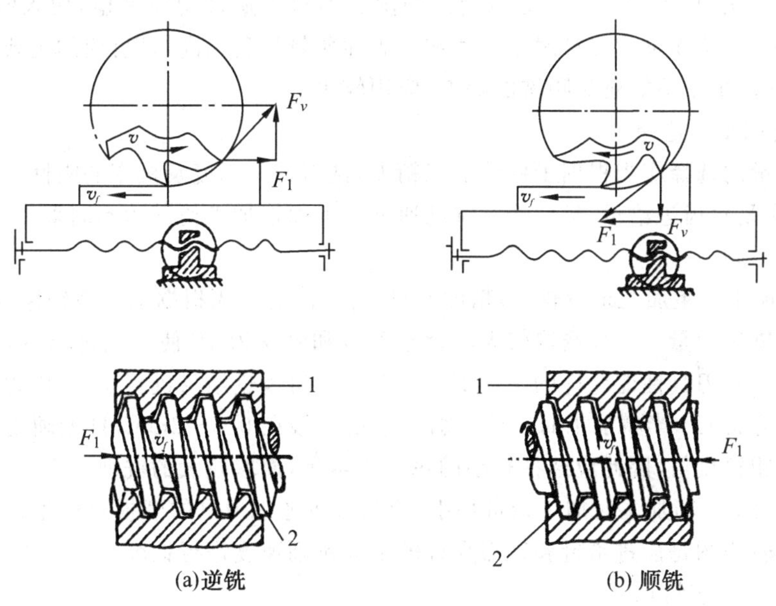

图 1-84　逆铣顺铣时的铣削分力
(a) 逆铣　　(b) 顺铣

因此，一般情况下主要采用逆铣方式。在机床工作台的进给丝杠和螺母副之间有间隙调整机构，且已经将间隙调整到合理状态，在精加工时，为保证工件的加工精度，可采用顺铣方式。

(2) 对称铣削和不对称铣削

端铣时分为对称铣削和不对称铣削两种铣削方式。对称铣削如图 1-85(a)所示，工件相对于铣刀回转中心处于对称位置；不对称铣削如图 1-85(b)，(c)所示，铣削时铣刀轴线与工件铣削宽度对称中心线不重合，根据铣刀偏移位置不同又可分为不对称逆铣和不对称顺铣。

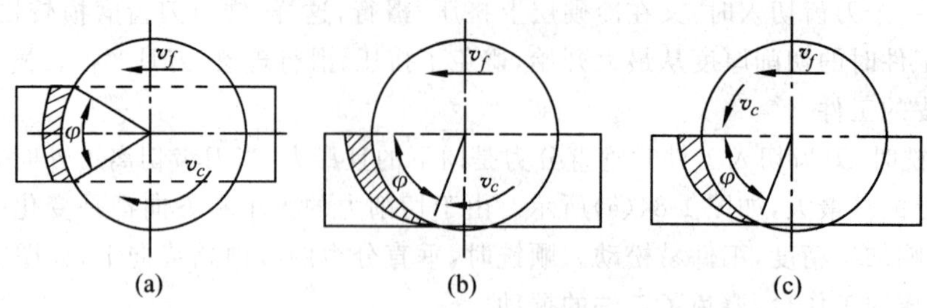

图 1-85　对称铣与不对称铣

(a) 对称铣　(b) 不对称铣　(c) 不对称顺铣

端铣时，铣刀切入点的切削厚度较大，可避免圆柱铣刀逆铣切入时对工件表面的挤压、滑行和摩擦，铣刀耐用度高。对称铣削时，可以发挥刀具的最大切削能力，但横向切削力的方向是变化的，需注意调整导轨副的间隙。不对称逆铣切削平稳，切入时切削厚度小，减小了冲击，从而可使刀具耐用度和加工表面质量得到提高，是目前的主要切削方式。不对称顺铣时，由于不能避免顺铣的缺点，应用较少。

4. 铣削用量的选择

铣削用量的选择应当根据工件的加工精度，铣刀的耐用度及机床的刚性，首先选定铣削深度，其次是每齿进给量，最后选定铣削速度。下面按加工精度的不同来叙述铣削用量选择的一般原则。

(1) 粗加工　粗加工余量较大，精度要求不高，因此应当根据工艺系统刚性及刀具耐用度来选择铣削用量。一般选取较大的背吃刀量和侧吃刀量，使一次进给尽可能多的切除毛坯余量。在刀具性能允许的条件下应以较大的每齿进给量进行切削，以提高生产率。

(2) 半精加工　半精加工时工件的加工余量一般在 0.5～2mm，且无硬皮，加工时主要降低表面粗糙度值，因此应选择较小的每齿进给量，而取较大的铣削速度。

(3) 精加工　精加工时加工余量很小，应当着重考虑刀具的磨损对加工精度的影响，因此宜选择较小的每齿进给量和铣刀允许的最大铣削速度进行铣削。

5. 铣削的工艺特点

(1) 铣削平面时，主运动是铣刀的回转运动，切削速度较高，除加工狭长平面外，其生产效率均高于刨削。

(2) 铣刀为多刃刀具，铣削时，各刀齿轮流承担切削，冷却条件好，刀具寿命长。

(3) 铣削的经济加工精度为 IT9～IT7，表面粗糙度 *Ra* 值为 12.5～1.6μm，直线度可达 0.08～0.12mm/m。

三、平面的刨削和拉削加工

(一) 平面的刨削

刨削是平面加工的常用方法之一。刨削加工的平面平直性较好，刨刀结构简单，机床调整方便，通用性好。

1. 刨　床

刨削加工是在刨床上进行的。常用的刨床有牛头刨床和龙门刨床。牛头刨床主要用于加工中小型零件，龙门刨床用于加工大型零件或同时加工多个中型零件。

牛头刨床外形如图 1-86 所示。加工工件时，工件一般采用平口虎钳装夹，较大工件用螺旋压板安装在工作台上，刀具装在滑枕的刀架上。滑枕带动刀具的往复运动为主切削运动，工作台的横向间歇运动为进给运动。在牛头刨床上不仅可以加工平面，还可以加工各种斜面和沟槽。

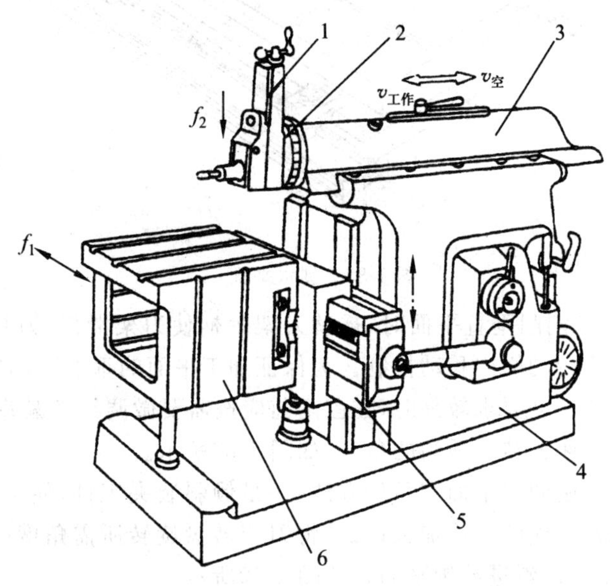

图 1-86　牛头刨床外形图

1—刀架　2—转盘　3—滑枕　4—床身　5—横梁　6—工作台

2. 刨刀的特点

刨刀切削部分的形状与车刀基本相同，刀杆的截面尺寸比车刀大 1.25～1.5 倍，且前角较小，以增加刨刀的强度，避免造成刨刀刀杆的折断或崩刀。

刨刀分为直头刨刀和弯头刨刀，如图 1-87 所示。弯头刨刀在切削有硬皮的铸、锻件表面或刨削加工余量不均匀工件时，刀杆将产生向后上方的弯曲变形，因此不会产生“啃刀”现象，从而避免了刀杆折断或啃伤工件已加工表面，所以这种弯头刨刀应用广泛。

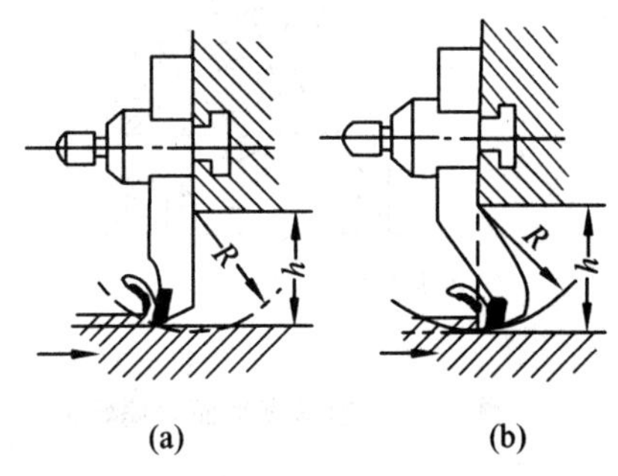

图 1-87　直头刨刀与弯头刨刀的比较

(a) 直头刨刀　(b) 弯头刨刀

3. 平面的刨削

（1）刨水平面　刨削水平面如图 1-88所示，进给运动由工作台横向移动完成，切削深度由刀架控制。刨刀一般采用两侧刀刃对称的尖头刀，以便于双向进给，减少刀具的磨损和节省辅助工时。

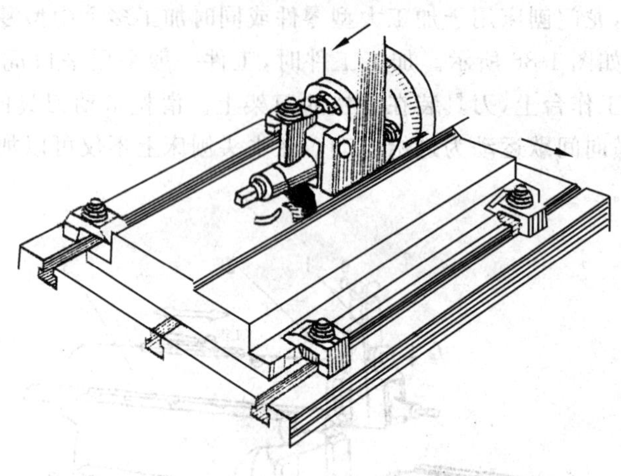

图 1-88　刨水平面

（2）刨垂直平面　刨削垂直平面时，摇动刀架手柄使刀架滑板（刀具）作手动垂直进给，背吃刀量通过工作台的横向移动控制。为保证加工平面的垂直度，加工前应将刀架转盘刻度对准零线，位置精度要求较高时，在刨削前应按需要微调纠正偏差。为防止刨削时刀架碰撞工件，应将刀座偏转一适当的角度，如图 1-89所示。

（3）刨倾斜平面　刨倾斜平面有两种方法：一是倾斜装夹工件，使工件被加工的斜面处于水平位置，用刨水平面的方法加工；二是将刀架转盘旋转所需角度，摇动刀架手柄使刀架滑板（刀具）作手动倾斜进给刨平面。如图 1-90所示。

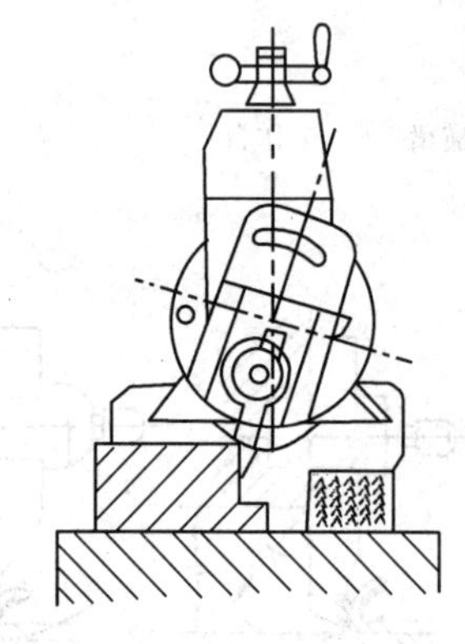

图 1-89　刨垂直平面时偏转刀座

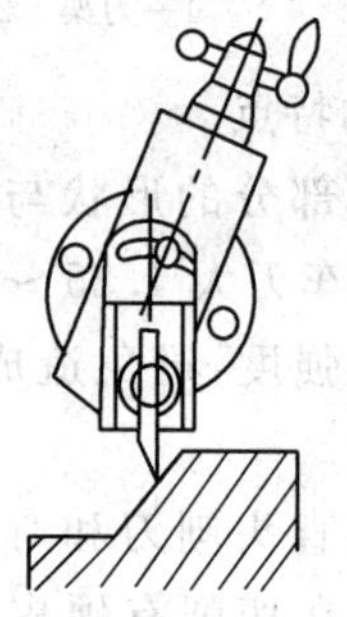

图 1-90　旋转刀架转盘刨倾斜平面

4. 刨削加工的工艺特点

（1）刨床结构简单、成本低廉、且调整、操作方便；刀具结构简单，制造、刃磨方便。因此，工件的加工成本较低。

（2）加工质量较低　刨削加工只能采用中低速切削，易产生积屑瘤；刨削时有冲击和振动，影响加工精度和表面粗糙度。但是，工件可以在一次装夹中刨削几个不同的表面，有利于保证相关表面间的相互位置精度。在加工大平面时，因连续切削，无接刀痕迹，故低速精刨时，表面质量较好。

（3）生产效率低　刨削的主运动为直线往复运动，会造成惯性和冲击，限制了切削速度的提高，而且刨刀为单向切削，空行程时不切削，故刨削的生产效率低。但对于刨削窄长平面（如机床导轨面、长槽等）或进行多件加工时，能充分发挥直线运动的优势，生产效率较高。

（4）刨削适用性强，通用性好　它能刨削平板、支架、箱体、机座、床身等零件的各种平面，沟槽等。如使用某些附件，还可以刨削齿条、花键、成形面等。

（5）刨削的经济精度和经济表面粗糙度　精刨后可达到较高的尺寸精度 IT8～IT7，较高的平面直线度 0.04～0.12mm/m 和较小的表面粗糙度 Ra3.2～1.6μm。精度要求更高的平面可采用宽刃精刨，其表面粗糙度 Ra0.8～0.4μm，直线度不大于 0.02mm/m。宽刃精刨主要用来代替手工刮削或磨削各种导轨平面，可使生产率提高几倍或十几倍。因此，应用较为广泛。

（二）拉削加工

平面拉削在拉床上进行。拉削平面时，较小尺寸的平面用卧式拉床，较大尺寸的平面在立式拉床上加工。拉削加工精度为 IT8～IT7，直线度可达 0.08～0.12mm/m。

平面拉削的原理和内孔拉削相同。平面拉削过程如图 1-91所示。

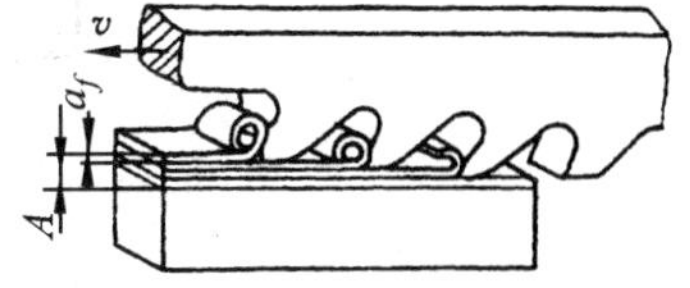

图 1-91　平面的拉削

平面拉削的工艺特点

（1）拉刀在一次行程中能切除加工平面的全部余量，故拉削的生产效率较高。

（2）拉刀制造精度高，切削部分有粗切和精切之分，校准部分又可对加工表面进行校正和修光，所以拉削加工精度高，可达 IT9～IT7，表面粗糙度 Ra 值为 1.6～0.4μm。

（3）拉刀适应性差，一把拉刀只适于一个工序加工。

（4）拉刀结构复杂，制造费用高，因此只有在大批量生产时才能显示其经济性、高效的特点。

四、平面的精密加工

常见平面的精密加工方法有平面磨削、平面刮研、平面研磨及抛光等。

（一）平面磨削

磨削平面是平面精加工的主要方法之一，通常在铣、刨削加工的基础上进行。主要用于中、小型零件高精度表面及淬火钢等硬度较高的工件表面的加工。磨削后表面的粗糙度 Ra 值为 0.2～0.8μm，两平面间的尺寸精度可达 IT6～IT5，平面度可达 0.01～0.03mm/m。

1. 平面磨床

平面磨床用于磨削各种零件上的平面。平面磨床按照主轴与工作台的位置状态可分为卧轴和立轴两类。主轴与工作台平行为卧轴，用砂轮圆周磨削工件；主轴与工作台垂直为立轴，用砂轮端面磨削工件。按照工作台的形状又分为矩形工作台和圆形工作台两类。按照轴线位置和工作台的形状进行组合，可得到卧轴矩台、卧轴圆台、立轴矩台和立轴圆台四种平面磨床。生产中最常见的是卧轴矩台平面磨床和立轴圆台平面磨床。图 1-92 所示为卧轴矩台平面磨床示意图。

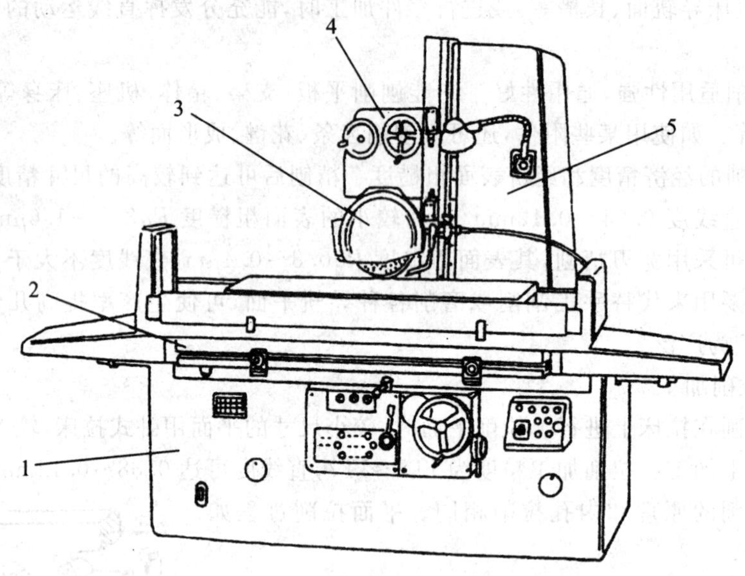

图 1-92　卧轴矩台平面磨床

1—床身　2—工作台　3—砂轮　4—滑座　5—立柱

2. 磨削方式

图 1-93 所示为平面磨床上常见的磨削方法。

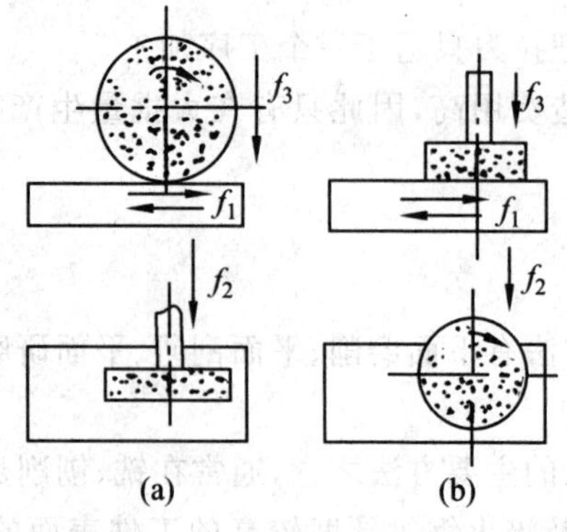

图 1-93　平面磨削的两种方法

(a) 圆周磨削法　(b) 端面磨削法

根据砂轮工作面的不同，平面磨削分为圆周磨削和端面磨削两种方式。

(1) 圆周磨削法[图 1-93(a)]的特点是砂轮与工件接触面积小，排屑和冷却条件好，工件发热变形小，砂轮表面磨粒磨损均匀，所以能获得较好的加工质量；但磨削效率低，主要适于精磨。

(2) 端面磨削法的特点是磨床的刚度较好[图 1-93(b)]，可以采用较大的磨削用量，砂轮与工件的接触面积大，同时工作的磨粒数目多，因此生产率较高，但是发热量大，散热及冷却条件差，磨削质量较圆周磨削稍差一些，适于大批大量生产中磨削精度要求较低的零件或作为粗磨工序。

3. 磨削加工的特点

平面磨床的工作运动简单，机床结构简单，加工系统刚性好，容易保证加工精度。与铣平面、刨平面相比，更适合于精加工。

(二) 平面刮研

刮研是利用刮刀在工件表面刮去一层很薄金属的光整加工方法，一般是在精刨之后进行的。刮研平面的直线度可达 0.01mm/m，甚至可达 0.005～0.0025mm/m，表面粗糙度值 Ra 可达 0.8～0.1μm。

1. 平面刮研的方法

刮研时，光将工件均匀涂上一层红丹油(极细的氧化铁或氧化铝与机油的调和剂)，然后与标准平板或平尺贴紧推研，将工件上显示出的高点用刮刀逐一刮去。重复多次即可使工件表面的接触点增多，并均匀分布，从而获得较高的形状精度和较小的表面粗糙度值。

刮研可分为粗刮研、细刮研和精刮研。粗刮研主要是为了除去铁锈、加工痕迹，以免推磨时刮伤标准平板或平尺，粗刮研一般要求每 25mm×25mm 面积上显示 4～5 个高点；细刮研一般要求每 25mm×25mm 面积上显示 12～13 个高点；精刮研则要求显示出 20～25 个高点。刮研余量一般为 0.1～0.4mm，面积小的取小值，面积大的取大值。

2. 平面刮研的工艺特点及应用

(1) 刮研精度高，方法简单，不需复杂的设备和工具，常用于加工各种机床的导轨面及检验平板。

(2) 刮研劳动强度大，操作技术高，生产率低，常用于单件小批量生产及修理车间。在批量生产中刮研多被磨削所代替，但对于难以用上述方法达到的高精度平面或者是需要良好润滑条件的平面，如精密机床导轨、标准平板、平尺等，仍需采用刮研。

(3) 刮研后的表面实际由许多微小凹面所组成，其凹部可贮存润滑油，使滑动配合面具有良好的润滑条件。

(三) 平面研磨

研磨也是平面光整加工方法之一。研磨后两平面间的尺寸精度可达 IT5～IT4，表面粗糙度值 Ra 可达 0.4～0.025μm。小型平面研磨后，还可提高其形状精度。

研磨时，一般使用铸铁、青铜等比工件材料软的金属制成的研具，研具工作面应与工件表面形状相吻合，在研具和加工表面间加上研磨剂。研磨剂由很细的磨料、润滑油及化学添加剂组成。在研磨压力作用下，研磨剂中的部分磨粒会嵌入研具表面，在研具与工件相对运动时,嵌入研具表面的磨粒对加工表面会产生挤压和微量切削作用。其他呈游离状态的磨料微粒则对加工表面产生刮研、滚擦作用。研磨剂中含有的硬脂酸使加工表面产生很薄的较软的氧化膜,工件表面上凸起处的氧化膜被首先磨去,然后新的金属表面很快又被氧化,继而又被磨掉。如此反复进行,凸起处被逐渐磨平。研磨时的这一化学作用加快了研磨过程。

研磨常用来加工小型平板、平尺及块规的精密测量平面。在单件小批生产中常用于手工研磨,在大批量生产中则采用机械研磨。

(四) 平面抛光

抛光是利用高速旋转的,涂有抛光膏的软质抛光轮对工件进行光整加工的方法。

抛光轮用帆布、皮革、毛毡制成,工作时线速度达 30～50m/s。根据被加工工件的材料,在抛光轮上涂以不同的抛光膏。抛光膏中的硬脂酸使加工表面生成较软的氧化膜,可加速抛光过程。

抛光设备简单,生产率高,由于抛光轮是弹性体,因此还能用于抛光曲面。通过抛光加工,可使加工表面获得表面粗糙度 Ra 值为 0.1～0.01μm,光亮度也明显提高,但抛光不能改善加工表面的尺寸精度。

五、平面加工方案

由于平面作用不同,其技术要求也不同,故应采用不同的加工方案,以保证平面质量。考虑加工的经济精度和表面粗糙度要求,常用的平面加工方案见表 1-11。

表 1-11　　平面加工方案

序号	加工方案	经济精度级	表面粗糙度 Ra/μm	适用范围
1	粗车—半精车	IT9	6.3～3.2	回转体零件的端面
2	粗车—半精车—精车	IT8～7	1.6～0.8	
3	粗车—半精车—磨削	IT8～6	0.8～0.2	
4	粗刨(或粗铣)—精刨(或精铣)	IT10～8	6.3～1.6	精度要求不太高的不淬硬平面
5	粗刨(或粗铣)—精刨(或精铣)—刮研	IT7～6	0.8～0.1	精度要求较高的不淬硬平面
6	粗刨(或粗铣)—精刨(或精铣)—磨削	IT7	0.8～0.2	精度要求高的淬硬平面或不淬硬平面
7	粗刨(或粗铣)—精刨(或精铣)—粗磨—精磨	IT7～6	0.4～0.02	
8	粗铣—拉	IT9～7	0.8～0.2	大量生产,较小的平面
9	粗铣—精铣—磨削—研磨	IT5 以上	0.1～0.006	高精度平面

§1-5　沟槽和特形面加工

一、沟槽的加工

零件的表面常常有一些沟槽结构，这些沟槽可以通过车削、刨削、铣削和拉削等方法加工出来。这些方法各有其特点，下面介绍加工沟槽时常用的一些方法。

（一）沟槽的车削加工

用车削的方法加工工件上的槽称为车槽。车槽适用于回转体类零件上的各种槽，如外圆上的退刀槽、内孔中的退刀槽、轴肩挡圈槽、三角带轮上的梯形槽等。车削的加工精度为IT13～IT6，表面粗糙度为Ra12.5～1.6μm。下面介绍常见的车削沟槽的加工方法。

1. 车退刀槽

外圆上的退刀槽如图1-94所示，一般用切断刀改磨成切槽刀加工。内孔中的退刀槽要用专用的车槽刀加工如图1-95所示。车槽刀的宽度等于槽的宽度，槽的位置和深度一般用床鞍上的手轮刻度盘来控制。内孔退刀槽的直径D可用弹簧内卡钳（见图1-96）检查。

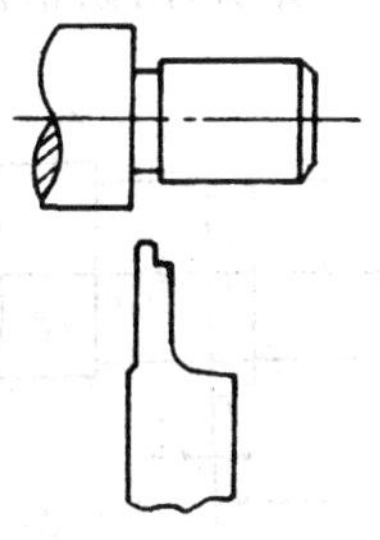

1-94　车外圆上的退刀槽

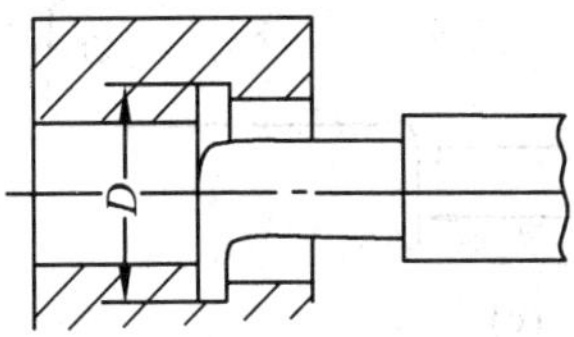

图1-95　车内孔中的退刀槽

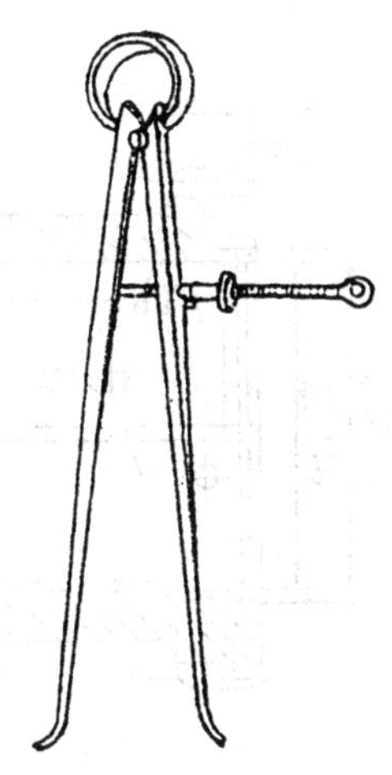

图1-96　弹簧内卡钳

2. 车挡圈槽

如图1-97所示，槽A为轴肩挡圈槽。挡圈槽的深度和位置都有较高的要求。车槽时用对刀块（其宽度为14.3mm）来确定切槽刀的位置。槽底直径用中滑板上的手轮刻度盘来控制。

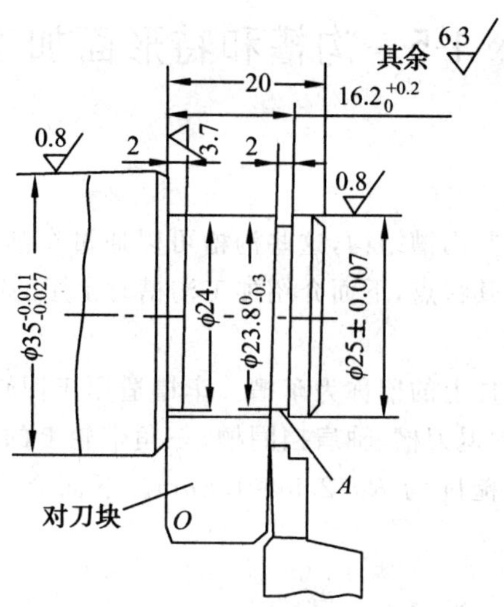

图 1-97 车挡圈槽

图 1-98(a)所示为双联齿轮孔内挡圈槽，可以先车好左面的一条槽，用对刀块确定刀具位置再车第二条槽；也可特制一把专用刀杆，如图 1-98(b)所示，两条槽同时车出，检验槽距用样板如图 1-98(c)所示。

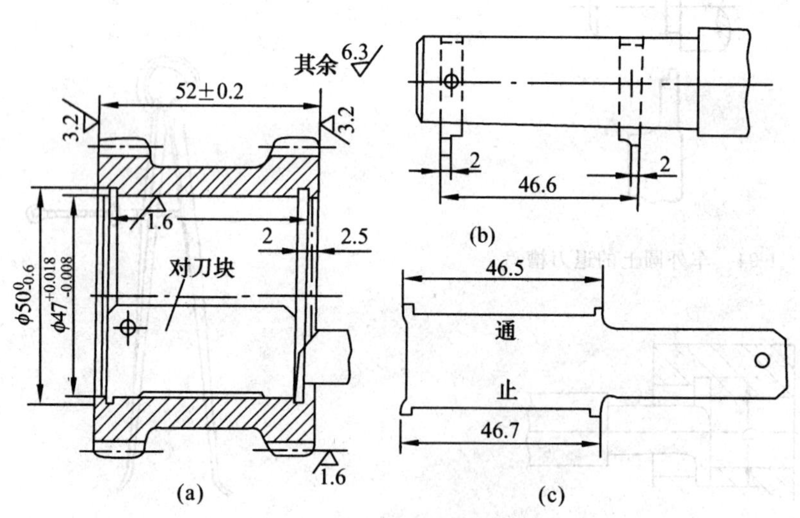

图 1-98 车孔用挡圈槽

(a) 双联齿轮孔内挡圈槽 (b) 车孔内挡圈槽的专用刀杆 (c) 检验槽距用样板

3. 车梯形槽

车床上常加工的梯形槽是三角带轮上的槽。图 1-99(a)所示为三角带轮。小的三角胶带槽(O,A,B 型)，一般先用切断刀车出窄槽，再用成形车刀左、右分车，向两面扩大，如图 1-99(b)所示。大的三角带槽(C 型以上)一般先用车槽刀分几层车槽，把大部分余量车去，然后再用成型车刀精车左右侧面和槽底(槽底要求不高时，也可用车槽刀直接车成，不再精车)，如图 1-99(c)所示。

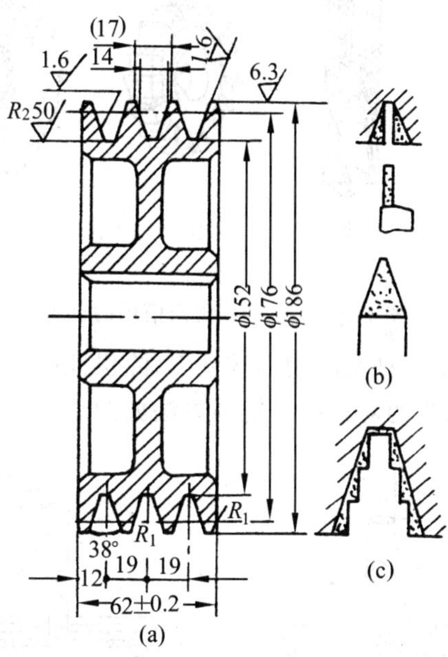

图 1-99　车三角胶带槽

(二) 沟槽的铣削加工

在铣床上加工的沟槽种类很多，常见的有直角沟槽、V 形槽、燕尾槽、T 形槽和各种键槽等。此外，花键、齿轮、齿形离合器等，其工艺实质也属加工沟槽，只是对刀具选择要求更为严格，以及铣削时须准确分度。铣削的经济加工精度为 IT9～IT7，表面粗糙度为 Ra 12.5～1.6μm。下面介绍常见沟槽的铣削。

1. 直角沟槽的铣削　直角沟槽有通槽、半通槽和封闭槽三种形式，如图 1-100所示。

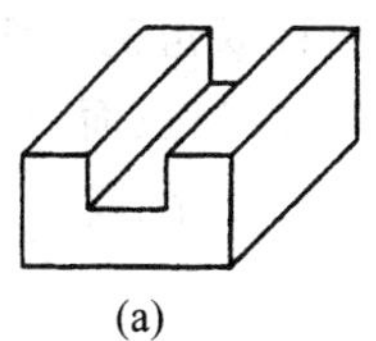

(a)

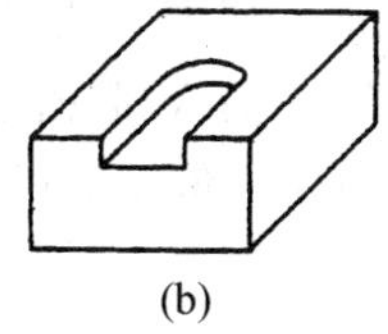

(b)

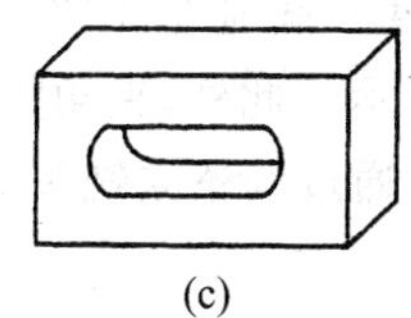

(c)

图 1-100　直角沟槽的种类

(a) 通槽　(b) 半通槽　(c) 封闭槽

较宽的通槽可使用三面刃铣刀或立铣刀铣削，窄的通槽可用锯片铣刀加工。半通槽和封闭槽则用立铣刀或键槽铣刀加工。用立铣刀铣削封闭槽时，应预钻直径略小于立铣刀直径的落刀孔。

铣直角沟槽常用的铣刀如图 1-101所示。

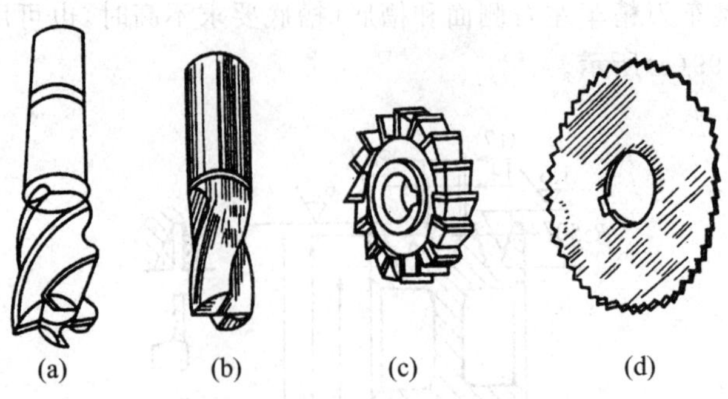

图 1-101　加工直角沟槽用的铣刀

平键槽也属于直角沟槽。铣削时用键槽铣刀，除保证槽的宽度精度以外，还必须准确对刀，以保证键槽相对于轴线的对称度。铣削方法如图 1-102所示。

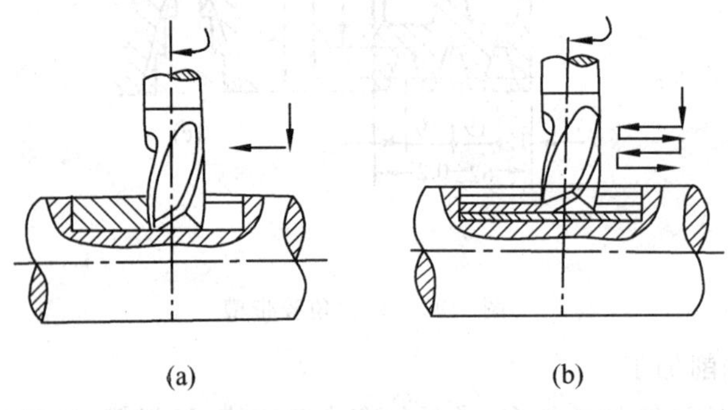

图 1-102　键槽的铣削方法

2. V 形槽的铣削

V 形槽由对称的两斜面构成，斜面间夹角多为 90°，也有 60°，120°等多种。一般槽的底部设计一个直槽，以保证与配合件正确结合，并可避免加工时刀具齿尖投入切削，以提高刀具耐用度。铣削 V 形槽时，应先加工底部直槽，然后用对称双角铣刀铣削两侧斜面，如图 1-103所示。此外，夹角大于等于 90°的 V 形槽也可用立铣刀、三面刃铣刀和端铣刀加工，铣削时通过调整立铣头或工件的安装角度实现。如图 1-104所示。

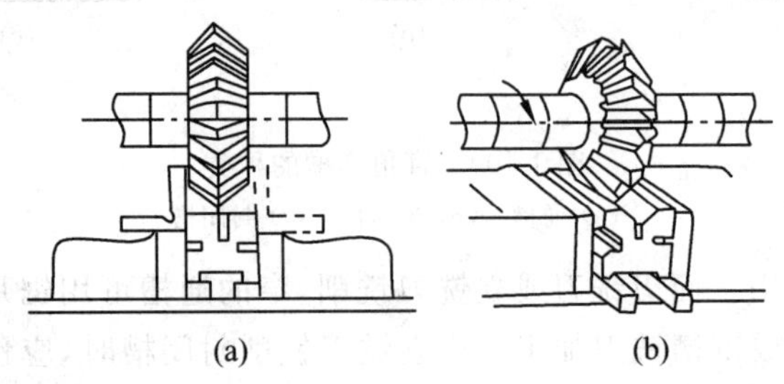

图 1-103　铣 V 形槽

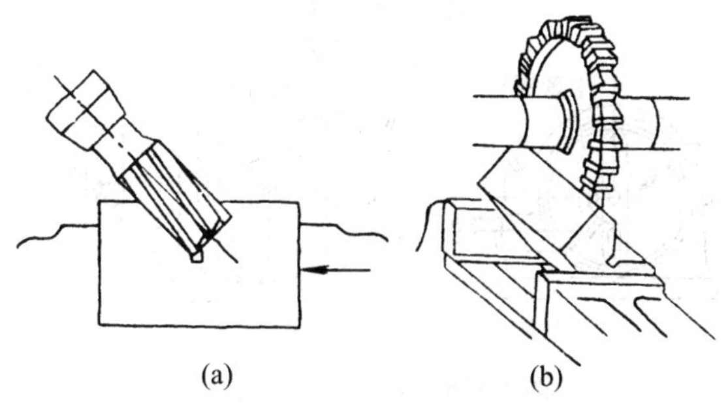

图 1-104　倾斜立铣头或工件铣 V 型槽

3. T 形槽的铣削

铣削 T 形槽的步骤如图 1-105 所示。先用三面刃铣刀或立铣刀铣出直槽，然后用 T 形槽铣刀铣出下部宽槽，完成 T 形槽加工，最后用双角铣刀铣出槽口倒角。用 T 形槽铣刀铣削宽槽时，排屑困难，切削热传导不畅，铣刀容易磨损，而且铣刀颈部较细，容易折断，所以应选择较小的铣削用量。

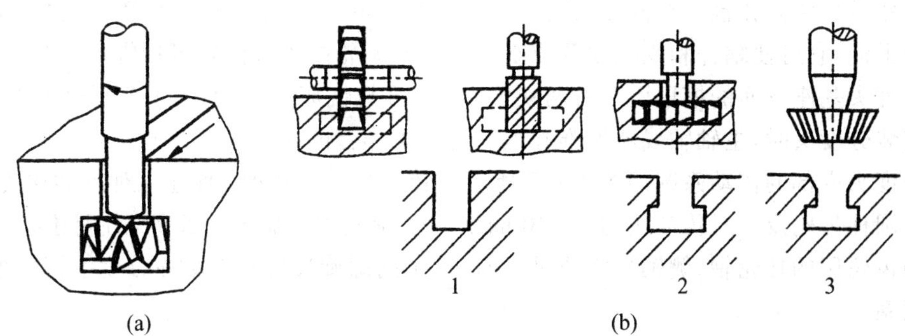

图 1-105　铣 T 形槽
(a) 铣下部宽槽局部放大　(b) 铣 T 形槽的步骤

4. 螺旋槽铣削

大导程的螺旋槽一般在万能卧式铣床或万能立式铣床上加工。通过选择不同截面形状的铣刀，可以加工不同截面形状的螺旋槽，如蜗杆、圆柱凸轮、螺旋齿圆柱铣刀开齿等。

(1) 分度头　分度头是铣床上的重要附件。图 1-106 所示为 F11125 型万能分度头的外形。分度头主轴是空心的，两端均为莫氏 4 号锥孔，前锥孔用来安装带有拨盘的顶尖，后锥孔可装入心轴，作为差动分度或作直线移距分度时安装交换齿轮用。主轴的前端外部有一段定位锥体，用来安装三爪自定心卡盘的连接盘。

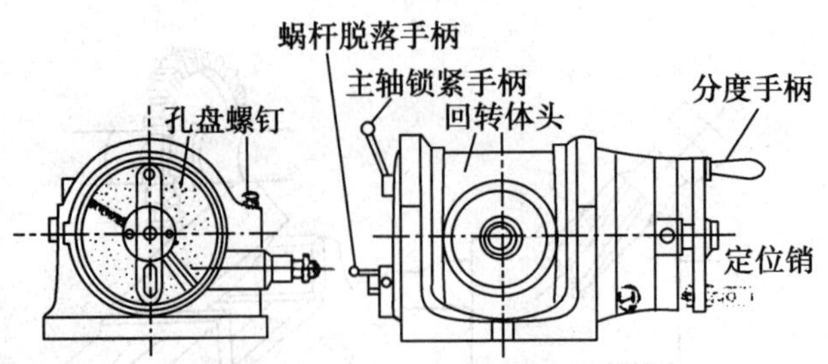

图 1-106　万能分度头外形图

主轴可随回转体在分度头基座的环形导轨内转动。因此，主轴除安装成水平位置外，还能转成倾斜(在－6°～90°的范围内)的位置，调整角度前应松开基座上部靠主轴后端的两个螺母，调整之后再予以紧固。主轴的前端还固定一刻度盘，可与主轴一起旋转。刻度盘上有 0°～360°的刻度，可以用来作直接分度。

F11125 型万能分度头共备有两块孔盘(俗称分度盘)，孔盘上有几圈在圆周上均布的定位孔，它们是进行各种分度计算的依据。在孔盘左侧有一孔盘紧固螺钉，当工件需要微量转动时，可松开此螺钉，用于轻敲分度手柄，使分度手柄连同孔盘一起转动(一个极小的角度)，然后再紧固孔盘。在分度头的后侧有两个手柄：一个是主轴锁紧手柄；另一个是脱落蜗杆手柄，它可使蜗杆和蜗轮脱开或啮合。蜗杆蜗轮的啮合间隙可用螺母调整。

分度头基座下面的槽里固定有两块定位键，可与铣床工作台面的 T 形槽相配合，以便在安装分度头时，主轴轴线能够准确地平行于工作台的纵向进给方向。

分度头内部的传动系统如图 1-107 所示。转动分度手柄时，通过一对传动比为 1∶1 的直齿圆柱齿轮及一对传动比为 1∶40 的蜗杆蜗轮使主轴旋转。此外，右侧还有一根安装交换齿轮用的挂轮轴(侧轴)，它通过一对 1∶1 的螺旋齿轮与空套在分度手柄轴上的孔盘相联系。

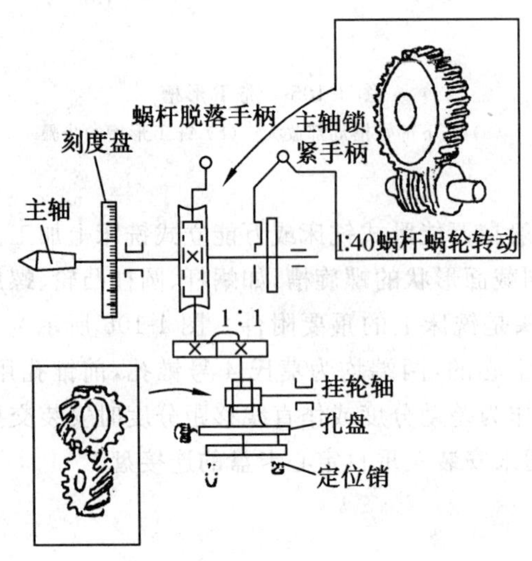

图 1-107　万能分度头的传动系统

(2) 铣削原理　根据螺旋线的形成原理，在铣床上铣削螺旋槽时，除了铣刀作旋转运动外，在工作台带动工件作纵向进给的同时，还要使工件匀速转动，这两者之间的运动关系必须保证：工作台每匀速移动一个等于工件导程的距离时，工件必须同时匀速旋转一周。这就需要将工件装夹在分度头上，并通过挂轮把铣床工作台的丝杠和分度头的主轴(或侧轴)联系起来。图 1-108所示为用分度头铣螺旋槽时挂轮配置的一般方式。

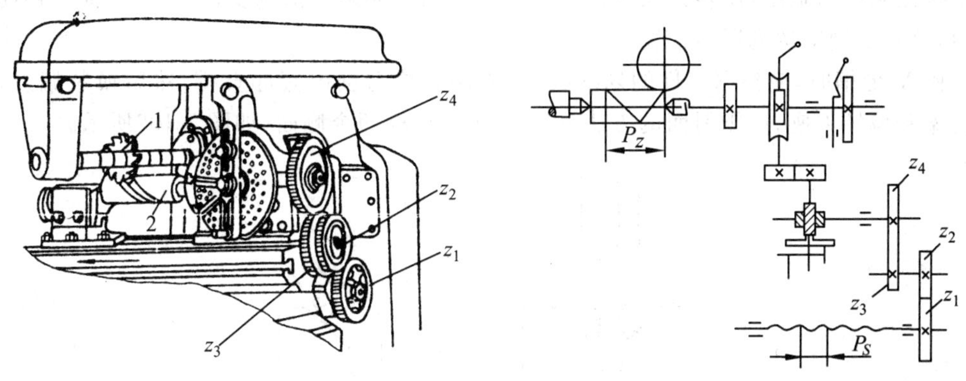

图 1-108　螺旋槽的铣削

由图 1-108 的传动系统图可知：当工作台每移动一个工件导程 P 时，分度头主轴必须转一转，则挂轮的速比计算如下：

$$\frac{Z_1 \cdot Z_3}{Z_2 \cdot Z_4}=\frac{40P_S}{P}$$

式中：Z_1，Z_3——主动轮挂轮齿数；

Z_2，Z_4——被动轮挂轮齿数；

P——工件导程(mm)；

P_S——铣床工作台丝杠的导程(mm)。

(3) 铣螺旋槽时的注意事项　根据在铣床上形成螺旋槽的运动可知，当工件转一转时，铣刀相对于工件在轴线方向上移动的距离等于导程。因此，在一条螺旋槽上，不论是槽口上的螺旋线还是槽底上的螺旋线，其导程是相等的，亦即一条螺旋槽上各处的导程是相等的。

根据计算螺旋角的公式 $\tan\beta=\pi D/P$ 可知，在导程不变时，直径 D 愈大，螺旋角 β 也愈大；D 减小，β 也减小。因此，在一条螺旋槽上，自槽口到槽底，不同直径处的螺旋角是不相等的。由于螺旋角的大小不同，在同一截面上切线的方向也不同，加工时往往会产生“干涉”现象，也就是在切削过程中把不应切去的部分切去，使槽的截面形状产生偏差。

另外，由于螺旋槽上的螺旋线是一条曲线，切削过程中当铣刀旋转时刀齿形成的旋转表面与螺旋线不相吻合时，也会产生“干涉”现象。

为减少切削过程中的“干涉”现象，优先选择立铣刀，必须使用盘铣刀时，刀盘的直径应尽可能的小。另外，还必须扳转工作台一个角度。扳转角度的大小和方向见《铣工工艺学》等资料。

(三) 沟槽的刨削和插削加工

1. 刨削沟槽

刨床上加工沟槽的种类很多，主要有直槽、V 形槽、燕尾槽等。刨削加工尺寸精度通常为 IT9～IT7，表面粗糙度为 $Ra12.5 \sim 1.6\mu m$。下面介绍几种常见沟槽的刨削。

（1）刨直槽和 V 形槽　刨直槽时，如果沟槽宽度不大，可用宽度与槽宽相当的直槽刨刀直接刨到所需宽度，旋转刀架手柄实现垂直进给。如果沟槽宽度较大，则可横向移动工作台，分几次刨削达到所需槽宽。

刨 V 形槽时，应根据工件的划线找正，先用直槽刀刨出底部直槽，然后换装偏刀，倾斜刀架和偏转刀座，用刨斜面的方法分别刨出 V 形槽两个侧面，如图 1-109所示。

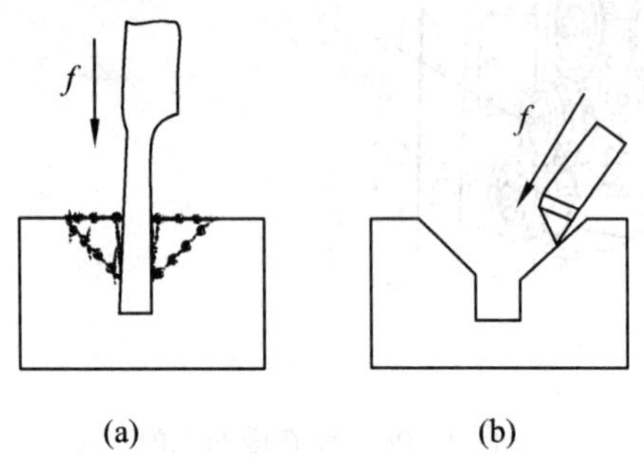

图 1-109　刨 V 形槽

a）刨 V 形槽底部直槽　　（b）刨 V 形槽斜面

（2）刨燕尾槽　刨燕尾槽的方法与刨 V 形槽相似，采用左、右偏刀按划线分别刨削燕尾槽斜面，其加工顺序如图 1-110所示。

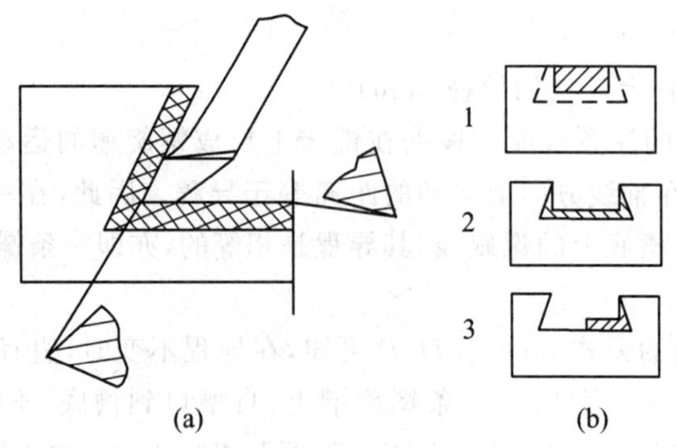

图 1-110　刨燕尾槽

（a）刨燕尾槽用角度偏刀　（b）加工顺序

（3）刨 T 形槽　刨 T 形槽需用直槽刀、左右弯切刀和倒角刀，按划线依次刨直槽、两侧横槽和倒角，如图 1-111所示。

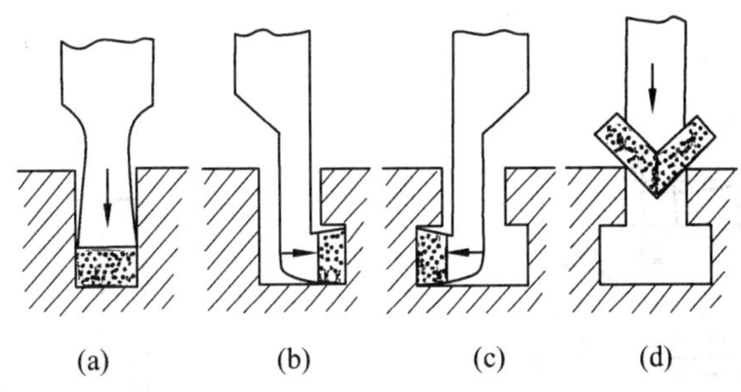

图 1-111　刨 T 形槽

(a) 刨直槽　(b) 刨右横槽　(c)刨左横槽　(d) 倒角

2. 插削沟槽

插削与刨削过程基本相同，只是刨刀在水平方向进行切削而插刀则在垂直方向进行切削。插削主要用于单件、小批量生产中加工零件的内、外槽，如方孔、各种多边形孔、孔内键槽和内花键槽等，特别适合加工不通孔或有台阶的内孔。下面介绍常见沟槽的插削。

(1) 插床　沟槽的插削在插床上进行，插床实际上是立式刨床，如图 1-112所示。加工时，滑枕 5 带动刀具沿立柱导轨作直线往复运动，实现切削过程的主运动。工件安装在工作台 4 上，工作台可实现纵向、横向和圆周方向的间歇进给运动。工作台的旋转运动，除了作圆周进给外，还可进行圆周分度。滑枕还可以在垂直平面内相对立柱倾斜 0°～8°，以便加工斜槽和斜面。

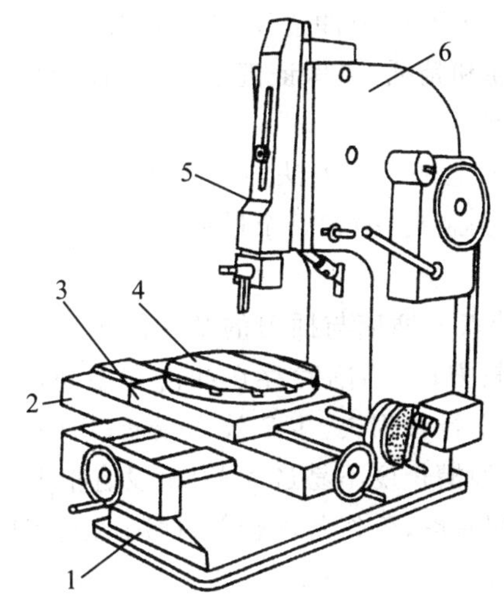

图 1-112　插床外形图

1—床身　2—横滑板　3—纵滑板　4—圆工作台　5—滑枕　6—立柱

(2) 插刀　图 1-113 所示为常用插刀的形状。插槽时为了避免插刀的刀杆与工件相碰，插刀刀刃应该凸出刀杆。当插削长度较长，刀杆刚性较差时，水平方向的切削分力会使刀杆弯曲，产生“让刀”现象，因此应适当减小插刀的前角与后角，并减小进给量，以减少水平切削分力。

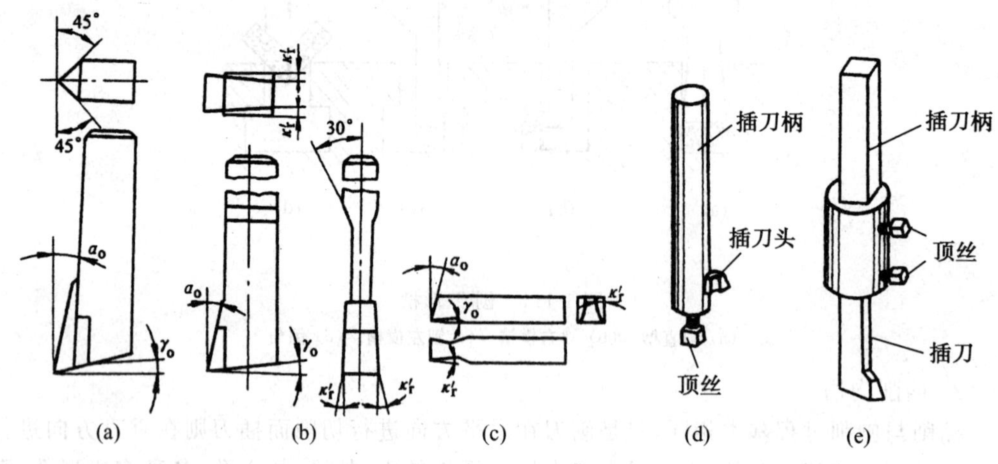

图 1-113　常用插刀的形状

(a) 尖刀　(b) 切刀　(c) 装在插刀柄中的刀头

(d) 插刀柄　(e) 套式插刀

(3) 插键槽　如图 1-114 所示，装夹工件并按划线校正，然后根据键槽的长度和孔口的位置，手动调整滑枕和插刀的起点及终点位置，防止插刀在工作中冲撞工作台而造成事故。键槽插削一般应分粗插和精插，以保证键槽尺寸精度和键槽对工件轴线对称度要求。

内花键槽也可以在插床上加工。方法与插键槽大致相同，不同的是工件要用分度头装夹，插完一个槽后进行分度，依次加工出各键槽。

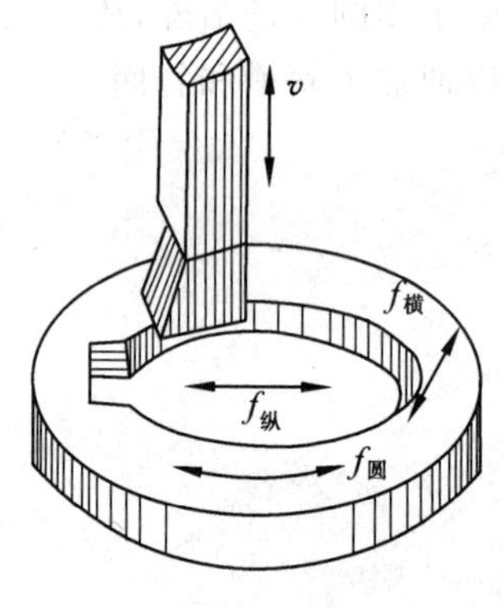

图 1-114　插键槽

(4) 插削沟槽的工艺特点　插床与插刀的结构简单，加工前的准备工作和操作也较方便；插削时存在冲击和振动，切削速度受到限制，又存在空行程损失，生产效率较低；切削工作行程受刀杆刚性限制，沟槽长度不易过大；刀架没有抬刀机构，工作台没有让刀机构，因此插刀在回程时与工件相摩擦，工作条件较差；插削的经济加工精度为 IT9～IT7，表面粗糙度Ra值为 6.3～1.6μm。

插削主要用于单件、小批量生产。

二、特形面加工简介

在一个或一个以上不同方向的截面内，截面形状为非圆曲线的形面称为特形面。只在一个方向的截面内截形为非圆曲线的特形面称为简单特形面。简单特形面是由一条直母线沿非圆曲线平行移动而形成。母线较短时称为曲线外形零件，如盘形凸轮的工件型面；母线较长时则称简单特形面，俗称成形面。特形面一般在车床、铣床、刨床或数控机床上加工。

（一）特形面的车削

用成形车刀或普通车刀按成形法或仿形法等车削工件的成形面称为车成形面。在车床上加工的成形面都是工件表面素线为曲线的回转面。常见的有圆球面、橄榄形曲面等。

成形面的车削方法主要有以下几种：

1. 联合进刀法

使用普通车刀，用双手分别转动中、大滑板的手柄以同时控制车刀的横、纵向进给的位移量，使刀尖运动轨迹与工件表面素线形状相吻合，从而实现成形面的车削。车削过程中应随时用成形样板检验，并作修正。这种方法生产效率低，加工精度不高，劳动强度大，对操作工人的技术水平要求较高，只适用于单件生产时成形面尺寸及形状精度要求不高的场合。用联合进刀法车成形面如图 1-115(a)所示。

2. 成形车削法

成形车刀又称样板车刀，其切削刃的形状与工件表面素线形状吻合，车削成形面时，工件作回转运动，成形车刀只作横向进给运动，如图 1-115(b)所示。用成形车刀车削，其切削刃与工件表面的接触线较长，切削时容易引起振动，因此工件的转速和进给量应选较小值。

用成形车刀车削成形面，加工精度较高，加工质量稳定，生产效率较高。但成形车刀制造成本较高，宜用于成批生产。

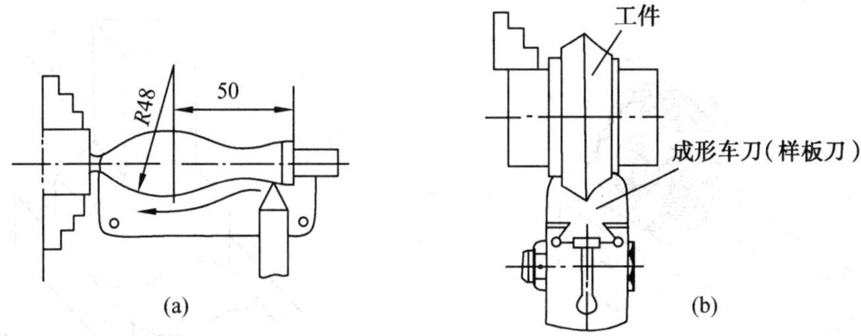

图 1-115　车成形面

3. 仿形法

在卧式车床上使用仿形靠模装置，或在仿形车床上车削。仿形法生产率高，加工精度高，但需要仿形装置或仿形车床，主要应用于大批量生产。

（二）特形面铣削

曲线外形零件，在单件、小批量生产时，通常按划线用立铣刀手动进给加工，如图 1-116所示。这种方法生产率低，加工质量不稳定，且要求操作者技术熟练。成批量生产中常采用靠模铣削法，如图 1-117所示。这种方法加工质量较稳定，生产效率、加工精度较高。母线较长的简单特形面通常用盘形成形铣刀在卧式铣床上加工，如图 1-118所示。复杂特形面的铣削，一般在仿形铣床或数控铣床上加工。

另外，在刨床上也可以加工特形面，主要有按划线通过工作台横向进给和刀架手动垂直进给配合刨削成形面和用成形刨刀刨削成形面，如图 1-119所示。

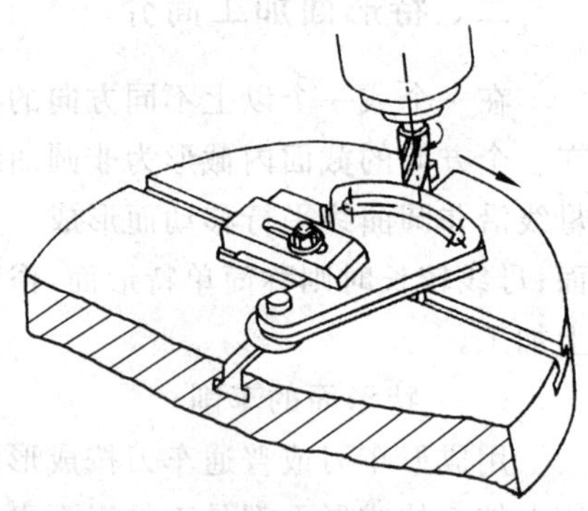

图 1-116　用立铣刀按划线铣削曲线外形零件

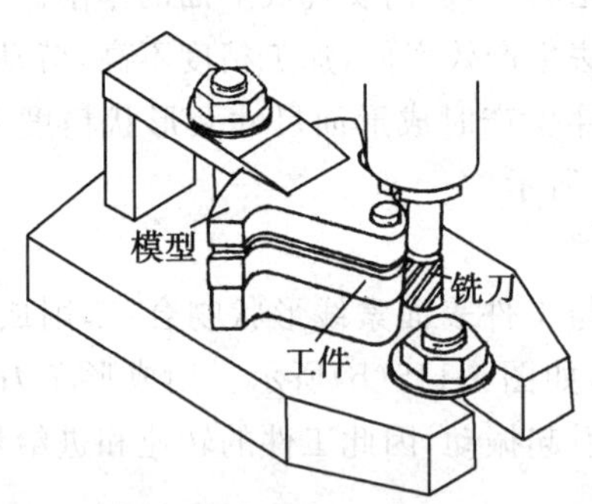

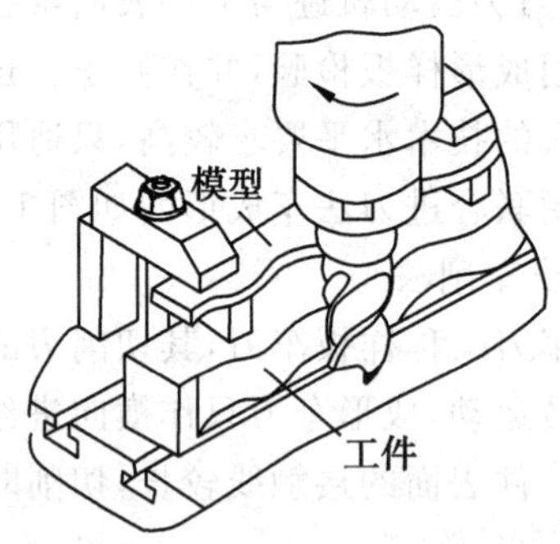

图 1-117　仿形手动铣削

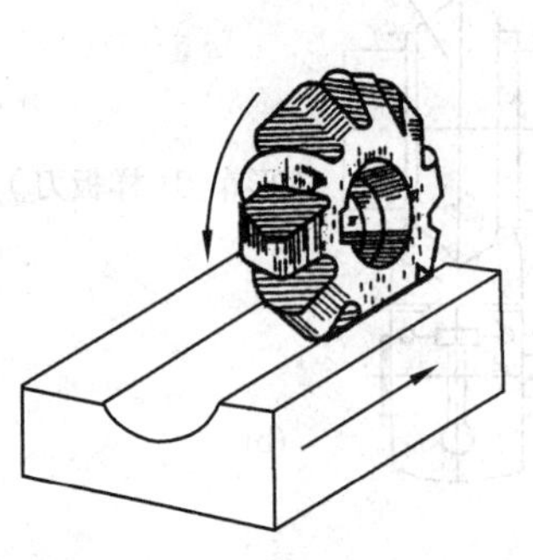

图 1-118　用成形铣刀铣削简单特形面

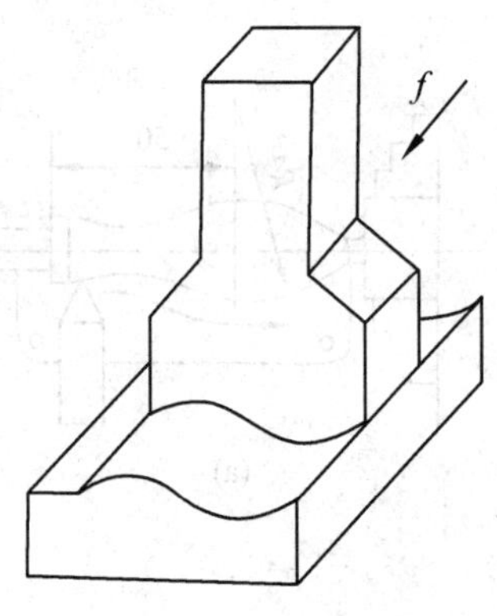

图 1-119　用成形刨刀刨曲面

§1-6　螺纹加工

螺纹是零件上很常见的表面之一，它是一种特定的成形面。螺纹的种类较多，用途不一，主要有普通螺纹、梯形螺纹、矩形螺纹、锯齿形螺纹及管螺纹等。应用较多的是普通螺纹和梯形螺纹。普通螺纹主要用于连接和紧固，梯形螺纹主要用于传递运动和动力。不同的螺纹，其技术要求以及加工方法也不一样。通常普通螺纹的技术要求较低。梯形螺纹的技术要求较高。

螺纹的加工方法较多，有车削、铣削、攻丝与套丝、滚压、磨削、研磨等。下面以普通螺纹和梯形螺纹为例，说明螺纹的一般加工方法。

一、普通螺纹的加工

普通螺纹加工的方法主要有车削、套丝和攻丝。

（一）螺纹的车削

车削螺纹是应用最广，也是最简单的一种螺纹加工方法。车床上可以车削公制、英制、模数、径节四种标准螺纹，还可以车削大导程、非标准和较精密的螺纹。这些螺纹可以是左旋的，也可以是右旋的。

1. 螺纹的车削过程

螺纹的车削过程如图 1-120 所示。螺纹车削时，工件旋转是主运动，车刀作进给运动，工件转一转车刀应准确地沿轴线方向均匀移动一个导程。

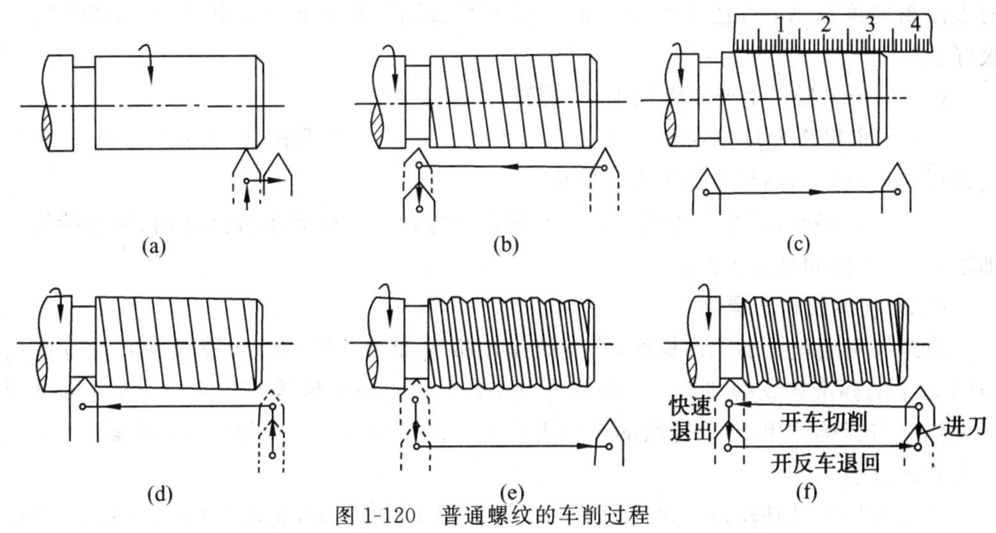

图 1-120　普通螺纹的车削过程

(a) 开车，使车刀与工件轻微接触，记下刻度盘读数，向右退出车刀

(b) 合上对开螺母，在工件表面上切出一条螺旋线，横向退出车刀，停车

(c) 开反车使刀具退到工件右端，停车，用钢尺检查螺距是否正确

(d) 利用刻度盘调整切深，开车切削

(e) 车刀将行到终了时，应做好退刀停车准备，先快速退出车刀，然后停车，再开反车退回刀架

(f) 再次横向进刀，继续切削，图中标明了切削过程的路线

(1) 螺纹车刀　螺纹车刀属于成形车刀。车刀切削部分的几何形状应和螺纹牙型的轴向剖面形状相符合。在径向前角为 0°时,车刀的刀尖角 ε_r 应与螺纹牙型角 α 相等,如图 1-121所示(图中 $\alpha=60°$)。但用径向前角为 0°的螺纹车刀切削时,排屑困难,容易"扎刀"。因此,大多数螺纹车刀都采用正的径向前角 γ_f,以利于切削,此时,螺纹车刀的刀尖角应小于螺纹牙型角 α。当 $\gamma_f=15°$时,车刀的刀尖角 $\varepsilon_r\approx59°$。

(2) 车刀的装夹　螺纹车刀装夹时,刀尖应与工件轴线等高,刀尖角 ε_r 的对称轴线应与工件轴线垂直,通常使用样板校正,如图 1-122所示。

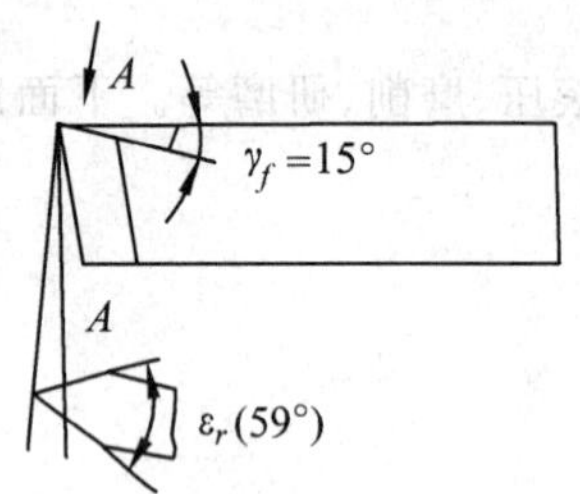

图 1-121　普通螺纹车刀

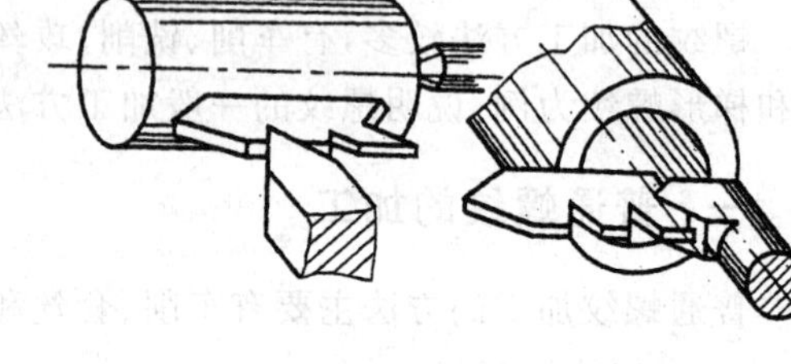

图 1-122　用样板校正车刀位置

2. 车削螺纹的特点

(1) 适应范围广　各种尺寸、牙形的螺纹,均可用车削方法加工,而且刀具简单、费用低。

(2) 精度高　可以获得较高的精度,一般可达 IT7 级,有的可达 IT6 级,被加工螺纹的表面粗糙度值 Ra 可达 1.6μm。加工精度和表面粗糙度均比铣削螺纹、套螺纹、攻螺纹好。

(3) 生产率低　生产率较铣削、套螺纹、攻螺纹低。

(4) 要求操作人员技术水平高　对工人的技术水平要求较高,刀具刃磨质量和刀具安装误差会直接影响到被加工零件的质量。

由于上述特点,车削普通螺纹多用于回转体零件上精度要求较高的内、外连接螺纹的加工,适于单件和批量生产。

(二) 攻螺纹和套螺纹

攻螺纹是用丝锥加工内螺纹,套螺纹是用板牙加工外螺纹。攻螺纹和套螺纹多用于 M16 以下的标准螺纹的加工。一般在车床、钻床和专用机床等机床上使用,也可进行手工操作。与套螺纹相比,攻螺纹的应用更普遍。对于小尺寸的内螺纹,攻螺螺纹几乎是唯一有效的方法。

攻螺纹的刀具是丝锥。丝锥的外形结构如图 1-123所示,它由工作部分和尾柄组成。工作部分实际上是一个轴开槽的外螺纹,分切削和校准两部分。切削部分担负着整个丝锥的切削工作,为使切削负荷能分配在各个刀齿上,切削部分一般做成圆锥形;校准部分有完整的廓形,用以校准螺纹廓形和起导向作用。柄部用于装夹刀具并传递扭矩。

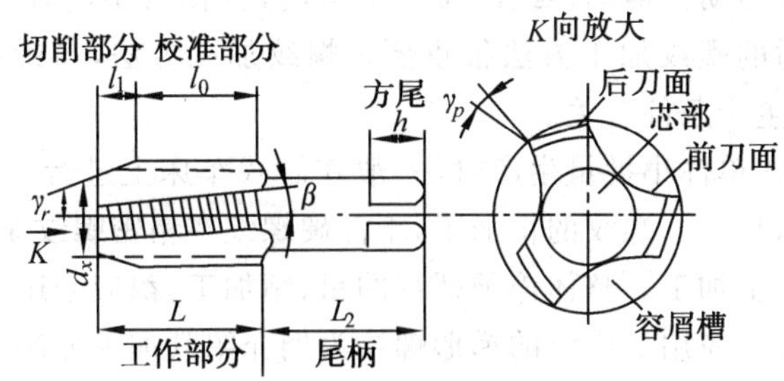

图 1-123 丝锥的结构

在车床上对轴、盘、套类零件轴线上的小螺孔进行攻螺纹时常使用攻螺纹夹头。这种攻螺纹夹头如图 1-124所示。攻螺纹夹头安装在车床尾架套筒的锥孔中，丝锥由压紧螺母通过四粒钢珠压紧在摩擦杆上，摩擦杆右端台肩的两端面分别垫有尼龙垫片。适当调节螺塞，摩擦杆即受到一定的压紧力，可防止摩擦杆随工件转动。但当切削力过大时，又可随工件转动而在尼龙垫片之间打滑，从而防止乱扣和折断丝锥。攻螺纹时工件低速旋转，丝锥只轴向移动而不转动。工具体与柄部为间隙配合，轴向槽中插入螺钉，以使工具体不随工件转动，而只随丝锥沿工件轴向自由进给。

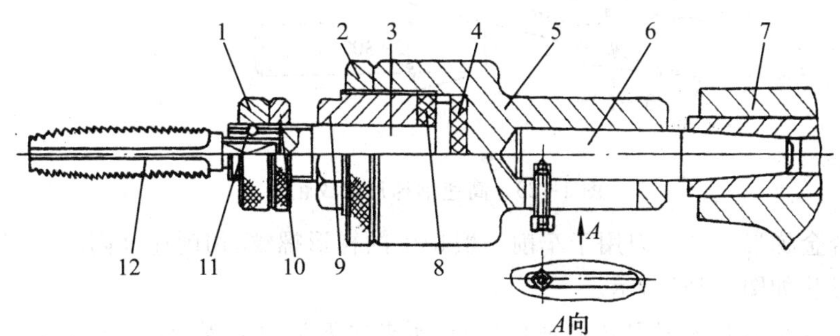

图 1-124 攻螺纹夹头

1—压紧螺母 2—锁紧螺母 3—摩擦杆 4—尼龙垫片
5—工具体 6—柄部 7—尾架 8—尼龙垫片
9—调节螺塞 10—锁紧螺母 11—钢球 12—丝锥

套螺纹的刀具是圆板牙，如图 1-125 所示。圆板牙的基本结构是一个螺母，在端面上钻出几个排屑孔以形成刀刃，两端磨出切削锥，中间部分为校准齿。因板牙的廓形属内表面，很难磨制，因此，板牙的加工精度一般较低。

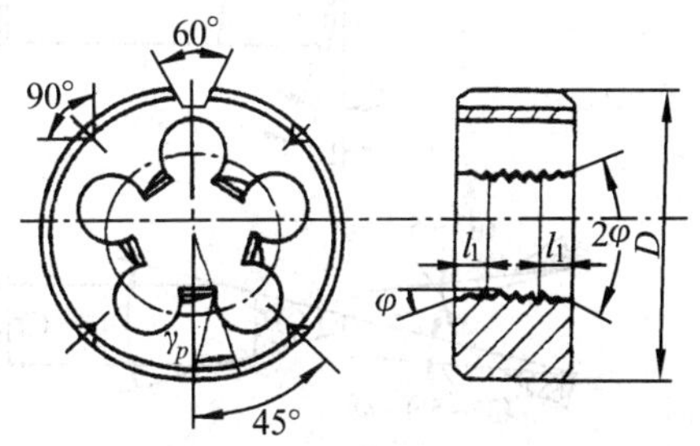

图 1-125 圆板牙

二、传动螺纹的加工

传动螺纹是用来传递运动，通过丝杠螺母副将旋转运动转换为直线运动。传动螺纹的质量要求高，直径较小，轴向很长，属于细长轴加工难度大。选择合适的螺纹加工方法很重要。螺纹加工方法，与螺纹精度等级、生产类型、是否淬硬及现有生产条件有关。

螺纹的粗加工，在单件小批量生产时，一般在卧式车床上进行。批量较大时，采用旋风铣螺纹或螺纹铣床加工。螺纹的精加工，不淬硬螺纹在精密螺纹车床上加工；表面淬硬螺纹通常在螺纹磨床上加工。整体淬硬螺纹的粗、精加工，都应采用磨削。

下面以传动螺纹中应用最广泛的梯形螺纹为例介绍其加工方法。

（一）梯形螺纹的车削加工

1. 梯形螺纹车刀及其安装

(1)梯形螺纹车刀　梯形螺纹车刀有高速钢车刀和硬质合金车刀两类。高速钢梯形螺纹车刀，用于低速切削精度要求较高的螺纹，其生产率较低。高速钢梯形螺纹车刀的几何形状如图 1-126所示。

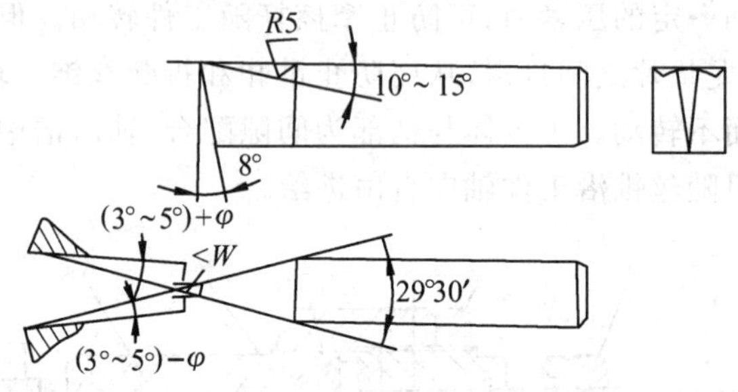

图 1-126　高速钢梯形螺纹粗车刀

硬质合金梯形螺纹车刀用于车削一般精度的梯形螺纹，切削速度高，生产效率高。车刀的几何形状如图 1-127所示。

梯形螺纹车刀两侧刀刃必须是直线，它所夹之刀尖角 ε_r 等于螺纹的牙形角 α，车刀的纵向前角为 0°。

(2)车刀的安装　车刀的安装精度直接影响工件的加工精度。为了减小装刀偏差，可采用下面三种方法：

①使用螺纹角度样板对刀，如图 1-128 所示。

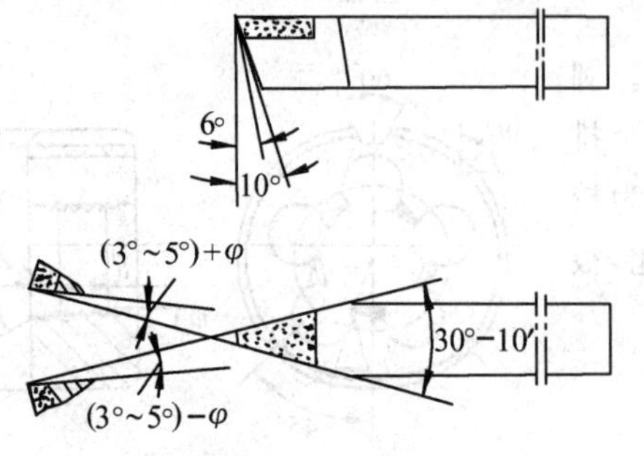

图 1-127　硬质合金梯形螺纹车刀

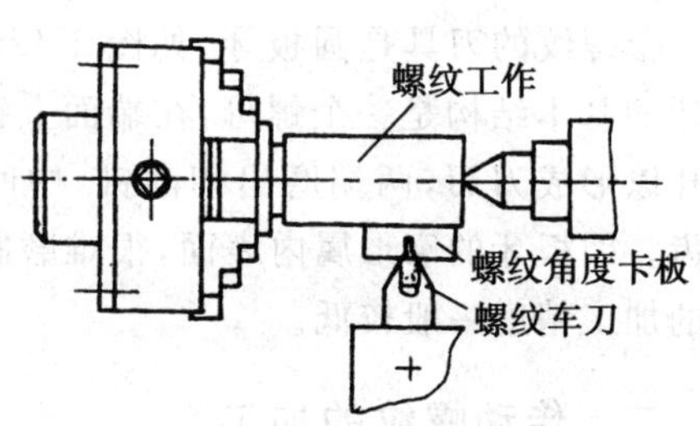

图 1-128　用螺纹角度样板装刀

②用带有V形块的样板对刀,如图1-129所示。

③用百分表校正刀杆左侧面(刀尖角刃磨基准面),如图1-130所示。

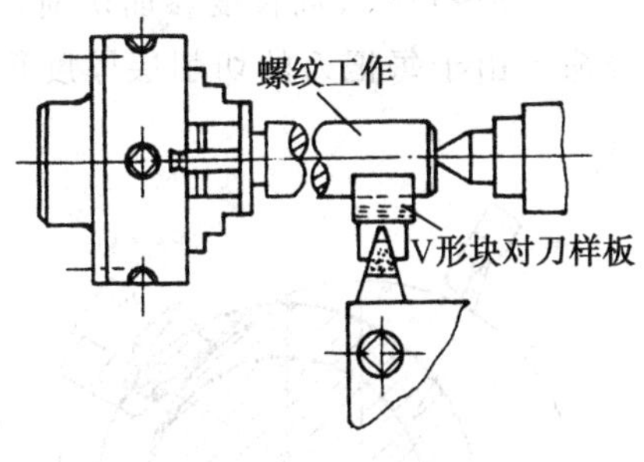

图1-129 用带V形块的样板对刀

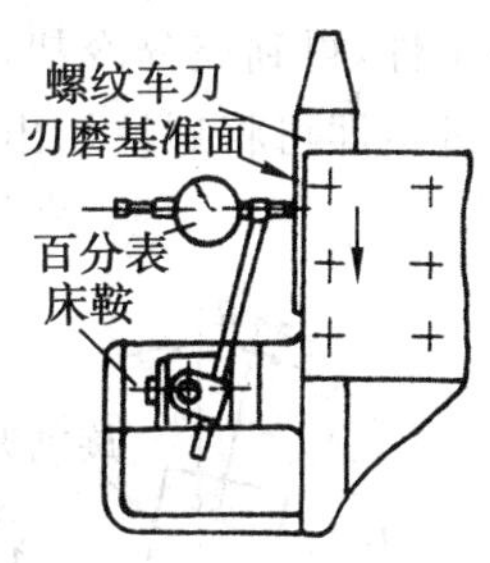

图1-130 用百分表校正刀尖角刃磨基准面

2. 梯形螺纹的车削方法

车螺纹时,如果三个切削刀刃同时参加切削,则切削力较大,排屑困难,特别在粗车螺纹时刃口容易崩裂,因此常采用下面两种车削方法:

(1) 阶梯形车削法 如图1-131所示,先粗车成阶梯形螺纹,再车成梯形。半精车螺纹时,先车好小径,最后精车梯形两侧。这样可避免车小径时的背向力引起工件弯曲变形,保证了梯形螺纹两侧工作面的加工精度。

(2) 径向分层车削法 如图1-132所示,粗车时先斜向进给,切到一定深度后改为轴向进给,进行强力切削,将牙槽车至一定宽度。再作斜向进给切到一定深度后轴向进给,如此循环直至切到规定的牙深。半精车螺纹时,同样要先车好小径,最后精车梯形两侧,以保证加工精度。

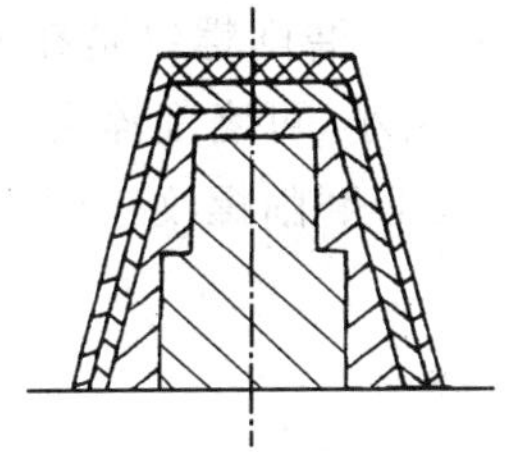

图1-131 阶梯形车削法

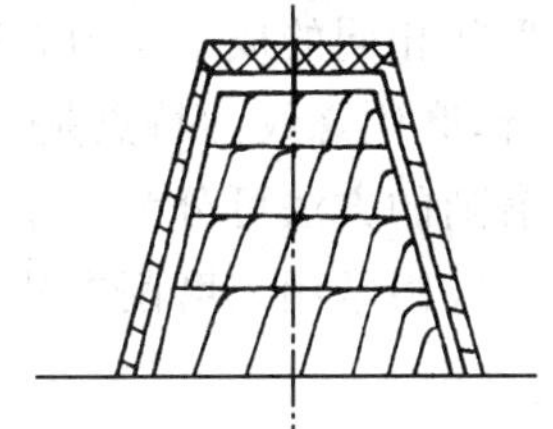

图1-132 径向分层车削法

在普通车床上车削螺纹由于切削速度低,切削负荷量大,所以生产效率低;因机床精度较低,故加工精度也较低。

(二) 梯形螺纹铣削

在成批大量生产的条件下,常用铣削法加工梯形螺纹。铣梯形螺纹方法很多,下面以旋风铣削梯形螺纹为例,简述铣削梯形螺纹的加工原理,如图1-133所示。

安装在车床中滑板上直接由电动机驱动的旋风头的刀盘上,装有1～4把硬质合金螺纹刀具(要求刀尖在同一平面内)。工件穿过刀盘,一端用卡盘装夹,另一端用顶尖支撑。刀盘回转轴线与工件轴线倾斜一个螺旋升角β。刀盘中心与工件中心有一个偏心距e,刀尖回转直径比工件外径大 1.5 倍左右。切削时刀盘作 1000～3000r/min 的高速旋转，工件则反向作 3～30r/min 的低速旋转，且工件转一转，刀盘沿轴向移动一个导程。由于刀盘中心与工件中心不重合，所以刀具绕工件一转中，仅 1/3～1/6 圆周长度参加切削，大部分时间脱离工件，得到充分冷却，有利于提高刀具寿命。由于每把刀的切削层厚度很小，故通常一次进给即可将螺纹切出。

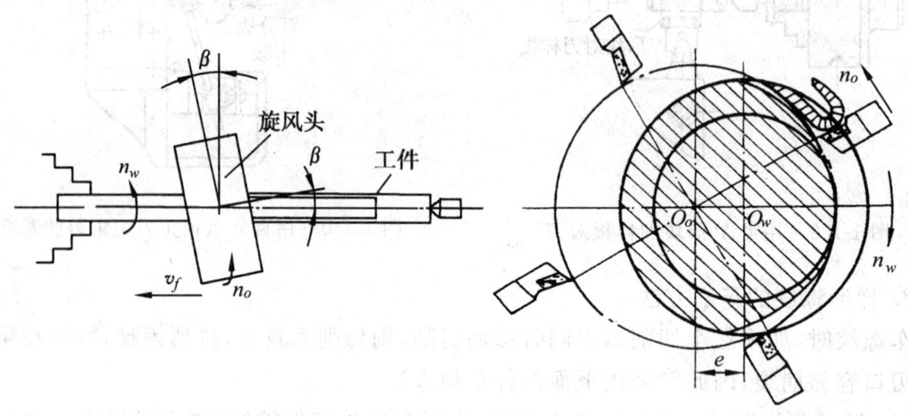

图 1-133　旋风切削螺纹示意图

旋风铣削的优点：设备简单、制造容易、生产率高。但由于刀具需倾斜 β 角，因此螺纹的法向截面成直线，而轴向截面的轮廓是曲线，还有“干涉”现象，所以螺纹精度低。又因为是断续切削，加工时有振动，使加工表面粗糙，故只能用于螺纹的粗加工。

（三）梯形螺纹的精加工

梯形螺纹的精加工主要是车削和磨削。车削是采用精密螺纹车床，使用车刀截形与工件牙间形状相同的成形车刀，两侧面刀刃同时切削的方法。磨削螺纹是在专用的螺纹磨床上进行，磨削螺纹的特点是：加工精度高和表面粗糙度值小，可磨削淬火后的工件。

螺纹磨削的方法可分为用单线砂轮、多线砂轮磨削和无心磨削螺纹三种，其中单线砂轮磨削螺纹较为常用。磨削方法见表 1-12。

表 1-12　　外螺纹加工方法

加工方法	加　工　示　意　图		
车螺纹	用单刀车螺纹	用梳形刀车螺纹	用板牙套螺纹

（续表）

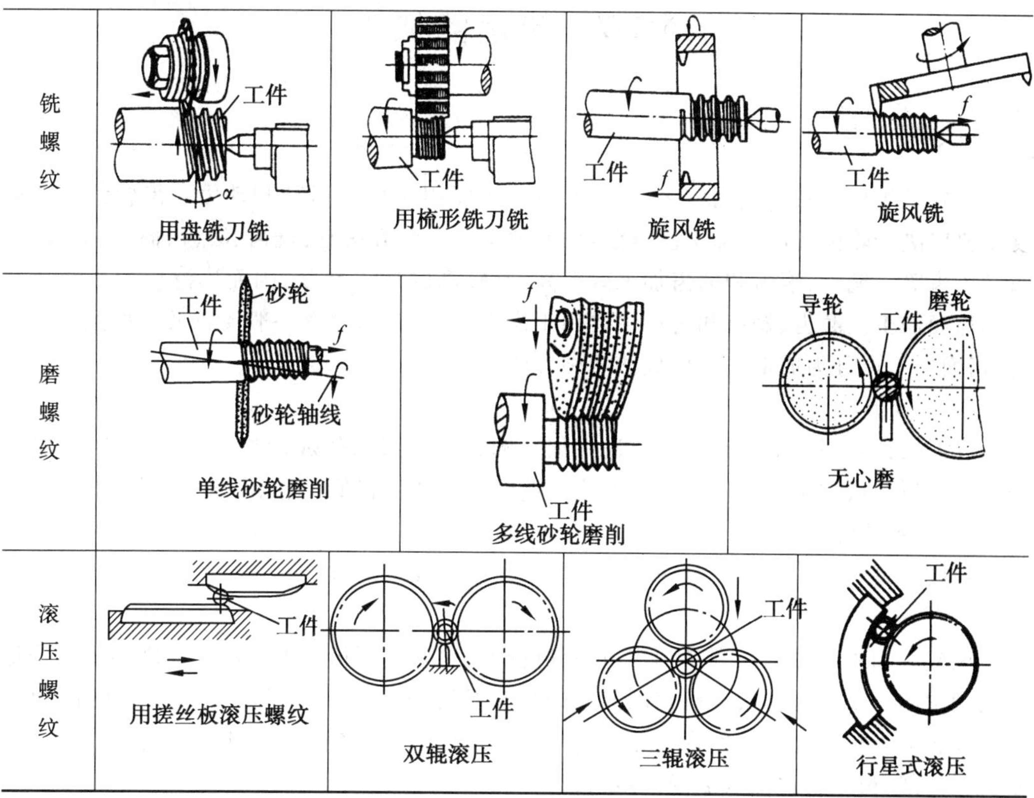

三、螺纹的加工方案

由于螺纹的用途不同，其技术要求也不同，故应采用不同的加工方案，以保证质量。考虑对加工的经济精度和表面粗糙度的要求，常用的螺纹加工方案见表 1-13。

表 1-13　　螺纹的加工方案

加工方案	经济精度	经济表面粗糙度 $Ra/\mu m$	适用场合
攻螺纹	8～6	6.3～1.6	M16 以下的内螺纹，批量不限，工件不限
套螺纹	8～6	3.2～1.6	M16 以下的外螺纹，批量不限，工件不限
车螺纹	9～4	3.2～0.8	轴、盘、套类零件的内外螺纹
铣螺纹	9～8	6.3～3.2	大直径梯形螺纹、模数螺纹
车螺纹—磨螺纹	4～3	0.8～0.2	单件、小批量生产，较高精度内外螺纹
铣螺纹—磨螺纹	4～3	0.8～0.2	大批大量生产较高精度内外螺纹
车螺纹—磨螺纹—研磨	3 级或更高	0.1～0.05	单件、小批量生产，高精度内外螺纹
铣螺纹—磨螺纹—研磨	3 级或更高	0.1～0.05	大批大量生产高精度内外螺纹
搓螺纹	7～5	1.6～0.8	大量生产螺栓、螺钉等，$d\leqslant 25$mm
滚螺纹	6～4	0.8～0.2	大量生产螺栓、螺钉等，$d=0.3\sim 120$mm

§1-7 齿面的加工

一、概 述

齿轮是机械产品中应用较多的传动零件，主要用来传递运动和动力。齿轮的传动精度主要取决于轮齿齿面的加工。目前，齿面加工的主要方法有：铣齿、滚齿、插齿、磨齿、剃齿和珩齿等。铣齿、滚齿和插齿加工效率高，有较高的加工精度，因而广泛应用于普通精度的齿面加工。磨齿、剃齿和珩齿主要用于齿面的精加工，效率一般比较低。按照加工原理，齿面加工可分为成形法和展成法两种方法。

（一）成形法

成形法是利用成形刀具对工件进行加工的方法。齿面的成形加工方法有铣齿、成形插齿、拉齿等，最常用的是铣齿。成形法制造的齿轮精度较低，只能用于低速传动。

（二）展成法

展成法是利用工件和刀具作展成切削运动进行加工的方法。

1. 展成原理

展成法加工齿面的原理是利用齿轮副的啮合原理实现齿廓的切削。原理的实现是将齿轮副中的一个齿轮制成具有切削能力的齿轮刀具，另一个齿轮换成待加工的齿坯，由专用的齿轮加工机床提供并实现齿轮副的啮合运动。这样，在齿轮刀具与齿坯的啮合运动中进行切削，齿坯将逐渐展成渐开线齿廓，如图 1-134所示。

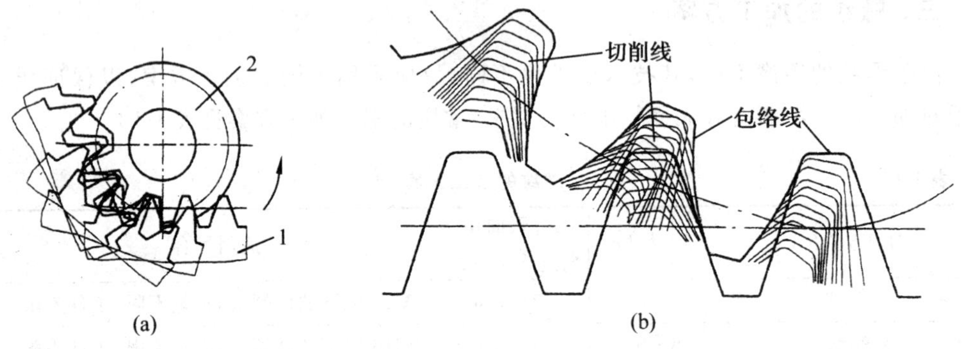

图 1-134 齿廓展成原理

(a) 展成过程 (b) 生成齿廓

1—齿轮刀具 2—齿坯

图 1-134(a)为齿廓的展成过程，齿条刀具与齿坯的啮合运动，即齿条刀具沿着齿坯滚动(在分度圆上作无相对滑移的纯滚动)。随着齿条刀具的刀刃不断变更位置而逐层切除齿坯金属，在齿坯上生成齿廓。图 1-134(b)为生成的齿廓，可以看出，刀刃的切削线与生成线相切并逐点接触，齿廓的生成线是切削线的包络线。

2. 齿面的展成加工方法

齿面的展成加工方法有滚齿、插齿、剃齿、珩齿、磨齿等。滚齿和插齿是展成法加工齿面最常见的两种方法。

各种展成加工方法所用的齿轮刀具和切削运动均不相同，如图 1-135所示。

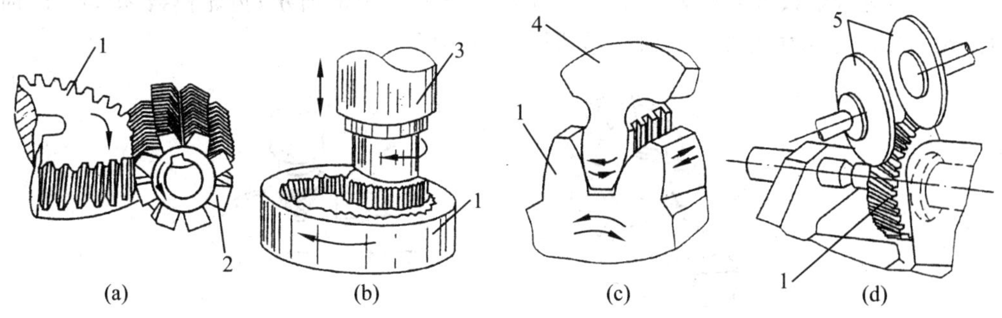

图 1-135 常用的齿面展成加工方法

(a) 滚齿 (b) 插齿 (c) 剃齿 (d)磨齿

1—工件 2—齿轮滚刀 3—插齿刀 4—剃齿刀 5—砂轮

齿面的各种展成加工方法的刀具、机床、加工精度和应用范围等见表 1-14。

表 1-14 齿面展成法加工的设备、加工精度和应用范围

齿面加工方法	刀 具	机 床	经济加工精度	生产率	应用范围
滚 齿	齿轮滚刀	滚齿机	8～7 级	高	适于加工直齿、斜齿的外啮合圆柱齿轮和蜗轮
插 齿	插齿刀	插齿机	8～7 级	低于滚齿	适于加工内、外啮合的圆柱直齿轮、多联齿轮和尺条
剃 齿	剃齿刀	剃齿机	7～6 级	高	主要用于滚、插齿后，齿面淬火前的精加工
珩 齿	珩磨轮	珩齿机或剃齿机	7～6 级	较 高	主要用于剃齿、高频淬火后齿面的精加工
磨 齿	砂 轮	磨齿机	5 级	较 低	用于齿面淬硬后的精加工

3. 展成法加工齿面的特点

(1) 加工精度较高，生产效率高。

(2) 一把齿轮刀具可以加工与它模数相同、齿形角相等的不同齿数的齿轮。

(3) 需要专用的齿轮加工机床。

二、铣　齿

铣齿是用齿轮铣刀在铣床上切削齿轮轮齿的方法，如图 1-136 所示。铣削时，每次进给切削一个齿槽，切完后用分度头按齿数进行分度，再铣下一个齿槽。齿轮模数 $m<$ 8mm 时，用盘状模数铣刀在卧式铣床上加工，如图 1-136(a)所示；齿轮模数 $m\geqslant$8mm 时，用指状模数铣刀在立式铣床上加工，如图 1-136(b)所示。

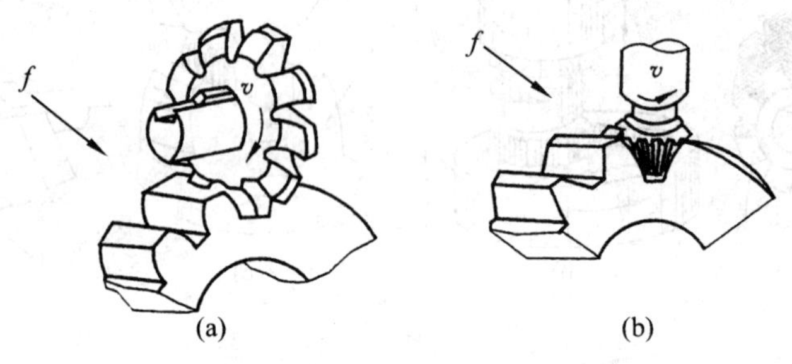

图 1-136　成形法铣齿

同一模数的齿轮铣刀通常制成 8 把一套，分成 1～8 个刀号，分别铣削同一模数不同齿数的齿轮，各刀号模数铣刀加工的齿数范围见表 1-15。

表 1-15　模数铣刀刀号及其加工齿数的范围

模数铣刀刀号	1	2	3	4	5	6	7	8
加工齿数范围	12～13	14～16	17～20	21～25	26～34	35～54	55～134	135 以上

1. 铣齿的加工特点

(1) 产成本低，加工方便　在普通铣床上即能完成能齿面加工，模数铣刀结构简单，制造容易。

(2) 加工精度低　由于刀具存在原理性的齿形误差，以及铣齿时工件、刀具的安装误差和分齿误差，铣齿的精度较低，一般为 10～9 级精度。

(3) 生产效率低　铣齿时，由于每铣一个齿槽均须重复进行切入、切出、退刀和分度等工作，辅助时间长，因而生产率低。

2. 铣齿的应用　成形法铣齿主要用于单件、小批量生产及修配，加工精度要求不高的齿轮。

三、滚　齿

(一) 滚齿的工作原理

在滚齿机上用齿轮滚刀按展成法加工齿轮、蜗轮等齿面的方法称为滚齿。

滚齿的工作原理相当于蜗杆与蜗轮的啮合原理，如图 1-137(a)所示。滚刀的形状相当于一个蜗杆，为了形成切削刃，在垂直于螺旋线的方向上开出沟槽，形成刀具的前刀面和前角；并经铲齿形成刀具的后刀面和后角，如图 1-138所示。在滚刀的螺旋线法向截面上，滚刀刀齿的切削刃形状等同于齿条的齿形，如图 1-137(b)所示。滚切时，就像一个无限长的齿条在缓慢移动，滚刀与工件的相对运动可以假想为齿条与齿轮的啮合，滚刀的刀齿又沿着螺旋线的方向进行切削，实现在齿坯上切出齿廓的运动。因为齿条与同模数的任意齿数的渐开线齿轮都能正确啮合，所以用滚刀滚切同一模数的任意齿数的齿轮，均可加工出所需齿廓的齿轮。

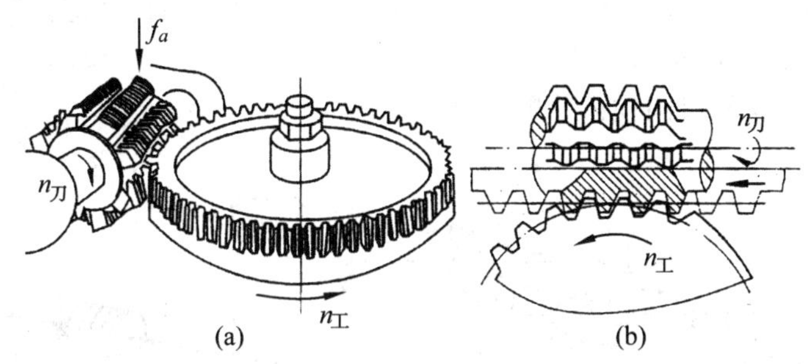

图 1-137　滚齿原理

(a) 滚齿简图　(b) 滚齿工作原理

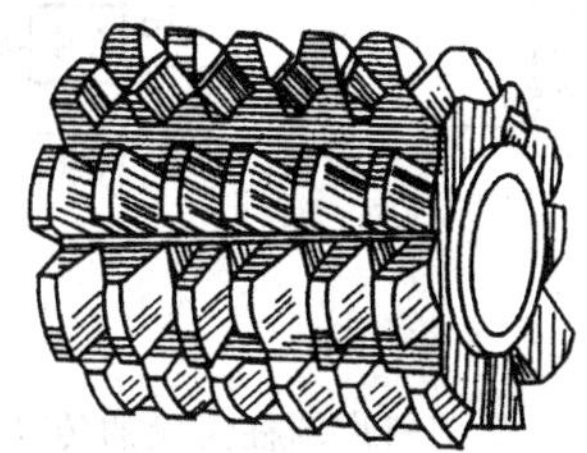

图 1-138　齿轮滚刀

1. 滚切直齿圆柱齿轮的传动原理

用滚刀加工直齿圆柱齿轮须具备主运动，形成渐开线齿廓的展成运动和形成直线齿面的进给运动。图 1-139是滚切直齿圆柱齿轮的传动原理图。

(1) 主运动传动链　如图 1-139 所示，主运动传动链为：电动机-1-2-u_v-3-4-滚刀。属外联系传动链，实现滚刀的旋转运动。

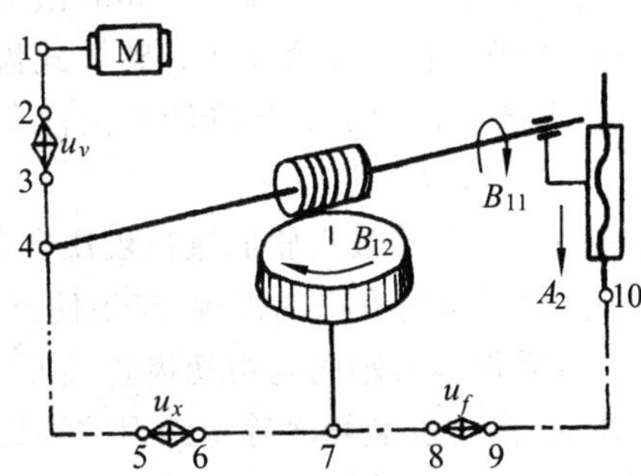

1-139　滚切直齿圆柱齿轮的传动原理图

(2) 展成运动传动链　渐开线齿廓是由展成法形成的。靠滚刀的旋转运动 B_{11} 和工件的旋转运动 B_{12} 组成复合运动，实现滚刀转一转，工件转过 K/Z 转（K 为滚刀的头数，Z 为被加工齿轮的齿数）。展成运动传动链：刀具-4-5-u_x-6-7-工作台。由它保证工件和刀具之间的严格运动关系，是内联系传动链。

(3) 垂直进给运动传动链　为了切出整个齿宽，滚刀在自身旋转的同时，必须沿工件轴线作直线进给运动 A_2。垂直进给运动传动链：7-8-u_f-9-10，将工作台和刀架联系起来，实现工件转一转，刀具移动一个进给量。这条传动链是外联系传动链。

2. 滚切斜齿圆柱齿轮的传动原理

图 1-140 为滚切斜齿圆柱齿轮的传动原理图。

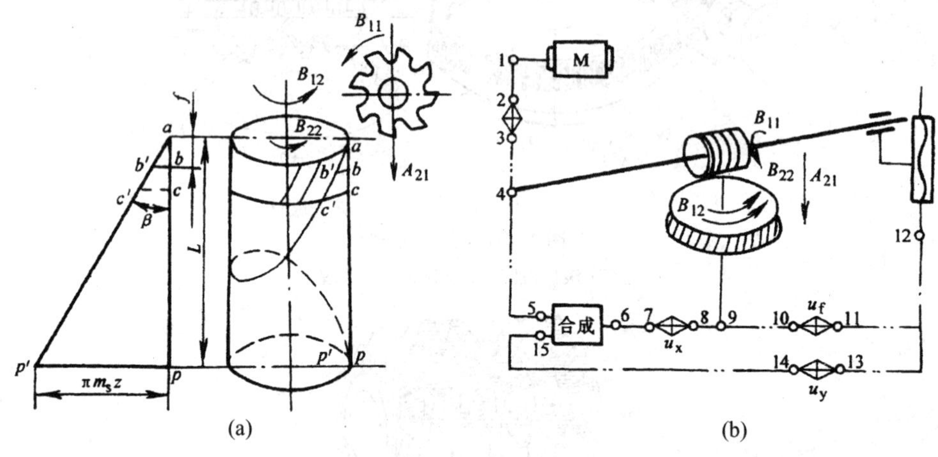

图 1-140　滚切斜齿圆柱齿轮的传动原理图

滚切斜齿圆柱齿轮时，其展成运动传动链、垂直进给运动传动链、主运动传动链与滚切直齿圆柱齿轮的情形相同，只是在刀架与工件之间增加了一条附加运动传动链：刀架（滚刀移动 A_{21}）-12-13-u_y-14-15-合成-6-7-u_x-8-9-工作台，实现刀具移动一个导程时，工件多转（或少转）一周，以形成螺旋线。此传动链为内联系传动链。

3. 滚刀及其安装

(1) 滚刀　从上述滚齿加工原理可知，齿轮滚刀是一个蜗杆形刀具。滚刀结构分为整体式和镶片式滚刀两种。目前中小模数（$m=1\sim10$mm）滚刀都做成整体结构，模数较大的滚刀为节省材料和便于热处理一般做成镶片式。整体式齿轮滚刀的结构如图 1-141 所示。该滚刀的切削部分由较多的刀齿组成。标准滚刀的前角为 0°；滚刀的顶刃后角为 10°～12°，侧刃后角一般为 4°左右，通过铲齿制成。

除了整体滚刀外，还有适用加工大模数齿轮的镶齿硬质合金齿轮滚刀。

(2) 滚刀的安装　滚齿时，为了切出准确的齿廓，应当使滚刀的螺旋线方向与被加工齿轮的齿面线方向一致。因此，需将滚刀轴向与被切齿轮端面安装成一定的角度，称作安装角 δ。当加工直齿圆柱齿轮时，滚刀安装角 δ 等与滚刀的螺旋升角 γ。图 1-142(a)是用右旋滚刀加工直齿圆柱齿轮的安装角，图 1-142(b)是用左旋滚刀加工直齿圆柱齿轮，图中虚线表示滚刀与齿坯接触一侧的滚刀螺旋线方向。当加工斜齿圆柱齿轮时，滚刀的安装角不仅与滚刀螺旋线方向及螺旋升角 γ 有关，而且还与被加工齿轮的螺旋方向及螺旋角 β 有关。当滚刀与被加工齿轮的螺旋线方向相同时，滚刀的安装角 $\delta=\beta-\gamma$，图 1-143(a)表示用右旋滚刀加工右旋斜齿轮的情况。当滚刀与被加工齿轮的螺旋线方向相反时，滚刀的安装角 $\delta=\beta+\gamma$，图 1-143(b)表示用右旋滚刀加工左旋斜齿轮的情况。

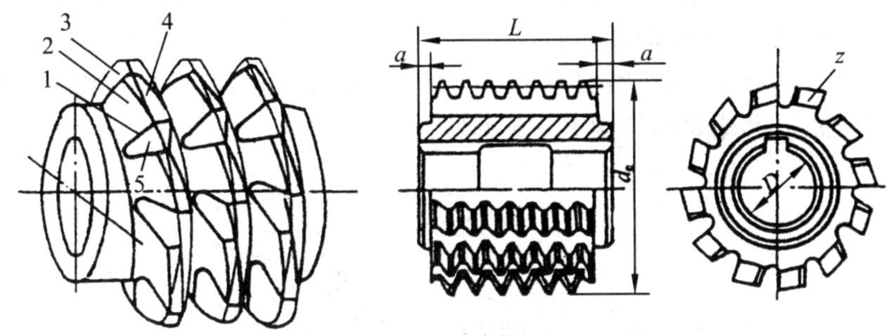

图 1-141　整体式齿轮滚刀的结构

1—切削刃　2—侧刃后面　3—螺旋面　4—顶刃后面　5—前刀面

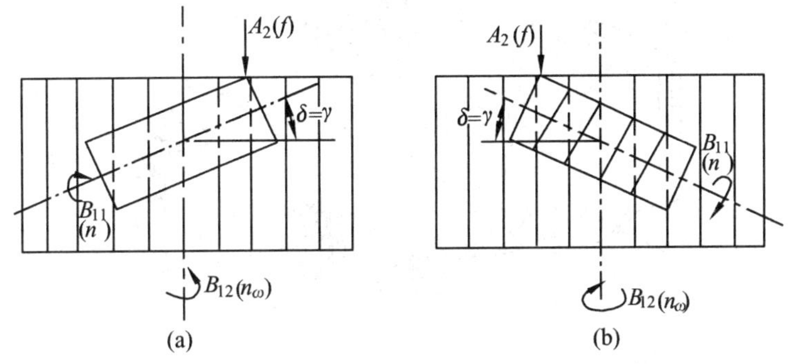

图 1-142　滚切直齿圆柱齿轮时滚刀安装角

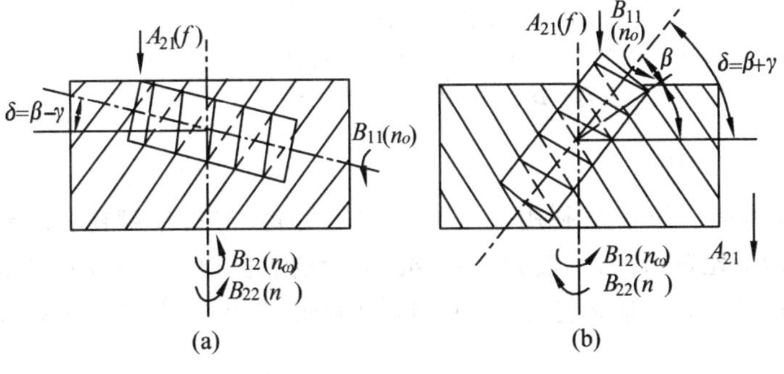

图 1-143　滚切斜齿圆柱齿轮时滚刀安装角

(二) 滚齿机

滚齿机是齿轮加工机床中应用最广泛的一种机床,在滚齿机上可切削直齿、斜齿圆柱齿轮,还可加工蜗轮、链轮等。图 1-144为滚齿机的外形图。

滚刀安装在刀架 4 的刀轴上,刀架可带着滚刀转动一定的角度。刀架 4 安装在垂直滑座 6 上,在垂直进给丝杠 7 的带动下,垂直滑座可在立柱 5 上沿垂直导轨 8 上下移动。径向滑板 1 连同安装在上面的工作台 15、立柱 14 一起,在径向进给丝杠带动下,可沿床身 18 的导轨作径向移动,以调整切削深度。工作台中央可安装心轴,用来安装工件,并带着工件在蜗杆轴 16 和蜗轮的带动下一起回转。

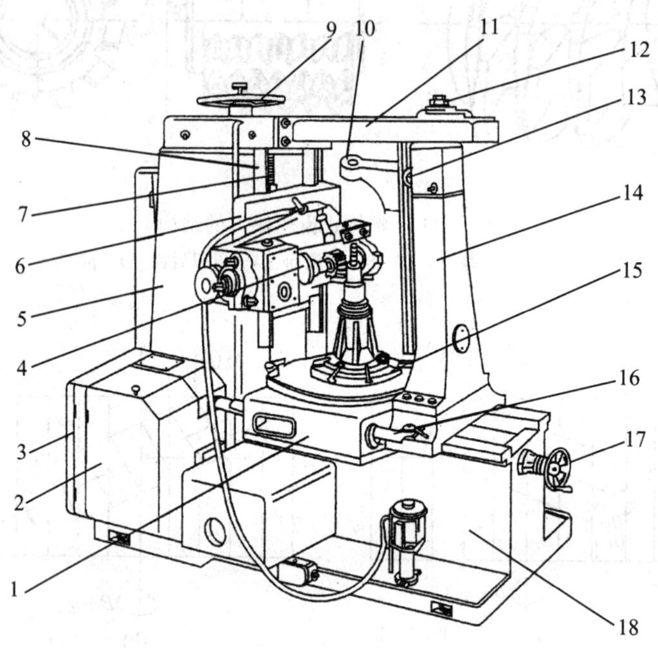

图 1-144　滚齿机

1—径向滑板　2—挂轮箱　3—分齿挂轮箱　4—刀架　5—床柱
6—垂直滑座　7—垂直进给丝杠　8—垂直导轨　9—飞轮
10—支架　11—横梁　12、13—紧固螺钉　14—立柱
15—工作台　16—蜗杆轴　17—径向进给手轮　18—床身

(三) 滚齿的工艺特点

(1) 加工精度高　滚齿是利用展成原理加工齿轮,与铣齿相比,没有原理性齿形误差,因此,加工精度比铣齿高,一般为 8～7 级;齿面的表面粗糙度 Ra 值为 3.2～0.8μm。

(2) 生产率高　滚齿是多刃刀具的连续切削加工,生产率在一般情况下比铣齿、插齿高。

(3) 滚刀通用性强　每一模数的滚刀可以滚切同一模数任意齿数的齿轮。

(4) 适用性好　适于滚制直齿、斜齿圆柱齿轮和蜗轮,但不能加工内齿轮,且不适宜间距较近的多联齿轮的滚切。

四、插　齿

1. 插齿的工作原理

在插齿机上用插齿刀按展成法加工齿轮的方法称为插齿。

插齿是利用一对圆柱齿轮相啮合的原理来加工齿面的，如图 1-145所示。齿轮副中的一个齿轮制成插齿刀，另一个齿轮换成齿坯。插齿刀是在轮齿上磨出前角、后角使其具有切削刃的特殊齿轮。插齿时，插齿刀回转、工件按齿轮副啮合关系相应回转，从而在齿坯上展成渐开线齿廓，插齿刀作上、下往复直线运动，即完成切齿。

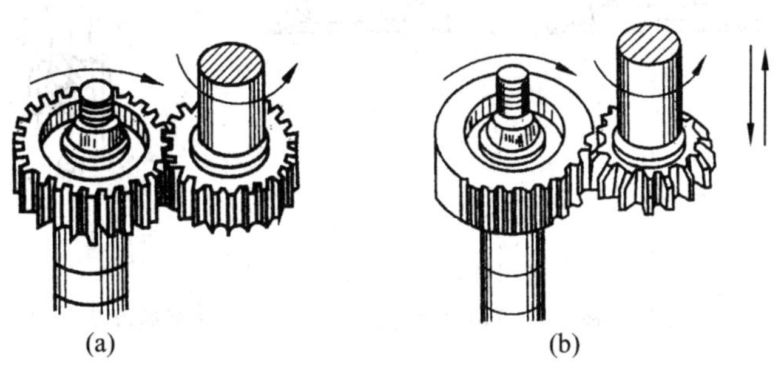

图 1-145　插齿的工作原理

(a) 圆柱齿轮副啮合运动　(b) 插齿简图

2. 插齿机

展成法插齿需在专用的齿轮加工机床即插齿机上进行。图 1-146所示为插齿机的简图。

插齿刀安装刀轴 2 上，刀轴 2 安装在刀架 3 上，作上、下往复直线运动和回转运动。刀架可带动插齿刀向工件径向切入。工件安装在工作台 7 中央的心轴 6 上，插刀回程时，随工作台水平摆动让刀。

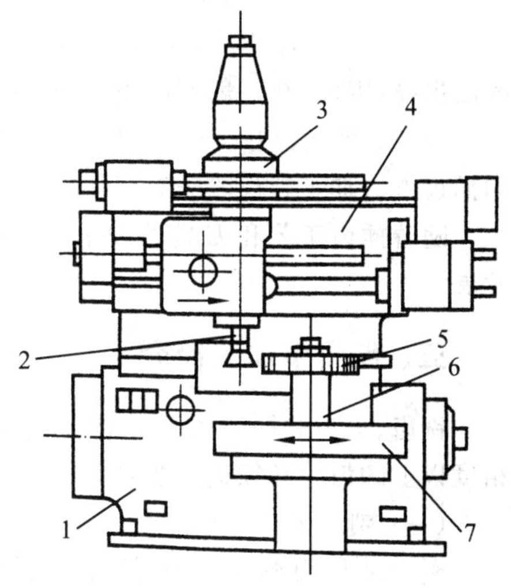

图 1-146　插齿机简图

1—床身　2—刀轴　3—刀架　4—横梁
5—齿坯　6—心轴　7—工作台

3. 插齿刀

标准的插齿刀分为三种类型，如图 1-147 所示。

(1) 盘形插齿刀　图 1-147(a)为盘形插齿刀，这种形式的插齿刀以内孔及内孔支承端面定位，用螺母紧固在机床主轴上，主要用于加工直齿外齿轮及大直径内齿轮。它的分度圆直径有四种：75mm，100mm，160mm 和 200mm，用于加工模数为 1～12mm 的齿轮。

(2) 碗形直齿插齿刀　图 1-147(b)为碗形直齿插齿刀，碗形直齿插齿刀主要用于加工多联齿轮和带有凸肩的齿轮。它以内孔定位，夹紧螺母可容纳在刀体内。它的分度圆直径也有四种:50mm,75mm,100mm 和 125mm,用于加工模数为 1～8mm 的齿轮。

(3)锥柄插齿刀　图 1-147(c)为锥柄插齿刀,主要用于加工内齿轮,这种插齿刀为带锥柄(莫氏短圆锥柄)的整体结构,用带有内锥孔的专用接头与机床主轴连接。其分度圆直径有两种:25mm 和 38mm,用于加工模数为 1～3.75mm 的齿轮。

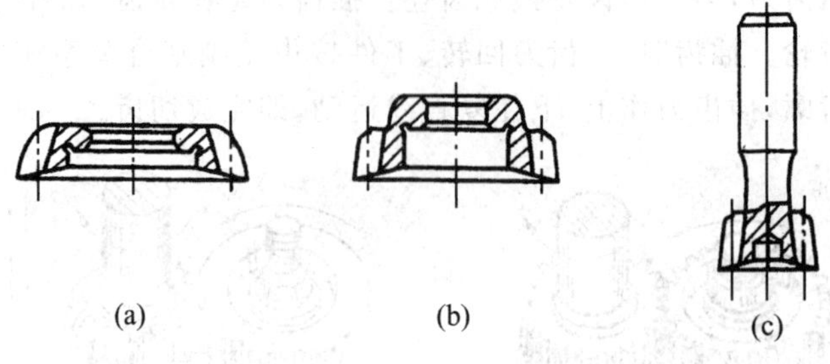

图 1-147　插齿刀的类型

(a) 盘形插齿刀　(b) 碗形直齿插齿刀　(c) 锥柄插齿刀

4. 插齿的工艺特点

(1) 加工精度较高　插齿刀的制造、刃磨和检验都比齿轮滚刀简便,易于保证制造精度,但插齿机分齿运动的传动链较滚齿机复杂,传动误差较大,插齿是断续切削,切入、切出时有冲击和振动。因此,插齿的加工精度比铣齿高,与滚齿相近,一般为 8～7 级,最高可达 6 级;齿面的表面粗糙度 Ra 值一般为 1.6～0.8μm,小的可达 0.4～0.2μm。

(2) 生产率较低　插齿刀往复运动有返回行程,运动方向的改变存在死点而影响速度的提高,因此,在一般情况下,生产率低于滚齿。

(3) 适用性较好　适于加工内、外啮合的直齿圆柱齿轮、多联齿轮、扇形齿轮和齿条。用插齿方法加工斜齿轮需有专用靠模,极不方便,因此,一般不用于斜齿圆柱齿轮的加工。

随着插齿工艺和刀具的发展,目前插齿加工朝着高速插齿和硬齿面加工两个方向发展。

五、齿面精加工简介

铣齿、滚齿和插齿属于齿形的成形加工,一般只能获得 9～7 级精度的齿轮,若是 7 级精度以上的齿轮必须进一步精加工,以提高齿形的精度,常用的方法有剃齿、珩齿和磨齿。

(一) 剃　齿

剃齿是利用剃齿刀在剃齿机上进行的。主要用于加工滚齿和插齿后未经淬火(HRC35 以下)的直齿和螺旋齿圆柱齿轮,也可加工蜗轮。剃齿精度可达 6～8 级,齿面粗糙度 Ra 值可达 0.8～0.4μm。

1. 剃齿原理

剃齿在原理上属于一对交错轴斜齿轮啮合传动过程。剃齿刀实质上是一个高精度的螺旋齿轮,并且在齿面上沿齿向开了很多刀刃槽。其加工过程就是剃齿刀带动工件作双面无侧隙的对滚,并对剃齿刀和工件施加一定压力。在对滚过程中二者沿齿向和齿形方面均产生相对滑移，利用剃齿刀沿齿向开出的锯齿刀槽沿工件齿向切去一层很薄的金属。在工件的齿面方向因剃齿刀无刃槽，虽有相对滑动，但却不起切削作用。图 1-148为剃齿工作示意图。

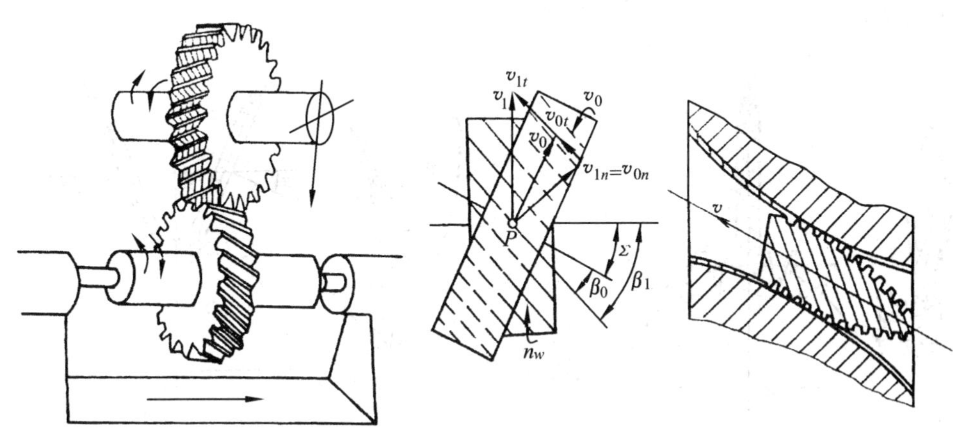

图 1-148 剃齿工作示意图

2. 剃齿加工的特点

剃齿机床结构简单，调整方便，但由于剃齿刀和加工齿轮之间没有强制啮合运动。因此，对齿轮的切向误差的修正能力差。剃齿的加工精度主要取决于剃刀。剃齿只能使齿轮精度提高一级。剃齿主要用于提高齿轮的接触精度，降低齿面粗糙度值。剃齿余量一般为 0.08～0.12mm。

由于滚齿加工的分齿精度比插齿加工好，故剃齿多用于滚齿后对齿形的进一步加工，剃齿的生产率很高，剃刀寿命长，加工成本低，多用于大批生产。

（二）珩　齿

珩齿是用珩磨轮在珩齿机上进行的一种齿形光整加工的方法。主要用于加工齿面硬度在 HRC35 以上的圆柱齿轮，也可加工蜗轮。珩齿精度可达 6 级，齿面粗糙度Ra值可达 0.4～0.2μm。

珩磨轮可看作具有切削能力的“螺旋齿轮”，它是用金刚砂或白刚玉磨料与环氧树脂等材料制成的。

珩磨原理和方法与剃齿相同。珩磨时珩磨轮的转速比剃齿刀高得多，一般取 1000～2000r/min。当珩磨轮以高速带动工件转动时，在相啮合的轮齿齿面上产生相对滑动和抛光等综合作用进行加工的。

珩齿主要用于消除淬火后的氧化皮和轻微磕碰而产生的齿面毛刺与压痕，对修整齿形和齿向误差的作用不大。珩齿可作为滚齿—剃齿—淬火—珩齿工艺的最后工序，一般可不留余量。

（三）磨　齿

磨齿用砂轮在磨齿机上进行，是高精度齿形的主要加工方法。加工精度可达 IT6～

IT4 级，甚至高达 IT3 级，齿面粗糙度 Ra 值可达 0.4～0.2μm。可磨削淬火和不淬火的齿轮和齿条。

磨齿有展成法和成形法两种。成形法磨齿的原理与铣齿相同，由于受砂轮形状和分度误差的影响，加工精度较低，因此生产中多采用展成法磨齿。图 1-149所示为展成法磨齿的几种方法。

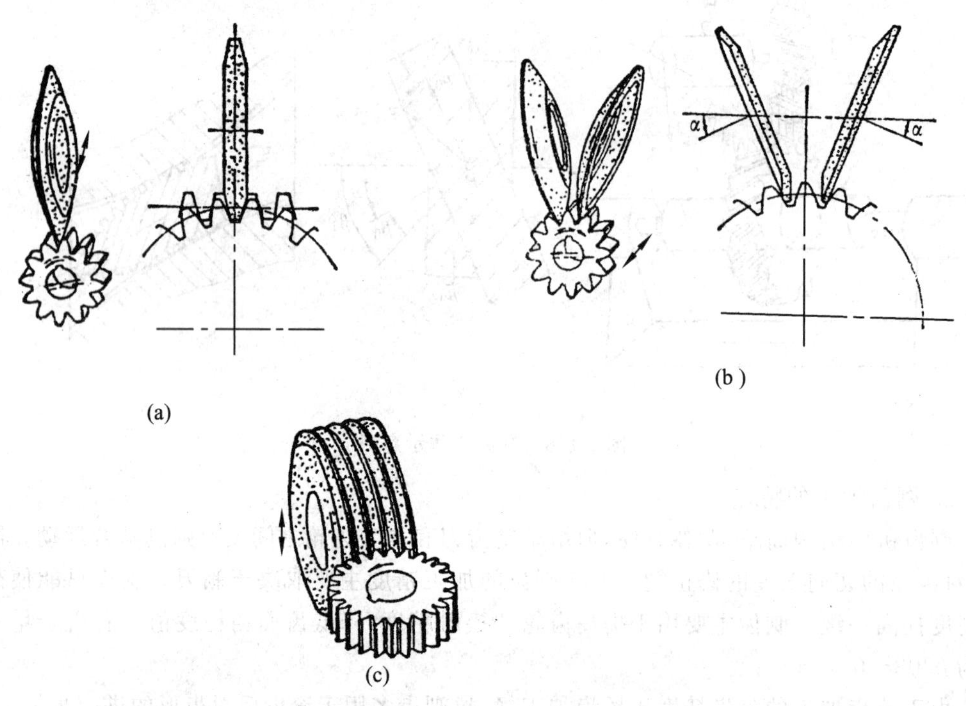

图 1-149　展成法磨齿

(a) 锥面砂轮法　(b) 双碟形砂轮法　(c) 蜗杆砂轮法

1. 锥形砂轮磨齿

如图 1-149(a)所示，砂轮的磨削部分修整成与被磨齿轮相啮合的假想齿条的齿形。磨削时强制砂轮与被磨齿轮保持齿条与齿轮的啮合运动关系，使砂轮锥面包络出渐开线齿形。为了便于在磨齿机上实现这种啮合运动，需采用假想齿条固定不动而由齿轮作往复纯滚动的方式。为此，需要以下几个运动：

(1) 主运动　砂轮的高速旋转运动。

(2) 轮齿的往复滚动　为强制被磨齿轮沿固定的假想齿条作纯滚动，齿轮需左右往复滚动，同时磨削齿槽的两个侧面。

(3) 砂轮往复进给运动　为了磨削全齿宽，砂轮需沿齿向作往复运动。

(4) 分齿运动　磨完一个齿槽后，砂轮退出，齿轮旋转 $1/Z$ 圈进行分齿运动。

此种磨削方法，砂轮修整较简单，砂轮的刚性较好。因此，加工效率和加工精度较高。

2. 双碟形砂轮磨齿

如图 1-149(b)所示，两个碟形砂轮倾斜一定角度，构成假想齿条的两个齿的外侧面，同时对两个齿槽的侧面进行磨削。其原理与锥形砂轮磨齿相同。为了磨削全齿宽，工件需沿轮齿方向作往复直线的进给运动。

当磨削螺旋齿轮时，相当斜齿条与螺旋齿轮的啮合运动关系。除上述运动外，被磨齿轮尚需有一个附加旋转运动，以保证所需的螺旋角 β。

此种磨削方法，砂轮修整较简单，加工精度较高，砂轮的刚性较差，因此，切削时切削用量较小，加工效率不高，但其加工精度是目前最高的。

3. 蜗杆砂轮磨齿

如图 1-149(c)所示，蜗杆砂轮磨齿的原理类似于滚齿加工。将砂轮做成蜗杆状，安装在刀架上作旋转主运动。工件装夹在工作台的垂直心轴上，作旋转运动。被磨齿轮与蜗杆砂轮之间保持严格的速比关系，构成分齿运动。为了磨出全齿宽，蜗杆砂轮应沿被磨齿轮的轴线向下移动。

此种磨削方法，砂轮修整较难，精度保持性差，砂轮的刚性好，切削速度高。因此，加工效率高，但加工精度较低，主要适用于精度不高的淬火后齿轮的加工。

磨齿主要用于磨削高精度的直齿和螺旋齿圆柱齿轮。在内齿轮磨床上利用成形法可磨削内齿轮。

六、常用齿轮齿形加工方法的工艺特点及应用

常用齿轮齿形的加工方法的工艺特点及应用见表 1-16。

表 1-16 常用齿轮齿形加工方法的工艺特点与应用

序号	工艺方法	图例	可达加工精度	可达 Ra 值/μm	相对生产率	相对劳动强度	主要限制	适用范围
1	铣齿	n f (a) n f (b)	9 级以下	1.6	低	大	不易较大批量生产，不易加工内齿轮	单件小批生产。工件硬度低于30HRC。用于修理或不重要齿轮加工
2	滚齿	滚刀 齿条 工件	7 级	1.6	高	较低	不能加工内齿轮；双联或三联齿轮应留有足够的退刀槽	批量不限，常用于较大批量生产。工件硬度应低于30HRC。常用于外圆柱直齿、斜齿轮的生产及精密齿轮的预加工

(续表)

3	插齿	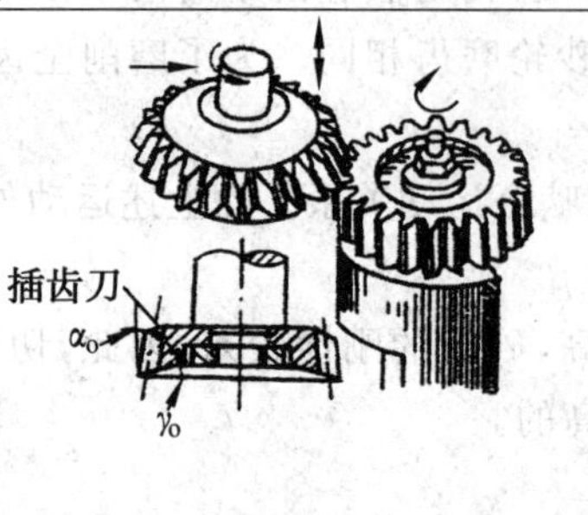 插齿刀 α_o γ_o	7～6 级	1.6	较高	较低	插斜齿轮时刀具复杂，机床调整复杂	批量不限，常用于成批生产，工件硬度应低于 30HRC，适于加工各种圆柱齿轮，尤以加工内齿轮或扇形齿轮为佳。既可用于一般齿轮生产又可用于精密齿轮的预加工
4	剃齿	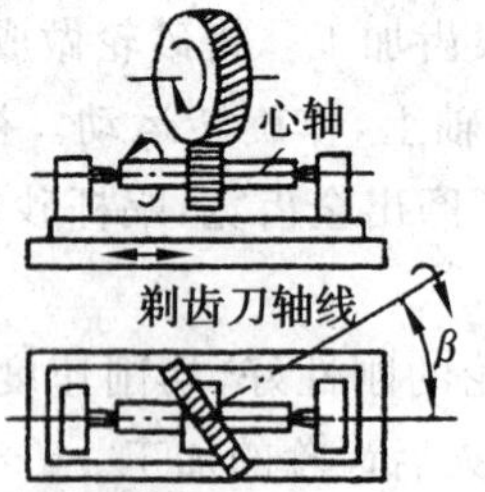 心轴 剃齿刀轴线 β	6 级	0.2	高	低	刀具制造与刀具刃磨很复杂，只能微量纠正预加工中产生的误差	用于齿轮精加工。加工精度可在预加工基础上提高 1～2 级，可用于各种渐开线齿轮的精加工，工件硬度应低于 30HRC
5	弧齿铣	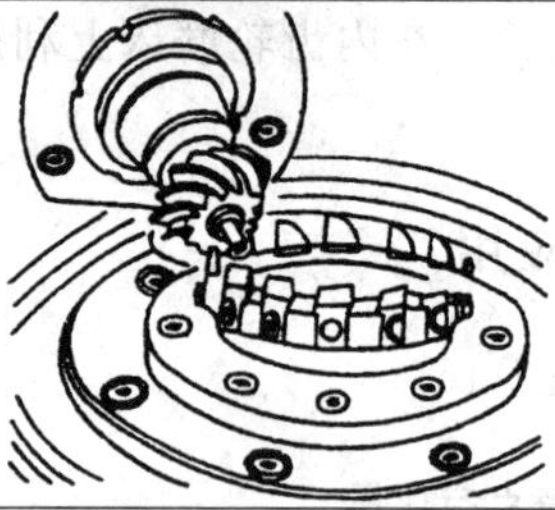	7 级	1.6	较低	较低	盘铣刀的制造、刃磨、安装复杂；机床调整复杂	生产批量不限，工件的硬度应低于 30HRC。适于加工各种规格的圆弧齿
6	成形砂轮磨齿	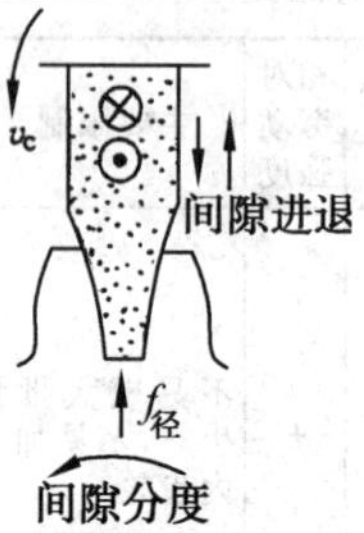 v_c 间隙进退 $f_{径}$ 间隙分度	6～5 级	0.2	稍高	一般	较小内齿轮难以磨削	生产批量不限，工件硬度不限，但塑性不太好。可加工各种渐开线外圆柱齿轮，其中成形砂轮磨，可磨尺寸稍大的内齿轮，也可磨削各种非渐开线齿轮。可纠正预加工产生的形位误差。适于精密齿轮的关键工序加工
7	锥形砂轮磨齿	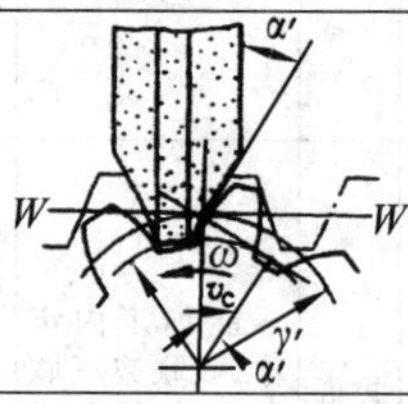 α' W W' ω v_c γ' α'	5 级	0.2	一般	一般		
8	碟形砂轮磨齿	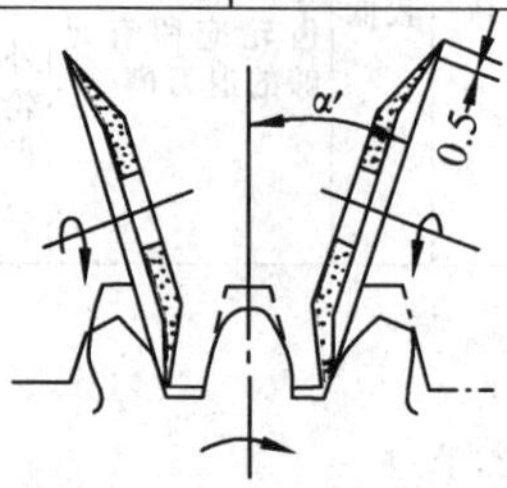 α' 0.5	5～4 级	0.1	一般	一般		

(续表)

9	珩磨	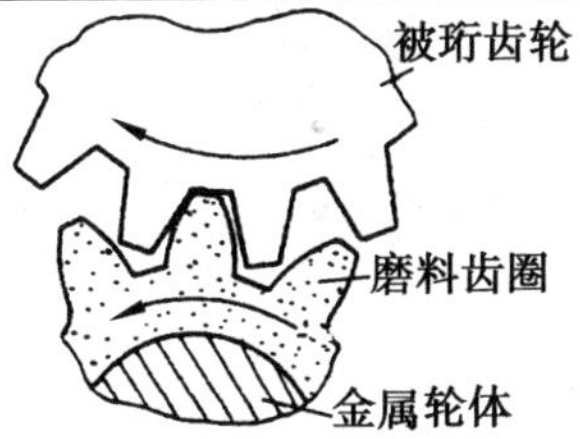 被珩齿轮 磨料齿圈 金属轮体	5～4 级（在预加工基础上提高 1 级左右）	0.2～0.1	稍高	低	只能微量纠正预加工中产生的形位误差	生产批量不限，工件硬度不限，对工件的塑性要求可低于磨削，可精加工各种规格的渐开线齿轮。在提高精度的同时，表面完整性得到改善
10	研齿	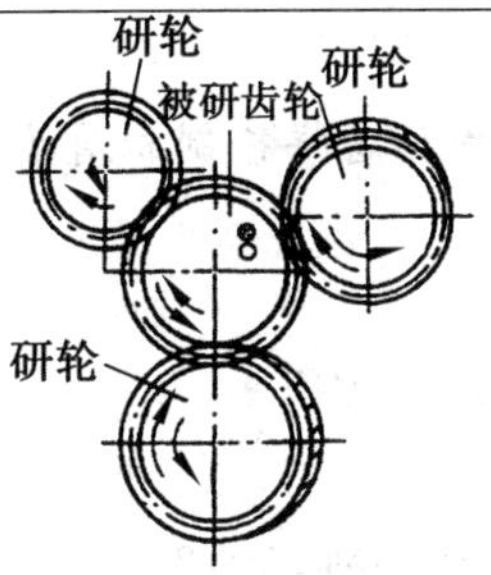 研轮 被研齿轮 研轮 研轮	5～4 级（在预加工基础上提高 1 级左右）	0.1～0.025	低	最低	只能微量纠正预加工中产生的形位误差	生产批量不限，工件的硬度不限，塑性不限，可加工各种规格的渐开线齿轮，主要用于提高齿面的表面完整性，加工精度相应得到提高

七、齿轮齿面加工方案

齿轮加工方案的选择主要取决于齿轮的精度等级、齿轮结构、热处理及生产类型。常用齿轮齿面加工方案见表 1-17。

表 1-17　　齿轮齿面加工方案

齿面加工方案	齿轮精度等级	表面粗糙度 Ra/m	适用场合
铣齿	11～9	6.3～3.2	单件小批和维修，用于直齿轮、螺旋齿轮等
滚(插)齿	8～7	3.2～1.6	各种批量的不淬硬齿轮。滚齿多用于各种外齿轮；插齿多用于内齿轮、多联齿轮等
(插)齿—剃齿	7～6	0.8～0.4	各种批量的不淬硬齿轮的精加工
滚(插)齿—剃齿—淬火—珩齿	7～6	0.8～0.2	大批大量的淬硬齿轮精加工
滚(插)齿—淬火—珩齿	8～7	0.8～0.2	各种批量的淬硬齿轮的去氧化皮和降低表面粗糙度值
滚(插)齿—淬火—磨齿	6～3	0.8～0.2	各种批量高精度齿轮的加工

习　题

1-1　工件表面的成形方法有哪些？

1-2　刀具切削部分有哪些结构要素？怎样定义？

1-3　外圆车刀的基本角度有几个？如何定义？

1-4　试述常用高速钢、硬质合金的牌号、性能和使用范围。

1-5　切屑有哪些种类？

1-6　什么是积屑瘤？积屑瘤对切削过程有什么影响？怎样抑制积屑瘤？

1-7　切削力来源于什么？各分力有何作用？

1-8　影响切削温度的主要因素有哪些？

1-9　外圆表面加工主要有哪几种方法？分别能达到什么精度？

1-10　磨削加工为什么可以获得较好的加工质量？

1-11　外圆表面的光整加工方法主要有哪些？都是如何加工的？

1-12　内孔表面加工主要有哪几种方法？分别能达到什么精度？

1-13　为什么说加工内孔比加工外圆表面较困难？

1-14　磨削孔时要注意哪些问题？

1-15　孔的精密加工主要有哪些方法？它们有什么不同？

1-16　比较平面刨削和铣削的特点及其适用场合。

1-17　平面的主要加工方法有哪些？其特点分别是什么？

1-18　平面精密加工的方法有哪些？各用在何种场合？

1-19　为下列零件上的平面选用适宜的加工机床：

(1) 回转体类零件的端面；

(2) $L\times B=300\times400$mm，Ra 值为 3.2μm 的矩形平面；

(3) 单件、小批生产和大批量生产内花键孔；

(4) 机床的导轨平面；

(5) 淬硬平面 Ra 值为 0.8μm；

(6) 大批大量生产面积不大，精度等级为 IT6～IT5（两平面间的尺寸精度），Ra 值为 0.8μm 的平面；

1-20　加工下列零件上的平面，请合理选择加工方案。

(1) 大批量生产发动机连杆（45 钢调质，217～255HBS）侧面，$L\times B=25\text{mm}\times10\text{mm}$，$Ra$ 值为 3.2μm。

(2) 单件、小批生产中铸铁机座的底面，$L\times B=40\text{mm}\times200\text{mm}$，$Ra$ 值为 3.2μm。

(3) 成批生产 $L\times B=1300\times200$mm，Ra 值为 1.6μm 的铸铁平面。

1-21　插齿和滚齿的精度和生产率为什么比铣齿高？

1-22　剃齿、珩齿和磨齿各有何特点？适用于什么场合？

1-23　7 级精度的斜齿圆柱齿轮、蜗轮、多联齿轮、内齿轮的齿面各应该采用加工方法？

1-24　插齿和滚齿各适合于加工什么齿轮？

1-25　如何防止车削螺纹时“乱牙”？

1-26　何谓“特形面”？它的加工方法一般有哪些？

第二章　机床夹具基础知识

§2-1　概　述

夹具是一种装夹工件的工艺装备，广泛地应用于机械制造过程的切削加工、热处理、装配、焊接和检测等工艺过程中。

在各种金属切削机床上用于装夹工件的工艺装备称为机床夹具，如车床上使用的三爪自定心卡盘、四爪卡盘，铣床上使用的平口虎钳等。在现代生产中，机床夹具是一种不可缺少的工艺装备，它直接影响着工件的加工精度、劳动生产率和产品的制造成本等。

机床夹具对工件进行装夹包含两层含义：一是使同一工序中一批工件都能在夹具中占据正确的位置，称为定位；二是使工件在加工过程中保持已经占据的正确位置不变，称为夹紧。

一、机床夹具的作用

(1)保证加工精度　用夹具装夹工件时，工件相对于刀具及机床的位置精度由夹具保证，不受工人技术水平的影响，使一批工件的加工精度趋于一致。

(2)提高生产率　用夹具来装夹工件方便、快速，工件不需要划线找正，可显著减少辅助时间；采用多件、多工位装夹工件夹具，并可采用气动、液动等夹紧装置，可以进一步减少辅助时间，提高生产率。

(3)扩大机床的使用范围　有些机床夹具实质上是对机床进行了部分改造，扩大了原机床的功能和使用范围。如在车床床鞍上安装镗模夹具，通过夹具使工件的内孔与车床主轴同轴，镗杆右端由尾座支承，左端用三爪自定心卡盘带动旋转，就可以对零件进行孔加工，如图 2-1 所示。

(4)降低生产成本　在批量生产中使用夹具后，由于劳动生产率的提高，使用技术等级较低的工人，废品率下降等原因，可明显地降低生产成本。

(5)改善工人的劳动条件　机床夹具装夹工件方便、省力、安全，应能减轻工人的劳动强度，保证安全生产。

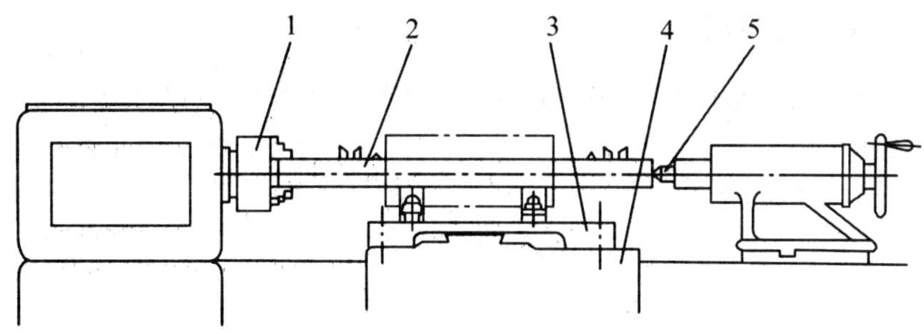

图 2-1　在车床上镗孔示意图

1—三爪自定心卡盘　2—镗杆　3—夹具　4—床鞍　5—尾座

二、机床夹具的分类

1. 按夹具的通用特性分类

目前常用机床夹具可分为通用夹具、专用夹具、可调夹具、组合夹具和自动线夹具等五大类。

(1)通用夹具　通用夹具是指结构、尺寸已标准化，而且具有一定通用性的夹具，如三爪自定心卡盘、四爪单动卡盘、台虎钳、万能分度头、顶尖、中心架和电磁吸盘等。这类夹具由专业工厂生产。其特点是加工精度不很高，生产率较低，可以装夹一定尺寸范围内的多种工件，使用范围广。主要用于单件小批量生产。

(2)专用夹具　根据零件的某一道工序的加工要求而专门设计和制造的夹具。在产品相对稳定，批量较大的生产中，常用各种专用夹具，可获得较高的生产率和加工精度。专用夹具的设计周期较长，投资较大。当产品变更时，夹具将无法再使用而报废。

(3)可调夹具　加工形状相似、尺寸相近的多种工件时，只需更换或调整夹具上的个别元件或部件便可使用的夹具。它一般又可分为通用可调夹具和成组夹具两种。前者的通用范围更广一些；后者则是一种专用可调夹具，它按成组原理设计并能加工一族相似的工件，故在多品种，中、小批量生产中使用，有较好的经济效果。

(4)组合夹具　由一套预先制造好的标准元件和部件组装而成的夹具。标准的元件和部件具有较高精度和耐磨性，具有完全互换性，故可以随时组装和拆卸，因此组合夹具在单件，中、小批量多品种生产和数控加工中，是一种较经济的夹具。

(5)自动线夹具　在自动线上使用的夹具。自动线夹具一般分为两种：一种为固定式夹具，它与专用夹具相似；另一种为随行夹具，使用中夹具随着工件一起运动，并将工件沿着自动线从一个工位移至下一个工位进行不同工序的加工。

2. 按所使用的机床分类

按使用机床与夹具的结构特征分类可分为车床夹具、铣床夹具、钻床夹具、磨床夹具、镗床夹具等。

3. 按夹具动力源来分类

按动力源的不同机床夹具可分为手动夹具、气动夹具、液压夹具、电动夹具、磁力夹具、真空夹具等。

三、机床夹具的组成

虽然各类机床夹具结构不同，但就其组成元件的功能来看，可以分成定位元件、夹紧装置、对刀或导向元件、连接元件、夹具体、其他装置等六部分。图 2-2 所示为钻后盖零件上的∅10mm 孔工序图，图 2-3 所示为此工序所用的钻夹具。

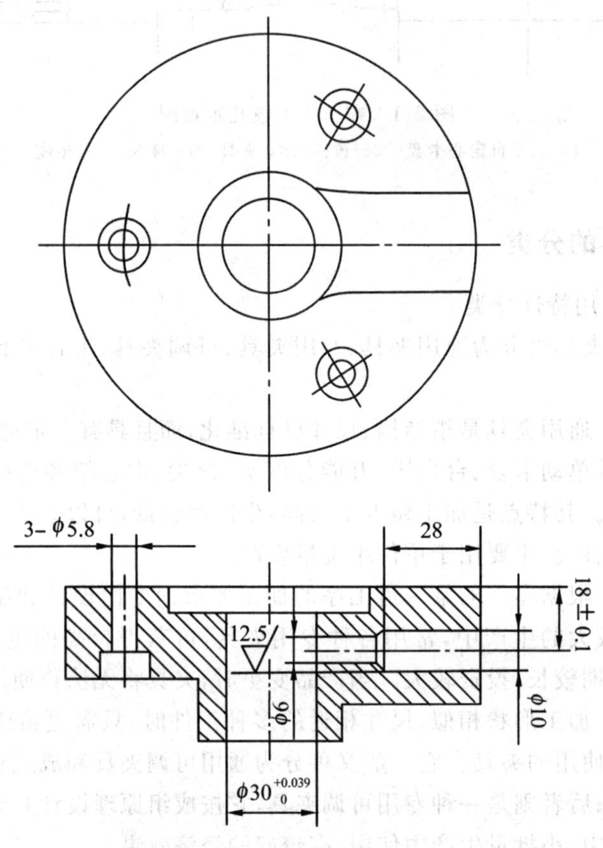

图 2-2　钻后盖零件∅10 孔工序图

(1)定位元件　确定工件在夹具中正确位置的元件。如图 2-3 所示的支承板 4、圆柱销 5、菱形销 9 等都是定位元件。定位元件的定位精度直接影响工件的加工精度。

(2)夹紧装置　确保工件在加工过程中不因受外力作用而破坏其已占据的正确位置。如图 2-3 所示的夹紧装置是螺母 7、螺杆 8 和开口垫圈 6 等组成。通常，夹紧装置的结构会影响夹具的复杂程度和性能。它的结构类型很多，设计时应注意选择。

(3)对刀或导向元件　用于确定、引导刀具相对于定位元件的正确位置的元件。如图 2-3 所示的钻套 1 、钻模板 2 等。

(4)连接元件　是指用于保证夹具与机床间相互位置的元件。如车床夹具上的过渡盘、铣床夹具上的定位键都是连接元件。

(5)夹具体　用于连接夹具各组成部分，使之成为一个整体的基础件，如图 2-3 所示夹具体 3。常用的夹具体为铸件结构、焊接结构、组装结构和锻造结构，形状有回转体形和底座形等。

(6)其他装置

根据加工需要,有些夹具分别采用分度装置、靠模装置、上下料装置、顶出器和平衡块等。

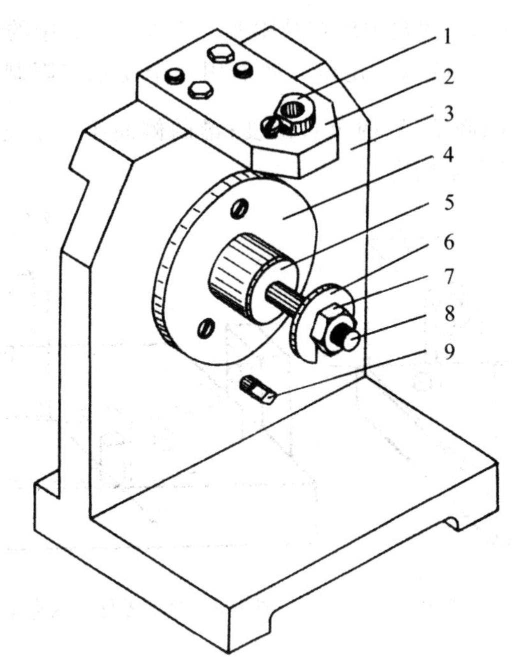

图 2-3　钻夹具

1—钻套　2—钻模板　3—夹具体　4—支承板　5—圆柱销
6—开口垫圈　7—螺母　8—螺杆　9—菱形销

§2-2　机床夹具的定位原理和定位元件

一、六点定位原理

任何一个物体在三维空间中有六个自由度(如图 2-4 所示),即沿 X,Y,Z 轴的移动,以 $\vec{X}$,$\vec{Y}$,$\vec{Z}$ 表示,及绕着 X,Y,Z 轴的转动,用 $\widehat{X}$,$\widehat{Y}$,$\widehat{Z}$ 表示。其中 $\vec{X}$,$\vec{Y}$,$\vec{Z}$ 称为沿 X,Y,Z 轴线方向的移动自由度;$\widehat{X}$,$\widehat{Y}$,$\widehat{Z}$ 称为绕 X,Y,Z 轴的转动自由度。

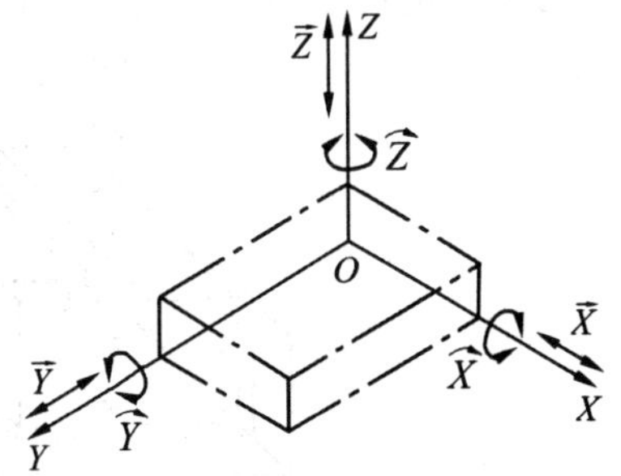

图 2-4　工件的六个自由度

工件在夹具中有六个自由度,用合理分布的六个支承点限制工件的六个自由度,使工件在夹具中占有一个确定的位置,这就是“六点定位规则”,简称“六点定则”。工件的形状及加工要求不同,六个支承点的分布形式不同。

图 2-5 所示为六面体类工件的六点定位情况。工件底面 A 安放在不处于同一直线上的三个支承点上，限制了工件的 $\vec{Z}$，$\overset{\frown}{X}$，$\overset{\frown}{Y}$ 三个自由度；侧面 B 靠在两个支承点上，两点沿与 A 面平行方向布置，限制了工件的 $\vec{X}$，$\overset{\frown}{Z}$ 两个自由度；侧面 C 用一个支承点，限制了 $\vec{Y}$ 一个自由度，这样工件的六个自由度均被限制。工件在夹具中的位置就完全确定。

图 2-6 所示为盘类工件的六点定位。底面用三个支承点限制 $\vec{Z}$，$\overset{\frown}{X}$，$\overset{\frown}{Y}$ 三个自由度；圆周表面用两个支承点限制 $\vec{X}$，$\vec{Y}$ 两个自由度；槽的侧面用一个支承点限制 $\overset{\frown}{Z}$ 一个自由度。这样，工件的位置已完全确定。

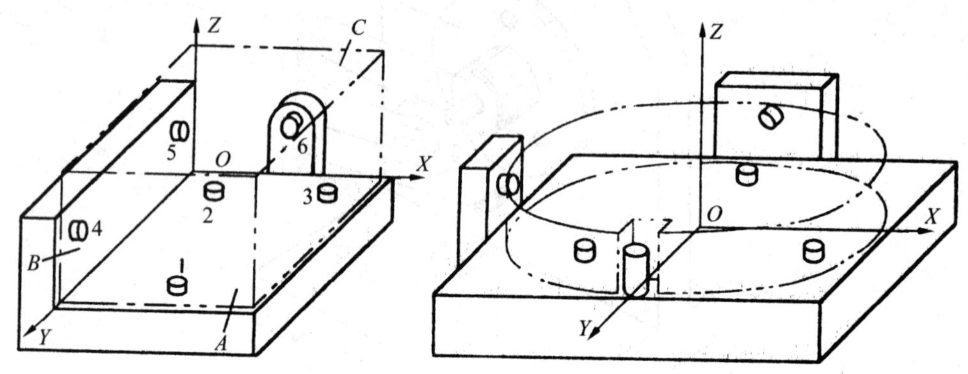

图 2-5　工件的六点定位　　　　图 2-6　盘类零件的六点定位

二、定位方式

(1)完全定位　用六个支承点限制了工件的全部自由度，称为完全定位。如图 2-5、图 2-6 所示都是完全定位的情况。

(2)不完全定位　根据加工要求，并不需要限制工件全部六个自由度的定位称为不完全定位。如图 2-7 所示的通槽，工件沿 Y 轴方向的移动并不影响通槽的加工要求，此时只需限制工件的五个自由度就可满足加工要求。这种情况在生产中应用很多，如工件装夹在电磁吸盘上磨削平面只需限制三个自由度，又如用三爪卡盘装夹工件车外圆，沿工件轴线方向的移动和转动不需要限制，只需要限制四个自由度。

(3)欠定位　按照加工要求应限制的自由度没有被限制的定位称为欠定位。在满足加工要求的前提下，采用不完全定位是允许的，但是欠定位是决不允许的。如图 2-8 所示，工件上铣槽时，若 Y 轴方向自由度不进行限制，则键槽沿工件轴线方向的尺寸 A 就无法保证。

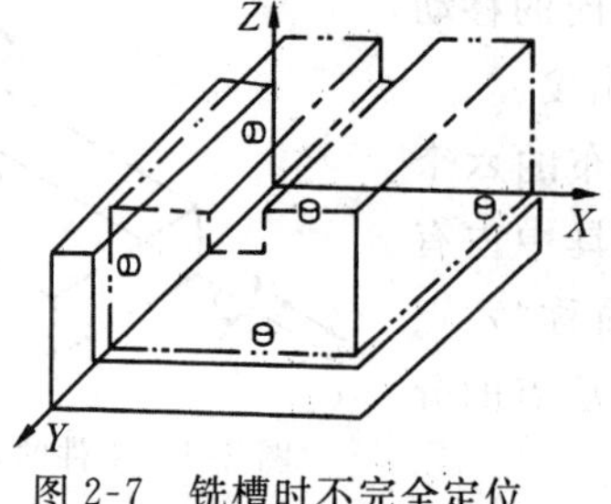

图 2-7　铣槽时不完全定位

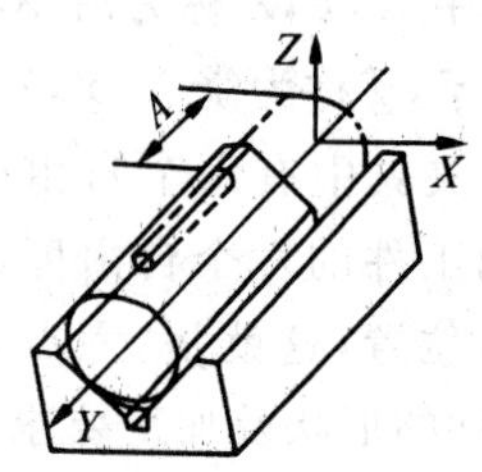

2-8　工件的欠定位

(4)重复定位　工件上某一个自由度或某几个自由度被重复限制的定位称为重复定位。如图 2-9 所示,加工连杆大孔时在夹具中定位的情况,连杆以长销 2、支承板 1 及挡销 3 进行定位,其中长销限制了 $\vec{X}$,$\vec{Y}$,$\widehat{X}$,$\widehat{Y}$四个自由度;支承板限制了 $\vec{Z}$,$\widehat{X}$,$\widehat{Y}$三个自由度;挡销 3 限制了$\widehat{Z}$一个自由度,其中$\widehat{X}$,$\widehat{Y}$被重复限定了。由于工件的端面和小头孔不可能绝对垂直,定位销 2 也不可能和支承板 1 绝对垂直,这样在夹紧工件时夹具的定位元件就可能产生变形,影响工件加工精度。因此,为减少或消除重复定位造成的不良后果,可采取以下措施:①提高工件和夹具有关表面的位置精度;②改变定位装置结构等。

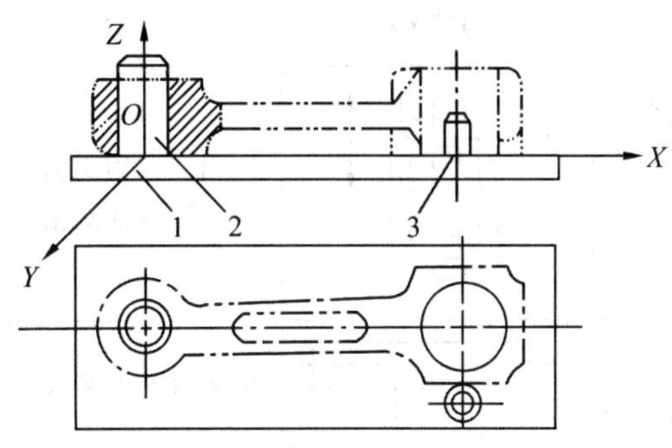

图 2-9　工件的重复定位

1—支板　2—定位销　3—挡销

表 2-1 为满足工件加工要求所必须限制的自由度。

表 2-1　　常用定位元件时限制的自由度

工和定位基准面	定位元件	定位方式简图	定位元件特点	限制的自由度
平面	支承钉			1,2,3——$\vec{Z}$,$\widehat{X}$,$\widehat{Y}$ 4,5——$\vec{X}$,$\widehat{Z}$ 6——$\vec{Y}$
	支承板		每个支承板也可设计为两个或两个以上小支承板	1,2——$\vec{Z}$,$\widehat{X}$,$\widehat{Y}$ 3——$\vec{X}$,$\widehat{Z}$
	固定支承与浮动支承		1,3——固定支承 2——浮动支承	1,2——$\vec{Z}$,$\widehat{X}$,$\widehat{Y}$ 3——$\vec{X}$,$\widehat{Z}$
	固定支承与辅助支承		1,2,3,4——固定支承 5——辅助支承	1,2,3——$\vec{Z}$,$\widehat{X}$,$\widehat{Y}$ 4——$\vec{X}$,$\widehat{Z}$ 5——增加刚性,不限制自由度

(续表)

圆孔 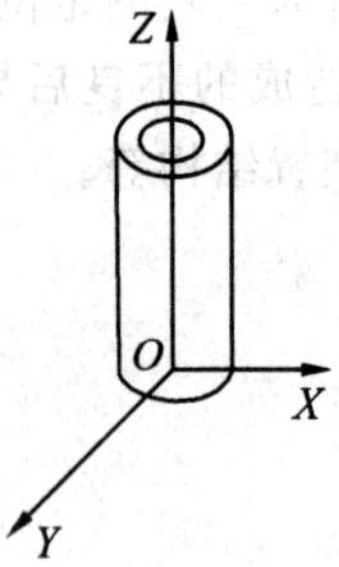	定位销（心轴）	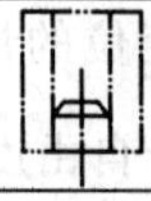	短销（短心轴）	$\vec{X},\vec{Y}$
		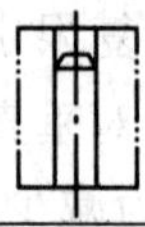	长销（长心轴）	$\vec{X},\vec{Y},\widehat{X},\widehat{Y}$
	推销	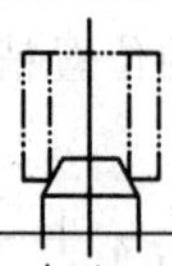	单锥销	$\vec{X},\vec{Y},\vec{Z}$
		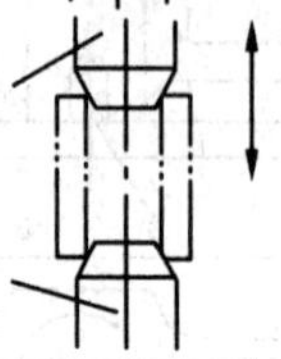	1——固定销 2——活动销	$\vec{X},\vec{Y},\vec{Z}$ $\widehat{X},\widehat{Y}$
外圆柱面 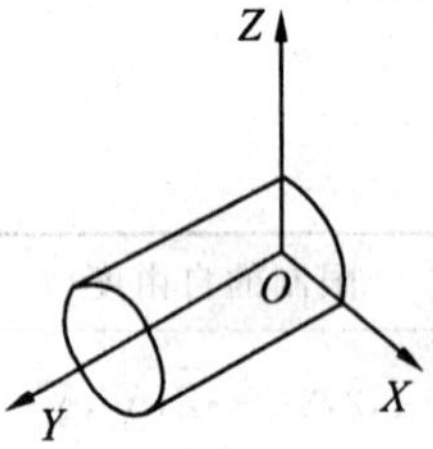	支承板或支承钉	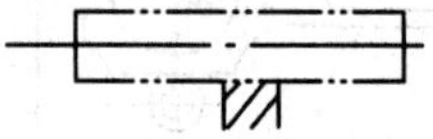	短支承板或支承钉	$\vec{Z}$
		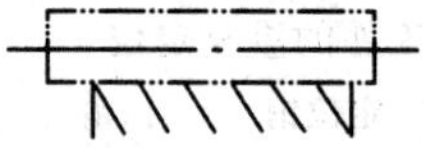	长支承板或两个支承钉	$\vec{Z},\widehat{X}$
	V形块	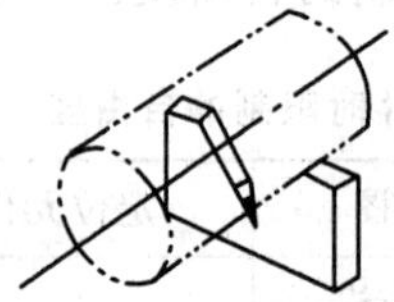	窄V形块	$\vec{X},\widehat{Z}$
	V形块	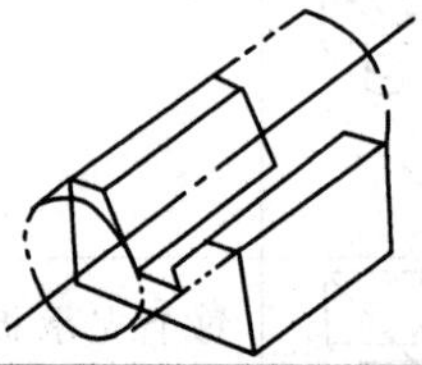	宽V形块或两个窄V形块	$\vec{X},\vec{Z}$ $\widehat{X},\widehat{Z}$
		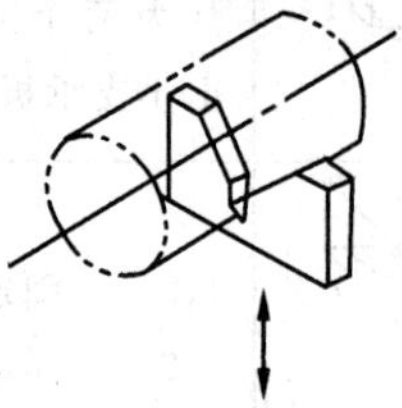	垂直运动的窄活动V形块	$\vec{Z}$
	定位套	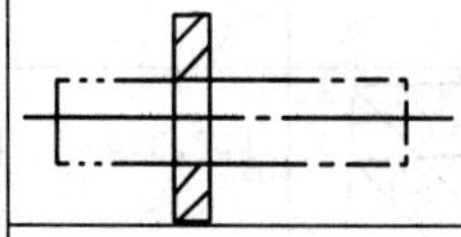	短套	$\vec{X},\vec{Z}$
		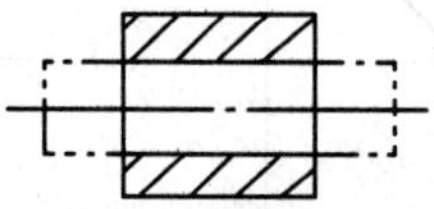	长套	$\vec{X},\vec{Z}$ $\widehat{X},\widehat{Z}$

(续表)

外圆柱面	半圆孔	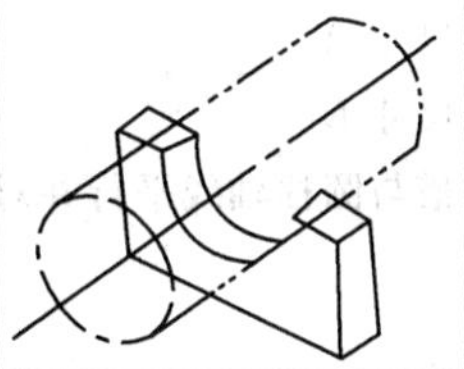	短半圆孔	$\vec{X},\vec{Z}$
			长半圆孔	$\vec{X},\vec{Z}$ $\overset{\frown}{X},\overset{\frown}{Z}$
	锥套	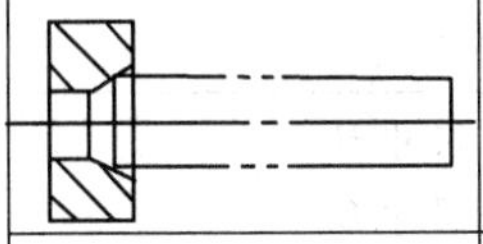	单锥套	$\vec{X},\vec{Y},\vec{Z}$
		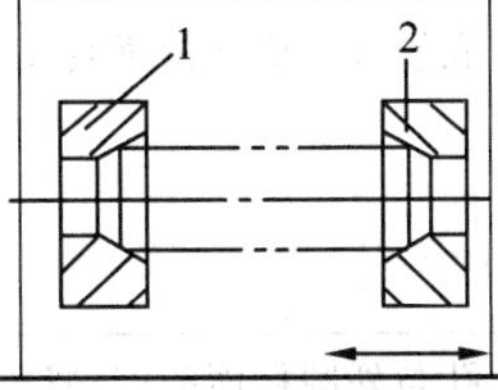	1——固定锥套 2——活动锥套	$\vec{X},\vec{Y},\vec{Z}$ $\overset{\frown}{X},\overset{\frown}{Z}$

三、定位元件

常用定位元件所能限制工件的自由度如表 2-2 所示。

表 2-2　　满足工件加工要求所必须限制的自由度

工序简图	加工要求	必须限制的自由度
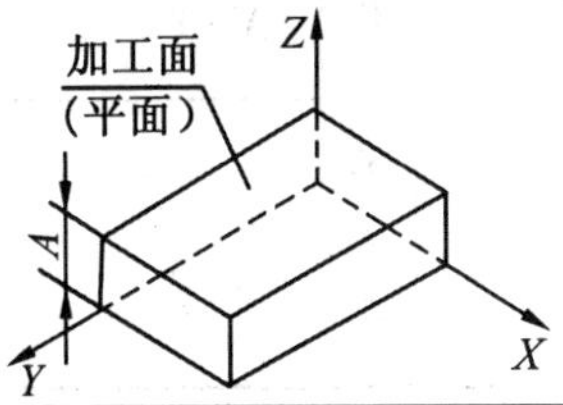	1. 尺寸 A 2. 加工面与底面的平行度	$\vec{Z},\overset{\frown}{X},\overset{\frown}{Y}$
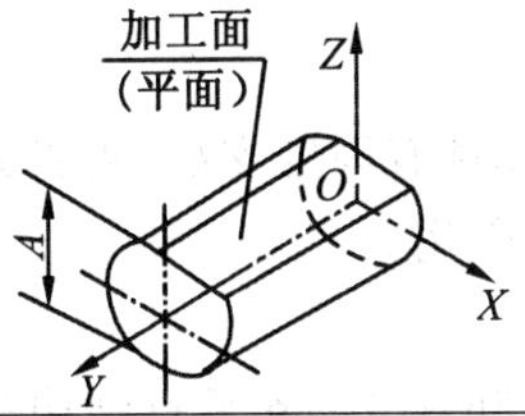	1. 尺寸 A 2. 加工面与下母线的平行度	$\vec{Z},\overset{\frown}{X}$
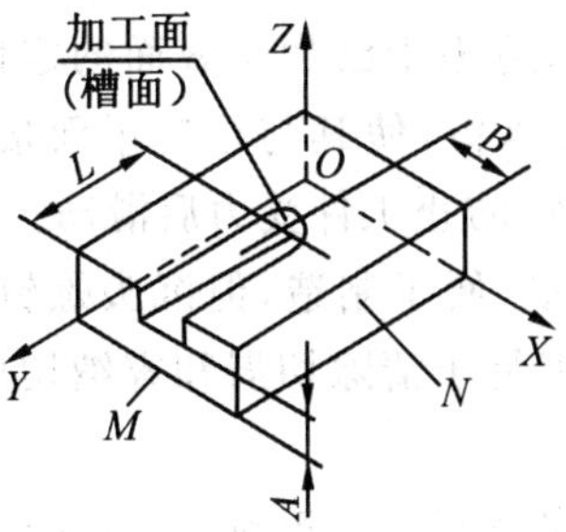	1. 尺寸 A 2. 尺寸 B 3. 尺寸 L 4. 槽侧面与 N 面的平行度 5. 槽底面与 M 面的平行度	$\vec{X},\vec{Y},\vec{Z}$ $\overset{\frown}{X},\overset{\frown}{Y},\overset{\frown}{Z}$

（续表）

工序简图	加工要求		限制的自由度
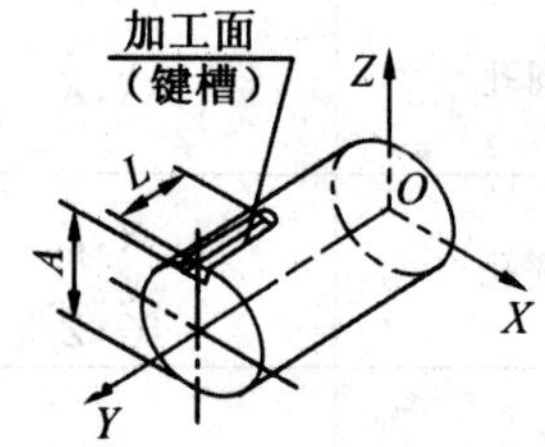 加工面（键槽）	1. 尺寸 A 2. 尺寸 L 3. 槽与圆柱轴线平行并对称		$\vec{X},\vec{Y},\vec{Z}$ $\widehat{X},\widehat{Z}$
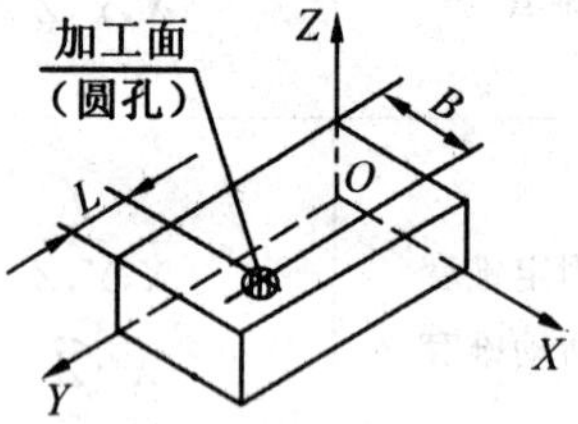 加工面（圆孔）	1. 尺寸 B 2. 尺寸 L 3. 孔轴线与底面的垂直度	通孔	$\vec{X},\vec{Y}$ $\widehat{X},\widehat{Y},\widehat{Z}$
		不通孔	$\vec{X},\vec{Y},\vec{Z}$ $\widehat{X},\widehat{Y},\widehat{Z}$
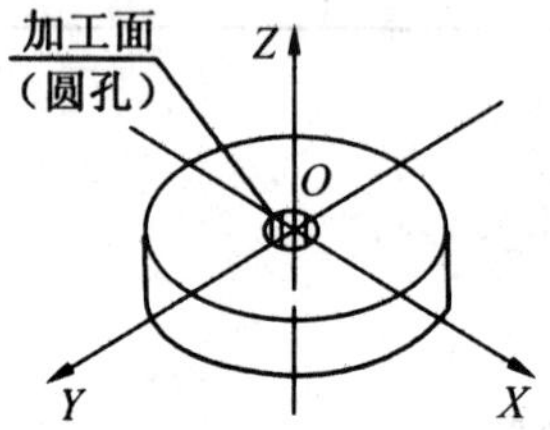 加工面（圆孔）	1. 孔与外圆柱面的同轴度 2. 孔轴线与底面的垂直度	通孔	$\vec{X},\vec{Y}$ $\widehat{X},\widehat{Y}$
		不通孔	$\vec{X},\vec{Y},\vec{Z}$ $\widehat{X},\widehat{Y}$
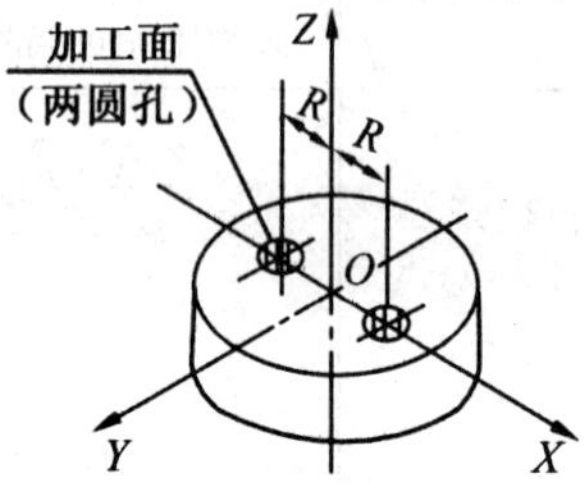 加工面（两圆孔）	1. 尺寸 R 2. 以圆柱轴线为对称轴，两孔对称 3. 两孔轴线垂直于底面	通孔	$\vec{X},\vec{Y}$ $\widehat{X},\widehat{Y}$
		不通孔	$\vec{X},\vec{Y},\vec{Z}$ $\widehat{X},\widehat{Y}$

（一）工件以平面定位及其定位元件

平面定位的主要形式是支承定位。夹具上常用的定位元件有固定支承、调节支承、浮动支承和辅助支承等。除辅助支承外，其余均对工件起定位作用。

1. 固定支承

固定支承有支承钉（GB/T2226-91）和支承板（GB/T2236-91）。支承钉结构如图 2-10(a)所示，A 型平头支承钉与工件接触面积大，不易磨损，适用于已加工表面的定位；当定位基准面是粗糙不平的毛坯表面时，应采用 B 型球头支承钉，使其与粗糙平面接触良好；C 型齿纹头支承钉常用于侧面定位，它能增大摩擦系数，防止工件受力后滑动。

支承板如图 2-10(b)所示。A 型光面支承板，结构简单，便于制造，但沉头螺钉处的积屑难于清除，宜作侧面或顶面支承；B 型带斜槽支承板，因易于清除切屑和容纳切屑，宜作底面支承。

当几个支承钉或支承板在装配后要求等高时，可采用装配后一次磨削法，以保证它们在同一平面内。

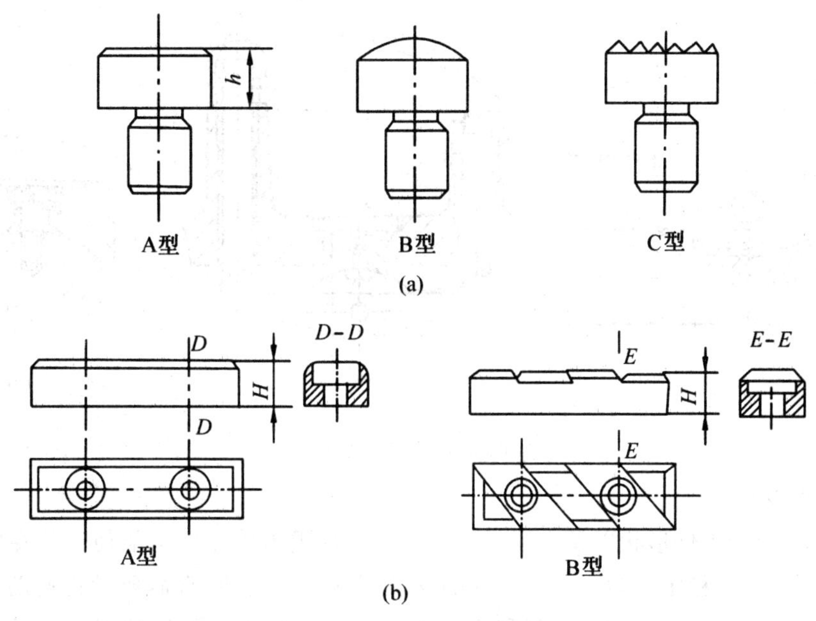

图 2-10　各种类型的固定支承

2. 调节支承(GB/T 2227-91～GB/T 2230-91)

在工件定位过程中，支承钉的高度需要调整时采用图 2-11 所示的调节支承。图 2-12 所示为可调节支承定位的应用示例。工件为砂型铸件，先以 A 面定位铣 B 面，再以 B 面定位镗两个孔。铣 B 面时若采用固定支承，由于定位基面 A 的尺寸和形状误差较大，铣完后，B 面与两毛坯孔的距离 H_1 和 H_2 变化也很大，致使镗孔时余量不均匀，甚至余量不够。因此，图中采用了调节支承，定位时适当调整支承钉的高度，便可以避免上述情况。对于小型工件，一般每批调整一次，工件较大时，常常每件都需要调整。调节支承在主要定位表面上最多用两个。

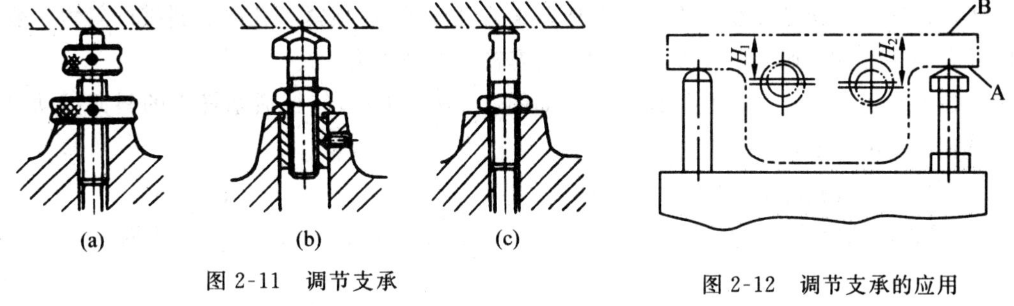

图 2-11　调节支承　　图 2-12　调节支承的应用

3. 浮动支承

在工件定位过程中能自动调整位置的支承称为浮动支承。图 2-13 所示为几种常见的自位支承形式。一个浮动支承只限制工件的一个自由度而与接触点数无关。浮动支承点的位置随工件定位基准面的变化而自动调节并与之相适应。浮动支承适用于毛坯表面、阶梯表面定位的场合。

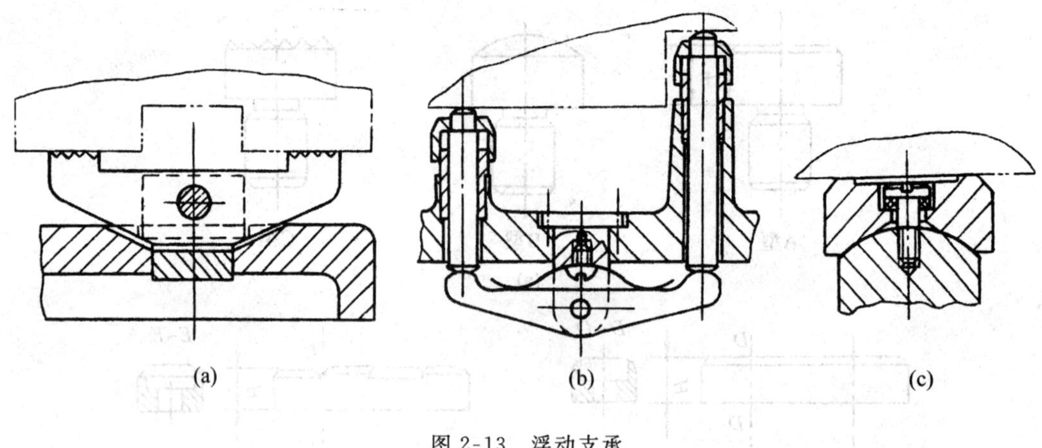

图 2-13　浮动支承

4. 辅助支承

生产中，由于工件形状以及夹紧力、切削力、工件重力等原因可能使工件在定位后还产生变形或定位不稳定。为了提高工件的安装刚性和稳定性，常需要设置辅助支承。辅助支承是用来提高工件的装夹刚度和稳定性，不起定位作用。图 2-14 所示为几种常用的辅助支承类型。

(1)螺旋式辅助支承　如图 2-14(a)所示，其结构最简单，但在调节时需转动支承，这样可能会损伤工件的定位面。而图 2-14(b)所示的结构则避免了这种缺点，调节时转动螺母，支承只作上下直线运动。这两种结构的辅助支承，动作较慢，拧出时用力不当会破坏工件既定的位置。

(2)自位式辅助支承　如图 2-14(c)所示，靠弹簧推动滑柱支承与工件表面接触，转动手柄，用斜面顶销锁紧。斜面顶销的斜角不能大于自锁角(7°～10°)。否则，会在锁紧时使滑柱支承顶起工件而破坏定位。

(3)推引式辅助支承　如图 2-14(d)所示，工件定位后，推动手柄，使滑柱与工件接触，然后转动手柄旋进螺纹使锥面将斜楔开槽锥孔胀开，而锁紧于孔内。斜楔的斜角一般可取 8°～10°，过小，则滑柱升程小；过大，则需较大的锁紧力。

(4)弹簧自引式气动锁紧辅助支承　如图 2-14(e)所示，气缸活塞杆 1 的斜面推动斜面顶销 2，将滑柱支承 3 锁紧。

(二)工件以内孔定位及其定位元件

工件以内孔定位常用的定位元件有定位销、定位心轴、锥度心轴、圆锥销等。

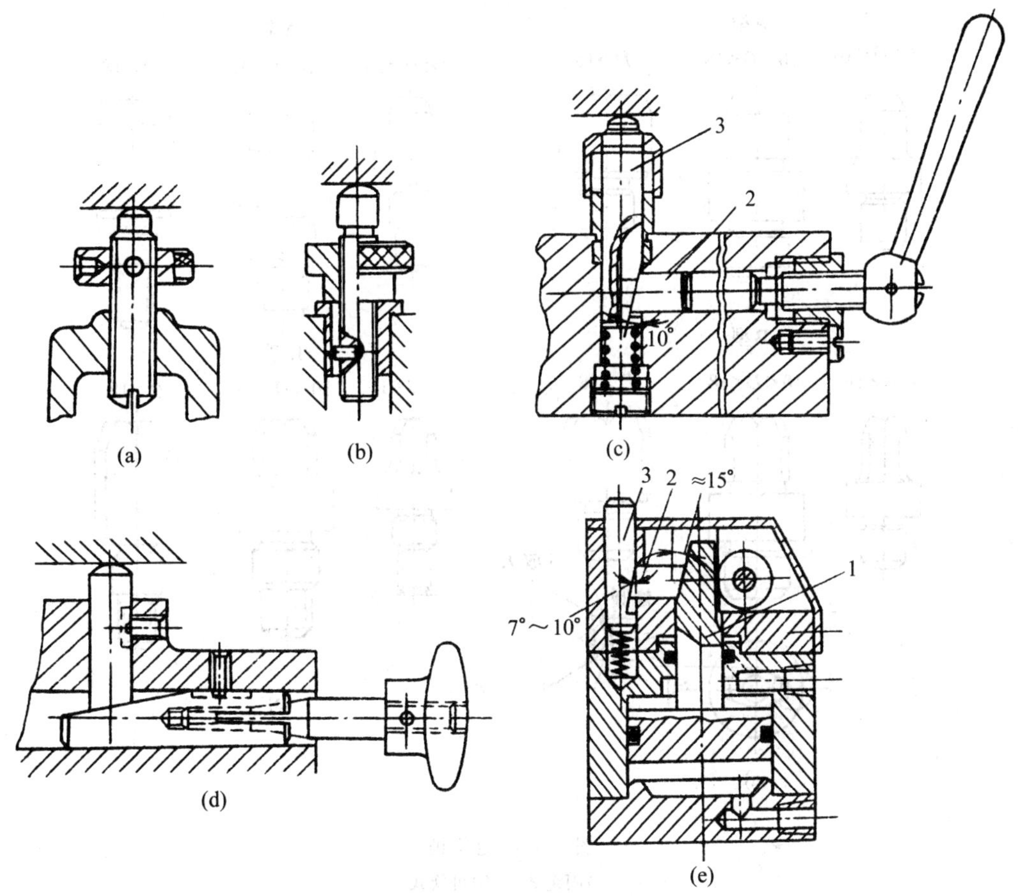

图 2-14　辅助支承

1—活塞杆　2—斜面顶销　3—滑柱支承

1. 定位销

图 2-15 所示为常用定位销结构，其中图 2-15(a)所示为固定式定位销(GB/T 2203-91)，图 2-11(b)为可换式定位销(GB/T 2204-91)。A 型为圆柱销，B 型为菱形销，其尺寸如表 2-3 所示。在夹具体上应有沉孔，使定位销圆角部分沉入孔内而不影响定位。各种定位销限制自由度如表 2-2 所示。

表 2-3　　**菱形销的尺寸**

D	>3～6	>6～8	>8～20	>20～24	>24～30	>30～40	>40～50
B	*d*—0.5	*d*—1	*d*—2	*d*—3	*d*—4	*d*—5	
b	1	2	3			4	5
b	2	3	4	5		6	7

注：*D* 为用菱形销定位孔的直径。

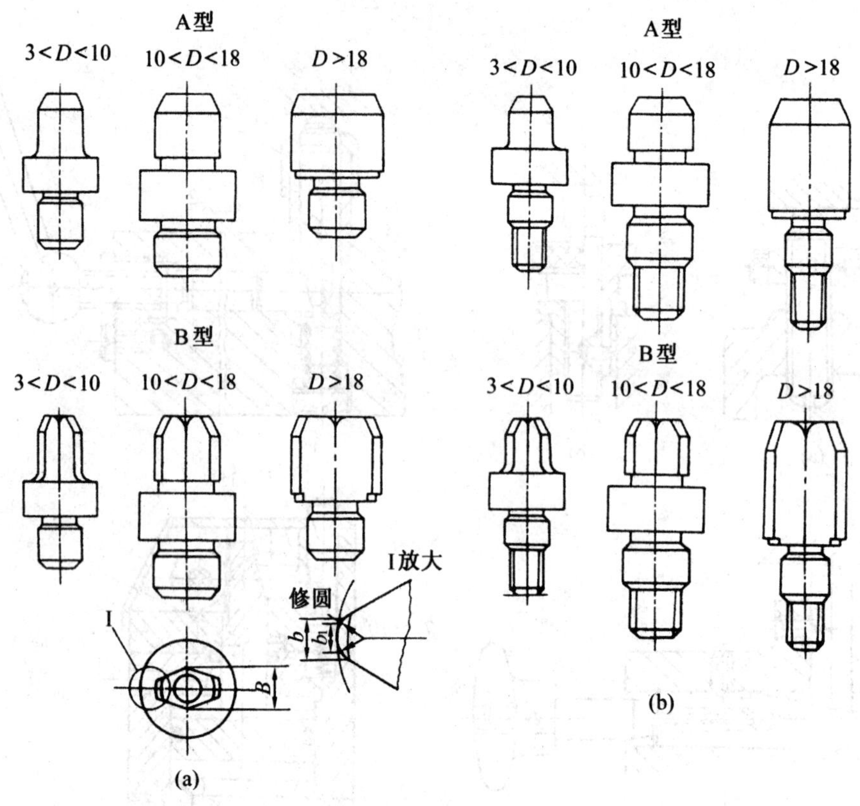

图 2-15　定位销

(a)固定式　(b)可换式

2. 定位心轴

定位心轴是以外圆柱面定心，端面压紧来装夹工件的。图 2-16 所示为常用定位心轴的结构形式。图 2-16(a)所示为间隙配合心轴，故装卸工件方便，但定心精度低。工件常以孔与端面联合定位，因而要求工件定位孔与端面之间、心轴圆柱面与端面间都有较高的垂直度，且这种定位是重复定位，必须经过适当处理后才能使用。

图 2-16(b)所示为过盈配合心轴，由导向部分 1、工作部分 2 和传动部分 3 组成。导向部分的作用是使工件能迅速而正确地套入心轴。当工件定位孔的长径比 $L/D>1$ 时，心轴的部分稍带锥度。这种心轴制造简单，定心精度高，不用另设夹紧装置，但装卸工件不便，易损伤定位孔。多用于定心精度要求高的精加工。

图 2-16(c)所示是花键心轴，用于加工以花键孔定位的工件。

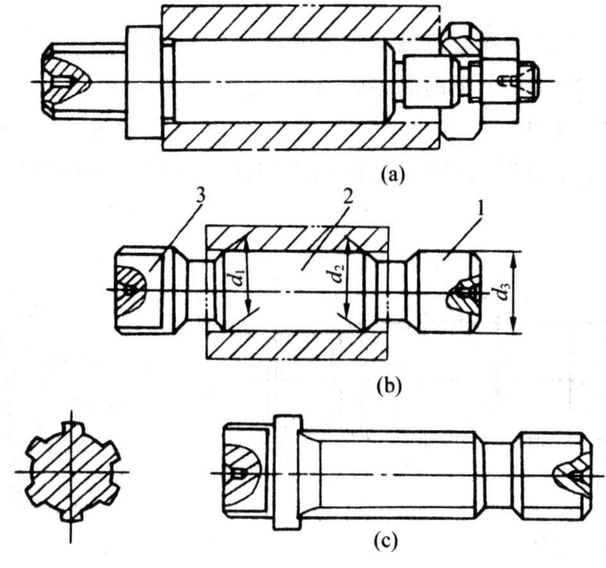

图 2-16　定位心轴

1—引导部分　2—工作部分　3—传动部分

心轴在机床上的安装方式如图 2-17 所示。

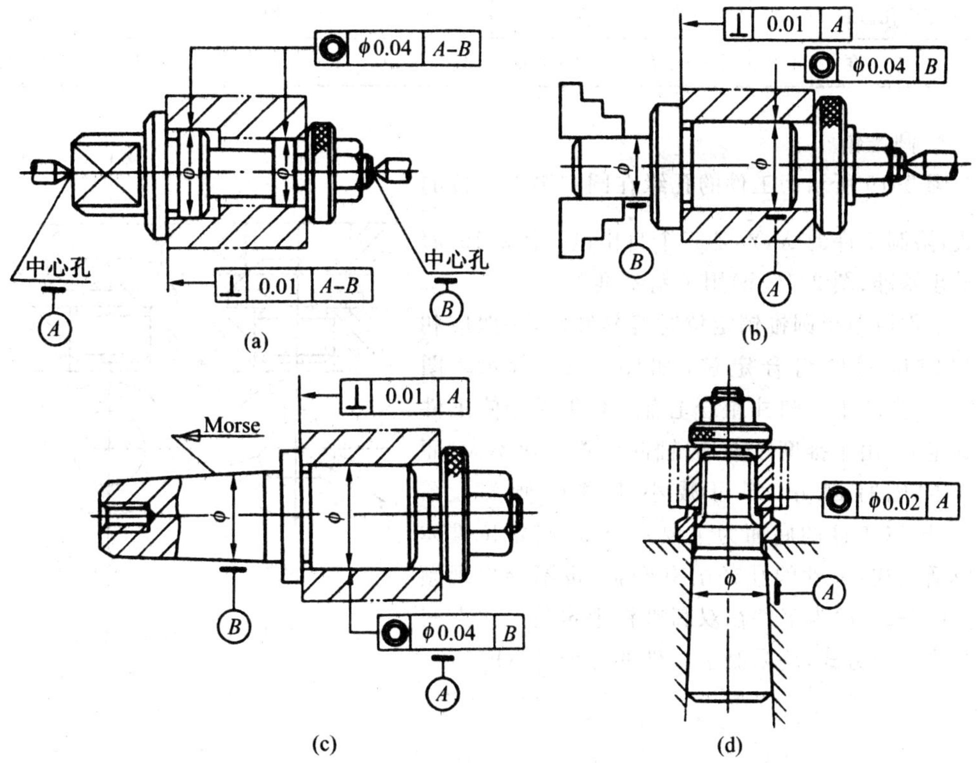

图 2-17　心轴在机床上的安装方式

3. 锥度心轴

如图 2-18 所示，工件在锥度心轴上定位，并靠工件定位圆孔与心轴圆柱面的弹性变形夹紧工件。对定心精度要求很高的心轴，锥度可按表 2-4 所示选取。这种定位方式的定心精度较高，同轴度可达∅0.005～0.01mm，但其轴向位移量较大，适用于工件定位孔精度不低于 IT7 的精车或磨削加工，不能加工端面。一般锥度心轴能限制五个自由度，如表 2-2 所示。

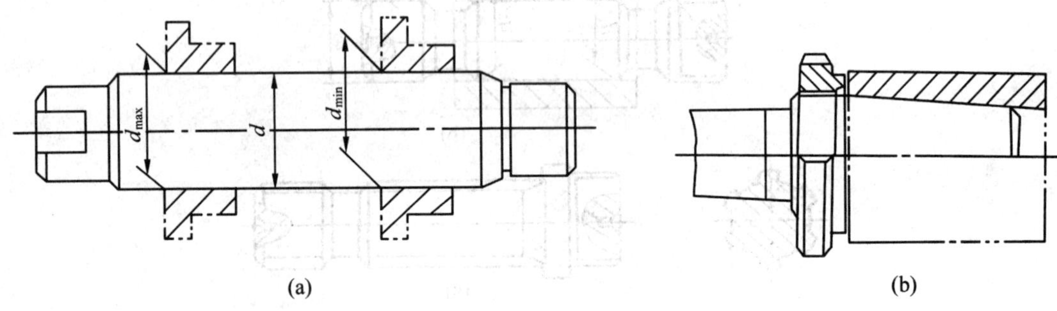

图 2-18　小锥度心轴

(a)用于安装在两顶尖　(b)带推出螺母

表 2-4　高精度心轴锥度推荐值

工件定位孔直径 D/mm	8～25	25～50	50～70	70～80	80～100	>100
锥　度	1∶250D	1∶200D	1∶150D	1∶125D	1∶100D	1∶10000

4. 圆锥销

图 2-19 所示为工件的孔缘在圆锥销上定位的方式，限制工件的 $\vec{X}$,$\vec{Y}$,$\vec{Z}$ 三个自由度。图2-19(a)用于粗基准，图 2-19(b)用于精基准。

工件以单个圆锥销定位时容易倾斜，一般应和其他定位元件组合定位，如图 2-20 所示。图 2-20(a)为圆锥—圆柱组合心轴，锥度部分使工件准确定心，由于锥度较大，故轴向位置变化不大，而较长的圆柱部分，却可减小工件的倾斜。图 2-20(b)以工件的底面为主要定位基准，定位锥体作成活动式，工件的孔径虽有变化，也不会出现倾斜。图2-20(c)为工件在双圆锥销上定位。以上三种组合定位方式，均限制了工件的五个自由度。

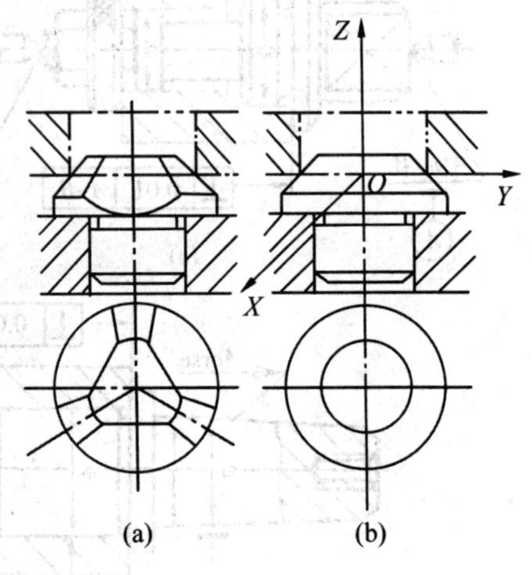

图 2-19　圆锥销定位

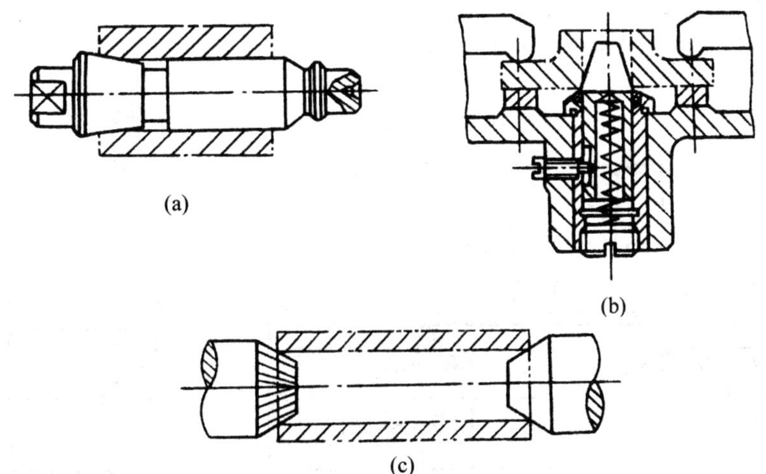

图 2-20　圆锥销组合定位

（三）工件以外圆柱面定位及定位元件

以外圆柱面定位常用的定位元件有V形块、定位套、半圆套和圆锥套等。

1. 在V形块上定位

V形块两斜面间的夹角 α，一般选用60°，90°和120°，以90°应用最广。90°V形块的典型结构和尺寸均已标准化，如图 2-21 所示。使用V形块定位的特点是对中性好，可用于非完整外圆表面定位。

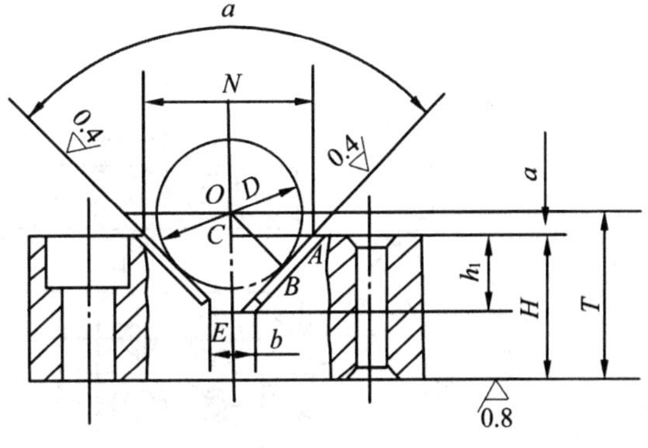

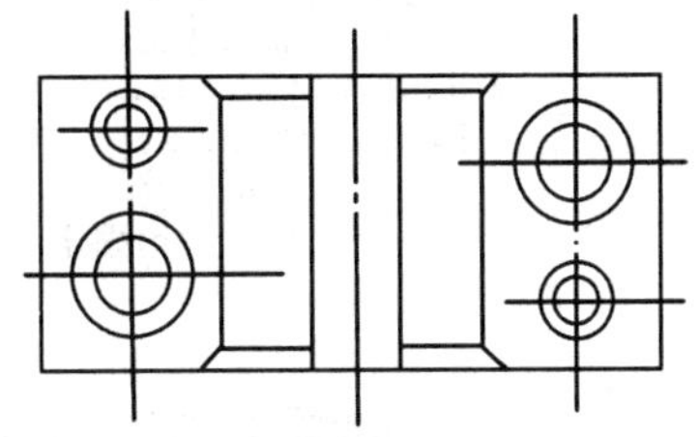

图 2-21　V形块

V形块有长短之分，长V形块（或两个短V形块的组合）限制工件的4个自由度，而短V形块一般只限制2个自由度。V形块又有固定和活动之分，活动V形块在可移动方向上对工件不起定位作用，如图 2-22 所示。

V形块在夹具中的安装尺寸 T 是V形块的主要设计参数，该尺寸常用作V形块检验和调整的依据，由图 2-21 可以求出：

$$T=H+\frac{1}{2}\left(\frac{D}{\sin\frac{\alpha}{2}}-\frac{N}{\tan\frac{\alpha}{2}}\right) \tag{2-1}$$

式中：D——V形块的设计心轴直径（mm）；

N——V形块的开口尺寸（mm）；

T——V形块理论圆的中心高度尺寸（mm）；

H——V 形块的高度(mm)；

α——V 形块的两限位基面间的夹角(°)。

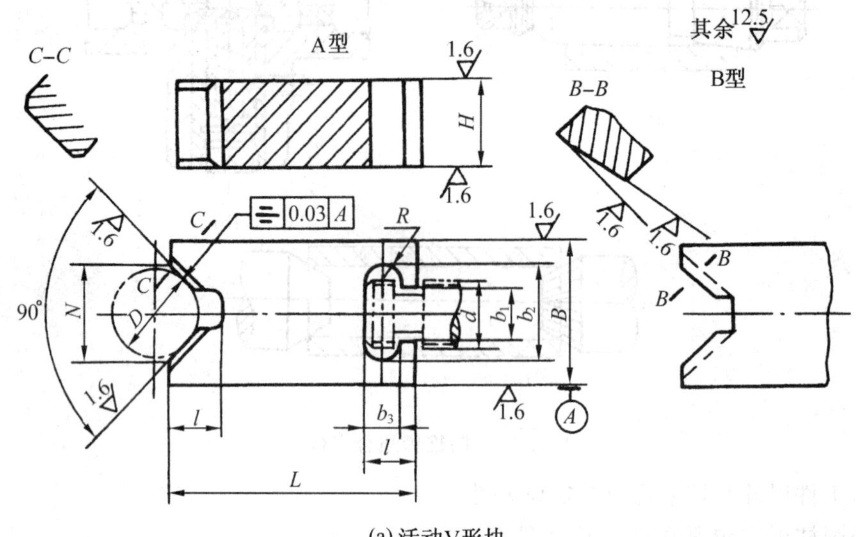

(a) 活动V形块

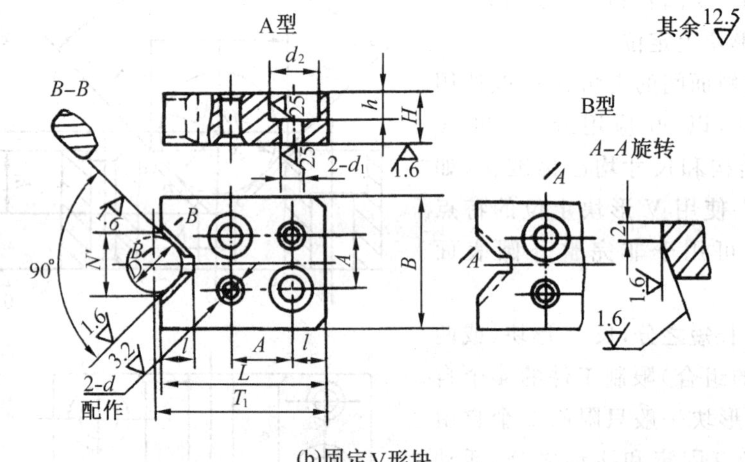

(b)固定V形块

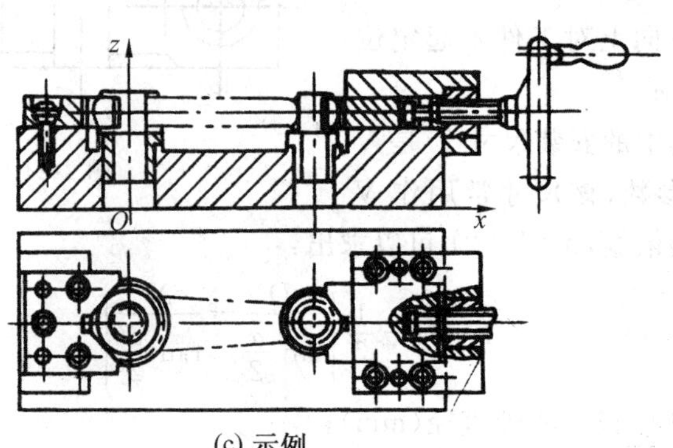

(c) 示例

图 2-22　活动 V 形块与固定 V 形块及应用

常用的V形块结构如图2-23所示。图2-23(a)用于较短的精基面定位；图2-23(b)适用于粗基准或阶梯轴的定位；图2-23(c)适用于长的精基面或两段基准面相距较远的轴定位；图2-23(d)适用于直径和长度较大的重型工件，其V形块采用铸铁底座镶淬硬的支承板或硬质合金的结构，以减少磨损，提高寿命和节省钢材。

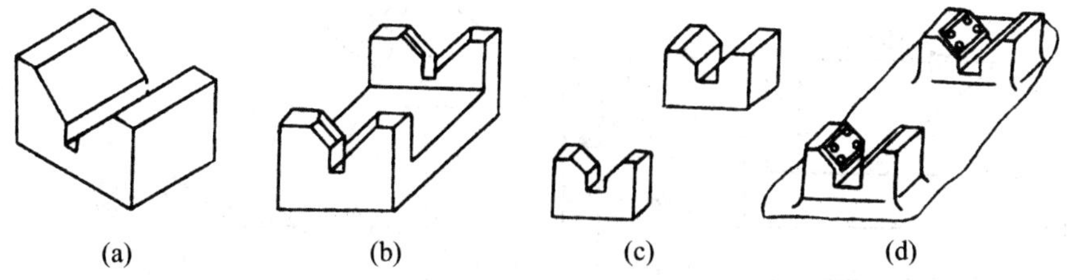

图2-23　V形块结构

2. 定位套

图2-24所示为装在夹具体上的定位套结构。其中，图2-24(a)为长定位套，限制工件的四个自由度；图2-24(b)为短定位套，限制工件的两个自由度。为了保证轴向定位精度，常与端面联合定位。

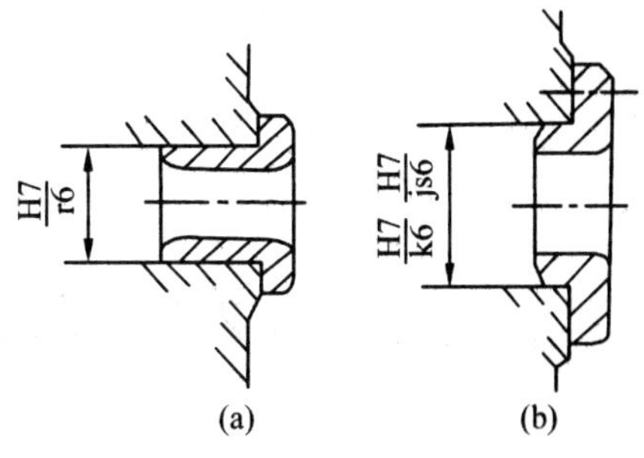

图2-24　常用定位套

3. 半圆套

图2-25所示为外圆柱面用半圆套定位的结构。下半圆套固定在夹具体上作定位用，其最小直径应取工件定位外圆的最大直径。上半圆套是可动的，起夹紧作用。半圆套定位的优点是夹紧力均匀，装卸工件方便，故常用于曲轴等不适合以整圆定位的大型轴类零件的定位。

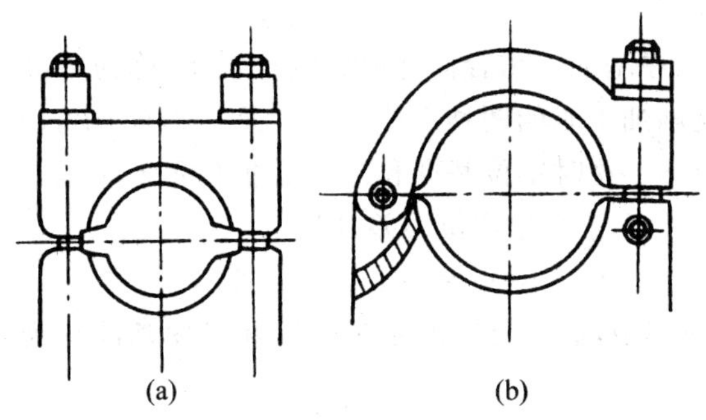

图2-25　半圆套定位装置结构形式

4. 圆锥套

图2-26所示为通用的外拔顶尖(GB/T 12880-91)。工件以圆柱面的端部在外拔顶尖的锥孔中定位，锥孔中有齿纹，以便带动工件旋转。顶尖体的锥柄部分插入机床主轴孔中。

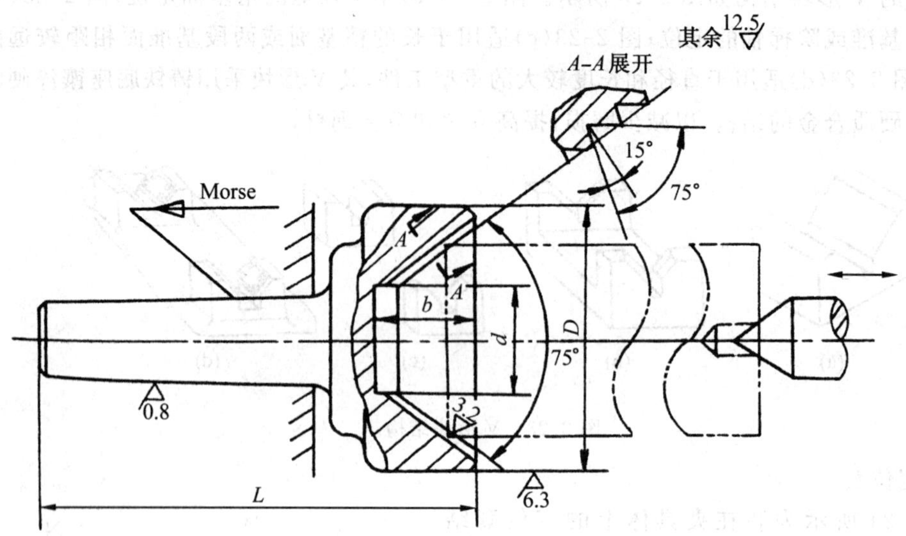

图 2-26 工件在外拔顶尖的锥孔中定位

§2-3 定位误差的分析与计算

一、定位误差产生的原因

由定位引起的同一批工件的工序基准在加工尺寸方向上的最大变动量，称为定位误差，以 Δ_D 表示。它主要包括基准不重合误差和基准位移误差。

1. 基准不重合误差

由于定位基准和工序基准不重合而造成的定位误差，称为基准不重合误差，以 Δ_B 表示。图 2-27 为工件铣削加工时的两种定位简图。图 2-27(a)中，加工尺寸 $A_{-\delta_a}^{\ 0}$ 的工序基准为 D，定位基准则是 E。这时定位基准和工序基准不重合，将会由于它们之间的尺寸 $C\pm\delta_c$ 的误差，使工序尺寸 $A_{-\delta_a}^{\ 0}$ 产生定位误差，即：

$$\Delta_B = C_{\max} - C_{\min} = 2\delta_c$$

图 2-27(b)定位简图中，加工尺寸的定位基准和工序基准均为，即基准重合，基准不重合误差为零。

当基准不重合误差由多个尺寸影响时，应将其在工序尺寸方向上合成。基准不重合误差的一般计算式为：

$$\Delta_B = \sum_{i=1}^{n} \delta_i \cos\beta \tag{2-2}$$

式中：δ_i——定位基准与工序基准间的尺寸链组成的公差(mm)；

β——δ_i 的方向与加工尺寸方向的夹角(°)。

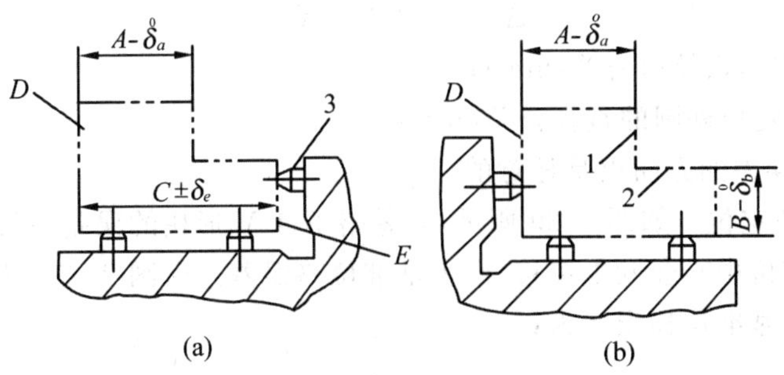

图 2-27　铣削加工的定位简图

2. 基准位移误差

由于定位基准的误差或定位元件的误差而造成的定位基准位移，这种定位误差称为基准位移误差，以 Δ_r 表示。不同的定位方式，其基准位移误差的计算方法也不同。常见的有以下几种：

(1)平面定位　工件以精基面在平面支承中定位时，其基准位移误差可忽略不计。在图 2-27 中，认为工序尺寸 $A_{-\delta_a}^{\ 0}$ 的基准位移误差为零。

(2)用圆柱销、定位心轴定位　如图 2-28 所示，由于定位配合的间隙影响，会使工件的中心发生偏移，其偏移量即为最大配合间隙，可按下式计算：

$$\Delta_r = X_{max} = \delta_D + \delta_{d0} + X_{min} \qquad (2\text{-}3)$$

式中：X_{max}——定位最大配合间隙(mm)；

δ_D——工件定位基准孔的直径公差(mm)；

δ_{d0}——圆柱销或定位心轴的直径公差(mm)；

X_{min}——定位所需最小间隙，由设计时确定(mm)。

基准位移误差的方向是任意的。

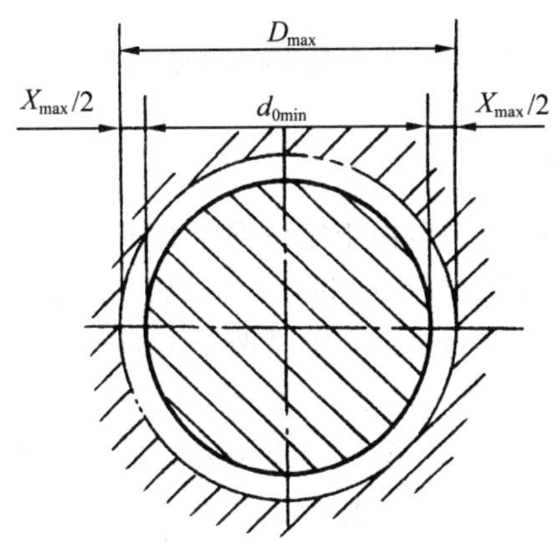

图 2-28　X_{max}引起的基准位移误差

(3)用定位套定位　用定位套定位的基准位移误差产生的原因，与上述定位相同，其定位误差可按下式计算：

$$\Delta_r = \delta_{D0} + \delta_d + X_{\min} \tag{2-4}$$

式中：δ_{D0}——定位套孔径的公差(mm)；

δ_d——工件定位外圆的直径公差(mm)。

其基准位移误差的方向也是任意的。

(4)用V形块定位　如图2-29所示，若忽略不计V形块的误差而仅有工件基准面的误差，其工件的定位中心会发生偏移，产生基准位移误差。由图2-29b所示，仅考虑δ_d的影响，由此产生的基准位移误差为：

$$\Delta_r = \frac{\delta_d}{2\sin\frac{\alpha}{2}} \tag{2-5}$$

式中：δ_d——工件定位基准的直径公差(mm)；

α——V形块的夹角(°)。

V形块的对中性好，即沿x向的位移误差为零。

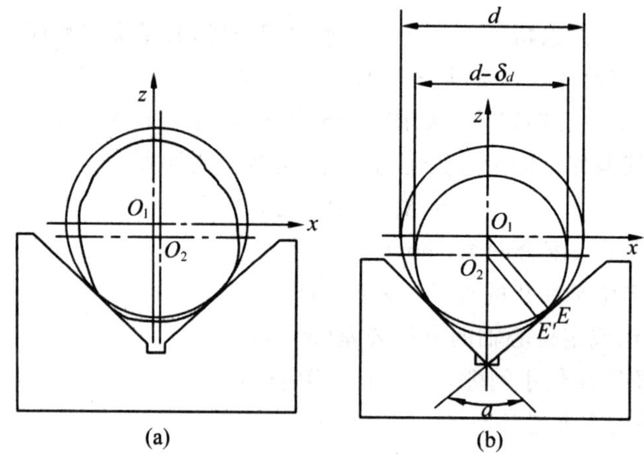

图2-29　V形块定心定位的位移误差

二、定位误差的计算

定位误差常采用合成法来计算，由于定位误差是由于基准不重合误差和基准位移误差造成的，因此在计算时可分别求出Δ_B和Δ_r，然后将两者合成而得Δ_D。合成时，若工序基准不在定位表面上(工序基准与定位表面是两个不同的表面)则：

$$\Delta_D = \Delta_r + \Delta_B$$

若工序基准在定位表面上(工序基准与定位表面是同一个表面)，则：

$$\Delta_D = \Delta_r \pm \Delta_B$$

当定位表面的尺寸变动方向一定(由大变小或由小变大)时，定位基准与工序基准的变动方向相同时取"+"号；变动方向相反时取"－"号。

例2-1　如图2-30所示，工件均以平面定位铣削A，B表面，要求保证尺寸60±0.06和30±0.1，分别计算定位误差。(忽略D面对C面的垂直度误差)

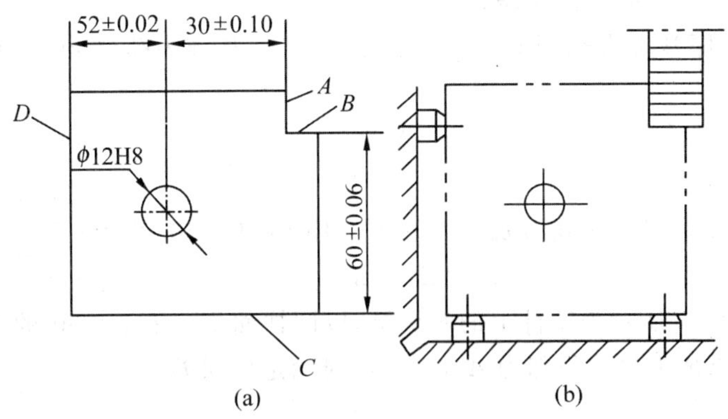

图 2-30　工件均以平面定位铣削 A,B 表面

解:(1)60±0.06 的尺寸定位误差

该尺寸的工序基准为 C 面;定位基准为 C 面,两基准重合,则 $\Delta_B=0$。

又因平面 C 定位,故 $\Delta_r=0$。

则定位误差为:

$$\Delta_D=\Delta_B+\Delta_r=0$$

(2)30±0.1 的尺寸定位误差

该尺寸的工序基准为∅12H8 孔轴线,定位基面是 *D* 面,故基准不重合,两者以尺寸 52±0.02 相联系,则一批工件的工序基准在加工尺寸 30±0.1 方向上的最大变化量,即基准不重合误差为:

$$\Delta_B=0.02-(-0.02)=0.04$$

又因平面 *D* 定位,故 $\Delta_r=0$。

则定位误差为:

$$\Delta_D=\Delta_B+\Delta_r=0.04$$

例 2-2　如图 2-31 所示,工件以孔 $\varnothing 60^{+0.15}_{0}$ 定位加工孔 $\varnothing 10^{+0.1}_{0}$,定位销直径为 $\varnothing 60^{-0.03}_{-0.06}$,要求保证尺寸 40±0.1,计算定位误差。

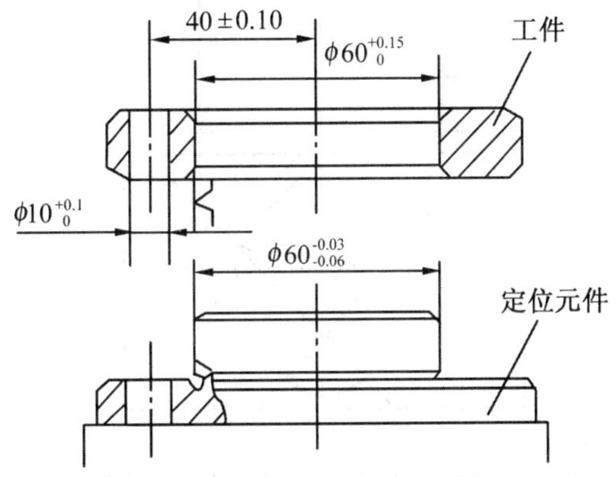

图 2-31　工件以短圆柱定位加工孔 $\varnothing 10^{+0.1}_{0}$

解：加工孔$\varnothing 10^{+0.1}_{0}$的定位误差：

$\varnothing 10^{+0.1}_{0}$的工序基准为孔$\varnothing 60^{+0.15}_{0}$的中心线，定位基准为孔$\varnothing 60^{+0.15}_{0}$的中心线，此时基准重合。

$$\Delta_B = 0$$

按式(2-3)得：

$$\Delta_r = X_{\max} = \delta_D + \delta_{d0} + X_{\min} = 0.15 + 0.03 + 0.03 = 0.21$$

$$\Delta_D = \Delta_B + \Delta_r = 0.21$$

例 2-3　图 2-32 所示为工件上的铣键槽，以圆柱面$d^{0}_{-\delta_d}$在$\alpha = 90°$的 V 形块上定位，如图 2-33 所示，求加工尺寸分别为A_1, A_2, A_3时的定位误差。

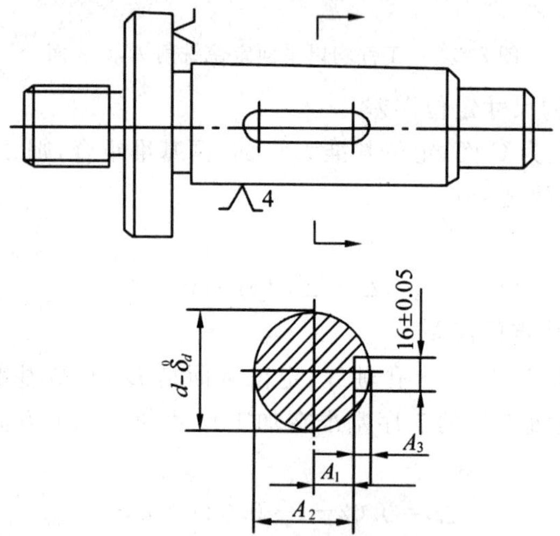

图 2-32　铣键槽工序简图

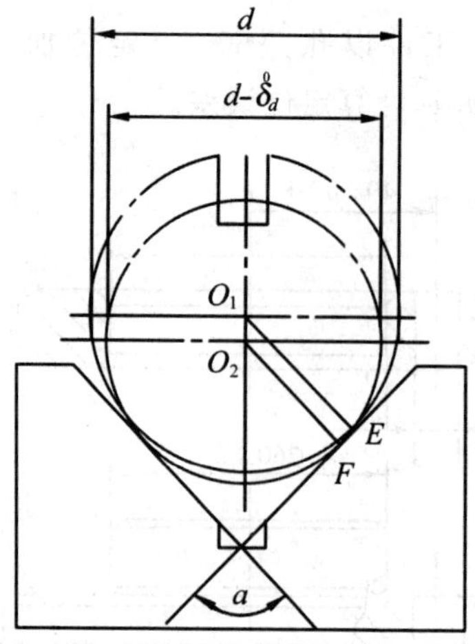

图 2-33　工件在 V 形块上定位的基准位移误差

解：(1)加工尺寸 A_1 的定位误差

工序基准是圆柱轴线，定位基准也是圆柱轴线，两者重合，$\Delta_B=0$。

当定位表面直径变化时定位基准有位移，由图 2-33 可知：

$$\delta_i = O_1O_2 = \frac{\delta_d}{2\sin\frac{\alpha}{2}}$$

δ_i 与加工方向一致，故：

$$\Delta_r = \delta_i = \frac{\delta_d}{2\sin\frac{\alpha}{2}}$$

所以定位误差：

$$\Delta_D = \Delta_r = \frac{\delta_d}{2\sin\frac{\alpha}{2}}$$

(2)加工尺寸 A_2 的定位误差

工序基准是圆柱下母线，定位基准是圆柱轴线，两者不重合，基准不重合误差为：

$$\Delta_B = \frac{\delta_d}{2}$$

基准位移误差：

$$\Delta_r = \frac{\delta_d}{2\sin\frac{\alpha}{2}}$$

工序基准在定位表面上。当工件直径由大变小时，假定工序基准的位置不动，定位基准向下变动；若假定定位基准的位置不动，工序基准向上变动，两者的变动方向相反，取“－”号，故：

$$\Delta_D = \Delta_r - \Delta_B = \frac{\delta_d}{2\sin\frac{\alpha}{2}} - \frac{\delta_d}{2} = \frac{\delta_d}{2}\left(\frac{1}{\sin\frac{\alpha}{2}} - 1\right)$$

(3)加工尺寸 A_3 的定位误差

工序基准是圆柱下母线，定位基准是圆柱轴线，两者不重合，基准不重合误差为：

$$\Delta_B = \frac{\delta_d}{2}$$

基准位移误差：

$$\Delta_r = \frac{\delta_d}{2\sin\frac{\alpha}{2}}$$

工序基准在定位表面上。当定位表面直径由大变小时，假定工序基准的位置不动，定位基准向下变动；若假定定位基准的位置不动，工序基准向下变动，两者的变动方向相同，取“＋”号，故：

$$\Delta_D = \Delta_r + \Delta_B = \frac{\delta_d}{2\sin\frac{\alpha}{2}} + \frac{\delta_d}{2} = \frac{\delta_d}{2}\left(\frac{1}{\sin\frac{\alpha}{2}} + 1\right)$$

§2-4 机床夹具的夹紧装置

一、夹紧装置的组成及基本要求

1. 夹紧装置的组成

典型夹紧装置的结构形式是多种多样的，但其结构一般由两部分组成，如图 2-34 所示。

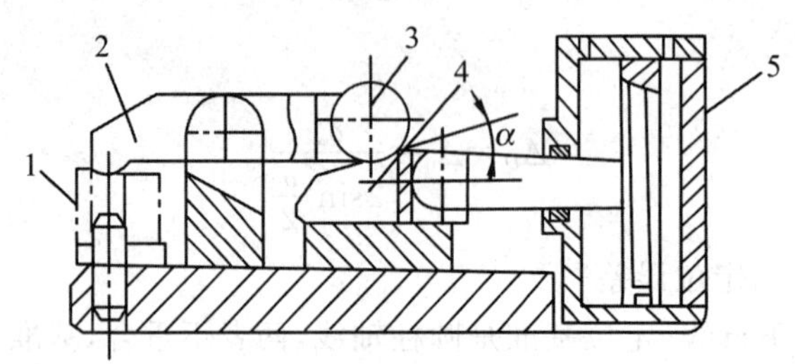

图 2-34　夹紧装置的示例

1—工件　2—压板　3—滚子　4—斜楔　5—气缸

(1)动力装置　机械加工过程中，要保证工件不离开定位时占据的正确位置，就必须有足够的夹紧力来平衡切削力、惯性力、离心力及重力对工件的影响。夹紧力的来源，一是人力，二是动力装置。常用的动力装置有:液压装置、气压装置、电磁装置、电动装置和气—液联动装置等。如图 2-34 中所示的气缸 5。

(2)夹紧机构　在工件夹紧过程中起力的传递作用的机构，称为夹紧机构。夹紧机构在传递力的过程中，能根据需要改变力的大小、方向和作用点。手动夹紧的夹紧机构还应具有良好的自锁性能，以保证人力的作用停止后，仍能可靠的夹紧工件。如图 2-34 中所示的斜楔 4、滚子 3 和压板 2 等组成夹紧机构。

2. 夹紧装置的基本要求

(1)夹紧既不应破坏工件的定位，又要有足够的夹紧力，同时又不应产生过大的夹紧变形和损伤工件表面。

(2)夹紧动作迅速，操作方便、安全省力。

(3)手动夹紧机构要有可靠的自锁性，机动夹紧装置要统筹考虑其自锁性和稳定的原动力。

(4)结构应尽量简单紧凑，工艺性要好。

二、夹紧力的确定

1. 夹紧力的方向选择

(1)夹紧力的方向应尽可能垂直于工件的主要基准面。如图 2-35 所示，工件镗孔与左端面有一定的垂直度要求，因此，夹紧力朝向主要定位面 A。这样有利于保证孔与左端面的垂直度要求。

(2)夹紧力的方向应尽量与切削力、工件重力方向一致。

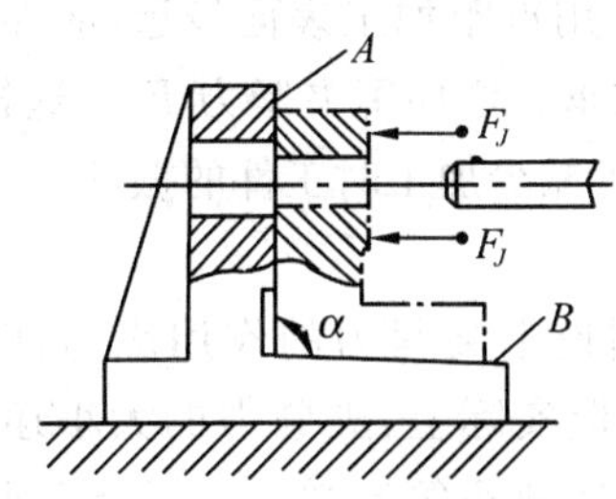

图 2-35　夹紧力应朝向主要定位面

2. 夹紧力的作用点选择

(1)夹紧力的作用点应落在定位元件的支承范围内。如图 2-36 所示,夹紧力的作用点落到了定位元件的支承范围之外,夹紧时破坏了工件的定位,因而是错误的。

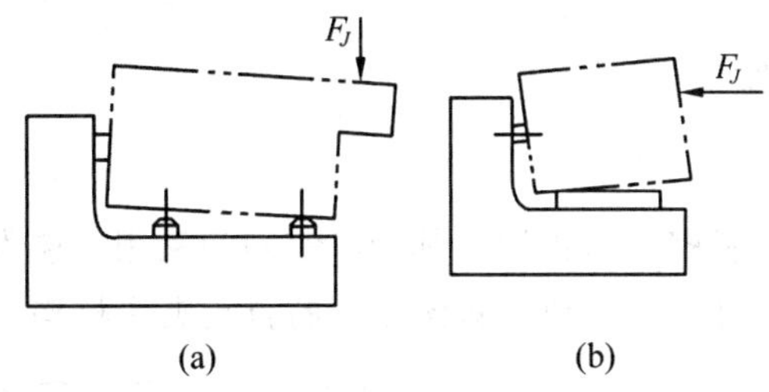

图 2-36　夹紧力作用点的位置不正确

(2)夹紧力的作用点应与支承对应,并尽量作用在工件刚性较好的部位。如图 2-37(a)所示,薄壁套的轴向刚性好,用卡爪径向夹紧,工件变形大,若沿轴向施加夹紧力,变形就会小得多。如图 2-37(b)所示,夹紧薄壁箱体时,夹紧力不应作用在箱体的顶面,而应作用在刚性好的凸边上。箱体没有凸边时,可按图 2-37(c)所示,将单点夹紧改为三点夹紧,将力的作用点落在刚性好的箱壁上,并降低了着力点的压强,减少了工件的夹紧变形。

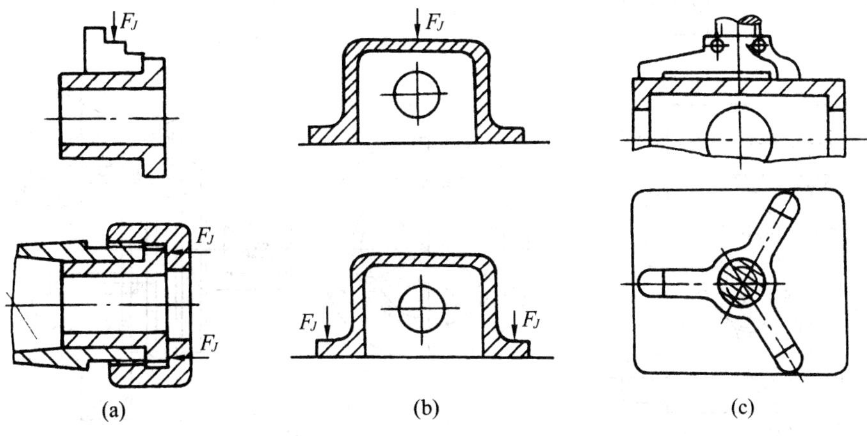

图 2-37　夹紧力作用点与夹紧变形的关系

(3)夹紧力作用点应靠近工件的加工表面。图 2-38 所示为在拨叉上铣槽。由于夹紧力的作用点距加工表面较远,故在靠近加工表面的地方设置了辅助支承。增加了夹紧力 F_J。这样,不仅提高了工件的装夹刚性,还可减少加工时工件的振动。

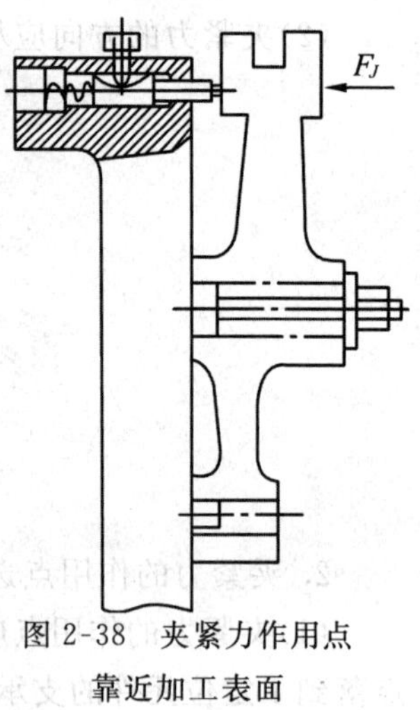

图 2-38 夹紧力作用点靠近加工表面

3. 夹紧力的大小

加工过程中,工件受到的理论上夹紧力的作用应与使工件位移和翻转的力的作用平衡,但实际上,夹紧力的大小还与工艺系统的刚性、夹紧机构的传递效率等有关。而且,切削力的大小在加工过程中会发生变化。所以,夹紧力的大小确定时,为保证安全要增加一定的安全系数。故夹紧力会远大于切削力、离心力、惯性力及重力等对工件的作用。生产中,夹紧力的大小一般通过经验估算,需准确时,可查阅夹具设计手册进行计算。

三、典型夹紧机构

1. 斜楔夹紧机构

图 2-39 所示为几种斜楔夹紧机构。其中,图(a)为采用斜楔直接夹紧,图(b)为斜楔、滑柱、杠杆组合夹紧机构,图(c)为利用斜楔原理的自动夹紧机构。

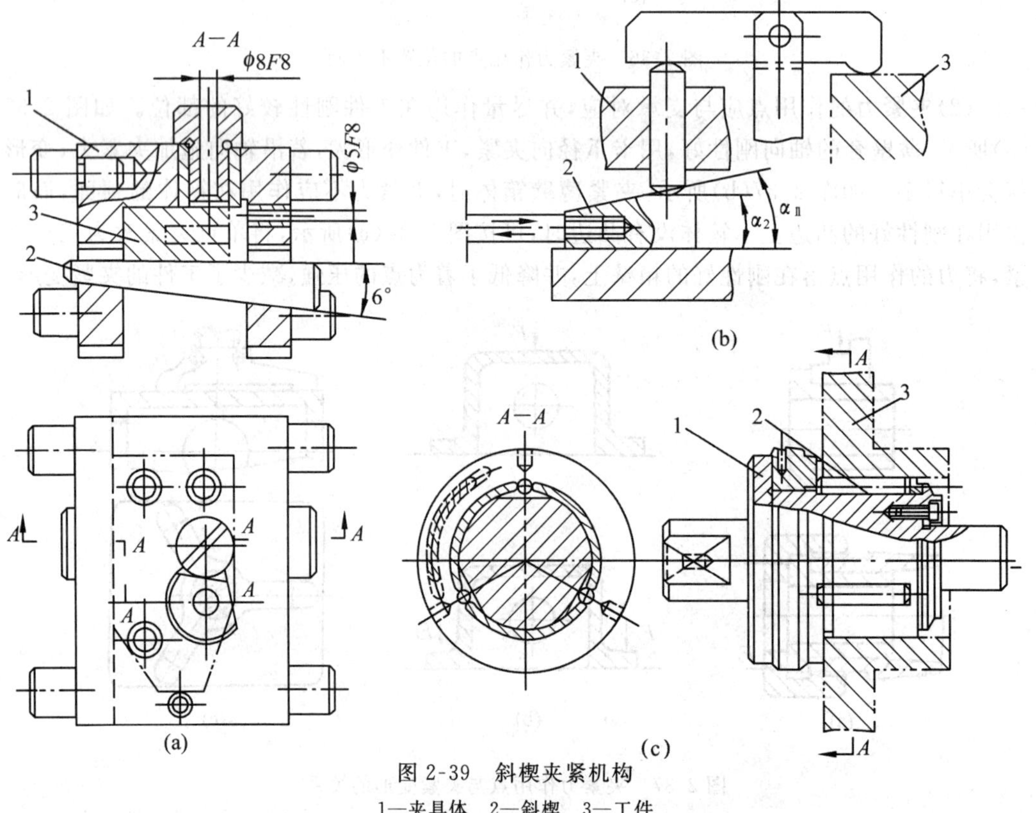

图 2-39 斜楔夹紧机构

1—夹具体 2—斜楔 3—工件

斜楔夹紧机构具有结构简单，增力比大，斜楔自锁性能好等特点，因此获得广泛的应用。由于斜楔夹紧行程小，为了增大夹紧行程，在实际应用中常作成双角楔块。斜楔夹紧装卸工件较麻烦，还容易夹伤工件表面，因此，很少单独使用，常与其他机构配合使用。

楔块的自锁是指作用在斜楔上的原动力取消后，工件仍处于夹紧状态。当原动力去掉后，斜楔有向大端方向运动的趋势，为了防止松动，要求斜楔满足自锁条件：斜楔的升角 α 小于斜楔与工件、斜楔与夹具体之间摩擦角之和。通常为可靠起见，手动夹紧机构一般取 $\alpha = 6^\circ \sim 8^\circ$。用气压或液压装置驱动的斜楔不需要自锁时，可取 $\alpha = 15^\circ \sim 30^\circ$。

2. 螺旋夹紧机构

由螺钉、螺母、垫圈、压板等元件组成的夹紧机构，称为螺旋夹紧机构，如图 2-40 所示。图 2-40(a)用螺钉直接夹压工件，其表面易被夹伤且在夹紧过程中可能使工件转动。为克服上述缺点，在螺钉头上加上摆动压块，如图 2-40(b)所示。图 2-40(c)所示为球面带肩螺母压紧。常见的摆动压块类型如图 2-41 所示。

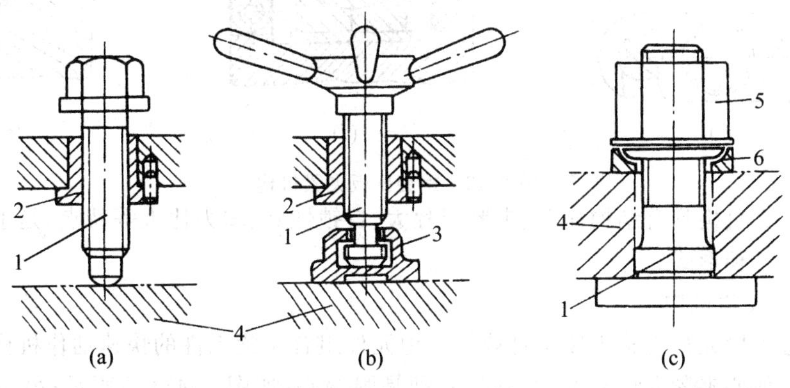

图 2-40　单螺旋夹紧

1—螺钉、螺杆　2—螺母套　3—摆动压块　4—工件　5—球面带肩螺母　6—球面垫圈

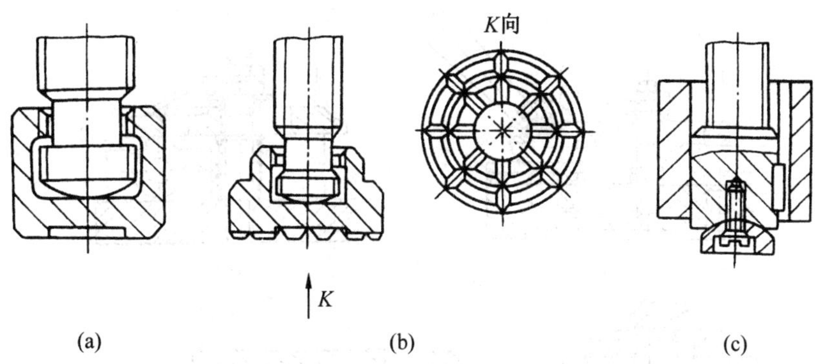

图 2-41　摆动压块

(a)光面压块　(b)槽面压块　(c)圆压块

在螺旋夹紧机构中，除了单个螺旋夹紧机构外，螺旋夹紧常和压板结合在一起形成复合夹紧机构，如图 2-42 所示。图 2-42(a)，(b)为两种移动压板式螺旋夹紧机构；图 2-42(c)，(d)为回转压板式螺旋夹紧机构；图 2-42(e)为钩形压板螺旋夹紧机构。

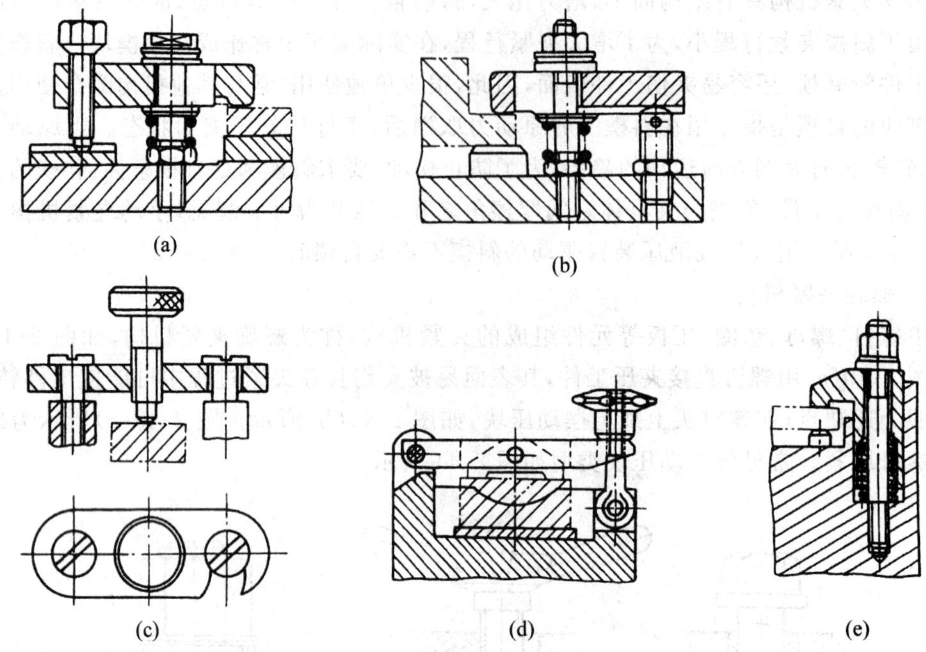

图 2-42　螺旋压板夹紧机构

螺旋夹紧机构具有结构简单、夹紧行程大、自锁性好、增力比大等特点，是手动夹紧中用的最多的一种形式。

3. 偏心夹紧机构

由偏心夹紧元件直接夹紧工件或与其他元件组合夹紧工件的快速动作机构称为偏心夹紧机构。偏心夹紧元件有两种形式：一种是圆偏心，如图 2-43(a)所示；另一种是曲线偏心，如图 2-43(b)所示。图 2-43(c)所示为偏心轴，图 2-43(d)所示为偏心叉。

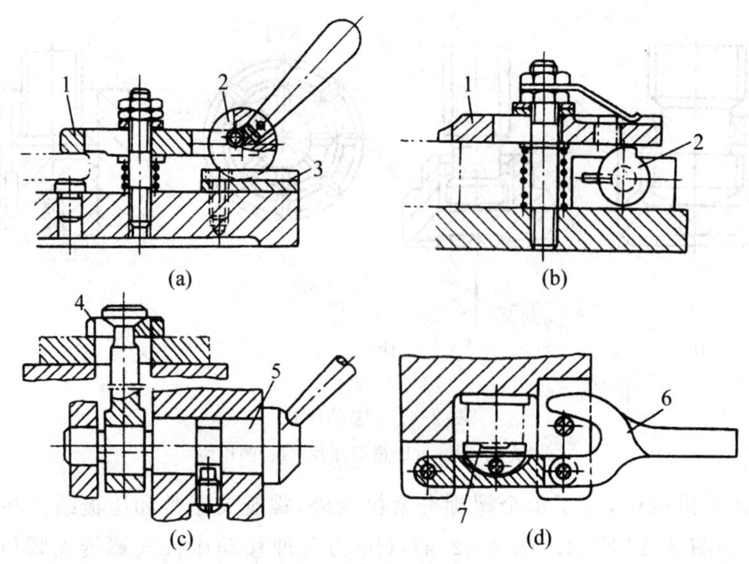

图 2-43　圆偏心夹紧机构

偏心夹紧机构靠偏心轮回转时回转半径变大而产生夹紧作用，其原理和斜楔工作时斜面高度由小变大而产生的斜楔作用是一样的。实际上，可将偏心轮视为一斜角变化的斜楔。将图 2-44(a)所示的圆偏心轮展开，可得到图 2-44(b)所示的图形，其楔角可用下面的公式求出：

$$\alpha=\arctan\left(\frac{e\sin\gamma}{R-\cos\gamma}\right)$$

式中：α——偏心轮的楔角(°)；

e——偏心轮的偏心距(mm)；

R——偏心轮的半径(mm)；

γ——偏心轮作用点与起始点之间的圆弧所对应的圆心角(°)。

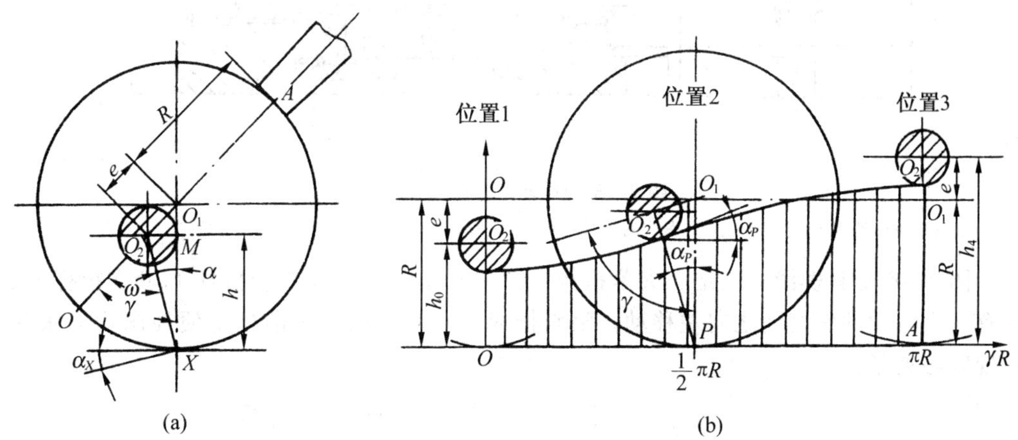

图 2-44　偏心夹紧机构工作原理

根据斜楔的自锁条件：$\alpha\leqslant\varphi_1+\varphi_2$，此处的 φ_1 和 φ_2 分别为轮周处与转轴处的摩擦角。忽略转轴处的摩擦，可得到偏心夹紧的自锁条件：

$$\frac{e}{R}\leqslant\tan\varphi_1=\mu_1$$

式中：μ_1——轮周作用点处的摩擦系数。

偏心夹紧机构具有结构简单、操作方便、夹紧迅速等优点，但其夹紧力和夹紧行程小，自锁可靠性差，故一般用于夹紧行程短及切削载荷小而平稳的场合。

4. 定心夹紧机构

定心夹紧机构是定心定位和夹紧结合在一起，动作同时完成的机构。通用夹具中的三爪自定心卡盘、弹簧卡头等就是典型的定心夹紧机构。定心夹紧机构中与定位基面接触的元件既是定位元件又是夹紧元件。定位精度高，夹紧方便、迅速，在夹具中应用广泛。定心夹紧只适合于几何形状完全对称或至少是左右对称的工件。

定心夹紧机构按其工作原理可分为两类。

(1)刚性定心夹紧机构　它是利用定位、夹紧元件的等速移动实现定心夹紧的。这类机构的定位夹紧元件等速移动范围较大，能适应不同定位面尺寸的工件，有较大的通用性。

图 2-45 为螺旋式定心夹紧机构。螺杆 3 两端分别有旋向相反的螺纹，当转动螺杆 3 时，通过左右螺纹带动两个 V 形块 1 和 2 同时移向中心而起定心夹紧作用。螺杆 3 的轴向位置由叉座 7 来决定，左右两调节螺钉 5 通过调节叉座的轴向位置来保证 V 形块 1 和 2 的对中位置正好处在所要求的对称轴线上。调整好后，用固定螺钉 6 固定。紧定螺钉 4 防止螺钉 5 松动。

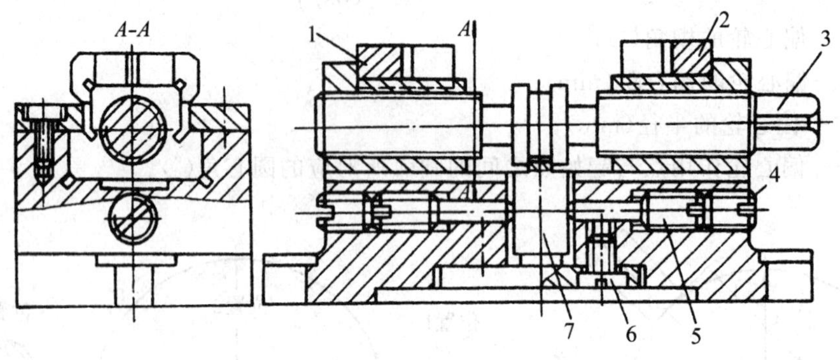

图 2-45　螺旋式定心夹紧机构

1,2—移动 V 形块　3—左、右螺纹的螺杆　4—紧定螺钉　5—调节螺钉　6—固定螺钉　7—叉座

图 2-46 是斜楔滑柱式定心夹紧机构。图中原动力 P 向左拉动拉杆 1，套在拉杆上的带有 3 个斜面的斜楔随之向左移动。沿斜槽成 120°均布的 3 个滑柱 2 便径向均匀张开，实现定心夹紧。

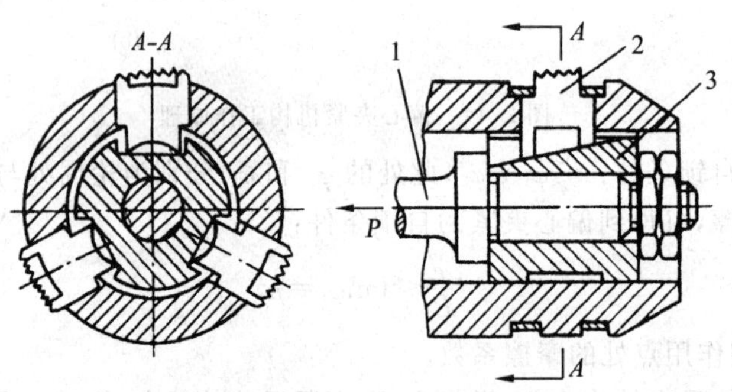

图 2-46　斜楔滑柱式定心夹紧机构

1—拉杆　2—滑柱　3—斜楔

(2)弹性斜定心夹紧机构　它是利用定位、夹紧元件的均匀弹性变形来实现定心夹紧的。这种机构定心精度高，但变形量小，夹紧行程小，只适用于精加工中。根据弹性元件不同，有鼓膜夹具、碟形弹簧夹具、液压塑料薄壁套筒夹具等类型。

图 2-47 为膜片式卡盘。它的主要元件是弹性膜片，这些膜片在自由状态时，其工作尺寸略大于(对夹紧内表面的卡盘是略小于)工件基准面的尺寸。工件装上后，拧动中心的螺栓，使膜片产生弹性变形，实现定心夹紧。

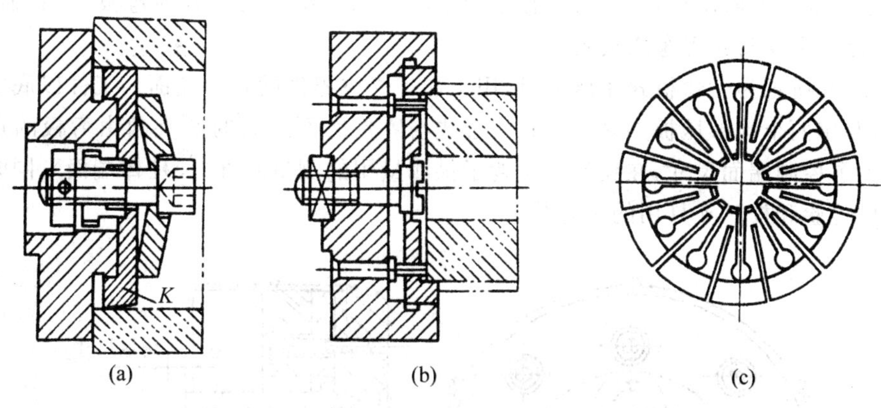

图 2-47　膜片式卡盘

(a)夹紧内表面　(b)夹紧外表面　(c)碗形膜片

图 2-48 是磨床用液性塑料夹紧心轴。液性塑料在常温下是一种半透明的胶状物质，有一定的弹性和流动性。这类夹具的工作原理是利用液性塑料的不可压缩性将压力均匀地传给薄壁弹性件，利用其变形将工件定心并夹紧。在图 2-48 中，工件以内孔和端面定位，工件套在薄壁套筒 5 上，然后拧动螺钉 3，推动柱塞 4，施压于液性塑料 6，液性塑料将压力均匀地传给薄壁套筒 5，使其产生均匀的径向变形，将工件定心夹紧。

液性塑料夹具定心精度高，能保证同轴度在 0.01mm 之内，且结构简单，制造成本低，操作方便，生产率高。但由于薄壁套筒变形量有限，使夹持范围不可能很大，对工件的定位基准精度要求较高，故只能用于精车、磨削及齿轮精加工工序。

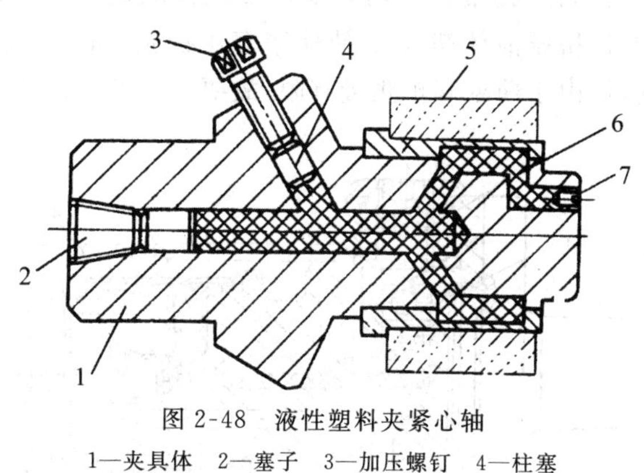

图 2-48　液性塑料夹紧心轴

1—夹具体　2—塞子　3—加压螺钉　4—柱塞

5—薄壁套筒　6—液性塑料　7—螺塞

§2-5　典型机床专用夹具实例

一、车床夹具

1. 车床夹具的类型

在车床上用来加工工件的内外回转面及端面的夹具称为车床夹具。除了顶尖、拨盘、三爪自定心卡盘等通用夹具外,安装在车床主轴上的专用夹具可分为弯板式、心轴式、夹头式、卡盘式和花盘式等车床夹具。

图 2-49 所示为一弯板式车床夹具,用于加工壳体零件的孔和端面。工件以底面及两孔定位,并用两个钩形压板夹紧。镗孔中心线与零件底面之间的 8°夹角由弯板的角度来保证。为了控制端面尺寸,在夹具上设置了供测量用的测量基准(圆柱棒端面),同时设置了一个供检验和校正夹具用的工艺孔。

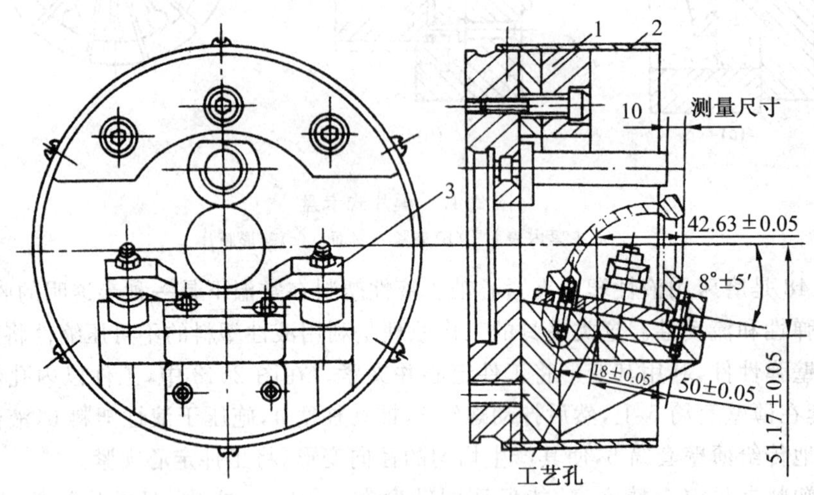

图 2-49　弯板式车床夹具

1—平衡块　2—防护罩　3—钩形压板

图 2-50 所示为一种利用夹紧元件均匀变形实现自动定心夹紧的心轴式车床夹具。转动螺钉 2,推动柱塞 1,挤压液体塑料 3,使薄壁套 4 扩张,将工件定心并夹紧。这种心轴有较好的定心精度,但由于薄壁套扩张量有限,故要求工件定位孔精度在 IT8 以上。

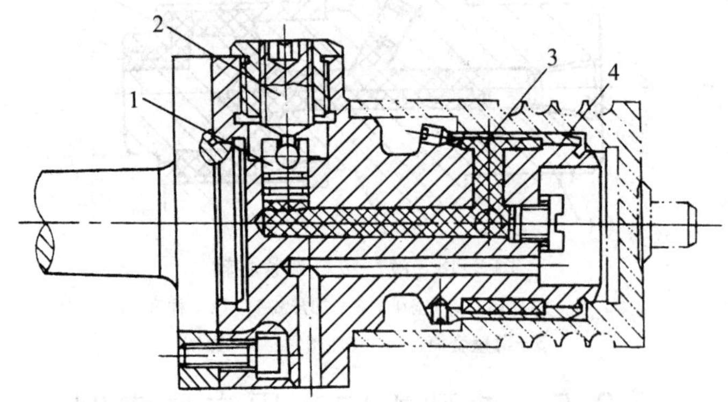

图 2-50　心轴式车床夹具

1—柱塞　2—螺钉　3—液体塑料　4—薄壁套

图 2-51 所示为感应式电磁卡盘式车床夹具。当线圈 1 上通入直流电后,在铁心 4 上产生磁感线,避开隔磁体 3,磁感线通过工件 6 和磁导体 5 形成闭和回路(如图中虚线所示),工件靠磁力吸附在吸盘 2 的盘面上。断电后磁力消失,即可取下工件。

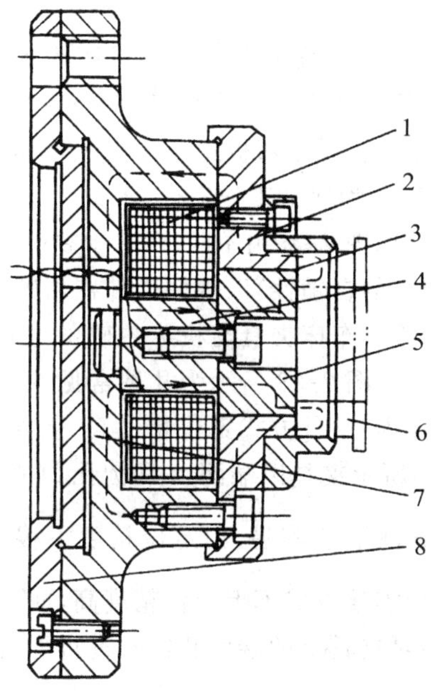

图 2-51　卡盘式车床夹具

1—线圈　2—吸盘　3—隔磁体　4—铁心

5—导磁体　6—工件　7—夹具体　8—过渡盘

图 2-52 所示为加工输油泵两平行孔的车床夹具。工件在夹具中以端面和端面上的两销孔为定位基准，在支承环 2 、圆锥销 4 和菱形销 3 上定位，通过拧紧内六角螺栓 6 使钩形压板 5 夹紧工件。为保证工件中心距尺寸，支承环的中心与夹具体 1 的回转中心有一个偏心距，加工完一个孔后，拔出分度销 7 ，使支承环和工件旋转 180°，插上分度销 7 后，再加工另一个孔，加工完毕后，反转内六角螺栓松开钩形压板，便可取下工件。

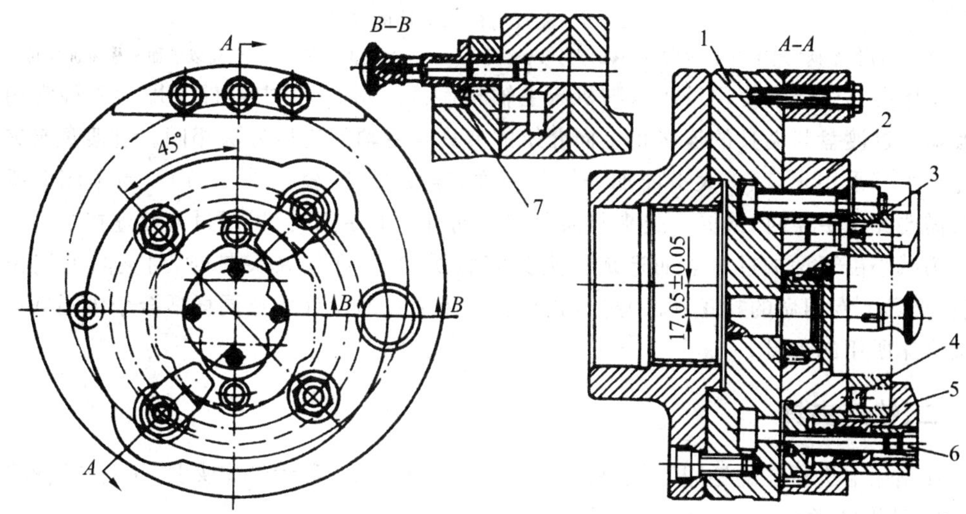

图 2-52　输油泵两平行孔的车床夹具

1—夹具体　2—支承环　3—菱形销　4—圆柱销

5—钩形压板　6—内六角螺栓　7—分度销

2. 车床夹具设计要点

(1)车床夹具总体结构　车床夹具大都安装在机床主轴上，并与主轴一起作回转运动。为保证夹具工作平稳，夹具的结构应尽量紧凑，重心应尽量靠近主轴端，一般要求夹具悬伸长度不大于夹具轮廓外径。对于弯板式车床夹具和偏重的车床夹具，应很好地进行平衡(参考图 2-49 中的件 1)。为保证工作安全，夹具上所有元件或机构不应超出夹具体的外廓，必要时应加防护罩(如图 2-49 中的件 2)。此外，要求车床夹具的夹紧机构要能提供足够的夹紧力，且有较好的自锁性，以确保工件在切削过程中不会松动。

(2)夹具与机床主轴的连接　车床夹具与机床主轴的连接方式取决于主轴轴端的结构以及夹具的体积和精度要求。图 2-53 所示为几种常见的连接方式。在图 2-53(a)中，夹具以长锥柄安装在主轴锥孔内，这种方式定位精度高，但刚性较差，多用于小型车床夹具与主轴的连接。图 2-53(b)所示夹具以端面 A 和圆孔 D 在主轴上定位，孔与主轴轴颈的配合一般取 $\frac{H7}{h6}$，这种连接方法制造容易，但定位精度不很高。图 2-53(c)所示夹具以端面 T 和短锥面 K 定位，这种连接方式不但定位精度高，而且刚性也好。需注意的是，这种定位方法是过定位，一般要对夹具上的端面和锥孔进行配磨加工。

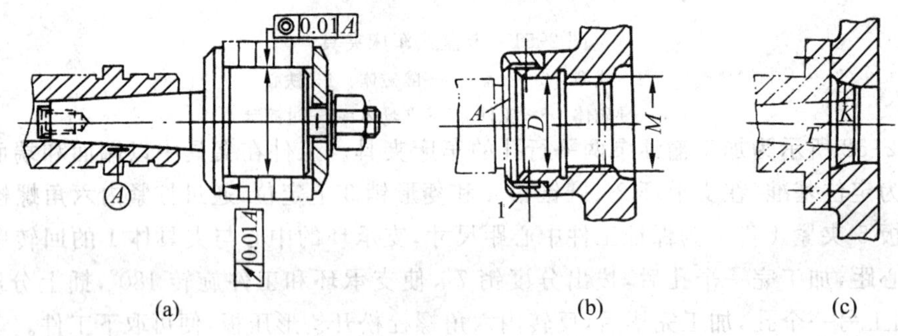

图 2-53　夹具与机床主轴的连接

(a)夹具以长锥柄在主轴锥孔内定位　(b)夹具以端面和圆孔在主轴上定位　(c)夹具以端面和短锥面定位

车床夹具还经常使用过渡盘与机床主轴相连接。图 2-51 中的件 8 即为一种常用的过渡盘。过渡盘与夹具的连接跟上面介绍的夹具与主轴的连接方法相同。过渡盘与夹具的连接大都采用止口(一大平面加一短圆柱面)连接方式(参考图 2-51)。当车床上所用夹具需要经常更换时，或同一类夹具需要在不同机床上使用时，采用过渡盘连接是很方便的。为减小由于增加过渡盘而造成的夹具安装误差，可在安装夹具时，对夹具的定位面(或在夹具上专门做的找正环面)进行找正。车床夹具的设计要点同样适合于内圆磨床和外圆磨床所用的夹具。

二、钻床夹具

在钻床上进行孔的钻、扩、铰、锪及攻螺纹时用的夹具，称为钻床夹具，俗称“钻模”。

1. 钻模的类型

根据结构特点，钻模可分为固定式钻模、翻转式钻模、盖板式钻模和滑柱式钻模等。加工中，相对于工件位置保持不变的钻模称为固定式钻模。这类钻模多用于立式钻床、摇臂钻床和多轴钻床上。图 2-54 所示为一种固定式钻模,该钻模用于加工连杆零件的锁紧孔。

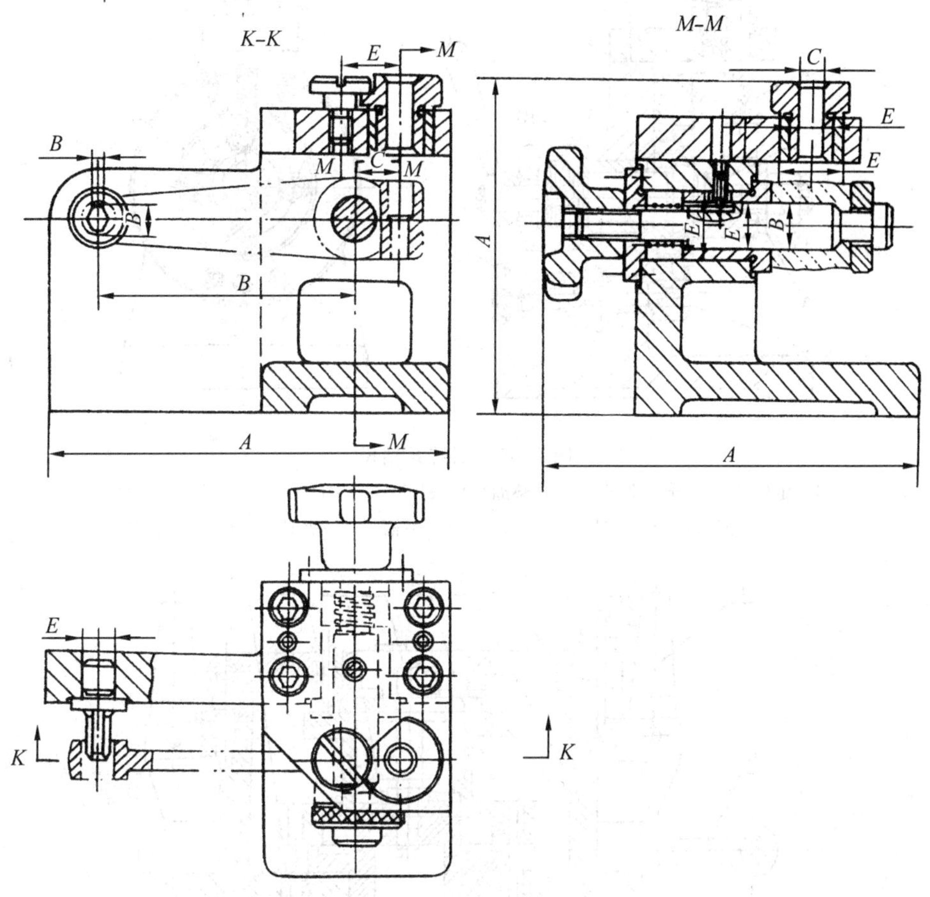

图 2-54　固定式钻模

图 2-55 所示为一种回转式钻模,用来加工扇形工件上 3 个有角度关系的径向孔。拧紧螺母 4,通过开口垫圈 3 将工件夹紧。转动手柄 9 可将分度盘 8 松开。此时用手柄 11 将定位销 1 从定位套 2 中拔出,使分度盘连同工件一起回转 20°,将定位销 1 重新插入定位套 2′或 2″中,即实现了分度。再将手柄 9 转回,将分度盘锁紧,即可进行加工。

图 2-56 所示为一翻转式钻模,用来钻削两端面皆有孔的盘状零件。安装工件时,须将螺母 2 旋松,并向左摆开与其相连接的铰链螺钉,再翻开钻模板 3,工件在定位盘 7 上以孔和端面定位,用螺母 6 和压板 5 夹紧。再将钻模板 3 翻开并夹紧后,即可利用钻套 8 引导刀具钻孔。将钻模翻转 180°后,利用钻套 9 钻另一端面的孔。

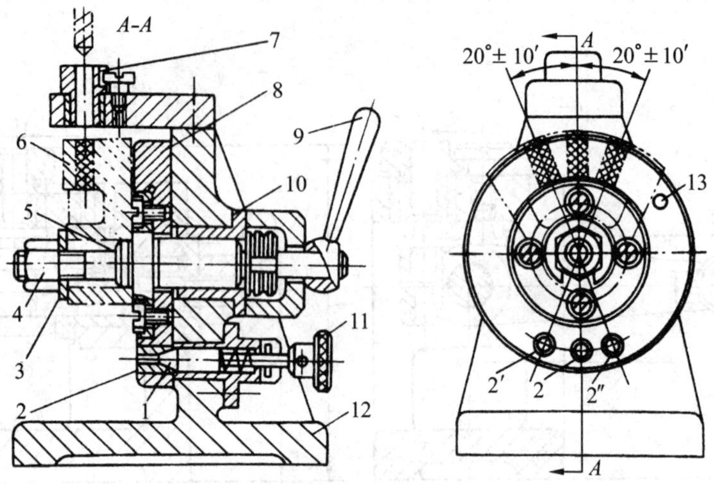

图 2-55　回转式钻模

1—定位销　2—定位套　3—开口垫圈　4—螺母　5—定位销　6—工件　7—钻套　8—分度盘　9—手柄　10—衬套　11—手柄　12—夹具体　13—挡销

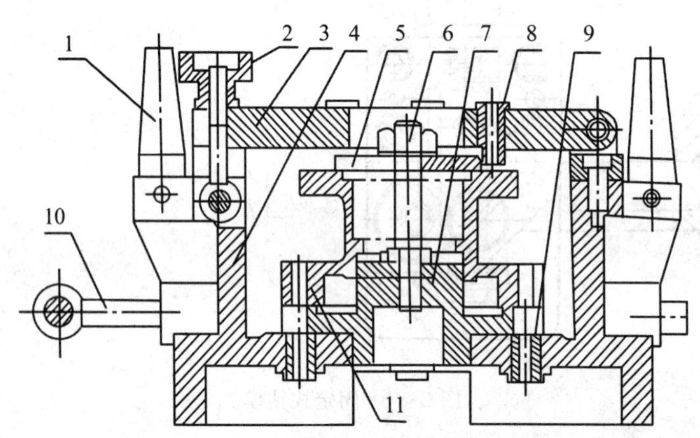

图 2-56　翻转式钻模

1—支脚　2—螺母　3—铰链式钻模板　4—夹具体　5—压板　6—螺母　7—定位盘　8、9—钻套　10—手柄　11—工件

图 2-57 所示为加工车床溜板箱上多个小孔所用的盖板式钻模。它用圆柱销 1 和菱形销 3 在工件的两个孔中定位，并通过 3 个支承钉 4 安放在工件上。盖板式钻模的优点是结构简单，多用于加工大型工件上的小孔。

图 2-58 所示为手动滑柱式钻模结构。钻模板 2 的上下移动以及钻模板与夹具体 3 之间的相对位置，靠滑柱 5，6 引导和确定。钻模板 2 由齿条轴杆 1 带动上下移动。当钻模板 2 下移夹紧工件后，继续转动手柄 7，则可借助斜齿轮齿条啮合产生轴向力使齿轮轴端的圆锥面压在夹具体 3 的锥孔内，依靠圆锥面间的摩擦力而自锁。圆锥面的锥度一般取1∶5。

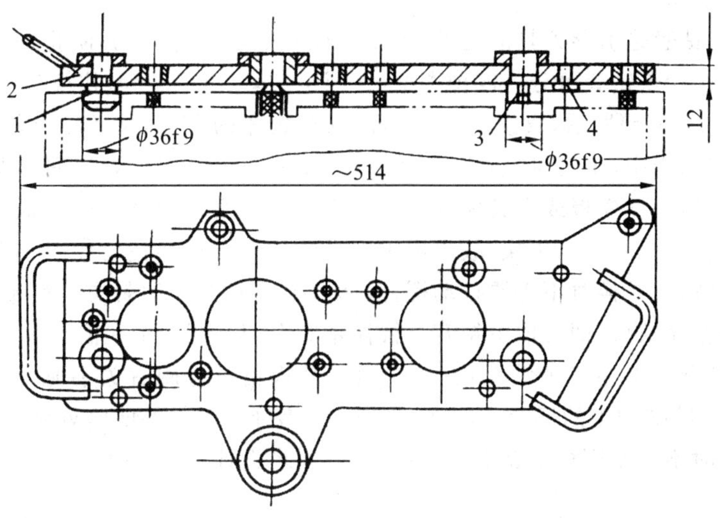

图 2-57　盖板式钻模

1—圆柱销　2—钻模板　3—菱形销　4—支承钉

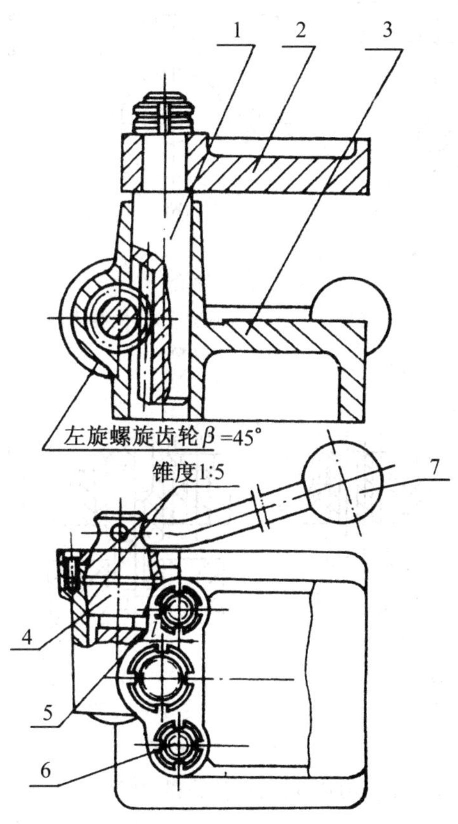

图 2-58　手动滑柱式钻模

1—齿条轴杆　2—钻模板　3—夹具体　4—齿轮轴　5,6—导柱　7—手柄

2. 钻模设计要点

(1)钻套　钻套是引导刀具的元件,用以保证孔的加工位置,并防止加工过程中刀具的偏斜。按结构特点钻套可分为四种类型,即固定钻套、可换钻套、快换钻套和特殊钻套。固定钻套如图 2-59(a)所示,直接压入钻模板或夹具体的孔中,位置精度较高,但磨损后不易拆卸,故多用于中、小批量生产。可换钻套如图 2-59(b)所示,以间隙配合安装在衬套中,而衬套则压入钻模板或夹具体的孔中。为防止钻套在衬套中转动而加一个固定螺钉。可换钻套在磨损后可以更换,故多用于大批量生产。快换钻套如图 2-59(c)所示,具有快速更换的特点,更换时不需要拧动螺钉,而只要将钻套逆时针方向转动一个角度,使螺钉头部对准钻套缺口,即可取下钻套。快换钻套多用于同一个孔需经多个工步(钻、扩、铰等)加工的情况。上述三种钻套均已标准化,其规格可查阅有关手册。特殊钻套如图 2-60 所示,用于特殊加工的场合。例如,在斜面上钻孔,在工件凹陷处钻孔,钻多个小间距孔等等。此时不宜使用标准钻套,可根据特殊要求设计专用钻套。

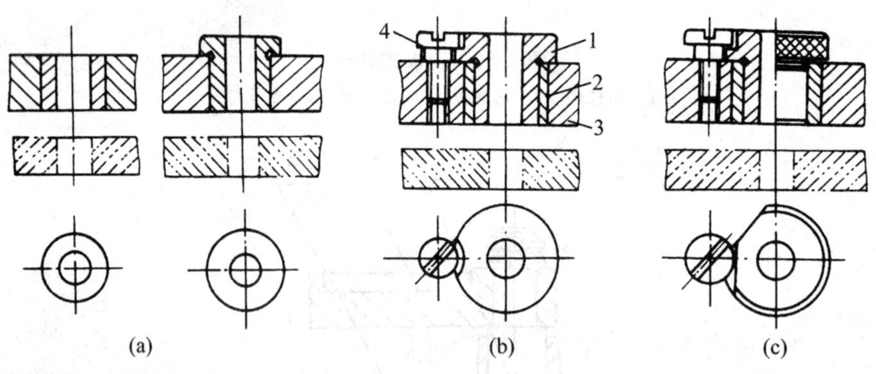

图 2-59　钻套

(a)固定钻套　(b)可换钻套　(c)快换钻套

1—钻套　2—衬套　3—钻模板　4—螺钉

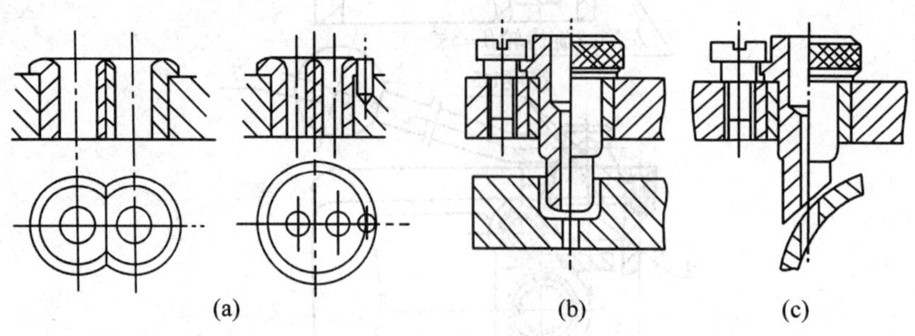

图 2-60　特殊钻套

钻套中引导孔的尺寸及其偏差应根据所引导的刀具尺寸来确定。通常取刀具的最大极限尺寸为引导孔的基本尺寸,孔径公差依加工精度要求来确定。钻孔和扩孔时可取 F7,粗铰时取 G7,精铰时取 G6。若钻套引导的不是刀具的切削部分,而是刀具的导向部分,常取配合为 H7/f7,H7/g6,H6/g5。钻套的高度 H(如图 2-61 所示)直接影响钻套的导向性能，同时影响刀具与钻套之间的摩擦情况。通常取 $H=(1\sim2.5)d$，对于精度要求较高的孔、直径较小的孔和刀具刚性较差时应取较大值。

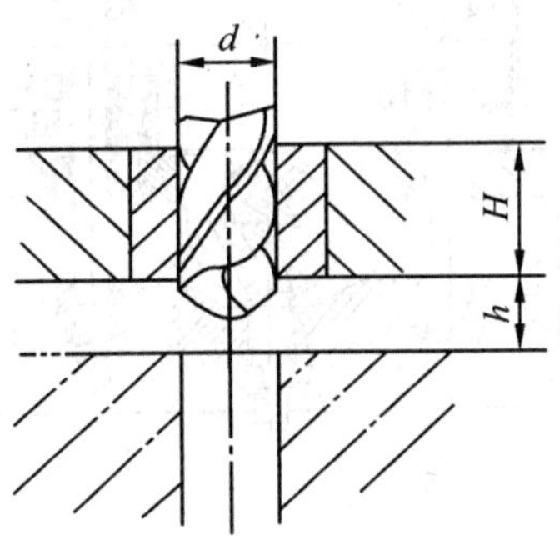

图 2-61　钻套高度与容屑间隙

钻套与工件之间应留有排屑间隙，此间隙不宜过大，以免影响导向作用，一般可取 $h=(0.3\sim1.2)d$。加工铸铁和黄铜等脆性材料时，可取较小值；加工刚等韧性材料时，可取较大值。当孔的位置精度要求很高时，也可以取 $h=0$。

(2)钻模板　钻模板用于安装钻套。钻模板与夹具体的连接方式有固定式、铰链式和分离式等几种。

如图 2-54 所示，钻模使用的固定式钻模板直接固定在夹具体上，结构简单，精度较高。当使用固定钻模板装卸工件有困难时，可采用铰链式钻模板。铰链式钻模板可使钻模板转动，以使工件可以方便地装卸。这种钻模板通过铰链与夹具体相连接，由于铰链处存在间隙，因而精度不高。分离式钻模板是可拆卸的，工件每装卸一次，钻模板也要拆卸一次。与铰链式钻模板一样，它也是为了装卸工件方便而设计的，但在某些情况下，精度比铰链式钻模板要高。

(3)夹具体　钻模的夹具体一般不设定位或导向装置，夹具通过夹具体底面安放在钻床工作台上，可直接用钻套找正并用压板压紧，或在夹具体上设置耳座用螺栓压紧。

三、铣床夹具

铣床夹具主要用于加工零件上的平面、沟槽、成形表面等。

1. 铣床夹具的类型

图 2-62 所示为一种铣键槽夹具。夹具体 1 安装在铣床工作台面上，用定位键 2 嵌在工作台中央 T 形槽内，并用螺钉紧固。用对刀装置 10 及塞尺调整铣刀相对于夹具的位置，使铣刀两端刃的对称面与 V 形槽的对称面重合，且使铣削深度满足铣槽深度要求。安装工件时，只要将工件放在 V 形槽内且将端面顶在支承钉 8 上即可方便地确定工件在夹具中的正确位置。然后搬动手柄 11 通过偏心轮 6、杠杆 5、拉杆 7 带动压板 4 将工件夹紧。工件加工后反向搬动手柄，11 即可松开夹具取下工件。

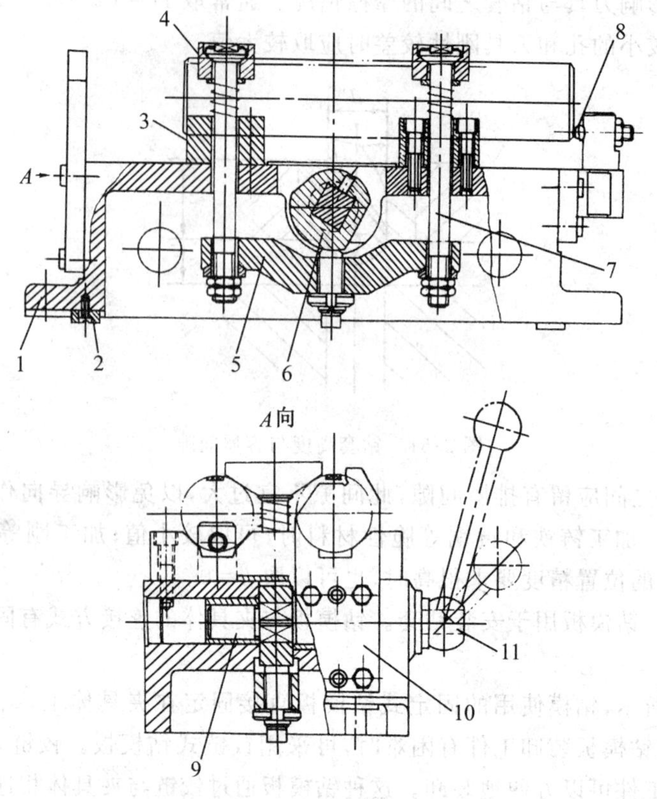

图 2-62 铣键槽夹具

1—夹具体 2—定位键 3—V 形块 4—压板 5—杠杆 6—偏心轮 7—拉杆 8—支承钉 9—轴 10—对刀装置 11—手柄

图 2-63 所示为一种圆周进给式铣床夹具的简图。回转工作台 2 带动工件(拨叉)作圆周连续进给运动,将工件依次送入切削区,当工件离开切削区加工完成。在非切削区内,可将加工好的工件卸下,并装上待加工的工件。这种加工方法使机动时间与辅助时间相重合,从而提高了机床效率。

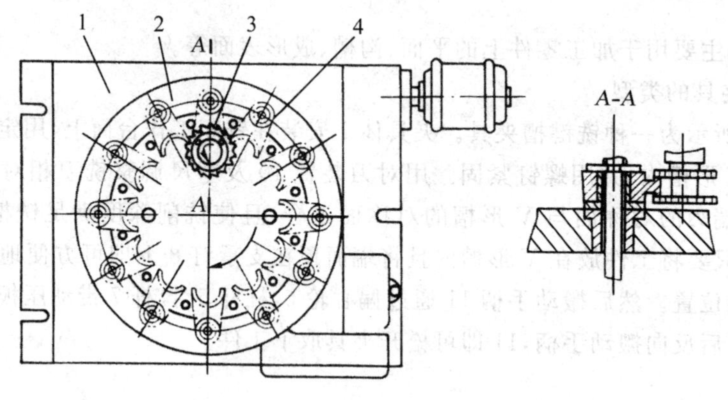

图 2-63 圆周进给式铣床夹具

1—夹具 2—回转工作台 3—铣刀 4—工件

图 2-64 所示为一种在普通立式铣床上用的圆周进给仿形铣夹具。工件 4 与靠模 5 同轴安装在转盘 6 上，转盘 6 连同蜗轮箱 7 可以在底座 9 的燕尾导轨上滑动。滚轮安装在支板 3 上，支板 3 与支架 2 连成一体，并固定在底座 9 上。在弹簧 1 的作用下，可以保证靠模与滚子可靠地接触。加工时转动手轮 10 使转盘 6 转动，同时转盘 6 又随靠模作用而左右移动，从而铣削出与靠模形状相对应的工件轮廓。

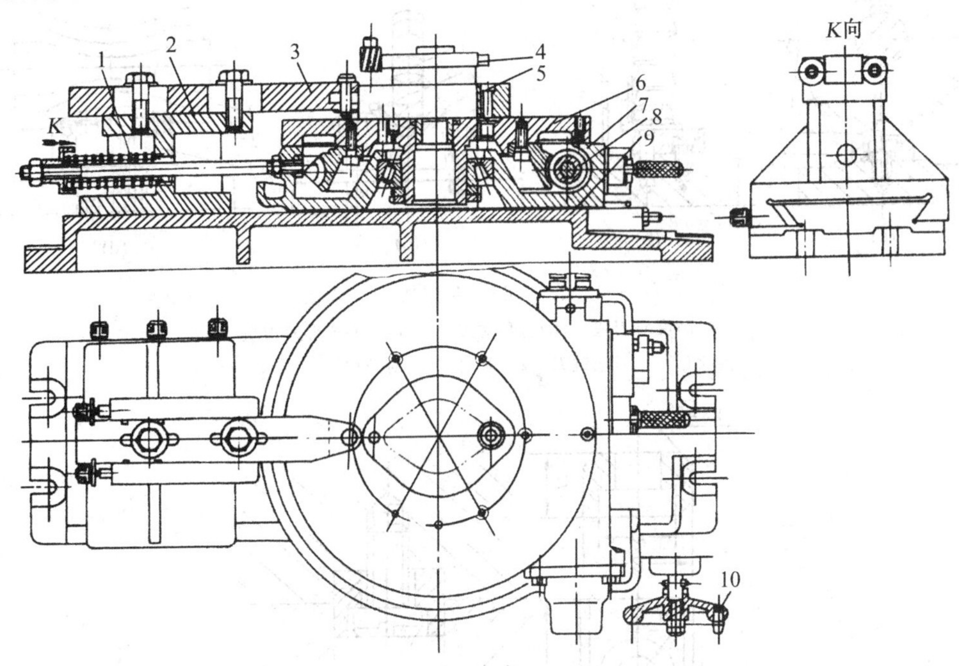

图 2-64　圆周进给仿形铣夹具

1—弹簧　2—支架　3—支板　4—工件　5—靠模　6—转盘
7—蜗轮箱　8—蜗杆　9—底座　10—手轮

2. 铣床夹具设计要点

(1)夹具总体结构　铣削加工的切削力较大，又是断续切削，加工中易引起振动，因此铣床夹具的受力元件要有足够的强度和刚度。夹紧机构所提供的夹紧力应足够大，且要求有较好的自锁性能。为了提高夹具的工作效率，应尽可能采用机动夹紧机构和联动夹紧机构，并在可能的情况下，采用多件夹紧和多件加工。

(2)对刀装置　对刀装置用于确定工件相对于刀具的位置。铣床夹具的对刀装置主要由对刀块和塞尺构成。图 2-65 为几种常用的对刀块。其中，图 2-65(a)为高度对刀块，用于加工平面时对刀；图 2-65(b)为直角对刀块，用于加工键槽或台阶面时对刀；图 2-65(c)和(d)为成形对刀块，用于加工成形表面时对刀。塞尺用于检查刀具与对刀块之间的间隙，以避免刀具与对刀块直接接触。

(3)夹具体　铣床夹具的夹具体要承受较大的切削力，因此要有足够的强度、刚度和稳定性。通常在夹具体上要适当地布置筋板，夹具体的安装面应足够大，且尽可能做成周边接触的形式。铣床夹具通常通过定位键与铣床工作台 T 形槽的配合来确定夹具在机床上的位置。图 2-66 所示为定位键结构及应用情况。定位键与夹具体配合多采用$\frac{H7}{h6}$。

为了提高夹具的安装精度,定位键的下部(与工作台 T 形槽配合部分)可留有余量以便进行修配,或在安装夹具时使定位键一侧与工作台 T 形槽靠紧,以消除间隙的影响。铣床夹具大都在夹具体上设计有耳座,并通过螺栓将夹具牢固地紧固在机床工作台的 T 形槽中。铣床夹具的设计要点同样适用于刨床夹具,其中主要方面也适用于平面磨床夹具。

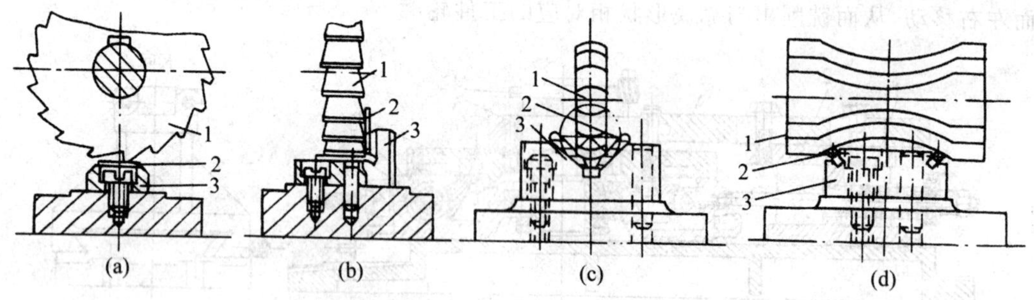

图 2-65　对刀块

(a)高度对刀块　(b)直角对刀块　(c),(d)成形对刀块

1—铣刀　2—塞尺　3—对刀块

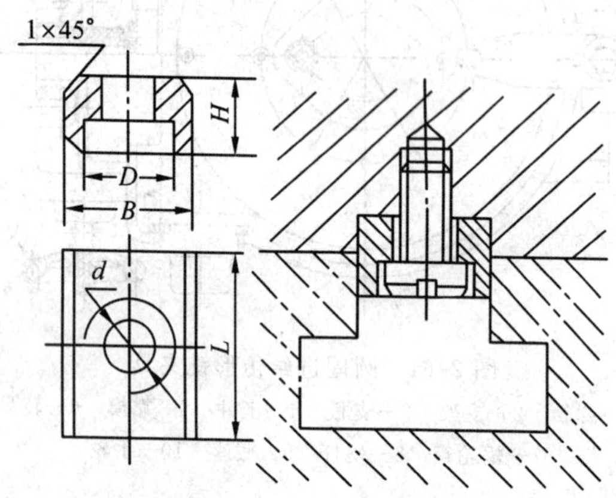

图 2-66　定位键

习　题

2-1　机床夹具的作用是什么？机床夹具应满足哪些要求？机床夹具一般由哪几部分组成？

2-2　什么叫六点定位原则？

2-3　何谓完全定位、不完全定位、欠定位和重复定位？在生产中如何应用和处理？

2-4　图 2-67 所示各定位元件限制了工件哪几个自由度？分别属于哪种定位方式？

z
x
(a)
z
x
(b)
z
R
O
x
H
y
(c)
z
锥度心轴(C =1:5000)
O
y
x
(d)
z
菱形销
O
y
支承钉
z
O
x
支承钉
(e)
z
A
x
y
A–A
F
A
b
B
(f)
z
O
x
O
x
y
(g)

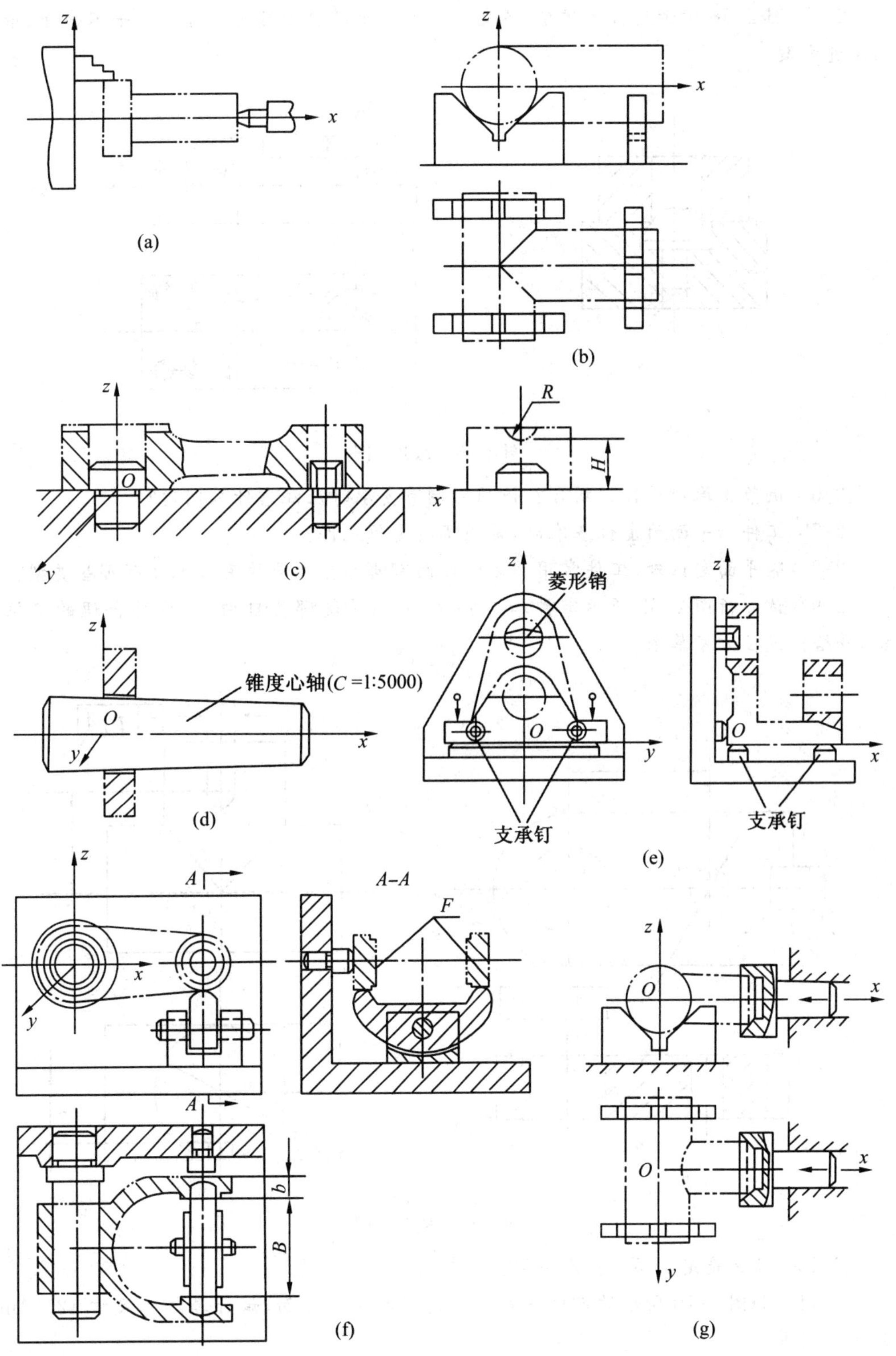

图 2-67　题 2-4 图

2-5　图 2-68 所示定位方案中，各定位元件约束的自由度是否合理？如不合理，请提出改进方案。

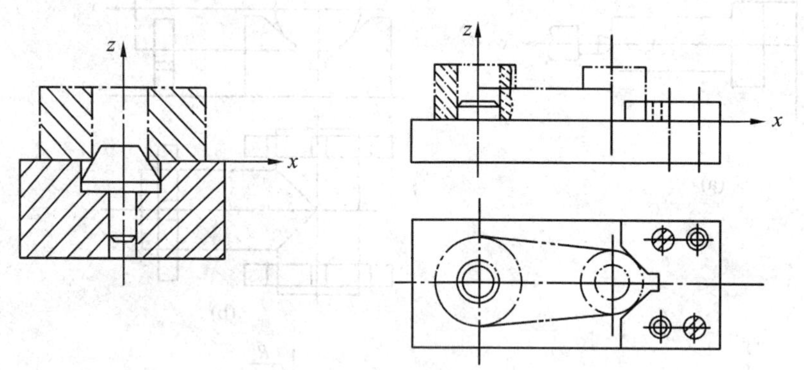

图 2-68　题 2-5 图

2-6　调节支承用于什么场合？使用可调节支承时应注意什么问题？

2-7　工件以平面为定位基准时，常用哪些定位元件？

2-8　除平面定位外，工件常用的定位表面有哪些？相应的定位元件有哪些类型？

2-9　试分析图 2-69 所示零件加工要求，必须限制哪些自由度，设计合理的定位方案，并给出定位方案草图。

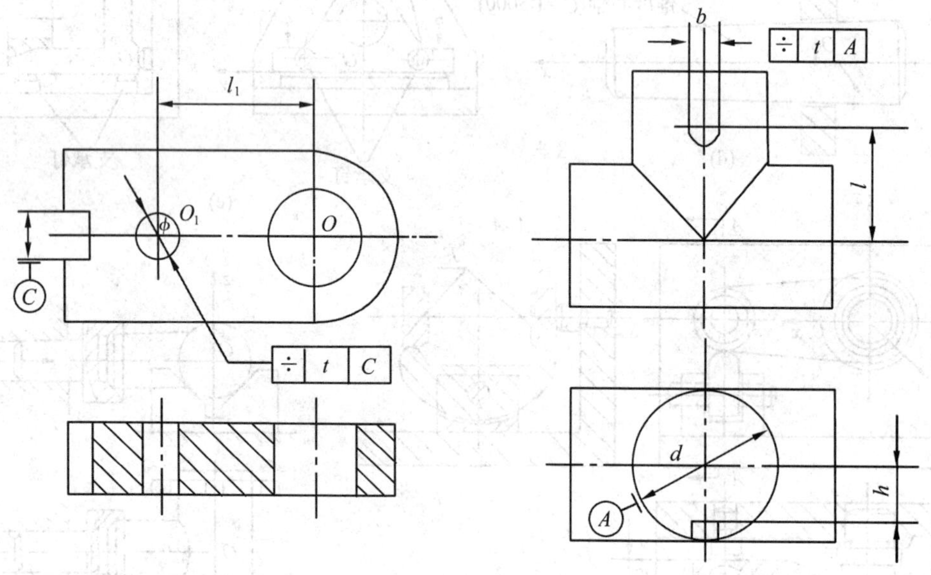

图 2-69　题 2-9 图

2-10　什么是定位误差？定位误差引起的原因有哪些？

2-11　如图 2-70 所示的定位方式铣削连杆的两个侧面，试计算加工尺寸 $12^{+0.3}_{0}$ mm 的定位误差。

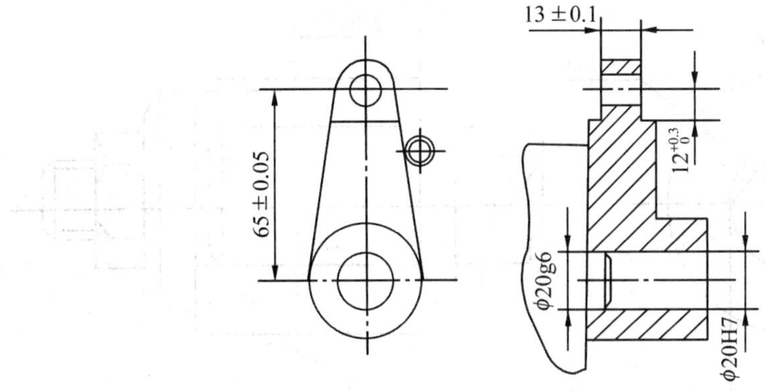

图 2-70 题 2-11 图

2-12 如图 2-71 所示的定位方式在阶梯轴上铣槽，V 形块的夹角 $\alpha=90°$，试计算加工尺寸 74±0.1 的定位误差。

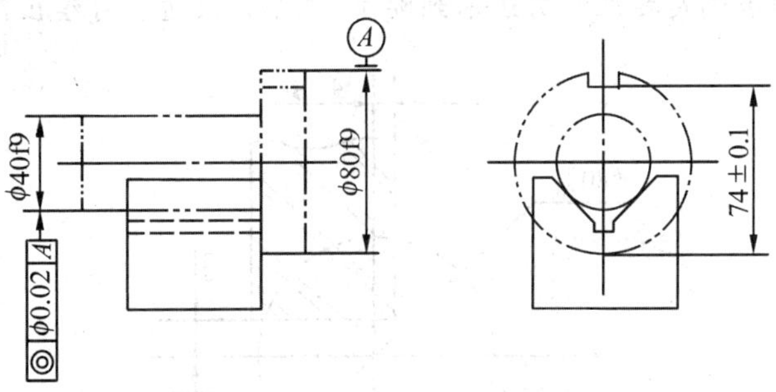

图 2-71 题 2-12 图

2-13 一批工件以圆柱(∅20H7)用心轴(∅20g6)定位，在立式铣床上用顶尖顶住心轴铣槽。定位简图如图 2-72 所示。其∅40h6 外圆、∅20H7 内孔及两端面均已加工合格，而且∅40h6 外圆对∅20H7 内孔轴线的同轴度为 0.02mm。今要保证铣槽的如下主要技术要求：

①槽宽 $b=12\text{H}9(^{\ 0}_{-0.043})$；

②槽距端面尺寸为 $20\text{h}12(^{\ 0}_{-0.21})$；

③槽底位置尺寸为 $34.8\text{h}11(^{\ 0}_{-0.16})$；

④槽两侧面对外圆轴线的对称公差为 0.10mm。

试分析其定位误差对保证各项技术要求的影响。(提示：心轴水平放置，工件与心轴属于单边接触)

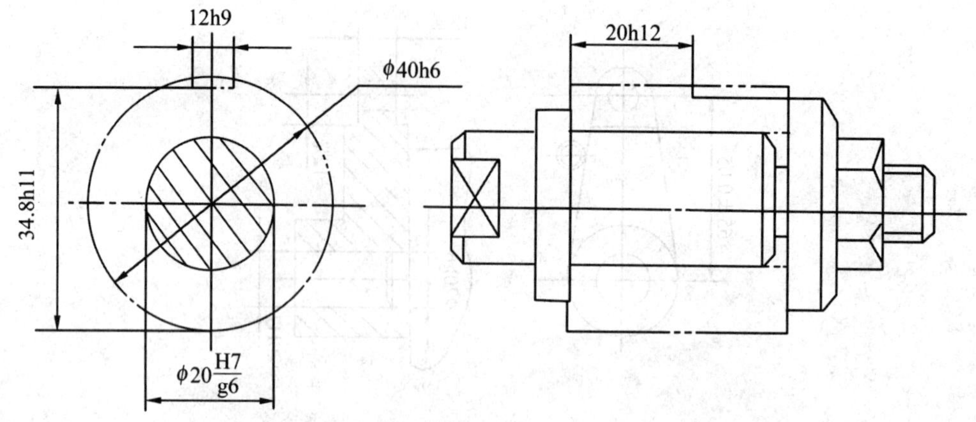

图 2-72　题 2-13 图

2-14　工件定位如图 2-73 所示，若定位误差要求控制在工件尺寸公差的 1/3 内，试分析该定位方案能否满足要求？若达不到要求，应如何改进？可绘出简图表示。

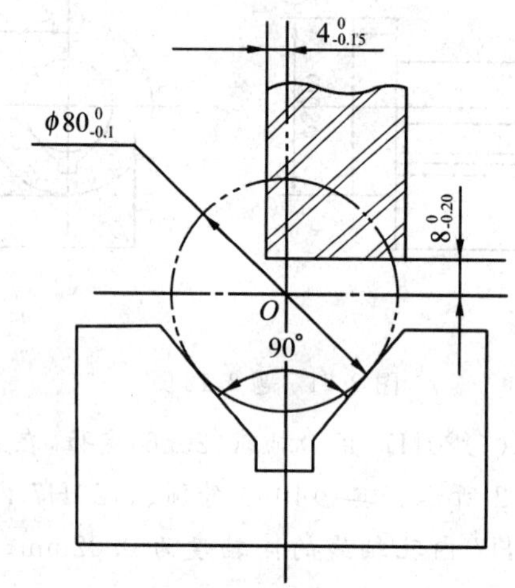

图 2-73　题 2-14 图

2-15　工件在夹具中夹紧的目的是什么？

2-16　常用的夹紧机构有哪些？

2-17　图 2-74 所示各夹紧方案是否合理？若有不合理之处，应如何改进？

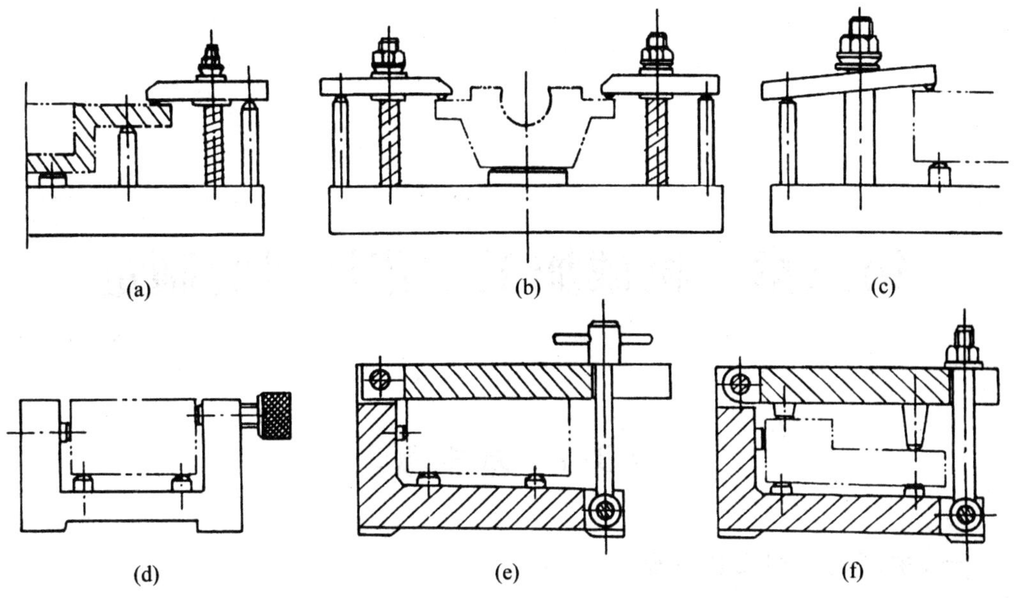

图 2-74　题 2-17 图

2-18　车床夹具有哪几种类型？

2-19　钻模有哪几种类型？各有何特点？

2-20　铣床夹具有哪几种类型？各有何特点？

第三章　机械加工工艺规程的制定

§3-1　基本概念

一、生产过程和工艺过程

机械产品制造时，将原材料或半成品转变为成品的各有关劳动过程的总和，称为生产过程。生产过程可以分为以下几个阶段：

(1)生产技术准备过程　如产品的开发和设计、工艺设计、专用工艺装备的设计和制造、各种生产资料的准备，以及生产组织等方面的准备工作。

(2)毛坯制造过程　如铸造、锻造、冲压、焊接等。

(3)零件的加工过程　如机械加工、冲压、焊接、热处理和表面处理等。

(4)产品的装配过程　包括组装、部装、总装、调试、油漆及包装等。

(5)产品的辅助劳动过程　如原材料、半成品和工具的供应、运输、保管等过程。

由此可见，机械产品的生产过程是一个十分复杂的过程。在这些过程中，改变生产对象的形状、尺寸、相对位置及性质，使其成为成品或半成品的过程称为工艺过程。它是生产过程的主要部分，主要包括铸造、锻压、冲压、焊接、机械加工、热处理等。其中，采用机械加工的方法，直接改变毛坯的形状、尺寸和表面质量等，使其成为合格零件的过程，称为机械加工工艺过程。

二、机械加工工艺过程的组成

机械加工工艺过程是由一个或若干个顺次排列的工序组成的。毛坯依次通过这些工序而变为成品。因此，工序是工艺过程的基本组成部分，也是生产组织和计划的基本单元。而工序又可细分为安装、工位、工步和走刀。

1. 工　序

工序是指一个(或一组)工人，在一个工作地点对同一个(或同时对几个)工件所连续完成的那一部分工艺过程。划分工序的主要依据是工作地(或设备)是否变动及工作是否连续。

工序的内容可繁可简，需根据被加工零件的批量及生产条件而定。如图 3-1 所示的阶梯轴，单件小批生产时，其加工过程的安排如表 3-1 所示；而当大批大量生产时，其加工过程的安排如表 3-2 所示。

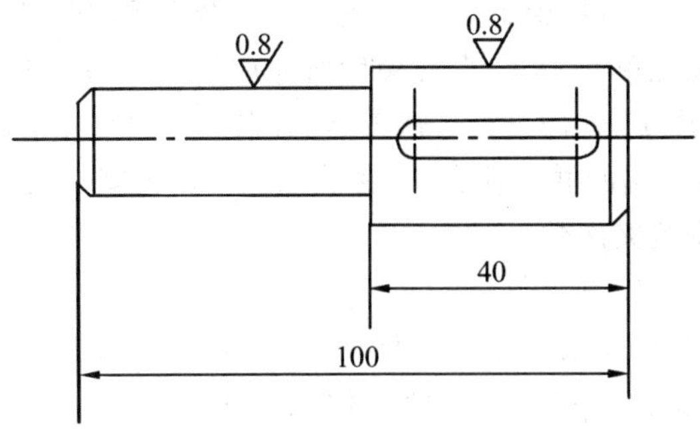

图 3-1　阶梯轴

表 3-1　　**阶梯轴加工工艺过程**（单件小批生产）

工序号	安装	工序内容	工步	工位	设备
5		毛坯锻造			
10	2	车端面，打顶尖孔	1. 车左端面 2. 打左顶尖孔 3. 掉头车右端面 4. 打右顶尖孔	2	车床
15	1	车外圆，倒角	1. 车大端外圆及倒角 2. 调头车小端外圆及倒角	1	车床
20	1	铣键槽 去毛刺	1. 铣键槽 2. 去毛刺	1	铣床
25		检　验			

表 3-2　　**阶梯轴加工过程**（大批大量生产）

工序号	安装	工序内容	工步	工位	设备
5		毛坯锻造			
10	1	铣端面，打顶尖孔	1. 两边同时铣端面 2. 打顶尖孔	2	铣端面打顶尖孔机床
15	1	车大端外圆及倒角	1. 车大端外圆 2. 倒角	2	车床
20	1	车小端外圆及倒角	1. 车小端外圆 2. 倒角	2	车床
25	1	铣键槽	1. 铣键槽	1	铣床
30		去毛刺	1. 去毛刺		
35		检　验			

2. 安　装

工件在加工前，确定其在机床或夹具中所占有正确位置的过程称为定位。工件定位后将其固定，使其在加工过程中保证定位位置不变的操作称为夹紧。这种定位与夹紧的工艺过程，即工件（或装配单元）经一次装夹后所完成的那一部分工序就称为安装。

如表 3-1 所示，工序 10 就需进行 2 次安装：先装夹工件一端，车端面打顶尖孔称为安装 1；再调头装夹，车另一端面并打顶尖孔，称为安装 2。为减少装夹时间和装夹误差，工件在加工中应尽量减少装夹次数。

3. 工　位

为了完成一定的工序部分，减少工件的装夹次数，常采用各种回转工作台、回转夹具，使工件在一次装夹后，完成多个工作位置的加工。工件在机床上所占据的每一个加工位置就称为工位。图 3-2 所示为一种用回转工作台在一次安装中顺利完成装卸工件、钻孔、扩孔和铰孔四个工位的加工。这种加工既节省了时间，又减少了安装误差。

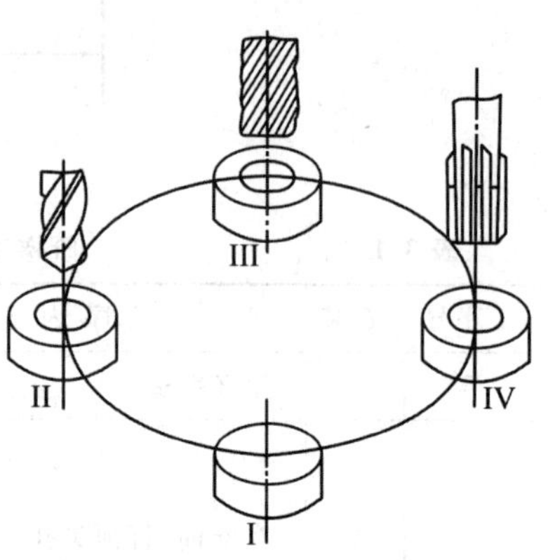

图 3-2　多工位回转工作台

工位Ⅰ—装卸工件　工位Ⅱ—钻孔

工位Ⅲ—扩孔　工位Ⅳ—铰孔

4. 工步与走刀

在一个工序中，往往需要采用不同的刀具和切削用量，对不同的表面进行加工。为便于分析和描述工序的内容，工序还可以进一步划分为工步。工步是指加工表面、加工刀具和切削用量（切削速度与进给量）均不变的情况下，所连续完成的那一部分工序。一个工序可以包括一个工步或者几个工步，如表 3-1 和表 3-2 所示。

为了简化工艺文件，对于那些连续进行的若干个相同工步，通常都看作是一个工步。例如，加工图 3-3 所示的零件，在同一工序中，连续钻四个∅15mm 的孔，就可看作是一个工步——钻四个∅15mm 孔。为了提高效率，用几把刀具同时加工几个表面，也可看作一个工步，称作复合工步，如图 3-4 所示。

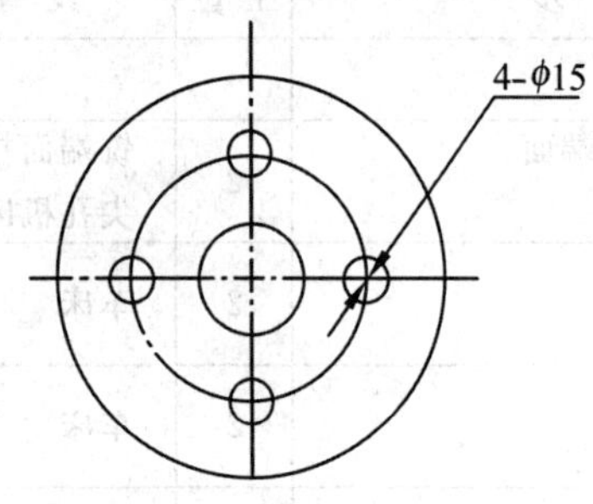

图 3-3　简化相同工步的实例

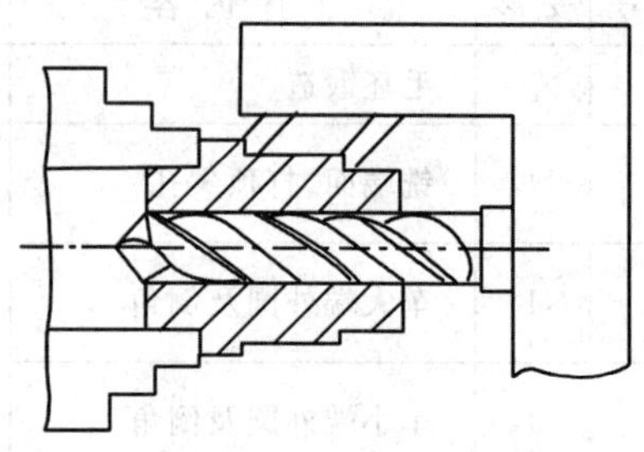
图 3-4　复合工步实例

在一个工步内，若被加工零件表面需切去的金属层很厚，需分几次切削，则每切削一次就是一次走刀。一个工步可包括一次或多次走刀。

三、生产纲领与生产类型

机械制造工艺过程的安排取决于生产类型,而企业的生产类型又是由企业产品的生产纲领决定的。

(一)生产纲领

生产纲领是指企业在计划期内生产的产品产量和进度计划。计划期根据市场的需要而定。计划期经常定为一年,所以生产纲领也称年产量。

零件的生产纲领包括备品和废品的数量。可按下式计算:

$$N=Qn(1+\alpha\%+\beta\%) \tag{3-1}$$

式中:N——零件的年产量(件/年);

Q——产品的年产量(台/年);

n——每台产品中,该零件的数量(件/台);

$\alpha\%$——备品的百分率;

$\beta\%$——废品的百分率。

(二)生产类型

根据生产纲领的大小和产品品种的多少,机械制造业的生产一般可分为单件生产、成批生产和大量生产三种类型。生产类型是企业生产专业化程度的分类。

1. 单件生产

单件生产是指单件地制造一种产品或少数几个,很少重复生产。例如,新产品的试制和专用夹具的制造等都属于单件生产。

2. 成批生产

成批生产是指一次成批地制造相同的产品,每隔一定时间又重复进行生产,即分期、分批地进行生产各种产品。例如,机床、机车和电机的制造等常属于成批生产。

每批所制造的相同产品的数量称为批量。根据批量的大小,成批生产又可分为小批生产、中批生产、大批生产三种类型。在工艺上,小批生产和单件生产相似,常合称为单件小批生产;大批生产和大量生产相似,常合称为大批大量生产。

3. 大量生产

大量生产是指相同产品数量很大,大多数工作地点长期重复地进行某一零件的某一工序的加工。例如,汽车、柴油机、拖拉机、轴承等的制造多属大量生产。

在生产中,一般按照生产纲领的大小选用相应规模的生产类型。而生产纲领和生产类型的关系,又随着零件的大小及复杂程度不同而有所不同,表 3-3 列出了它们之间的关系。

表 3-3　生产纲领和生产类型的关系

生产类型	零件的年生产纲领(件/年)		
	重型零件(30kg 以上)	中型零件(4～30kg)	轻型零件(4kg 以下)
单件生产	<5	<10	<100
小批生产	5～100	10～200	100～500
中批生产	100～300	200～500	500～5000
大批生产	300～1000	500～5000	5000～50000
大量生产	>1000	>5000	>50000

另外，生产类型不同，产品和零件的制造工艺、所用的设备及工艺装备和生产组织的形式也就会不同。各种生产类型的工艺特征见表 3-4。

表 3-4　各种生产类型的工艺特征

工艺特征 \ 生产类型 / 项目	单件小批生产	中批生产	大批大量生产
产品数量	少	中等	大量
加工对象	经常变换	周期性变换	固定不变
机床设备及布置	采用通用设备，按机群式布置	采用通用机床及部分高效专用机床，按零件类别分工段排列	广泛采用高效专用机床，或采用自动生产线，按流水线排列
零件互换性	配对制造，没有互换性，广泛采用钳工修配	大部分有互换性，少部分修配	全部互换，某些高精度配合件可分组选配和配制，不需钳工修配
毛坯制造及加工余量	木模手工造型或自由锻，毛坯精度低、加工余量大	部分用金属模或锻模，毛坯精度或加工余量中等	广泛采用金属模机器造型、锻模或其他高效方法，毛坯精度高、加工余量小
安装方法	划线找正	部分划线找正	不需划线找正
夹具	多用标准附件，很少采用专用夹具，由划线试切保证尺寸	广泛采用专用夹具和特种工具，部分靠划线保证尺寸	广泛采用高效夹具和特种工具，靠夹具及定程法保证尺寸
刀具与量具	采用通用刀具与万能量具	较多采用专用刀具与专用量具	广泛采用高效率专用刀具与量具
对工人技术要求	高	中等	一般
工艺文件	有简单的工艺过程卡	有工艺规程	有详细的工艺规程
生产率	低	中	高
成本	高	中	低

§3-2　机械加工工艺规程的编制

一、工艺规程的内容、作用与格式

1. 工艺规程的内容

机械加工工艺规程是规定产品或零部件制造工艺过程和操作方法等的工艺文件，用以指导工人操作、组织生产和实施工艺管理。它一般包括下列内容：毛坯类型和材料定额；工件的加工工艺路线；所经过的车间和工段；各工序的内容要求及采用的机床和工艺装备；工件质量的检验项目及检验方法；切削用量；工时定额及工人技术等级等。

2. 工艺规程的作用

工艺规程主要有以下几方面的作用：

(1)工艺规程是指导生产的主要技术文件

合理的工艺规程是在总结广大技术人员和工人实践经验的基础上，依据工艺理论和必要的工艺试验而制定的。它体现了一个企业或部门的智慧。生产中有了这种工艺规程，就有利于稳定生产秩序，保证产品质量，便于计划和组织生产，充分发挥设备的利用率。实践证明，不按照科学的工艺进行生产，往往会引起产品质量的明显下降，生产效率的显著降低，甚至使生产陷入混乱状态。但是，也应注意及时地吸收国内外先进技术，对现行工艺不断改进和完善，以便更好地指导生产。

(2)工艺规程是生产组织和管理工作的基本依据

由工艺规程所涉及的内容可以看出，在生产管理中，产品投产前原材料及毛坯的供应、通用工艺装备的准备、机械负荷的调整、专用工艺装备的设计和制造、作业计划的编排、操作工人的组织以及生产成本的核算等，都是以工艺规程作为基本依据的。在设计新厂或扩建、改建旧厂时，更需要有产品的全套的工艺规程作为决定设备、人员、车间面积和投资额等的原始资料。

3. 工艺规程的格式

将工艺规程的内容填入一定格式的卡片，即成为工艺文件。工艺文件一般有三种：

(1)机械加工工艺过程卡片　机械加工工艺过程卡片主要列出了整个零件加工所经过的工艺路线，包括毛坯制造、机械加工和热处理等。它是制定其他工艺文件的基础，也是生产技术准备、编制作业计划和组织生产的依据。

在这种卡片中，一般工序的说明不够详细，故一般不能直接指导工人操作，而多作为生产管理使用。在单件小批量生产中，通常不编制其他详细的工艺文件，而是以这种卡片指导生产，这时应编制得详细些。工艺过程综合卡片的格式见表3-5。

(2)机械加工工艺卡片　机械加工工艺卡片是以工序为单位详细说明整个工艺过程的工艺文件，用以指导生产活动的进行。广泛用于中、小批量生产。

这种卡片的内容包括零件的材料、重量、毛坯的制造方法、各个工序的具体内容及加工要达到的精度和表面粗糙度等。机械加工工艺卡片的格式见表3-6 。

表 3-5 **机械加工工艺过程卡片**

工厂	机械加工工艺过程卡片	产品型号		零(部)件图号		共 页
		产品名称		零(部)件名称		第 页
材料牌号		毛坯种类		毛坯外形尺寸		每毛坯件数		每台件数		备注	

工序号	工序名称	工序内容	车间	工段	设备	工艺装备	工时	
							准终	单件

										编制(日期)	审核(日期)	会签(日期)		
标记	处记	更改文件号	签字	日期	标记	处记	更改文件号	签字	日期					

表 3-6 **机械加工工艺卡片**

工厂	机械加工工艺卡片	产品型号		零(部)件图号		共 页
		产品名称		零(部)件名称		第 页
材料牌号		毛坯种类		毛坯外形尺寸		每毛坯件数		每台件数		备注	

工序	装夹	工步	工序内容	同时加工零件数	切削用量				设备名称及编号	工艺装备名称及编号			技术等级	工时定额(min)	
					背吃刀量(mm)	切削速度(m/min)	每分钟转数或往复次数	进给量(mm/r或mm/双行程)		夹具	刀具	量具		单件	准终

										编制(日期)	审核(日期)	会签(日期)		
标记	处记	更改文件号	签字	日期	标记	处记	更改文件号	签字	日期					

(3)机械加工工序卡片　机械加工工序卡片则更详细地说明零件的各个工序应如何进行加工的。它是以工艺卡片为依据,对每一个工序分别进行编制,列出详细的生产工

步，绘制工序图。它用于大批量生产的现场操作，生产行动直接根据工序卡片进行。机械加工工序卡片的格式见表 3-7。

表 3-7　　机械加工工序卡片

<table>
<tr><td rowspan="2">工 厂</td><td rowspan="2" colspan="3">机械加工工艺过程卡片</td><td>产品型号</td><td></td><td>零(部)件图号</td><td colspan="2"></td><td colspan="2">共 页</td></tr>
<tr><td>产品名称</td><td></td><td>零(部)件名称</td><td colspan="2"></td><td colspan="2">第 页</td></tr>
<tr><td>材料牌号</td><td></td><td>毛坯种类</td><td></td><td>毛坯外形尺寸</td><td></td><td>每毛坯件数</td><td></td><td>每台件数</td><td>备注</td><td></td></tr>
<tr><td rowspan="11" colspan="3">(工序图)</td><td>车 间</td><td>工序号</td><td colspan="2">工序名称</td><td colspan="2">材料牌号</td><td colspan="2" rowspan="6"></td></tr>
<tr><td></td><td></td><td colspan="2"></td><td colspan="2"></td></tr>
<tr><td>毛坯种类</td><td>毛坯外形尺寸</td><td colspan="2">每坯件数</td><td colspan="2">每台件数</td></tr>
<tr><td></td><td></td><td colspan="2"></td><td colspan="2"></td></tr>
<tr><td>设备名称</td><td>设备型号</td><td colspan="2">设备编号</td><td colspan="2">同时加工件数</td></tr>
<tr><td></td><td></td><td colspan="2"></td><td colspan="2"></td></tr>
<tr><td colspan="2">夹具编号</td><td colspan="4">夹具名称</td><td colspan="2">冷却液</td></tr>
<tr><td colspan="2" rowspan="4"></td><td colspan="4" rowspan="4"></td><td colspan="2"></td></tr>
<tr><td colspan="2">工序工时</td></tr>
<tr><td>准终</td><td>单件</td></tr>
<tr><td></td><td></td></tr>
<tr><td rowspan="2">工步号</td><td rowspan="2">工步内容</td><td rowspan="2">工艺装备</td><td rowspan="2">主轴转速 (r/min)</td><td rowspan="2">切削速度 (m/min)</td><td rowspan="2">进给量 (mm/r)</td><td rowspan="2">背吃刀量 (mm)</td><td rowspan="2">走刀次数</td><td colspan="2">工时定额</td></tr>
<tr><td>机动</td><td>辅助</td></tr>
<tr><td></td><td></td><td></td><td></td><td></td><td></td><td></td><td></td><td></td><td></td></tr>
</table>

<table>
<tr><td></td><td></td><td></td><td></td><td></td><td></td><td></td><td></td><td></td><td></td><td rowspan="2">编制(日期)</td><td rowspan="2">审核(日期)</td><td rowspan="2">会签(日期)</td><td rowspan="2"></td><td rowspan="2"></td></tr>
<tr><td></td><td></td><td></td><td></td><td></td><td></td><td></td><td></td><td></td><td></td></tr>
<tr><td>标记</td><td>处记</td><td>更改文件号</td><td>签字</td><td>日期</td><td>标记</td><td>处记</td><td>更改文件号</td><td>签字</td><td>日期</td><td></td><td></td><td></td><td></td><td></td></tr>
</table>

二、制定工艺规程的原则、原始资料及步骤

(一) 制定工艺规程的原则

制定工艺规程的原则是：在一定的生产条件下，以最少的劳动消耗、最低的费用和按规定的速度、最可靠地加工出符合图样要求的零件，同时应注意以下问题：

(1)技术上的先进性　在制定工艺规程时，要充分利用现有设备，挖掘企业潜力，并要

了解国内外本行业工艺技术的发展水平，通过必要的工艺试验，积极采用适用的先进工艺和工艺装备。

(2)经济上的合理性　在一定的生产条件下，可能会有几种工艺方案，应通过反复比较，选择经济上最合理的方案，使产品的能源、原材料消耗和成本最低。

(3)有良好的劳动条件　在制定工艺规程时，要注意保证工人在操作时有良好和安全的劳动条件；在制定工艺方案时，要注意采取机械化或自动化的措施，将工人从一些繁重的体力劳动中解放出来。

(二)需要的原始资料

在制定工艺规程时，一般应具备下列原始资料：

(1)产品的装配图和零件图。

(2)产品验收的质量标准。

(3)产品的生产纲领。

(4)毛坯资料。工艺人员要了解毛坯车间的生产能力与技术水平，各种型材的品种规格，并对毛坯提出制造要求。

(5)现场设备和工艺装备。为了使制定的工艺规程切实可行，一定要考虑现场的生产条件。要深入生产实际，了解毛坯的生产能力及技术水平，车间设备和工艺装备的规格及性能，工人的技术水平，专用设备及工艺装备的制造能力等。

(6)国内外生产技术的发展情况。结合本厂的实际情况进行推广，以便制定出先进的工艺规程。

(7)有关的工艺手册及图册。

(三)制定工艺规程的步骤

编制工艺规程可按下述步骤进行：

1. 分析研究产品的装配图和零件图。

2. 按零件批量大小确定生产类型。

3. 确定毛坯的种类和尺寸，画出毛坯的草图，作出材料预算。

4. 拟定工艺路线。这是制定工艺规程关键的一步，一般先提出几个方案，然后进行对比分析。

5. 确定各工序的加工余量，计算工序尺寸和公差。

6. 确定各工序的设备、刀具、夹具、量具和辅助工具。

7. 确定切削用量和工时定额。

8. 确定各主要工序的技术要求及检验方法。

9. 填写工艺文件。

§3-3　零件的结构工艺性分析及毛坯的选择

零件图是制造零件的主要技术依据，在设计工艺路线之前，首先需要仔细进行工艺分析，着重了解零件的结构特征和主要技术要求。为了准确了解零件的功用、工作条件以及相关零件间的配合关系，还应研究零件所在产品的总装图、部件装配图及验收标准。

一、零件的结构工艺性分析

由于使用场合及使用要求不同，机械零件的形状结构、几何尺寸和技术要求千差万别，具有不同的特点。但从几何角度观察不难发现，各种零件都是由一些基本面和特形面构成的，如平面、内外圆表面、圆锥面、螺旋面、渐开线齿形面等。因此，应从形体分析入手弄清零件的结构，确定构成零件的表面类型。表面类型是选择加工方法的基本依据，如平面可用铣削、磨削加工出来，内孔表面可通过钻、扩、铰、镗和磨削等方法获得。

此外，各种类型表面的不同组合，形成零件各自的结构特点。如以内外圆表面为主，既可组成轴、盘类零件，也可组成套、环类零件；对轴而言，既可以是粗轴也可以是细长轴，而零件的结构特点不同，其加工工艺将有很大差别。

同样，功能作用完全相同而结构上却不相同的两个零件，它们的加工方法与制造成本往往也有很大差异。因此，在研究零件的结构时，还要注意审查零件的结构工艺性。零件的结构工艺性，是指零件在满足使用要求的前提下制造的可行性和经济性。零件的结构工艺性较好，则可提高生产率，降低制造成本。

表 3-8 列出了零件加工工艺性对比的一些实例。表中 A 栏表示工艺性不好的结构，B 栏表示工艺性好的结构。如在结构工艺性分析中发现问题，工艺人员可提出修改意见。

表 3-8　　**零件机械加工结构工艺性实例**

	A. 工艺性不好的结构	B. 工艺性好的结构	说　明
1	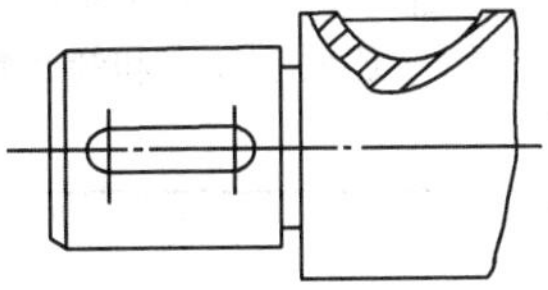	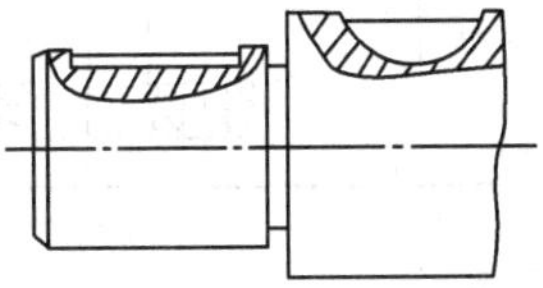	A 图的轴因两键槽方向不一，加工时要两次装夹，改为 B 图只需装夹一次
2	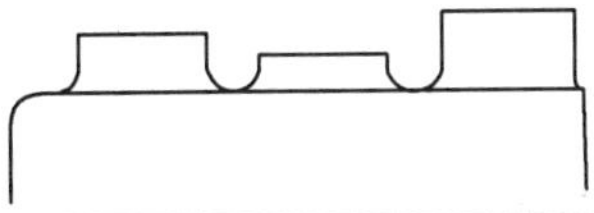	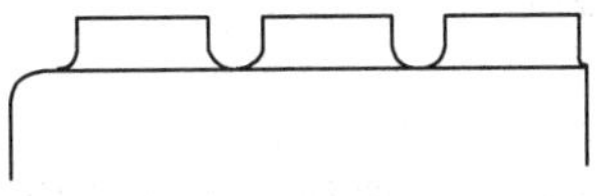	A 图结构表面高低不平，不易加工，采用 B 图结构的形式一次走刀即可加工完毕
3	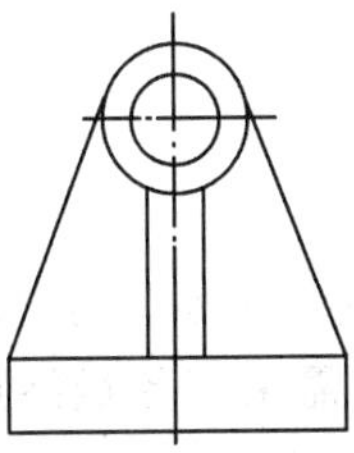	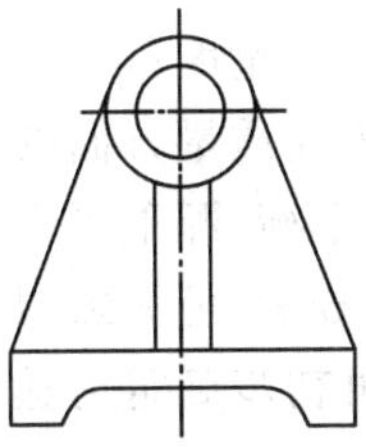	A 图结构底面太大，加工不方便，改为 B 图则容易加工(底面为装配基准，要求平直)

(续表)

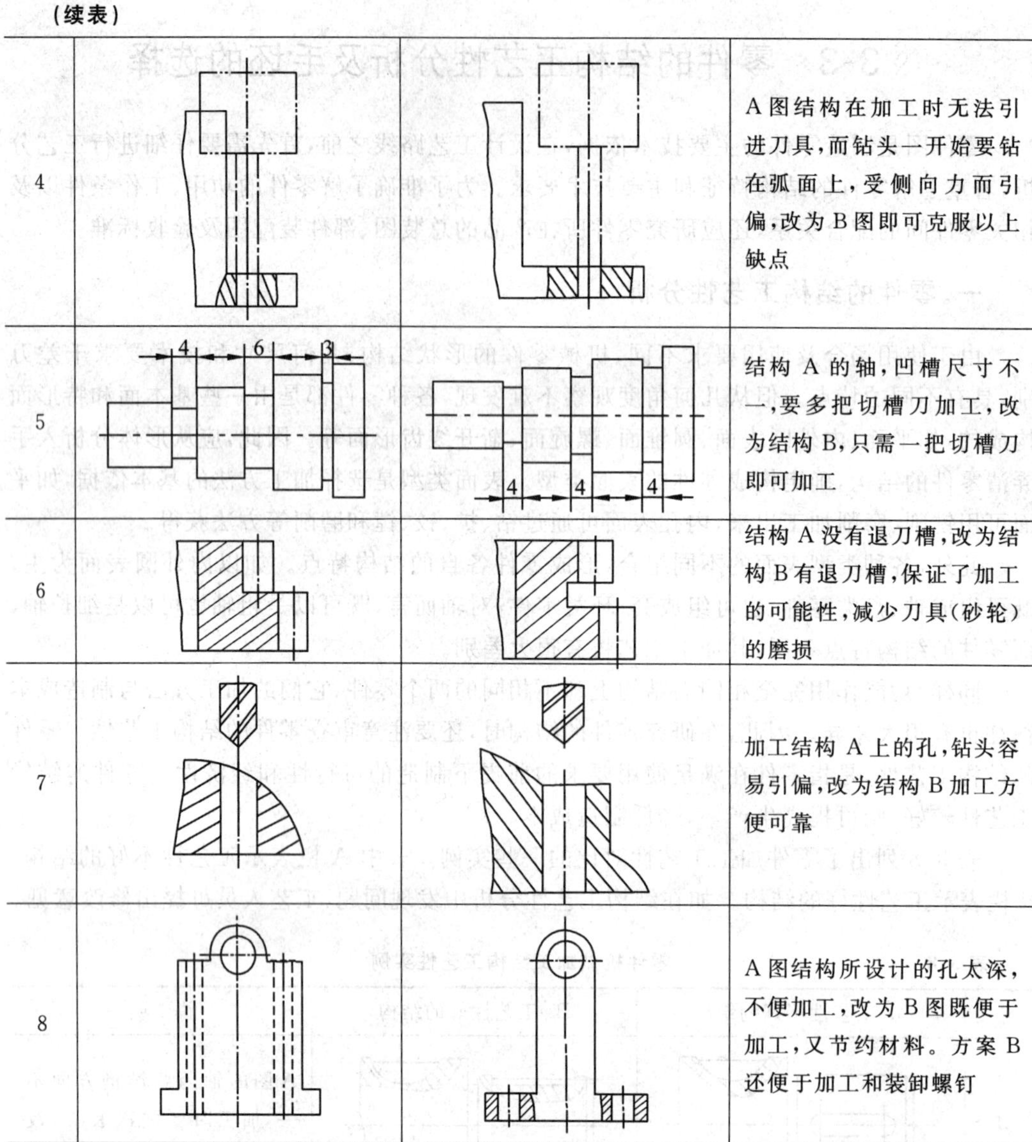

4			A图结构在加工时无法引进刀具,而钻头一开始要钻在弧面上,受侧向力而引偏,改为B图即可克服以上缺点
5			结构A的轴,凹槽尺寸不一,要多把切槽刀加工,改为结构B,只需一把切槽刀即可加工
6			结构A没有退刀槽,改为结构B有退刀槽,保证了加工的可能性,减少刀具(砂轮)的磨损
7			加工结构A上的孔,钻头容易引偏,改为结构B加工方便可靠
8			A图结构所设计的孔太深,不便加工,改为B图既便于加工,又节约材料。方案B还便于加工和装卸螺钉

二、零件的技术要求分析

零件的技术要求包括以下几方面:

(1)各加工表面的尺寸精度和主要加工表面的形状精度;

(2)主要加工表面间的相互位置精度;

(3)各表面的表面粗糙度及表面质量方面的要求;

(4)热处理及其他要求,如动平衡、配重等。

通过对零件的主要技术要求分析,可大致拟订其加工方案。例如,根据零件主要表面的加工精度和表面粗糙度要求,可初步确定为达到这些要求,需采用的最终加工方法,并由此推知相应的中间工序及粗加工工序应采用的加工方法;根据主要表面的形状尺寸和相互位置精度，可确定各加工表面的加工顺序；另外，零件的热处理要求，则对加工方法、加工余量的确定有很大的影响。

三、毛坯的选择

在制定工艺规程时，正确地选择毛坯有重大的经济意义。毛坯的种类和质量的选择，不仅影响着毛坯本身的制造工艺、设备及费用，而且对零件的加工方案、加工质量、材料消耗、生产率以及生产成本也有很大的影响。要正确选择毛坯的类型，必须首先了解毛坯的种类及其特点。

(一)毛坯的类型及特点

机械加工中常见的零件毛坯类型有铸件、锻件、型材及型材焊接件四种。

(1)铸件　常用作形状比较复杂的零件毛坯。它是由砂型铸造、金属模铸造、压力铸造、离心铸造、精密铸造等方法获得的。

(2)锻件　有自由锻造件和模锻件两种。自由锻造件的加工余量大，锻件精度低，生产率不高，适用于单件和小批生产，以及大型零件毛坯。模锻件的加工余量较小，锻件精度高，生产率高，适用于产量较大的中小型零件毛坯。

(3)型材　有热轧和冷拉两类。热轧型材尺寸较大，精度较低，多用于一般零件毛坯；冷拉型材尺寸较小，精度较高，多用于对毛坯精度要求较高的中小型零件。

(4)型材焊接件　型材焊接件是根据需要将型材和钢板焊接成零件毛坯。对于大型工件来说，焊接件简单方便，特别是单件和小批生产可以大大缩短生产周期，但是焊接的零件变形较大，需要经过时效处理后才能进行机械加工。

(二)毛坯选择的原则

在进行毛坯选择时，应考虑的因素为：

(1)零件对材料的要求　当零件的材料选定后，毛坯的类型也大致确定了。例如，铸铁或青铜材料，可选择铸造毛坯；钢材且力学性能要求高时，可选锻件。

(2)生产纲领的大小　它在很大程度上决定采用某种毛坯制造方法的经济性。当零件的产量大时，应选精度和生产率都比较高的毛坯制造方法。虽然一次性的投资较高，但均分到每个毛坯的成本中就较少。零件的产量较少时，应选择精度和生产率较低的毛坯制造方法。

(3)零件结构形状和尺寸大小　形状复杂的毛坯，常用铸造方法；薄壁的零件，一般不能采用砂型铸造；尺寸较大的毛坯，往往不能采用模锻、压铸和精铸，常采用砂型铸造。台阶直径相差不大的钢质轴类零件，可直接选用圆棒料；台阶直径相差较大，则宜用锻件。

(4)现有生产条件　选择毛坯时，还要考虑现场毛坯制造的实际工艺水平、设备状况以及对外协作的可能性。有条件的话，应组织地区专业化生产，统一供应毛坯。

§3-4　定位基准的选择

制定机械加工工艺规程时，正确选择定位基准对保证零件表面的尺寸、位置精度以及加工顺序的安排、余量的合理分配均有很大影响。用夹具装夹时，定位基准的选择还会影响到夹具结构的复杂程度。因此，定位基准的选择是一个十分重要的工艺问题。

一、基准的概念与分类

基准是用来确定生产对象上几何要素间的几何关系所依据的那些点、线、面。根据作用的不同，基准可分为设计基准和工艺基准两大类。

1. 设计基准

设计基准是设计图样上所采用的基准。这是设计人员从零件的工作条件、性能、要求出发，适当考虑加工工艺性而选定的。对于图 3-5 所示的轴套零件，端面 B 和 C 的位置是根据端面 A 而确定的，所以端面 A 就是端面 B 和 C 的设计基准；外圆 ∅30h6 的设计基准是内孔轴线 D。

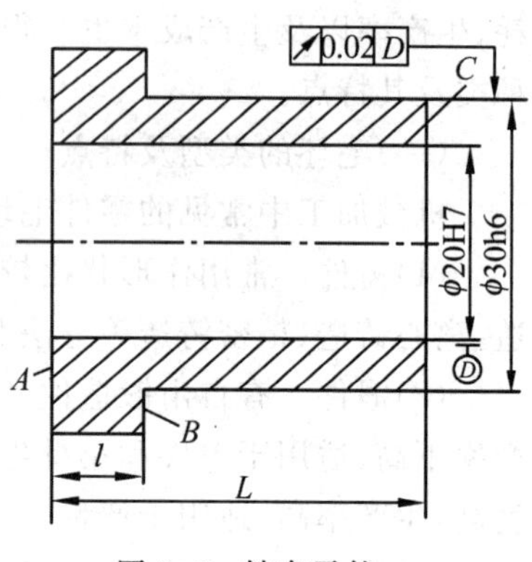

图 3-5　轴套零件

2. 工艺基准

零件在工艺过程中所采用的基准，称为工艺基准，工艺基准根据用途不同，可分为工序基准、定位基准、测量基准和装配基准。

(1)工序基准

工序基准指的是在工序图上用来确定本工序所加工表面加工后的尺寸、形状、位置的基准，即工序图上的基准。

图 3-6 (a)为钻孔的工序简图，本工序是钻 D_1 孔，保证工序尺寸 H 和 L，则本工序的工序基准分别为孔 D_2 的轴心线和端面 C。

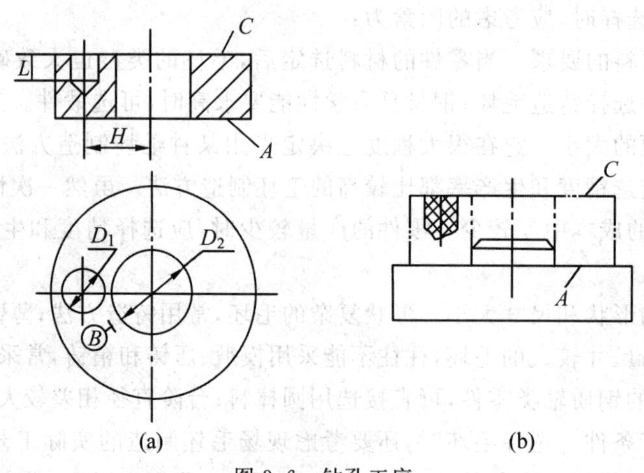

图 3-6　钻孔工序

(2)定位基准

在加工中用以确定工件在机床或夹具上的正确位置的基准，称为定位基准。

如图 3-6(b)所示，工件钻孔时装夹在钻模中，端面 A 与夹具的平面相接触，内孔 D_2 与短圆柱销相接触，从而实现了定位，故端面 A 和 D_2 的轴心线 B 为本工序的定位基准。

(3)测量基准

零件检验时，用以测量已加工表面尺寸及位置的基准，称为测量基准。图 3-7 表示出对 $C+D/2$ 的工序基准、定位基准和测量基准。

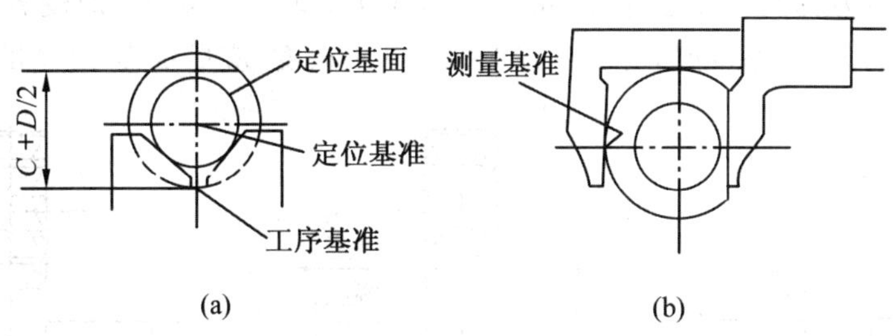

图 3-7 工序基准、定位基准和测量基准示意图

(4)装配基准

装配基准是在机器装配时，用来确定零件或部件在产品中的相对位置所采用的基准。如轴套的内孔、主轴的轴颈、箱体零件的底面等都是装配基准。

3. 基准的分析

分析基准时，应注意以下两点：

(1)作为基准的点、线、面在工件上不一定存在(如球心、轴心线、中心平面等)，通常由某些具体表面来体现，这些表面称为基面。例如，三爪卡盘夹持圆轴，实际定位基准是轴心线，而与卡爪接触的是外圆柱面，外圆柱面即为定位基面。又如图 3-7(a)所示，工件以外圆柱面在 V 形块上定位，定位基面是外圆柱面，而定位基准是轴心线。

(2)各表面间的位置精度(如平行度、垂直度)也有基准关系。

二、定位基准的选择

在零件的加工过程中，首先应根据工件定位时所需限制的自由度个数来确定定位基面的个数，然后根据定位基准选择原则来确定每个定位基面。定位基准分为粗基准和精基准。

在最初的工序中，只能选择未经加工的毛坯表面(如铸造、锻造表面等)作为定位基准，这种基准面称为粗基准。在中间工序和最终工序中，应采用已加工过的表面作为定位基准，称为精基准。

由于粗基准和精基准的用途和对其加工要求都不同，所以在选择粗基准和精基准时所考虑问题的侧重点也不同。

1. 精基准的选择

选择精基准时，考虑的重点是如何减少误差，提高定位精度。因此，选择精基准的原则如下：

(1)基准重合原则　为了比较容易地获得加工表面对其设计基准的相对位置精度，应选择加工表面的设计基准为定位基准。这一原则通常称为“基准重合原则”。

如图 3-8(a)所示的零件，铣槽欲保证尺寸 $b_{-\delta_b}^{\ 0}$，其工序基准为 B 面，若以 A 为定位基准保证工序尺寸 $b_{-\delta_b}^{\ 0}$，则基准不重合；如图 3-8(b)所示，刀具调整尺寸 C 一经调好不再改变，则尺寸 $b_{-\delta_b}^{\ 0}$ 只能间接获得，其大小随着 a 尺寸的变化而变化，即引入了基准不重合误差 Δ_B（$\Delta_B = 2\delta_a$）；如图 3-8(c)所示，若以 B 为定位基准保证工序尺寸 $b_{-\delta_b}^{\ 0}$，则基准重合，尺寸 $b_{-\delta_b}^{\ 0}$ 可直接由刀具调整尺寸保证，尺寸 a 的变化对其没有影响，即没有基准不重合误差。因此，在选择定位基准时，为了更好地保证加工精度，应尽量遵守“基准重合原则”。

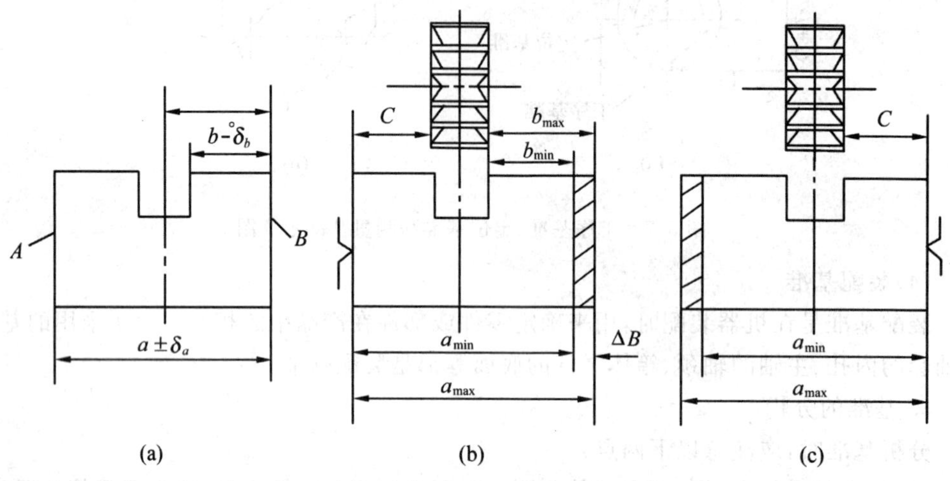

图 3-8　基准重合原则示例

(2)基准统一原则　当工件以某一组精基准定位，可以比较方便地加工其他各表面时，应尽可能在多数工序中采用此同一组精基准定位，这一原则通常称为“基准统一原则”。例如，轴类零件的大多数工序都采用顶尖孔为定位基准，既减少了安装误差，又节省了时间。

(3)自为基准原则　当某些精加工要求余量小而均匀时，应选择加工表面本身作精基准，而该加工表面与其他表面之间的位置精度要求由先行工序保证，即遵循“自为基准”的原则。如图 3-9 所示，在镗连杆小头孔时就以孔本身作精基准。工件除以大孔中心和端面为定位基准外，还以被加工的小头孔中心为定位基准，用削边定位插销定位。定位以后，在小头两侧用浮动平衡夹紧装置夹紧，然后拔出定位插销，伸入镗杆对小头孔进行加工。

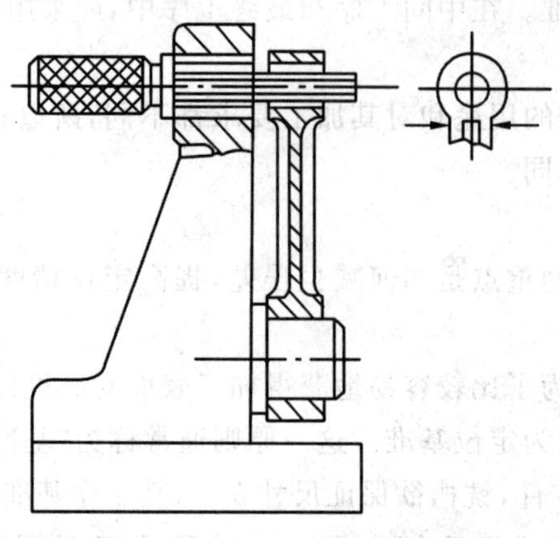

图 3-9　连杆小头孔的装夹

(4)互为基准原则　为了使加工面之间有较高的位置精度，又为了使其加工余量小而均匀，可采用反复加工、互为基准的原则。例如，加工精密齿轮时，用高频淬火把齿面淬硬后需进行磨齿，因齿面淬硬层较薄，所以要求磨削余量小而均匀。这时就先以齿面为基准磨孔，再以孔为基准磨齿面，从而保证齿面余量小而均匀，且孔和齿面有较高的位置精度。

此外，精基准的选择还应使定位准确，夹紧可靠。因此，精基准的面积与被加工表面相比，应有较大长度和宽度，以提高其位置精度。当用夹具装夹时，应尽量使夹具结构简单，操作方便。

2. 粗基准的选择

在选择粗基准时，考虑的重点是如何保证各加工表面有足够的加工余量，使不加工表面与加工表面间的尺寸、位置符合图纸要求。因此，选择粗基准的原则是：

(1)如果必须首先保证工件上加工表面与不加工表面之间的位置要求，则应以不加工表面作粗基准。如果在工件上有很多不需加工的表面，则应以其中与加工表面的位置精度要求较高的表面作粗基准，以求壁厚均匀、外形对称。

如图 3-10(a)所示，毛坯在铸造时内孔 2 与外圆 1 有偏心，要求加工内孔，并使内孔与外圆有较高的同轴度。在加工内孔时，应选择外圆 1 作粗基准(用三爪卡盘夹持外圆)，此时虽然加工余量不均匀，但内孔与外圆同轴度较高，壁厚均匀。

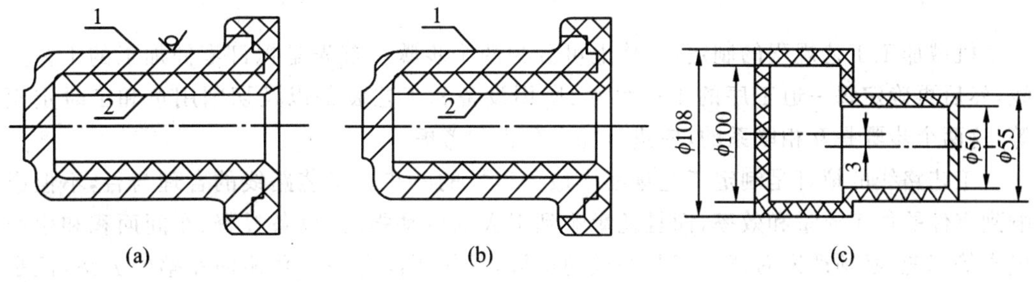

图 3-10　轴零件粗基准的选择

(2)如果必须首先保证工件某重要表面的余量均匀，应选择该表面作粗基准。如图 3-10(b)所示，如果要求内孔 2 的加工余量均匀，可用四爪卡盘夹住外圆 1，然后按内孔 2 找正(即以内孔 2 作为粗基准)。此时，加工余量均匀，但加工后的内孔与外圆不同轴，壁厚不均匀。又如图 3-11 所示的床身零件，应选择导轨面为粗基准。以导轨面定位加工床腿的连接面，然后再以床腿连接面为精基准定位加工导轨面，这样导轨面的加工余量就比较均匀，且能保证其加工质量。对于具有较多加工表面的工件，应选择加工余量较小的加工表面作为粗基准，如图 3-10(c)所示的阶梯轴，应选择$\varnothing$55mm 外圆作为粗基准。

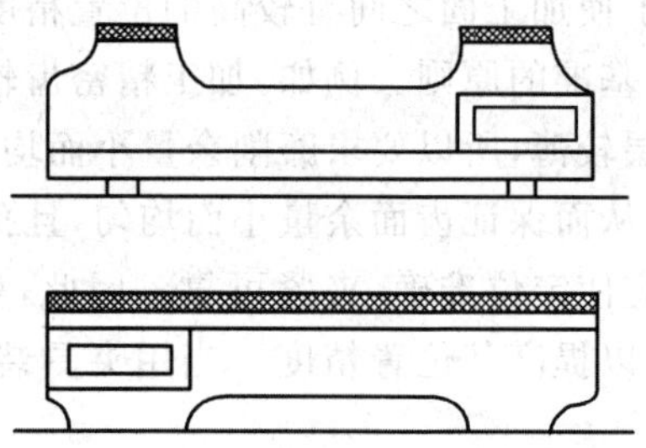

图 3-11　床身零件粗基准的选择

(3)作为粗基准的表面,应面积大、平整、光洁,没有浇口、冒口、坡口或飞边等缺陷,以便定位和夹紧可靠。

(4)粗基准原则上在同一尺寸方向上只能使用一次,以避免产生较大的定位误差。

上述原则常常互相矛盾,各有侧重。总之,定位基准选择原则是从生产实践中总结出来的,在保证加工精度的前提下,应使定位简单准确,夹紧可靠,加工方便,夹具结构简单。因此,必须结合具体的生产条件和生产类型来分析和运用这些原则。

§3-5　工艺路线的拟定

机械加工工艺规程的制定,大体上可分为两个步骤。首先是拟订零件加工的工艺路线,然后再确定每一道工序的工序尺寸、所用设备和工艺装备以及切削用量和工时定额等,这两个步骤是互相联系的,应进行综合分析和考虑。

工艺路线的拟订是制定工艺规程中最关键性的一步。工艺路线的合理与否,不但影响到零件的加工质量和效率,而且还影响到工人的劳动强度、设备投资、车间面积和生产成本等问题,必须严谨对待。工艺路线的拟订,目前还没有一套普遍而完整的方法,而是采用生产实践中总结出的一些原则,结合工厂的具体情况来灵活应用的。设计者一般应提出几个方案,通过分析比较,从中选择最佳的路线。除上面介绍的选择定位基准外,工艺路线的拟订主要包括:表面加工方法及方案的选择、加工阶段的划分、加工顺序的安排、工序安排的组合以及选择设备与工艺装备等。

一、表面加工方法的选择

在拟订零件的工艺路线时,首先要确定各个表面的加工方法和加工方案。表面加工方法和方案的选择,应同时满足加工质量、生产率和经济性等方面的要求。

选择加工方法时应考虑以下因素:

(1)加工材料的性质　对于淬火钢精加工,应选择磨削;对于有色金属零件的精加工,为避免磨削时堵塞砂轮,则应选择高速精细车或金钢镗。

(2)零件的结构形状、尺寸大小　例如对于IT7级精度的孔,采用镗削、铰削、拉削和磨削均可达到要求。但箱体上的孔,一般不宜选择拉孔和磨孔,而常选择镗孔和铰孔;孔径大时选择镗孔,孔径小时可选择铰孔。

(3)生产类型　即考虑生产率和经济性的问题。选择加工方法要与生产类型相适应，例如大批大量生产时，孔可采用钻、扩、铰削，平面采用刨、铣削。这些方法都能大幅度地提高生产率，取得很大的经济效益。但是，在年生产量不大的条件下，不要盲目采用高效率加工方法及专用设备，否则会因设备利用率不高，造成经济上的损失。

(4)本厂的具体生产条件　应充分利用本厂现有设备，挖掘企业潜力，发挥工人的积极性和创造性。同时，要注意设备负荷的平衡，避免设备的负荷过重而影响生产计划的完成。

此外，选择加工方法时还应考虑一些其他因素，例如，工件的形状和重量，以及表面的物理、机械性能要求等。

二、加工阶段的划分

1. 各加工阶段及其主要任务

对于加工质量要求较高的零件，工艺过程应分阶段进行。机械加工工艺过程一般可分为以下几个阶段：

(1)粗加工阶段　首先是在毛坯上要切除大部分的加工余量，留有均匀而适当的余量，为半精加工和精加工做好准备；其次还为以后的工序提供定位精基准。在此阶段，主要问题是采取有效措施，尽可能提高生产率。

(2)半精加工阶段　是为主要表面的精加工做好准备(达到一定的加工精度，保证一定的加工余量)，并完成一些次要表面的最终加工(如钻孔、攻丝、铣键槽等)。半精加工一般在热处理之前进行。

(3)精加工阶段　是完成各主要表面的最终加工，使零件的位置精度、尺寸精度及表面粗糙度达到图纸的要求。

(4)光整加工阶段　当零件的精度和表面质量要求很高时，则在精加工后，还要增加光整加工阶段。该阶段的主要任务是，从工件上不切除或切除极薄金属层，以获得光洁的表面。一般不用来提高形状和位置精度。

2. 划分加工阶段的原因

(1)保证加工质量　工件划分加工阶段后，粗加工阶段因切削力和切削热引起的变形，可在后续阶段逐步得到纠正。同时各阶段的时间间隔相当于自然时效，有利于消除内应力，使工件有变形的时间，以便在下一道工序中加以修正，保证了零件的质量要求。

(2)合理使用设备　加工过程划分阶段后，粗加工可采用功率大、刚度好和精度较低的高效率机床，以提高生产率，精加工则可采用高精度机床以确保零件的精度要求，这样既充分发挥了设备的各自特点，又做到了设备的合理使用。

(3)及早发现毛坯的缺陷　在加工过程中，如发现零件表面有裂纹、气孔、夹砂、余量不足等，粗加工就可予以报废或修补，以免对报废的零件继续进行精加工而浪费工时和其他制造费用。精加工表面安排在后面，还可保证其不受损伤。

(4)合理安排热处理　并非所有工件都如上述一样划分加工阶段，在应用时要灵活掌握。例如，对那些加工质量要求不高、刚性好或毛坯精度高、加工余量小的工件，就可以少划分几个阶段或不划分阶段；有些刚性好的重型工件，由于装夹及运输很费时，也常在一次装夹中完成全部粗精加工。此时，为了弥补不分阶段带来的缺陷，在粗加工之后，松开夹紧机构，让工件有变形的可能，然后用较小的夹紧力重新夹紧工件，继续完成精加工。

三、工序的集中与分散

在安排工序时，还应考虑工序中所含加工内容的多少。在每道工序中所安排的加工内容多，则一个零件的加工只集中在少数几道工序里完成，这时工艺路线短、工序数目少，称为工序集中；在每一道工序中所安排的加工内容少，则一个零件的加工分散在很多工序里完成，这时工艺路线长、工序数目多，称为工序分散。工序集中与工序分散是确定工序数目的两种不同原则，它和设备类型的选择有密切的关系。例如，采用立式多工位回转工作台组合机床、加工中心和柔性生产线加工产品，都属于工序集中。

1. 工序集中的特点

(1)采用高效专用设备及工艺装备，生产率高。

(2)工件一次安装可以完成多个表面的加工。这样可以较好地保证这些表面间的位置精度，同时可以减少安装工件的次数和辅助时间，并减少工件在机床之间的搬运次数，有利于缩短生产周期。

(3)可以减少机床的数量，并相应地减少操作工人，节省车间面积，简化生产计划和生产组织工作。

(4)因采用结构复杂的专用设备及工艺装备，使投资大，调整和维修不方便，生产准备工作量大，转换新产品比较费时。

2. 工序分散的特点

(1)机床设备及工艺装备比较简单，调整维修容易，生产准备工作量少，能较快地更换产品。

(2)生产工人易于掌握生产技术，对工人的技术水平要求也较低。

(3)设备数量多，操作工人多，生产面积大。

工序集中和工序分散各有利弊，应根据生产类型、现有生产条件和技术要求等综合分析后选用。单件小批生产采用工序集中，而大批大量生产则可以集中，也可以分散。对于重型零件，工序应当集中；对于刚性差且精度高的精密工件，工序应适当分散。目前的发展趋势是工序集中。

四、加工顺序的安排

一个零件往往有多个表面需要加工，这些表面不仅本身有一定的尺寸精度要求，而且各个表面间还有一定的位置要求。为了达到这些精度要求，各表面的加工顺序就不能随意安排，而必须遵循下面的几个原则：

1.“基面先行”的原则

工件的精基准表面，应安排在起始工序中先进行加工，以便尽快为后续工序的加工提供精基准，即先基准后其他。例如：加工轴类零件时，应先加工中心孔；加工齿轮时，应先加工端面和内孔；对于一般零件，因平面尺寸较大，定位稳定可靠，常用作精基准，也宜先加工。

2.“先粗后精”的原则

即先安排粗加工,中间安排半精加工,最后安排精加工或光整加工。

3.“先主后次”的原则

即先安排主要表面的加工,后安排次要表面的加工。主要表面指装配表面、工作表面等;次要表面包括键槽、孔等。

4.“先面后孔”的原则

即先加工平面,以便为孔的加工提供稳定可靠的精基准,也可以改善孔的加工条件。例如,箱体、支架和连杆等零件,应先加工平面后加工孔。

五、热处理工序的安排

机械零件常用的热处理工艺有退火、正火、调质、时效、淬火、回火、渗碳及氮化等。热处理工艺的安排主要取决于零件的材料和热处理的目的。一般可分为:

1. 预备热处理

安排在机械加工之前,主要目的是改善切削加工性能,消除毛坯制造时的内应力,为最终热处理做准备。主要包括退火、正火、时效和调质处理等。

例如,含碳量大于0.7%的碳钢和合金钢,为了降低硬度而便于切削,常采用退火处理;含碳量低于0.3%的低碳钢和低合金钢,为避免硬度过低切削时粘刀,常采用正火处理以提高硬度。退火处理和正火处理常安排在毛坯制造之后,粗加工之前。

调质处理即淬火后的高温回火,能得到均匀细致的索氏体组织,为以后表面淬火和氮化处理时减少变形做好组织准备,调质处理常安排在粗加工之后和半精加工之前。

时效处理主要用于消除毛坯制造和机械加工中产生的内应力。对于形状复杂的铸件,一般在粗加工后安排一次时效处理;而对于高精度的复杂铸件,应安排两次时效处理,即在半精加工后再安排一次。

2. 最终热处理

最终热处理包括各种淬火、回火、渗碳淬火和氮化处理等。这类热处理的目的,主要是提高零件材料的硬度和耐磨性,常安排在精加工前后。

淬火处理分为整体淬火和表面淬火两种,其中表面淬火应用较多。

渗碳淬火处理适用于低碳钢和低合金钢,其目的是使零件表层含碳量增加,获得很高的硬度和耐磨性,而心部仍保持较高的强度、韧性及塑性。由于渗碳淬火变形大,且渗碳层深度一般仅0.5~2mm,所以,渗碳淬火应在半精加工和精加工之间进行。

氮化处理是通过氮原子的渗入使表层获得含氮化合物,以提高零件硬度、耐磨性、抗疲劳强度和抗腐蚀性。由于渗氮温度低,工件变形小,渗氮层较薄,因此渗氮工序应尽量靠后安排,为减少渗氮时的变形,渗氮前需安排一道消除应力工序。

六、辅助工序的安排

辅助工序较多包括检验、去毛刺、倒棱、倒圆、清洗、去磁、涂防锈油等。辅助工序也是必要的工序,如安排不当,将会给后续工序和装配带来困难,影响产品质量。

检验工序是主要的辅助工序,它对保证产品质量和防止产生废品起到重要作用。除了在每道工序中操作者自检外，还必须在下列情况下单独地安排检验工序：

(1)粗加工阶段结束之后；

(2)关键工序前后；

(3)零件从一个车间转到另一个车间前后；

(4)零件全部加工结束之后。

有些特殊的检验如探伤等检查工件内部质量，一般都安排在精加工阶段。

七、机床、工艺装备的选择

(一)机床的选择

确定了工序集中或分散的原则后，基本上也确定了设备的类型。如工序集中时，可选择高效多刀、多轴机床；若采用工序分散原则，可选用简单通用的机床。

在选择机床时应注意以下几点：

(1)机床的主要规格尺寸应与加工零件的外形轮廓尺寸相适应，即小零件应选小的机床，大零件应选大的机床，使设备合理使用。

(2)机床的精度应与工序要求的加工精度相适应，即加工高精度的零件应选择高精度的机床，在缺乏精密设备时，可通过设备改装，以粗代精。

(3)机床的生产率与加工零件的生产纲领相适应，即单件小批量选择通用设备，大批大量选择专用设备。

(4)机床的选择应结合现场的实际情况，即现有设备的实际精度、类型及规格状况，设备负荷的平衡状况以及操作者的实际水平等。

(二)工艺装备的选择

工艺装备包括夹具、刀具、模具和量具等。

1. 夹具的选择

一般而言，单件小批量生产应尽量选择通用夹具，如各种卡盘、平口钳、回转台等。大批大量生产应尽量选择高生产率的气、液传动的专用夹具，也可选择成组夹具。夹具的精度应与加工精度相适应。

2. 刀具的选择

一般情况下采用标准刀具，必要时也可采用各种高生产率的复合刀具，以及一些专用刀具。刀具的类型、规格及精度等级应符合加工要求。

3. 量具的选择

单件小批量生产应选择通用量具，如游标卡尺和百分尺等；大批大量生产应选择各种量规和设计一些高生产率的专用量具。量具的精度必须与加工精度相适应。

§3-6　加工余量的确定

在工艺过程中，各工序加工应达到的尺寸称为工序尺寸。工序尺寸的正确确定不仅和零件图上的设计尺寸有关，而且还与各工序的加工余量有密切关系。

一、加工余量的基本概念

加工余量是指加工过程中从加工表面切去的金属层厚度。加工余量可分为工序加工余量和总加工余量。

工序加工余量是指某一表面在一道工序中所切除的金属层厚度，它取决于同一表面相邻工序前、后工序的尺寸之差，如图 3-12 所示。

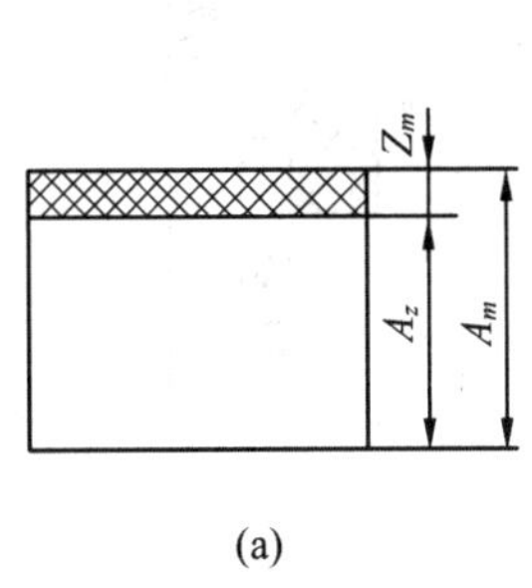

(a)

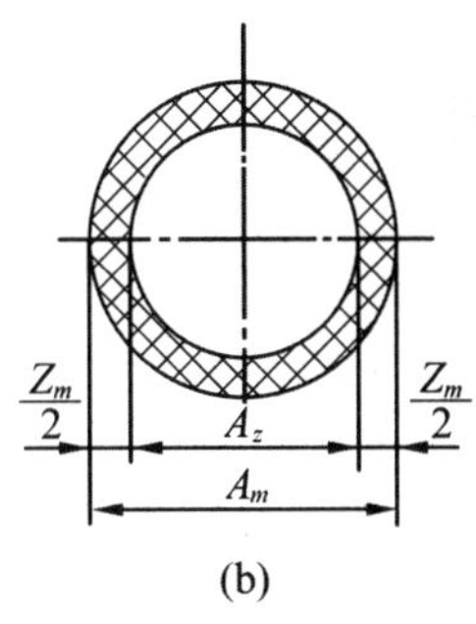

(b)

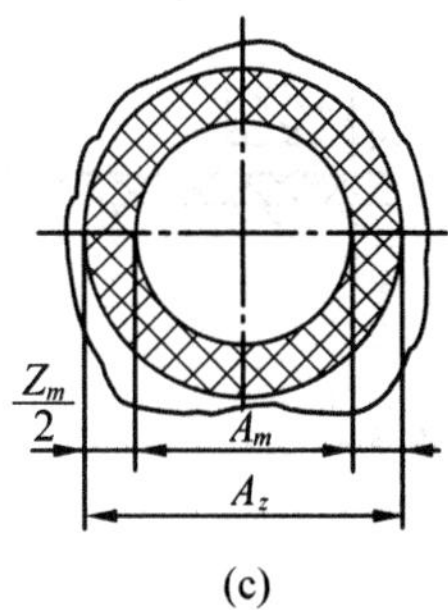

(c)

图 3-12　加工余量

对于外表面[见图 3-12(a)]：$Z_m = A_m - A_z$

式中：Z_m——本道工序的加工余量；

A_m——上道工序的工序尺寸；

A_z——本道工序的工序尺寸。

上述表面(平面)的加工余量为非对称的单边加工余量，对于旋转表面(外圆和孔)的加工余量是双边加工余量，即以直径方向计算，实际切削的金属层厚度为加工余量的一半。

对于轴[见图 3-12(b)]：$Z_m = A_m - A_z$

对于孔[见图 3-12(c)]：$Z_m = A_z - A_m$

式中：Z_m——直径上的加工余量；

A_m——上道工序的加工表面的直径；

A_z——本道工序的加工表面的直径。

总加工余量是指零件从毛坯变成为成品的整个加工过程中，某一表面所被切除的金属层的总厚度。显然，总加工余量等于各工序加工余量之和，如图 3-13 所示，即：

$$Z_0 = Z_1 + Z_2 + Z_3 + \cdots + Z_n$$

$$Z_0 = \sum_{i=1}^{n} Z_i \tag{3-2}$$

式中：Z_0——总加工余量；

Z_i——第 i 道工序的工序加工余量；

n——该表面总共加工的工序(或工步)数。

由于毛坯制造和各个工序尺寸都不可避免地存在误差，因而无论是总加工余量还是工序加工余量都是个变动值，出现了最小加工余量和最大加工余量，它们之间的关系如图

3-14 所示。为了便于加工,工序尺寸都按“入体原则”标注,即包容面的工序尺寸取下偏差为零,被包容面的工序尺寸取上偏差为零,毛坯尺寸偏差则双向布置。

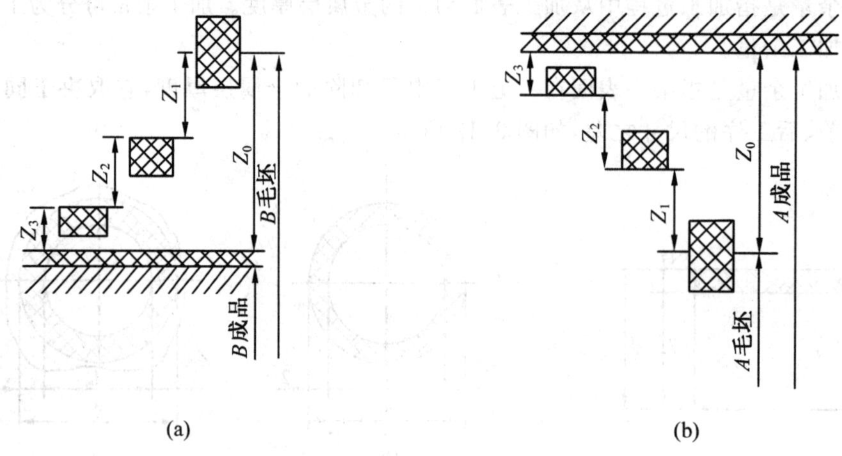

图 3-13 加工总余量和工序余量的关系

(a)被包容面(轴) (b)包容面(孔)

Z_0—毛坯加工余量 Z_1—粗加工余量 Z_2—精加工余量 Z_3—最终加工余量

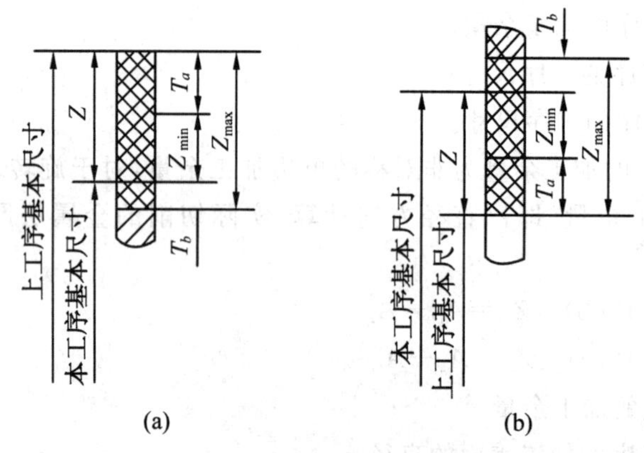

图 3-14 加工总余量和工序余量的关系

(a)被包容面(轴) (b)包容面(孔)

二、影响加工余量的因素

加工余量的大小对零件的加工质量和生产率均有较大的影响。加工余量过大,不仅增加机械加工的劳动量,降低了生产率,而且增加材料、工具和电力的消耗,提高加工成本。但是,加工余量过小,又不能保证消除前工序的各种误差和表面缺陷,甚至产生废品。因此,应当合理地确定加工余量。

由前述可知,零件加工表面的总加工余量等于各工序加工余量之和,而工序加工余量又是由最小工序加工余量和前工序的工序尺寸公差所构成。由此可见,为正确地确定加工余量的大小,必须先分析影响最小工序加工余量的因素。

影响工序加工余量的因素可归纳为以下几项：

1. 前工序的表面粗糙度 Ra 与缺陷层 D_a

本工序必须把上工序留下的表面粗糙度 Ra 全部切除，还应切除被上道工序破坏的缺陷层 D_a，如图 3-15 所示。

2. 前工序的工序尺寸公差 T_a

由图 3-14 可知，工序的基本余量中包括了前工序的尺寸公差。

3. 前工序的位置误差 P_a

上一道工序加工后，往往存在不包括在尺寸公差范围内的形状误差和位置误差，如直线度、垂直度、同轴度等。例如，对于图 3-16 所示小轴，当轴线有直线度误差 ω 时，须在本工序中纠正，因而直径方向的加工余量应增加 2ω。

4. 本工序工件的安装误差 E_b

工件在本工序装夹中，不可避免地存在着定位误差和夹紧误差，致使工序尺寸发生变化。考虑这项误差的影响，应加大加工余量。

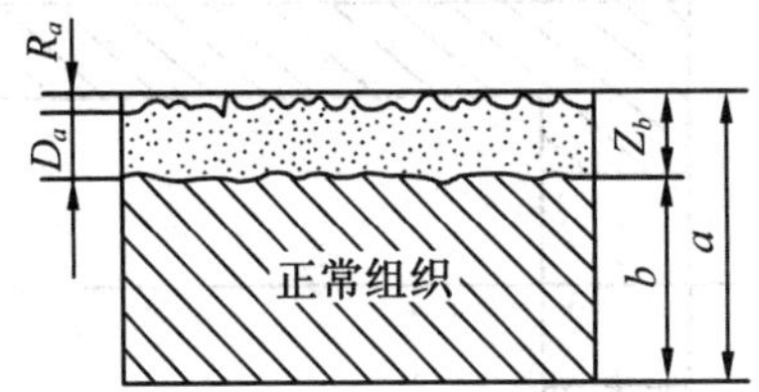

图 3-15 表面粗糙度与缺陷层

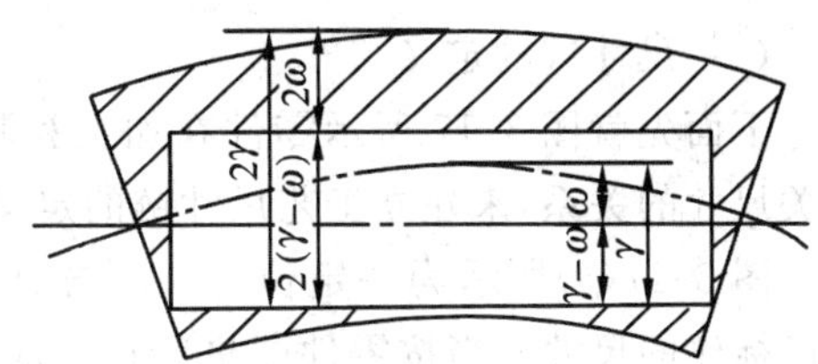

图 3-16 形状误差与加工余量的关系

综上所述，工序加工余量的组成可用下式表示：

$$(\text{对称加工面})Z_m \geqslant T_a + 2(D_a + Ra) + 2\mid P_a + E_b \mid \tag{3-3}$$

$$(\text{非对称加工面})Z_m \geqslant T_a + (D_a + Ra) + \mid P_a + E_b \mid \tag{3-4}$$

其中 P_a 和 E_b 都是有方向性的，当两者同时存在时，应按矢量加法合成。对不同的零件和不同的工序，上述误差的数值与表达形式也各不相同，在决定工序加工余量时应区别对待。

三、确定加工余量的方法

1. 经验估计法

此方法是根据工艺人员的实践经验来确定加工余量的。为了防止加工余量不够而产生废品，所估计的加工余量一般偏大，此方法常用于单件小批生产。

2. 查表修正法

此方法是以工厂生产实践和试验研究积累的有关加工余量的资料数据为基础，并结合实际加工情况进行修整来确定加工余量的方法，应用比较广泛。在查表时，应注意表中数据是公称值，对称表面的加工余量是双边的，非对称面的加工余量是单边的。

3. 分析计算法

此方法是根据一定的试验资料和计算公式，对影响加工余量的各项因素进行分析和综合计算来确定加工余量的方法。这种方法确定的加工余量最经济合理，但需积累比较全面的资料，目前应用尚少。

§3-7 工序尺寸及其公差的确定

工序尺寸是加工过程中各个工序应保证的加工尺寸，其公差即工序尺寸公差。正确地确定工序尺寸及其公差，是制定工艺规程的重要工作之一。

零件的加工过程，是毛坯通过切削加工逐步向成品过渡的过程。在这个过程中，各工序的工序尺寸及工序余量在不断地变化，其中一些工序尺寸在零件图纸上往往不标出或不存在，需要在制定工艺过程时予以确定。而这些不断变化的工序尺寸之间又存在着一定的联系，需要用工艺尺寸链原理去分析它们的内在联系，掌握它们的变化规律。运用尺寸链理论去揭示这些尺寸之间的联系，是合理确定工序尺寸及其公差的基础。

一、工艺尺寸链的基本概念

(一)尺寸链的定义

下面先就图 3-17 所示零件在加工和测量中有关尺寸的关系，来建立工艺尺寸链的定义。

图 3-17(a)所示为一定位套，A_0 与 A_1 为图样已标注的尺寸。当按零件图进行加工时，尺寸 A_0 不便直接测量。如欲通过易于测量的尺寸 A_2 进行加工，以间接保证尺寸 A_0 的要求，则首先需要分析尺寸 A_1，A_2 和 A_0 之间的内在关系，然后据此计算出尺寸 A_2 的数值。又如图 3-18(a)所示零件，当加工表面 C 时，为使夹具结构简单和工件定位稳定可靠，若选择表面 A 为定位基准，并按调整法根据对刀尺寸 A_2 加工表面 C，以间接保证尺寸 A_0 的精度要求，则同样需要首先分析尺寸 A_1，A_2 和 A_0 之间的内在关系，然后据此计算出对刀尺寸 A_2 的数值。

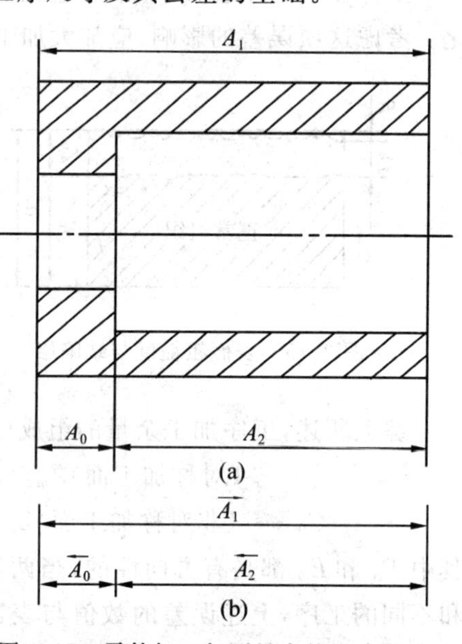

图 3-17 零件加工与测量中的尺寸联系

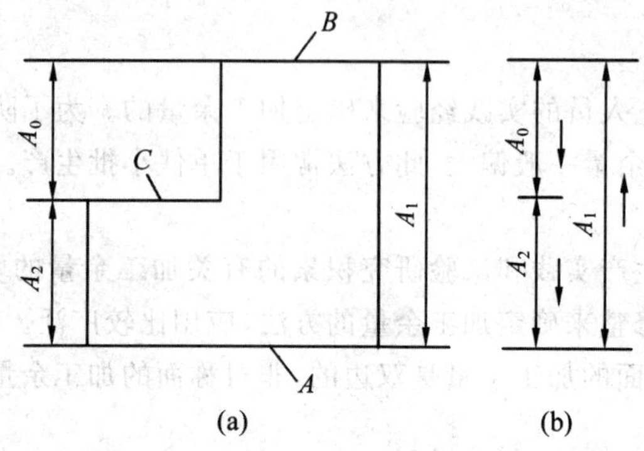

图 3-18 零件加工与测量中的尺寸联系

我们将互相关联的尺寸(A_1,A_2 和 A_0)以一定顺序首尾相接排列成一封闭的尺寸组,称为零件的工艺尺寸链。图 3-17(b)和图 3-18(b)所示即为反映尺寸 A_1,A_2,A_0 三者关系的工艺尺寸链简图。由上述两例可以看出,在零件的加工过程中,为了加工和测量的方便,有时需要进行一些工艺尺寸的计算。利用工艺尺寸链就可以方便地对工艺尺寸进行分析计算。

(二)尺寸链的组成

1. 环

是指列入尺寸链中的每一个尺寸。例如,图 3-17(b)中的 A_1,A_2 和 A_0 都称为尺寸链的环,尺寸链至少由三个环构成。

2. 封闭环

尺寸链中,属于加工过程中被间接保证的一个环,如图 3-17 和图 3-18 中的尺寸 A_0。

3. 组成环

除了封闭环以外,其余的都是组成环。组成环中的任一个环变动,必定会引起封闭环变动。组成环又分为增环和减环两种。

(1)增环　该环变动引起封闭环同向变动,即该环增加,也会使封闭环增加,该环减小时封闭环也减小的组成环,称为增环,以符号 $\overrightarrow{A_i}$ 表示。

(2)减环　该环变动引起封闭环反向变动,即该环增加,会使封闭环减小,该环减小时封闭环则增加的组成环,称为减环,以符号 $\overleftarrow{A_i}$ 表示。

为了迅速准确地确定尺寸链的组成环中哪些是增环,哪些是减环,可采用下述方法:在尺寸链简图上,先给封闭环任定一个方向,并画出箭头,然后沿此方向环绕尺寸链回路,依次给每一组成环画箭头,凡箭头方向和封闭环相反的为增环,相同的则为减环,如图 3-17(b)所示,A_1 为增环,A_2 为减环;图 3-18(b)中 A_1 为增环,A_2 为减环。

(三)尺寸链的特征

从工艺尺寸链简图我们可以看出尺寸链有以下两个主要特征:

1. 封闭性　封闭性是尺寸链的很重要的特征,即由一个封闭环和若干个组成环构成的工艺尺寸链中各环的排列呈封闭形式。不封闭就不成为尺寸链。

2. 关联性　是指尺寸链的各环之间是相互关联的,即封闭环受各组成环的变动影响。

二、工艺尺寸链的建立

工艺尺寸链的计算并不复杂,但在工艺尺寸链的建立中,封闭环的确定和组成环的查找,对初学者来说常常感到比较困难,甚至还会弄错。下面分别予以讨论。

1. 封闭环的确定

在建立工艺尺寸链时,首先要正确地确定封闭环,如果封闭环确定错了,整个尺寸链的解也将是错误的。封闭环的基本属性是“派生”,它是随着别的组成环的变化而变化的。封闭环的这一属性,在工艺尺寸链中表现为尺寸的间接获得,即封闭环的尺寸是由其他环的尺寸确立后间接形成(或保证)的。在多数情况下,封闭环可能是零件设计尺寸中的一个尺寸，或者是加工余量。

2. 组成环的查找

在封闭环确定之后，从封闭环两端面起，分别循着邻近加工尺寸查找出该尺寸的另一端面，再顺着找别的端面，查找它邻近加工尺寸的另一端面，直至两边会合为止。此时，形成的全封闭的图形即是所建的尺寸链。应注意，形成这一尺寸链要使组成环环数达到最少，且一个尺寸链只能含有一个封闭环。

三、工艺尺寸链计算的基本公式

表 3-9 为尺寸链计算所用的符号表。

表 3-9　尺寸链计算所用符号表

环名	符号名称							
	基本尺寸	最大尺寸	最小尺寸	上偏差	下偏差	公差	平均尺寸	平均偏差
封闭环	A_Δ	$A_{\Delta\max}$	$A_{\Delta\min}$	B_sA_Δ	B_xA_Δ	T_Δ	A_M	B_MA_Δ
增　环	$\overrightarrow{A}$	$\overrightarrow{A}_{\max}$	$\overrightarrow{A}_{\min}$	$B_s\overrightarrow{A}$	$B_x\overrightarrow{A}$	$\overrightarrow{T}_i$	$\overrightarrow{A}_M$	$B_M\overrightarrow{A}$
减　环	$\overleftarrow{A}$	$\overleftarrow{A}_{\max}$	$\overleftarrow{A}_{\min}$	$B_s\overleftarrow{A}$	$B_x\overleftarrow{A}$	$\overleftarrow{T}_i$	$\overleftarrow{A}_M$	$B_M\overleftarrow{A}$

(1) 封闭环基本尺寸：等于各增环基本尺寸之和减去各减环基本尺寸之和。

$$A_\Delta = \sum_{i=1}^{m}\overrightarrow{A}_i - \sum_{i=m+1}^{n-1}\overleftarrow{A}_i \tag{3-5}$$

式中：n——包括封闭环在内的尺寸链总环数；

m——增环的数目；

$n-1$——组成环(包括增环与减环)的数目。

(2)封闭环上偏差：等于各增环上偏差之和减去各减环下偏差之和。

$$B_sA_\Delta = \sum_{i=1}^{m}B_s\overrightarrow{A}_i - \sum_{i=m+1}^{n-1}B_x\overleftarrow{A}_i \tag{3-6}$$

(3)封闭环下偏差：等于各增环下偏差之和减去各减环上偏差之和。

$$B_xA_\Delta = \sum_{i=1}^{m}B_x\overrightarrow{A}_i - \sum_{i=m+1}^{n-1}B_s\overleftarrow{A}_i \tag{3-7}$$

(4)封闭环的公差：等于各组成环公差之和。

$$T_\Delta = \sum_{i=1}^{n-1}T_i \tag{3-8}$$

(5)封闭环的极限尺寸：封闭环最大极限尺寸等于各增环最大极限尺寸之和减去各减环最小极限尺寸之和；封闭环最小极限尺寸等于各增环最小极限尺寸之和减去各减环最大极限尺寸之和。

$$A_{\Delta\max} = \sum_{i=1}^{m}\overrightarrow{A}_{i\max} - \sum_{i=m+1}^{n-1}\overleftarrow{A}_{i\min} \tag{3-9}$$

$$A_{\Delta\min} = \sum_{i=1}^{m} \overrightarrow{A}_{i\min} - \sum_{i=m+1}^{n-1} \overleftarrow{A}_{i\max} \tag{3-10}$$

(6)封闭环平均尺寸:等于各增环平均尺寸之和减去各减环平均尺寸之和。

$$A_{\Delta M} = \sum_{i=1}^{m} \overrightarrow{A}_{iM} - \sum_{i=m+1}^{n-1} \overleftarrow{A}_{iM} \tag{3-11}$$

式中组成环的平均尺寸：

$$A_{iM} = \frac{A_{i\max} + A_{i\min}}{2}$$

(7)封闭环平均偏差:等于各增环平均偏差之和减去各减环平均偏差之和。

$$B_M A_\Delta = \sum_{i=1}^{m} B_M \overrightarrow{A}_i - \sum_{i=m+1}^{n-1} B_M \overleftarrow{A}_i \tag{3-12}$$

式中各组成环的平均偏差按下式计算：

$$B_M A_\Delta = A_{iM} - A_i = \frac{A_{i\max} + A_{i\min}}{2} - A_i = \frac{B_s A_i + B_x A_i}{2}$$

四、工序尺寸及其公差的确定

工序尺寸及其公差的确定,与工序加工余量的大小、工序尺寸的标注以及定位基准的选择和变换有着密切的联系。

(一)工序基准与设计基准重合时工序尺寸及其公差的确定

加工精度和表面粗糙度要求较高的表面,往往都要经过多次加工才能达到设计要求。这时各工序的工序尺寸及其公差的计算步骤为:先确定各工序的基本余量,再由最后一道工序开始逐一向前推算工序基本尺寸,直到毛坯基本尺寸。各工序公差则按各工序的加工经济精度确定,并按“入体原则”确定上、下偏差。

例 3-1　某法兰盘零件上有一个孔,孔径 $\varnothing 100^{+0.035}_{0}$ mm,表面粗糙度 Ra 值为 0.8μm。工艺上考虑需经过粗镗、精镗和细镗加工。试计算各工序的工序尺寸及其公差。

解:从《机械加工工艺人员手册》中查出各工序的基本加工余量如下：

细镗余量:0.8mm

精镗余量:2.2mm

粗镗余量:5mm

各工序的工序尺寸计算如下：

细镗后孔径应达到图纸规定尺寸,故细镗工序尺寸即图纸上的尺寸。即：

$$D = \varnothing 100^{+0.035}_{0}\ \text{mm}$$

精镗后的孔径基本尺寸为：

$$D_1 = 100 - 0.8 = 99.2\text{mm}$$

粗镗后的孔径基本尺寸为：

$$D_2 = 99.2 - 2.2 = 97\text{mm}$$

毛坯孔径基本尺寸为：

$$D_3 = 97 - 5 = 92\text{mm}$$

根据手册中各种加工方法能达到的经济精度给各工序尺寸确定公差如下：

细镗前精镗取 IT9 级公差，查表得 $T_1=0.087$mm

粗镗孔取 IT12 公差，查表得 $T_2=0.35$mm

毛坯公差 $T_3=\pm1.2$mm

毛坯的总余量 $Z_0=5+2.2+0.8=8$mm

按规定各工序尺寸的公差应取“入体”方向，则各工序尺寸及其公差如图 3-19 所示。

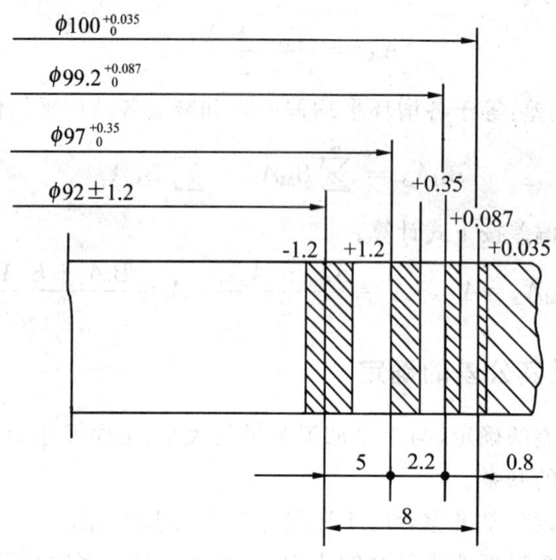

图 3-19 工序尺寸及公差

（二）基准不重合时的工序尺寸计算

1. 定位基准与设计基准不重合时的工序尺寸计算

当采用调整法加工一批零件，若所选的定位基准与设计基准不重合，那么，该加工表面的设计尺寸就不能由加工直接得到，这时，就需要进行有关的工序尺寸计算，以保证设计尺寸的精度要求。

例 3-2 如图 3-20(a)所示轴套零件，在车床上已加工好外圆、内孔及各表面，现需在铣床上以端面 A 定位铣出表面 C，保证尺寸 $20_{-0.2}^{\ 0}$ mm。试计算铣此缺口时的工序尺寸。

分析：表面 C 的位置尺寸是由表面 B 标注的。表面 B 即为表面 C 的设计基准，而铣缺口的定位基准为 A 面，故定位基准与设计基准不重合，需进行工艺尺寸链换算，工序尺寸应由面标出，如图 3-20(b)所示。在加工中尺寸 $20_{-0.2}^{\ 0}$ 是间接获得的，故为封闭环，其余为组成环。

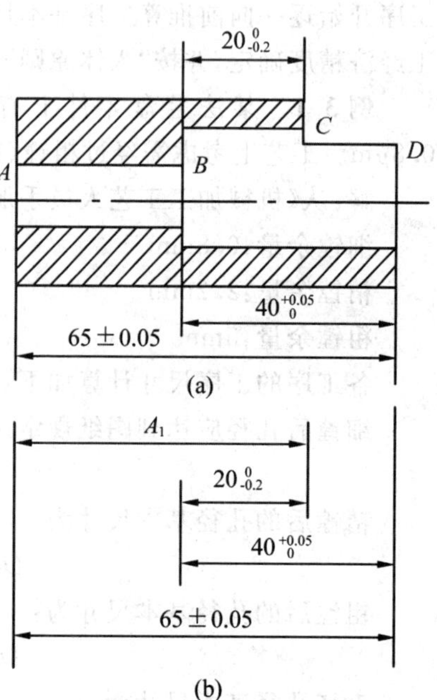

图 3-20 定位基准与设计基准不重合的尺寸换算

解:(1)确定封闭环,建立尺寸链,如图 3-20(b)所示。

(2)确定增减环,按画箭头方法可迅速判断 $A_1=40^{+0.05}_{0}$ 为增环,60±0.05 为减环。

(3)计算:

因为　$20=A_1+40-65$

所以　$A_1=45\text{mm}$

又根据偏差计算公式:

上偏差:$0=B_sA_1+0.05-(-0.05)$

$B_sA_1=-0.1\text{mm}$

下偏差:$-0.2=B_sA_1+0-0.05$

$B_xA_1=-0.15\text{mm}$

所以　工序尺寸:$A_1=44.9^{\ 0}_{-0.55}\text{mm}$

2. 测量基准与设计基准不重合时的工序尺寸计算

在加工或检查零件的某个表面时,有时不便按设计基准直接进行测量,就要选择另一个合适的表面作为测量基准,以间接保证设计尺寸,为此,需要进行有关工序尺寸的计算。

例 3-3　如图 3-21 所示零件,要求在顶面铣直角槽,并保证槽深为 $25^{+0.4}_{+0.05}\text{mm}$(设计尺寸),若尺寸 $A_1=60^{+0.2}_{0}\text{mm}$ 在上道工序中已经获得,本工序铣槽时由于槽深不便测量,直接以 1 面定位保证尺寸 A_2。求测量尺寸 A_2,并进行假废品分析。

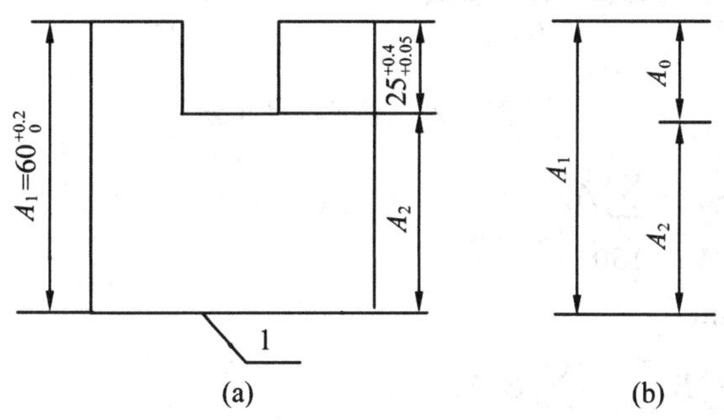

图 3-21　铣直角槽零件及尺寸连

解:(1)根据加工过程可得工艺尺寸链如图 3-21(b)所示,其中 A_0 为封闭环。

根据尺寸链计算公式得:

测量尺寸:$A_2=35^{-0.05}_{-0.2}\text{mm}$

(2) 假废品分析　在按上述测量尺寸 $A_2=35^{-0.05}_{-0.2}\text{mm}$ 测量工件时,A_2 的实际尺寸若小于最小极限尺寸 34.8mm,测得 A_2 为 34.8－0.2＝34.6mm,将认为该工序零件为废品。但通常检验人员还需测量另一个组成环尺寸 A_1,如果 A_1 刚巧加工到最小极限尺寸 60mm ,此时,A_0 的实际尺寸为 60－34.6＝25.4mm,仍然合格。

同理,当 A_2 的实际尺寸超过最大极限尺寸 34.95mm,若测得 A_2 为 34.95＋0.2＝35.15mm,此时刚巧 A_1 也加工到最大极限尺寸 60.2mm,A_0 的实际尺寸为 60.2－35.15＝25.05mm,仍然合格。

通过上述讨论可以看出，在实际加工中，如果换算后的测量尺寸被测出超差，但只要它的超出量小于另一组成环的公差，则有可能是假废品，应对零件进行复检，即逐一尺寸进行测量并计算出零件的实际尺寸，由此来判断零件合格与否。

例 3-4 图 3-22 所示轴承座零件，除 B 面外，其他尺寸均已加工完毕，加工 B 面时为便于测量，以表面 A 为定位和测量基准，保证尺寸 $90^{+0.4}_{0}$mm。求工序尺寸。

分析：图示尺寸 $90^{+0.4}_{0}$mm 不便测量，于是改为测量 A 到 B 间的尺寸 A_1，直接控制工序尺寸 A_1，以间接保证设计尺寸 $90^{+0.4}_{0}$mm。为此，必须求出工序尺寸 A_1。

解：(1)建立尺寸链如图 3-22，确定封闭环为尺寸 $90^{+0.4}_{0}$。

(2)确定增减环，增环为尺寸 $130^{+0.1}_{0}$，A_1，减环为尺寸 150±0.1。

(3)计算：

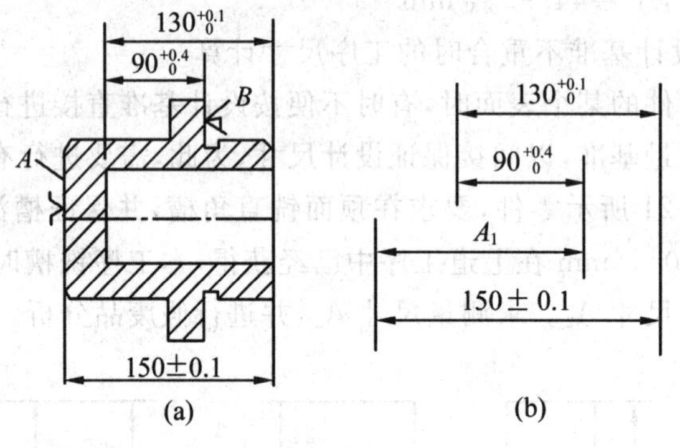

图 3-22 轴承座尺寸链

因为 $A_\Delta = \sum \overrightarrow{A}_i - \sum \overleftarrow{A}_i$

$90 = 130 + A_1 - 150$

所以 $A_1 = 110$mm

因为 $B_sA_\Delta = \sum B_s\overrightarrow{A}_i - \sum B_x\overleftarrow{A}_i$

$0.4 = 0.1 + B_sA_1 - (-0.1)$

所以 $B_sA_1 = 0.2$mm

因为 $B_xA_\Delta = \sum B_x\overrightarrow{A}_i - \sum B_s\overleftarrow{A}_i$

$0 = 0 + B_xA_1 - 0.1$

所以 $B_xA_1 = +0.1$mm

所以 工序尺寸：$A_1 = 110.2^{\ 0}_{-0.1}$mm

3. 零件加工过程中的中间工序尺寸计算

在零件的机械加工过程中，凡与前后工序尺寸有关的工序尺寸属中间工序尺寸。

在零件加工中，有的加工表面的测量基面或定位基面尚需继续加工，当加工这样的基面时，不仅要保证本工序对该加工基面的一些精度要求，而且同时还要保证另道工序的加工要求。此时，也需要进行工艺尺寸链换算。

例 3-5 图 3-23 为一齿轮内孔及键槽加工的简图。内孔及键槽的加工顺序如下：

(1)精镗孔至$\varnothing 84.8^{0.07}_{0}$ mm;

(2)插键槽至尺寸 A(通过工艺计算确定);

(3)热处理;

(4)磨内孔至$\varnothing 85^{+0.035}_{0}$ mm,同时间接保证键槽深度 $90.4^{+0.20}_{0}$ mm 的要求。

试计算中间工序尺寸 A 的大小 。

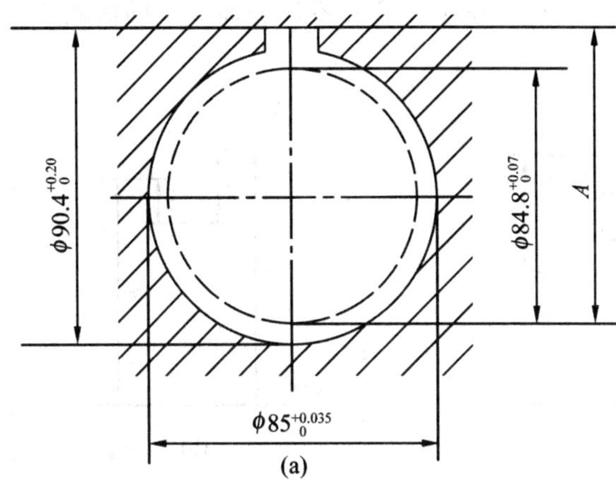

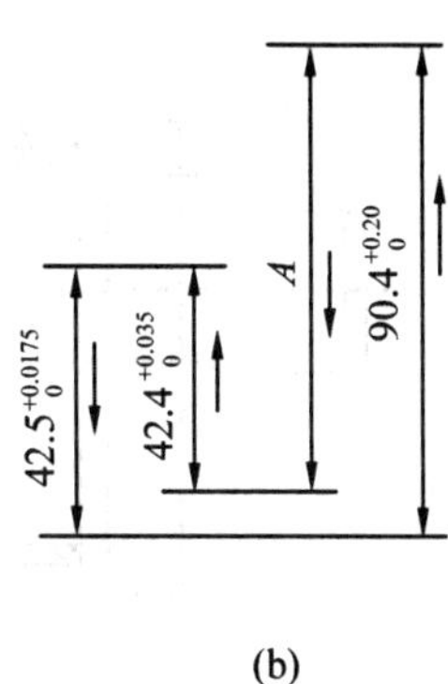

图 3-23　内孔及键槽加工

分析:现要计算中间工序尺寸,首先分析工艺过程及图 3-23(a)各尺寸的属性。图中尺寸$\varnothing 84.8^{+0.07}_{0}$ mm 是前工序镗孔直接获得的尺寸,图中尺寸$\varnothing 85^{+0.035}_{0}$ mm 是在磨孔工序时直接获得的尺寸,图中尺寸 A 则是要求在本工序加工中直接保证的尺寸,图中剩下的尺寸 $90.4^{+0.20}_{0}$ mm 则是将在磨孔工序中间接形成的尺寸,所以是尺寸链中的封闭环。

解:(1)确定封闭环为尺寸 $90.4^{+0.10}_{0}$,并建立尺寸链。查找方法是,从封闭环两端面 B,C 开始,依次寻找组成环,相会合形成图 3-23(b)所示的工艺尺寸链。

(2)确定增减环,尺寸 $42.5^{+0.0175}_{0}$,A 为增环,尺寸 $42.4^{+0.035}_{0}$ 为减环。

(3)计算:

因为 $A_{\Delta} = \sum \overrightarrow{A}_i - \sum \overleftarrow{A}_i$

$$90.4 = A + 42.5 - 42.4$$

所以 $A = 90.3\text{mm}$

上偏差:因为 $0.20 = B_sA + 0.0175 - 0$

所以 $B_sA = 0.1825\text{mm}$

下偏差:因为 $0 = B_xA + 0 - 0.035$

所以 $B_xA = 0.035\text{mm}$

所以工序尺寸:$A = 90.4^{+0.183}_{+0.035}$ mm

注意 :①此类题建立尺寸链时,尺寸可在半径方向上统一;②半径的尺寸公差,为其直径公差的一半。

4. 保证渗氮渗碳层深度的计算

有些零件的表面要求渗氮或渗碳,在零件图上还规定了渗层厚度,这就需要计算有关工序尺寸，以确定渗氮或渗碳的渗层厚度，从而保证零件图所规定的渗层厚度。

例 3-6　图 3-24 所示为偏心零件，表面 A 要求渗碳处理，渗碳层深度规定为 0.5～0.8mm。零件上与此有关的加工过程如下：

(1)精车 A 面，保证尺寸 $\varnothing 26.2_{-0.1}^{\ 0}$ mm；

(2)渗碳处理，控制渗碳层深度为 H_1；

(3)精磨 A 面，保证尺寸 $\varnothing 25.8_{-0.016}^{\ 0}$ mm，并保证磨后零件表面所留的渗碳深度达到规定的要求。试确定 H_1 的数值。

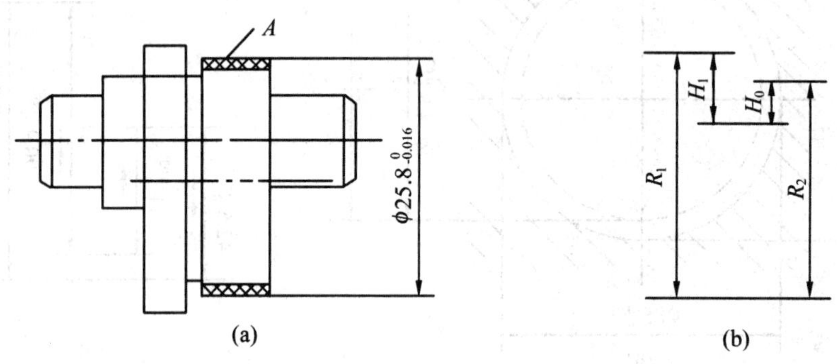

图 3-24　偏心零件渗碳层工序尺寸的转换

分析：根据工艺过程，可以建立与加工过程有关的尺寸链，如图 3-24(b)所示。在尺寸链中，$R_1=13.1_{-0.005}^{\ 0}$ mm，$R_2=12.9_{-0.008}^{\ 0}$ mm，$H_0=0.5_{\ 0}^{+0.3}$ mm，其中 H_0 为经过磨削加工后，零件上渗碳层的深度，是最后间接获得的尺寸，因而是尺寸链的封闭环。

解：(1)建立尺寸链，确定封闭环为尺寸 H_0。

(2)确定增减环。增环为 R_2，H_1，减环为 R_1。

(3)计算：

$H_0=R_2+H_1-R_1$

$H_1=0.7$mm

上偏差：$0.3=0+B_xH_1-(-0.05)$

$B_sH_1=0.25$mm

下偏差：$0=-0.008+B_xH_1-0$

$B_xH_1=0.008$mm

因此，工序尺寸：$H_1=0.7_{+0.008}^{+0.25}$ mm

§3-8　时间定额和提高劳动生产率的方法

机械加工工艺规程的制定，必须在保证零件质量要求的前提下，提高劳动生产率和降低成本。也就是说，必须做到优质、高效、低成本。

一、时间定额

时间定额是指在一定的生产条件下，规定生产一件产品或完成一道工序所需消耗的时间。时间定额不仅是衡量劳动生产率的指标，也是安排生产计划，计算生产成本的重要依据，还是新建或扩建工厂（或车间）时计算设备和工人数量的依据。

制定时间定额应根据本企业的生产条件，使大多数工人都能达到，部分先进工人可以超过，少数工人经过努力可以达到或接近的平均先进水平。合理的时间定额能调动工人的积极性，促进工人技术水平的提高，从而不断提高劳动生产率。随着企业生产技术条件的不断改善，时间定额应定期修订，以保持定额的平均先进水平。

为了正确地确定时间定额，通常把工序消耗的单件时间 T_p 分为基本时间 T_b、辅助时间 T_a、布置工作地时间 T_s、休息和生理需要时间 T_r 及准备和终结时间 T_e 等。

(1) 基本时间 T_b　基本时间是直接改变生产对象的尺寸、形状、相对位置、表面状态或材料性质等的工艺过程所消耗的时间。对机械加工而言，应是直接切除工序余量所消耗的时间（包括刀具的切入和切出时间）。

(2)辅助时间 T_a　辅助时间是为实现工艺过程所必须进行的各种辅助动作所消耗的时间。它包括：装卸工件、开停机床、引进或退出刀具、改变切削用量、试切和测量工件等所消耗的时间。

基本时间和辅助时间的总和称为作业时间 T_B，它是直接用于制造产品或零、部件所消耗的时间。

(3)布置工作地时间 T_s　布置工作地时间是为使加工正常进行，工人照管工作地（如调整和更换刀具、修整砂轮、润滑和擦拭机床、清理切屑等）所消耗的时间。T_s 不是直接消耗在每个工件上的，而是消耗在一个工作班内的时间，再折算到每个工件上的。一般按作业时间的2%～7%计算。

(4)休息和生理需要时间 T_r　休息与生理需要时间是工人在工作班内为恢复体力和满足生理上的需要所消耗的时间。T_r 也是按一个工作班为计算单位，再折算到每个工件上的。对由工人操作的机械加工工序，一般按作业时间的2%～4%计算。

以上四部分时间的总和称为单件时间 T_p，即：

$$T_p = T_b + T_a + T_s + T_r = T_B + T_S + T_R$$

(5)准备和终结时间 T_e（简称准终时间）　准终时间是工人为了生产一批产品或零、部件，进行准备和结束工作所消耗的时间。例如，在单件或成批生产中，每当开始加工一批工件时，工人熟悉工艺文件，领取毛坯、材料、工艺装备、安装刀具或夹具、调整机床和其他工艺装备等所消耗的时间；加工一批工件结束后，需拆下和归还工艺装备，送交成品等消耗的时间。T_e 既不是直接消耗在每个工件上，也不是消耗在一个工作班内的时间，而是消耗在一批工件上的时间。因而分摊到每个工件上的时间 T_e/n，其中 n 为批量。

故单件和成批生产的单件计算时间 T_c 应为：

$$T_c = T_p + \frac{T_e}{n} = T_b + T_a + T_s + T_r + \frac{T_e}{n}$$

二、提高劳动生产率的方法

提高机械加工生产率的工艺途径是合理地利用高生产率的机床和工艺装备，以及先进的加工方法，从而可缩短各个工序的单件时间。

1．缩短单件时间定额

在单件时间中，基本时间和辅助时间占比重最大，因此，缩短单件时间定额主要应从这两方面采取措施：

(1)缩减基本时间 T_b　基本时间 T_b 可按有关公式计算。以外圆车削为例：

$$T_b=\frac{\pi DLZ}{1000v_c f a_p}$$

式中：D——切削直径(mm)；

L——切削行程长度，包括加工表面的长度、刀具切入和切出的长度(mm)；

Z——工序余量(mm)(此处为单边余量)；

v_c——切削速度(m/min)；

f——进给量(mm/r)；

a_p——背吃刀量(mm)。

上式说明，增大切削用量 v_c，f 及 a_p，减少切削行程长度都可以缩短基本时间。

①提高切削用量　近年来随着刀具(砂轮)材料的迅速改进，刀具(砂轮)的切削性能已有很大的提高，高速切削和强力切削已成为切削加工的主要发展方向。目前，硬质合金车刀的切削速度一般可达到 200m/min，而陶瓷刀具的切削速度可达 500m/min。近年来出现的聚晶金刚石和聚晶立方氮化硼刀具在切削普通钢材时，其切削速度可达 900m/min；加工 60HRC 以上的淬火钢或高镍合金钢时，切削速度可在90m/min以上。磨削的发展趋势是高速磨削和强力磨削。高速磨削速度已达 80m/s 以上；强力磨削的金属切除率可为普通磨削的 3～5 倍，其磨削深度一次可达 6～12mm。

②减少或重合切削行程长度　利用多把刀具或复合刀具对工件的同一表面或多个表面同时进行加工，或者用宽刀具作横向进给同时加工多个表面，同时复合工步，都能减少每把刀具的切削行程长度或使切削行程长度部分或全部复合，减少基本时间。图 3-25 所示为多刀车削实例，每把车刀的切削长度只有工件长度的 1/3。

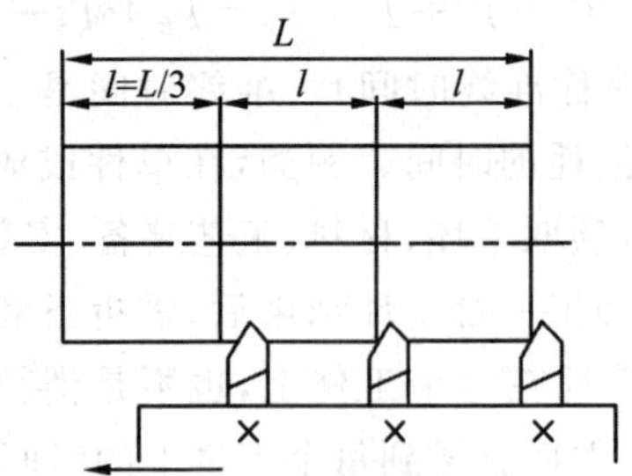

图 3-25　多刀车削

③多件加工　多件加工有三种形式：顺序多件加工、平行多件加工和平行顺序加工。图 3-26(a)所示为顺序多件加工，工件按进给方向顺序地一个接一个地装夹，减少了刀具的切入和切出时间，从而减少基本时间。这种形式的加工常见于滚齿、插齿、龙门刨、平面磨削和铣削的加工中。图3-26(b)所示为平行多件加工，工件平行排列，一次进给可同时加工几个工件，加工所需基本时间和加工一个工件相同，分摊到每个工件的时间就减少到

原来的 $1/n$，其中 n 是同时加工的工件数。这种形式常见于平面磨削和铣削中。图 3-26(c)所示为平行顺序加工，它是以上两种形式的综合，常用于工件较小、批量较大的场合，如立轴圆台平面磨和铣削加工中，缩减基本时间效果十分显著。

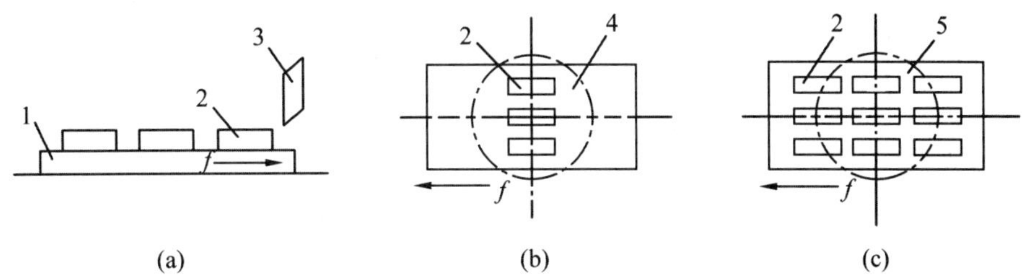

图 3-26 多件加工示意图

1—工作台 2—工件 3—刨刀 4—铣刀 5—砂轮

(a)顺序多件加工 (b)平行多件加工 (c)平行顺序加工

(2)缩短辅助时间 在单件小批生产中，辅助时间在单件时间中占有较大比重，尤其是在大幅度提高切削用量之后，辅助时间所占的比重就更高。在这种情况下，如何缩减辅助时间，就成为提高生产率的关键。

缩减辅助时间有两种方法：直接缩减辅助时间和间接缩减辅助时间。

①直接缩减辅助时间 采用先进的高效夹具可缩减工件的装卸时间。在大批大量生产中采用先进夹具，如气动、液动夹具，不仅减轻了工人的劳动强度，而且可以大大缩减装卸工件时间。在单件小批生产中采用成组夹具或通用夹具，能大大地节省工件的装卸找正时间。

采用主动测量法可大大减少加工中的测量时间。主动测量装置能在加工过程中测量工件加工表面的实际尺寸，并可根据测量结果，对加工过程进行主动控制。目前在内外圆磨床上应用较普遍。

目前，在各类机床上配置的数字显示装置，都是以光栅、感应同步器为检测元件，连续显示工件在加工过程中的尺寸变化。采用该装置后能很直观地显示出刀具的位移量，节省停机测量的时间。

②间接缩短辅助时间 即使辅助时间与基本时间重合，从而减少辅助时间。例如，图 3-27所示为立式连续回转工作台铣床加工的实例。机床有两根主轴顺次进行粗、精铣削，装卸工件时机床不停机，因此辅助时间和基本时间重合。

又如，采用转位夹具或转位工作台以及几根心轴(夹具)等，可在加工时间内对另一工件进行装卸。这样，可使辅助时间中的装卸工件时间与基本时间重合。

前面提到的主动测量或数字显示装置也能起到同样的作用。

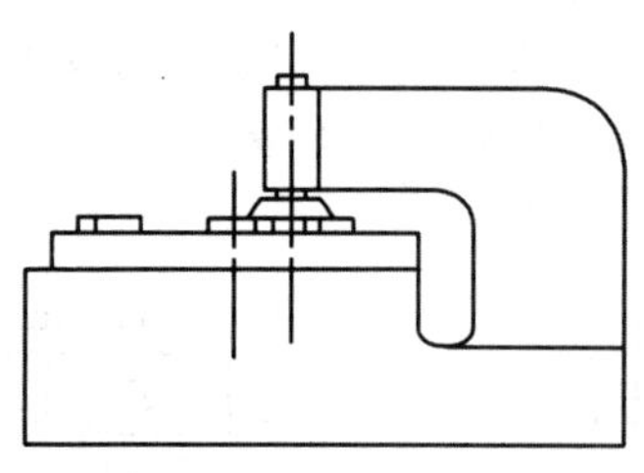

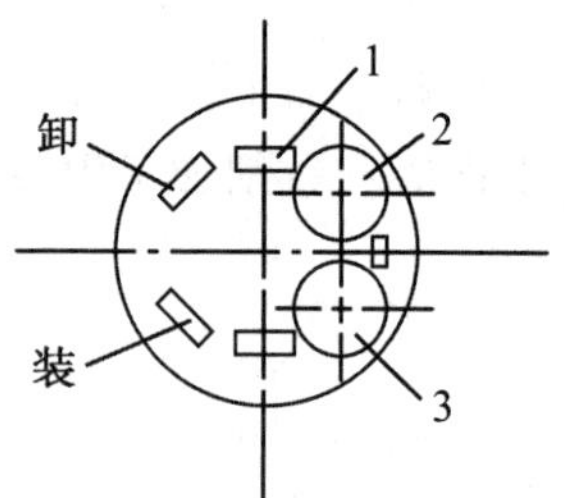

图 3-27 立式连续回转工作台铣床加工

1—工件 2—精铣刀 3—粗铣刀

③缩短布置工作地时间 布置工作地时间大部分消耗在更换刀具或调整刀具上,因此,缩短布置工作地时间就要从这两方面入手。此外,还要考虑提高刀具或砂轮的耐用度。换刀时间的减少,主要是通过改进刀具的安装方法和采用装刀夹具来实现。如采用各种快换刀夹、刀具微调机构、专用对刀样板或对刀块等,以减少刀具的调整和对刀时间。

④缩短准备和终结时间 缩短准备和终结时间的主要方法是扩大零件的批量减少调整机床、刀具和夹具的时间。

成批生产中,除设法缩短安装刀具、调整机床等的时间外,应尽量扩大制造零件的批量,减少分摊到每个零件上的终结时间。中、小批量生产中,由于批量小、品种多,准终结时间在单件时间中占有较大比重,使生产率受到限制。因此,应设法使零件通用化和标准化,以增加被加工零件的批量,或采用成组技术。

2. 采用先进工艺方法

采用先件工艺可大大提高劳动生产率,主要应用在下列几个方面:

(1)在毛坯制造中采用新工艺 例如,粉末冶金、石蜡铸造、精锻和爆炸成型等新工艺,能提高毛坯精度,减少机械加工劳动量和节约原材料,经济效益显著。

(2)采用少无切削工艺 如某厂的齿形精加工用挤齿代替剃齿,使齿面粗糙度 Ra 值降低到 0.4～0.1μm,生产率提高了 6～7 倍。

(3)改进加工方法 例如,采用拉孔代替镗、铰,采用精刨、精磨或金刚镗代替刮研,均可大大提高生产率和降低劳动强度。

(4)应用特种加工新工艺 对于某些特硬、特脆、特韧材料及复杂型面的加工,用常规切削方法难于完成加工,而采用特种加工能显示其优越性和经济性。

习 题

3-1 试述生产过程、机械加工工艺过程、机械加工工艺规程、工序、安装、工步、走刀、工位的含义及其关系的。

3-2 图 3-28 所示的套筒零件,材料为 45 钢,其小批量生产的过程见表 3-10。试分析划分工序、安装、工步的理由。

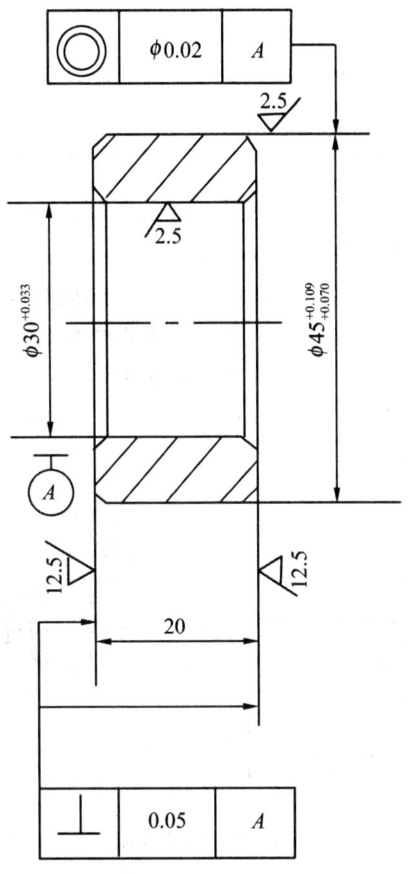

图 3-28 套筒零件

表 3-10 **套筒零件小批生产的过程**

工序号	工序名称	安 装	工 序 内 容	设 备	定位及夹紧
1	备 料		∅48mm×130(五件合一)		
2	车	1	(1)车端面	普通车床	外 圆
			(2)钻孔,留镗、磨孔余量		
			(3)镗孔,留磨孔余量		
			(4)车外圆,留磨外圆余量		
			(5)倒角		
			(6)切断		
		2	(7)车另一端面,保证尺寸 20mm		外圆及端面
			(8)倒角		
3	热处理		淬火,硬度 HRC45～50		

(续表)

4	磨		磨孔至图纸要求	内圆磨床	外 圆
5	磨		磨外圆至图纸要求	外圆磨床	孔
6	检 验		按图纸要求检验		

3-3　什么叫生产纲领？生产类型与生产纲领有何联系？

3-4　生产类型有哪几种？各有何工艺特征？

3-5　零件图工艺分析包括哪些内容？它与编制机械加工工艺过程有何联系？

3-6　毛坯类型有哪几种？选择毛坯类型应考虑哪些因素？

3-7　零件的基准有哪几种？各有何联系和区别？

3-8　图 3-29 为小轴在车床顶尖间加工小端外圆及肩台面 2 的工序图，试分析肩台面 2 的设计基准、定位基准及测量基准。

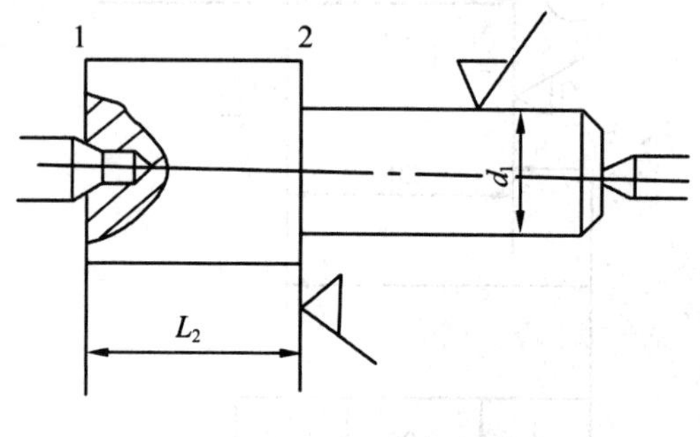

图 3-29　题 3-8 图

3-9　图 3-30 为箱体零件图及工序图，试在图中指出：

(1) 平面 2 的设计基准、定位基准及测量基准；

(2) 孔 4 的设计基准、定位基准及测量基准。

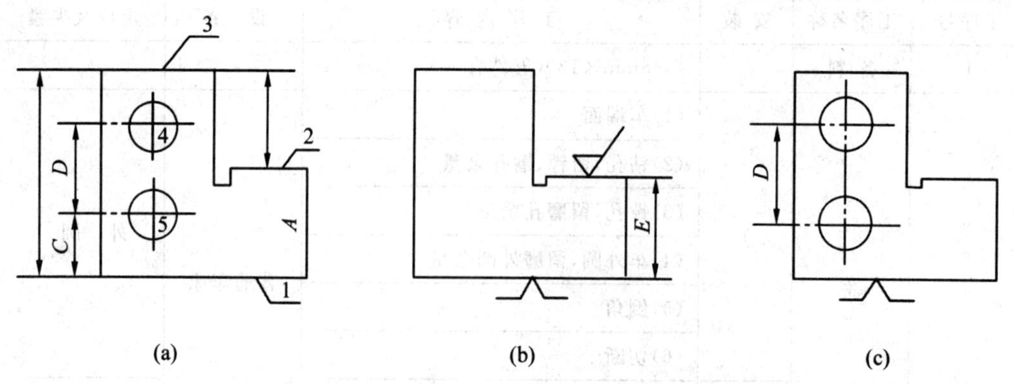

图 3-30　题 3-9 图

(a)零件图　(b)镗削平面工序图　(c)镗孔工序图

3-10　选择工件的粗、精基准应遵循哪些基本原则？为什么粗基准一般只能使用一次？

3-11 试选择图 3-31 所示零件加工时的粗、精基准（毛坯为铸件），并说明选择的理由。

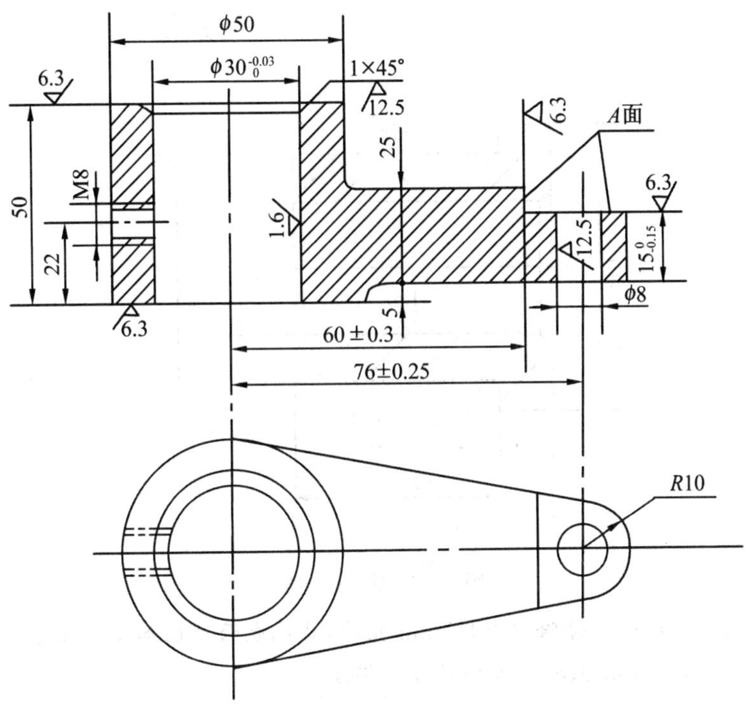

图 3-31 题 3-11 图

3-12 影响加工余量的因素有哪些？确定加工余量的基本原则是什么？

3-13 试绘图分别表示内、外表面本工序最大、最小余量与上道工序的最大、最小极限尺寸，本工序最大、最小极限尺寸以及上道工序和本工序尺寸公差之间的关系。

3-14 试用查表法确定图 3-32 所示零件的加工余量，外圆表面加工可采取如下方案：

热轧棒料⟶粗车⟶精车⟶粗磨⟶精磨。

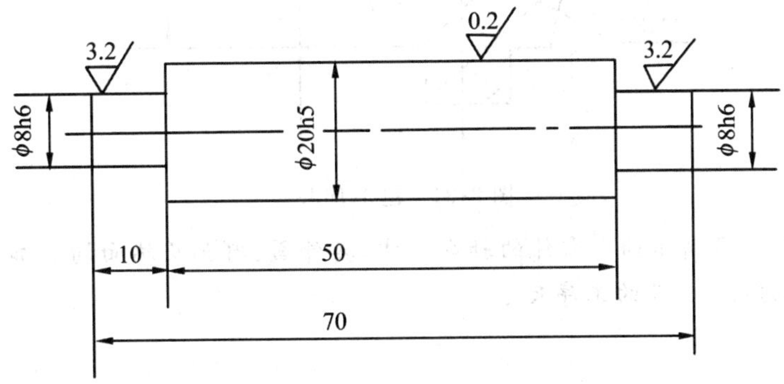

图 3-32 题 3-14 图

3-15　图 3-33 为轴承套零件简图，其外圆表面加工过程为"粗车——→精车——→精磨"；内孔的加工过程为"粗镗——→精镗——→粗铰——→精铰"。试用查表法确定其加工余量、各工序尺寸及偏差。

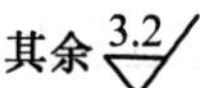

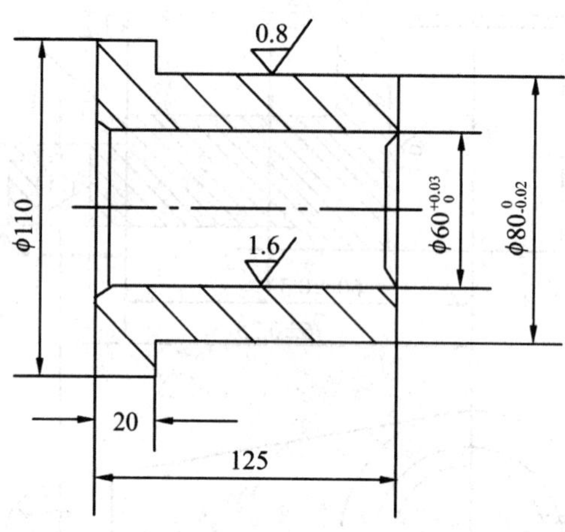

图 3-33　题 3-15 图

3-16　图 3-34 所示零件除∅25H7mm 孔外，其他表面均已加工。试求：当以 *A* 面为定位基准加工∅25H7mm 孔时的工序尺寸及偏差。

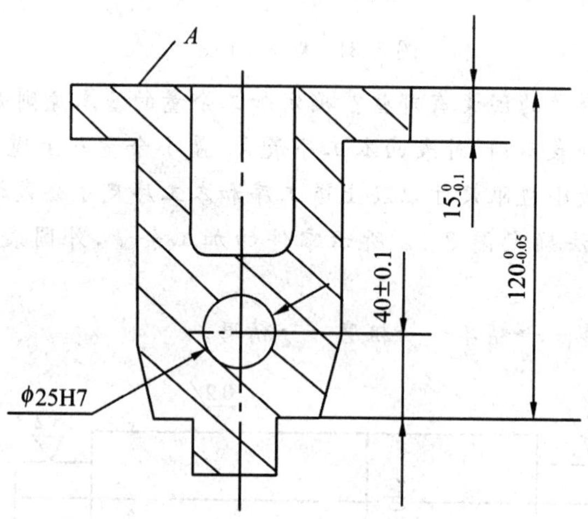

图 3-34　题 3-16 图

3-17　图 3-35 所示轴套零件的轴向尺寸，其外圆、内孔及端面均已加工。试求：当以 *B* 面定位钻∅10mm 孔的工序尺寸。

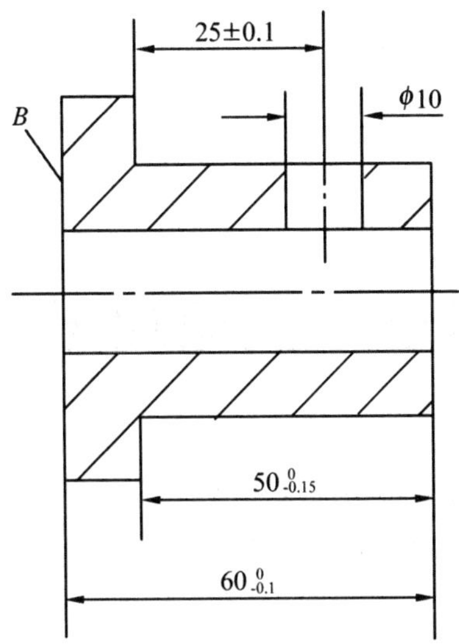

图 3-35　题 3-17 图

3-18　拟定零件工艺过程包括哪些内容？各应遵循哪些原则？

3-19　工序集中和工序分散各有何特点？分别适用于什么场合？

3-20　零件加工工艺过程都需要划分加工阶段吗？划分加工阶段有何意义？

3-21　选择零件加工设备和工艺装备各应注意哪些主要问题？

3-22　提高机械加工劳动生产率的工艺措施有哪些？

3-23　时间定额的基本组成部分有哪些？

第四章　机械加工质量

机械零件的加工质量不仅与机械产品的质量密切相关，而且对产品的工作性能和使用寿命具有很大的影响。机械零件的加工质量包括机械加工精度和机械加工表面质量两个方面。

§4-1　机械加工精度

一、机械加工精度与加工误差

机械加工精度是指机械加工后零件的实际几何参数与零件理想几何参数的符合程度。符合程度越高，加工精度越高；符合程度越低，则加工精度越低。机械加工误差是指零件实际几何参数与零件理想几何参数偏离程度。加工精度的高低由加工误差大小来衡量，加工误差大，则零件加工精度低；加工误差小，则零件加工精度高。

机械加工精度包括尺寸精度、形状精度和位置精度三个方面。从保证机器的使用性能出发，机械零件应具有足够的加工精度，但没有必要把每个零件都做得绝对准确。设计时应根据零件在机器上的功能，将加工精度规定在一定的范围内是完全允许的。即加工精度的规定均以相应的标准公差值标注在零件图上，加工时只要零件的加工误差未超过其公差范围，就能保证零件的加工精度要求和工作要求。

研究加工误差的目的，就是要分析影响加工误差的各种因素及其存在规律，从而找出减少加工误差，提高加工精度的合理途径。

1. 原始误差

在机械加工中，机床、夹具、刀具和工件组成一个完整的组合体，称为工艺系统。由于工艺系统本身的结构和状态及加工过程中的物理现象产生的误差称为原始误差。由于工艺系统各种原始误差的存在，如机床、夹具、刀具的制造误差及磨损，工件的装夹误差、测量误差、调整误差以及加工过程中的各种力和热所引起的误差等使工艺系统间正确的几何关系遭到破坏而产生加工误差。这些误差主要包括加工原理误差、机床几何误差、刀具误差、调整误差、测量误差、工艺系统受力变形、工艺系统受热变形、工件残余应力引起变形等。

2. 误差敏感方向

在切削过程中，由于受到各种原始误差的影响会使刀具和工件间的正确几何关系遭到破坏，引起加工误差。通常，各种原始误差的大小和方向是各不相同的，而加工误差则必须在工序尺寸方向上测量。因此，不同的原始误差对加工精度有不同的影响。当原始误差的方向与工序尺寸的方向一致时，其对加工精度的影响最大。为便于分析，把原始误差对加工精度影响最大的方向（即通过刀刃加工表面的法向）称为误差敏感方向。

二、工艺系统的几何误差

1. 加工原理误差

采用近似的成形运动或近似刀刃轮廓进行加工而产生的误差称为加工原理误差。例如利用齿轮滚刀滚齿，为了制造方便采用阿基米德蜗杆滚刀或法向直廓蜗杆滚刀代替渐开线基本蜗杆滚刀，由此使滚刀的切削刃形状产生误差，从而引起加工误差；二是由于滚刀齿数的限制，实际加工出的齿形是一条由微小折线组成的曲线，而和理论上的光滑渐开线有差异，这些都会产生加工原理误差。采用近似的成形运动或近似刀刃轮廓进行加工，虽然产生了加工原理误差，但往往可简化机床或刀具的结构，并能提高生产效率，降低加工成本，只要误差不超过规定的精度要求，在生产中仍能广泛应用。

2. 机床的几何误差

机床几何误差是由机床的制造误差、安装误差和磨损等引起的，它是保证工件加工精度的基础。我们主要研究对加工精度影响较大的几项误差：机床主轴回转误差、导轨导向误差和传动链误差。

（1）机床主轴回转误差　机床主轴是用于安装工件或刀具并传递动力的重要零件，其回转误差将直接影响零件的加工精度和表面质量。主轴回转误差是指主轴回转时其瞬时回转轴线相对于平均回转轴线的变动量。主轴回转误差可分解为径向圆跳动、端面圆跳动和角度摆动三种基本形式，如图 4-1 所示。以车削为例，径向圆跳动主要影响圆柱面的精度；端面圆跳动主要影响形状和轴向尺寸精度；角度摆动主要影响圆柱面与端面加工精度。

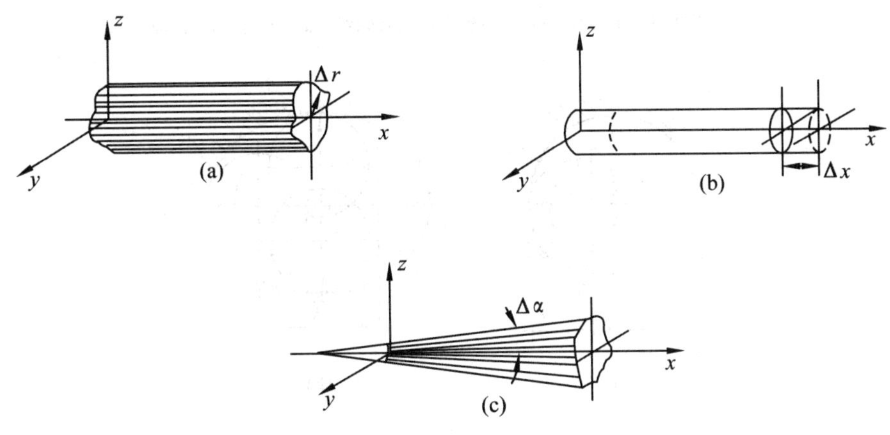

图 4-1　主轴回转误差的基本形式

图 4-2 所示车削工件端面，受端面圆跳动的影响，加工出的端面近似螺旋面。图 4-3 所示镗刀镗孔时，由于受角度摆动的影响，被加工的孔成为椭圆形。

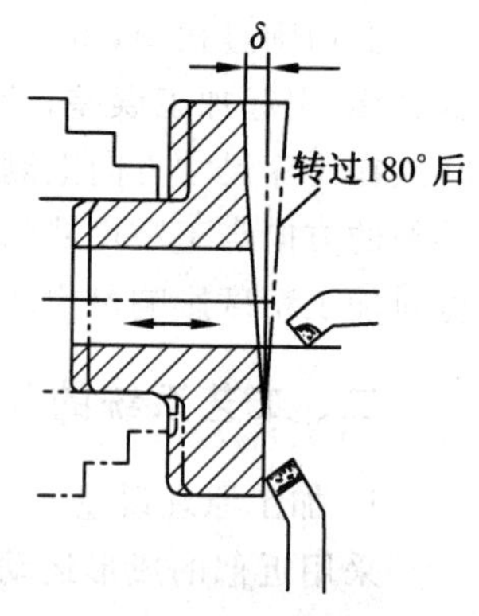

图 4-2　端面圆跳动对车削工件端面的影响

主轴产生回转误差主要是主轴的制造误差、轴承制造误差、轴承间隙、与轴承配合零件——主轴支承轴颈和箱体孔的误差等原因造成的。

采用滑动轴承时，主轴回转误差主要是主轴支承轴颈和轴承内孔的圆度误差和波度造成的。

对于工件回转类机床(车床等)，切削力的方向不变，主轴支承轴颈以不同部位与轴承内孔的某一固定部位相接触。影响主轴回转精度的因素主要是主轴支承轴颈的圆度和波度，而轴承内孔误差的影响甚小，如图 4-4(a)所示。对于刀具回转类机床(镗床等)切削力方向随主轴旋转而变化，主轴支承轴颈的某一固定部位与轴承内孔表面的不同部位相接触。影响主轴回转误差的因素主要是轴承内孔的圆度和波度，而主轴支承轴颈的误差影响甚小，如图 4-4(b)所示。

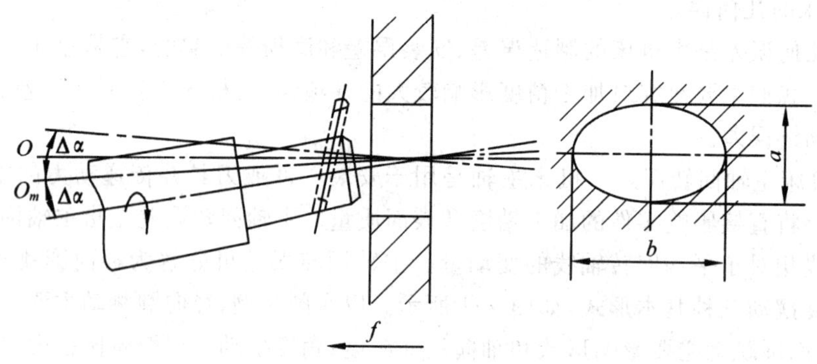

图 4-3　角度摆动对镗孔的影响

O—工件回转中心线　O_m—主轴平均回转轴线　a—短轴　b—长轴

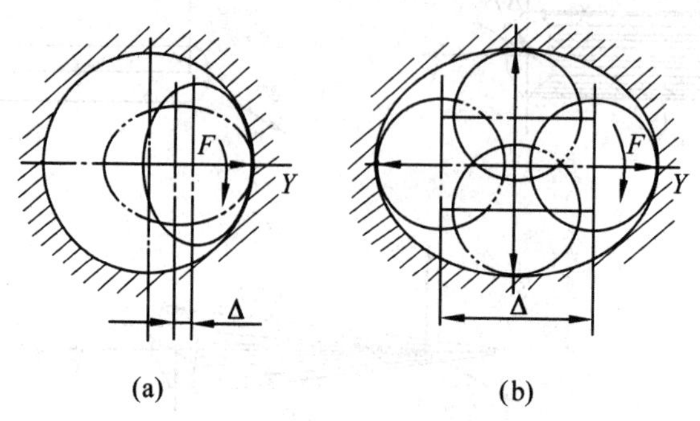

图 4-4　两类主轴回转误差的影响

(a)工件回转类机床　(b)刀具回转类机床

滚动轴承由内圈、外圈、滚动体和保持架等组成，其中内圈滚道、外圈滚道可分别看作主轴支承轴颈和轴承内孔，对机床回转精度的影响与滑动轴承相似，如图 4-5 所示。滚动体的尺寸误差与圆度误差会引起主轴回转的径向圆跳动，如图 4-6 所示。

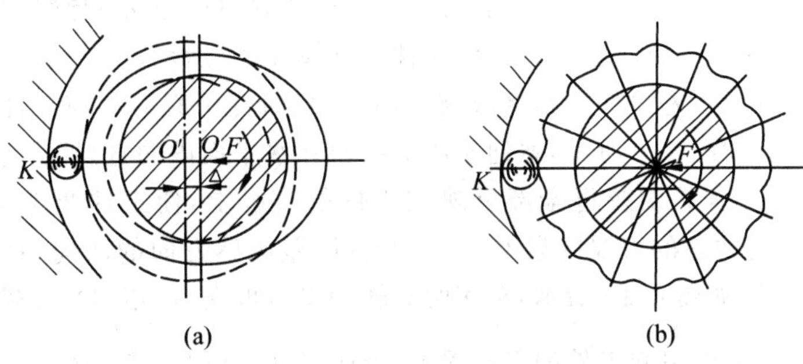

图 4-5　滚动轴承内滚道存在圆度误差和波度对主轴回转精度的影响

(a)圆度误差　(b)波度

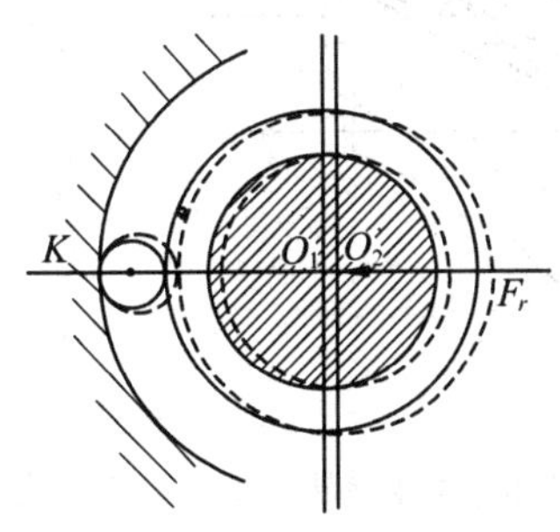

图 4-6　滚动轴承滚动体尺寸误差对主轴回转精度的影响

另外，随着轴承间隙的增大，回转误差增大。由于轴承内、外圈或轴瓦很薄，当与之相配合的轴颈或箱体孔有圆度误差时，会使之发生变形而产生圆度误差，从而影响主轴回转精度。

提高主轴回转精度的措施：

① 提高主轴部件的制造精度。应选用高精度的滚动轴承或采用高精度多油楔动压轴承和静压轴承，同时还应提高主轴支承轴颈、箱体孔以及其他与轴承相配合零件的加工精度。

② 对轴承进行预紧。消除轴承间隙，既增大了轴承的刚度，同时也提高了主轴回转精度。

③ 使主轴回转误差不反映到工件上。在磨削外圆表面时采用死顶尖就是一个典型的例子。如图 4-7 所示，工件支承在两个死顶尖之间，在拨盘带动下绕前后顶尖连线回转，工件的精度取决于顶尖孔、顶尖的精

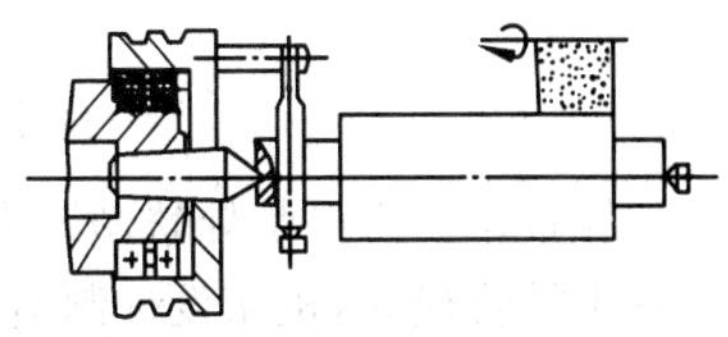

图 4-7　在两个死顶尖间磨削外圆

度，主轴不转其回转误差不影响工件的回转精度。

（2）机床导轨误差　导轨的导向精度是指机床导轨副的运动件（溜板、工作台）实际运动方向与理想运动方向的符合程度，其偏离量称为导向误差。

导向精度主要包括：导轨在水平面内的直线度，如图 4-8 所示；导轨在垂直面内的直线度，如图 4-9 所示；导轨面间的平行度（扭曲），如图 4-10 所示。

在分析导轨导向误差对加工精度影响时，我们只研究引起刀具与工件在误差敏感方向上的相对位移。如图 4-8 所示，普通车床的导轨在水平面内的直线度误差，正好处于加工误差的敏感方向上，其误差将全部反映到工件的直径上，使工件产生圆柱度误差；如图 4-9所示，在垂直面内的直线度误差，由于处在误差敏感方向的法向，对工件形状精度的影响可忽略不计；如图 4-10 所示，车床两导轨的平行度误差（扭曲），使鞍座产生横向倾斜，刀具产生位移，因而引起工件的形状误差，由图可知，其误差值 $\Delta R \approx \Delta y = \frac{H}{B}\Delta$。

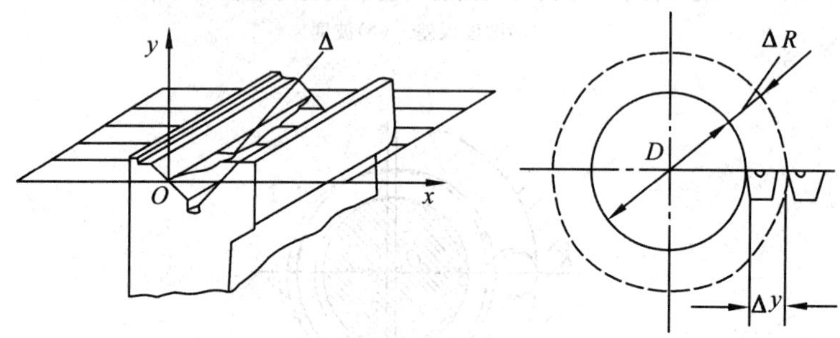

图 4-8　车床导轨在水平面内的直线度

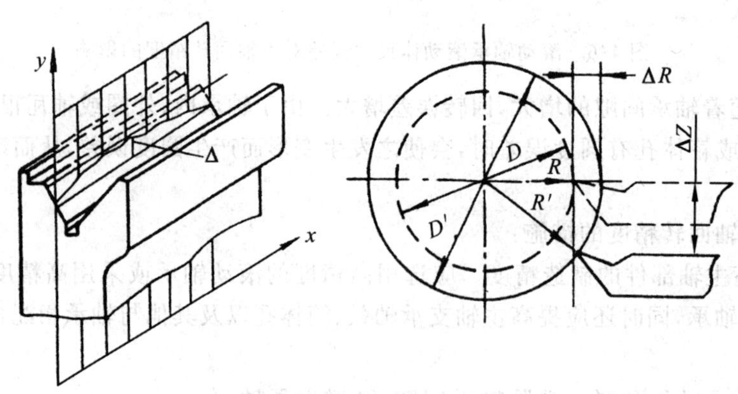

图 4-9　车床导轨在垂直面内的直线度

导轨误差主要是导轨制造误差、导轨安装误差、导轨磨损等几个方面作用而产生的。为减少导轨误差，机床设计制造时应从结构、材料等方面采取措施提高导轨导向精度，在安装时应调好水平和保证地基质量，使用时注意调整导轨配合间隙，同时保证良好的润滑。

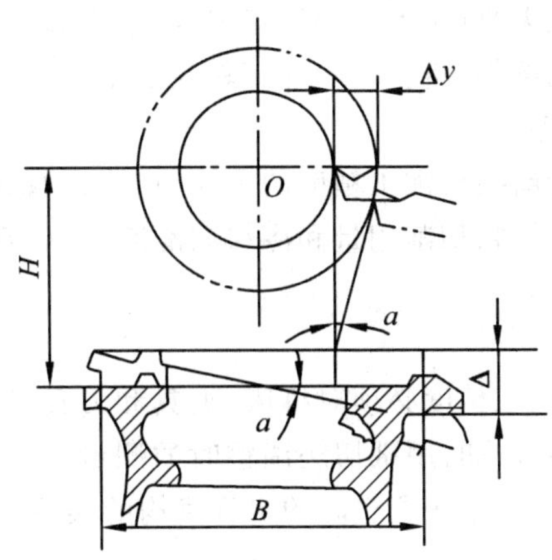

图 4-10　车床导轨平行度误差引起的加工误差

(3) 机床传动链误差

机床传动链误差是指传动链始末两端传动元件之间相对运动误差。它是由传动链中各传动件的制造误差、装配误差、加工过程中由力和热产生的变形以及磨损等引起的。传动件在传动链中的位置不同,影响程度不同,其中,末端元件的误差对传动链的误差影响最大。传动链中的各传动件的误差都将通过传动比的变化传递到执行元件上。在升速传动时,传动件的误差被放大相同的倍数;在降速传动时,传动件的误差被缩小相同的倍数。为减少传动链误差对加工精度的影响,可以采取以下措施:

① 尽量缩短传动链。减少传动元件数量,可减少误差的来源。

② 采用降速比传动。特别是传动链末端传动副的传动比越小,则传动链中其余各传动元件误差对传动精度的影响就越小。

③ 提高传动元件,尤其是末端传动元件的制造精度和装配精度。

④ 采用校正装置。其实质是人为加入一个大小与传动链原有的传动误差大小相等方向相反的误差,以抵消原有的传动链误差。图 4-11 所示为丝杠误差的校正装置。

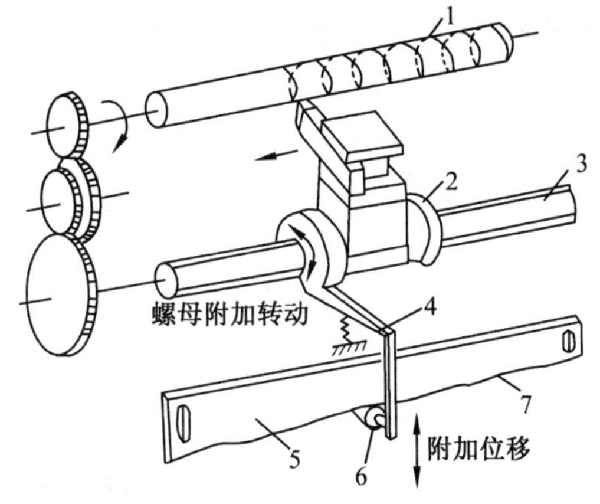

图 4-11　丝杠误差校正装置

1—工件　2—螺母　3—丝杠　4—杠杆

5—校正尺　6—触头　7—校正曲线

3. 刀具误差

刀具误差包括刀具制造误差、安装误差和磨损。机械加工中常用的刀具分为一般刀具、定尺寸刀具和成形刀具。不同的刀具对加工精度的影响不同。

定尺寸刀具(钻头、铰刀、镗刀块、拉刀等)加工时,刀具的制造误差和磨损直接影响被加工工件的尺寸精度。成形刀具(成形车刀、成形铣刀等)的制造误差和磨损主要影响被加工工件的形状精度。一般刀具(车刀、铣刀、镗刀等)制造误差对加工精度无直接影响,但刀具在切削过程中产生的磨损,将会影响加工精度。如:车削长轴时,车刀磨损将使工件出现锥度,产生圆柱度误差。

为减少刀具制造误差和磨损对加工精度的影响,应合理规定定尺寸刀具和成形刀具的制造误差,正确选择刀具材料、切削用量和冷却润滑液,提高刀具的刃磨质量,以减少初期磨损。

4. 调整误差

零件加工时,为了保证加工精度必须对机床、夹具和刀具进行调整,由于调整不可能绝对准确,因而产生调整误差。如:用试切法调整时的测量误差、进给机构的位移误差及最小极限切削厚度的影响,用调整法调整时的定程机构的误差,用样板或样件调整时样板或样件的误差。

5. 测量误差

在工序调整及加工过程中测量工件时,由于测量方法、量具精度等因素对测量结果准确性的影响而产生的误差。

三、工艺系统受力变形

在机械加工过程中,工艺系统在切削力、传动力、惯性力、夹紧力以及重力的作用下产生变形,破坏了静态下调整好的刀具和工件之间的位置关系,从而产生加工误差。例如,车削细长轴时,工件在切削力作用下发生变形,使加工后的工件产生中间粗两端细的腰鼓形如图 4-12(a)所示。在内圆磨床上以横向切入法磨孔时,由于系统受力变形,磨出的孔会出现圆柱度误差,如图 4-12(b)所示。

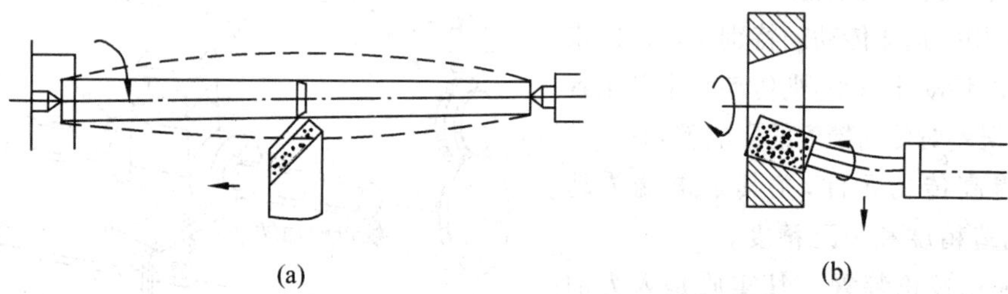

图 4-12　工艺系统受力变形对加工精度的影响

(a)细长轴加工时的受力变形　(b)磨内孔时的受力变形

工艺系统受力变形的大小,与所受载荷的大小、载荷性质和系统的刚度有关。

1. 工艺系统的刚度

工艺系统的刚度表明工艺系统在各种外力作用下抵抗变形的能力。在同样载荷作用下,系统刚度大,变形小,反之变形大。

工艺系统是由机床、夹具、刀具和工件组成的。因此,工艺系统刚度的大小是由组成工艺系统的各部分的刚度所决定的。工艺系统的各部分又是由部件或零件组成,因此,关键零部件的刚度也影响着系统的刚度。

影响机床部件刚度的因素主要有：

① 连接表面的接触变形　机械加工后零件的表面并非理想的平整和光滑，而是有一定的形状误差和表面粗糙度。因此，零部件间的实际接触面积远小于理想接触面积，而真正处于接触状态的是部分凸峰，如图 4-13所示。在外力作用下，这些接触处将产生较大的接触应力引起接触变形。

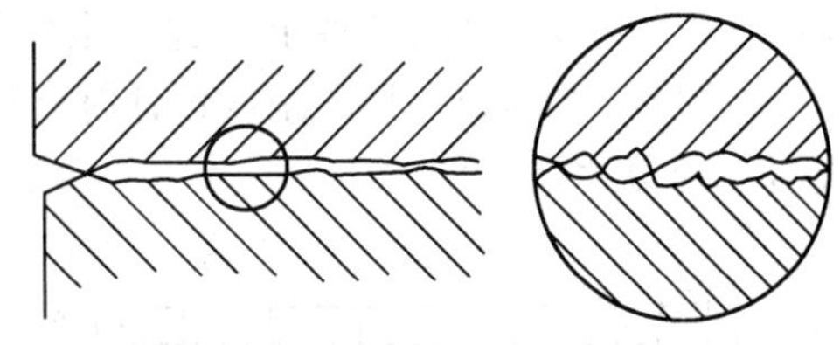

图 4-13　表面接触情况

② 部件中薄弱零件的变形　机床部件中薄弱零件的受力变形对部件刚度影响很大。如图 4-14 所示，刀架部件中的楔铁，刚度很差，很容易发生变形，会使整个部件的刚度变差。

③ 间隙的影响　部件中各零件间有间隙，只要受到较小的力就会产生位移，严重影响部件的刚度。如图 4-15 所示，加工过程中如果单向受力，加载后间隙消除，间隙对位移没有影响，但像镗床、铣床等，受力方向经常改变，则间隙将影响刀具相对于零件表面的准确位置，产生较大的加工误差。

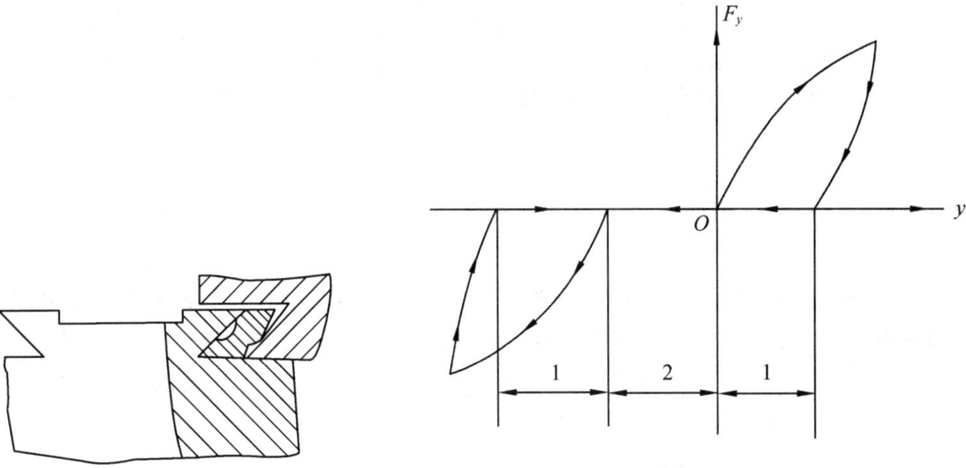

图 4-14　刀架中的薄弱零件

图 4-15　间隙对刚度曲线的影响
1—变形量　2—间隙

④ 摩擦的影响　在加载时零件接触面间的摩擦力阻止变形的增大，卸载时摩擦力阻止变形的回复，使加载和卸载曲线不重合。

2. 工艺系统受力变形对加工精度的影响

(1) 由于切削力作用点位置变化而产生的变形　用两顶尖装夹工件，车削短而粗的轴，如图 4-16(a)所示。由于工件刚度较大，在切削力作用下工件的变形相对于机床、夹具和刀具变形要小得多，故工艺系统总的变形量完全取决于机床主轴箱、尾架、顶尖和刀架(包括刀具)的刚度。图 4-16(a)上方所示的变形曲线说明，随着切削力作用点位置的变化，工艺系统的变形随之变化，由于机床主轴箱、尾架、顶尖和刀架（包括刀具）的刚度相对较差，因而变形较大，刀具从工件上切去的金属层薄；由于工件刚度较大，切削到中间位置时变形较小，刀具从工件上切去的金属层厚，使加工出来的工件呈两端粗中间细的鞍形。因机床、夹具和刀具的刚度设计时已经过计算，故其变形量是很小的，只有在磨损较大时表现得才较明显。

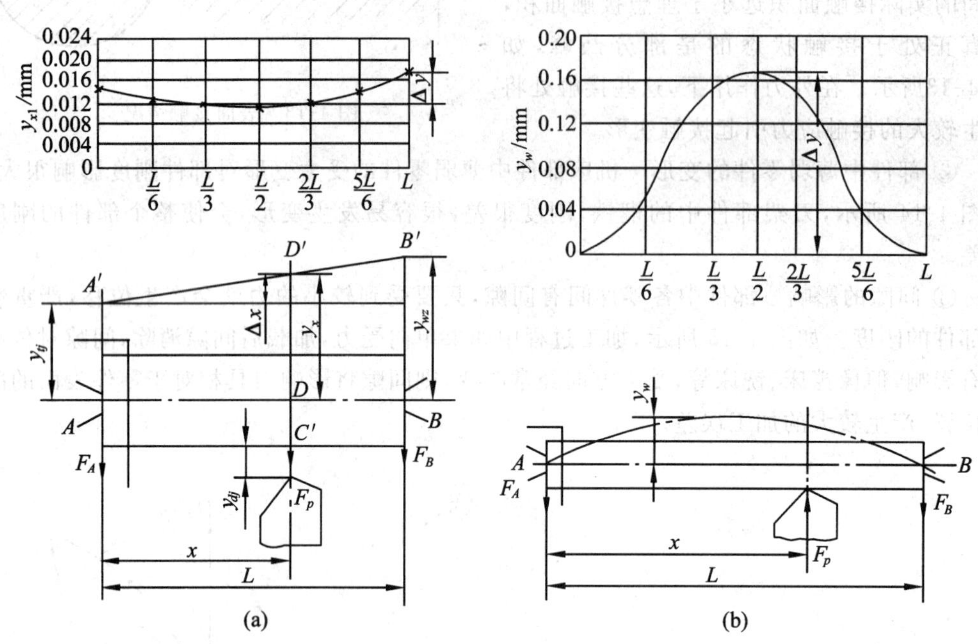

图 4-16　工艺系统的位移随作用力点位置变化的情况

(a)车削短而粗的轴　(b)车削细长轴

用两顶尖装夹工件，车削细长轴如图 4-16(b)所示。由于工件刚度很低，机床、夹具、刀具在受力下的变形可忽略不计，则工艺系统的位移完全取决于工件的变形。经分析计算可知，工件的中间部位刚性最差，变形量最大，刀具从工件上切去的金属层最薄，使加工出来的工件呈两端细中间粗的鼓形。

由此可见，工艺系统的刚度在沿工件轴向的各个位置是不同的，所以加工后工件各个横截面上的直径尺寸也不相同，造成加工后工件的形状误差，如锥度、鼓形、鞍形等。

(2) 误差复映规律　当毛坯加工余量和材料硬度不均匀时，会引起切削力的变化，进而会引起工艺系统受力变形的变化而产生加工误差。下面以车削椭圆形横截面毛坯为例进行分析，如图 4-17 所示。将刀尖调整到要求的尺寸(图中的虚线位置)，在工件每转一转的过程中，背吃刀量发生变化，切至毛坯椭圆长轴时背吃刀量最大为 a_{p_1}，切至毛坯椭圆短轴时背吃刀量最小为 a_{p_2}。因此，切削力 F_y 也随切削深度的变化出现由最大 F_{ymax} 到最小 F_{ymin} 的变化，引起工艺系统变形由 y_1 变为 y_2，这样就使毛坯的椭圆形圆度误差复映到加工后的工件表面上，这种现象称为“误差复映”。

由图可知，毛坯上的圆度误差为：

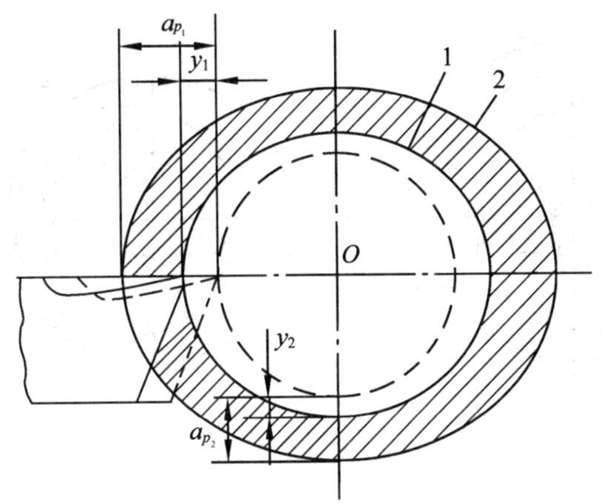

图 4-17　毛坯误差的复映

$$\Delta_{mp}=a_{p_1}-a_{p_2} \tag{4-1}$$

设工艺系统的刚度为 k_{xt}，则车削后工件圆度误差(即工件误差)：

$$\Delta_{gj}=y_1-y_2=(F_{p_1}-F_{p_2})/k_{xt}=\frac{A}{K_{xt}}(a_{p_1}-a_{p_2})=\frac{A}{K_{xt}}\Delta_{mp} \tag{4-2}$$

令　　$\varepsilon=\dfrac{\Delta_{gi}}{\Delta_{mp}}=\dfrac{A}{k_{xt}}$

式中：ε——误差复映系数；

　A——径向切削力系数。

ε 定量反映了毛坯误差经加工后所减少的程度。它与工艺系统刚度 k_{xt} 成反比，与径向切削力系数成正比。减少误差复映对工件加工精度的影响，可增加工艺系统的刚度或减少径向切削力系数(例如增大主偏角、减少进给量等)。当毛坯误差较大时，一次走刀不能满足加工精度要求时，需要多次走刀来消除毛坯误差复映到工件上的误差。

第一次走刀后复映的误差：$\Delta_1=\varepsilon_1\cdot\Delta_{mp}$

第二次走刀后复映的误差：$\Delta_2=\varepsilon_2\cdot\Delta_1=\varepsilon_1\cdot\varepsilon_2\cdot\Delta_{mp}$

……

第 n 次走刀后复映误差：$\Delta_n=\varepsilon_1\cdot\varepsilon_2\cdot\cdots\cdot\varepsilon_n\cdot\Delta_{mp}$

因为 $\varepsilon<1$，而且是一个远远小于 1 的系数，所以经过多次走刀后，复映误差越来越小。一般 IT7 要求的工件经过 2～3 次进给后，可能使复映到工件上的误差减小到公差允许的范围内。

(3) 其他力引起的加工误差

① 惯性力的影响　工艺系统中，由于旋转的机械零件、夹具等不平衡必然产生离心力。假设在车床上用花盘安装一个质量不平衡的工件，车削外圆时工件和夹具的总的不平衡质量为 m，质量中心到主轴回转中心的距离为 ρ，旋转时产生离心力为 Q。当离心力 Q 与切削力 F_p 相反时，使刀具背吃刀量增加，工件半径减小；而离心力 Q 与切削力 F_p 相同时，使刀具背吃刀量减少，又使工件半径增大，结果造成工件的圆度误差，如图 4-18 所示。

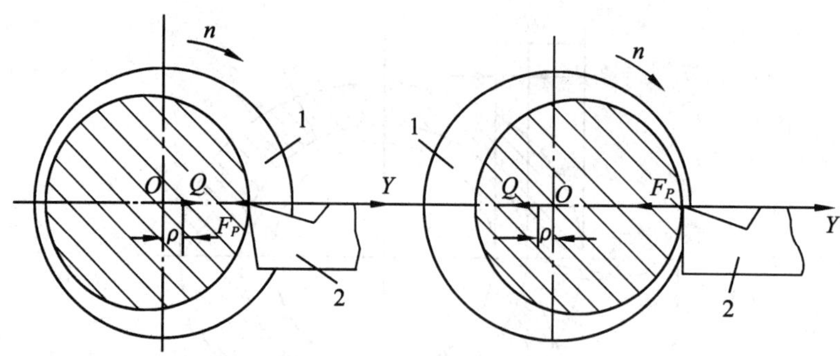

图 4-18　惯性力对工件加工精度的影响

1—工件　2—刀具

② 传动力引起误差　在车削或磨削轴类零件时，拨盘带动工件旋转，传动力在工件的每一转中不断改变方向，和惯性力一样会引起工件的加工误差。

③ 夹紧力引起的误差　工件刚度比较低时，在夹紧力作用下会产生很大的变形。如图 4-19 所示，用三爪自定心卡盘夹持薄壁套筒进行镗孔，夹紧后套筒成为棱圆形，虽然镗出的孔是正圆形，当夹紧松开后，套筒的弹性恢复使孔又变为三角棱圆形。为了减少夹紧引起的变形，可在薄壁圆环与卡爪之间加一个开口的过渡环，这样可使夹紧力沿薄壁环外圆周均匀分布，从而减少夹紧变形。

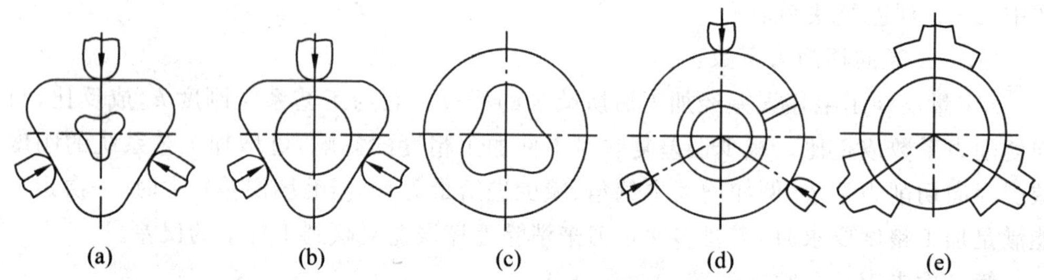

图 4-19　零件夹紧变形引起的误差

④ 重力引起的误差　机床部件和工件的自重引起的变形，同样会使工件产生加工误差。如图 4-20 所示，大型立式车床车刀架自重引起横梁变形，形成工件端面的平面度误差和外圆柱面上的锥度。工件直径愈大，加工误差愈大。

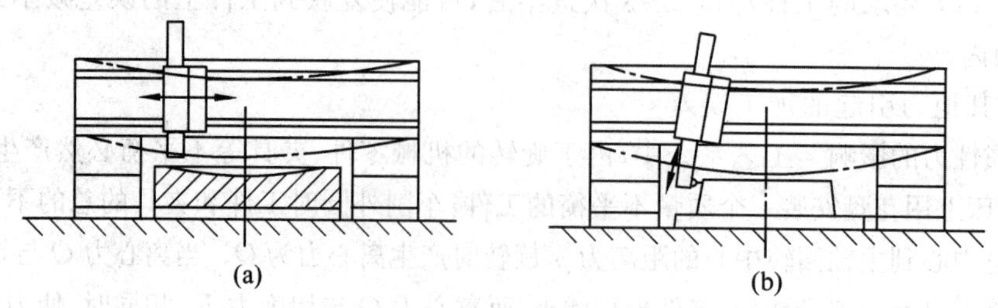

图 4-20　机床部件自重引起的变形

3. 减少工艺系统受力变形的措施

(1) 提高接触刚度　提高接触刚度是改善工艺系统刚度的关键。常用的方法是改善工艺系统主要零件接触面的配合质量，如机床导轨副、顶尖与中心孔等配合面采用刮研与研磨，减少表面粗糙度值，使接触刚度增加。还可在接触面间预加载荷，消除配合间隙，增大接触面积，减少受力后的变形量。

(2) 提高工件刚度　工件本身刚度低，如细长轴、丝杠等零件容易变形。因此，为减少工件受力变形，可减少支承长度，如安装跟刀架、中心架。如图 4-21 所示，车削细长轴时采用中心架或跟刀架支承，可以增加工件刚度。

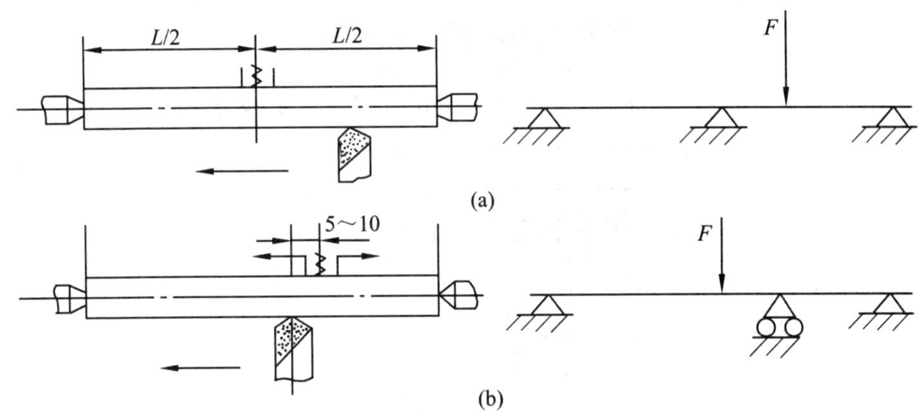

图 4-21　增加支承以提高工件的刚度

(a)采用中心架　(b)采用跟刀架

(3) 提高机床部件刚度　机床部件受力变形是引起工件加工误差的一个重要因素，所以加工时常用一些辅助装置提高其刚度。图 4-22(a)是转塔车床上采用固定导向支承套，图 4-22(b)用转动导向支承套并用加强杆与导向套配合，以提高机床部件刚度。

(4) 合理装夹工件　对某些刚性差的零件在夹紧时，由于夹紧力的作用引起变形，可合理选择装夹方式，减少变形。如图 4-23 所示，图(b)比图(a)的装夹方法合理，可大大提高工件刚度，还可采用辅助支承的方法来提高工件刚度。

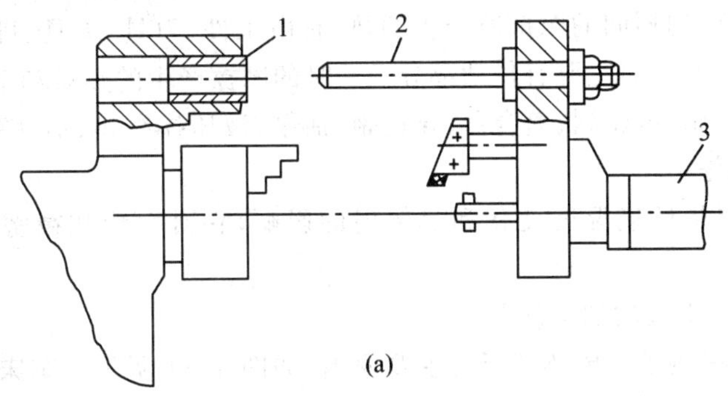

图 4-22　提高部件刚度的装置

(a)采用固定导向支承套

1—固定导向支承套　2—加强杆　3—六角刀架

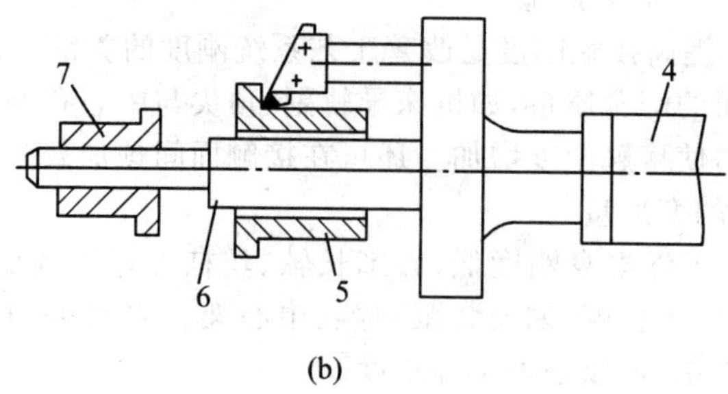

(b)

图 4-22 提高部件刚度的装置

(b)采用转动导向支承套

4—六角刀架 5—工件 6—加强杆 7—转动导向支承套

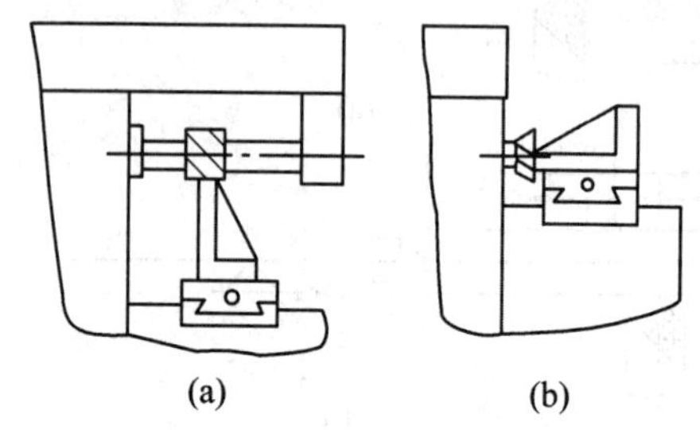

(a) (b)

图 4-23 改变装夹方式提高刚度

四、工艺系统热变形

在机械加工过程中,工艺系统受到切削热、摩擦热以及阳光、取暖设备等辐射热的影响,使工件、刀具以及机床都因温度升高而产生复杂变形,从而改变了刀具与工件之间相对运动的正确性,引起各种加工误差,称为工艺系统热变形。

1. 工艺系统热源

工艺系统的热源有内部热源和外部热源。

内部热源主要有切削热和摩擦热。切削热是由切削过程中切削层金属的弹性、塑性变形及刀具与工件、切屑间的摩擦所产生的热,它由工件、刀具、夹具、机床、切屑、切削液及周围介质带走。摩擦热主要有传动部分运动时的摩擦产生的热量和动力源能量损耗转化的热量。如轴承副、齿轮副、离合器、导轨副、油泵、液压操纵箱、活塞副等的摩擦,电动机、电气箱的发热等。

外部热源主要是环境温度变化和热辐射的影响,它对大型和精密工件的加工影响较大。

2. 机床热变形引起的加工误差

一般而言,摩擦热是机床热变形的主要原因,如图 4-24 所示。车床主轴发热使主轴箱在垂直面内和水平面内发生偏移和倾斜,同时主轴箱的热量传给床身,床身将向上凸起,从而引起加工误差。为减少热变形,应使机床处于热平衡后进行加工。通常的方法是:在加工前先让机床高速空转,再进行加工,一般机床(车床、磨床等)其空转热平衡的时间为 4～6 小时，中小精密机床为 1～2 小时，大型精密机床往往超过 12 小时，甚至达数十小时。为缩短时间还可以在机床相应部位设置控制热源，通过局部加热使其尽快达到热平衡。

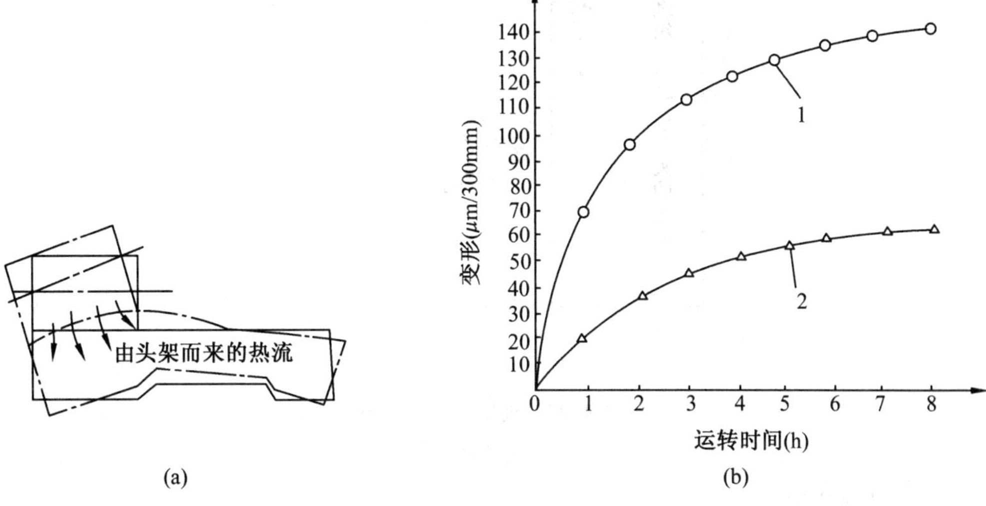

图 4-24　车床的热变形

1—主轴抬高　2—主轴倾斜

图 4-25 所示为常用几种机床的热变形趋势。图 4-25(a)所示的万能卧式铣床热变形与车床相似，主要是主轴发热使主轴箱在垂直面、水平面内发生偏移和倾斜。图 4-25(b)所示的双面磨床的切削液喷向床身中部的顶面使其局部受热而产生中凸变形，从而使两砂轮的端面产生倾斜。图 4-25(c)所示的立式平面磨床主轴和电机的发热传到立柱，使立柱里侧温度高于外侧，因而立柱产生弯曲变形，造成砂轮主轴与工作台间产生垂直度误差。

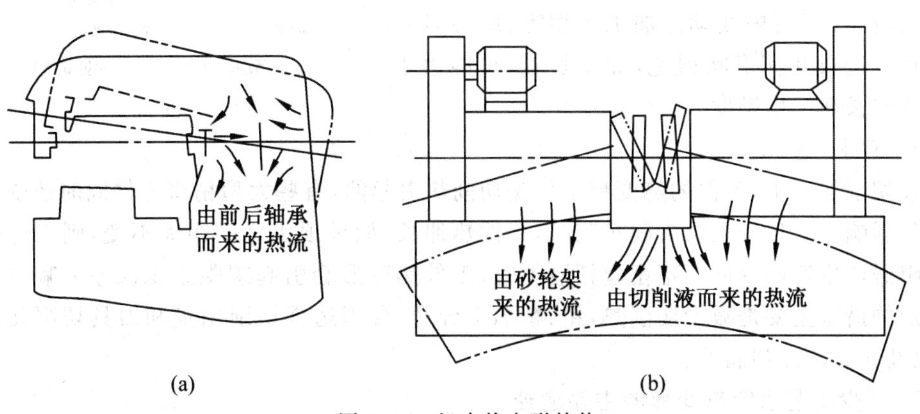

图 4-25　机床热变形趋势

(a)卧式铣床　(b)双面磨床

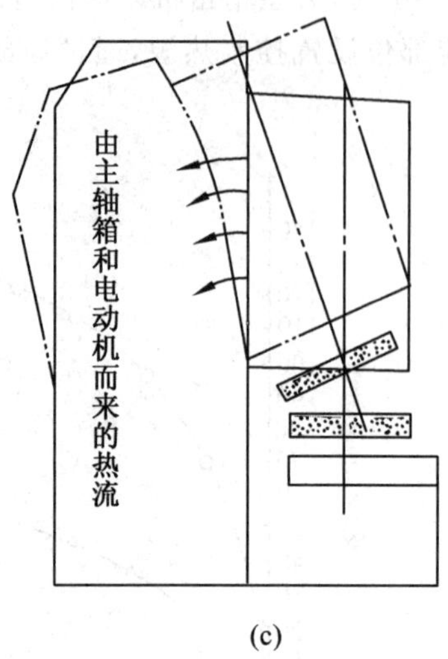

(c)

图 4-25　机床热变形趋势

(c)立式平面磨床

3. 刀具热变形

刀具热变形如图 4-26 所示，主要是由切削热引起的。通常，切削热传入刀具的热量不多，但由于热量集中且刀具体积小，会形成很高的温度。如用高速钢刀具车削，车刀的工作表面温度可达700℃～800℃。连续切削时，刀具热变形在切削初始阶段增加很快，随后变缓，经过一定时间后(10～20 min)趋于平衡，刀具总的变形量可达0.03～0.05 mm；间断切削时，刀具有短暂的冷却时间，总变形量比连续切削时要小些，很快达到热平衡后，在Δ范围内变动。加工大型零件，刀具热变形往往造成几何形状误差，如车长轴，可能由于刀具热伸长而产生锥度。

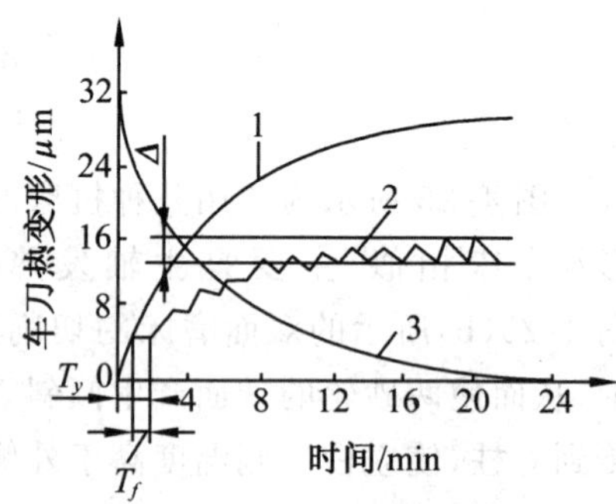

图 4-26　车刀热变形

1—连续切削　2—间断切削　3—冷却

T_y—切削时间　T_f—间断时间

4. 工件热变形

在切削加工中，工件的热变形主要是切削热引起的，有些大型精密零件同时还受环境温度的影响。细长轴在顶尖间车削时，工件热伸长，如果顶尖之间距离不变，则工件受顶尖的阻碍产生弯曲变形。精密丝杠磨削时，工件热变形会引起螺距累积误差。减少工件热变形的措施主要是减少切削热，粗、精加工分开，合理选择切削用量和刀具切削几何参数，以及充分的冷却润滑。

5. 减少工艺系统热变形的主要途径

(1) 减少发热和隔热　减少切削热，可通过合理选择切削用量和正确选择刀具几何参数的方法来减少切削热。如果粗、精加工在一道工序内完成，粗加工的热变形会影响精加工的精度，可在粗加工后停机一段时间，同时还应将工件松开，待精加工时再夹紧，当零件精度要求较高时，可粗、精加工分开。为了减少机床的热变形，凡是能分离出去的热源，如电器箱、液压油箱、冷却系统等均应移出机床。对于不能移出的热源，如主轴轴承、丝杠螺母副、高速运动的导轨副等，则可以从结构、润滑等方面改善其摩擦特性，减少发热。例如采用静压轴承、静压导轨，改用低黏度润滑油等，也可用隔热材料将发热部件和机床大件（如床身、立柱等）隔开。

(2) 强制冷却散热　对发热量大的热源，若不能从机床内部移出，又不便隔热，则可采取强制的风冷、水冷等散热措施。目前，大型数控机床、加工中心普遍采用冷冻机对润滑油、切削热进行强制冷却，以提高冷却效果。采用了强制冷却法来控制机床的热变形效果很显著。图 4-27 所示为一台坐标镗床采用强制冷却的实验结果。曲线 1 是没有采用强制冷却，空转 6 小时后，主轴轴线到工作台的距离（垂直方向）产生了 190μm 的变形量，且尚未达到热平衡；曲线 2 是采用强制冷却后，上述热变形减少到 15μm，且工作不到 2 小时便达到了热平衡。

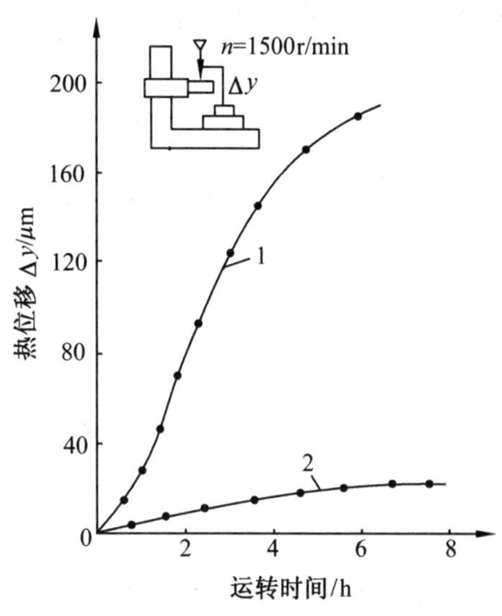

图 4-27　采用强制冷却的实验曲线

(3) 控制温度变化　对于精密机床装配及精密零件加工，一般是在恒温环境下进行，恒温精度一般控制在±1℃以内，精密级±0.5℃。恒温室平均温度一般为 20℃，冬季可取 17℃，夏季可取 23℃。

(4) 用热补偿方法减少热变形　采用热补偿的方法使机床的温度场比较均匀，从而使机床产生均匀的热变形。如图 4-28 所示，平面磨床采用热空气加热温升较低的立柱后壁，以减少立柱前后壁的温度差，从而减少立柱的弯曲变形。由图可见，热空气从电动机风扇排出，通过特设的管道引向防护罩和立柱的后壁空间。采用这种措施后，工件的加工直线度误差可降为原来的 1/3～1/4。

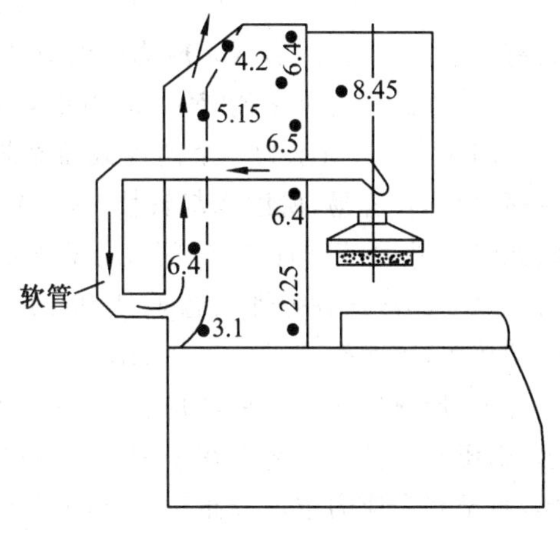

图 4-28　均衡立柱前后立柱的温度场

(5) 采用合理的结构设计　采用热对称结构和布局对机床热变形影响很大。受热后，单立柱结构产生相当大的扭曲变形，而双立柱结构由于左右对称，仅产生垂直方向的平移，因此双立柱结构的机床主轴相对工作台的热变形比单立柱结构小得多。合理安排支承的位置也非常重要。外圆磨床砂轮的手动机构是通过丝杠——螺母副实现的，如图 4-29 所示，其中图(b)的结构就比图(a)的结构好。因为控制砂轮架 Y 方向位置的丝杠的有效长度 L_2 要比 L_1 短，这样可以使产生热变形且对精度有直接影响的丝杠得以缩短，从而减少热变形对加工精度的影响。

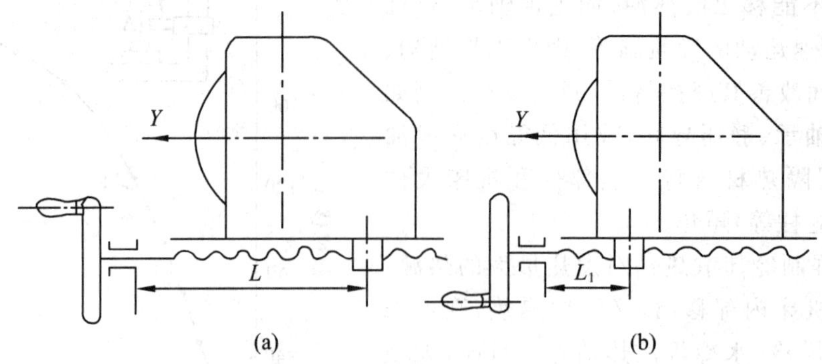

图 4-29 支承距离对砂轮架热变形的影响

五、残余应力引起的变形

所谓残余应力，是指当外部载荷去除以后，仍残存在工件内部的应力。它是由金属内部宏观的或微观的组织发生了不均匀的体积变化而产生的。具有残余应力的零件处于不稳定的状态，其内部组织有恢复到一个稳定的、没有应力的状态的强烈倾向。在这一过程中，零件将会变形，原有的加工精度逐渐消失。

1. 产生残余应力的原因

(1) 毛坯制造中产生残余应力　在铸、锻、焊和热处理等热加工过程中，由于工件各部分热胀冷缩不均匀以及金相组织转变时的体积变化，使毛坯内部产生了很大的残余应力。毛坯结构越复杂、壁厚越不均匀，散热条件差别越大，其内部产生的残余应力也越大。具有残余应力的毛坯，残余应力暂时处于相对平衡状态，变形是缓慢的，但当切去一层金属后，就打破了这种平衡，残余应力重新分布，工件出现了明显的变形。

图 4-30(a)所示为一个内外截面厚薄不同的铸件，在浇铸后冷却时，由于壁 1 和 3 比较薄，散热较容易，所以冷却较快；壁 2 较厚，冷却较慢。当 1 和 3 从塑性状态冷却到弹性状态时，2 尚处于塑性状态，所以 1 和 3 继续收缩时，2 不起阻止作用，故不会产生残余应力。当 2 亦冷却到弹性状态时，1 和 3 的温度已经降低很多，收缩速度变得很慢，但这时 2 收缩较快，因而受到了 1 和 3 的阻碍。这样 2 内部就产生了拉应力，而 1 和 3 内就产生了压应力，形成了相互平衡的应力状态。如果在铸件 3 上切开一个缺口，如图 4-30(b)所示，则压应力消失。铸件在 2 和 1 残余应力作用下，2 收缩，1 伸长，铸件就产生了弯曲变形，直至残余应力重新分布达到新的平衡为止。

如图 4-31 所示，机床床身浇铸后，上下表面冷却快，产生了残余压应力，内部冷却慢，产生残余拉应力，暂时达到平衡，当导轨表面经过刨削后，就破坏了这一平衡状态，床身会产生弯曲变形，直至残余应力重新分布达到新的平衡为止。对于大型和精度要求高的零件，一般在铸件粗加工后进行时效处理，然后再精加工。

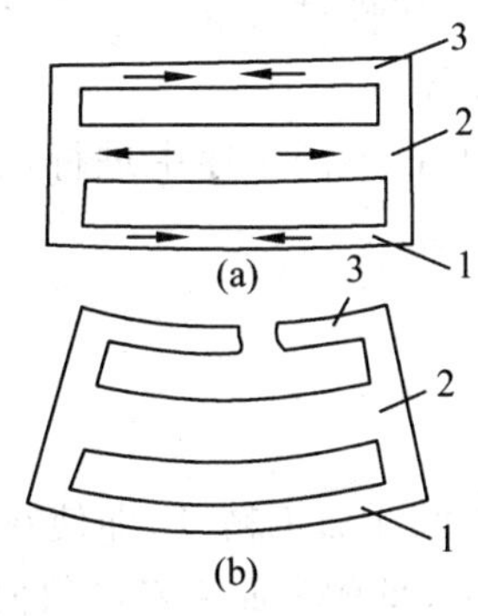

图 4-30　铸件残余应力引起的变形
(a)毛坯　(b)切后变形

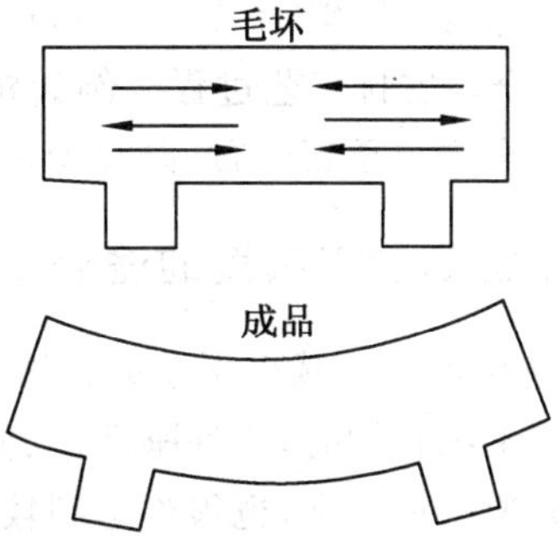

毛坏

成品

图 4-31　床身内应力引起的变形

(2) 冷校直带来的残余应力　弯曲的工件采用冷校直的方法调直，如图 4-32(a)所示。在外力 F 的作用下，工件内部残余应力的分布如图 4-32(b)所示，在轴线以上产生压应力，在轴线以下产生拉应力。在轴线和两条双点划线之间是弹性变形区域，在双点划线之外是塑性变形区域。当外力 F 去除后，外层的塑性变形区域阻止内部弹性变形的恢复，使残余应力重新分布，如图 4-32(c)所示。因此，冷校直虽然减少了弯曲，但工件确处于不稳定状态，如再次加工，又将产生新的变形。

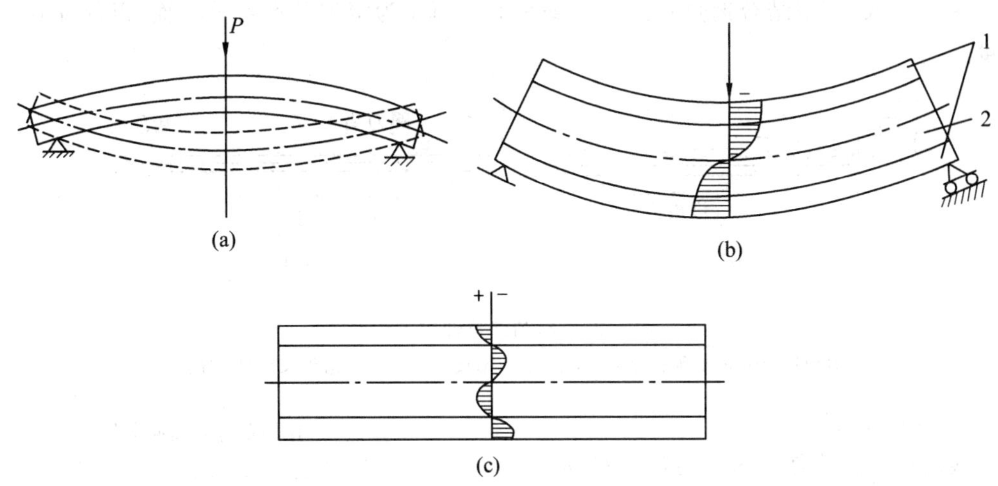

图 4-32　冷校直引起的残余应力的分布
(a)冷校直方法　(b)加载时残余应力的分布　(c)卸载后残余应力的分布

(3) 切削加工中产生的残余应力　切削工件中产生的力和热，也会使被加工工件的表面层变形，产生残余应力。

2. 减少或消除内应力的措施

(1) 合理设计零件结构　在零件结构设计中，应尽量缩小零件各部分厚度尺寸的差异，以减少铸、锻毛坯在制造中产生的残余应力。

(2) 合理安排热处理工序　例如对铸、锻、焊接件进行退火或回火，对精度要求较高的零件如床身、箱体等在粗加工后进行时效处理等。

(3) 合理安排工艺过程　例如粗精加工分开在不同工序中进行，使粗加工后有一定时间让残余应力重新分布，以减少对精加工的影响。

六、提高加工精度的途径

1. 直接消除或减少误差的方法

在加工细长轴时，工件刚性差、变形大，很难保证加工精度，即使在切削用量很小、采用了跟刀架的情况下，也很难达到较高的精度和较低的表面粗糙度数值。一般情况下，细长轴的一端用三爪卡盘装夹，另一端用尾架顶尖顶紧，细长轴很容易被压弯，如图 4-33(a)所示。为了消除和减少误差，可以改变进给方向，即采用大进给反向切削细长轴的加工方法，如图 4-33(b)所示。进给方向由卡盘一端指向尾座，轴向切削力 F_f 对工件的作用是拉伸而不是压缩。采用大进给量和大的主偏角车刀，增大了 F_f 力，工件在强有力的拉伸作用下，消除了径向颤动，使切削平稳。伸缩性的活顶尖使工件在受热后有伸缩的余地。

薄环形零件在磨削端面平行时，采用树脂结合剂粘合以加强工件刚度的方法，使工件在自由状态下得到固定，解决了薄环形零件两端面的平行度问题。其具体方法是：将薄环形零件下面粘结到一块平板上，再将平板放到磁力工作台上磨平工件的上端面，然后将工件从平板上取下(使结合剂热化)，再以磨平的一面作为定位基准磨另一面，以保证其平行度。

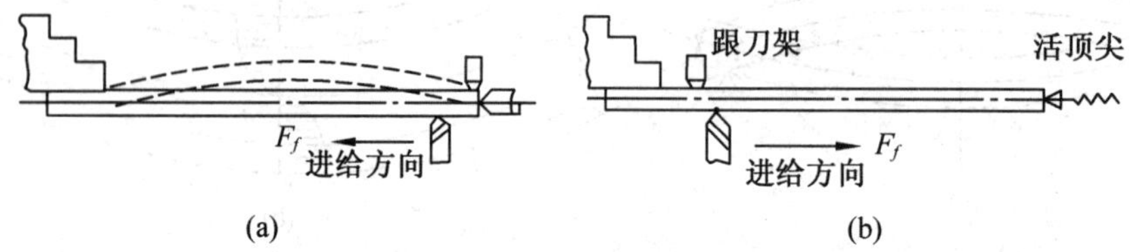

图 4-33　车削细长轴的方法

(a)顺向进给时 F_f 对细长轴起压缩作用　(b)反向进给时 F_f 对细长轴起拉伸作用

2. 误差补偿法

误差补偿法就是人为地造出一种新的误差去抵消原有的误差从而达到减少加工误差，提高加工精度的目的。如图 4-34 所示，龙门铣床两个铣头在自重的影响下产生了变形，因此可采取误差补偿的方法，在刮研横梁导轨时故意使导轨面产生向上凸的几何形状误差。

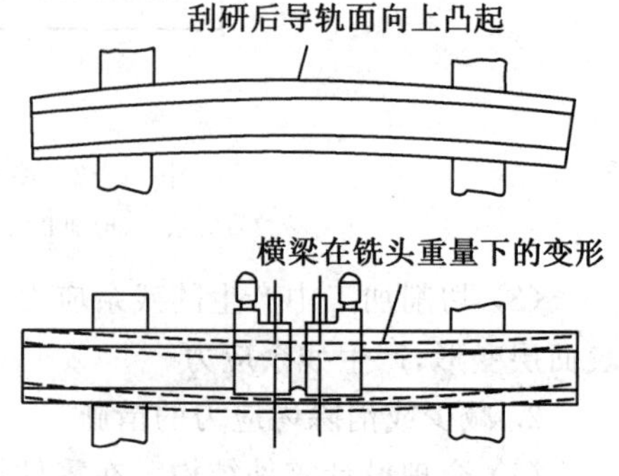

图 4-34　龙门铣床横梁的变形和刮研

3. 均分误差的方法

在机械加工中经常会遇到这种情况，本工序的工艺系统是稳定的，可是由上工序来的毛坯精度起了变化，若按原来的加工方法就会出现超差。要解决这种问题，可采用均分误差的方法：把毛坯按误差的大小分为 n 组，每组毛坯误差的范围就缩小为原来的 $1/n$，然后按各组分别调整刀具相对于工件的位置，使各组工件的尺寸分散范围中心基本一致。

4. 变形转移和误差转移的方法

机床在使用中受到力和热的作用后，不可避免的会产生种种变形而形成原始误差。如图 4-35 所示，龙门铣床的结构中采用的转移变形的方法，在横梁上再安装一根附加梁，用它承担铣头的重量，把向下的受力变形转移到附加梁上，而附加梁的受力变形对加工精度不产生任何影响。

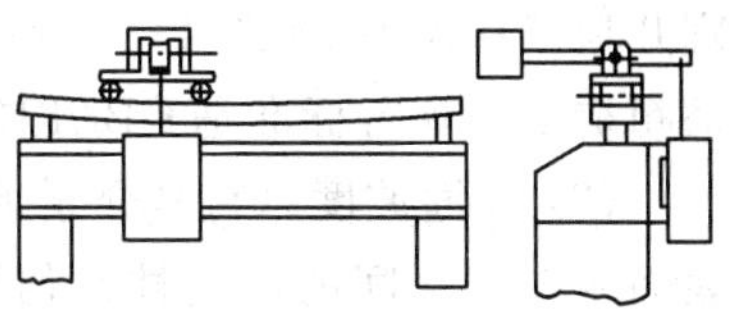

图 4-35　横梁变形的转移

§4-2　机械加工表面质量

一、表面质量的基本概念

产品的机械加工质量，除了加工精度之外，表面质量也是极其重要的一个方面。产品的工作性能（可靠性、安全性、寿命等）在很大程度上取决于其主要零件的表面质量。

机械加工的表面不可能是理想光滑表面，而是存在着表面粗糙度、表面波度、纹理等微观几何形状误差，以及擦伤等表面缺陷。零件表面层材料在加工时也会产生物理、机械性质的变化，有时还可能产生化学性质的变化。图 4-36 所示为加工表面层沿深度方向的变化情况。最外层生成氧化膜或其他化合物，并吸收、渗进了气体、液体、固体粒子，称为吸附层，其厚度通常不超过 81nm。压缩层即为塑性变形区，由切削力造成，厚度为几十至几百微米，其上部为纤维层，它是由被加工材料与刀具间的摩擦力造成的，切削热也使表面层产生各种变化，使材料产生相变以及晶粒大小的变化。因此，表面层的物理力学性能不同于基体，产生了如图 4-36 所示的显微硬度和残余应力的变化。

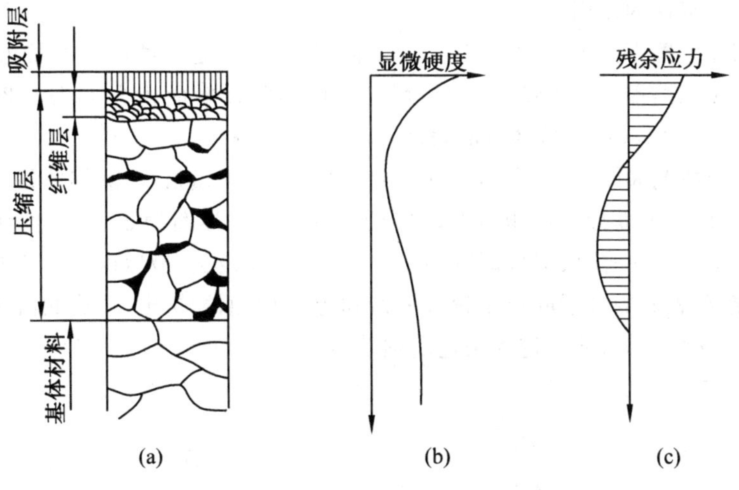

图 4-36　加工表面层沿深度的变化

综上所述，机械加工表面质量是指零件加工后的表面层状态，主要包括表面的几何特征和表面层的物理力学性能。

1. 表面的几何特征

(1) 表面粗糙度　它是指加工表面微观几何形状误差，如图 4-37 所示。我国表面粗糙度的现行标准是 GB/T131-93。

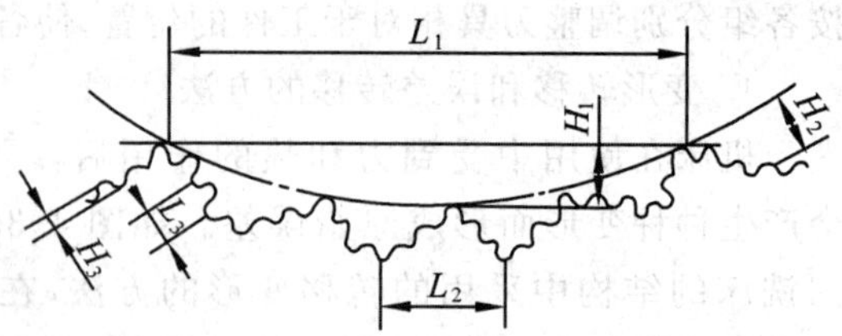

图 4-37　表面粗糙度和表面波度

(2) 表面波度　它是介于形状误差和表面粗糙度之间的周期性几何形状误差，如图 4-37 所示。它主要是由加工过程中工艺系统的低频振动所引起的。表面波度目前尚无国家标准，只有适于磨削表面的部颁标准 JB/Z168-81。

(3) 纹理方向　是指表面刀纹的方向，它取决于表面形成过程中所采用的机械加工方法。

2. 表面层物理力学性能

(1) 表面层因塑性变形引起的冷作硬化；

(2) 表面层因切削热引起的金相组织的变化；

(3) 表面层中产生的残余应力。

二、表面质量对零件使用性能的影响

任何机械加工所得的零件表面，实际上都不是完全的理想表面，所加工的表面总是存在一定程度的微观几何形状误差、冷作硬化、金相组织的变化、残余应力等问题。虽然这些问题仅存在于极薄的表面层中，但却影响着机械零件的耐磨性、疲劳强度、抗腐蚀性、配合质量等，从而影响产品的使用性能和使用寿命。

1. 表面质量对耐磨性的影响

零件的耐磨性主要与摩擦副的材料及润滑条件有关，但在条件确定的前提下，零件的表面质量就起决定性的作用。

由于两相互摩擦零件配合时，不是全部表面接触，而只是一些凸峰相接触(如图 4-38 所示)，其实际接触面很小。由试验可知：精车表面实际接触面积为 15％～20％；精磨过的表面为 30％～50％；研磨、珩磨过的表面为 90％～97％。

零件的磨损情况如图 4-39 所示。在起始磨损阶段，磨损很快，磨损曲线急速上升，经过一段时间磨合后，表面接触面积增大，磨损速度缓慢，并逐渐稳定下来，曲线趋于平坦，进入正常磨损阶段，这一阶段零件耐磨性最好，持续时间最长，最后由于凸峰被磨平，粗糙度非常小，两接触表面的分子间产生较大的亲和力，润滑油被挤出，造成润滑条件恶化，摩擦阻力增大，磨损量增大，从而进入快速磨损阶段。

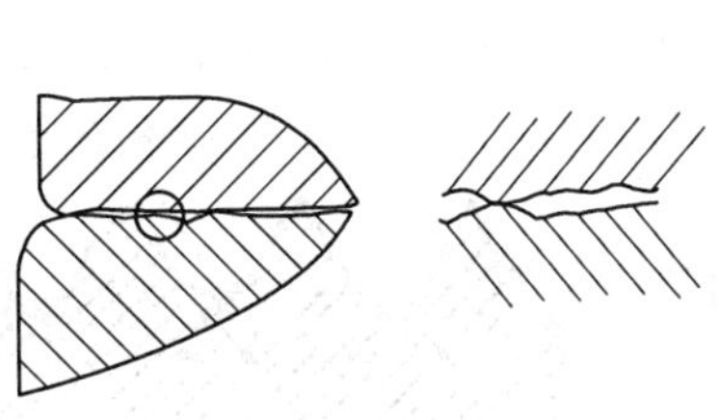
图 4-38　零件配合表面接触情况

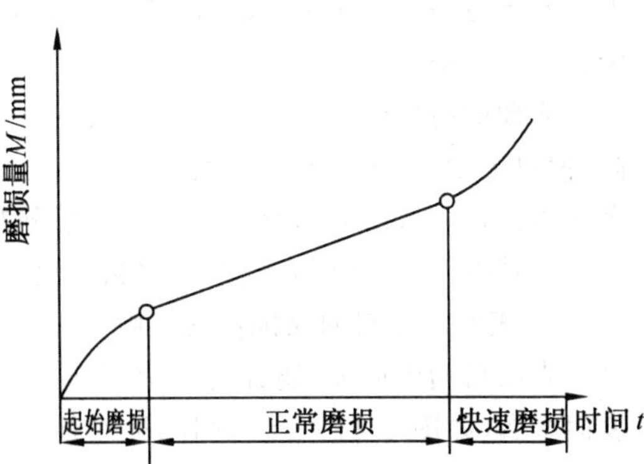

图 4-39　零件的磨损情况

表面粗糙度对运动副的初期磨损影响很大，但并不是表面粗糙度数值越小越耐磨。图 4-40 所示为表面粗糙度对初期磨损量影响的试验曲线。从图中看到，在一定工作条件下，摩擦副表面有一个最佳表面粗糙度值，一般 Ra 为 0.32～1.25μm。

表面纹理方向对耐磨性也有影响，轻载时，两表面纹理方向与运动方向一致时磨损量小，两表面纹理方向与运动方向垂直时磨损量大；重载时的规律有所不同。

表面层的加工硬化，一般能提高耐磨性 0.5～1 倍。这是因为加工硬化提高了表面层的强度和硬度的关系。

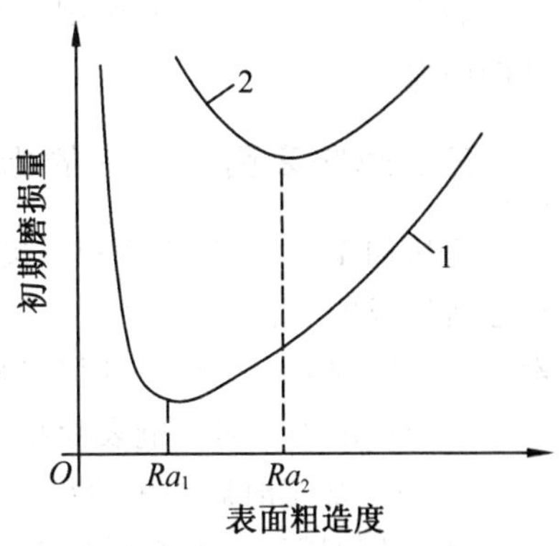

图 4-40　表面粗糙度与磨损量的关系
1—轻负荷　2—重负荷

2. 表面质量对零件疲劳强度的影响

零件在承受交变载荷、重载荷及高速工作条件下，其疲劳强度除与零件材料的物理、机械性能有关外，还与表面质量有很大关系。零件表面粗糙度在交变力的作用下容易引起应力集中，超过材料的疲劳极限出现疲劳裂纹。实验表明，表面粗糙度 Ra 值从 0.02μm 增大到 0.2μm，其疲劳强度下降约为 25％。

表面残余应力有残余拉应力和残余压应力。由于疲劳损坏是由拉应力产生的疲劳裂纹，因此若表面有残余压应力，将抵消一部分交变载荷引起的拉应力，从而提高零件的疲劳强度。

表面冷作硬化不仅能阻止已有裂纹的扩展，而且能防止疲劳裂纹的产生，因此能提高零件的疲劳强度，但冷作硬化过度反而会使零件的疲劳强度降低。

淬火钢在磨削时易产生烧伤，从而改变了金相组织，使疲劳强度降低。如 40Cr 试件，磨削烧伤后，其疲劳强度由 450N/mm^{2}降到了 320N/mm^2。

3. 表面质量对配合性质的影响

表面粗糙度数值太大，对于间隙配合使初期磨损较大，配合间隙增大降低了配合精度。对于过盈配合表面，装配时由于表面上的凸峰被挤平，使实际配合过盈量减少，同样降低了配合精度。

表面的冷作硬化也会影响配合的性质，合理的硬化能使表面变形减小，使接触刚度提高，但过分硬化，表面金属层受力后可能与内部金属脱离，从而破坏了配合性质。表面残余应力经过一段时间后会引起应力重新分布而产生变形，因此过大的残余应力会导致零件工作精度下降，从而影响零件的配合性质。

4. 表面质量对耐腐蚀性的影响

表面粗糙度值大，腐蚀物质易积于凹坑中腐蚀表面金属（如图 4-41 所示），耐腐蚀性差。

腐蚀介质

图 4-41　表面粗糙度对耐腐蚀性的影响

表面残余应力对耐腐蚀性也有影响。残余拉应力加速了表面的腐蚀；残余压应力能阻止裂纹的扩展，腐蚀介质不易侵入，增强了耐腐蚀性能。

表面冷作硬化或金相组织变化都会引起表面残余应力以至出现裂纹，因而会降低零件的耐腐蚀性。

三、影响表面粗糙度的因素及控制

机械加工中，产生表面粗糙度的主要原因可归纳为三方面：一是刀刃和工件相对运动轨迹所形成的表面粗糙度——几何因素；二是和被加工材料性质及切削机理有关的因素——物理因素；三是切削时的振动。

（一）切削加工时影响表面粗糙度的因素及措施

1. 切削加工时影响表面粗糙度的因素

（1）几何因素　对车削加工在理想条件下，刀具相对工件作进给运动时，加工表面上遗留下来的切削层残留面积，形成理论表面粗糙度，如图 4-42 所示。

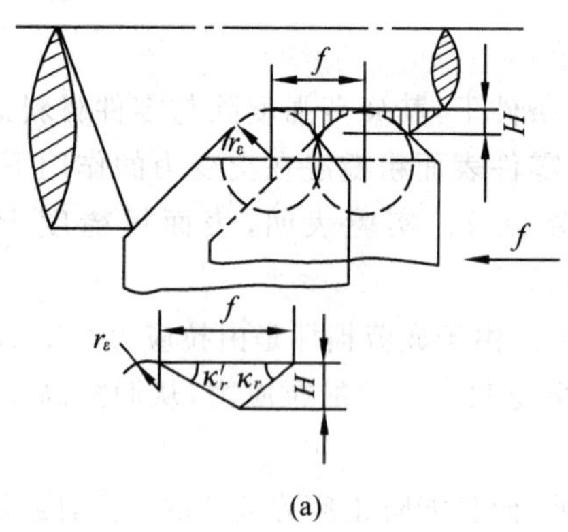

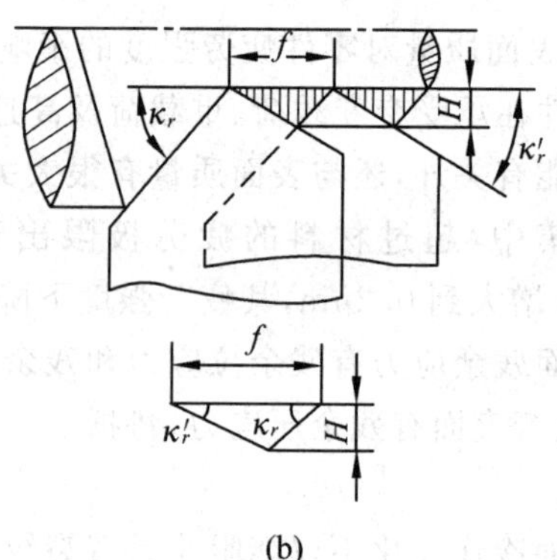

图 4-42　车外圆时残留面积的高度

刀尖圆弧半径为 r_ε 时［图 4-42(a)］：$R_z = H = \dfrac{f^2}{8r_\varepsilon}$

刀具圆弧半径为零时[图 4-42(b)]：$R_z = H = \dfrac{f}{\cos\kappa_r + \cos\kappa_r'}$

由上式可知，进给量 f、刀具主偏角 κ_r、副偏角 κ_r' 越大，刀尖圆弧半径 r_ε 越大，则切削层残留面积就越大，表面就越粗糙。

(2) 物理因素　切削过程中由于刀具的刃口圆角及后刀面的挤压与摩擦使金属材料发生塑性变形，从而使理论残留面积挤歪或加深，促使表面粗糙度恶化。在加工塑性材料时，在前刀面上容易形成硬度很高的积屑瘤，它可以代替切削刃进行切削，使刀具的几何角度、背吃刀量发生变化，因而使工件表面上出现深浅和宽窄不断变化的刀痕，有些积屑瘤嵌入工件表面（如图 4-43），增大了表面粗糙度值。

(3) 切削过程中的振动　工艺系统的低频振动，一般在加工表面产生表面波度，而高频振动使刀刃与工件之间相对位置发生微幅变动，加工表面留下细而密的振纹，产生表面粗糙度。

2. 减少表面粗糙度数值的措施

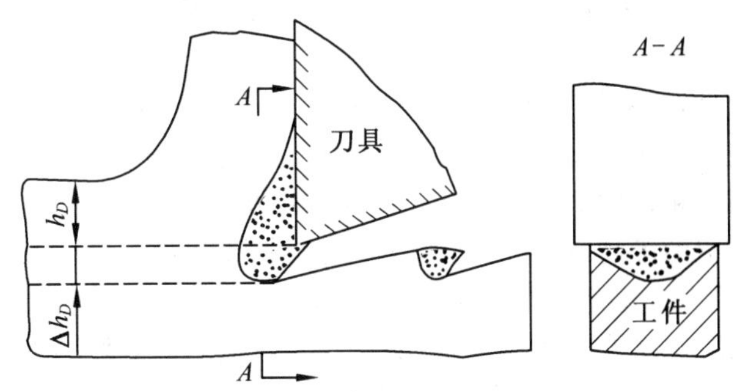

图 4-43　积屑瘤对加工表面质量的影响

由几何因素引起的表面粗糙度，可通过减少切削层残留面积来解决。进给量 f、刀尖圆弧半径 r_ε、主偏角 κ_r 和副偏角 κ_r' 均影响残留面积的大小，适当降低进给量，减小 r_ε，κ_r 和 κ_r'，使表面粗糙度值下降。

由物理因素引起的表面粗糙度过大，主要应采取措施减少加工时的塑性变形，避免产生积屑瘤等。切削速度 v 在一定的切削速度范围内容易产生积屑瘤或鳞刺。图 4-44 为加工 45 钢时表面粗糙度与切削速度的曲线。由图可见，当 v 增加到约 20m/min 时，R_z 值最大；当 v 超过 100m/min 时，R_z 下降并趋向稳定。因此，合理选择切削速度是减少表面粗糙度值的重要方法。

(1) 工件材料　一般来讲，塑性大的材料很难获得表面粗糙度值低的表面，而脆性材料相对比较容易；细晶粒的金属材料，易获得较小的表面粗糙度值的表面；经调质和正火处理的钢料，可以降低其塑性，细化晶粒，有利于表面粗糙度值的降低。

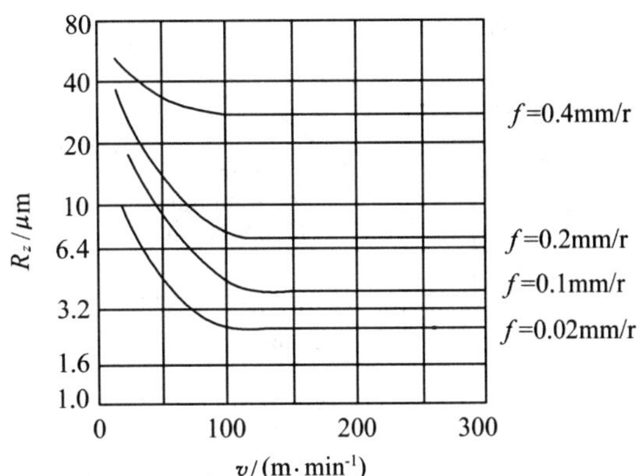

图 4-44　切削速度对表面粗糙度的影响

(2) 刀具材料及几何参数　在切削条件相同时，用硬质合金刀具加工的工件表面粗糙度值比用高速钢刀具低，而立方氮化硼、金刚石刀具又优于硬质合金刀具。前角 γ_o 增大可抑制积屑瘤和鳞刺的生长，有利于减小表面粗糙度值，如图 4-45 所示。

(3) 切削液　合理选择冷却润滑液，提高冷却润滑效果，能抑制积屑瘤和鳞刺的生成，减小切削时的塑性变形，有利于减小表面粗糙度值。

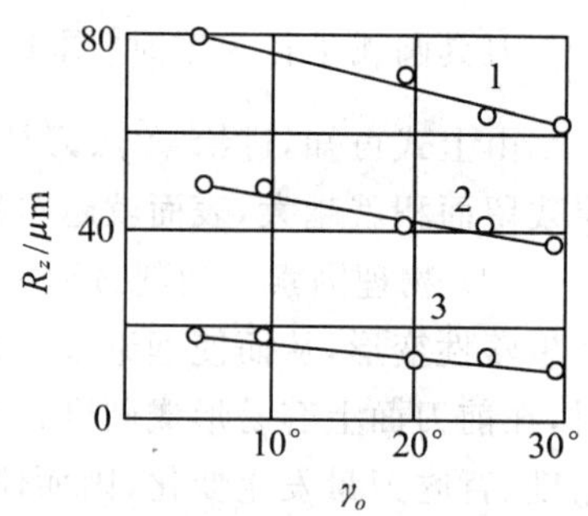

图 4-45　前角对表面粗糙度的影响

1—$f=0.38$mm/r，$v=42$m/min

2—$f=0.24$mm/r，$v=42$m/min

3—$f=0.12$mm/r，$v=42$m/min

(二)磨削加工时影响表面粗糙度的因素及措施

从几何原因来看，磨削时单位时间通过单位磨削面积的磨粒越多，表面粗糙度值越低，主要有砂轮和磨削用量等方面的影响。物理因素主要是塑性变形等的影响。

(1) 砂轮　砂轮粒度越细，单位面积上的磨粒数越多，表面粗糙度值越低。砂轮硬度应适宜，砂轮太软，磨粒易脱落，不易保证砂轮修整的形状精度，使表面粗糙度值增加；砂轮太硬，磨钝了的磨粒不易脱落，切削作用减小而塑性变形增大，表面粗糙度值增大。砂轮磨钝后应及时仔细的修整，去除已钝化的磨粒，保证砂轮的磨粒微刃的等高，这样磨削的表面粗糙度值更低。

(2) 磨削用量　砂轮速度 v 增大，有利于减小磨削表面粗糙度值。因为 v 增大，参与切削的磨粒数增多，可以增加工件单位面积上的刻痕数，又因为高速磨削时工件塑性变形不充分，因而 v 增大有利于降低表面粗糙度值，如图 4-46(a)所示。工件速度 v_w、磨削深度 a_p、进给量 f 增大，都将增大塑性变形的程度，从而增大了表面粗糙度值，如图 4-46(b)(c)(d)所示。

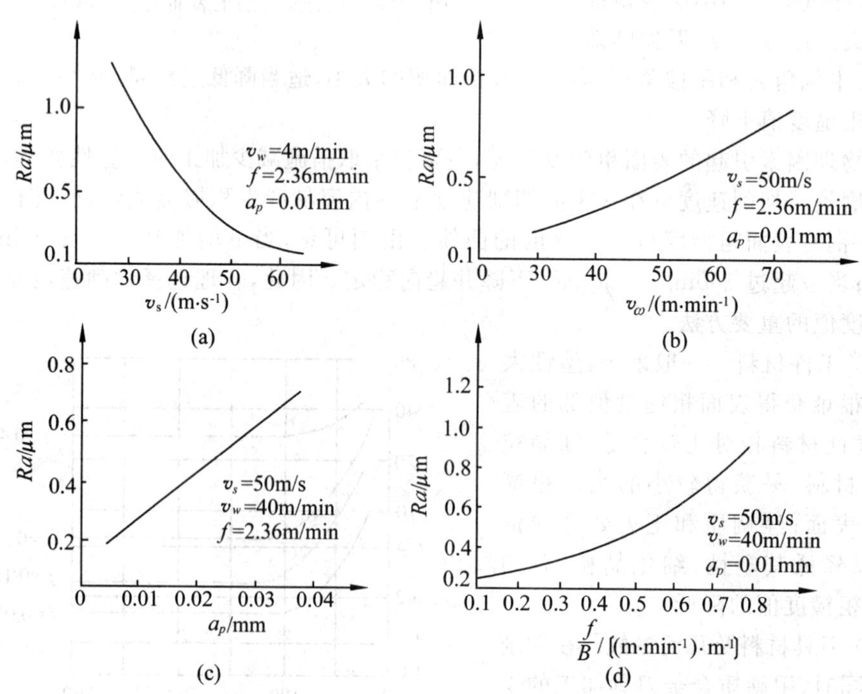

图 4-46　磨削用量对表面粗糙度的影响

(a)v 对 Ra 的影响　(b)v_w 对 Ra 的影响　(c)a_p 对 Ra 的影响　(d)径向进给量对表面粗糙度的影响

(3) 冷却润滑液　正确选择冷却润滑液能降低切削区的温度减少烧伤，冲去脱落的磨粒和切屑，避免划伤工件，可以减小表面粗糙度值。

四、影响表面层物理力学性能的因素及控制

机械加工中，工件表面层由于受到切削力和切削热的作用而产生很大的塑性变形，使表面层物理力学性能发生变化，主要的是表面层金相组织的变化、表面硬度的变化和在表面层中产生的残余应力。

(一)加工表面的冷作硬化

机械加工过程中，被加工表面在切削力的作用下产生了塑性变形，使晶体间产生剪切滑移，晶格被拉长、扭曲甚至破碎，引起表面层强度和硬度提高的现象，称为冷作硬化。表面层的硬化程度取决于产生塑性变形的程度和变形区温度。塑性变形越大，产生的硬化程度也越大，变形区温度高硬化程度越小。影响表面冷作硬化的主要因素如下：

(1) 刀具　刀具的前角 γ_o 增大，可减少塑性变形。刀具刃口半径 r_ε 增大，刀具对表面层的挤压作用加大，硬化加剧。刀具后刀面的磨损量增大，加大了后刀面与已加工面之间的摩擦，硬化加剧。

(2) 切削用量　切削速度增大，硬化层深度和硬度都有所减小。因为，一方面切削速度增大使温度升高，有助于冷硬的回复；另一方面切削速度增大，刀具与工件接触时间短，塑性变形程度减小。进给量增大，切削力增大，塑性变形程度加剧，硬化现象增大。背吃刀量增大，切削力增大，塑性变形增大，硬化程度增加。

(3) 工件材料　工件材料塑性越好、硬度越低塑性变形越大，切削后的冷硬现象愈严重。

(二)表面层金相组织变化与磨削烧伤

1. 表面层金相组织变化与磨削烧伤的原因

一般的切削加工，大部分切削热被切屑带走，加工表面温升不高，故不影响工件表面层的金相组织。但磨削时，具有很大负前角的磨粒在加工表面上产生很大的摩擦和塑性变形，单位面积上的切削力很大，磨削速度很高；又由于磨削热 80%以上传入工件表面，故常使磨削区工件表面温度很高，有时高达 1000℃左右，引起表面层金相组织发生变化，使表面硬度下降，并伴随出现残余应力甚至产生细微裂纹，大大降低零件的物理机械性能，这种现象称为磨削烧伤。它严重影响了零件的使用性能。

磨削表面的金相组织变化程度与工件的材料、磨削温度和受热时间等有关。以淬火钢为例，磨削时在工件表面层上形成的瞬时高温将使表面金属层产生以下三种金相组织变化：

当磨削区温度超过马氏体转变温度(中碳钢为 250℃～300℃)但未超过相变温度 A_{c3}(中碳钢为 720℃)，工件表面原来的马氏体组织将转化为回火屈氏体或索氏体等，使表面层的硬度低于磨削前的硬度，一般称之为回火烧伤。

当磨削区的温度超过相变温度 A_{c3}(中碳钢为 720℃)时，如果这时有充分的切削液，则表面层将迅速冷却形成二次淬火，得到马氏体组织，硬度比屈氏体高，一般称之为淬火烧伤。

当磨削区的温度超过相变温度 A_{c3}（中碳钢为 720℃）时，如果这时无充分的切削液，则表面层的硬度急剧下降，工件表面层被退火，这种现象称为退火烧伤。干磨削很容易形成这种现象。

磨削烧伤时，工件表面会出现黄、褐、紫、青等彩色氧化膜。根据不同颜色可知烧伤的程度，但表面没有烧伤色并不等于表面层未被烧伤。在最后的无进给磨削中，虽磨掉了表面烧伤的氧化膜，却并未完全去除烧伤层，给工件带来隐患。图 4-47 所示为烧伤色与变质层深度间的关系。

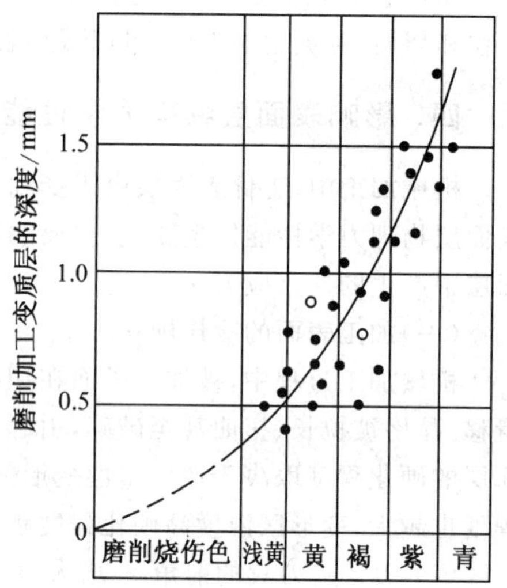

图 4-47　烧伤色与变质层深度的关系

2. 影响磨削烧伤的因素及改善措施

（1）磨削用量　图 4-48(a)所示是磨削深度对磨削表面温度的影响。磨削深度 a_p 增大，磨削力和磨削热都急剧增大，故表面层及表层下不同深度的温度都随之提高，磨削烧伤加剧，所以为减轻烧伤，a_p 不宜过大。图 4-48(b)所示是进给量对磨削表面温度的影响。进给量 f 越大，表面层及表层下不同深度的温度都下降，因此磨削烧伤程度减轻。图 4-48(c)所示是工件速度对磨削表面温度的影响。工件速度 v_w 增加，表面层温度增高，但作用时间减少，热量来不及传入工件内部，所以烧伤层很薄，便于用无进给磨削法磨掉。工件速度 v_w 增加，可以减轻烧伤，同时又可提高生产率。降低砂轮速度 v_w 也能减少表面层的烧伤，但是降低砂轮速度会影响生产率。因此，若在提高砂轮速度的同时相应提高工件速度，可以避免烧伤，如图 4-49 是磨削 18CrNiWA 钢时砂轮速度与工件速度的无烧伤临界曲线。

（2）砂轮　一般选择砂轮应使其在磨削过程中具有自锐能力，同时磨削时砂轮不应产生粘屑堵塞现象。增大磨削刃间距，可以使砂轮与工件间断接触，不仅改善了散热条件，而且工件受热时间缩短，金相组织转变来不及进行，因此能够大大减少工件表面的热损伤程度，图 4-50 所示为开槽砂轮。

（3）工件材料　工件材料对磨削区温度的影响主要取决于它的硬度、强度、韧性和导热系数等。硬度越高，磨削热量越多；材料越软，越易于堵塞砂轮，使加工表面的温度急剧上升；强度越高，消耗的功率越多，发热量也越多；韧性越大，磨削力越大，发热量越多；导热性能比较差的材料，如耐热钢、不锈钢等，在磨削时都容易产生磨削烧伤。

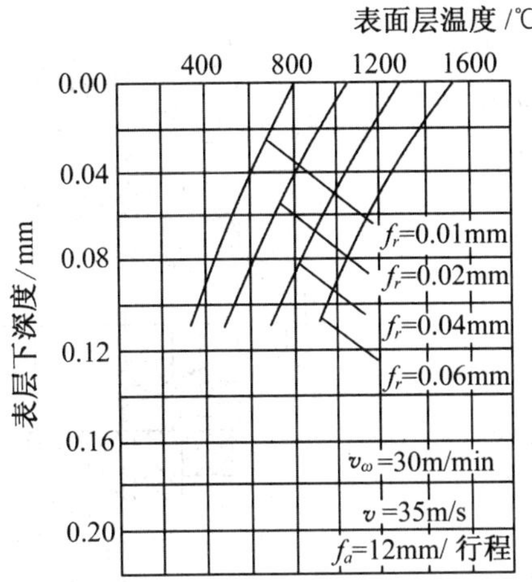

(a)

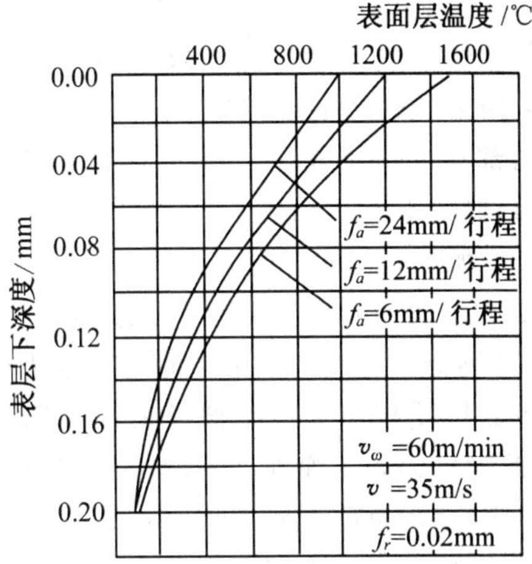

(b)

表面层温度/℃
400 800 1200 1600
0.00
0.04
0.08
0.12
0.16
0.20
表层下深度/mm
v_ω=30m/min
v_ω=60m/min
v_ω=120m/min
v_ω=180m/min
v=35m/s
f_r=0.02mm
f_a=12mm/行程

(c)

图 4-48　磨削用量对磨削烧伤的影响

(a)磨削深度对磨削表面温度的影响　(b)进给量对磨削表面温度的影响　(c)工件速度对磨削表面温度的影响

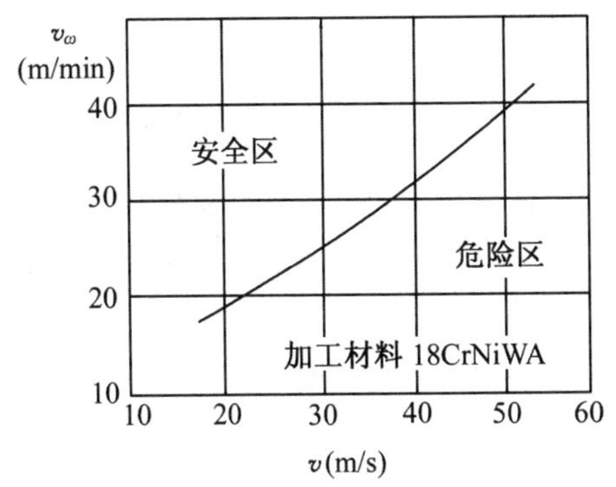

4-49　砂轮速度与工件速度的无烧伤临界曲线

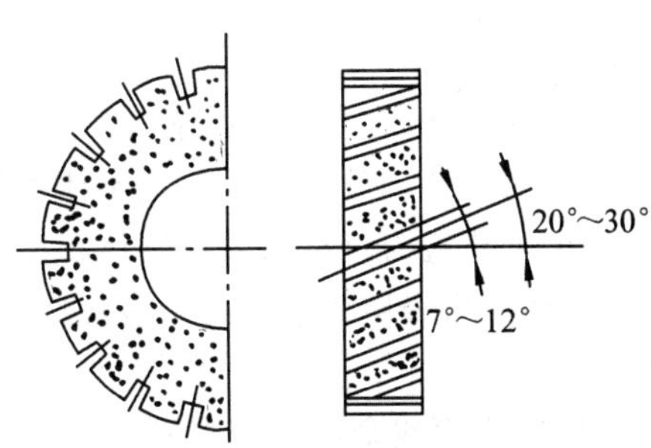

图 4-50　开槽砂轮

(4) 冷却条件　采用切削液带走磨削区的热量，可以避免烧伤。普通冷却方法效果不明显，比较好的方法可采用多孔性砂轮(孔隙占 34%～70%)，切削液从砂轮内部在离心力作用下进入磨削区，发挥有效的冷却作用，如图 4-51 所示。

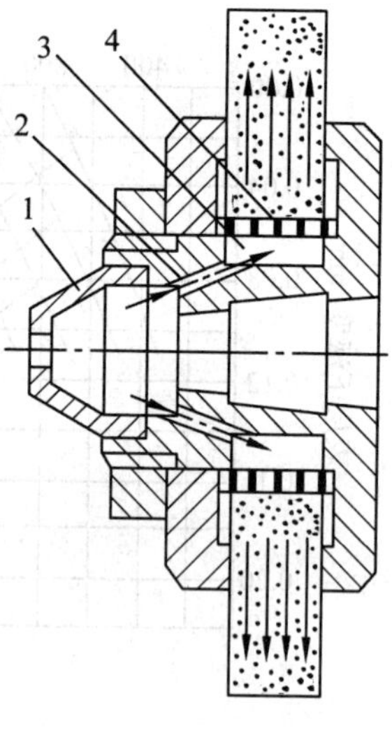

图 4-51　内冷却砂轮

1—锥形盖　2—冷却液通孔　3—砂轮中心腔　4—有径向小孔的薄壁套

(三)加工表面残余应力

1. 加工表面残余应力产生的原因

(1) 冷态塑性变形　加工时在切削力的作用下，已加工表面层受拉应力产生伸长塑性变形，表面积趋向增大，此时里层处于弹性变形状态下，如图 4-52 所示。切削力去除后，里层金属回复，但受到已产生塑性变形表面层的限制，回复不到原状，因而表面层产生残余应力，里层产生残余拉应力。

(2) 热态塑性变形　表面层在切削热作用下产生热膨胀，而里层温度较低，表面层热膨胀，受到压应力，里层产生拉应力。当切削结束时，温度下降，因为表面层已产生热塑性变形冷收缩比里层的大，又受到里层金属阻碍，使工件表面层产生残余拉应力，里层产生残余压应力，如图 4-53 所示。

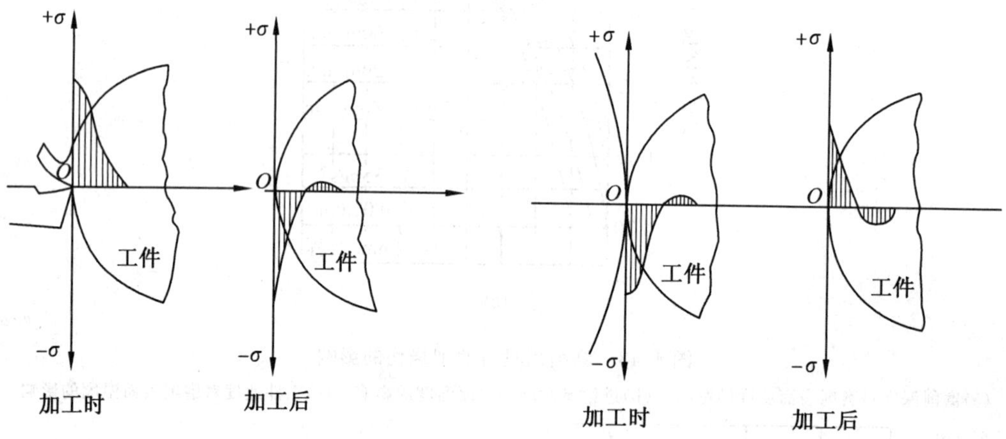

图 4-52　由冷塑性变形产生的残余应力　　图 4-53　热塑性变形产生的残余应力

(3) 金相组织的变化　切削时产生高温引起表面层相变，由于不同金相组织有不同的密度，表面层金相组织变化造成了体积的变化。表面层体积膨胀时，因受到里层基体的限制，产生了压应力；反之，表面层体积减少则产生拉应力。

实际加工后表层残余应力是冷塑性变形、热塑性变形及金相组织变化三者综合作用的结果。

2. 影响表面残余应力的因素

(1) 刀具几何参数　刀具的前角越大，表面层拉应力越大，随着前角的减少，拉应力也逐渐减小，当前角为负值时，在一定的切削用量下表面层可产生残余压应力。刀具的后刀面的磨损增加，摩擦增大，温度升高，引起的拉应力增大。

（2）切削速度　切削速度增大，表面层塑性变形程度减小，表面残余拉应力值也随之减小。

（3）工件材料　塑性大的材料，切削加工后一般产生残余拉应力，脆性材料由于后刀面的挤压和摩擦，表面层产生残余压应力。

（4）磨削用量　砂轮速度对残余应力的影响如图 4-54(a)所示，砂轮速度减小，可减少切削热，减少表面层拉应力。工件速度对残余应力的影响如图 4-54(b)所示，工件速度提高，可以减少表面的残余拉应力。磨削深度对残余应力的影响如图 4-54(c)所示，减少磨削深度，可使表面残余拉应力减小。

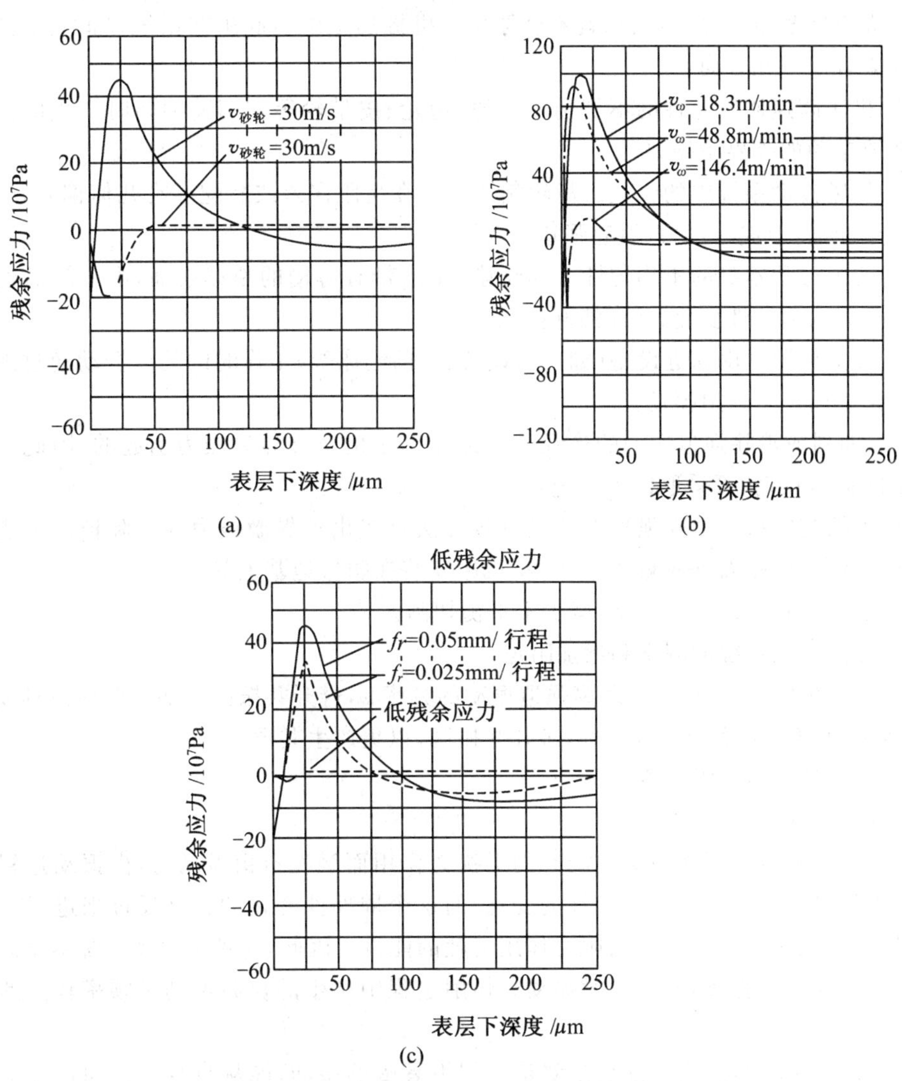

图 4-54　磨削用量对残余应力的影响

(a)砂轮速度对残余应力的影响　(b)工件速度对残余应力的影响　(c)磨削深度对残余应力的影响

五、工艺系统的振动

机械加工中的振动，一般使工件和刀具之间产生相对位移，影响工件与刀具之间正常的运动轨迹，会给加工带来很大的不利影响。工艺系统的振动影响已加工表面质量，影响生产率，影响刀具耐用度和使用寿命，产生噪音，影响工作环境。振动按其产生的原因分为三种：自由振动、强迫振动和自激振动。自由振动是由于切削力的突变或其他外界的冲击等原因所引起的，这种振动一般可迅速衰减，因此对机械加工过程的影响很小；而强迫振动和自激振动是持续的振动，严重影响加工质量。

1. 强迫振动

(1) 强迫振动产生的原因　在外界周期激振力的作用下引起的振动，称为强迫振动。只要外界周期激振力存在，振动就不会停止。机械加工中引起工艺系统强迫振动的激振力主要来自以下几方面：

① 机床高速回转零件的不平衡　砂轮、齿轮、皮带轮等在高速回转时产生的离心力引起系统振动的外界激振力。

② 机床传动系统中的误差　齿轮制造中存在齿距误差或装配存在几何偏心，传动时就会产生冲击，形成激振力，引起强迫振动。

③ 切削过程本身的不均匀性　如铣削、车削带有键槽的断续表面，由于间歇切削而引起切削力的周期性变化，从而激起振动。

④ 外部振源　由邻近设备(如冲压设备、龙门刨床等)工作时的强烈振动通过地基传入工艺系统而产生强迫振动。

(2) 抑制或消除强迫振动的途径　强迫振动是由于外界激振力引起的，因此为了抑制或消除强迫振动，可采取以下措施：

① 消振与隔振。消除强迫振动最有效方法是找出外界激振力并去除掉。不能消除的可采取隔振措施，如采取隔振装置，将机床安装在防振地基上等。

② 消除回转零件的不平衡，减少不平衡切削。

③ 提高工艺系统的刚度和增加阻尼。

④ 使系统的固有频率 ω_0 远离强迫振动的频率 ω，避开共振区。如可调整刀具或工件转速，使其远离工艺系统固有频率，避开共振区，以免产生共振。

⑤ 采用消振器和阻尼器。

2. 自激振动

当系统受到外界或本身某些瞬时的干扰力作用而触发自由振动时，由振动过程本身的某种原因使得切削力产生周期性的变化，而这个周期性变化的力又反过来进一步加强和维持振动，使振动系统补充由阻尼作用消耗的能量。因此，这种由振动系统本身激发出的交变力来维持的振动，称为自激振动。切削过程中产生的自激振动是频率较高的强烈振动。

(1) 自激振动的特征　自激振动是一种不衰竭的振动，能从自身的振动过程中吸收能量，补偿阻尼的消耗，使振动得以维持。自激振动是在没有外界激振力的条件下产生的，维持自激振动的交变力是振动过程中自行产生的，因此切削运动停止，交变力必然消失，即使机床仍在空运转，自激振动也就会停止。自激振动的频率等于或接近于系统的固定频率，即振动频率由系统本身的参数来决定。

(2) 减少或消除自激振动的途径　由于自激振动与切削过程本身及工艺系统的结构性能有关，因此减少或消除自激振动的基本途径是抑制激振力和增加工艺系统的稳定性。

①刀具方面　前角 γ_o 对振动影响较大，如图 4-55 所示。随着的 γ_o 的增大，振幅 A 随之下降。但高速切削时，前角对振动的影响较小，即使使用负前角也不会产生较大的振动。主偏角 κ_r 增大时，振幅将逐渐减小，但当 $\kappa_r > 90°$ 后，振幅又有所增大，如图 4-56 所示。后角 α_o 减小可以加大刀具后刀面与工件间的摩擦阻尼，有利于稳定。但后角过小，反而会引起摩擦自振。刀尖圆弧半径 r_ε 增大，容易产生振动。改革刀具结构，如采用弹簧车刀(图 4-57)、弯头刨刀(图 4-58)和削扁镗刀杆(图 4-59)等均可使振动减少。

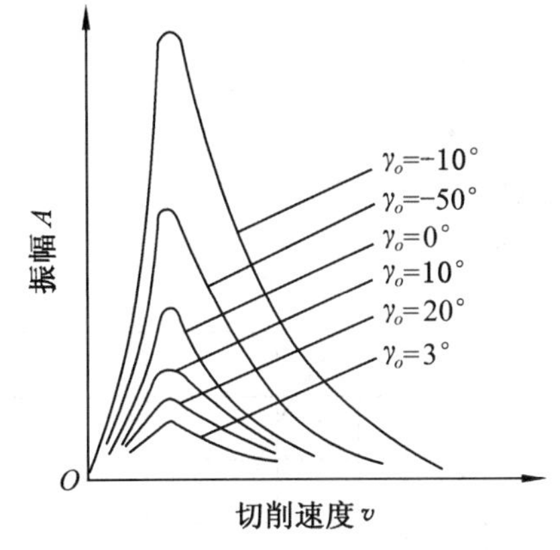

图 4-55　刀具前角对切削稳定性的影响

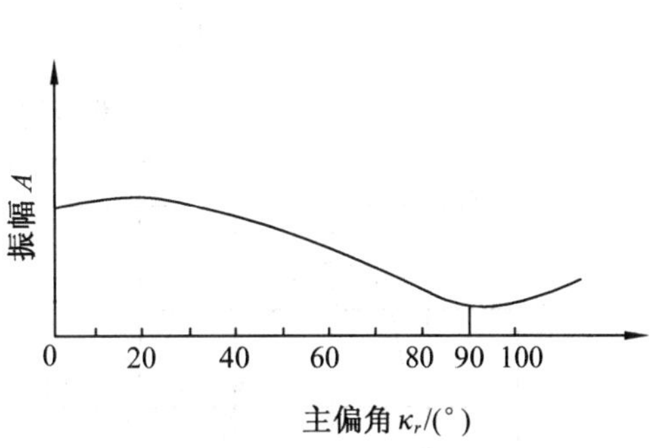

图 4-56　刀具主偏角对切削稳定性的影响

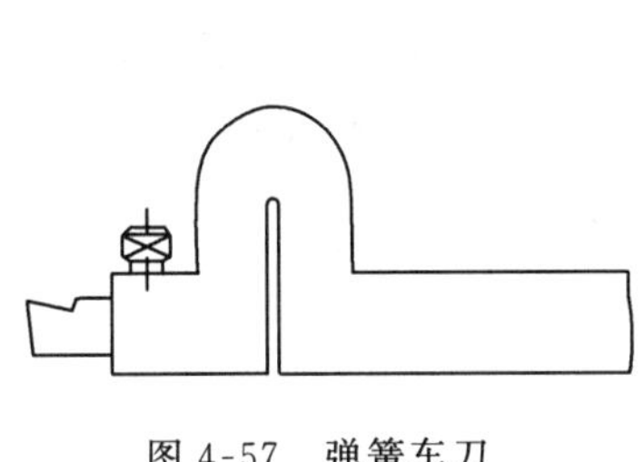

图 4-57　弹簧车刀

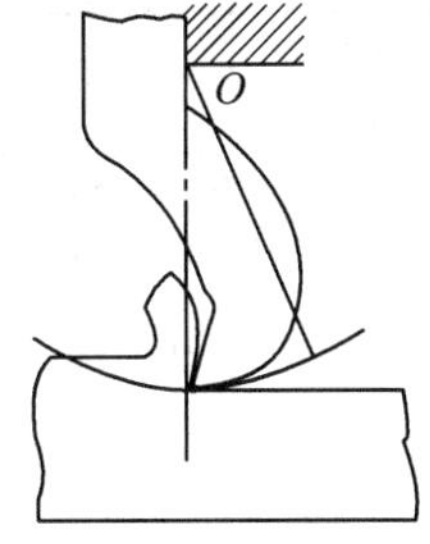

图 4-58　弯头刨刀

②切削用量方面　低速和高速切削都可以避免自激振动，当切削速度在 20～60m/min范围内时，振幅最大，如图 4-60(a)所示。进给量增大可使振幅减小，如图 4-60(b)所示。减少背吃刀量 a_p 使切削宽度 b_w 减小，振幅也随之减小，如图 4-60(c)所示。

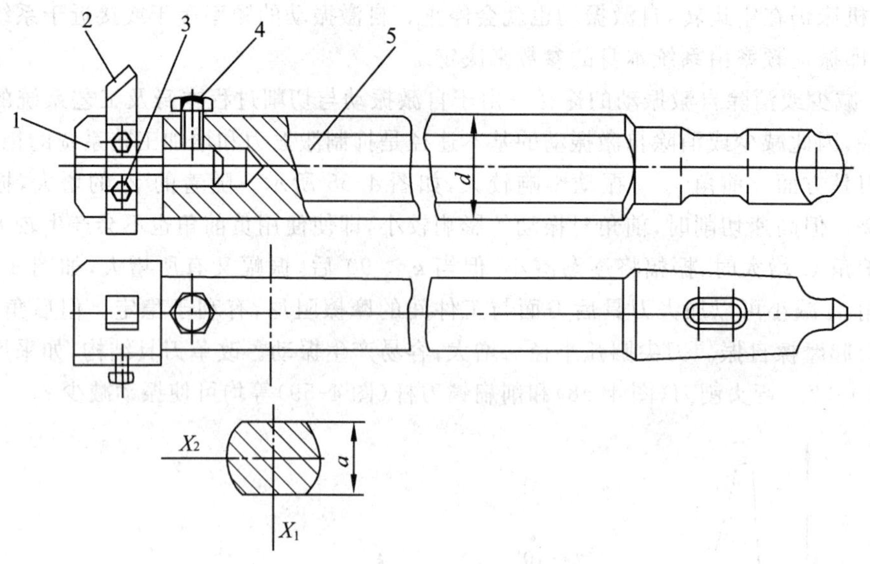

图 4-59　削扁镗刀杆

1—刀头　2—镗刀　3、4—螺钉　5—镗杆

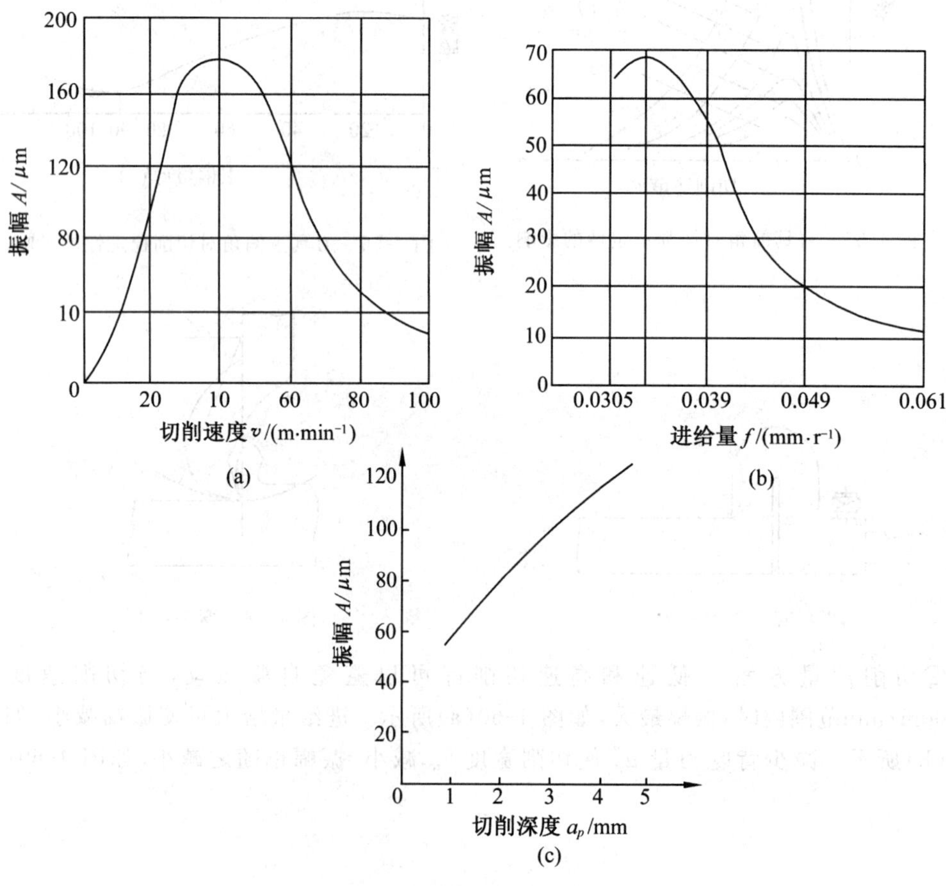

图 4-60　切削用量对振幅的影响

(a)切削速度与振幅的关系　(b)进给量与振幅的关系　(c)背吃刀量与振幅的关系

提高工艺系统的抗振能力。提高工艺系统的刚度,如减小主轴部件的间隙,加工细长轴时增加辅助支承等方法,采用防振地基和隔振措施等。

习　题

4-1　什么是加工精度?它与加工误差和公差有何区别?

4-2　什么是主轴回转误差?它可分解为哪三种基本形式?产生的原因是什么?

4-3　何谓误差敏感方向?车床和磨床的误差敏感方向有何不同?

4-4　试分析在卧式车床上加工时,产生下列误差的原因:

(1) 在卧式车床上镗孔时,引起被加工孔圆度误差和圆柱度误差的原因。

(2) 在卧式车床(用三爪自定心卡盘)上镗孔时,引起内孔与外圆同轴度误差、端面与外圆的垂直度误差的原因。

4-5　磨削外圆时(如图 4-7 所示)采用死顶尖磨削的目的是什么?哪些因素引起外圆的圆度和锥度误差?

4-6　什么是误差复映?误差复映的大小与哪些因素有关?如何减少误差复映的影响?

4-7　车削加工时,工件的热变形对加工精度有何影响?如何减少热变形的影响?

4-8　工件产生残余应力的主要原因有哪些?如何减少残余应力对工件加工精度的影响?

4-9　机械加工表面质量包括哪几方面的内容?表面质量对机器使用性能有哪些影响?

4-10　为什么机器上许多静止连接的接触表面往往要求较小的表面粗糙度值,而相对运动的表面不能对表面粗糙度值要求过小?

4-11　什么是加工硬化?影响加工硬化的因素有哪些?

4-12　什么是回火烧伤、淬火烧伤和退火烧伤?

4-13　试述加工表面产生压缩残余应力和拉伸残余应力的原因。

4-14　何谓自激振动?它有何特征?消除自激振动的措施有哪些?

第五章　典型零件的加工工艺

§5-1　轴类零件的加工

一、概　述

1. 轴类零件的功用、结构特点

(1) 功用　轴类零件是机械加工中经常遇到的典型零件之一，在机器中主要用来支承传动零件如齿轮、带轮，传递运动及扭矩，如机床主轴；有的用来装卡工件，如心轴。

(2) 结构特点　轴类零件是旋转体零件，其长度大于直径，通常由外圆柱面、圆锥面、螺纹、花键、键槽、横向孔、沟槽等表面构成。按其结构特点分有光轴、阶梯轴、空心轴和异形轴(包括曲轴、半轴、凸轮轴、偏心轴、十字轴和花键轴等)四类，如图 5-1 所示。若按轴的长度和直径的比例来分，又可分为刚性轴($L/d \leqslant 12$)和挠性轴($L/d > 12$)两类。

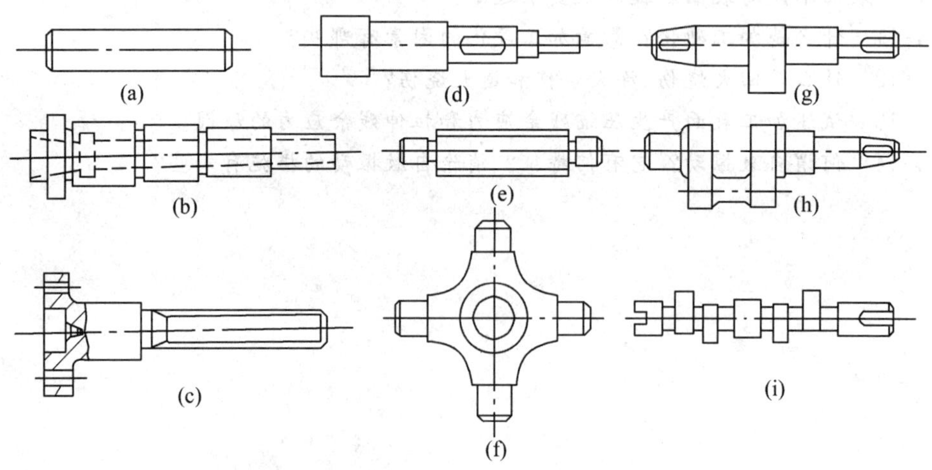

图 5-1　轴的种类

(a)光轴　(b)空心轴　(c)半轴　(d)阶梯轴　(e)花键轴

(f)十字轴　(g)偏心轴　(h)曲轴　(i)凸轮轴

2. 轴类零件的主要技术要求

(1) 加工精度

① 尺寸精度　轴类零件的尺寸精度主要指轴的直径尺寸精度和轴长尺寸精度。按使用要求,主要轴颈直径尺寸精度通常为 IT6～IT9 级,精密的轴颈也可达 IT5 级。轴长尺寸通常规定为公称尺寸,对于阶梯轴的各台阶长度按使用要求可相应给定公差。

② 形状精度　轴类零件一般是用两个轴颈支承在轴承上,这两个轴颈称为支承轴颈,也是轴的装配基准。除了尺寸精度外,一般还对支承轴颈的几何精度(圆度、圆柱度)提出要求。对于一般精度的轴颈,几何形状误差应限制在直径公差范围内,或其公差可取轴颈公差的 1/2,要求高时应在零件图样上另行规定其允许的公差值,或其公差可取轴颈公差的 1/4。

③ 相互位置精度　轴类零件中的配合轴颈(装配传动件的轴颈)相对于支承轴颈间的同轴度是其相互位置精度的普遍要求。通常普通精度的轴,配合轴颈对支承轴颈的径向圆跳动一般为 0.01～0.03mm,高精度轴为 0.001～0.005mm。

此外,相互位置精度还有内外圆柱面间的同轴度,轴向定位端面与轴心线的垂直度要求等。

(2) 表面粗糙度　根据机器的精密程度,运转速度的高低,轴类零件表面粗糙度要求也不相同。一般情况下,支承轴颈的表面粗糙度 Ra 值为 0.63～0.16μm;配合轴颈的表面粗糙度度 Ra 值为 2.5～0.63μm。一般表面表面粗糙度 Ra 值为 6.3～0.8μm;轴向定位面、前端表面、短锥面的表面粗糙度 Ra 值为 0.8～0.05μm。

3. 轴类零件的材料、毛坯和热处理

(1) 轴类零件的材料及热处理　一般轴类零件常用 35,45,50 优质碳素钢,以 45 钢应用最为广泛,并根据不同的工作条件采用不同的热处理规范(如正火、调质、淬火等),以获得一定的强度、韧性和耐磨性。

对于中等精度而转速较高的轴类零件,可选用 40Cr 等合金结构钢。这类钢经调质和表面淬火处理后,具有较高的综合机械性能。精度较高的轴,有时还用轴承钢 GCr15 和弹簧钢 Mn65 等材料,它们通过调质和表面淬火处理后,具有更高的耐磨性和耐疲劳性能。

对于在高转速、重载荷等条件下工作的轴,可选用 20Cr,20CrMnTi,20Mn2B 等低碳合金钢或 38CrMoAlA 氮化钢。低碳合金钢经渗碳淬火处理后,具有很高的表面硬度、耐冲击韧性和心部强度,但热处理变形较大;而氮化钢经调质和表面氮化后,有很高的心部强度、优良的耐磨性和耐疲劳性能,热处理变形却很小。

(2) 轴类零件的毛坯　轴类零件最常用的毛坯是型材(圆棒料)和锻件。只有某些大型的、结构复杂的轴,才采用铸件。内燃机的曲轴一般均采用铸件毛坯。

型材(圆棒料)毛坯分热轧棒料和冷拉棒料,均适合于光轴、直径相差不大的阶梯轴。

锻件毛坯经过加热锻打后,能使金属内部纤维组织沿表面均匀分布,从而可以得到较高的抗拉、抗弯及扭转强度。一般比较重要的轴,大都采用锻件。

二、车床主轴的加工

车床主轴是代表性轴类零件之一，它既是一单轴线的阶梯轴、空心轴，又是长径比小于 12 的刚性轴。主要加工表面是内、外旋转表面，加工难度较大，工艺路线较长，涉及轴类零件加工的许多基本工艺问题，它的机械加工主要是车削和磨削，其次是铣削和钻削。在加工过程中，对定位基准的选择、加工顺序的安排以及深孔加工、热处理工序等均应给予足够的重视。

下面通过对车床 CA6140 主轴技术条件的分析和工艺过程的讨论，来说明轴类零件加工的一般规律。图 5-2 为 CA6140 车床的主轴简图。

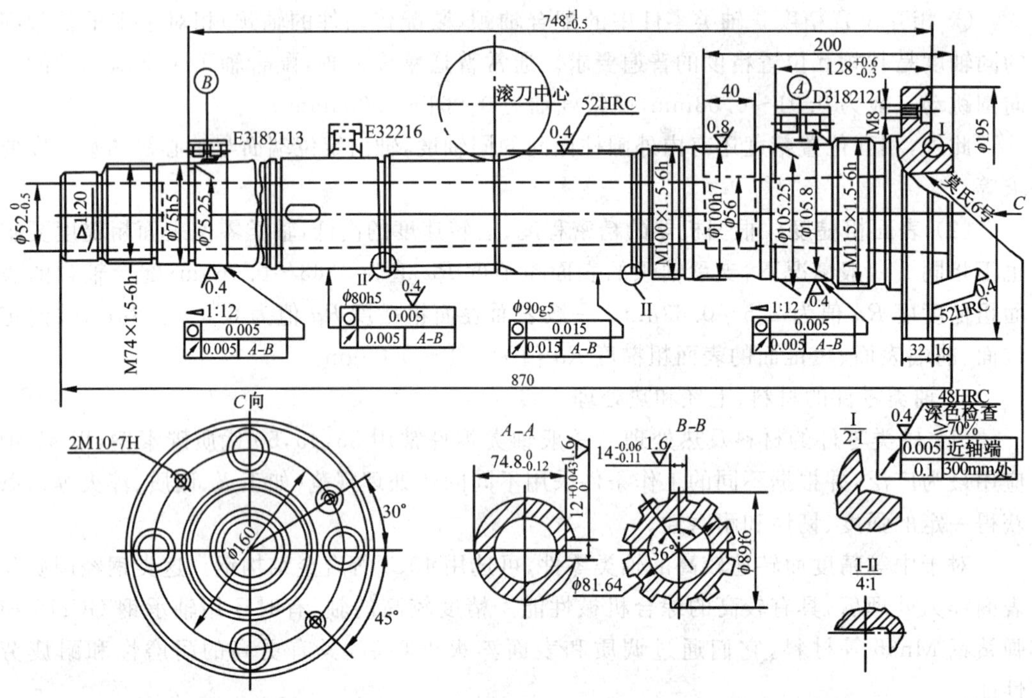

图 5-2　CA6140 车床的主轴简图

1. 车床主轴技术条件分析

(1) 主轴支承轴颈的技术要求　主轴的支承轴颈是主轴的装配基准，它的制造精度直接影响主轴的回转精度，主轴上各重要表面均以支承轴颈为设计基准，有严格的位置要求。

支承轴颈采用锥面结构，是为了使轴承内圈能涨大以调整轴承间隙。轴承内圈是薄壁零件，装配时轴颈上的形状误差会反映到内圈的滚道上，影响主轴回转精度，故必须涂色检查接触面积，严格控制轴颈形状误差。

(2) 主轴工作表面的技术要求　车床主轴锥孔是用来安装顶尖或刀具锥柄的，前端圆锥面和端面是安装卡盘或花盘的，这些安装夹具或刀具的定心表面均是主轴的工作表面。对于它们的要求有:内外锥面的尺寸精度、形状精度、粗糙度和接触精度,定心表面相对于支承轴颈 $A—B$ 轴心线的同轴度,定位端面 D 相对于支承轴颈 $A—B$ 轴心线的跳动等。它们的误差会造成夹具或刀具的安装误差,从而影响工件的加工精度。图 5-3 表示不同情况下安装误差的影响。

当主轴轴端外锥相对于支承轴颈不同轴时如图 5-3(a)所示,会使卡盘产生安装偏心;主轴的莫氏锥度相对于支承轴颈表面的同轴度误差也会使前后顶尖形成的轴心线与实际的回转轴心线偏离如图 5-3(b)所示。此外,主轴端部定心表面轴心线对支承轴颈表面的轴心线倾斜,会造成安装在定心表面上的夹具(及工件)或刀具和回转中心不同轴,而且离轴端愈远,同轴度误差值愈大,如图 5-3(c)所示。因此,在机床精度检验标准中,规定了近主轴端部和离轴端 300mm 处的圆跳动误差。

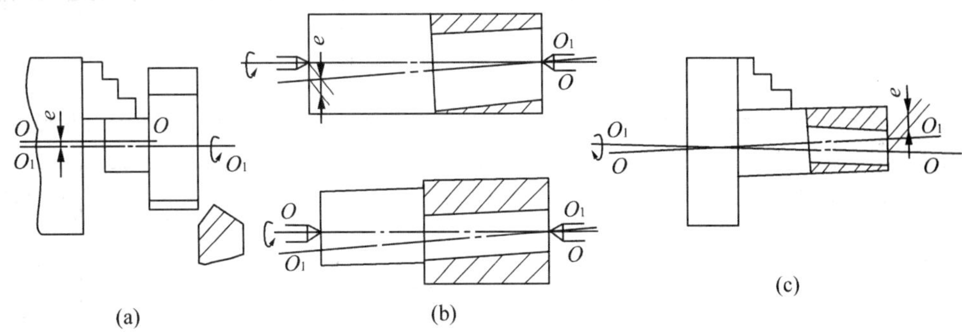

图 5-3　安装偏心对加工精度的影响

(a)卡盘安装偏心　$O-O$ 定位面轴心线　O_1-O_2 实际回转中心线

(b)莫氏锥孔和支承轴颈不同轴　$O-O$ 顶尖孔中心线　O_1-O_2 实际回转中心线

(c)定心表面倾斜于回转中心线　$O-O$ 定位面轴心线　O_1-O_2 实际回转中心线

(3) 空套齿轮轴颈的技术要求　空套齿轮轴颈是和齿轮孔相配合的表面,对支承轴颈应有一定的同轴度要求,否则会引起主轴传动齿轮啮合不良。当主轴转速很高时,还会产生振动和噪声,使工件外圆产生振纹,尤其在精车时,这种影响更为明显。

空套齿轮轴颈对支承轴颈 $A—B$ 的径向圆跳动公差为 0.015mm。

(4) 螺纹的技术要求　主轴上的螺纹一般用来固定零件或调整轴承间隙。螺纹的精度要求是限制压紧螺母端面跳动量所必需的。如果压紧螺母端面跳动量过大,在压紧滚动轴承的过程中,会造成轴承内环轴心线的倾斜,引起主轴的径向跳动(在一定条件下,甚至会使主轴产生弯曲变形),不但影响加工精度,而且影响到轴承的使用寿命。因此,主轴螺纹的精度一般为 6 级;其轴心线与支承轴颈轴心线 $A—B$ 的同轴度公差为∅0.025mm,拧在主轴螺纹上的螺母支承端面圆跳动公差在 50mm 半径上为 0.025mm。

(5) 主轴各表面的表面层要求　所有机床主轴的支承轴颈表面、工作表面及其他配合表面都受到不同程度的摩擦作用。在滑动轴承配合中,轴颈与轴瓦发生摩擦,要求轴颈表面有较高的耐磨性。在采用滚动轴承时,摩擦转移给轴承环和滚动体,轴颈可以不要求很高的耐磨性，但仍要求适当地提高其硬度，以改善它的装配工艺性和装配情度。

定心表面（内外锥面、圆柱面、法兰圆锥等）因相配件（顶尖、卡盘等）需经常拆卸，易碰伤或拉毛表面，影响接触精度，所以也必须有一定的耐磨性。当表面硬度在 HRC45 以上时，可大大改善拉毛现象。主轴表面的粗糙度 Ra 值在 0.8～0.2μm 之间。

2. 车床主轴的机械加工工艺过程

经过对车床主轴结构特点、技术条件的分析，即可根据生产批量、设备条件等编制主轴的工艺规程。编制过程中，应着重考虑主要表面（如支承轴颈、锥孔、短锥及端面等）和加工比较困难的表面（如深孔）的工艺措施，从而正确地选择定位基准，合理安排工序。

表 5-1 给出了 CA6140 车床主轴成批生产的加工工艺过程。

表 5-1　　CA6140 车床主轴成批生产的加工工艺过程

工序号	工序名称	工序内容	工序简图	设备
1	备料			
2	精锻	精锻毛坯		立式精锻机
3	热处理	正火		回火炉
4	锯头			锯床
5	铣端面打中心孔	保持尺寸 870mm		中心孔专用机床
6	粗车	车各外圆面，留余量 4～5mm		卧式车床
7	热处理	调质 220～240HBS		
8	车	大端各部	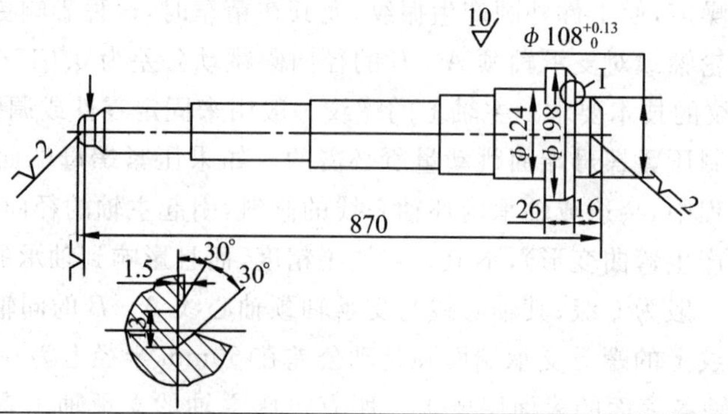 10; $\phi108^{+0.13}_{0}$; I; $\phi124$; $\phi198$; 26; 16; 870; 1.5; 30°; 30°	卧式车床

（续表）

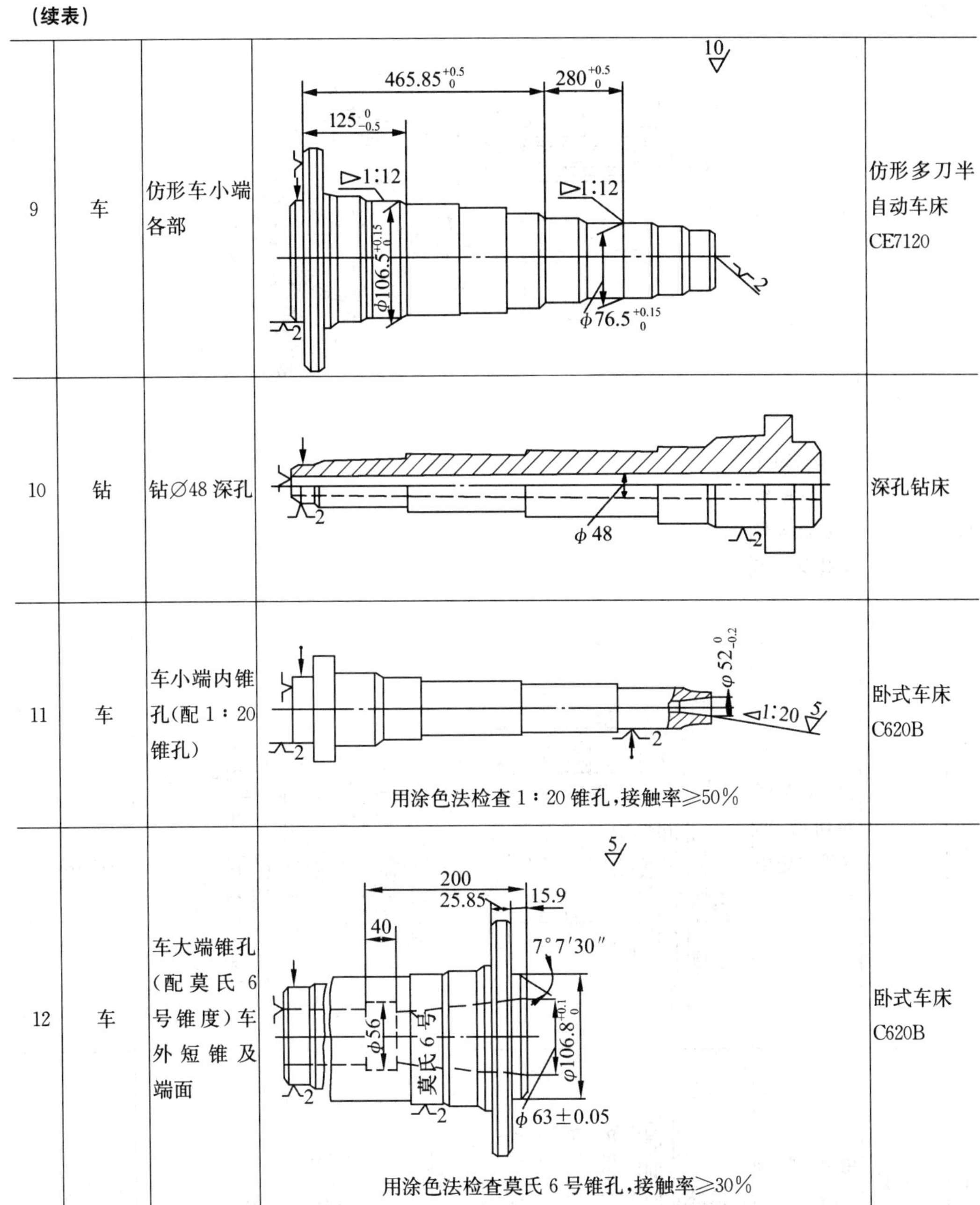

9	车	仿形车小端各部	（见图）	仿形多刀半自动车床CE7120
10	钻	钻∅48 深孔	（见图）	深孔钻床
11	车	车小端内锥孔（配 1∶20 锥孔）	用涂色法检查 1∶20 锥孔，接触率≥50%	卧式车床C620B
12	车	车大端锥孔（配莫氏 6 号锥度）车外短锥及端面	用涂色法检查莫氏 6 号锥孔，接触率≥30%	卧式车床C620B

(续表)

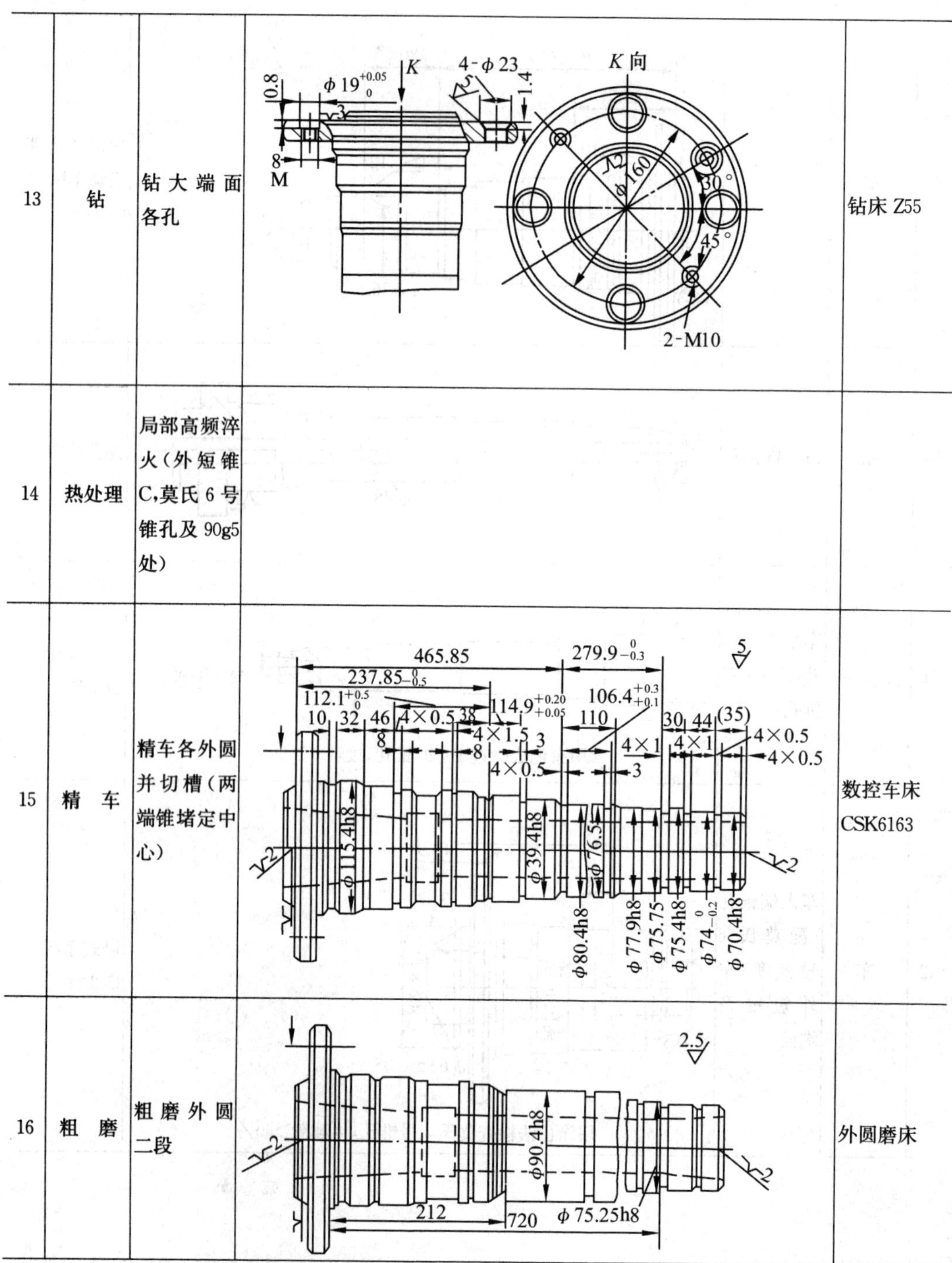

13	钻	钻大端面各孔		钻床 Z55
14	热处理	局部高频淬火（外短锥C,莫氏6号锥孔及90g5处）		
15	精　车	精车各外圆并切槽（两端锥堵定中心）		数控车床CSK6163
16	粗　磨	粗磨外圆二段		外圆磨床

(续表)

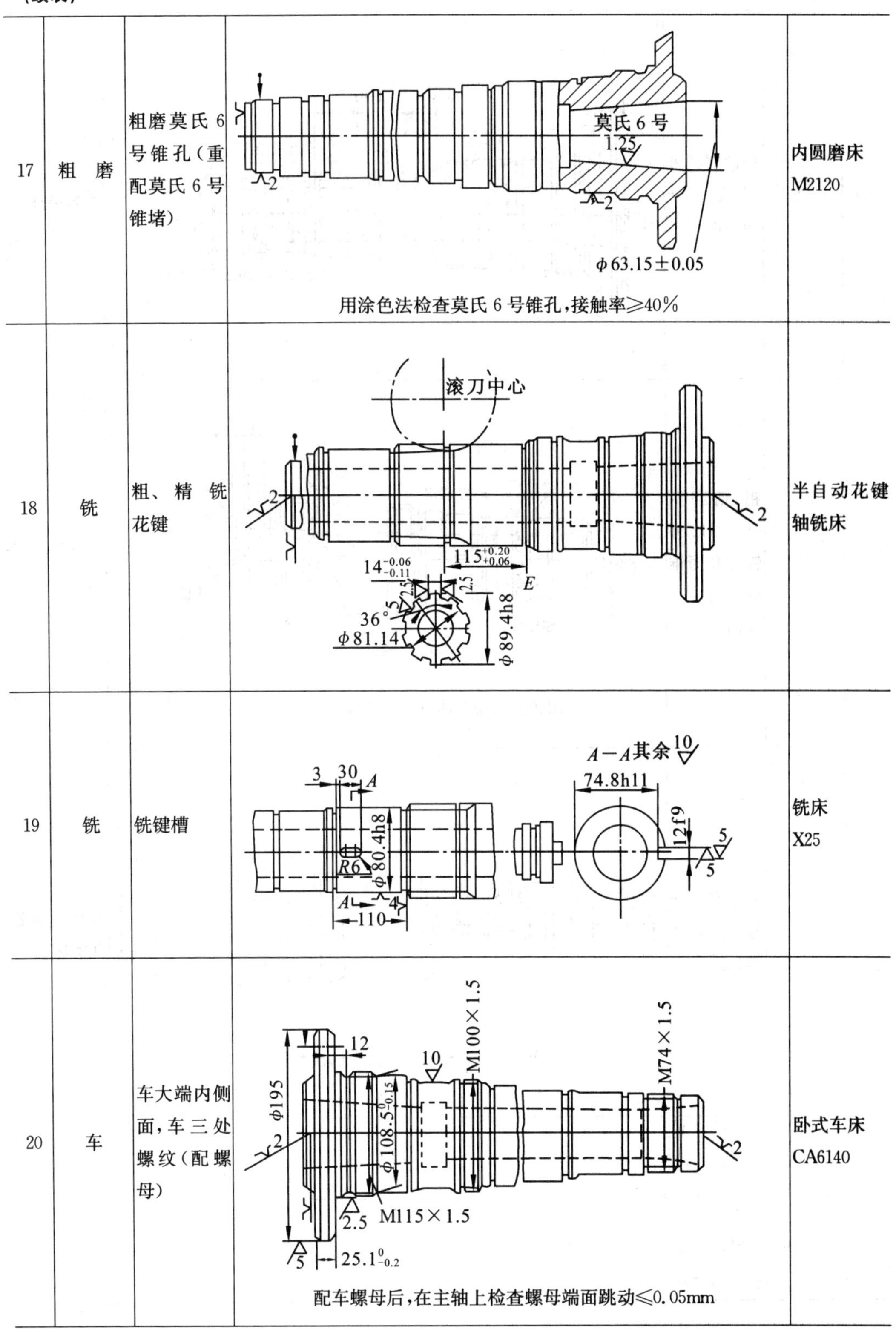

17	粗　磨	粗磨莫氏 6 号锥孔(重配莫氏 6 号锥堵)	用涂色法检查莫氏 6 号锥孔,接触率≥40%	内圆磨床 M2120
18	铣	粗、精铣花键		半自动花键轴铣床
19	铣	铣键槽		铣床 X25
20	车	车大端内侧面,车三处螺纹(配螺母)	配车螺母后,在主轴上检查螺母端面跳动≤0.05mm	卧式车床 CA6140

(续表)

21	磨	粗精磨各外圆及 E，F 两端面	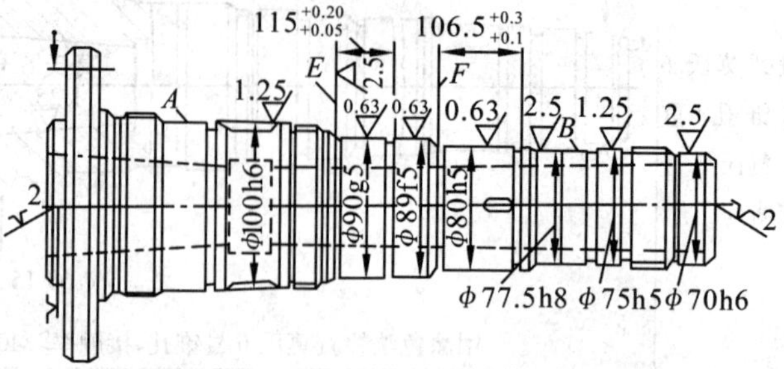	外圆磨床
22	磨	粗、精磨两处 1∶12 外锥面和短锥面及 D 端面	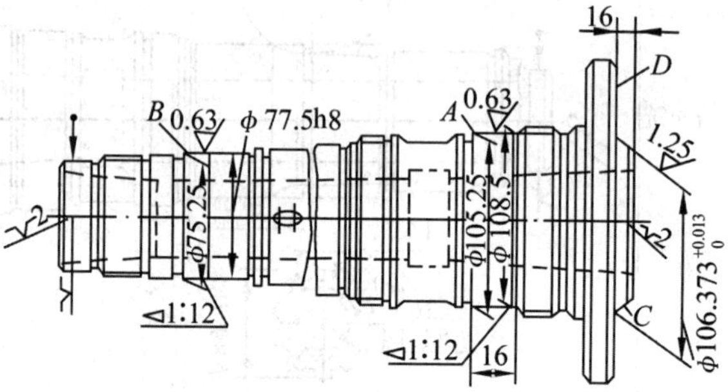 用涂色法检查两处 1∶12 锥面，接触率≥70％	专用组合磨床
23	磨	精磨莫氏 6 号内锥孔（卸堵）	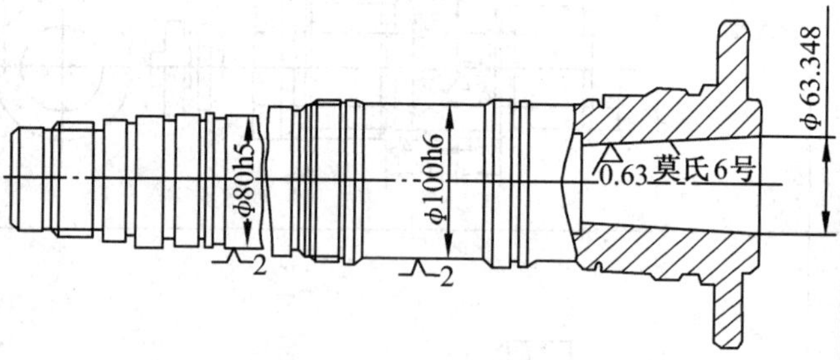 用涂色法检查莫氏 6 号锥孔，接触率≥70％	专用主轴锥孔磨床
24	钳	4 个∅23 钻孔处锐边倒角		
25	检　查	按检验卡或图纸技术要求全部检查		

3. 车床主轴加工工艺过程分析

上述主轴加工工艺过程可以看出，在拟定主轴工艺过程时应考虑下列一些带有共同性的问题：

(1) 合理选择定位基准面　轴类零件的定位基准面，最常用的为两中心孔，因为轴类零件各外圆表面、锥孔、螺纹表面的同轴度以及端面对主轴线的垂直度是其相互位置精度主要项目，而这些表面的设计基准一般为零件的中心线，如果用两中心孔定位，就能符合基准重合的原则。同时，由于多数工序均采用中心孔作为定位基准面，能够最大限度地在一次安装中加工出多个外圆和端面，这也符合基准统一原则。所以，只要有可能，就应尽量采用中心孔作为轴加工的定位基准。

粗加工外圆时，为了提高工件刚度，可采用轴的外圆表面作为定位基准面，或是以外圆和中心孔同作定位基准面，这就是“一夹一顶”的情况。

当主轴为通孔时，原来的定位基准——中心孔已经破坏，所以必须重新建立定位基准。对于通孔直径较小的轴，可直接在孔口倒出宽度不大于 2mm 的 60°锥面，代替中心孔；而当通孔较大时，则不宜用倒角锥面代之，一般都用锥堵或锥堵心轴的顶尖孔作为定位基准。图 5-4 所示为锥堵，图 5-5 所示为锥堵心轴。

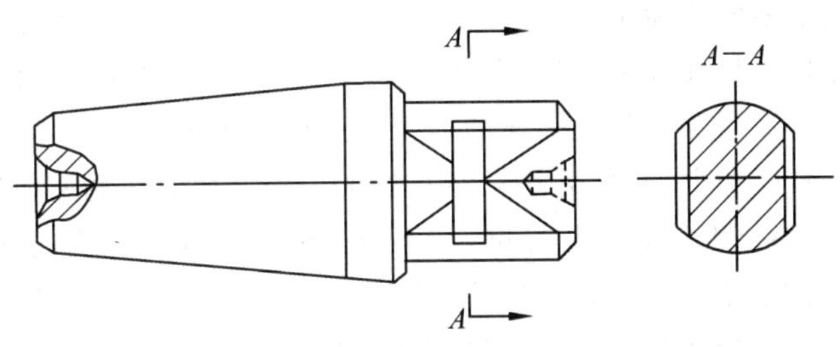

图 5-4　锥　堵

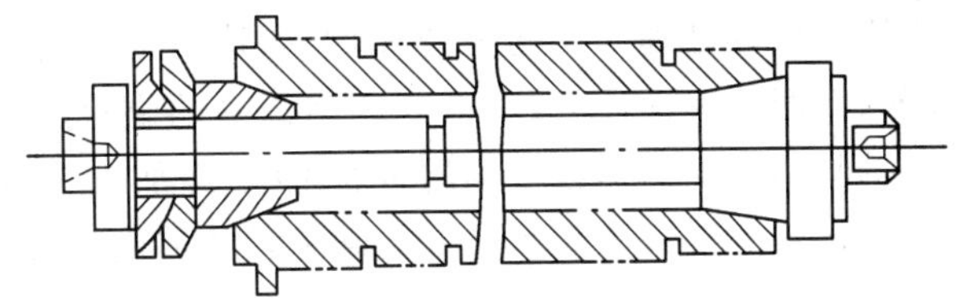

图 5-5　锥堵心轴

当主轴孔的锥度比较小时，如 CA6140 主轴的锥孔分别为 1∶20 和莫氏 6 号时就常用锥堵。当锥度较大或圆柱孔时，如 X62W 主轴锥孔是 7∶24，就用锥堵心轴。

采用锥堵或锥堵心轴定位应注意以下问题：

① 锥堵应具有较高的精度，因为，锥堵的顶尖孔既是锥堵本身制造的定位基准，又是磨削主轴的精基准，所以要保证装入工件锥孔时锥堵上锥面与中心孔有较高的同轴度。

② 一般中途不更换或拆装锥堵或锥堵心轴，因为锥孔与锥堵上锥角不可能完全一致，重新安装会引起安装误差，而是直至精磨外圆后再取出。

根据上述对CA6140主轴工艺基准选择(见表5-1)的分析来看:工艺过程一开始,就以外圆面作粗基准铣端面、打中心孔,为粗车外圆准备了定位基准,而粗车外圆又为深孔加工准备了定位基准;此后,为了给半精加工和精加工外圆准备定位基准,又要先加工好前后锥孔,以便安装锥堵,使精车、粗磨、精磨各部外圆及端面,铣花键及车螺纹等工序,都能以顶尖孔作为定位基准。由于支承轴颈是磨锥孔的定位基准,所以终磨锥孔之前必须磨好轴颈表面,符合基准重合、基准统一及互为基准的原则。

(2) 加工阶段的划分　由于主轴是多阶梯带通孔的零件,切除大量的金属后,会引起内应力重新分布而变形。因此,在安排工序时,应将粗精加工开,先完成各表面的粗加工,再完成各表面的半精加工和精加工,而主要表面的精加工则放在最后进行。这样,主要表面的精度就不会受到其他表面加工或内应力重新分布的影响。

从表5-1中主轴加工工艺过程可以看出,其加工过程大致分为三个阶段:

① 粗加工阶段　包括粗车外圆,铣端面和钻中心孔等,即调质以前的各表面的加工。

② 半精加工阶段　包括半精车各级外圆及两端锥孔等,即调质以后至表面淬火之前的各表面的加工。

③ 精加工阶段　包括粗、精磨各级外圆、磨锥孔、淬火后其他次要表面的加工等,即表面淬火以后各主要表面的加工。

各阶段的划分是以热处理为分界,以作为主要表面(支承轴颈、锥孔)的粗加工、半精加工、精加工为主线,适当穿插其他表面的加工工序而组成的。

对于一般精度机床的主轴,精磨是最终的加工工序。而对于精密机床的主轴,还应有光整加工阶段,以获得很细的表面粗糙度,有时也同时为了获得更高的加工精度。

(3) 热处理工序的安排　在主轴加工的整个过程中,安排足够的热处理工序,以保证主轴的机械性能及加工精度的要求,并改善工件的切削加工性能。

在主轴毛坯锻造后,一般首先安排正火处理,以消除锻造应力,改善金属组织,细化晶粒,降低硬度,改善切削性能。

在粗加工后,安排第二次热处理——调质处理,获得均匀细致的回火索氏体组织,提高零件的综合机械性能,以便在表面淬火时,得到均匀致密的硬化层,使硬化层的硬度由表面向中心逐步降低。同时,索氏体晶粒结构的金属组织,经加工后,表面粗糙度较细。

最后,必须对有相对运动的轴颈表面和经常装卸工具的前锥孔进行表面淬火处理,以提高其耐磨性。

(4) 工序安排顺序　根据对表5-1主轴加工的工艺分析,对主轴加工工序安排大体如下:

锻件毛坯→正火→切端面打中心孔→粗车→调质→半精车→表面淬火→精车→粗磨→铣花键→车螺纹→粗、精磨外圆→精磨锥孔

在安排工序顺序时,应注意以下几点。

① 深孔加工　必须注意以下两点:第一,应安排在调质以后进行,因为调质处理变形较大,深孔产生弯曲变形没法纠正,不仅影响棒料的通过,而且会引起主轴高速转动的不平衡;第二,深孔应安排在外圆粗车或半精车之后,以便有一个较精确的轴颈作定位基面,以保证孔与外圆同心,使主轴壁厚均匀。如果仅从定位基准考虑,希望始终用中心孔定

位，避免使用锥堵，深孔加工安排到最后为好，但是深孔加工是粗加工，发热量大，破坏外圆加工的精度，所以深孔只能在半精加工阶段进行。

② 外圆表面的加工顺序　先加工大直径外圆，然后再加工小直径外圆，以免一开始就降低了工件的刚度。

③ 次要表面加工安排　主轴上的花键、键槽等次要表面的加工，一般都放在外圆精车或粗磨之后，精磨外圆之前进行。这是因为如果在精车前就铣出键槽，一方面，在精车时，由于断续切削而产生振动，既影响加工质量，又容易损坏刀具；另一方面，也难控制键槽的尺寸要求。但是，它们的加工也不宜放在主要表面精磨以后进行，以免破坏主要表面已有的精度。

主轴上的螺纹均有较高的要求，如安排在淬火前加工，则淬火后产生的变形，会影响螺纹和支承轴颈的同轴度误差。因此，车螺纹宜安排在主轴局部淬火之后进行。

④主轴是加工要求很高的零件，需安排多次检验工序，检验工序一般安排在各加工阶段前后，以及重要工序前后和花费工时较多的工序前后，总检验则放在最后。必要时，还应安排探伤工序。

(5) 主轴锥孔的磨削　主轴锥孔对主轴支承轴颈和前端短锥的径向跳动要求很高，是机床的主要精度指标，因此锥孔的磨削，是主轴加工的关键工序之一，在批量较大时，一般用专用磨床夹具或专用主轴锥孔磨床保证质量。

图 5-6 所示为磨主轴锥孔的一种夹具，是由底座、支承架及浮动卡头三部分组成。前后两个支承架与底座连成一体。作为工件定位的 V 形架镶有硬质合金，以提高耐磨性，使工件的中心高调整到正好等于磨头砂轮轴的中心高。后端的浮动卡头装在磨床主轴锥孔内，工件尾部插入弹性套内。用弹簧把浮动卡头外壳连同工件向后拉，通过钢球压向镶有硬质合金的锥柄端面，依靠压簧的涨力限制了工件的轴向窜动。采用这种连接方式，机床只起传递扭矩作用，排除了磨床主轴圆跳动或同轴度误差对工件的影响，也可减小机床本身的振动对加工精度的影响。

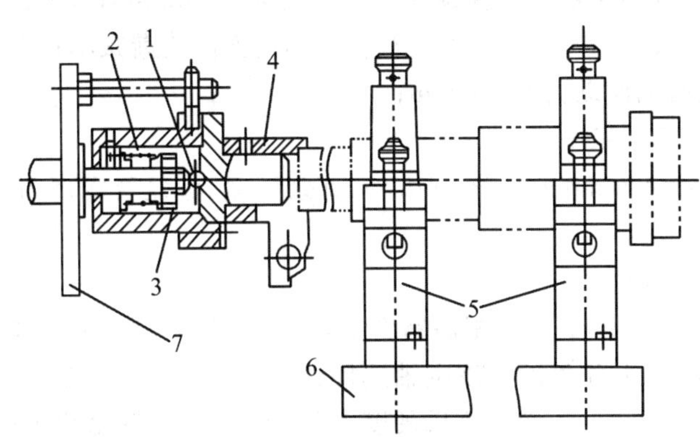

图 5-6　磨主轴锥孔夹具

1—钢球　2—弹簧　3—硬质合金　4—弹性套　5—支架　6—底座　7—拨盘

三、磨床主轴的加工

磨床主轴零件图如图 5-7 所示。

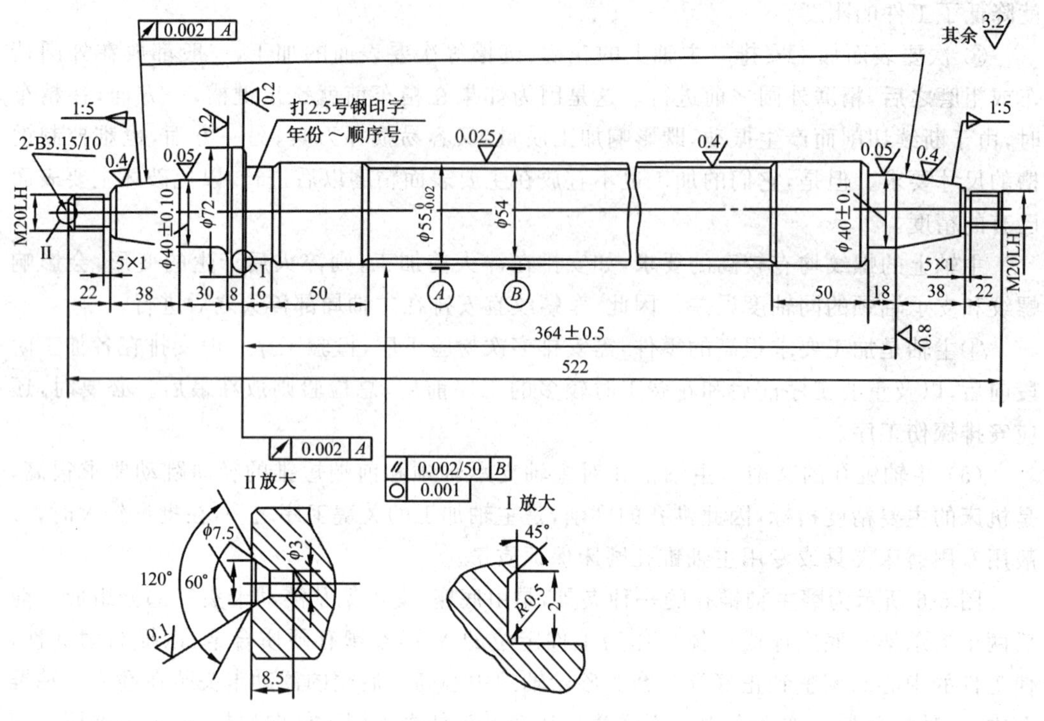

图 5-7　磨床主轴

1. 技术要求如下：

(1) 支承轴颈∅55 表面的圆度为 0.001mm；

(2) 两处 1∶5 锥面相对支承轴颈的径向跳动为 0.002mm；锥面涂色检验时，应均匀着色，接触面积不得小于 80%，只允许按符合的小端方向逐渐减小；

(3) 前轴肩的端面跳动为 0.002mm；

(4) 材料：38Cr MoAIA；

(5) 热处理：除 M20mm 左、∅54mm 外，其余渗氮，渗氮层深度为 0.5mm，表层维氏硬度为 900HV。

2. 磨床主轴零件特点

该零件为磨床砂轮主轴，是一根高精度主轴，它在高速回转下工作，它的回转精度高低，对工件的加工精度十分关键。该主轴选用优质氮化钢 38CrMoAIA，经退火、调质和氮化后，心部硬度 HBS≤260，表层维氏硬度 HV 为 900。主轴氮化表层获得极高的硬度及耐磨性，并提高了耐疲劳、耐腐蚀能力，使主轴的尺寸精度和形状位置精度得到长时期的稳定。

由于主轴的精度要求很高，根据这一特点，它的机械加工工艺过程必须精细地分工序进行。

3. 磨床主轴机械加工工艺过程

根据磨床主轴零件的特点、技术要求考虑磨床主轴机械加工工艺过程。表 5-2 列出了磨床主轴机械加工工艺过程。

表 5-2　　磨床主轴机械加工工艺过程

序号	工序名称	工序内容	定位与加紧
1	锻	锻造毛坯	
2	热处理	毛坯退火处理	
3	车	车两端面总长为 550mm，打中心孔，粗车各外圆	一顶一夹
4	钳	在 550mm 长工件两端面上用 2.5 号钢印打上年份及顺序号	
5	热处理	调质 HRC26～32，要求全长弯曲不大于 1mm	
6	金相检查	(1) 割下右端 6mm 试片，并在零件端面和试片外圆做相同编号	
		(2)平磨试片两面，送进理化室做金相检查，如果金相组织合格，允许下道工序继续加工，如果金相组织不合格则退回到热处理，工件重新调质	
		(3)左端试片，是备用调质使用	
7	车	车两端面总长为 524mm，打中心孔，在端面上写原编号	两端中心孔
		半精车各外圆，表面粗糙度 $Ra6.3\mu m$	
8	钳	在轴端上编号，按图 5-7 所示位置，打钢印年号及顺序号	
9	研	研磨中心孔	
10	磨	粗磨 $\varnothing 54mm$ 外圆(严格控制锥度误差)	两端中心孔
		粗磨 $\varnothing 55^{0}_{-0.02}$(两处)$\varnothing 40\pm0.1$(两处)外圆及阶梯端面，表面粗糙度 $Ra0.8\mu m$，留余量 0.04～0.06mm	
		粗磨 $\varnothing 72$ 至图样要求	
11	磨	粗磨 1∶5 圆锥(两处)，表面粗糙度 $Ra1.6\mu m$，留余量 0.1mm	两端中心孔
12	热处理	渗氮至要求，要求弯曲跳动小于 0.02mm	
13	磨	磨两处 $M20$ 左端外圆至 $\varnothing 20^{-0.05}_{-0.20}$ mm	两端中心孔
		磨去两端 1mm 余量，保持尺寸 22mm，总长 522mm	
14	车	车槽 $\varnothing 16.2\times5\times R_1$ 至图样要求	两端中心孔
		车两端 $M20$ 左螺纹	
15	研	研磨中心孔	
16	磨	半精磨 $\varnothing 54$mm	两端中心孔
		半精磨 $\varnothing 55^{0}_{-0.02}$ 至 $\varnothing 55^{+0.03}_{+0.02}$ 及阶梯端面，表面粗糙度 $Ra0.4\mu m$	
		半精磨 $\varnothing 40\pm0.1$ 至 $\varnothing 40^{+0.15}_{+0.10}$ 及阶梯端面，表面粗糙度 $Ra0.4\mu m$	

(续表)

17	磨	半精磨 1∶5 圆锥(两处),表面粗糙度 $Ra0.8\mu m$,留余量 0.05mm	两端中心孔
18	研	研磨中心孔	
19	磨	精磨 $\varnothing 55_{-0.02}^{\ 0}$ 外圆(两处)至 $\varnothing 55_{+0.003}^{+0.10}$ 及阶梯端面,表面粗糙度 $Ra0.2\mu m$ 精磨 $\varnothing 40\pm 0.1$ 外圆(两处)至 $\varnothing 40_{+0.03}^{+0.10}$ 及阶梯端面,表面粗糙度 $Ra0.2\mu m$	两端中心孔
20	磨	精磨 1∶5 圆锥(两处),表面粗糙度 $Ra0.4\mu m$,注意保证 364±0.5 尺寸要求	两端中心孔
21	高精磨	超精磨削 $\varnothing 55_{-0.02}^{\ 0}$(两处)、$\varnothing 40\pm 0.1$ 至图样要求	两端中心孔

4. 磨床主轴加工工艺过程分析

(1) 选择定位基准时,为了保证支承轴颈 $50_{-0.02}^{\ 0}$ 与其他外圆的位置精度,采用了基准统一原则,即全部以工件的两个中心孔定位。为了保证支承轴颈 $50_{-0.02}^{\ 0}$(两处)和其他外圆的形状与位置精度,在主轴的精加工过程中,用油石顶尖三次研磨中心孔。逐步降低中心孔的表面粗糙度以及提高接触精度。精磨前可用千分表检验工件的形位公差,如超差,应检查中心孔,并再进行研磨。

(2) 主要表面的加工工序划分得很细,如支承轴颈 $\varnothing 55_{-0.02}^{\ 0}$ 表面经过粗车、精车、粗磨、半精磨、精磨、高精磨六道工序,逐步消除工件毛坯的复映误差,确保主轴轴颈的精度,其中还穿插一些热处理工序,以减少由于内应力所引起的变形。

(3) $\varnothing 72$ 外圆右端面的磨削,均放在 $\varnothing 55_{-0.02}^{\ 0}$(两处)外圆磨后进行,有利于提高端面相对于外圆轴线的垂直度。

(4) 两端 M20mm 螺纹加工安排在精加工阶段进行,一方面可避免过早地使主轴两端轴颈尺寸变小,降低工件刚度;另一方面两端 M20mm 左不要求氮化,故氮化后安排一道工序磨螺纹外圆至尺寸,使外圆及端面的氮化层全部切除。

(5) 为了保证氮化处理的质量和主轴精度的稳定,要合理地安排热处理工序。从工艺角度考虑,氮化处理前需安排调质和消除应力两道热处理工序。调质处理对氮化主轴非常重要。

因为对氮化主轴来说,不仅要求调质后获得均匀细致的索氏体组织,而且要求离表面 8～10mm 的表面层内的铁素体含量不得超过 5%。表层铁素体的存在,会造成氮化脆性,引起氮化质量低劣。因此,氮化主轴在调质后,必须每件割试样进行金相组织的检查,不合格者不得转入下道工序加工。需对工件进行重新调质,直到符合要求为止。

(6) 要严格控制渗氮表面渗氮前的加工余量,一般情况下,渗氮前留加工余量为 0.04～0.06mm,这是因为渗氮层表面硬度变化梯度很大,渗氮后最外层表面硬度可达 72HRC,而距表面层 0.1mm 以下,硬度急剧下降至 60HRC 以下。为此,为了确保渗氮质量,严格控制渗氮表面渗氮前的加工余量小于 0.1mm 是十分必要的。

四、丝杠的加工

(一)丝杠的功用、分类与结构特点

丝杠既有轴类零件的加工特点，又具有一定的特殊性。丝杠是将旋转运动变成直线运动的传动零件，它不仅能准确地传递运动，而且也能传送一定的扭矩。所以，对其精度、强度、耐磨性和稳定性都有较高的要求。

丝杠的分类：按其摩擦特性，可分为滑动丝杠、滚动丝杠及静压丝杠三大类。其中滑动丝杠结构比较简单、容易加工、使用比较广泛。滚动丝杠摩擦因数小、制造精度高，适用于高精度、高转速的传动。静压丝杠可减少摩擦损失，用于重载大型机械传动。机床滑动丝杠的螺纹牙型大多采用梯形，这种螺纹牙型比三角形等螺纹牙型的传动效率高、精度好、加工比较方便。

标准梯形螺纹的牙型角 α 一般等于 30°，但对于传动精度要求高的丝杠，常采 15°。α 角减小，丝杠中径尺寸变化对螺距误差的影响也随之减小。

另外，滚珠丝杠螺纹牙型也有多种，应用更广泛的是双圆弧形，双圆弧形滚道接触刚度好、摩擦力小、承载能力强。

丝杠结构有整体式和接长式之分，一般情况下，丝杠为整体式。对于过长的丝杠(大于 4m)，由于受热处理与设备的限制，需采用分段加工，然后逐段连接成整体，被称为长丝杠。

(二)丝杠的技术要求

在 JB2886-81 标准规定中，丝杠、螺母的精度根据使用要求共分为 6 级：4，5，6，7，8，9，精度依次降低。

各级精度的丝杠，除规定有丝杠的大径、中径和小径的公差外，还规定了螺距公差、牙型半角的极限偏差、表面粗糙度、全长上中径尺寸变动量的公差、中径跳动公差。在 JB2886-81 标准中规定了 5～9 级精度丝杠的主要技术要求。

螺距公差中，分别规定了单个螺距公差和在规定长度内螺距公差，以及在全长上的螺距累积公差，牙形半角的极限偏差随丝杠螺距增大而减小；表面粗糙度对大径、小径和牙型侧面都分别提出了要求，一般精度越高，表面粗糙度越细；为了保证丝杠与螺母配合间隙的均匀性，在标准中规定了丝杠在全长上中径尺寸变动量公差；为了控制丝杠与螺母的配合偏心，提高位移精度，在标准中规定了丝杠中径跳动公差。

各级精度等级丝杠的应用如下：

目前 4 级为最高级，很少应用；5 级用于螺纹磨床、坐标镗床；6 级用于大型螺纹磨床、齿轮磨床和刻线机；7 级用于铲床、精密螺纹车床及精密齿轮机床，8 级用于普通螺纹车床及螺纹铣床；9 级用于分度盘的进给机构中。

(三)丝杠的材料

为了保证丝杠的质量，在选择丝杠材料时，必须注意以下几方面：

(1) 丝杠材料要有足够的强度，以保证能传递一定的动力。

(2) 丝杠材料的金相组织，要有较高的稳定性。

(3) 具有良好的热处理工艺性，淬透性好，不易淬裂，热处理变形小，并能获得较高硬度，以保证丝杠在工作中的耐磨性。

(4) 具有良好的加工性，适当的硬度与韧性，以保证切削过程中不会因粘刀或啃刀而影响加工精度与表面质量。

不淬硬丝杠材料有 45 钢、Y40Mn 易切钢和具有珠光体组织的优质碳素工具钢 T10A，T12A 等。例如：T6110 镗床和 C6132 车床的丝杠材料为 45 钢；CA6140 车床的丝杠材料为 Y40Mn 易切钢；SG8630 精密丝杠车床的丝杠材料为 T10A(或 T12A)。

淬硬丝杠常用中碳合金钢和微变形钢，如 9Mn2V，CrWMn，GCr15(用于小于∅50mm)及 GCr15SiMn(用于大于∅50mm)等。它们的淬火变形小、磨削时组织比较稳定，淬硬性也很好，硬度可达 HRC58～62。尤其是 9Mn2V 是我国创造的新钢种，淬硬后比 CrWMn 钢具有较好的工艺性和稳定性，但淬透性不大，故一般用于直径小于 50mm 的精密淬硬丝杠。CrWMn 钢突出的特点是热处理后的变形小，适宜于制作高精度的零件(如高精度丝杠、块规、精密刀具、模具、量具等)。但是，它的热处理工艺性较差，易于热处理开裂，磨削工艺性也较差，易产生磨削裂纹。

(四) 丝杠的加工工艺

1. 丝杠的加工工艺过程

表 5-3 列举了普通车床丝杠的加工工艺过程，这种丝杠不需要淬硬，精度为 8 级；而表 5-4 则列举了万能螺纹磨床丝杠的加工工艺过程，这种丝杠需要淬硬，精度为 6 级。它们对应的零件分别如图 5-8、图 5-9 所示。

表 5-3　　普通车床丝杠的加工工艺过程

工序号	工序名称	工　序　内　容	定位基准
1	下　料	锯棒料∅35×1408	
2	热处理	正火，校直(径向圆跳动<1.5mm)	
3	粗　车	车两端面，打中心孔	中心孔
		外圆表面粗车各段外圆，各留 2.5～3mm 加工余量	
4	校　直	冷校直到径向圆跳动≤0.5mm	
5	半精车	修正中心孔	外圆表面
		半精车各外圆，各留磨余量 0.5～0.7mm	中心孔
		车槽至尺寸(槽深加磨余量)	
		粗车梯形螺纹，留 0.5～0.7mm 加工余量	
6	校　直	用反向锤击法敲打螺纹小径处进行校直，径向圆跳动≤0.2mm	
7	热处理	低温时效	
8	半精车螺纹	修正中心孔	外圆表面
		半精车梯形螺纹，每侧面留 0.15mm 加工余量	中心孔

(续表)

9	校　直	冷校直到径向圆跳动<0.15mm	
10	磨	磨各段外圆至图样尺寸,并磨出∅30左右阶梯面	中心孔
11	校　直	冷校直到径向圆跳动<0.08mm	
12	精　车	修正中心孔	外圆表面
		精车梯形螺纹至图样尺寸	中心孔

表 5-4　　万能螺纹磨床丝杠的加工工艺过程

工序号	工序名称	工序内容	定位基准
1	锻　造		
2	热处理	球化退火	
3	粗　车	车两端面,打中心孔,长度留切除中心孔余量	外圆表面
		粗车各段外圆	中心孔
4	热处理	高温时效	
5	半精车	车两端面,打中心孔,车准总长	外圆表面
		半精车外圆	中心孔
6	粗　磨	粗磨各外圆	中心孔
7	热处理	淬火,中温回火	
8	半精磨	研磨中心孔	外圆表面
		半精磨各外圆	中心孔
9	磨螺纹	粗磨螺纹槽(磨成矩形槽),磨出小径	中心孔
10	热处理	低温时效	
11	精　磨	研磨中心孔	外圆表面
		精磨各外圆	中心孔
12	磨螺纹	半精磨螺纹,磨出梯形槽	中心孔
13	热处理	低温时效	
14	细　磨	研磨中心孔	外圆表面
		细磨各段外圆,除∅45及∅35外圆、64.5两阶梯面,其余均磨准尺寸	中心孔
15	磨螺纹	精磨螺纹	中心孔
		研磨中心孔	外圆表面
		终磨螺纹到尺寸	中心孔
16	终　磨	终磨∅45及∅35外圆到尺寸 终磨64.5两阶梯面 F	中心孔

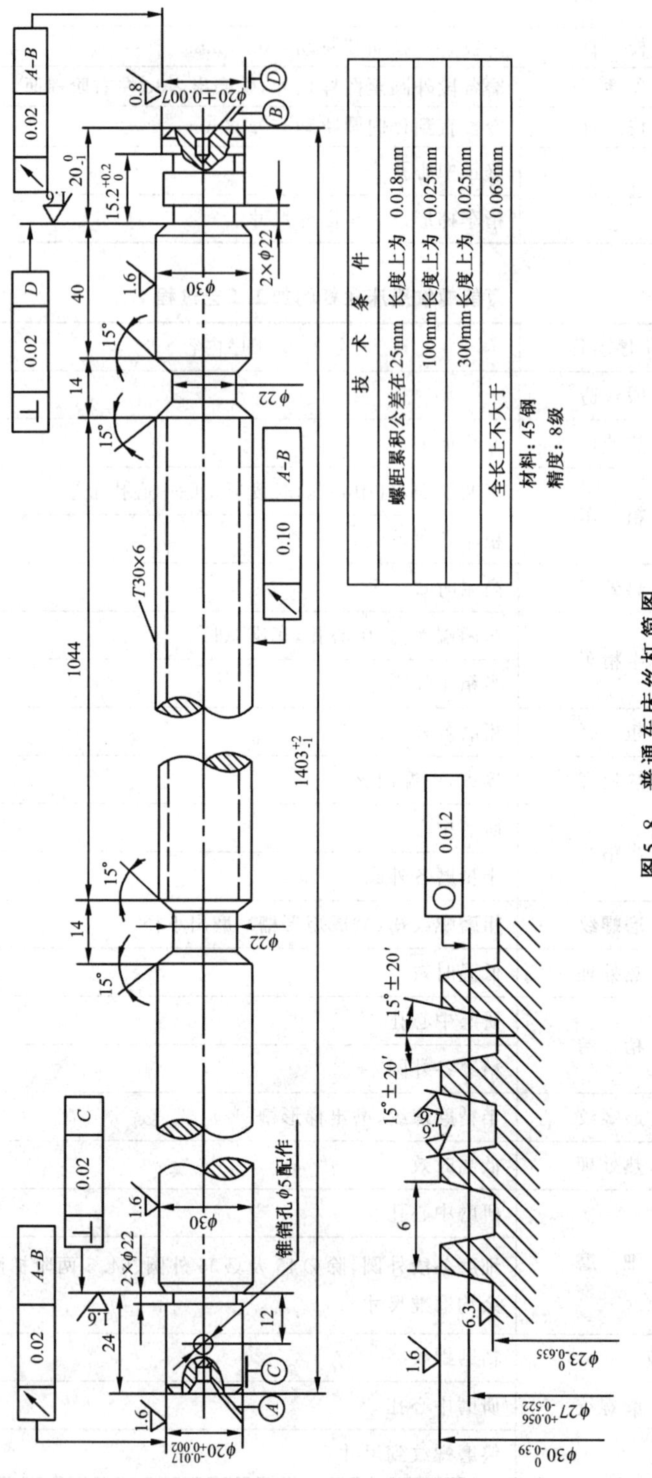

图 5-8　普通车床丝杠简图

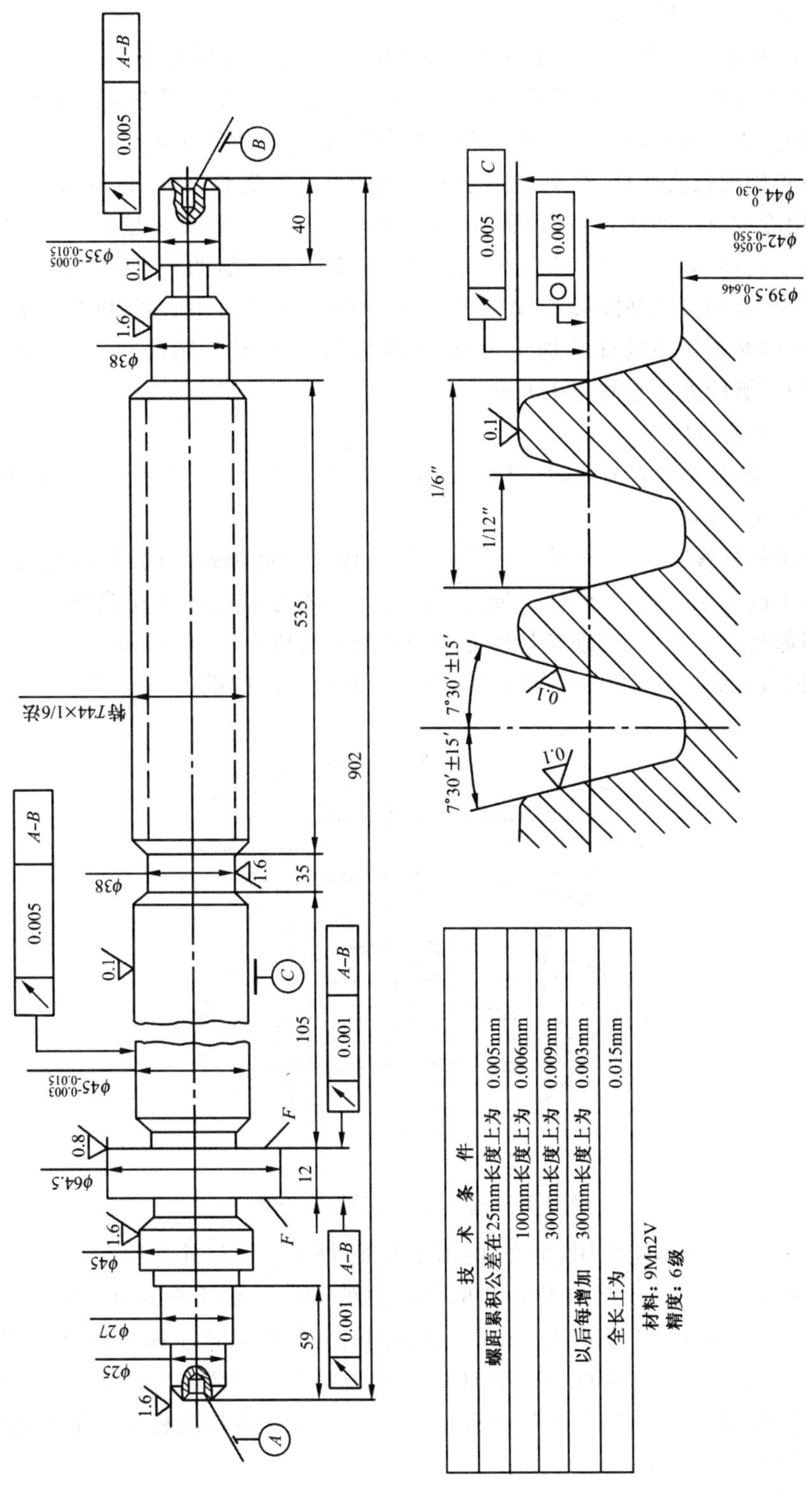

技　术　条　件	
螺距累积公差在25mm长度上为	0.005mm
100mm长度上为	0.006mm
300mm长度上为	0.009mm
以后每增加　300mm长度上为	0.003mm
全长上为	0.015mm

材料：9Mn2V
精度：6级

图5-9　万能螺纹磨床丝杠简图

2. 丝杠的加工工艺分析

(1) 定位基准的选择　在丝杠的加工过程中，中心孔为主要基准，外圆表面为辅助基准。但是，由于丝杠为柔性件，刚度很差，加工时外圆表面必须与跟刀架的爪或套相接触，因此，丝杠外圆表面本身的圆度以及与套的配合精度，都显得特别重要。

对于不淬硬的精密丝杠，热处理后会产生变形，这一变形只许用切削的方法加以消除，不准采用冷校直。如图 5-10(a)所示，若光轴有 δ 的弯曲量，就要增加 2δ 的加工余量。在重新打中心孔前，如找出丝杠上径向圆跳动量为最大跳动量的一半的两点，用中心架支承这两点，并按这两点的外圆找正，切去原来的中心孔，重新打中心孔，则以新的中心孔定位时，弯曲光轴必须切去额外的加工余量，可减少到 δ，如图 5-10(b)所示。对于淬硬丝杠，只能采用研磨的办法来修正中心孔。

(2) 加工工艺的特点

① 螺纹的加工　普通不淬硬丝杠一般采用车削工艺，外圆表面及螺纹分多次加工，逐渐减少切削力和内应力。

对于淬硬丝杠螺纹加工，可采用先粗车螺纹、淬硬再磨削螺纹的过程，此过程可减少在螺纹磨床上的加工时间，较经济。缺点是已开出基本牙型的螺纹在热处理中因淬火应力集中会引起裂纹和变形，特别是长度方向的变形会造成丝杠螺距的累积误差较大，在磨削时不易纠正，故此法只适用于长度较短、牙型半角较大的成批生产的淬硬丝杠。

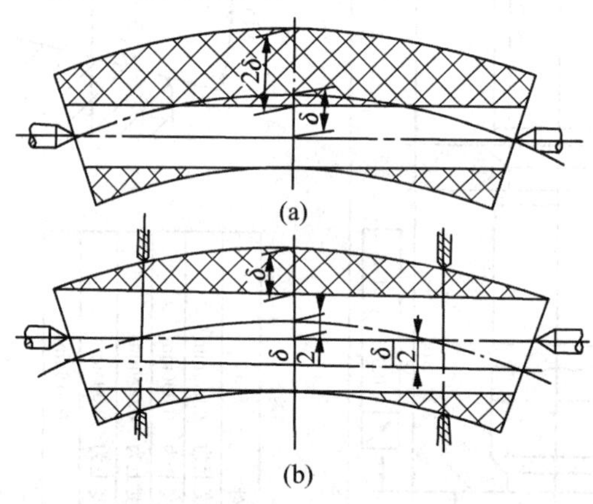

图 5-10　丝杠弯曲时的加工余量

对于精密淬硬丝杠，应采用“全磨”的加工方案，即光杆经热处理后，不经车削，对螺纹全部采用磨削而成。考虑到加工中产生的弯曲和残余应力，磨削螺纹分成粗磨、半精磨和精磨多道工序完成，每道工序切去很少的余量，同时切削用量逐步减少，这样不但可以逐步减小切削力和残余应力，还可以减小加工的“误差复映”，提高加工精度。精密丝杠的最后终磨应在恒温室中进行，加强冷却措施(如采用均匀喷淋冷却液装置)，加工后的测量也要用相应的精密测量仪器。

② 在每次粗车外圆表面和粗切螺纹后都安排时效处理，以进一步消除切削过程中形成的内应力，避免以后变形。

③ 在每次时效后都要修磨中心孔或重打中心孔，以消除时效时产生的变形，使下一工序得到精确的定位。

④ 对于普通级不淬硬的丝杠，在工艺过程中允许安排冷校直工序，对于精密丝杠，则采用加大总加工余量和工序间加工余量的方法，逐次切去弯曲的部分，达到所要求的精度。

⑤ 在每次加工螺纹之前，都先精加工丝杠外圆表面，然后以两端中心孔和外圆表面作为定位基准加工螺纹。

(3) 丝杠的校直与热处理

① 丝杠毛坯的热校直　丝杠毛坯的热校直，需要把它加热到正火温度 860℃～900℃，保温 45～60min，然后放在三个滚筒中进行校直，如图 5-11 所示。这样，丝杠毛坯在校直机内可完成奥氏体向"珠光体＋铁素体"的组织转变，而校直出现的应力，也就很快被再结晶过程所消除。但丝杠毛坯温度下降550℃～650℃左右时，就应取出，进行空冷，否则，就变成冷校直了。热校直不仅质量好，而且效率也较高；同时，可以省掉多次进行冷校直及时效处理工作，大大地缩短了生产周期，提高了生产效率。但热校直需要专门的工艺装备，不如冷校直简单，因此，对于批量不大的普通丝杠，仍旧采用冷校直。

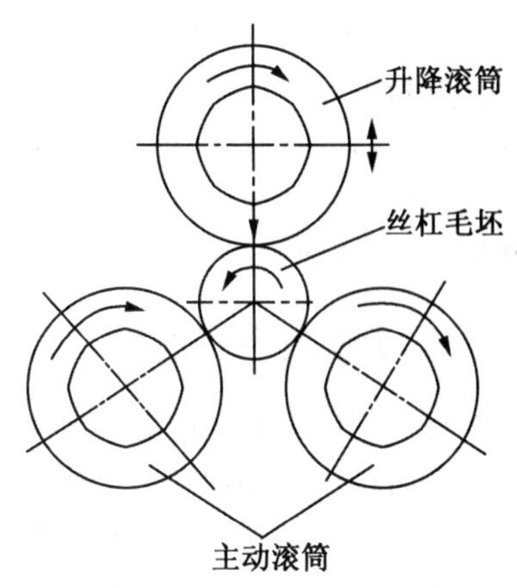

图 5-11　热校直示意图

② 丝杠的冷校直　由表 5-3 中普通车床母丝杠的工艺过程可以看出，在粗加工及半精加工阶段都安排了校直工序。丝杠校直的方法。开始时由于工件弯曲较大，采用了压高点的方法；但在螺纹半精加工以后，工件的弯曲已比较小，所以可采用砸凹点的方法，如图 5-12 所示。该法是将工件放在硬木或黄铜垫上，使弯曲部分凸点向下，凹点向上，并用锤及扁錾敲击丝杠凹点螺纹小径，使其锤击丝杠面凹下处金属向两边伸展，以达到校直的目的。

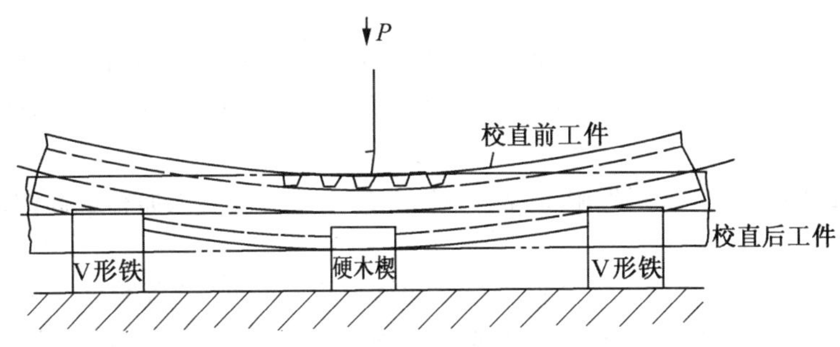

图 5-12　砸凹点校直示意图

(4) 丝杠的热处理

① 毛坯的热处理工序　对毛坯进行热处理，目的是消除锻造或轧制时毛坯中产生的

内应力,改善组织,细化晶粒,改善切削性能。

通常含碳量0.25%～0.5%的中碳钢,宜用正火;含碳量在0.5%～0.8%的亚共析钢及共析钢,宜用退火;而对于含碳量在0.8%～1.2%的过共析钢,由于其原始组织中常有粗片珠光体及网状渗碳体存在,硬度较高,故常采用球化退火的热处理工序。因此,材料为45钢的普通丝杠,应采用正火处理;对于不淬硬丝杠材料T10A或淬硬丝杠材料9Mn2V,都采用球化退火,以获得稳定的球状珠光作组织,较细的晶粒,并消除碳化物网络,改善切削性能,防止磨削裂纹。

② 丝杠加工中的时效处理　在机械加工过程中安排时效处理,目的是消除内应力,使丝杠精度在长期使用中稳定不变。除淬火将产生内应力外,丝杠的机械加工也会产生内应力,特别是螺纹切削工序,由于切削层较深,而且又切断了材料原来的纤维组织,造成内应力的重新平衡,所以引起变形较大。但丝杠精度不同,时效处理次数也不相同,一般情况下,精度要求越高的丝杠,时效次数就越多。

五、轴类零件的检验

轴类零件在加工过程中和加工完以后都要按工艺规程的要求进行检验。检验的项目包括表面粗糙度、硬度、尺寸精度、表面形状精度和相互位置精度。

1. 表面粗糙度和硬度的检验

硬度是在热处理之后用硬度计抽检。表面粗糙度一般用样块比较法检验。对于精密零件,可用干涉显微镜进行测量。

2. 精度检验

精度检验应按一定顺序进行,先检验形状精度,然后检验尺寸精度,最后检验位置精度。这样可以判明和排除不同性质误差之间对测量精度的干扰。

(1) 形状精度检验　圆度为轴的同一横截面内最大直径与最小直径之差。一般用千分尺按照测量直径的方法即可检测,精度高的轴需用比较仪检验。

圆柱度是指同一轴向剖面内最大直径与最小直径之差,同样可用千分尺检测。弯曲度可以用千分表检验,把工件放在平板上,让工件转动一周,那么千分表读数的最大变动量就是弯曲误差值。

(2) 尺寸精度检验　在单件小批生产中,轴的直径一般用外径千分尺检验。精度较高(公差小于0.01mm)时,可用杠杆卡规测量。台肩长度可用游标卡尺、深度游标卡尺和深度千分尺检验。

大批大量生产中,常采用界限卡规检验轴的直径。长度不大而精度高的工件,也可用比较仪检验。

(3) 位置精度检验　为了提高检验精度和缩短检验时间,位置精度多采用专用检具,如图5-13所示。检验时,将主轴的两个支承轴颈放在同一平板上的两个V形架上,并在轴的一端用挡铁、钢球和工艺锥堵挡住,限制主轴沿轴向移动。两个V形架中有一个的高度是可以调的。测量时先用千分表调整轴的中心线,是它与测量平面平行。平板的倾斜角一般是15°,使工件轴端靠自重压向钢球。

在主轴前锥孔中插入检验心棒,按测量要求放置千分表,用手轻轻动主轴,从千分表读数的变化即可测量各项误差,包括锥孔及有关表面相对支承轴颈的径向跳动和端面跳动。

锥孔的接触精度用专用锥度量规涂色检验,要求接触面积在70%以上,分布均匀而大端接触较“硬”,即锥度只允许偏小。这项检验应在检验锥孔跳动之前进行。

图5-13中给出了各量表的功用:量表7检验锥孔对支承轴颈的同轴度误差;距轴端300mm处的量表8检查锥孔轴心线对支承轴预轴心线的同轴度误差;量表3,4,5,6检查各轴颈相对支承轴颈的径向跳动;量表10,11,12检验端面跳动;量表9测量主轴的轴向窜动。

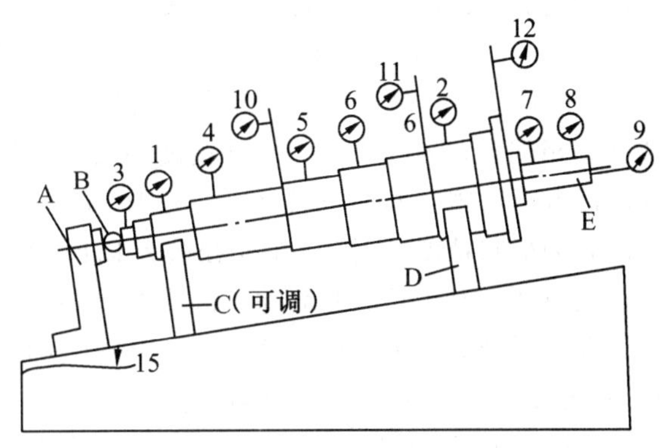

图5-13
A—挡铁　B—钢球　C,D—V形块　E—检验棒

§5-2　套筒零件的加工

一、概　述

1. 套筒的功用及结构特点

套筒零件是机械加工中经常碰到的一种零件,它的应用范围很广主要用来支承或导向作用。例如,支承旋转轴的各种形式的轴承、夹具上的导向套、内燃机上的气缸套以及液压系统中的油缸等,如图5-14所示。

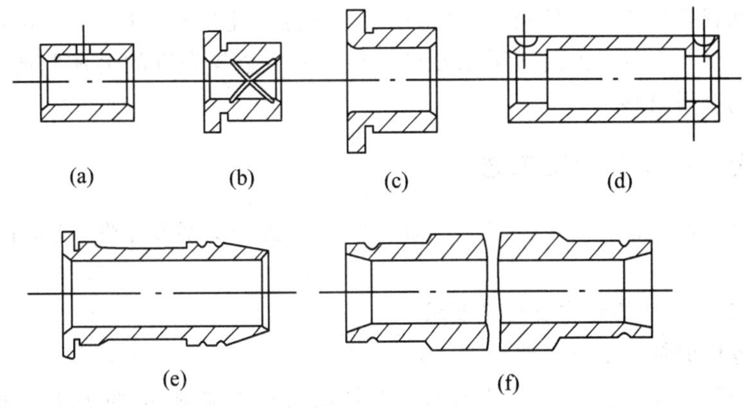

图5-14　套筒零件示例
(a),(b)滑动轴承　(c)钻套　(d)轴承衬套　(e)气缸套　(f)油缸

就结构的形式来分,大体上可以分为短套筒与长套筒两大类。由于功用不同,套筒零件的结构和尺寸有着很大的差别,但结构上仍有共同的特点:零件的主要表面为同轴度要求较高的内、外旋转表面;零件壁的厚度较薄易变形;零件的长度一般大于直径等。

2. 套筒零件的技术要求

(1) 内孔　内孔是套筒零件起支承或导向作用最主要表面,它通常与运动着的轴、刀具或活塞相配合。内孔直径的尺寸精度一般为 IT7,精密轴套有时取 IT6,油缸由于与其相配的活塞上有密封圈,要求较低,一般取 IT9。

内孔的形状精度,应控制在孔径公差以内,有些精密轴套控制在孔径公差的 1/2～1/3,甚至更严。对于长的套筒除了圆度要求外,还应注意孔的圆柱度。

为保证零件的功用和提高其耐磨性,内孔表面粗糙度 Ra 值为 2.5～0.16μm,有的要求更高,表面粗糙度 Ra 值为 0.04μm。

(2) 外圆表面　外圆表面是套筒零件的支承表面,常以过盈配合或过渡配合同箱体或机架上的孔相连接。外径的尺寸精度通常为 IT6～IT7,形状精度控制在外径公差以内,表面粗糙度 Ra 值为 5～0.63μm。

(3) 内外圆之间的同轴度　当内孔的最终加工是将套筒装入机座后进行时(如连杆小端衬套),套筒内外圆间的同轴度要求较低。如最终加工是在装配前完成,则要求较高,一般为 0.01～0.05mm。

(4) 孔轴线与端面的垂直度　套筒的端面(包括凸缘端面)如工作中承受轴向载荷,或虽不承受载荷但加工中是作为定位面时,端面与孔轴线的垂直度要求较高,一般为0.02～0.05mm。

3. 套筒零件的材料与毛坯

套筒零件一般是用钢、铸铁、青铜或黄铜等材料制成。有些滑动轴承采用双金属结构,即用离心铸造法在用钢或铸铁套的内壁上浇注巴氏合金等轴承合金材料,这样既可节省贵重的有色金属,又能提高轴承的寿命。

套筒零件的毛坯选择与其材料、结构和尺寸等因素有关。孔径较小(如 $D<20$mm)的套筒一般选择热轧或冷拉棒料,也可采用实心铸件。孔径较大时,常采用无缝钢管或带孔的铸件和锻件。大量生产时可采用冷挤压和粉末冶金等先进的毛坯制造工艺,既提高生产率又节约金属材料。

二、短套筒类零件加工工艺

短套筒是机器中常见的零件之一。图 5-15 所示为一支架套零件,是短套筒类零件中的一种。

(一) 支架套零件的结构及技术要求

支架套零件的结构及技术要求如下:

主孔 $\varnothing 34^{+0.027}_{0}$ mm 内安放滚针轴承的滚针及仪器主轴颈;端面 B 是止推面,要求有较细的表面粗糙度,外圆及孔均有阶梯,并有横向需要加工的孔。外圆阶台面螺孔用来固定转动摇臂。因转动要求精度高,所以对孔的圆及同轴度均有较高要求。材料为轴承钢 GCr15,淬火硬度 HRC60。零件非工作表面防锈,采用烘漆。

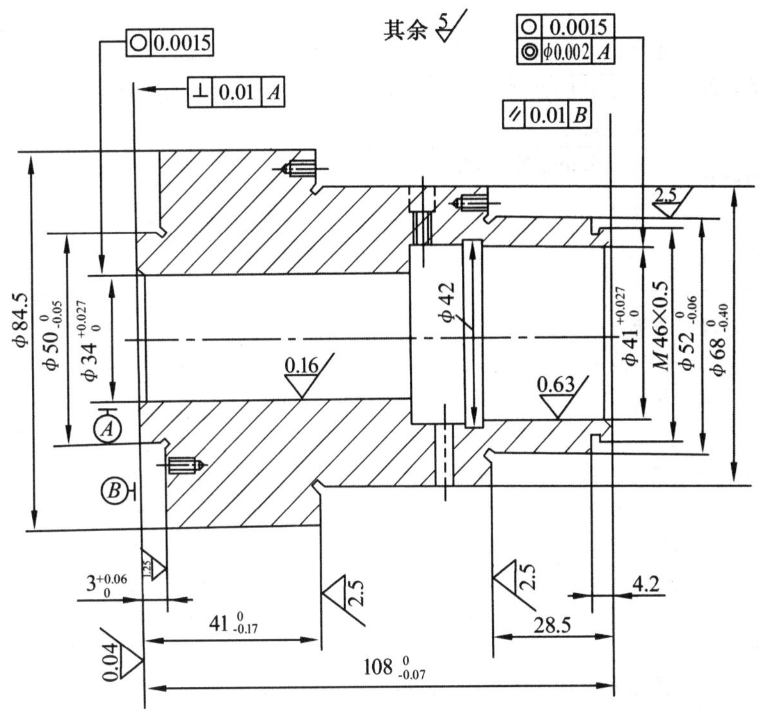

图 5-15　支架套简图

(二)支架套零件加工工艺过程(见表 5-5)。

表 5-5　支架套零件的加工工艺过程

工序号	工序名称	工　序　内　容	定位及夹紧
1	下　料	棒料	
2	粗　车	车端面;外圆∅84.5mm 为∅87×45mm,钻孔∅30×60mm	三爪夹一端
		调头车外圆∅68mm 为∅70×67mm,车∅52mm 为∅54×28mm,钻孔为∅38×44.5mm	三爪夹大端
3	半精车	半精车左端面及∅84.5mm,∅$34^{+0.027}_{0}$及∅50mm,留磨量0.5mm,倒角及切槽	夹小端
		调头车右端面,车∅68mm 至尺寸,∅52mm 留磨量,车 M46×0.5mm 螺纹长 4.2 为 4.4mm,车孔∅$41^{+0.027}_{0}$ mm 留磨量;切∅42mm槽,切外圆斜槽二处,并倒角	夹大端
4	钻	钻各端面轴向孔	夹外圆
		钻径向孔	
		攻丝	
5	热处理	淬火 HRC60～62	

(续表)

6	磨外圆	磨外圆 $\varnothing$84.5mm 至尺寸,磨外圆 $\varnothing$50 及 $3_{0}^{+0.06}$mm 端面	$\varnothing$34mm 外圆可胀心轴
		调头磨外圆 $\varnothing$52mm 及 28.5mm 端面并保证该三段外圆同轴度 $\varnothing$0.02mm	
7	粗磨孔	校正 $\varnothing$52mm 外圆,粗磨孔 $\varnothing 34_{0}^{+0.027}$mm 及 $\varnothing 41_{0}^{+0.027}$mm 留磨量 0.2	外圆及端面
8	检　查		
9	热处理	发蓝	
10	喷　漆	烘漆	
11	磨平面	磨左端面,留研磨量,平行度 0.005mm	右端面
12	粗　研	粗研左端,表面粗糙 Ra 值为 0.16μm,平行度 0.005mm	左端面
13	磨　孔	精磨孔 $\varnothing 41_{0}^{+0.027}$mm 及 $\varnothing 34_{0}^{+0.027}$mm 一次安装下磨削	端面定位,找正外圆,轴向压紧
		精细磨孔 $\varnothing 41_{0}^{+0.027}$mm 及 $\varnothing 34_{0}^{+0.027}$mm 至尺寸	
14	精　研	精研左端达到表面粗糙 Ra 值为 0.04μm	左端面
15	检　验	圆度仪测圆柱度及 $\varnothing$34mm,$\varnothing$41mm 尺寸	

(三)加工工艺的分析

1. 加工方法选择

套筒零件的主要加工表面为孔和外圆。根据精度要求,外圆表面加工可选择车削和磨削。孔加工方法的选择比较复杂,需要考虑零件结构特点、孔径大小、长径比、精度和表面粗糙度要求以及生产规模等各种因素。对于精度要求较高的孔往往需要采用几种方法顺次进行加工。

支架套零件,因孔精度要求高,表面粗糙度又较细(Ra 值 0.16μm),因此最终工序采用精细磨(工序 13)。该孔的加工顺序为:钻孔→半精车孔→粗磨孔→精磨孔→精细磨孔方法。

2. 加工阶段划分

支架套加工工艺划分较细。淬火前为粗加工阶段。粗加工阶段又可分为粗车与半精车阶段,淬火后为精加工阶段。精加工阶段也可分为两个阶段,烘漆前为精加工阶段,烘漆之后为精密加工阶段。

3. 保证套筒表面位置精度的方法

从套筒零件的技术要求已知,套筒零件内外表面间的同轴度以及端面与孔轴线的垂直度,一般均有较高的要求。为保证这些要求,通常可采用下列方法:

(1) 在一次安装中完成内外表面及端面的全部加工　这种方法消除了工件的安装误

差。所以可获得很高的相对位置精度。但是，这种方法的工序比较集中，对于尺寸较大的(尤其是长径比较大)套筒也不便安装，故多用于尺寸较小轴套的车削加工。例如，工序13，要保证阶梯孔的高同轴度要求，采用一次安装条件下将两段阶梯孔磨出。

(2) 套筒主要表面加工分在几次安装中进行　先终加工孔，然后以孔为精基准最终加工外圆。这种方法由于所用夹具(心轴)结构简单，且制造和安装误差较小，因此可保证较高的位置精度，在套筒加工中一般多采用这种方法。

例如工序6，为了获得外圆与孔的同轴度，采用了可胀心轴以孔定位。磨出各段外圆，既保证了各段外圆同轴度，又保证了外圆与孔的同轴度。

先终加工外圆，然后以外圆为精基准最终加工内孔。采用这种方法时工件装夹迅速可靠，但因一般卡盘安装误差较大，加工后工件的位置精度较低。若欲获得较高的同轴度，则必须采用定心精度高的夹具，如弹性膜片卡盘、液性塑料夹头，经过修磨的三爪卡盘和“软爪”等。

4. 减小和防止套筒变形的工艺措施

套筒零件的结构特点是孔壁一般较薄，加工中常因夹紧力、切削力、内应力和切削热等因素的影响而产生变形。为减小和防止变形，工艺上常采用以下措施：

(1) 粗、精加工分开。为减少切削力和切削热对加工精度的影响，应将粗、精加工分开进行，使粗加工产生的变形在精加工中得以纠正。

(2) 采用可行的工艺措施为减少夹紧力产生的套筒变形，工艺上可采取以下措施：

① 改变夹紧力的方向，即将径向夹紧改为轴向夹紧　变径向夹紧为轴向夹紧需要按外圆或内孔找正后，在端面或外圆台阶上施加轴向夹紧力。例如，支架套精度要求较高，内孔圆度要求0.0015mm，任何微小的径向变形都有可能导致超差，在工序13中以左端面定位，找正外圆，轴向压紧在外圆台阶上。

② 使用过渡套或弹簧套夹紧工件　当需要径向夹紧时，为减少夹紧变形和使变形均匀应尽可能使径向夹紧力沿圆周分布均匀，加工中用过渡套或弹簧套来满足要求。

③ 制造工艺凸边或工艺螺纹　工艺凸边也可提高工件被夹紧部位的刚度，工艺螺纹可使夹紧力均匀，它们都可以减少夹紧变形。

(3) 合理安排热处理　为减少热处理的影响，热处理工序应置于粗、精加工之间进行，以便使热处理引起的变形在精加工中予以纠正。套筒零件热处理一般产生较大的变形，所以精加工的工序加工余量应适当放大。例如工序10烘漆，不能放在最终工序。

三、液压缸加工

图5-16所示为一液压缸，是典型的长套筒零件。为保证活塞在液压缸移动顺利且不漏油，除提出图中各项技术要求外，还特别要求：内孔必须光洁无纵向划痕；若为铸铁材料时，要求组织紧密，不得沙眼、针孔及疏松，必要使用泵检漏。

1. 液压缸加工工艺过程

液压缸加工工艺过程如表5-6所示。

表 5-6　液压缸加工工艺过程

工序号	工序名称	工序内容	定位及夹紧
1	下　料	无缝钢管切断	
2	车	车∅82mm 外圆到∅88mm 及 M88×1.5mm 螺纹(工艺用)	一夹一顶(大头)
		车端面及倒角	一夹一托∅88mm 处
		调头车外圆∅82mm 到∅84mm	一夹一顶
		车端面及倒角取总长 1686mm(留加工余量 1mm)	一夹一托∅88mm 处
3	深孔推镗	半精推镗孔到∅68mm	M88×1.5mm 处螺纹固定在夹具中，另一端搭中心架
		精推镗孔到∅69.85mm	
		精铰(浮动镗刀镗孔)到∅70±0.02mm，表面粗糙 Ra 值为 2.5μm	
4	滚压孔	用滚压头滚压孔至∅$70^{+0.20}_{0}$mm，表面粗糙 Ra 值为 0.32μm	同上
5	车	车去工艺螺纹，车∅82h6mm 到尺寸，割 R7 槽	一夹一顶(软爪)
		镗内锥孔 1°30′及端面	一夹一托(找正)
		调头，车∅82h6mm 到尺寸	一夹一顶(软爪)
		镗内锥孔 1°30′及端面取总长 1685mm	一夹一托(找正)
6	检验		
7	入库	上油包装	

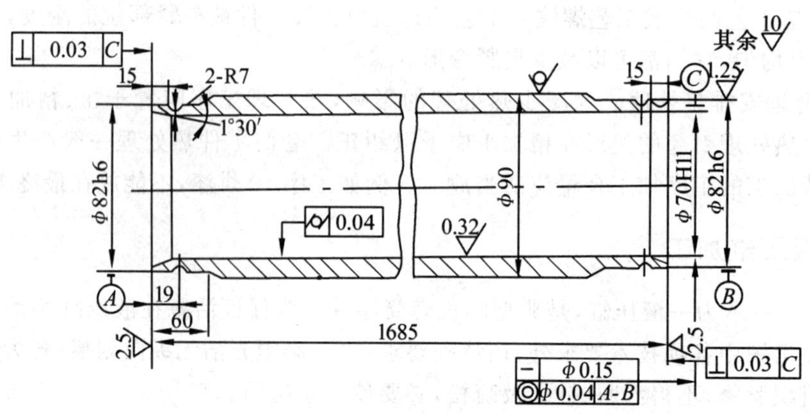

图 5-16　液压缸简图

2. 液压缸加工工艺过程分析

(1) 定位基准选择　长套筒零件的加工中，为保证内外圆的同轴度，在加工外圆时，一般与空心主轴的安装相似，即以孔的轴线为定位基准，用双顶尖顶孔口棱边或一头夹紧一头用顶针顶孔口；加工孔时，与深孔加工相同，一般采用夹一头，另一头用中心架托住外圆。作为定位基准的外圆表面时为已加工表面，以保证基准精确。

(2) 加工方法选择　液压缸零件，因孔的尺寸精度要求不高，但为保证活塞与内孔的相对运动顺利，对孔的形状精度要求较高表面质量要求较高。因而终加工采用滚压以提高表面质量，精加工采用镗孔和浮动铰孔以保证较高的圆柱度和孔的直线度要求。由于毛坯采用无缝钢管，毛坯精度高，加工余量小，内孔加工时，可直接进行半精镗。该孔的加工方案为：半精镗—精镗—精铰—滚压。

(3) 夹紧方式选择　该液压缸壁薄，采用径向夹紧易变形。但由于轴向长度大，加工时需要两端支承，因此经常要装夹外圆表面。为使外圆受力均匀，先在一端外圆表面上加工出工艺螺纹，使下面的工序都能有工艺螺纹夹紧外圆，当终加工完孔后，再车去工艺螺纹达到外圆要求的尺寸。

§5-3　箱体零件加工

一、概　述

1. 箱体零件的功用与结构特点

(1) 功用　箱体是机器或部件的基础零件，它将机器或部件中的有关各零件组装在一起，使其保持正确的互相位置，并能按照一定的要求协调地运动。因此，箱体的加工质量直接影响着机器的性能、精度和寿命。

(2) 结构特点　常见的箱体类零件有机床主轴箱、机床进给箱、变速箱体、减速箱体、发动机缸体和机座等。

箱体的结构形式，虽然多种多样，但仍有共同的主要特点：形状复杂，壁薄且不匀，内部呈腔形，还要有精度较高的孔和孔系及平面，也有许多精度较低的紧固孔。因此，一般情况，加工箱体的表面较多、加工劳动量大。

图 5-17 所示是几种常见箱体的结构形式。

2. 箱体零件的主要技术要求

(1) 主要平面的形状精度和表面粗糙度

箱体的主要平面是装配基准，并且往往是加工时的定位基准，所以，应有较高的平面度和较细的表面粗糙度，否则，直接影响箱体加工时的定位精度，影响箱体与机座总装时的接触刚度和相互位置精度。

一般箱体主要平面的平面度在 0.03～0.1mm，Ra 值为 2.5～0.63μm。

(2) 孔的尺寸精度、几何形状精度和表面粗糙度

箱体上的轴承支承孔，孔本身的尺寸精度、形状精度和表面粗糙度都要求较高，否则，将影响轴承与箱体上孔的配合精度，使轴的回转精度下降，也易使传动件（如齿轮）产生振动和噪音。一般机床主轴箱的主轴支承孔的尺寸精度为 IT6，圆度、圆柱度公差不超过孔

径公差的一半，表面粗糙度 Ra 值为 0.63～0.32μm。其余支承孔尺寸精度为 IT6～IT7，表面粗糙度 Ra 值为 2.5～0.63μm。

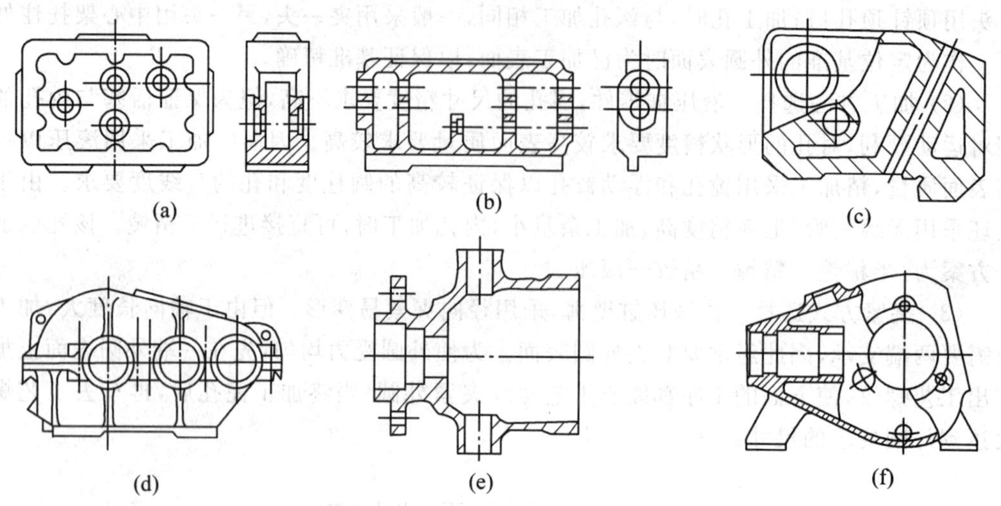

图 5-17 几种箱体的结构简图

(a)组合机床主轴箱 (b)车床进给箱 (c)磨床尾座壳体

(d)分体式减速箱 (e)泵体 (f)曲轴箱

(3) 主要孔和平面相互位置精度

同轴线的孔应有一定的同轴度要求，各支承孔之间也应有一定的孔距尺寸精度及平行度要求，否则，不仅装配有困难，而且使轴的运转情况恶化，温度升高，轴承磨损加剧，齿轮啮合精度下降，易引起振动和噪声，影响齿轮寿命。对于支承孔之间的孔距公差为0.05～0.12mm，平行度公差应小于孔距公差，一般在全长取 0.04～0.1mm/300mm。同轴线孔的同轴度公差一般为 0.01～0.04mm。支承孔与主要平面的平行度公差为0.05～0.1mm/600mm。主要平面间及主要平面对支承孔之间垂直度公差为 0.04～0.1mm。各主要平面对装配基准面垂直度为 0.1mm/300mm。

3. 箱体零件的材料与毛坯

由于铸铁容易成形、切削性能好、价格低廉，且吸振性和耐磨性也比较好，因此，一般箱体零件的材料大都采用铸铁，其牌号根据需要可选用 HT100～HT400，常用 HT200。在单件小批生产情况下，为了缩短生产周期，可采用钢板焊接。在某些特定条件下，也有采用其他材料的，如飞机发动机箱体，为了减轻重量，常用镁铝合金制造。

铸件毛坯的加工余量视生产批量而定，单件小批生产时，一般采用木模手工造型，毛坯的精度低，毛坯加工余量较大；而大批大量生产时，通常采用金属模机器造型，毛坯的精度较高，毛坯加工余量可适当减少。单件小批生产直径大于 50mm 的孔，成批生产大于 30mm 的孔，一般都在毛坯上铸出预制孔，以减少加工余量。

4. 箱体零件的结构工艺性

箱体的结构形状比较复杂，加工的表面多、要求高，机械加工的工作量大，注意箱体的结构，使其具有较好的结构工艺性，对提高产品质量，降低成本和提高劳动生产率都有重要的意义。从机械加工的角度出发，箱体的结构工艺性有以下几方面值得注意：

箱体的基本孔可分为通孔、阶梯孔、盲孔和交叉孔等几类。其中以通孔的工艺性为最好，特别是孔的长度 L 与孔径 D 之比 $L/D \leqslant 1 \sim 1.5$ 的短圆柱孔，工艺性最好。当 $L/D > 5$时，称为深孔。深孔的精度要求较高、表面粗糙度要求较细时，加工就比较困难。阶梯孔的工艺性较差，尤其当两孔的直径相差很大而其中小孔很小时，工艺性就更差。盲孔的工艺性很差，因此常将箱体的盲孔钻通而改成阶梯孔，以改善其工艺性。交叉孔的工艺性也较差，如图 5-18(a)所示，当刀具加工到交叉口处时，由于不连续切削，容易使孔的轴线偏斜和损坏刀具，而且还不能采用浮动刀具加工。为了改善其工艺性，可将∅70mm的毛坯孔不铸通，如图 5-18(b)所示，并且先加工完∅100mm 孔后再加工∅70mm 孔。

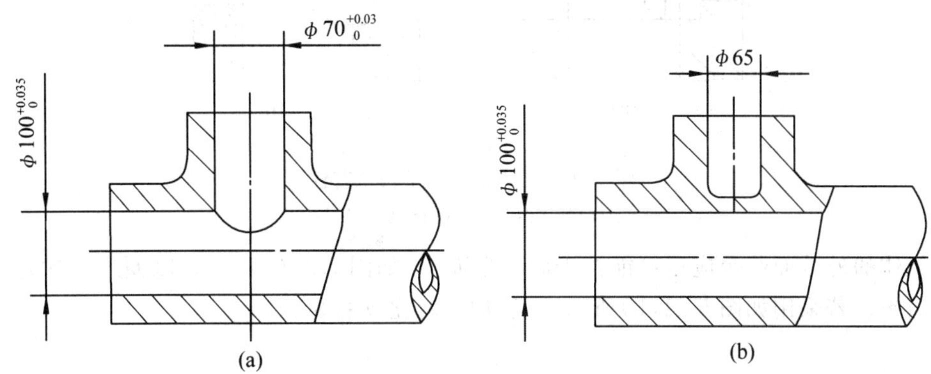

图 5-18　交叉孔的结构工艺性

(a)交叉孔　(b)交叉孔毛坯

箱体上同一轴线上各孔的孔径排列方式有三种，如图 5-19(a)，(b)，(c)所示。图 5-19(a)为孔径大小沿一个方向递减，且相邻两孔直径之差大于孔的毛坯加工余量这种排列方式便于镗杆和刀具从一端伸入同时加工同轴线上的各孔，对单件和中、小批生产具有较好的结构工艺性。图 5-19(b)为孔径大小从两边向中间递减，便于采用组合机床从两边同时加工，使镗杆的悬伸长度大大减短，提高了镗杆的刚度，对大批量生产具有较好的结构工艺性。图 5-19(c)为孔径大小不规则排列，工艺性差，生产中应尽量避免。

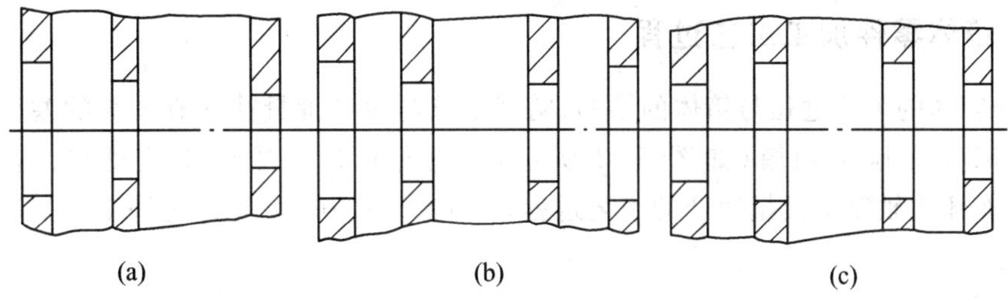

图 5-19　同轴线上孔径的排列方式

(a)孔径大小单向排列　(b)孔径大小双向排列　(c)孔径大小不规则排列

箱体的内端面加工比较困难，如果结构上要求必须加工时，应尽可能使内端面的尺寸小于刀具需穿过之孔加工前的直径，如图 5-20(a)所示。否则，如图 5-20(b)所示，加工时需将镗杆伸进箱体后才能装刀；镗杆退出前又需先将刀片卸下，工作很不方便。当内端面尺寸过大时，还需采用专用径向进给装置。

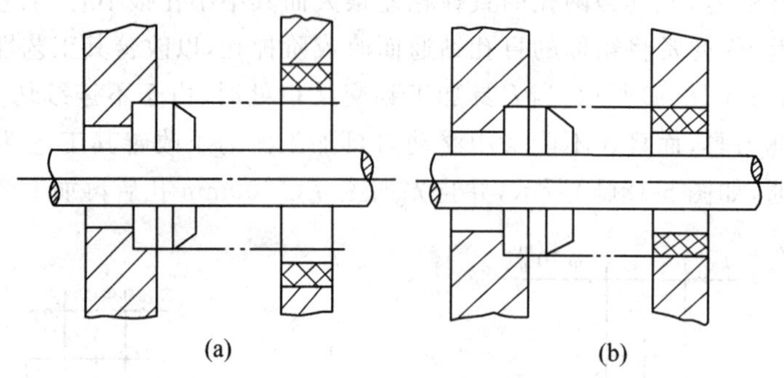

图 5-20　孔内端面的结构工艺性

(a)外大内小　　(b)外小内大

箱体的外端面凸台应尽可能位于同一平面上，如图 5-21(a)所示，以便在一次走刀中加工出来。若采用如图 5-21(b)所示形式，加工就比较麻烦。

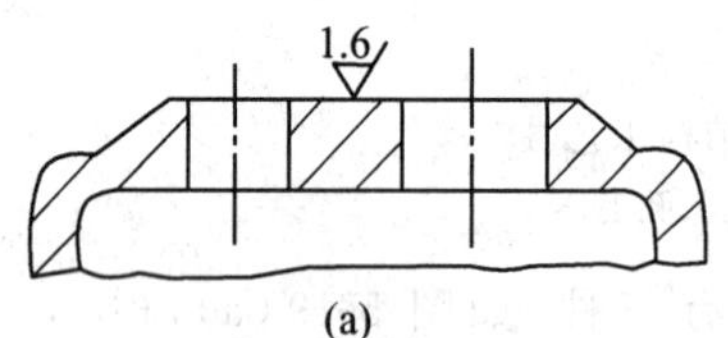

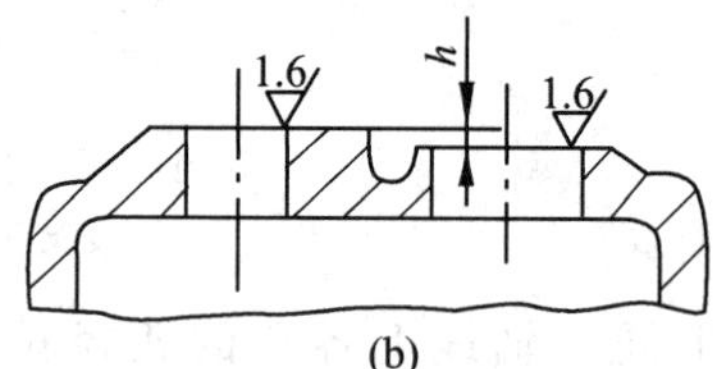

图 5-21　外端面的结构工艺性

(a)好　　(b)不好

此外，箱体装配基面的尺寸应尽可能大，形状应力求简单，以利于加工、装配和检验；箱体上的紧固孔的尺寸规格应尽量一致，以减少加工中换刀的次数。

二、箱体零件加工工艺过程

各种箱体的工艺过程与箱体的结构、精度要求与生产批量往往有较大的差异。下面就以 CA6140 车床主轴箱（如图 5-22 所示）为例分析加工中的工艺过程。表 5-7 为 CA6140 车床主轴箱小批量生产的工艺过程，表 5-8 为 CA6140 车床主轴箱大批量生产的工艺过程。

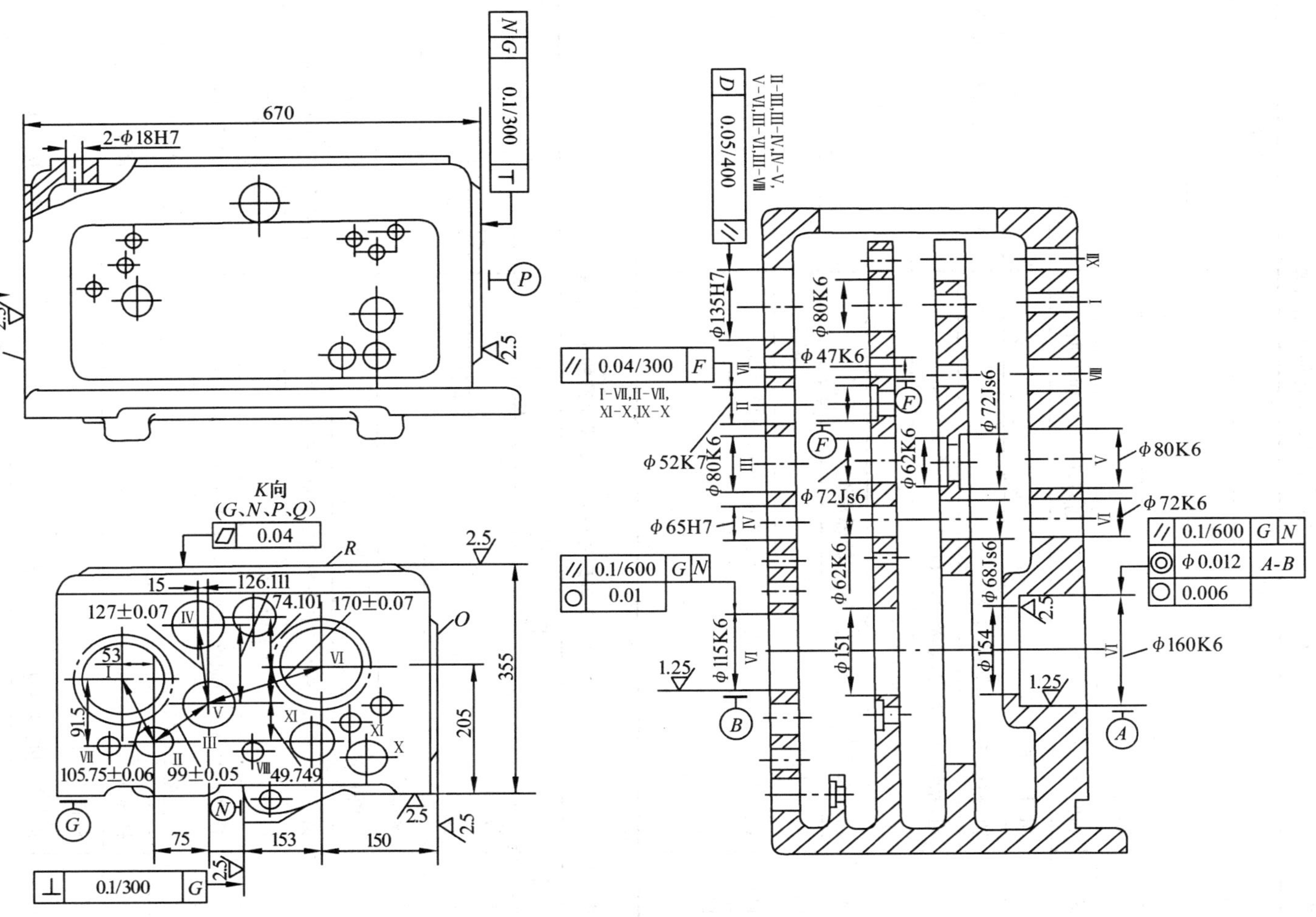

图5-22　CA6140A车床主轴箱体简图

表 5-7　　CA6140 车床主轴箱小批量生产的工艺过程

工序号	工　序　内　容	定位基准
1	铸造	
2	时效	
3	漆底漆	
4	划线:保证主轴孔加工余量均匀;划 G,R,P,O 面的加工线	
5	粗、精刨顶面 R	按划线找正
6	粗、精刨底面 G、导向面 N	顶面并校正主轴孔中心线
7	粗、精刨两端面 P,Q 及侧面 O	G,N 面
8	粗、半精镗加工各纵向孔	G,N 面
9	精镗加工各纵向孔,精细镗主轴轴承孔	G,N 面
10	粗、精加工横向孔	G,N 面
11	钻工加工螺纹孔、紧固孔及油孔等次要孔,攻丝	底面 G
12	钳工去毛刺、清洗	
13	检验	

表 5-8　　CA6140 车床主轴箱大批量生产的工艺过程

工序号	工　序　内　容	定位基准
1	铸造	
2	时效	
3	漆底漆	
4	铣顶面 R	Ⅵ及Ⅰ轴铸孔
5	钻扩铰 2-18H7 两工艺孔及钻 M8 螺孔 8 个	顶面 R、Ⅵ轴孔、内壁一端
6	铣 G,N,O,P,Q5 个平面	顶面 R 及两工艺孔
7	磨顶面 R 保证平面度误差小于 0.04mm	G 面及 Q 面
8	粗镗加工各纵向孔	顶面 R 及两工艺孔
9	精镗加工各纵向孔	顶面 R 及两工艺孔
10	精镗主轴孔	顶面 R 及两工艺孔
11	加工横向孔及各面上的次要孔	顶面 R 及两工艺孔
12	磨 G,N,O,P,Q5 个平面	顶面 R 及两工艺孔
13	去毛刺、清洗	
14	检验	

由上面两表所列的箱体加工工艺过程可以看出，不同生产批量的箱体加工的工艺过程既有共性，也有其特性。一方面，由于箱体加工面主要为平面和孔系，因而加工方法有共同特点；同时箱体结构复杂，壁厚不均，加工精度不易稳定，因此在制定工艺过程时依据的原则也有共同特点。另一方面，由于箱体加工面多，加工量大，为了提高生产率，稳定加工精度，在安排不同批量生产的工艺过程时所考虑问题的着重点也有所不同。

三、箱体零件加工工艺过程分析

1. 定位基准的选择

(1) 粗基准的选择　在选择箱体的粗基准时，箱体的粗基准通常应满足以下几点要求：

① 在保证各加工面均有加工余量的前提下，应使重要孔的加工余量尽量均匀。

② 装入箱体内旋转零件应与箱体内壁有足够的间隙。

③ 保证箱体必要的外形尺寸及定位夹紧可靠。

箱体类零件一般都选择重要孔（主轴孔）为粗基准，这是因为主轴孔自身的精度要求最高；铸造的主轴孔、其他支承孔及箱体内壁的泥芯是装成一整体放入的，孔的相互位置精度较高。选择主轴孔为粗基准，不仅可以较好地保证箱体上孔的加工余量均匀，还可以较好地保证各孔轴线与箱体不加工表面的相互位置。但随着生产类型的不同，实现以主轴孔为粗基准的工件装夹方式则有所不同。

① 中小批量生产　中小批量生产时，由于毛坯精度较低，一般采用划线装夹，加工箱体平面时，按划线找正加工即可。

② 大批量生产　此时由于毛坯精度较高，可以直接在夹具上以主轴孔定位、装夹，如图 5-23 所示。其过程为：先将工件放在 1，3，5 各支承上，并使箱体侧面紧靠支架 4，箱体一端靠住端面挡销 6，从而实现预定位。此时，将液压控制的两短轴 7 伸入主轴孔中。短轴上的三个活动支柱 8 分别顶住主轴孔内的毛面，将工件抬起，离开 1，3，5 支承面，使主轴孔轴线与夹具的两短轴轴线重合。这时，主轴孔即为箱体的定位基准。为了限制工件绕短轴 7 轴线的转动自由度，在工件抬起后，调节两可调支承 10，使箱体顶面成水平。再调节辅助支承 2，使其与箱体底面接触，增加工艺系统刚度。最后，将液压控制的两夹紧块伸入箱体两端孔内压紧工件，即可进行加工。

(2) 精基准的选择　箱体上孔与孔、孔与平面及平面与平面之间都有较高的尺寸精度和相互位置精度要求，这些要求的保证与精基准的选择有很大关系。为此，通常优先考虑“基准统一”原则，使具有相互位置精度要求的大部分加工表面的大部分工序，尽可能用同一组基准定位，以避免因基准转换过多而带来的累积误差，有利于保证箱体各主要表面的相互位置精度；另外，由于多道工序采用同一基准，使所用的夹具具有相似的结构形式，可减少夹具设计与制造工作量，对加速生产准备工作、降低成本也是有益的。究竟应选择箱体哪些面作统一的定位基准呢？下面以床头箱为例进行比较分析。

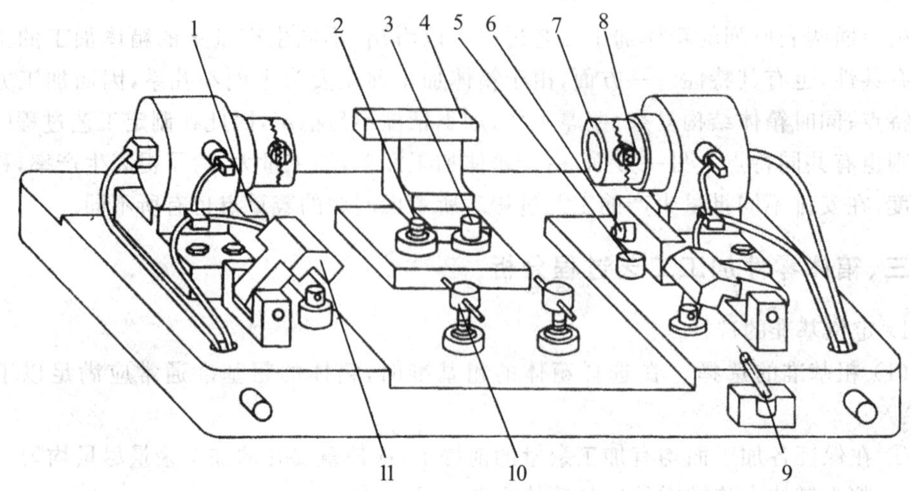

图 5-23 以主轴孔为粗基准铣顶面的夹具

1,3,5—支承 2—辅助支承 4—支架 6—挡销 7—短轴床身

8—活动支柱 9—操纵手柄 10—可调支承 11—夹紧块

① 以装配基面为精基准

加工图 5-22 所示的床头箱，可选用作为装配基面的底面 G、导向面 N 为精基准加工孔系和其他平面。因为箱体的底面同 G、导向面 N 是主轴孔的设计基准，也与箱体的主要纵向孔系、端面、侧面有直接的相互位置关系，以它作为统一的定位基准加工上述表面时，不仅消除了基准不重合误差，有利于保证各表面的相互位置精度，而且在加工各孔时，箱口朝上，便于安装调整刀具、更换导向套、测量孔径尺寸、观察加工情况和加注切削液等。这种定位方式在单件和中小批量生产中得到了广泛的应用。

同时也应注意到，采用这一定位方式，当箱体中间隔壁上有精度较高的孔需要加工时，在箱体内部相应的地方需设置镗杆导向支承，以提高镗杆刚度，保证孔的加工精度。但由于箱口朝上，中间导向支承需装在如图 5-24 所示的吊架装置上，这种悬挂的吊架刚度差，安装误差大，影响箱体孔系的加工精度。另外，工件与吊架的装卸也很不方便，影响生产率的提高。因此，这种定位方式与大批大量生产不相适应的。

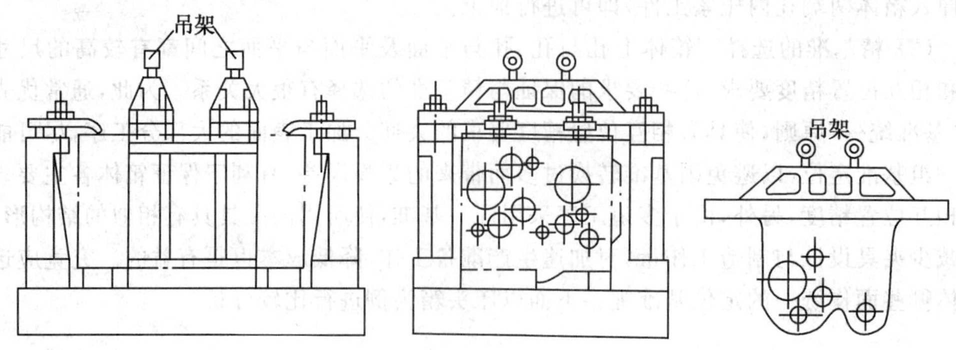

图 5-24 吊架式镗模夹具

② 以一面两孔作精基准

由于用架式镗模存在以上问题，大批大量生产的床头箱通常以顶面和两定位销孔为精基准，如图 5-25 所示。此时，箱口朝下，中间导向支架可固定在夹具体上。由于简化了夹具结构，提高了夹具的刚度，同时工件的装卸也比较方便，因而提高了孔系的加工质量和劳动生产率。

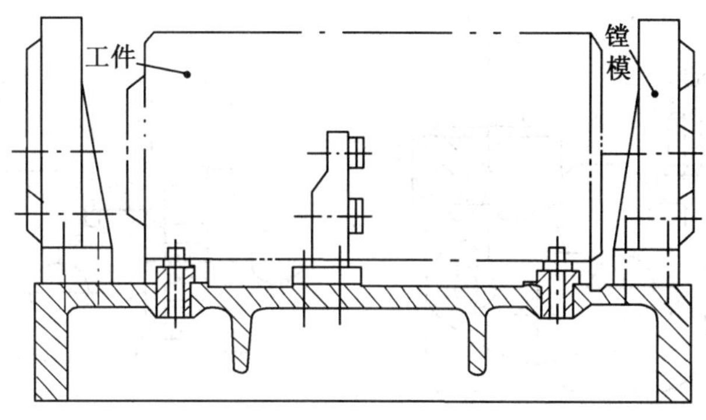

图 5-25　用箱体顶面及两销定位的镗模

这里也应指出：床头箱的这一定位方式也存在一定的问题，由于定位基准与设计基准不重合，产生了基准不重合误差。为了保证箱体的加工精度，必须提高作为定位基准的箱体顶面和二定位销孔的加工精度。因此，在大批大量生产的床头箱工艺过程中，安排了磨 R 面工序，要求严格控制顶面 R 的平面度和 R 面至底面、R 面至主轴孔轴心线的尺寸精度与平行度，并将二定位销孔（设计上为主轴孔的油孔）通过钻、扩、铰等工序使其直径精度提高到 H7，增加了箱体加工的工作量。此外，这种定位方式的箱口朝下，还不便在加工中直接观察加工情况，也无法在加工中测量尺寸和调整刀具。但在大批大量生产中，广泛采用自动循环的组合机床、定径刀具，加工情况比较稳定，问题也就不十分突出了。

从以上分析可知：箱体的精基准的选择有两种不同方案：一种是以三平面为精基准（主要定位面为装配基面）；另一种是以一面两孔为精基准。这两种定位方式各有优缺点，实际生产中的选用与生产类型有很大的关系。通常从“基准统一”原则出发，中小批生产时，尽可能使定位基准与设计基准重合，即一般选择设计基准作为统一的定位基准；大批大量生产时，优先考虑的是如何稳定加工质量和提高生产效率，不过分地强调“基准重合”问题，一般多用典型的一面两孔作为统一的定位基准，由此而引起的基准不重合误差，可采取适当的工艺措施去解决。

2. 主要表面加工方法的选择

箱体的主要加工表面有平面和轴承支承孔。

箱体平面的粗加工和半精加工，主要采用刨削和铣削，也可采用车削。刨削的刀具结构简单，机床调整方便，但在加工较大的平面时，生产效率低，适于单件小批生产。铣削的生产效率一般比刨削高，在成批和大量生产中，多采用铣削。当生产批量较大时，还可采用各种专用的组合铣床对箱体各平面进行多刀、多面同时铣削；尺寸较大的箱体，也可在多轴龙门铣床上进行组合铣削，如图 5-26(a)所示，能够有效地提高箱体平面加工的生产效率。箱体平面的精加工,单件小批生产时,除一些高精度的箱体仍需采用手工刮研外,一般多以精刨代替传统的手工刮研。当生产批量大而精度又较高时,多采用磨削。为了提高生产效率和平面间的相互位置精度,可采用专用磨床进行组合磨削,如图 5-26(b)所示。

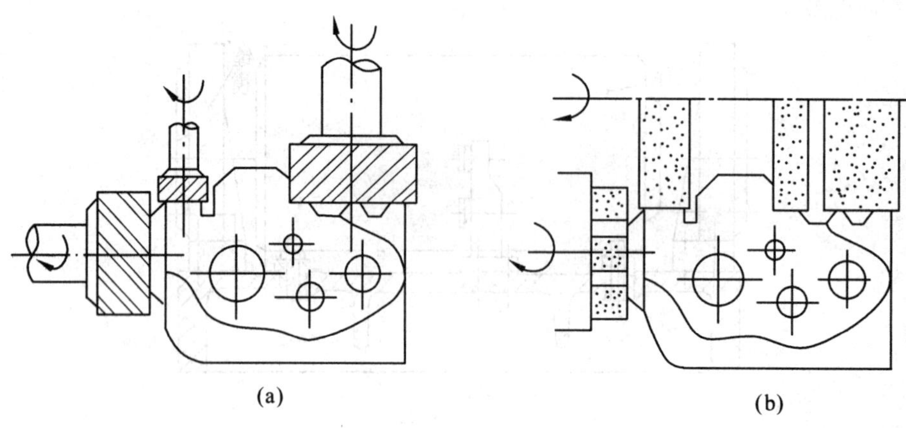

图 5-26　箱体平面的组合铣削与磨削

箱体上精度 IT7 的轴承支承孔,一般需要经过 3～4 次加工,可采用"镗(扩)－粗铰－精铰或镗(扩)－半精镗－精镗"的工艺方案进行加工(若未铸出预孔应先钻孔)。以上两种工艺方案都能使孔的加工精度达到 IT7,表面粗糙度 Ra 值为 2.5～0.63μm。前者用于加工直径较小的孔,后者用于加工直径较大的孔。当孔的精度超过 IT6 时,表面粗糙度 Ra 值小于 0.63μm 时,还应增加一道最后的精加工或精密加工工序,常用的方法有精细镗、滚压、珩磨等。单件小批生产时,也可采用浮动铰孔。

3. 拟定箱体工艺过程的原则

床头箱是一般整体式箱体中结构较为复杂、要求较高的一种箱体,其加工的难度较大,拟定箱体的工艺过程应遵循以下几个原则:

(1) 先面后孔的加工顺序　床头箱的加工是按照"平面—孔—平面"的顺序进行的。先加工平面,后加工孔,这也是箱体加工的一般规律。因为箱体的孔比平面加工要困难得多,先以孔为粗基准加工平面,再以平面为精基准加工孔,不仅为孔的加工提供了稳定可靠的精基准,同时也可以使孔的加工余量较为均匀。另外,由于箱体上的孔大部分分布在箱体的平面上,先加工平面,切除了铸件表面的凹凸不平和夹砂等缺陷,对孔的加工也比较有利,钻孔时,可减少钻头引偏;扩或铰孔时,可防止刀具崩刃,对刀调整也比较方便。

(2) 粗、精加工分开　床头箱的主要表面的加工明显地将粗、精加工分阶段进行,这也是一般箱体加工的规律之一。因为箱体的结构形状复杂,主要表面的精度高,粗、精加工分开进行,可以消除由粗加工所造成的内应力、切削力、夹紧力和切削热对加工精度的影响,有利于保证箱体的加工精度;同时,还能根据粗、精加工的不同要求来合理地选用设备,有利于提高生产效率。

应当注意的是：随着粗、精加工的分开进行，机床与夹具的需要数量及工件的安装次数相应增加，对单件小批生产来说，往往会使制造成本增加。在这种情况下，常常又将粗、精加工合并在一道工序进行，但应采取相应的工艺措施来保证加工精度。如，粗加工后松开工件，然后再用较小的夹紧力将工件夹紧，使工件因夹紧力而产生的弹性变形在精加工之前得以恢复；粗加工后待充分冷却再进行精加工；减少切削用量，增加走刀次数，以减少切削力和切削热的影响。

(3) 合理安排热处理　床头箱的结构比较复杂，壁厚不匀，铸造时形成了较大的内应力。为了保证其加工后精度的稳定性，在毛坯铸造之后安排了一次人工时效，以消除其内应力。床头箱人工时效的工艺规范为：加热到 530℃～560℃，保温 6～8h，冷却速度小于或等于 30℃/h，出炉温度小于或等于 200℃。在拟定一般箱体的工艺过程时，也应考虑如何消除内应力问题。通常，对普通精度的箱体，一般在毛坯铸造之后安排一次人工时效即可，而对一些高精度的箱体或形状特别复杂的箱体，应在粗加工之后再安排一次人工时效处理，以消除粗加工所造成的内应力，进一步提高箱体加工精度的稳定性。箱体人工时效的方法，除用加热保温的方法外，也可采用振动时效。

四、箱体的孔系加工

箱体上有一系列相互位置精度要求的孔，称为孔系。孔系可分为平行孔系、同轴孔系和交叉孔系，如图 5-27 所示。其中，图(a)为平行孔系；图(b)为同轴孔系；图(c)为交叉孔系。

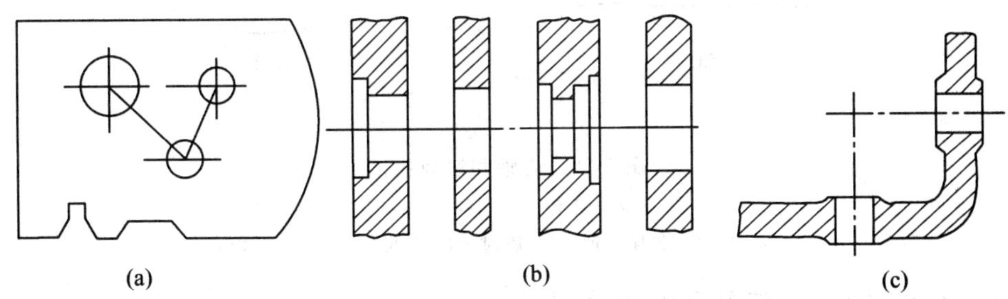

图 5-27　孔系分类

孔系加工是箱体加工的关键。根据箱体批量不同和孔系精度要求的不同，孔系的加工所用的加工方法也不相同，现分别予以讨论。

(一) 平行孔系的加工

所谓平行孔系，是指这样一些孔，它们的轴线要互相平行且孔距也有精度要求。下面主要讨论在生产中保证孔距精度的三种方法。

1. 找正法

找正法是工人在通用机床上利用辅助工具来找正要加工孔的正确位置的加工方法。这种方法加工效率低，一般只适用于单件小批生产。根据找正方法的不同，找正法又可分为以下四种。

(1) 划线找正法　加工前按照零件图在毛坯上划出各孔的位置轮廓线,然后按划线进行加工。加工时按划线找正时间较长,生产率低,而且加工出来的孔距精度也低,一般在±0.5mm 左右。为提高划线找正法的精度,往往结合试切法进行即先按划线找正镗出一孔,再按线将主轴调至第二孔中心试镗出一个比图样要小的孔,若不符合图样要求,则根据测量结果重新调整主轴的位置,再进行试镗、测量、调整,如此反复几次,直至达到要求的孔距尺寸。此法虽比单纯的按线找正所得到的孔距精度高,但孔距精度仍然较低且操作的难度较大,生产效率低,适用于单件小批生产。

(2) 心轴和块规找正法　此法如图 5-28 所示,镗第一排孔时将心轴插入主轴孔内(或直接利用镗床主轴),然后根据孔和定位基准的距离组合一定尺寸的块规来校正主轴位置。校正时,用塞尺测定块规与心轴之间的间隙,以免块规与心轴直接接触而损伤块规,如图 5-28(a)所示。镗第二排孔时,分别在机床主轴和已加工孔中插入心轴,采用同样的方法来校正主轴线的位置以保证孔心距的精度,如图 5-28(b)所示。这种找正法的孔心距精度可达±0.03mm。

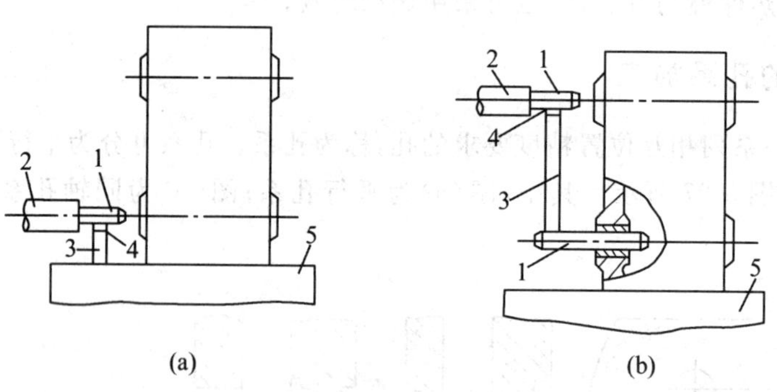

图 5-28　心轴和块规找正

(a)第一工位　　(b)第二共位

1—心轴　2—镗床主轴　3—块规　4—塞尺　5—镗床工作台

(3) 样板找正法　如图 5-29 所示,用 10～20mm 厚的钢板制造样板 1,装在垂直于各孔的端面上(或固定于机床工作台上),样板上的孔距精度较箱体孔系的孔距精度高(一般为±0.01～±0.03mm),样板上的孔径较工件孔径大,以便于镗杆通过。样板上孔径尺寸精度要求不高,但要有较高的形状精度和较细的表面粗糙度。当样板准确地装到工件上后,在机床主轴上装一千分表,按样板找正机床主轴,找正后,即换镗刀加工。此法加工孔系不易出差错,找正方便,孔距精度可达±0.05mm。这种样板成本低,仅为镗模成本的 1/7～1/9,单件小

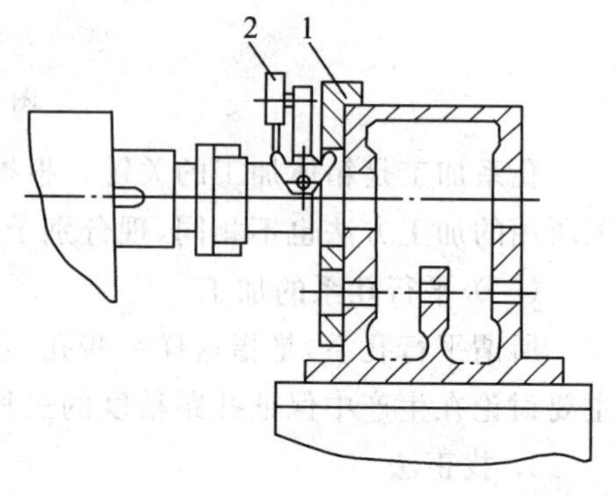

图 5-29　样板找正

1—样板　　2—千分尺

批的大型箱体加工常用此法。

(4) 定心套找正法　如图 5-30 所示,先在工件上划线,再按线钻攻螺钉孔,然后装上形状精度高而光洁的定心套(各套虽无尺寸精度要求,但最外面在同一心棒上一起磨出并磨成整数,以简化调整定心套位置时的计算工作量),定心套与螺钉间有较大间隙,然后按图样要求的孔心距公差的 1/3～1/5 调整全部定心套的位置,并拧紧螺钉,复查后即可上机床按定心套找正镗床主轴位置,卸下定心套,镗出一孔,每加工一个孔找正一次,直至孔系加工完毕。此法工装简单,可重复使用,特别适宜于单件生产下的大型箱体和缺乏坐标镗床条件下加工钻模板的孔系。

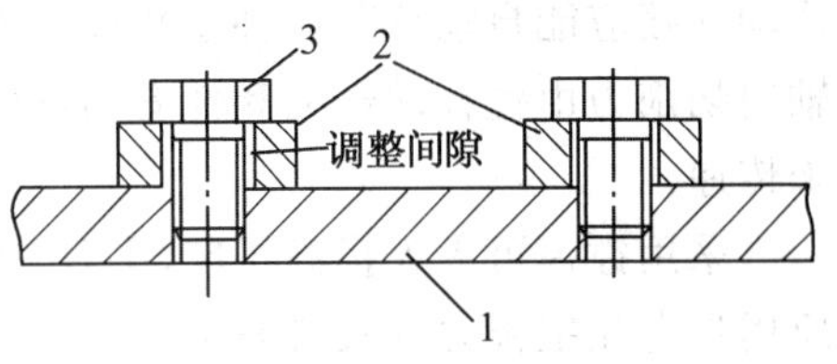

图 5-30　定心套找正
1—箱体　2—定心套　3—螺钉

2. 镗模法

镗模法即利用镗模夹具加工孔系,镗孔时,工件装夹在镗模上,镗杆被支承在镗模的导套里,增加了系统刚性。这样,镗刀便通过模板上的孔将工件上相应的孔加工出来。当用两个或两个以上的支承来引导镗杆时,镗杆与机床主轴必须浮动连接。这时,机床精度对孔系加工精度影响很小,因而可以在精度较低的机床上加工出精度较高的孔系,一般孔径尺寸精度为 IT7 左右,表面粗糙度 Ra 值 1.6～0.8μm,孔与孔的同轴度和平行度,当从一头加工达 0.02～0.05mm,从两头加工可达 0.04～0.05mm,孔距精度一般为 ±0.05mm。图 5-31(a)为用镗模加工孔系示意图。一般中批生产、大批大量生产都采用

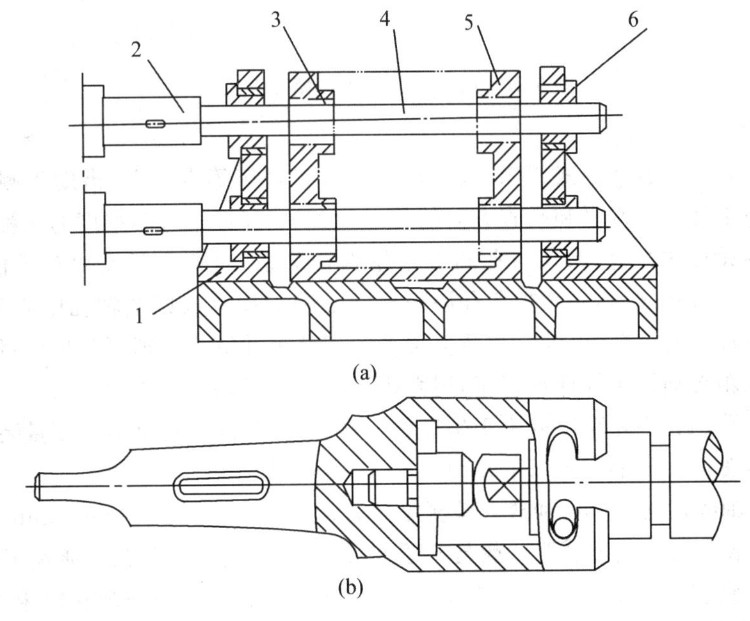

图 5-31　镗模加工孔系
(a)镗模　(b)浮动连接头
1—镗模　2—浮动连接头　3—镗刀　4—镗杆　5—工件　6—镗杆导套

此法加工孔系。镗模与机床浮动连接的形式很多，图 5-31(b)所示为常用的一种形式。浮动连接应能自动调节以补偿角度偏差和位移量，否则失去浮动的效果，影响加工精度。轴向切削力由镗杆端部的和镗套内部的支承钉来支承，圆周力由镗杆连接销和镗套横槽来传递。

采用镗模可大大提高机床、夹具、工件、刀具之间的工艺系统刚度和抗振性。所以，可应用带有几把镗刀的长镗杆同时加工箱体上几个孔。此外，还节省调整、找正的辅助时间，并可采用高效率的定位夹紧装置，生产率较高。有时，即使在小批生产中，采用镗模加工孔系也是合理的，但这时这时结构应尽量简单，有条件时应尽可能采用组合周期短、成本低的组合夹具模模。

用镗模法加工孔系，既可在通用机床上加工，也可在专用机床或组合机床上加工。图 5-32 为组合机床上用镗模加工孔系的示意图。

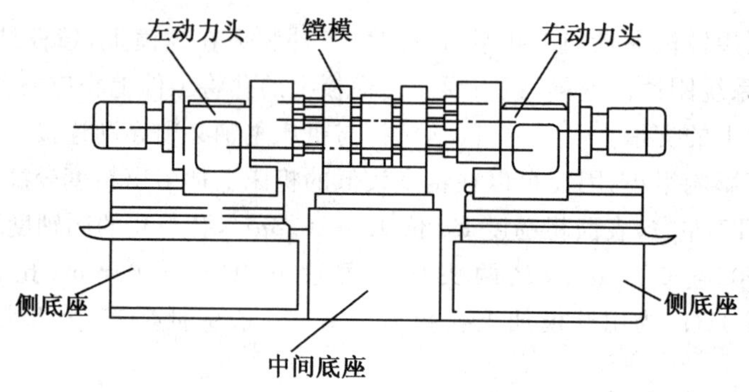

图 5-32　组合机床上用镗模加工孔系

3. 坐标法

坐标法镗孔是在普通卧式镗床、坐标镗床或数控铣床等设备上，借助于测量装置，调整机床主轴与工件间在水平和垂直方向的相对位置，以保证孔心距精度的一种镗孔方法。

在箱体的设计图样上，因孔与孔间有齿轮啮合关系，对孔心距尺寸有严格的公差要求。采用坐标法镗孔之前，必须把各孔心距尺寸及公差换算成以主轴孔中心为原点的相互垂直的坐标尺寸及公差，借助三角几何关系与工艺尺寸链规律即可算出。目前，许多工厂编制了主轴箱传动轴坐标计算程序，用微机可很快完成该项工作。

坐标法镗孔的孔心距精度取决于坐标的移动精度，实际上就是坐标测量装置的精度，坐标测量的装置的主要形式有以下几种：

(1) 普通刻线尺与游标尺加放大镜测量装置，其位置精度为 0.1～0.3mm。

(2) 百分表与块规测量装置一般与普通刻线尺测量配合使用，在普通镗床用百分表 1 和块规 2 来调整主轴垂直和水平位置，如图 5-33 所示。百分表分别装在镗床头架和横向工作台上，位置精度可达±0.02～0.04mm。这种装置调整费时，效率低。

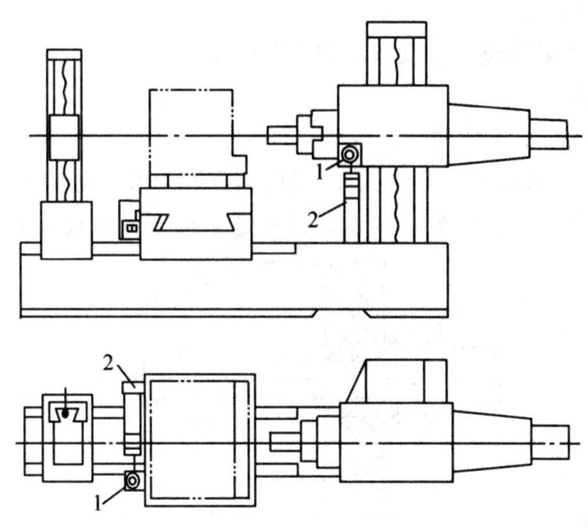

图 5-33　在普通镗床用坐标法加工孔系

1—百分表　2—块规

(3) 经济刻度尺与光学读数头测量装置这是用得最多的一种测量装置。国内一些卧式镗床如 T619，T6110，T649，T647 已采用了这种装置。该装置操作方便，精度较高，经济刻度尺任意二刻线间误差不超过 5μm，光学读数头的读数精度为 0.01mm。

(4) 光栅数字显示装置和感应同步器测量装置的读数精度高，为 0.0025～0.01mm。我国卧式镗床 T610 上已采用该装置。

(5) 高精度测量装置。高精度线位移测量系统包括精密丝杠、线纹尺、光栅、感应同步器、磁尺、码尺和激光干涉仪。其中的线纹尺位移测量系统结合数字显示后，具有使用方便、读数直观和对线准确的优点。如果将激光干涉仪测量系统设置在机床上，则在获得更高定位精度方面更是大有希望的。

采用坐标法加工孔系时，要特别注意基准孔和镗孔顺序的选择，否则坐标尺寸的累积误差会影响孔心距精度。因此，在选择基准孔和镗孔顺序时，应注意以下问题：

① 有孔距精度要求的两孔应连在一起加工，以减少坐标尺寸的累积误差影响孔距精度；

② 基准孔应位于箱壁的一侧，这样，依次加工各孔时，工作台朝一个方向移动，以避免因工作台往返移动由间隙而造成的误差；

③ 所选的基准孔应有较高的精度和较细的表面粗糙度，以便在加工过程中，需要时可以重新准确地校验坐标原点。

显然，用坐标加工主轴箱的孔系时，应选主轴孔为基准孔，并应按照齿轮啮合关系依次加工其他各孔。

国外许多机床厂已经直接用坐标镗床加工一般机床箱体，因而可以加快生产周期，适应机床行业多品种、小批量生产的需要。国内一些机床厂也已这样做了，并取得了较好的效果。

(二)同轴孔系的加工

成批生产中,一般采用镗加工孔系,其同轴度由镗模保证。单件小批生产,其同轴度用以下几种方法来保证:

1. 利用已加工孔作支承导向

如图 5-34 所示,当箱体前壁上的孔加工好后,在孔内装一导向套,支承和引导镗杆加工后壁上的孔,以保证两孔的同轴度要求。此法适于加工箱上较近的孔。

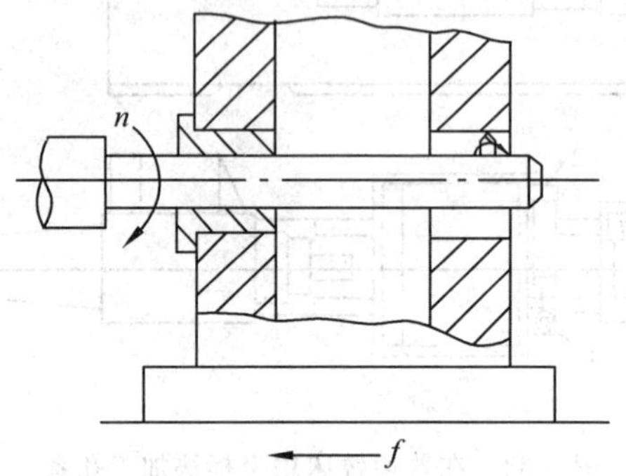

图 5-34 利用已加工孔导向

2. 利用镗床后立柱上的导向套支承镗杆

运用这种方法,其镗杆系两端支承,刚性好,但调整麻烦,镗杆要长,很笨重。故只适于大型箱体的加工。

3. 采用调头镗

当箱体箱壁相距较远时,可采用调头镗。工件在一次装夹下,镗好一端孔后,将镗床工作台回转 180°,调整工作台位置,使已加工孔与镗床主轴同轴,然后再加工其他的孔。

当箱体上有一较长并与所镗孔轴线有平行度要求的平面时,镗孔前应先用装在镗杆上的百分表对此平面进行校正[如图 5-35(a)所示],使其与镗杆轴线平行,校正后加工孔 A,A 孔加工完后,再将工作台回转 180°,并用装在镗杆上的百分表沿此平面重新校正[如图 5-35(b)所示],然后再加工 B 孔,就可保证 A,B 孔同轴。若箱体上无长的加工好的工艺基面,也可用平行长铁置于工作台上,使其表面与要加工的孔轴线平行后固定。调整方法同上,也可达到两孔同轴的目的。

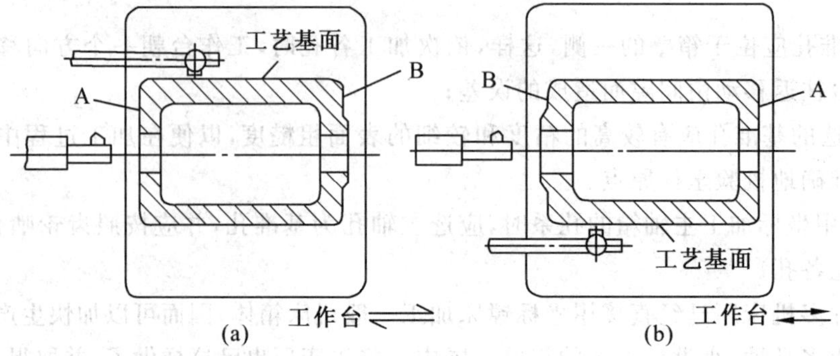

图 5-35 调头镗对工件的校正

(三)交叉孔系的加工

交叉孔系的主要技术要求是控制有关孔的垂直度。在普通镗床上主要靠机床工作台上的 90°对准装置。因为它是挡块装置,故结构简单,但对准精度低(T68 的出厂精度为 0.04/900mm,相当于 8″),每次对准需凭经验保证挡块接触松紧度一致,否则不能保证对准精度。所以,国内有些镗床(如 TM617)采用端面齿定位装置,90°定位精度为 5″,有的则用光学瞄准器。

当有些镗床工作台 90°对准装置精度很低时,可用心棒与百分表找正来提高其定位精度,即在加工好的孔中插入心棒,工作台转位 90°,摇工作台用百分表找正位置,如图 5-36所示。

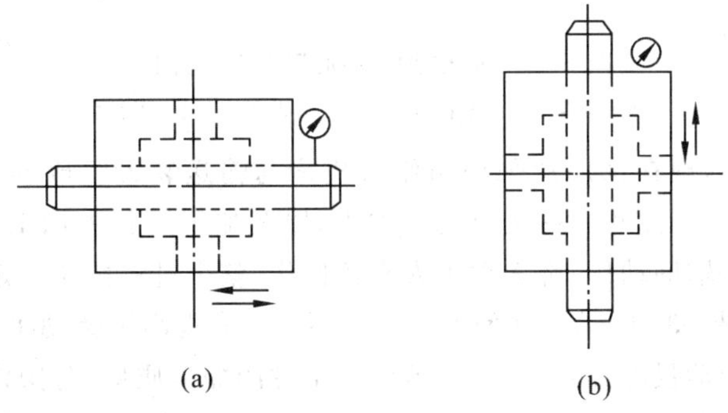

图 5-36　找正法加工交叉孔系
(a)第一工位　(b)第二工位

五、箱体零件的高效自动化加工

单件小批生产箱体,大多数采用普通机床加工。产品的加工质量主要取决于机床精度和操作者的技术熟练程度。箱体加工部位多、难度大,用普通机床加工,工序分散,占用设备多,生产周期长,生产效率低,成本高。为解决这些矛盾,目前许多工业发达的国家用功率大、功能多的精密卧式或立式"加工中心"来取代单用途的机床,并发展标准化"加工中心",组成柔性制造系统。

所谓"加工中心",就是多工序自动换刀数控镗铣床。图 5-37 所示为卧式"加工中心"的结构示意图。各种刀具都存放在链式刀库内。工序转换、刀具和切削参数选择、各执行部件的运动都由程序控制,自动进行。换刀时间一般只有 3～10s。"加工中心"可对工件各个表面连续完成钻、锪、扩、镗、铣、铰、攻螺纹等多种工序,而且各工序可按任意顺序安排。

"加工中心"不仅生产效率高、加工精度高,而且适用范围广、设备的利用率高。由于使用"加工中心"不需设计、制造夹具等,因而缩短了新产品的试制周期,简化了生产管理。国外这类机床发展很快,我国也已进行了这方面的研究、开发和制造。

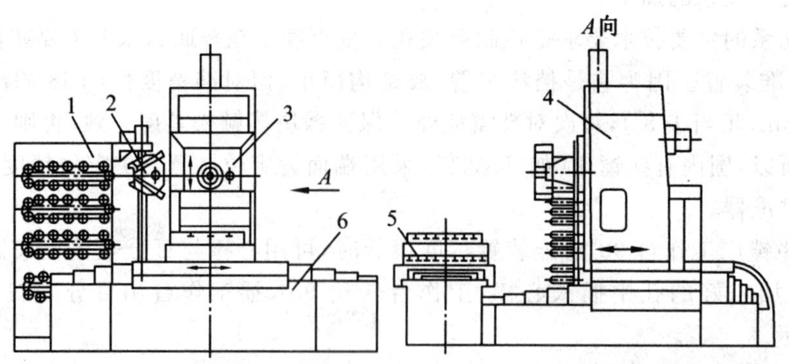

图 5-37 卧式"加工中心"结构示意图

1—刀库 2—换刀装置 3—主轴头 4—移动式支柱 5—工作台 6—床身

箱体大量生产中，现在都广泛采用由组合机床与输送装置组成的自动线进行加工。不仅孔系的加工，而且平面和一些次要孔的加工，以及加工过程中加工面的调换、工件的翻转和工件的输送等辅助动作，都无须工人直接操作，整个过程按照一定的生产节拍自动地、顺序地进行，如图 5-38 所示。这种加工形式不仅大大提高了劳动了生产率，降低了成本和减轻了工人的劳动强度，而且能稳定地保证工件的加工质量，对操作工人的技术水平也要求较低。我国目前在汽车、拖拉机、柴油机等行业中，较广泛地采用了自动线加工工艺。

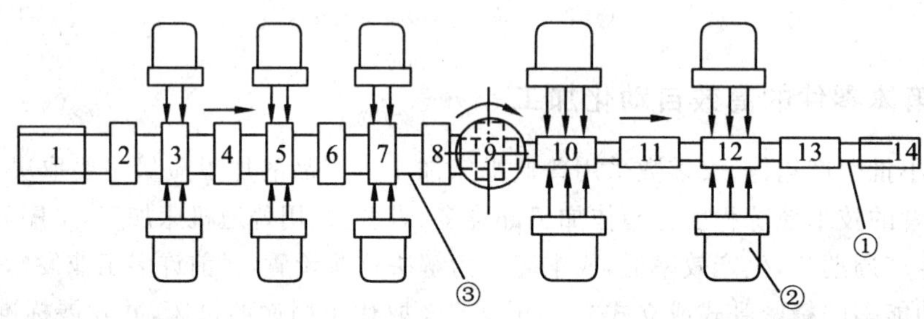

图 5-38 组合机床自动线加工箱体示意图

1,4—自动线输送带的传动装置 2—装料工位 3,5,7,10,12—加工工位
4,6,8,11—中间工工位 9—翻转 13—卸料工位 ①,③—输送带 ②—动力头

六、箱体的检验

箱体检验包括以下几个方面：

(1) 各加工的表面粗糙度及外观检查 通常用表面粗糙度样块和目测的方法检查。

(2) 孔的尺寸精度检验 一般采用塞规或采用内径千分尺、内径千分表等万能量具检验。

(3) 孔和平面的几何形状精度检查 圆度或圆柱度误差常用内径千分尺、内径千分表检验，平面度误差常用涂色法或用平尺和厚薄规检验，当精度要求较高时，可采用仪器检验。

(4) 孔系的相互位置精度检验　孔心距、孔轴心线间平行度误差、孔轴心线垂直度误差以及孔轴心线与端面垂直误差的检验，可利用检验棒、千分尺、百分表、直角尺以及平台等相互组合而进行测量。孔系同轴度可利用检验棒来测量，如果检验棒能自由推入同轴线的孔内，即表明误差在允许范围内；如需确定其偏差数值，则利用检验棒和百分表组合进行检验。

§5-4　机体类零件的加工

一、概　述

1. 机体零件的功用与结构特点

(1) 功用　机体是机器的基础零件。机器上的许多零部件都是装在机体上的，有的部件还在机体的导轨上运动。因此，机体是整台机器的装配和调整基准，机器各部件的相互位置精度以及一些部件的运动精度，都和机体本身的精度有直接的关系。

机体类零件很多(如图 5-39 所示)，机床的床身、立柱和摇臂钻床横臂均属于机体类零件。

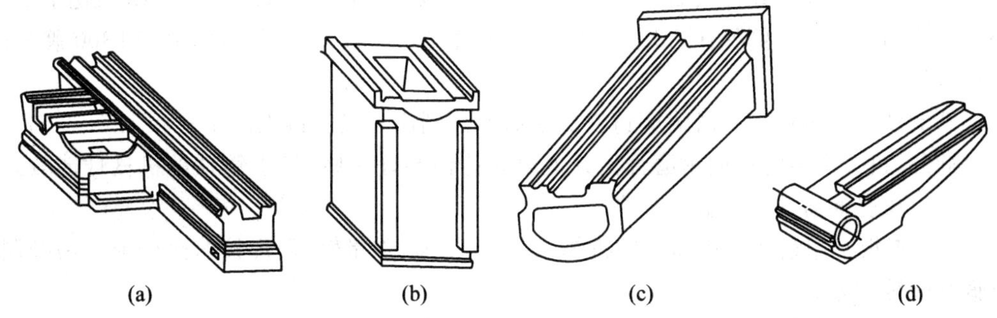

图 5-39　机体的结构型式

(a)外圆磨床床身　(b)牛头刨床　(c)卧式镗床立柱　(d)摇臂钻床横臂

(2) 结构特点　各种机体零件由于功用不同，结构形状往往差别较大，但结构上仍有一些共同的特点。例如，轮廓尺寸较大，重量较重；结构形状复杂，刚性较差；主要加工表面为一些固定连接各零部件的平面、精度要求较高的孔和作为有些部件运动基准的导轨面等。

2. 机体零件的主要技术要求

根据机体零件上各种表面的不同用途，可提出不同的尺寸与形状精度要求，以及不同的表面粗糙度要求；根据有关部件相互位置精度的要求，对机体零件上的有关表面提出相应的相互位置精度要求；为了便于制造、增强刚性和减少振动，应合理地选用材料和结构；为了使机体零件保持长期稳定性，减少变形和提高使用寿命，应进行必要的时效处理和表面淬火处理。

对于机体零件上的固定连接平面、导轨面的主要技术要求如下：

(1) 机体上的固定连接平面是确定机体上各零部件相对位置的重要表面。为了保证机体和所连接零部件结合面的紧密贴合，具有一定的接触刚度，对于一些重要连接平面的平面度，应规定较高的要求。各表面间的相互位置精度，主要取决于机器各部件间的位置精度，以及保证这些要求所采用的装配方法。

(2) 导轨面是机体上一些部件相对运动的导向表面。为了保证机器各部件间相对运动的要求，导轨面需具备必要的形状精度和位置精度，导轨精度一般包括下列三项要求：导轨在垂直平面内的直线度、导轨在水平面内的直线度和导轨面间的平行度。导轨面的粗糙度 Ra 值一般应小于 1.6μm，以保证部件的正常运动和必要的耐磨性。

(3) 为了提高机体上导轨的耐磨性，较长时间保持导轨的几何形状，愈来愈多的机器对导轨提出了淬硬的要求。

图 5-40 所示为某普通车床床身零件简图，从图中可以看出对床身和导轨的一些具体要求。

3. 机体零件的材料与毛坯

(1) 铸件　HT200 牌号的灰铸铁是机体最常用的材料。其优点是容易制造形状复杂的机体，成本较低，抗振性及切削性能均好。例如：铣床、刨床、镗床的立柱和多数拖拉机、柴油机的汽缸体均采用这种材料制成。

为了使机床导轨经淬火后得到优良的机械性能，对铸铁导轨的基本组织和化学成分提出了更高的要求。例如：CA6140 和 C616 普通车床的床身，目前均采用 HT300 牌号的优质灰铸铁。

磷铜钛耐磨铸铁和高磷耐磨铸铁的耐磨性分别比一般灰铸铁高 1 倍和 1.5～2 倍。

此外，钒钛耐磨铸铁的耐磨性比其他耐磨铸铁要好一些；稀土铸铁的机械性能较好，耐磨性也比普通铸铁有明显的提高。

(2) 钢板　用钢板焊接而成的机体，制造周期短，重量轻，但焊接时热变形不易控制，抗振性较铸铁差。

为了提高机体导轨的耐磨性，有的导轨用下列材料制成：

① 镶钢导轨　将淬硬钢制成的导轨固定在导轨体上所构成的“镶钢导轨”，其耐磨性比铸铁导轨高 5～10 倍，但由于工艺复杂，故应用尚不普遍。

镶钢导轨常采用铬钢，如用 40Cr 经高频淬火，硬度可达 HRC52～58，或用 20Cr 经渗碳淬火，硬度可达 HRC56～62。

② 塑料导轨　将绵纶或酚醛类布塑料薄板，用螺钉紧固或粘在工作台导轨表面上，而床身导轨仍用金属制造，即构成塑料—金属摩擦副。塑料板厚度对中型机床为 2～4mm，重型机床为 5～10mm。塑料导轨除采用塑料薄板外，还可采用环氧树脂耐磨涂料，这种涂料是以环氧树脂为基体，加入二硫化钼和胶体石墨。环氧树脂具有很强的粘结力，二硫化铝和石墨是固体润滑剂，可以使涂料具有低而稳定的摩擦系数和较高的耐磨性，它已被应用于重型龙门铣床静压导轨副的工作台导轨上，也可用于一般机床导轨的维修。

塑料涂层通常是将塑料涂在工作台导轨上。而对于和工作台导轨相配合的床身导轨则不涂层，并且用经精确加工使表面粗糙度 Ra 小于 1.6μm，从而组成了塑料—金属摩擦副。

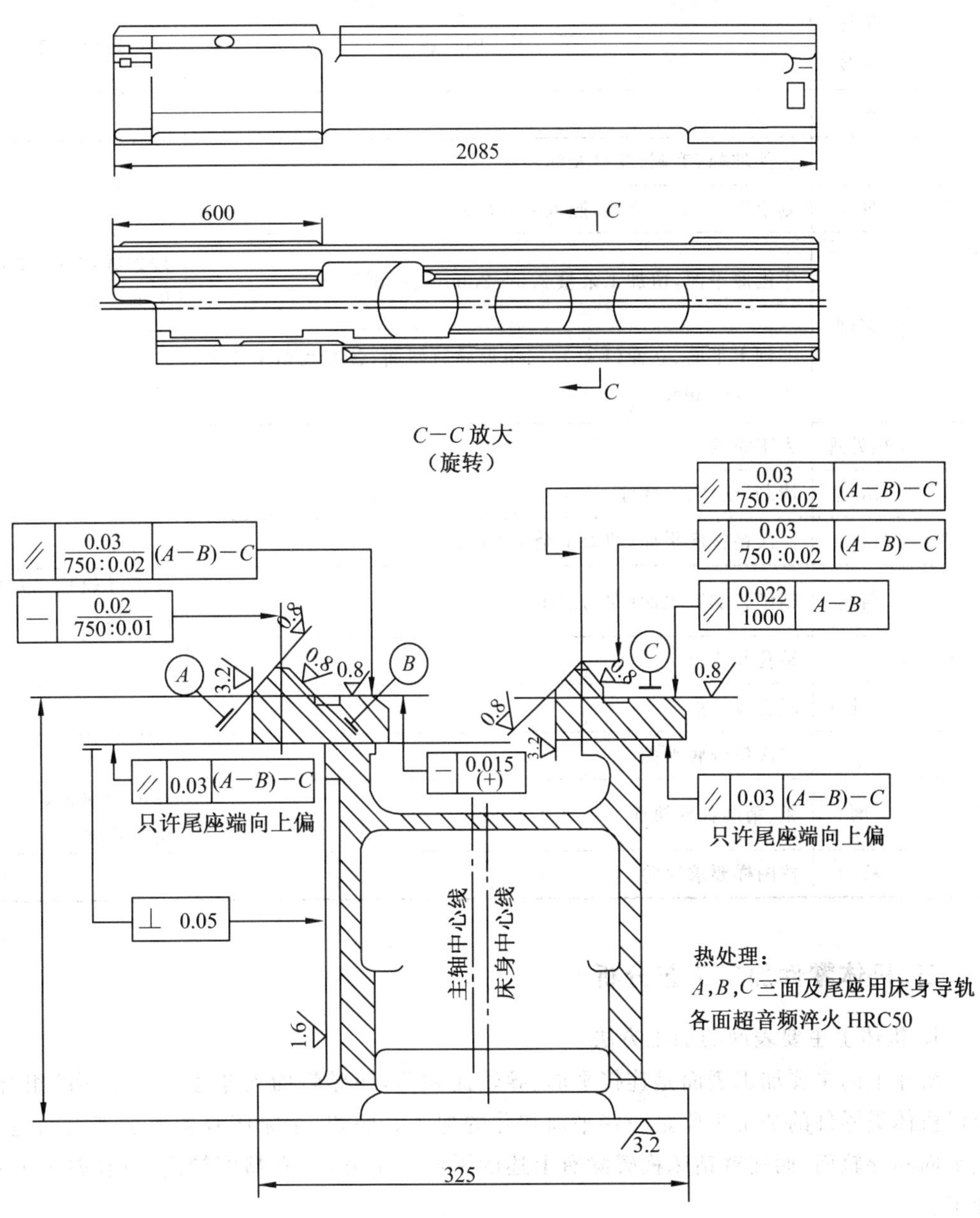

图 5-40　某车床床身简图

二、机体零件加工工艺过程

表 5-9 列出了某普通车床床身加工工艺过程。

表 5-9 某普通车床床身加工工艺过

工序号	工序名称	工 序 内 容	定位基准
1	铸造		
2	清沙	去除坡峰、毛刺、冒口及泥沙等	
3	划线	划上平面、底平面线，照顾毛坯尺寸	
4	粗刨	①刨底平面，留加工余量 2.5～2mm(龙门刨床)	按划线找正，以异轨面安装
		②刨上平面、立面(4 处)、三角形导轨斜面，各面均留加工余量 2.5～2mm	
5	热处理	人工时效	
6	清理	清刺、刷锈、涂底漆	
7	铣	一次精铣底平面，留加工余量 1mm(龙门铣床)	导轨面
8	精刨	精刨各加工表面(龙门刨床)	找正导轨面，以底面为基准
9	钳	钻孔及攻丝	
10	热处理	超音频淬火	
11	铣	二次精铣底平面	导轨面
12	磨	粗、精磨各导轨面	找正导轨面，以底面为基准
13	检验	按图样要求检验	

三、机体零件加工工艺分析

1. 机体上主要表面的加工方法

机体上的主要加工表面是连接平面、导轨面和孔，而导轨面无非也是些平面的组合。所以机体类零件的加工主要是一些平面和孔的加工。例如，车床床身主要加工表面是连接平面和导轨面，而摇臂钻床横臂除有上述的平面加工外，尚有精度较高、直径较大的孔加工。

对于连接平面和导轨面的加工，可根据批量大小和工厂设备状况，分别采用刨削、铣削和磨削。例如，大型龙门刨床床身导轨的加工，一般均在龙门刨床上采用粗刨、半精刨和宽刀精刨的方法进行；而对于普通车床、外圆磨床床身的精加工，当批量较大时，常采用宽成型砂轮将各个导轨面同时磨出。

机体上直径较大的孔，可在卧式镗床或落地镗床上，采用粗镗、半精镗和精镗(或浮动镗)的方法加工。

机体上的各种螺孔、油孔和其他孔，通常多在摇臂钻床上，利用划线或盖板式钻模进行加工。

2. 定位基准的选择

机床床身加工过程中所用的基准主要是导轨表面，它是机床各部分相关尺寸的起点，是总装配的基准，也是机床的设计基准，所以加工床身其他各面时，应尽量用作定位基准。为了保证导轨表面获得硬度均匀且耐磨的表面，导轨表面层的切除厚度应尽可能小而均匀，所以粗加工时一般先以导轨面为工艺粗基准加工底面，然后翻转以底面为定位基准，粗、半精加工导轨面。精加工导轨面时，按自为基准原则，找正导轨面作为基准进行磨削。

对于不同的机体结构，定位基准的选择也不同，应尽量减少定位误差。

3. 加工工序的划分

机床床身零件结构上的显著特点是刚性差、易于变形，加之导轨的精度要求又高，所以在安排工艺时，为保证加工精度，首先应将粗、精加工分开，即如表 5-9 所示那样，将整个工艺过程划分为粗加工、半精加工和精加工三个阶段。粗加工后为消除内应力的影响，一般均安排的时效处理。对于导轨面要求淬火的床身，当采用火焰、高频、中频及超音频淬火时，因淬火后零件变形较大，应安排在磨导轨面之前；如采用工频电接触淬火时，自变形很小，一般安排在导轨终加工之后。

导轨面是床身最重要的表面，为了使导轨获得硬度均匀且耐磨的表面，导轨表面层的切除厚度应尽可能小而均匀。为此，在粗加工阶段中，一般以导轨面安装，按划线找正加工底面。然后再翻转以底面为定位基面，并配以必要的水平面内的找正，加工导轨面及其他一些重要表面。当批量不大时，在粗加工阶段，也可先加工导轨表面，然后再加工底面的工艺顺序。这样，当导轨面粗加工后如发现不可补救的缺陷(如砂眼，气孔和疏松等)时，即不再继续加工，从而避免了加工底面及其他一些次要表面所需劳动量的浪费。

4. 热处理工序的安排

(1) 时效处理　机床床身结构比较复杂，铸造时因各部分冷却速度不一致，会引起收缩不均匀而产生内应力。床身全部冷却后内应力处于暂时平衡。当切削加工从毛坯表面切去一层金属后，引起内应力的重新分布，使床身变形。内应力是造成零件变形、精度不稳定的主要因素，因此，工艺上必须设法把它消除到最小程度。

时效处理是消除内应力的主要手段，方法有如下三种：

① 自然时效　将铸件自然地放置在室外几个月甚至几年，经受风雨和气温变化的影响，使内应力逐渐消失。自然时效周期长，占地面积也比较大。

② 人工时效　将床身平整地放在烘板上，四周均匀受热，以 100℃～500℃/h 的速度加热到 550℃±15℃，保温 6～8h，再以 30℃/h 的速度降低到 350℃后随炉冷却。

一般精度机床的床身在粗加工后，经过一次人工时效处理即可，而精度较高及有特殊要求的机床床身，需经过 2～3 次的人工时效处理。

③ 振动时效。这种方法消除内应力的原理是：激振器牢固地装卡在机体类零件上，使其产生共振。零件在共振频率下受到循环载荷的作用，持续一段时间后，金属便产生了局部的微观塑性变形，因此，就降低了金属内部的应力。

振动时效具有成本低、节约能源、设备简单、易于操作和生产效率高等特点。对于形状复杂的大件，只要几十分钟的处理就够了。这种方法可用来处理铸造、焊接和锻造等方法所获得的黑色金属零件，也能用于有色金属零件。目前，国内外正在不断地采用振动时效消除内应力。

(2) 导轨表面淬火　铸铁床身导轨经淬火后，可提高表面层硬度和耐磨性。目前导轨常用的淬火方法有：火焰淬火、高频淬火、中频淬火、超音频淬火和工频电接触淬火。频率在 70～500kHz 之间为高频(常用 250kHz)，500～10000Hz 为中频，20～40kHz 之间又称为超音频，50 Hz 时为工频。

火焰淬火或高、中频淬火时，将珠光体基体铸铁导轨表面加热至 900℃～950℃，随即用水冷却，便将导轨淬硬。

① 火焰淬火　将机床床身固定，采用氧—乙炔火焰加热。淬硬层深度可达2～4mm。这种方法加热面积较大，温度较难控制，故床身易产生中凹变形，导轨面淬火后需经磨削加工。

图 5-41 为采用导轨面火焰淬火喷嘴示意图。

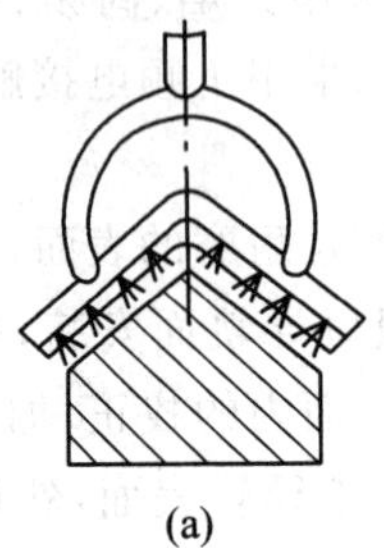

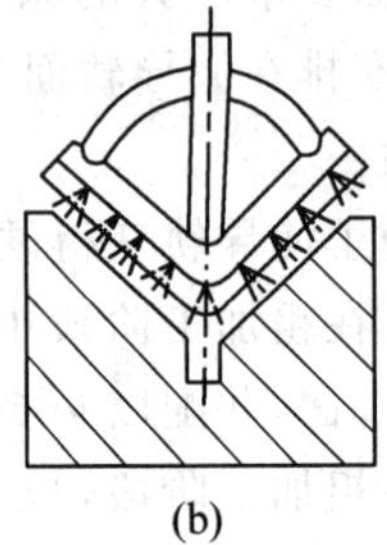

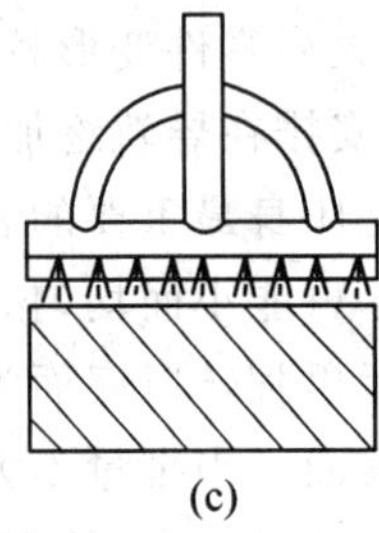

图 5-41　导轨面火焰淬火喷嘴示意图

(a)棱形导轨　(b)V 形导轨　(c)平面导轨

② 高频淬火　机床导轨表面高频淬火，生产率高，淬火质量稳定，工艺参数易于调整，但淬火设备较复杂。

普通灰铸铁导轨表面经高频淬火后，淬硬层深度可达 1～2mm，耐磨性比铸态可提高 1～1.5 倍。适于高频淬火的铸铁材料有 HT300，HT200 等。

③ 中频淬火　近年来不少机床导轨表面采用了中频淬火，例如 CA6140 普通车床床身导轨表面即采用这种方法进行淬火。中频淬火的优点是：发电机组运行可靠，维修费用低，容易操作，可以得到比高频淬火深的硬化层，一般可达 2～3mm。

④ 超音频淬火　这种淬火方法，因比音频(小于 20 kHz)稍高，故称超音频。

高频由于频率高，电流透入深度浅，淬硬层浅且不均匀，棱角容易过热熔化，导轨两端易产生软带，即在导轨两端 10～20mm 左右有不硬的部位。

超音频淬硬层比高频略深，且沿轮廓分布均匀，弥补了高频、中频对零件淬火时淬硬层分布不均匀的缺陷。

⑤ 工频电接触淬火　如图 5-42(a)所示，将电源电压经大功率变压器变为 $U \leqslant 3$V，电流 $I = 450 \sim 800$A，用表面刻有波形凸纹的铜轮以一定的速度(1.5～3m/min)在导轨面上移动。由于铜轮与导轨面接触处有较大的电阻，当大电流通过时，会产生相当大的热量，使导轨表面局部加热到相变温度。随着铜轮的移开，加热表面便迅速冷却，形成淬硬深度

为 0.2～0.4mm 的硬化条纹。硬化条纹的轨迹要封闭，否则易发生局部磨损。如图 5-42(b)所示。

加热温度和淬硬深度可通过改变电流大小、铜轮移动速度来调节。工频电接触淬火后的导轨变形小，且设备简单，操作方便，但生产率低。

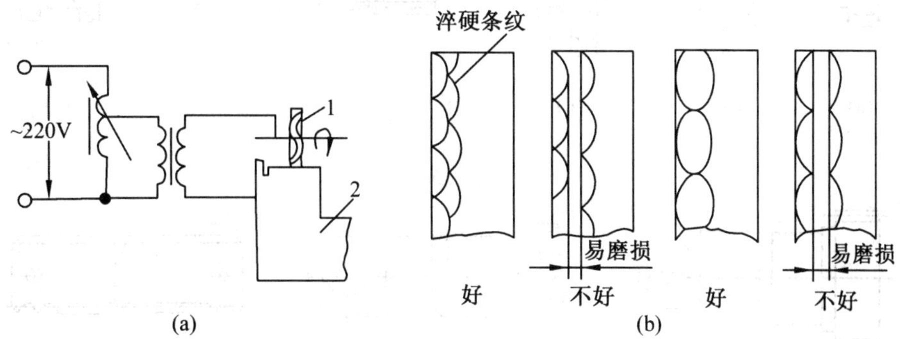

图 5-42　工频电接触淬火
1—铜轮　2—床身

§5-5　圆柱齿轮加工

一、概　述

1. 齿轮的功用与结构特点

(1) 功用　齿轮是机械传动中的最常用的零件之一，它的功用是按规定的速比传递运动和扭矩。如机床主轴箱齿轮等。

(2) 结构特点　由于齿轮的结构不同而具有各种不同的形状，但从工艺角度可将齿轮看成是由齿圈和轮体两部分构成。

按照齿圈上轮齿的分布形式，可分为直齿、斜齿、人字齿轮；按照齿圈上轮齿的齿形，可分为渐开线齿轮和摆线齿轮等；按照轮体的结构特点，齿轮大致分为盘形齿轮、套筒齿轮、内齿轮、轴齿轮、扇形齿轮和齿条等，如图 5-43 所示。

以上各种齿轮中，以渐开线齿形直齿盘形圆柱齿轮应用最为广泛。盘形齿轮的内孔多为精度较高的圆柱孔或花键孔，其轮沿具有一个或几个齿圈。单齿圈齿轮的结构工艺性最好，可采用任何一种齿形加工方法加工轮齿；双联或三联等多齿圈齿轮如图 5-30(a)，(b)，(c)所示，当其轮沿间的轴向距离较小时，小齿圈齿形的加工方法的选择就受到限制(一般只能选用插齿)。如果小齿圈精度要求较高，需精滚或磨齿加工，而轴向距离在设计上又不允许加大时，可将此多齿圈齿轮做成单齿圈齿轮的组合结构，使其加工工艺性得到改善。

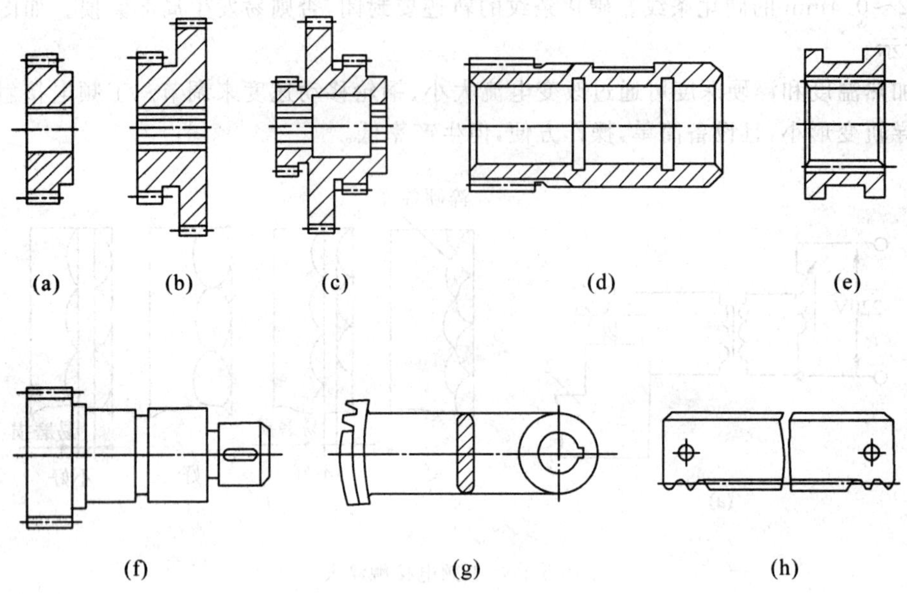

图 5-43

(a)(b)(c)盘类齿轮　(d)套类齿轮　(e)内齿轮　(f)轴类齿轮　(g)扇形齿轮　(h)齿条

2. 齿轮的技术要求

根据齿轮的使用情况,对各种齿轮提出了不同的精度要求,以保证其传递运动准确、平稳、齿面接触良好和齿侧间隙适当。为此,齿轮制造应符合一定的精度规范。

在 JB179-83 中规定了渐开线圆柱齿轮和齿轮副 12 个精度等级。按精度的高低依次称为 1～12 级,12 个等级全部规定有公差或极限偏差。其中 1 级与 2 级是有待发展的精度等级。其余 3～12 级可分为高、中、低三类:3～5 级为高精度等级;6～8 级为中等精度等级;9～12 级为低精度等级。中精度等级中的 7 级又是 12 个精度等级的基础级。所谓基础级,是指设计中普遍应用的精度等级,加工中使用滚齿、插齿或剃齿等一般切齿工艺在正常工作条件下所能得到的精度等级。传动齿轮精度一般取 7～8 级。

新标准按齿轮各项加工误差对传动性能的主要影响,将其划分为三个公差组(见表 5-10)。第Ⅰ公差组主要控制齿轮一转内回转角的全部误差,它主要影响传递运动的准确性;第Ⅱ公差组主要控制齿轮在一个齿距角范围内的转角误差,它主要影响传动的平稳性;第Ⅲ公差组主要控制齿面的接触痕迹,它主要影响齿轮所受载荷分布的均匀性。

一般情况下,一个齿轮的三个公差组应选用相同的精度等级。当使用的某个方面有特殊要求时,也允许各公差组选用不同的精度等级,但在同一公差组内各项公差与极限偏差必须保持相同的精度等级。对于齿轮精度等级,应根据齿轮传动的用途、圆周速度、传递功率等进行选择。

表 5-10　齿轮公差组

公差组	对传动性能的影响
Ⅰ	传递运动的准确性
Ⅱ	传动的平稳性、噪声、振动
Ⅲ	载荷分布的均匀性

对齿轮副侧隙的要求，标准以齿厚偏差为主要参数，规定了 14 种字母代号，用 C，D，E，F，G，H，J，K，L，M，N，P，R，S 等表示，齿厚的上、下偏差分别用两个字母表示。

3. 齿轮的材料与毛坯

(1) 齿轮的材料及热处理　选择齿轮材料主要应考虑齿轮的工作条件。一般生产中常用的材料如下：

① 中碳结构钢　常用的是 45 钢，这种钢经过调质或表面淬火热处理后，其综合机械性能较好，但切削性能较差，齿面粗糙度较粗，主要适用于低速、轻载或中载的一些不重要的齿轮。

② 中碳合金结构钢(如 40Cr)　这种钢经过调质或表面淬火热处理后，其综合机械性能较 45 钢好，且热处理变形小，适用于速度较高、载荷较大及精度较高的齿轮。某些高速齿轮，为提高齿面的耐磨性，减少热处理后变形，不再进行磨齿，可选用氮化钢(如 38CrMoAIA)进行氮化处理。

③ 渗碳钢(如 20Cr 和 20CrMnTi 等)　这种钢可渗碳或碳氮共渗，经过渗碳淬火后，齿面硬度可达到 HRC58～63，而芯部又有较高的韧性，既耐磨又能承受冲击载荷，适用于高速、中载或有冲击载荷的齿轮。渗碳工艺比较复杂，热处理后齿轮变形较大，对高精度齿轮尚需进行磨齿，耗费较大。因此，有些齿轮可采用碳氮共渗，此法比渗碳变形小，但渗层较薄，承载能力不及渗碳齿轮。

④ 铸铁及其他非金属材料　如夹布胶木与尼龙等这些材料强度低，容易加工，适用于一些轻载下的齿轮传动。

(2) 齿轮毛坯　齿轮毛坯的选择决定于齿轮的材料、结构形状、尺寸大小、使用条件以及生产批量等多种因素。

对于钢质齿轮，除了尺寸较小且不太重要的齿轮直接采用轧制棒料外，一般均采用锻造毛坯。生产批量较小或尺寸较大的齿轮采用自由锻造，生产批量较大的中小齿轮采用模锻。

对于直径很大且结构比较复杂、不便锻造的齿轮，可采用铸钢毛坯。铸钢齿轮的晶粒较粗，机械性能较差，且加工性能不好，故加工前应先经过正火处理，消除内应力和硬度的不均匀性，使加工性能得到改善。

二、圆柱齿轮的加工工艺过程

图 5-44 所示为成批生产，材料为 40Cr，精度为 7 级的双联圆柱齿轮；图 5-45 所示为小批量生产，高精度，材料为 40Cr，精度为 6-5-5 的单齿圈圆柱齿轮。表 5-11 和表5-12分

别为对应齿轮的加工工艺过程。

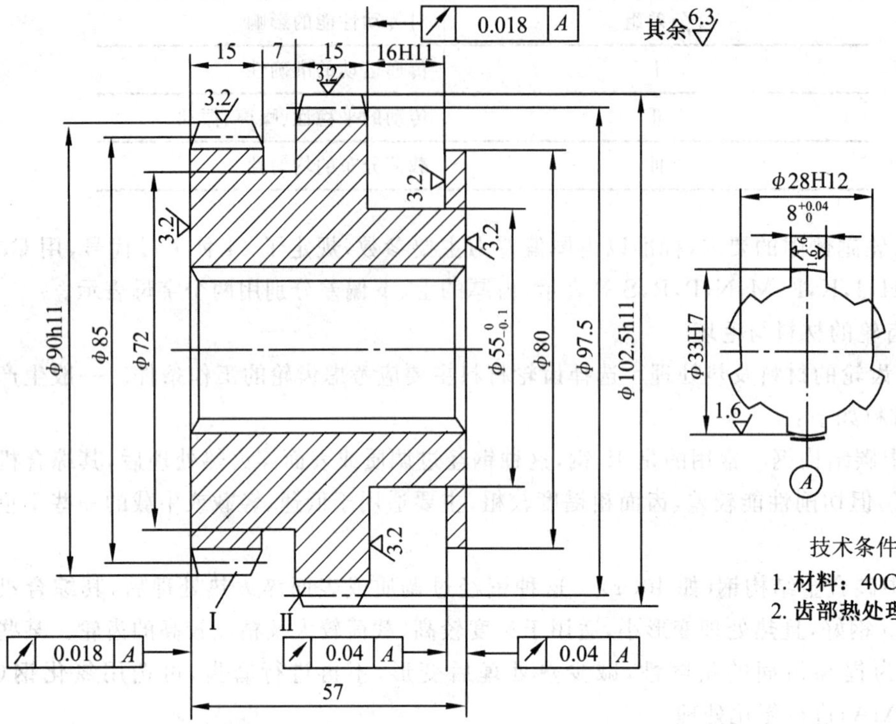

技术条件：

1. 材料：40Cr
2. 齿部热处理：G52

齿号	I	II
模数	2.5	2.5
齿数	34	39
精度等级	7KL	7JL
公法线平均长度	$26.88^{0}_{-0.05}$	$34.46^{0}_{-0.05}$
公法线长度变动量	0.03	0.03
齿圈径向跳动公差	0.05	0.05
齿向公差	0.011	0.11

图 5-44　双联齿轮

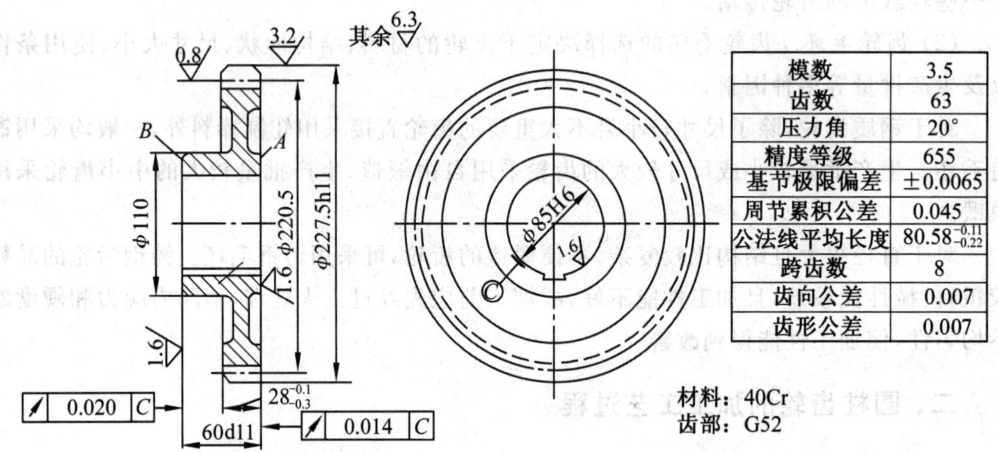

模数	3.5
齿数	63
压力角	20°
精度等级	655
基节极限偏差	±0.0065
周节累积公差	0.045
公法线平均长度	$80.58^{-0.11}_{-0.22}$
跨齿数	8
齿向公差	0.007
齿形公差	0.007

材料：40Cr
齿部：G52

图 5-45　高精度齿轮

表 5-11　　双联齿轮加工工艺工程

工序号	工序名称	工　序　内　容	定位基准
1	毛　坯	锻造毛坯	
2	热处理	正火	
3	粗　车	粗车外圆和端面(精车加工余量 1～1.5mm)钻、镗花键底孔至尺寸∅28H12	外圆及端面
4	拉　削	拉花键孔	∅28H12 孔及端面
5	精　车	精车外圆、端面及槽至图样要求	花键孔及端面
6	检　查		
7	滚　齿	滚齿($z=39$)留剃量 0.06～0.08mm	花键孔及端面
8	插　齿	插齿($z=34$)留剃量 0.03～0.05mm	花键孔及端面
9	倒　角	Ⅰ,Ⅱ齿端倒 12°圆角	花键孔及端面
10	钳	去毛刺	
11	剃	剃齿($z=39$)公法线长度至上限	花键孔及端面
12	剃	剃齿($z=34$)采用螺旋角 5°的剃齿刀,剃齿后公法线长度至上限	花键孔及端面
13	热处理	齿部高频淬火 G52	
14	推　孔	修正花键底孔	花键孔及端面
15	珩	珩齿	花键孔及端面
16	检　查	终结检查	

表 5-12　　高精度齿轮加工工艺过程

工序号	工序名称	工　序　内　容	定位基准
1	毛　坯	锻造毛坯	
2	热处理	正火	
3	粗　车	粗车外形,各部留加工余量 2mm	外圆及端面 A
4	精　车	精车各部,内孔至∅84.8H7,总长留加工余量 0.2mm,其余至尺寸	外圆及端面 A
5	滚　齿	滚齿(齿厚留磨齿加工余量 0.25～0.35mm)	内孔及端面 A
6	倒　角	齿端倒角 10°圆角	内孔及端面 A
7	钳	去毛刺	
8	热处理	齿部高频淬火 G52	
9	插	插键槽	内孔及端面 A
10	磨	靠磨大端面 A	内孔
11	磨	平面磨削 B 面,总长至尺寸	端面 A
12	磨	磨内孔∅85H6 至尺寸	内孔及端面 A
13	磨	磨齿	内孔及端面 A
14	检　查	终结检查	

二、圆柱齿轮加工工艺分析

从表 5-11 和表 5-12 所列的工艺过程中可以看出，对于精度要求较高的齿轮，其工艺路线可大致归纳如下：毛坯制造及热处理—齿坯加工—齿形加工—齿端加工—齿轮热处理—精基准修正—齿形精加工—终结检验。

下面先就齿轮加工有关定位基准的选择、齿形加工方案的选择、齿端加工、齿轮热处理、精基准修正以及检验工序的安排等问题分别加以分析。

1. 定位基准选择

为保证齿轮的加工质量，齿形加工时应根据“基准重合”原则，选择齿轮的设计基准、装配基准和测量基准为定位基准，而且尽可能在整个加工过程中保持基准的统一。

对于带孔齿轮，一般选择内孔和一个端面定位，基准端面相对内孔的端面跳动应符合标准规定。当批量较小不采用专用心轴以内孔位时，也可选择外圆作找正基推，但外圆相对内孔的径向跳动应有严格的要求。

对于直径较小的轴齿轮，一般选择顶尖孔定位，但对于直径或模数较大的轴齿轮，由于自重和切削力较大，不宜再选择顶尖孔定位，而多选择轴颈和一端面跳动较小的端面定位。

下面介绍常用的盘形齿轮加工齿形时一般采用的两种定位方式：

(1) 内孔和端面定位　如图 5-46 所示，即依靠齿坯内孔与夹具心轴之间的配合决定中心位置，以一个端面作为轴向定位基准，并通过相对的另一端面压紧齿轮坯。这种装卡方法使定位、测量和装配的基准重合，定位精度高，不需要找正，生产率高，但需要专用心轴夹具，故适于成批及大批量生产。

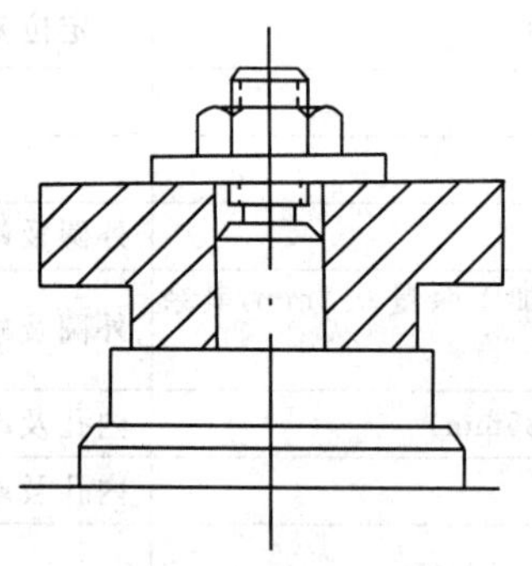

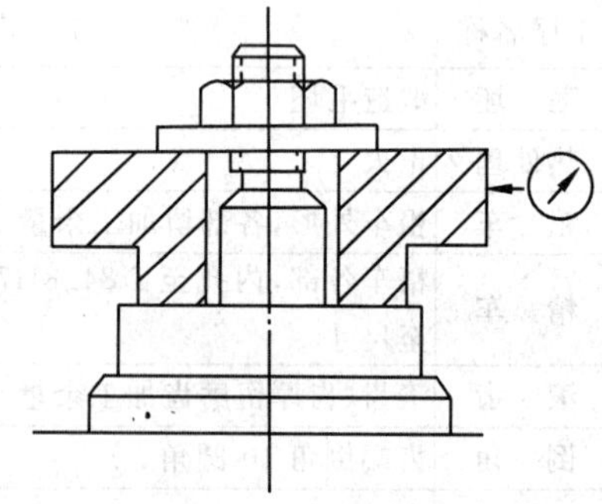

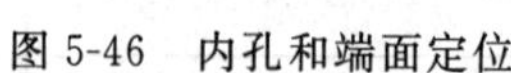

图 5-46　内孔和端面定位　　　　图 5-47 以外圆和端面定位

(2) 外圆和端面定位　如图 5-47 所示，即将齿坯套在夹具心轴上，内孔和心轴配合间隙较大，需要用千分表找正外圆决定中心位置，再进行压紧。以内孔定位相比较，这种方法需要找正，生产率低，对齿坯外圆与内孔的同轴度要求高，但对夹具要求不高，故适用于单件小批生产。

2. 齿坯的加工

对于轴齿轮的齿坯，其加工工艺和一般轴类零件基本相同，对于盘、套齿轮的齿坯，其加工工艺和一般盘、套类零件基本相同。

下面介绍盘形齿轮的齿坯加工方案：

中、小批生产时，孔的端面和外圆的粗、精加工都在普通车床或转塔车床等通用机床上加工，先加工好一端，再加工另一端，并尽量在一次安装中加工出主要的齿坯表面，如内孔、端面和齿顶圆，以保证它们之间的位置精度。

在成批生产中，在有拉床的条件下，可采用拉孔，拉孔生产率高，孔的尺寸精度稳定，拉刀寿命长，一把拉刀可拉削同一孔径的各种盘形零件。拉孔后，再以孔定位，粗、精加工端面和外圆。

大批大量生产时，采用钻—拉—多刀车的工艺方案，即毛坯经正火（或调质）后在钻床上钻孔，然后在拉床上拉孔，再在多刀半自动车床上以内孔定位，粗、精加工外圆和端面，此方案生产率高。

3. 热处理的安排

(1) 齿坯的热处理 在齿坯粗加工前后常安排预先热处理，其主要目的是改善材料的加工性能，减少锻造引起的内应力，为以后淬火时减少变形做好组织准备。齿坯的热处理有正火和调质两种。经过正火的齿轮，淬火后变形虽然较调质齿轮大些，但加工性能较好，拉孔和切齿（滚齿或插齿）工序中刀具磨损较慢，加工表面的粗糙度较细，因而生产中应用最多。齿坯正火一般都安排在粗加工之前，调质则多安排在齿坯粗加工之后。

(2) 齿形的热处理 齿轮的齿形切出后，为提高齿面的硬度及耐磨性，根据材料与技术要求的不同，常安排渗碳淬火或表面淬火等热处理工序。经渗碳淬火的齿轮，齿面硬度高耐磨性好，使用寿命长，但齿轮变形较大，对于精密齿轮往往还需要再进行磨齿。表面淬火常采用高频淬火，对于模数小的齿轮，齿部可以淬透，效果较好。当模数稍大时，分度圆以下淬不硬，硬化层分布不合理，机械性能差，齿轮寿命低。因此，对于模数 $m=3\sim6$mm 的齿轮，宜采用超音频感应淬火，对更大模数的齿轮，宜采用单齿沿齿沟中频感应淬火。表面淬火齿轮的齿形变形较小，但内孔直径一般会缩 0.01～0.05mm（薄壁齿轮内孔略有胀大），淬火后应予以修正。

4. 齿形的加工

齿形加工方案的选择，主要取决于齿轮的精度等级、生产批量和齿轮的热处理方法等。具体确定齿形加工方案时，主要视齿形精度要求而定。常见的齿轮一般选择如下四种方案加工路线：

(1) 滚齿（或插齿）—齿端加工—渗碳淬火—修正基准—磨齿：适用于较小批量，精度为 3～6 级淬硬齿轮。

(2) 滚齿（或插齿）—齿端加工—剃齿—表面淬火—修正基准—珩齿：适用于较大批量，并且精度要求 6～8 级的淬硬齿轮。

(3) 滚齿（插齿）—剃齿（冷挤）：适用于较大批量，精度要求中等，并且不淬硬的齿轮。

(4) 对 8 级精度以下的齿轮，用滚齿或插齿就能满足要求。当需要淬火时，在淬火前应将精度提高一级或在淬火后珩齿，即滚齿（或插齿）—齿端加工—热处理（淬火）—修正内孔；或滚齿（或插齿）—齿端加工—热处理（淬火）—修正基准—珩齿。

以上仅是比较典型的四种方案，实际生产中，由于生产条件和工艺水平的不同，仍会有一定的变化。例如，冷挤齿工艺较稳定时，可取代剃齿用硬质合金滚刀精滚代替磨齿；或在磨齿前用精滚纠正淬火后较大的变形，减少磨齿加工余量以提高磨齿效率等。再如剃珩齿方案，虽然主要用于 7 级精度的齿轮，但有的工厂通过压缩齿坯公差，提高滚齿运动精度和剃齿的平稳性精度及接触精度，适当修磨珩轮和控制淬火变形等措施后，可稳定地用于 6 级齿轮的加工。对于 5 级精度以上的高精度齿轮，一般应取磨齿方案。

5. 齿端加工

齿轮的齿端加工的方式有倒圆、倒尖、倒棱和去毛刺。经过倒圆、倒尖和倒棱后的齿端形状如图 5-48 所示。倒圆和倒尖后的齿轮，沿轴向移动时容易进入啮合。倒棱可除去齿端的锐边，这些锐边经渗碳淬火后很脆，齿轮传动时易崩裂，对工作不利。

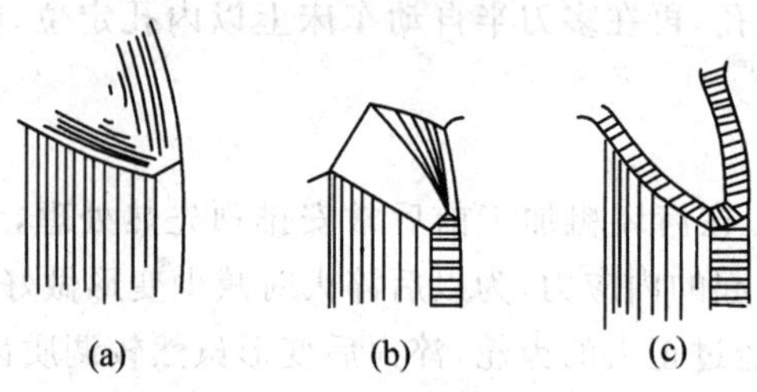

图 5-48　齿端加工形式

(a)倒圆　(b)倒尖　(c)倒棱

齿端倒圆应用最广，但倒圆所用的刀具和方法却不一样，图 5-49 所示的方法是其中的一种。倒圆时，齿轮慢速旋转，指状铣刀在高速旋转的同时沿齿轮轴向作往复直线运动。齿轮的每转过一齿，铣刀往复运动一次，两者在相对运动中即完成齿端倒圆。此法由齿轮的旋转实现连续分齿，生产率较高。

6. 精基准的修正

齿轮淬火后基准孔常发生变形，孔径可缩小 0.01～0.05mm，为确保齿形精加工质量，对基准孔必须予以修正。修正的方法常采用推孔或磨孔。推孔生产率高，常用于内孔未淬硬的齿轮；磨孔生产率低，但加工精度高，特别对于整体淬火内孔较硬的齿轮，或内孔较大，齿厚较薄的齿轮，均以磨为宜，磨孔时应以齿轮分度圆定心（如图 5-50 所示），这样可使磨孔后齿圈径向跳动较小，对以后进行唐齿或珩齿都比较有利。为了提高生产率，有

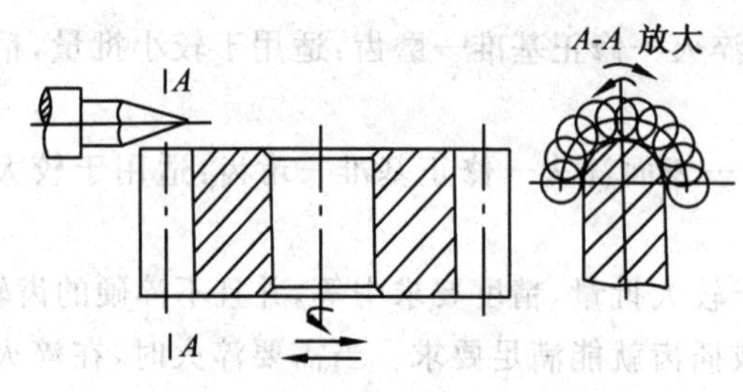

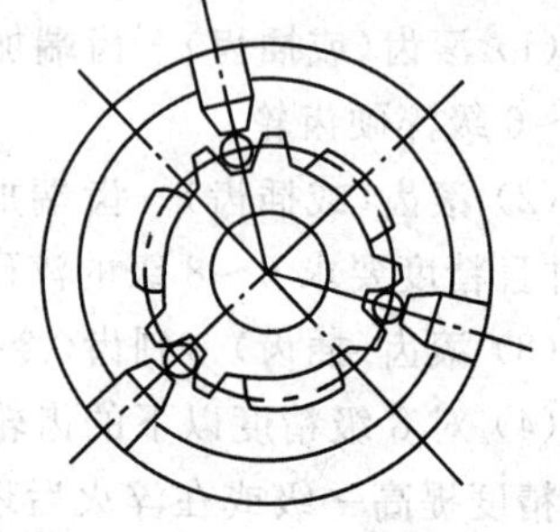

图 5-49　齿端倒圆加工示意图　　图 5-50　齿轮分度圆定心示意图

的工厂以金刚镗代替磨孔也取得了较好的效果。采用磨孔(或镗孔)修正基准孔时,齿坯加工阶段的内孔应留加工余量。采用推孔正修对,一般可不留加工余量。

7. 齿轮的检验

齿轮加工后,应按照图样提出的技术要求进行验收。齿轮的检验一般分终结检验和中间检验两种。终结检验的目的是鉴别成品的质量,评定其是否合格;中间检验的目的主要是及时发现问题,防止成批报废。因此,必须加强首检和抽检。

习　题

5-1　常用轴类零件的材料主要有哪些?各用于什么场合?对于不同的材料,在加工的各个阶段应安排哪些合适的热处理工序?对于精度要求很高的主轴,在材料选择和热处理工序安排上有何特点?

5-2　主轴的结构特点和技术要求有哪些?为什么要对其进行分析?它对制定工艺过程起什么作用?

5-3　为什么轴类零件的定位基准多选用中心孔?若工件是空心的,如何实现加工过程中的定位?

5-4　在拟订CA6140车床主轴主要面的加工顺序时,有以下四种加工方案:

(1) 钻深孔—外表面粗加工—锥孔粗加工—外表面精加工—锥孔精加工;

(2) 外表面粗加工—钻深孔—外表面精加工—锥孔粗加工—锥孔精加工;

(3) 锥孔粗加工—钻深孔—锥孔粗加工—锥孔精加工—外表面精加工;

(4) 外表面粗加工—钻深孔—锥孔粗加工—外表面精加工—锥孔精加工。

试分析比较各方案特点,并说明哪一种方案为最佳方案。

5-5　在主轴加工工艺过程中,热处理工序是怎样安排的?

5-6　主轴上的花键、键槽、螺纹等次要表面,其加工顺序是如何安排的?为什么?

5-7　在主轴加工工艺过程中,如何体现“基准统一”、“基准重合”、“互为基准”原则?它们在保证主轴的精度要求中起什么重要作用?

5-8　试编写图5-51所示花键轴的机械加工工艺过程。

材料:45;热处理:调质;生产类型:单件小批生产。

5-9　试编写图5-52所示钻轴的机械加工工艺过程。

材料:40Cr;热处理:长度165处高频淬火HRC48;生产类型:中批生产。

5-10　丝杠的功用、结构特点及技术要求有哪些?如何选择丝杠的材料及相应的热处理?

5-11　在制定丝杠加工工艺中主要考虑什么问题?在加工工艺中是怎样采取措施解决这些问题?

5-12　为什么在丝杠加工工艺中要安排多次时效处理?

5-13　套筒类零件的毛坯常选用哪些材料?毛坯的选择有哪些特点?

5-14　保证套筒类零件的相互位置有哪些方法?试举例说明这些方法的特点和适用性。

5-15　加工薄壁类套筒类零件时,工艺上有哪些技术难点?采用哪些措施来解决?

其余 6.3
0.005
0.008 A-B
A 2/5
R1.5
φ14 $^{-0.016}_{-0.033}$
16 $^{+0.5}_{0}$
0.02 A-B
1.3 $^{+0.12}_{0}$
花键有效长度
80 $^{0}_{-0.5}$
φ23
2×0.5
0.005
0.01 A-B
φ30
φ25±0.07
12 $^{+0.16}_{+0.05}$
69±0.2
332
0.01 A-B
0.005
R1.75
φ25±0.07
74
152 $^{+0.5}_{0}$
3×1.1
25
CM3/7.5
M20×1.5
A-A
0.01 A-B
6 $^{-0.011}_{-0.044}$
φ25 $^{-0.02}_{-0.04}$
φ22 $^{-0.14}_{-0.42}$
0.02 C
3.2
2:1
M3
14
φ7.5
60°
1.6
左端中心孔 C3/7.5
图 5-51 题 5-8图

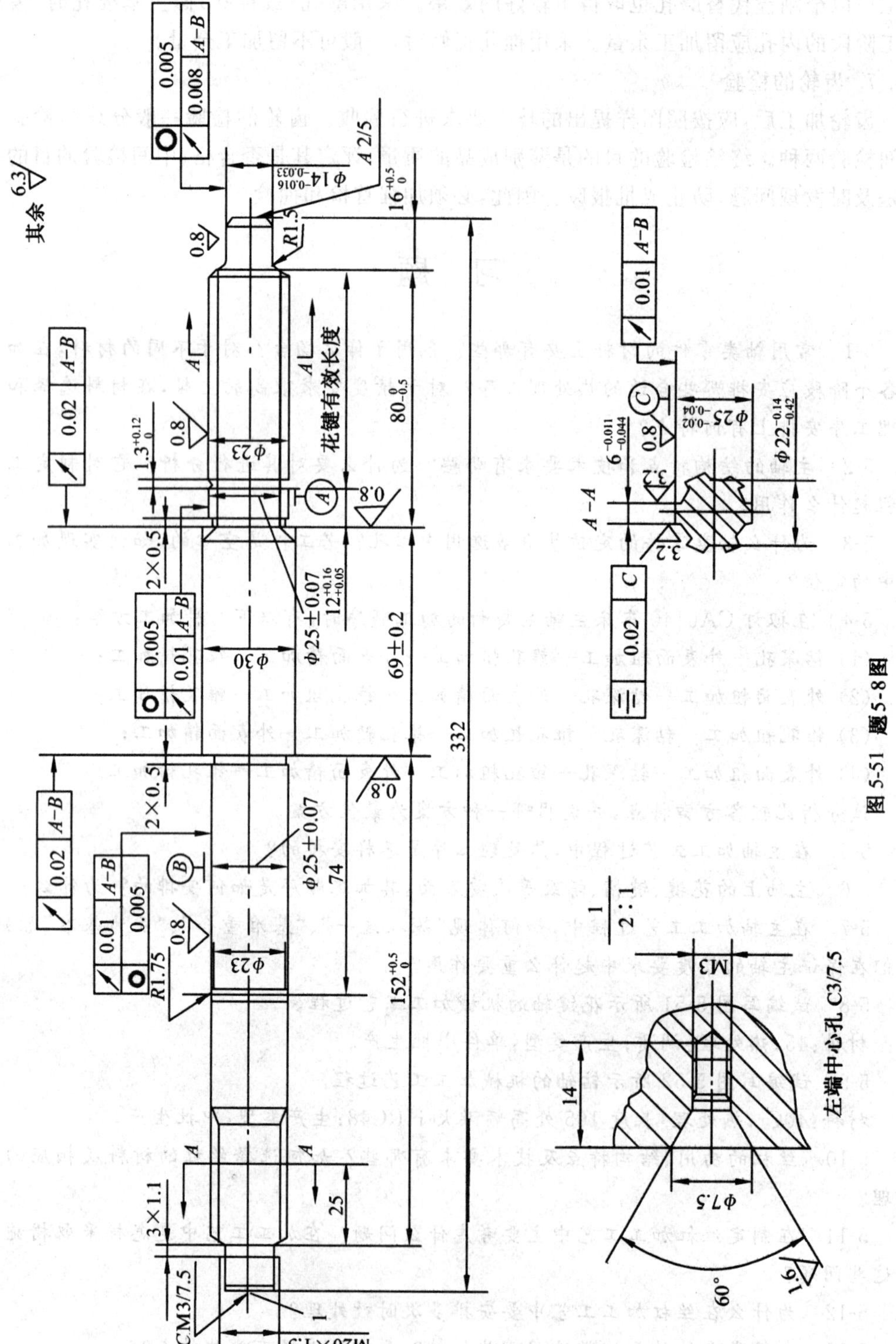

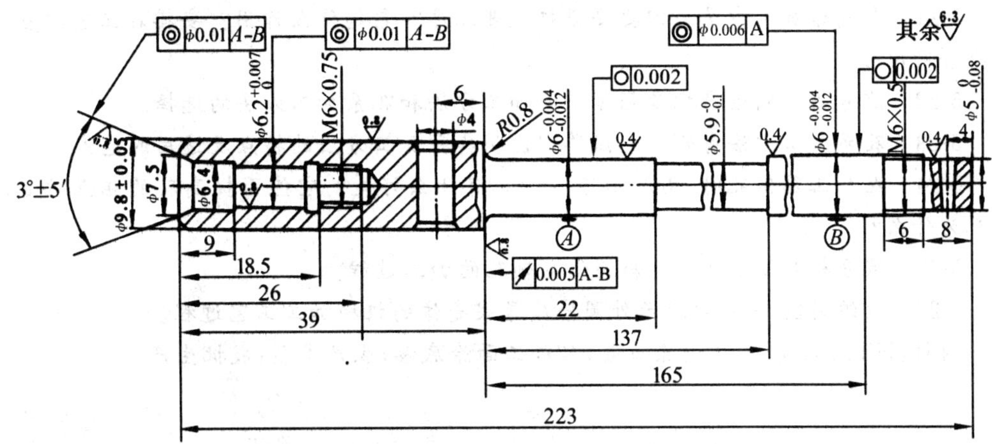

图 5-52　题 5-9 图

5-16　短套、长套的装夹方式和加工工艺过程有何不同？应注意哪些问题？

5-17　试试编写图 5-53 所示轴承套的机械加工工艺过程。

材料：ZQS6-6-3；生产类型：中批生产。

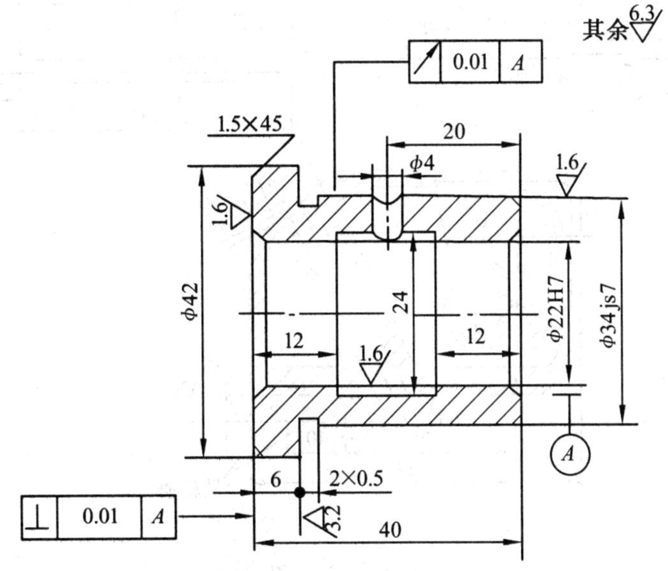

图 5-53　题 5-17 图

5-18　箱体零件的结构特点及主要技术要求是什么？这些技术要求对箱体零件在机器中的作用有何影响？

5-19　箱体的粗基准选择应考虑哪些主要问题？小批生产和大批生产时如何实现粗基准定位？

5-20　试比较箱体加工采用的两种精基准一面两孔或箱体底面组合定位的优缺点，

及适应的场合。

5-21　在箱体加工中是否需要安排热处理工序？它起什么作用？安排在工艺过程的哪个阶段比较合适？

5-22　试分析不同生产批量箱体平面加工方法和孔系加工方法的选择。

5-23　孔系加工方法有哪些？试举例说明各种加工方法的特点及适用的范围。

5-24　在加工箱体孔时，用浮动镗刀镗孔有什么好处？它能否提高孔的相互位置精度？为什么？

5-25　试分析CA6140主轴箱箱体主轴孔的加工过程。

5-26　试编写图5-54的所示外圆磨床尾架壳体的机械加工工艺过程。

材料：HT200；要求：内壁涂黄漆，非加工面涂底漆；生产类型：成批生产。

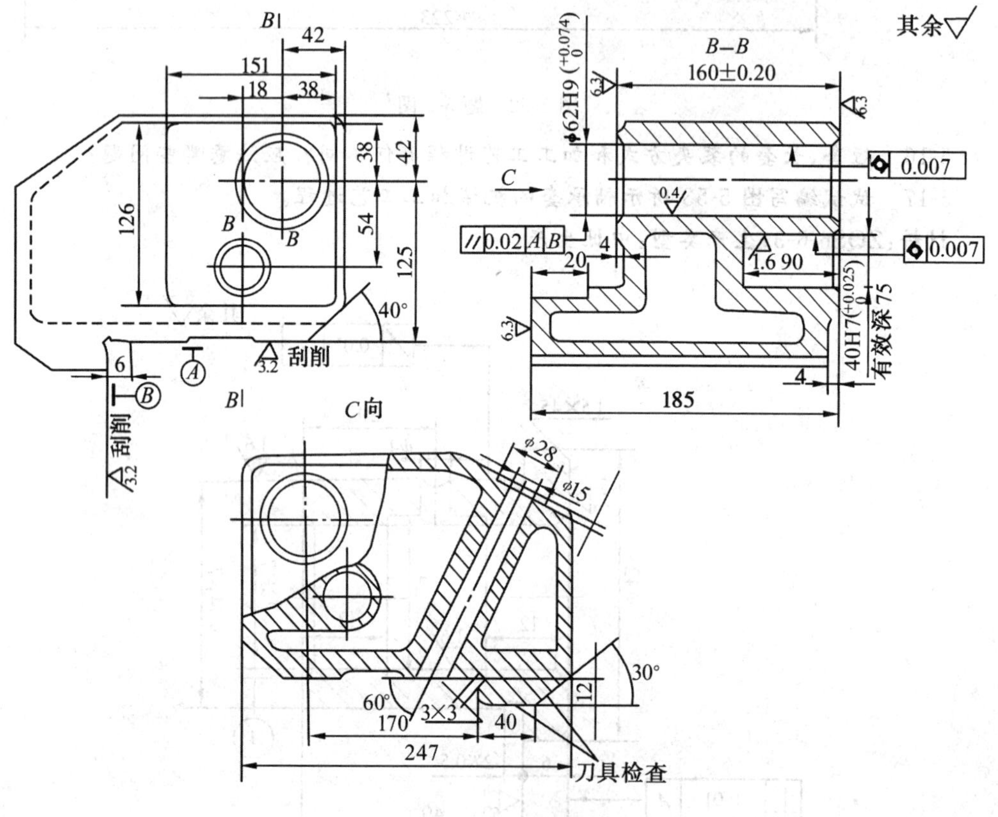

图5-54　题5-26图

5-27　机体类零件的结构有何特点？

5-28　机床床身导轨面加工的粗基准应选用底面还是导轨面？

5-29　导轨面的精加工方法常用的有哪些？

5-30　床身加工工艺中的时效处理应安排在什么位置？常用时效处理的方法有哪些？

5-31　对于导轨表面淬火的各种方法，应怎样安排其工序？

5-32　试述齿轮的功用、结构特点及分类。

5-33　试说明齿轮的材料种类、热处理方法及使用范围。

5-34　试述盘类齿轮不同生产批量的齿坯加工方案。

5-35　齿轮典型的加工工艺大致可分为几个阶段？

5-36　盘类齿轮的齿形加工的精基准应如何选择？各有什么特点和适用范围？精基准的修正有何方案？

5-37　对于不同精度的齿轮，应如何选择加工方案？

5-38　试编制图 5-55 所示的双联齿轮的机械加工工艺过程。

材料：40Cr；热处理：齿部 G52。

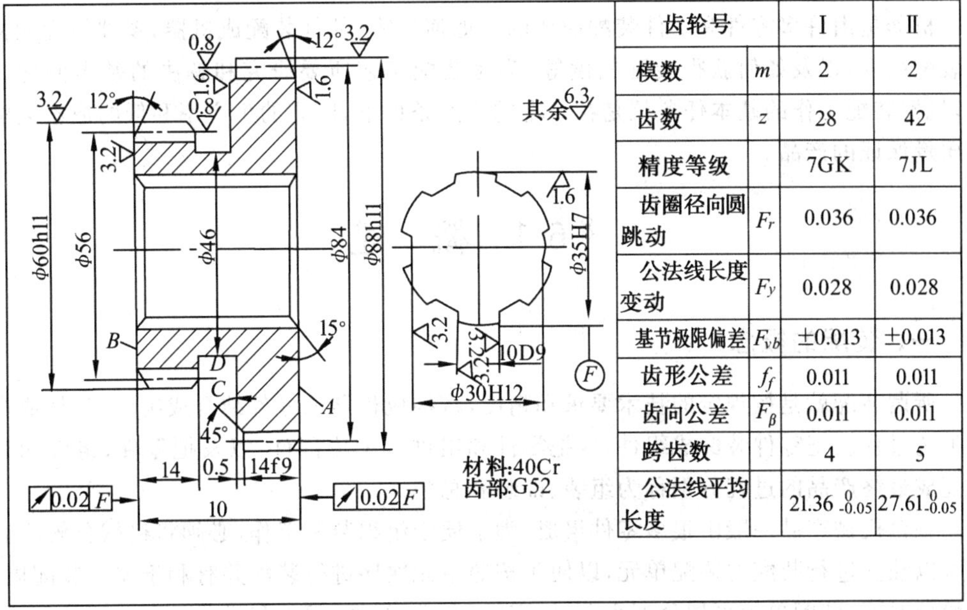

齿轮号		Ⅰ	Ⅱ
模数	m	2	2
齿数	z	28	42
精度等级		7GK	7JL
齿圈径向圆跳动	F_r	0.036	0.036
公法线长度变动	F_y	0.028	0.028
基节极限偏差	F_{vb}	±0.013	±0.013
齿形公差	f_f	0.011	0.011
齿向公差	F_β	0.011	0.011
跨齿数		4	5
公法线平均长度		$21.36^{0}_{-0.05}$	$27.61^{0}_{-0.05}$

图 5-55　题 5-38 图

第六章　装配工艺基础

机器是由许多零件和部件装配而成的。如何把零、部件装配成机器，零件精度如何影响装配精度，以及如何获得装配精度等，都是装配工艺所要研究和解决的基本问题。因此，机器装配工作的基本任务就是在一定的生产条件下，以高的生产率和低的成本装配出有质量保证的产品。

§6-1　概　述

一、装配的概念

所谓装配就是按规定的技术要求和精度，将构成机器的零件结合成组件、部件或产品的工艺过程。把零件装配成组件，或把零件和组件装配成部件，以及把零件、组件和部件装配成最终产品的过程分别称为组装、部装和总装。

一台机械产品一般由很多零件组成，为了便于组织装配工作，必须将机械分解为若干个可以独立进行装配的装配单元，以便于按照单元次序进行装配并有利于缩短装配周期。一般情况下，装配单元可划分五个等级：零件、合件、组件、部件和机器。

零件——构成机器和参加装配的最基本单元。大部分零件先装成合件、组件和部件后再进入总装配。

合件——合件是比零件大一级的装配单元。下列情况属于合件：

(1) 若干个零件用不可拆卸联接法（如焊、铆、热装、冷压、合铸等）装配在一起的装配单元。如摩托车汽缸套与散热片合铸件。

(2) 少数零件组合后还需进行加工，如齿轮减速器的箱体与箱盖，曲柄连杆机构的连杆与连杆盖等，都是组合后镗孔。零件对号入座，不能互换。

(3) 以一个基准件和少数零件组合成的装配单元。

组件——一个或几个合件与若干个零件组合而成的装配单元。

部件——一个基准零件和若干个零件、合件和组件组合而成的装配单元。

机器——由上述各装配单元组合而成的整体。

装配工作量在机器制造过程中占有很大的比重。尤其在单件小批生产中，因装配工作量大，装配工时往往占机械加工工时的一半左右，即使在大批量生产中，装配工时也占有较大的比例。

目前，在多数工厂中，装配工作大部分靠手工劳动完成，所以装配工作更显重要。选择合适的装配方法、制订合理的装配工艺规程，不仅是保证产品质量的重要手段，也是提高劳动生产率、降低制造成本的有力措施。

二、装配工作的基本内容

装配前后及装配过程中，有很多工作内容，主要包括以下几方面：

1. 清　洗

进入装配的零件必须进行清洗。零件表面所粘附的切屑、油脂和灰尘等均会严重影响总装配质量和机器的使用寿命。清洗工作必须认真、细致，其工作的要点是选择好清洗液及其工艺参数。

2. 刮　削

刮削可以提高工件的尺寸和形状精度、降低表面粗糙度及提高接触精度。它需要熟练的技巧，劳动强度大，但方便灵活，在装配和修理中仍是一种重要的工艺方法。例如机床导轨面、密封面、轴承或轴瓦、蜗轮齿面等处还较多采用刮削。刮削质量一般用涂色检验，也可用相配零件互研来检验。

3. 平　衡

对转速高且运动平稳性又有较高要求的传动件，必须进行平衡。分为动平衡和静平衡两种。像飞轮、带轮一类直径大而轴向长度短的零件只需进行静平衡，轴向长度较长的零件则需进行动平衡。平衡要求高时，还必须在总装后用工作转速进行部件或整机平衡。平衡可采用增减重量或改变在平衡槽中的平衡块的数量或位置的方法来达到。

4. 过盈连接

过盈连接常用轴向压入法和热胀冷缩法。

5. 螺纹连接

螺纹连接除受加工精度影响外，与装配技术有很大关系。要确定好螺纹连接顺序，逐步拧紧的次数和拧紧力矩，预紧力要适度，可使用扭力扳手来控制。

6. 校　正

校正是指各零件、部件间相互位置的校正、校平及有关的调整工作。校正工作常用的量具和工具有平尺、角尺、水平仪等，也可采用有关的仪器仪表来校正。

7. 产品检验

机械产品装配完成后，应根据有关技术文件和质量标准进行检验，试车。

另外，总装后的油漆及包装等工作也应足够重视，按有关规定及规范进行。

三、装配精度

所谓装配精度，是指装配后实际达到的精度。装配精度是装配工艺的质量指标。机器的质量，主要取决于产品设计的正确性、零件的加工质量以及机器的装配精度。它是以其工作性能、精度、寿命和使用效果等综合指标来评定的。这些指标由装配给予最终保证。

机械产品的质量标准，通常是用技术指标表示的，其中包括几何方面和物理方面的参数。物理方面的参数有转速、重量、平衡、密封、摩擦等；几何方面的参数即装配精度，则包括：

1. 距离精度

距离精度是指为保证一定的间隙、配合质量、尺寸要求等相关零件、部件间距离尺寸的准确程度；距离精度也包括配合表面的配合精度，即两个配合零件间的间隙或过盈的精确程度。

2. 相互位置精度

相互位置精度是指相关零件间的平行度、垂直度和同轴度等方面的要求。

3. 相对运动精度

相对运动精度是指产品中相对运动的零部件间在运动方向上的平行度和垂直度以及运动位置上的精度。

4. 接触精度

接触精度是指配合表面或连接表面间接触面积的大小和接触斑点分布状况。在机械产品的装配工作中，如何保证和提高装配精度，达到经济高效的目的，是装配工艺要研究的核心。

例如：CA6140 型卧式车床主轴回转精度要求为 0.01mm，CM6132 型精密车床主轴回转精度要求为 0.001mm，而中国航空精密机械研究所研制的 CTC-1 型超精密车床的主轴回转精度要求则高达 0.1～0.2μm，正确地规定机器的装配精度是机械产品设计所要解决的最为重要的问题之一。

四、装配精度与零件精度的关系

零件的加工精度直接影响到装配精度。对于大批量生产，为了简化装配工作，便于流水作业，通常采用控制零件的加工误差来保证装配精度。但是，进入装配的合格零件，总是存在一定的加工误差，当相关零件装配在一起时，这些误差就有累积的可能。累积误差不超出装配精度要求，当然是很理想的，此时装配就只是简单的连接过程。但事实并非如此，累积误差往往超过规定范围，给装配带来困难。采用提高零件加工精度来减小累积误差的办法，在零件加工并不十分困难，或者在单件小批生产时还是可行的。这种办法增加了零件的制造成本。当装配精度要求很高，零件加工精度无法满足装配要求，或者提高零件加工精度不经济时，则必须考虑采用合适的装配工艺方法，达到既不提高零件加工精度又能满足装配精度的目的。

例如：如图 6-1 所示，在普通车床主轴和尾座的装配中，必须保证主轴和尾座轴线的等高精度 A_0、与之相关的零件尺寸为主轴中心线至主轴箱的安装基准之间的距离 A_1、尾座套筒孔中心至尾座体的装配基准之间的距离 A_3、底板厚度 A_2。因精度要求很高，如果仅靠提高 A_1，A_2，A_3 的尺寸精度来保证是很不经济的，甚至在技术上也是困难的。这时，比较合理的办法是首先按经济加工精度来确定各零部件的精度要求，然后对底板厚度 A_2 进行适当的修配来保证装配精度。

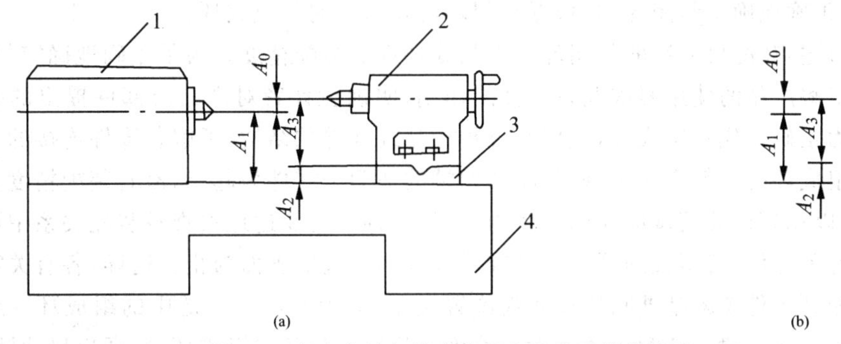

图 6-1　车床主轴与尾座套筒中心线不等高简图

(a) 结构示意图　(b) 装配尺寸链图

1—主轴箱　2—尾座　3—底板　4—床身

由此可见，零件加工精度是保证装配精度要求的基础。但装配精度不完全由零件精度来决定，它是由零件的加工精度和合理的装配方法共同来保证的。如何正确处理好两者之间的关系，是产品设计和制造中的一个重要课题，也是本章要研究的问题。

§6-2　装配尺寸链

一、装配尺寸链基本概念及其特征

1. 装配尺寸链基本概念

产品或部件的装配精度与构成产品或部件的零件精度有着密切关系。为了定量地分析这种关系，将尺寸链的基本理论用于装配过程，即可建立起装配尺寸链。装配尺寸链是产品或部件在装配过程中，由相关零件的尺寸或位置关系所组成的封闭的尺寸系统。它由一个封闭环和若干个与封闭环关系密切的组成环组成，将尺寸链画出来就成了尺寸链简图。装配尺寸链虽然起源于产品设计中，但应用装配尺寸链原理可以指导制订装配工艺，合理安排装配工序，解决装配中的质量问题，分析产品结构的合理性等。

装配尺寸链是尺寸链的一种。与一般尺寸链相比，它除有共同的特性外，还具有典型的特点：

(1) 装配尺寸链的封闭环一定是机器产品或部件的某项装配精度，因此，装配尺寸链的封闭环是十分明显的。

(2) 装配精度只有机械产品装配后才能测量。因此，封闭环只有在装配后才能形成，不具有独立性。

(3) 装配尺寸链中的各组成环不是仅在一个零件上的尺寸，而是在几个零件或部件之间与装配精度有关的尺寸。

(4) 装配尺寸链的形式较多，除常见的线性尺寸链外，还有角度尺寸链、平面尺寸链和空间尺寸链等。

2. 装配尺寸链的建立

当运用装配尺寸链的原理去分析和解决装配精度问题时，首先要正确地建立起装配尺寸链，即正确地确定封闭环，并根据封闭环的要求查明各组成环。

如前所述，装配尺寸链的封闭环为产品或部件的装配精度。为了正确地确定封闭环，必须深入了解产品的使用要求及各部件的作用，明确设计者对产品及部件提出的装配技术要求。为正确查找各组成环，须仔细分析产品或部件的结构，了解各零件连接的具体情况。查找组成环的一般方法是：取封闭环两端的那两个零件为起点，沿着装配精度要求的位置方向，以相邻件装配基准间的联系为线索，分别由近及远地去查找装配关系中影响装配精度的有关零件，直至找到同一个基准零件或同一基准表面为止。这样，各有关零件上直线连接相邻零件装配基准间的尺寸或位置关系，即为装配尺寸链中的组成环。组成环又分增环和减环。建立装配尺寸链就是准确地找出封闭环和组成环，并画出尺寸链简图。

图 6-1 所示为车床主轴与尾座套筒中心线等高示意图，在机床检验标准中规定，在垂直方向上的误差为 0～0.06mm，且只允许尾座高，这就是封闭环。分别由封闭环两端那两个零件，即主轴中心线和尾座套筒孔的中心线起，由近及远，沿着垂直方向可以找到三个尺寸，A_1，A_2 和 A_3 直接影响装配精度，为组成环。其中 A_1 是主轴中心线至主轴箱的安装基准之间的距离，A_2 是尾座体的安装基准至尾座垫板的安装基准之间的距离，A_3 是尾座套筒孔中心至尾座体的装配基准之间的距离。A_1 和 A_2 都以导轨平面为共同的安装基准，尺寸封闭。图 6-1(b)为尺寸链简图。由于装配尺寸链比较复杂，并且同一装配结构中装配精度要求往往有几个，需在不同方向（如垂直方向、水平方向、径向和轴向等）分别查找，容易搅混，因此在查找时要十分细心。通常，容易将非直接影响封闭环的零件尺寸拉入装配尺寸链，使组成环数增加，每个组成环可能分配到的制造公差减小，增加制造的困难。为避免出现这种情况，坚持下列两点是十分必要的。

(1) 装配尺寸链的简化原则　机械产品的结构通常都比较复杂，对某项装配精度有影响的因素很多，在查找装配尺寸时，在保证装配要求的前提下，可略去那些影响较小的因素，从而简化装配尺寸链。如图 6-2 所示，在调整车床主轴与尾座中心线等高时，影响该项装配精度的因素除 A_1，A_2，A_3 三个尺寸外，还有其他因素，如主轴滚动轴承外圈与内孔的同轴度误差，尾座套筒锥孔与外圆的同轴度误差，尾座套筒与尾座孔配合间隙引起的向下偏移量，床身上安装床头箱和尾座的平导轨间的尺寸及形位误差等。由于以上影响因素的误差数值相对 A_1，A_2，A_3 的误差是较小的，故装配尺寸链可简化。但在精密装配中，应计入对装配精度有影响的所有因素，不可随意简化。

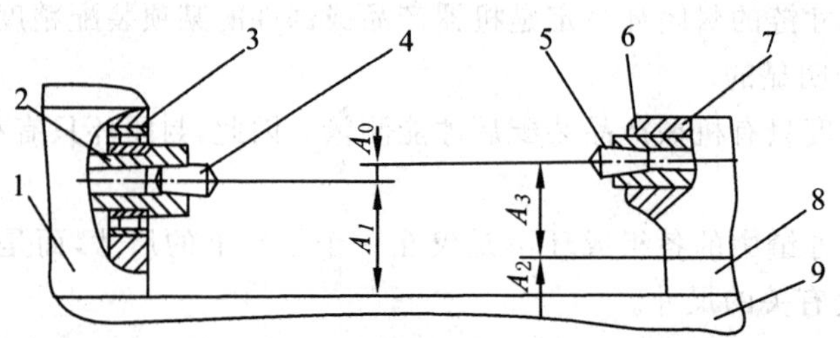

图 6-2　车床主轴、尾座轴线等高结构示意图

1—主轴箱　2—主轴　3—轴承　4—前顶尖

5—后顶尖　6—尾座套筒　7—尾座体　8—尾座底板　9—床身

(2) 尺寸链组成的最短路线原则 由尺寸链的基本理论可知,在装配要求给定的条件下,组成环数目越少,则各组成环所分配到的公差值就越大,零件的加工就越容易和经济。在查找装配尺寸链时,每个相关的零、部件只能有一个尺寸作为组成环列入装配尺寸链,即将连接两个装配基准面间的位置尺寸直接标注在零件图上。这样,组成环的数目就等于有关零、部件的数目,即一件一环,这就是装配尺寸链的最短路线(环数最少)原则。

二、装配尺寸链计算

尺寸链的计算方法有两种:极值法和概率法。

1. 极值法

极值法的基本公式是 $T_0 \geqslant \sum_{i=1}^{m} T_i$ 。有关计算式用于装配尺寸链时,常有下列几种情况:

"正计算"用于验算设计图样中某项精度指标是否能够达到,即装配尺寸链中的各组成环的基本尺寸和公差定得正确与否,这项工作在制订装配工艺规程时也是必须进行的。

"反计算"就是已知封闭环,求解组成环。用于产品设计阶段,根据装配精度指标来计算和分配各组成环的基本尺寸和公差。这种问题,解法多样,需根据零件的经济加工精度和恰当的装配工艺方法来具体确定分配方案。

"中间计算"常用在结构设计时,将一些难加工的和不宜改变其公差的组成环的公差先确定下来,其公差值应符合国家标准,并按"入体原则"标注。然后将一个比较容易加工或容易装拆的组成环作为试凑对象,这个环称为"协调环",如修配法中的修配环,调整法中的调整环,详见后续内容。

2. 概率法

概率法的基本算式是 $T_0 \geqslant \sqrt{\sum_{i=1}^{m} T_1^2}$ 。

极值法的优点是简单可靠,但其封闭环与组成环的关系是在极端情况下推演出来的。即各项尺寸要么是最大极限尺寸,要么是最小极限尺寸。这种出发点与批量生产中工件尺寸的分布情况显然不符,因此造成组成环公差很小,制造困难。在封闭环要求高、组成环数目多时,尤其是这样。

从加工误差的统计分析中可以看出,加工一批零件时,尺寸处于公差中心附近的零件属多数,接近极限尺寸的是极少数。在装配中,碰到极限尺寸零件的机会不多,而在同一装配中的零件恰恰都是极限尺寸的机会就更为少见。所以应从统计角度出发,把各个参与装配的零件尺寸当作随机变量才是合理的、科学的。

用概率法的好处在于放大了组成环的公差,而仍能保证达到装配精度要求。尚需说明的是:由于应用概率法时需要考虑各环的分布中心,算起来比较烦琐。因此在实际计算时常将各环改写成平均尺寸,公差按双向等偏差标注。计算完毕后,再按"入体原则"标注。

3. 装配工艺方法与计算方法的组合

机器装配中所采用的装配工艺方法及解算装配尺寸链所采用的计算方法必须密切配

合，才能得到满意的装配效果。装配工艺方法与计算方法常用的匹配有：

(1) 采用完全互换法时，应用极值法计算。完全互换且属大批量生产或环数较多时，可改用概率法计算。

(2) 采用不完全互换法时，可用概率法计算。

(3) 采用分组装配法时，一般都按极值法计算。

(4) 采用修配法时，一般批量小，应按极值法计算。

(5) 采用调整法时，一般用极值法计算。大批量生产时，可用概率法计算。

§6-3 保证装配精度的工艺方法

在长期生产实践中，为保证装配精度，人们创造了许多巧妙的装配工艺方法。这些方法又经过人们长期以来的丰富、发展和完善，已成为有理论指导、有实践基础的科学方法，可以归纳为互换法、选配法、修配法和调整法四大类。

一、互换法

用控制零件的加工误差来保证装配精度的方法称为互换法。按其程度不同，分为完全互换法与不完全互换法两种。

1. 完全互换法

完全互换法就是机器在装配过程中每个待装配零件不需挑选、修配和调整，装配后就能达到装配精度要求的一种装配方法。装配工作较为简单，生产率高，有利于组织生产协作和流水作业，且对工人技术要求较低，也有利于机器的维修。为了确保装配精度，要求各相关零件公差之和小于或等于装配允许公差。这样，装配后各相关零件的累积误差变化范围就不会超出装配允许公差范围。这一原则用公式表示即为：

$$T_0 \geqslant T_1 + T_2 + \cdots + T_m \tag{6-1}$$

式中：T_0——装配允许公差；

T_m——各相关零件的制造公差；

m——组成环数。

当遇到反计算形式时，可按“等公差”原则先求出各组成环的平均公差，再根据生产经验，考虑到各组成环尺寸的大小和加工难易程度进行适当调整。如尺寸大、加工困难的组成环应给以较大公差；反之，尺寸小、加工容易的组成环就给较小公差。对于组成环是标准件，其尺寸（如轴承尺寸等），则仍按标准确定；对于组成环是几个尺寸链中的公共环时，其公差值由要求最严的尺寸链确定。调整后，仍需满足公式(6-1)。

除采用上述“等公差”方法外，也有采用“等精度”法的。该法使各组成环都按同一公差等级制造，由此求出平均公差等级系数，再按尺寸查出各组成环的公差值，最后仍需适当调整各组成环的公差。由于“等精度”法计算比较复杂，计算后仍要进行调整故“等精度”法用得不多。

确定各组成环的公差后，按“入体原则”确定极限偏差，即组成环为包容面时，取下偏差为零；组成环为被包容面时，取上偏差为零；若组成环是普通长度尺寸，其偏差按对称分布。按上述原则确定偏差后，有利于组成环的加工。

但是，当各组成环都按上述原则确定偏差时，按公式计算的封闭环极限偏差常不符合封闭环的要求值。因此，就需选取一个组成环，它的极限偏差不是事先定好，而是经过尺寸链计算确定，以便与其他组成环相协调，最后满足封闭环极限偏差的要求，这个组成环称为协调环。一般协调环不能选取标准件或几个尺寸链的公共组成环。完全互换装配法的尺寸链计算与工艺尺寸链计算方法相同。

因此，只要制造公差能满足机械加工的经济精度要求时，不论何种生产类型，均应优先采用完全互换法。当装配精度较高，零件加工困难而又不经济时，或在大批量生产中，则可考虑采用不完全互换法。

2. 不完全互换法

所谓不完全互换法，是指将各相关零件的制造公差适当放大，使加工容易而经济，又能保证绝大多数产品达到装配要求的一种方法。

不完全互换法是以概率论原理为基础。在零件的生产数量足够大时，加工后的零件尺寸一般在公差带上呈正态分布，而且平均尺寸在公差带中点附近出现的概率最大；在接近最大、最小极限尺寸处，零件尺寸出现概率很小。在一个产品的装配中，各相关零件的尺寸恰巧都是极限尺寸的概率就更小。当然，出现这种情况，累积误差可能超出装配允许公差。因此，可以利用这个规律，将装配中可能出现的废品控制在一个极小的比例之内。对于这一小部分不能满足要求的产品，也需进行经济核算或采取补救措施。

根据概率论原理，装配允许公差必须大于或等于各相关零件公差值平方之和的平方根。用公式可以表示即为：

$$T_0 \geqslant \sqrt{\sum_{i=1}^{m} T_i^2} = \sqrt{T_1^2 + T_2^2 + \cdots + T_m^2} \tag{6-2}$$

显然，当装配公差 T_0 一定时，与完全互换法比较，各相关零件的制造公差 T_i 增大，零件的加工也就容易了许多。

二、分组装配法

在大批大量生产中，装配那些精度要求特别高同时又不便于采用调整装置的机器结构，若用完全互换法装配，组成环的公差过小，加工很困难或很不经济，当组成环不多时可采用分组装配法。

分组装配法是先将组成环的公差相对于互换装配法所求之值增大若干倍，使各组成环的公差达到经济加工精度，加工完成后要对组成环的实际尺寸逐一进行测量并按尺寸大小分组，装配时零件按对应组号配对装配，即组内互换、组与组之间不互换。这样，既扩大了零件的制造公差，又能达到很高的装配精度。

图 6-3 所示为活塞孔与活塞销的装配情况。根据装配技术要求，活塞销孔与活塞销在冷态装配时应有 0.0025～0.0075mm 的过盈量。此时，相应的配合公差仅为 0.005mm。若活塞孔与活塞销采用完全互换法装配，且按“等公差”的原则分配孔与销的直径公差时，各自的公差只有 0.0025mm，即 $\varnothing 28^{0}_{-0.025}$ mm，活塞孔直径为 $\varnothing 28^{-0.0050}_{-0.0075}$ mm。显然，加工这种精度的零件是困难的，也是不经济的。

生产中常用分组装配法来保证上述装配精度要求。先将活塞孔与活塞销的公差同向放大四倍，由 0.0025mm 放大到 0.01mm，即活塞销直径为 $\varnothing 28^{0}_{-0.01}$ mm，活塞孔直径为 $\varnothing 28^{-0.005}_{-0.015}$。这样，活塞销用无心外圆磨床加工，活塞孔用金刚镗床加工。加工好后，用精密量具逐一测量其实际尺寸，按尺寸大小分成四组，涂上不同的颜色，以便进行分组装配。装配时让具有相同颜色的销孔与销子相配，即大销子配大销孔，小销子配小销孔，使之达到产品图样规定的装配精度要求。

采用分组装配法时，要求两相配件的尺寸分布曲线具有完全相同的对称分布规律，如果尺寸分布曲线不相同或不对称，则将导致各尺寸组相配零件数不等而不能完全配套，造成浪费。当然，这种偏态分布的情况在生产上往往是难以避免的，只能在聚集了相当数量的不配套零件后，专门加工一批零件来配套。

采用分组装配法时，一般以分成 2～4 组为宜（另一说分成 3～5 组），分组数过多，会因零件测量、分类和存贮工作量的增大而使生产组织工作变得复杂。

分组后零件表面粗糙度及形位公差不能扩大，仍按原设计要求制造。

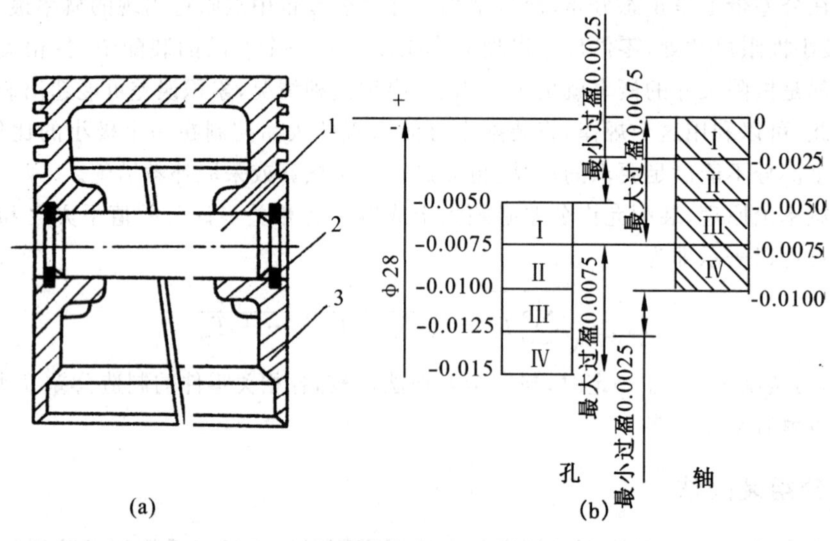

图 6-3　活塞销与活塞的装配关系

1—活塞销　2—挡圈　3—活塞

分组装配法的主要优点是：零件的制造精度不很高，但却可获得很高的装配精度；组内零件可以互换，装配效率高。不足之处是：额外增加了零件测量、分组和存储工作量。分组装配法适于在大批大量生产中装配那些组成环数少而装配精度又要求特别高的机器结构。

三、修配法

预先选定某个零件为修配对象，并预留修配量，在装配过程中，根据实测结果，用锉、刮、研等方法，修去多余的金属，使装配精度达到要求，称为修配法。修配法的优点是能利用较低的制造精度来获得很高的装配精度。其缺点是修配工作量大，且多为手工劳动，要求较高的操作技术。此法只适用于单件小批量生产类型。

生产中，利用修配法原理来达到装配精度的具体方法很多。现将常用的几种方法介绍如下：

1. 按件修配法

对预定的修配零件，采用去除金属材料的办法改变其尺寸，以达到装配要求的方法称为按件修配法。例如，为保证车床主轴顶尖与尾架顶尖的等高要求，确定尾架垫块为修配对象，预留修配量；装配时通过刮研尾架垫块平面来达到等高要求。采用按件修配法，首先要正确选择修配环。要选择只与本项装配要求有关而与其他装配要求无关(尺寸链中的非公共环)，且易于拆装、修配面积不太大的零件作修配环。其次要运用尺寸链原理合理确定修配环的尺寸与公差，使修配量既足够又不过大。最后，还要考虑到有利于减少手工操作，尽可能采用电动或气动修配工具，以精刨代刮、精磨代刮等。

修配环确定以后，首先要分析修配环修配后对封闭环的影响。一种情况是，修配环越修封闭环尺寸越大，简称“越修越大”；另一种情况是，修配环越修封闭环尺寸越小，简称“越修越小”。

“越修越大”时，为了保证修配量足够且又最小，放大组成环公差后实际封闭环的公差带和设计要求封闭环的公差带之间的相对关系应如图 6-4(a)所示。图中 T_0，$L_{0\max}$和 $L_{0\min}$分别表示设计要求的封闭环公差、最大极限尺寸和最小极限尺寸；T'_0，$L'_{0\max}$和 $L'_{0\min}$分别表示放大组成环公差后实际封闭环的公差、最大极限尺寸和最小极限尺寸；$F_{\max}$表示最大修配量。由图 6-4(a) 可知：

$$L'_{0\max}=L_{0\max} \tag{6-3}$$

若 $L'_{0\max}>L_{0\max}$，修配环修配后 $L'_{0\max}$会更大，不能满足设计要求。

“越修越小”时，为了保证修配量足够且又最小，应满足下式：

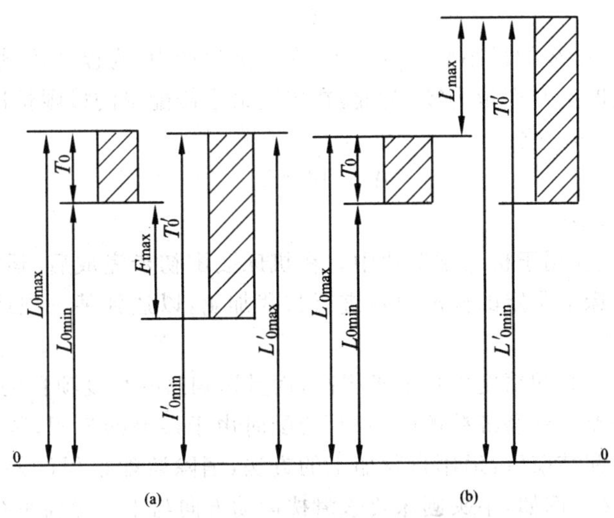

图 6-4　封闭环公差带要求值和实际公差带的相对关系

(a)“越修越大”时　(b)“越修越小”时

$$L'_{0\min}=L_{0\min} \tag{6-4}$$

上述两种情况下，分别满足式(6-3)和(6-4)时，最大修配量 $F_{\max}$ 为：

$$F_{\max}=T'_0-T_0=\sum_{i=1}^{m}T_i-T_0 \tag{6-5}$$

下面通过实例介绍修配法尺寸链的计算方法和步骤。

例 6-1　车床尾座装配，保证尾座锥孔轴线与主轴轴线等高，其尺寸链如图 6-1 所示。已知 $A_1=202$mm，$A_3=156$ mm，$A_2=46$mm，主轴轴心线与尾座锥孔中心线的等高要求为 0～0.06mm，且只允许尾座高。试采用修配法确定装配精度。

解：(1) 根据前面分析可知，A_0 为封闭环，A_1 为减环，A_2，A_3为增环。

(2) 根据修配环选择原则，确定 A_2 为修配环，修配后 A_2 减小，使封闭环的尺寸也减小，属于“越修越小”。

(3) 确定各组成环的公差。根据各组成环所采用的加工方法的经济精度确定其公差。A_1 和 A_3 采用镗模加工，取 $T_1=T_3=0.1$mm；底板采用半精刨加工，取 $T_2=0.15$mm。

(4) 计算修配环 A_2 的最大修配量由式(6-5)可得：

$$F_{\max}=\sum_{i=1}^{m}T_i-T_0=0.1+0.15+0.1-0.06=0.29$$

(5) 确定除修配环以外的各组成环的公差。因 A_1 和 A_3 是一般长度尺寸，故取对称偏差，$A_1=202\pm0.05$，$A_3=156\pm0.05$。

(6) 计算修配环的尺寸及极限偏差。由式(6-4)推导[或根据图 6-1(b)尺寸链简图，用尺寸链计算公式推导]可得：

$$A_{2\min}=A_{0\min}-A_{3\min}+A_{1\max}=0-155.95+202.05=46.1$$

因
$$T_2=0.15$$
所以
$$A_{2\max}=A_{2\min}+T_2=46.1+0.15=46.25$$
即
$$A_2=46^{+0.25}_{+0.10}$$

前面计算出的修配环的最小修配量为零，在实际生产中，为提高接触精度装配时还需对底板进行刮削，此时的刮削量为零，为此，在出现最小修配量的极限情况下，必须留出刮削余量，一般取 0.1mm。故：

$$A_2=46^{+0.35}_{+0.20}$$

2. 就地加工修配法

这种装配方法主要用于机床制造业中。在机床装配初步完成后，运用机床自身具有的加工能力，对该机床上预定的修配对象进行自我加工，以达到某一项或几项装配要求，称为就地加工修配法。

机床制造中，有些装配精度项目要求很高，而且影响这些精度项目的零件数量又往往较多，零件的制造公差受到经济精度的制约，装配时由于误差的累积，装配精度就极难保证。因此，在零件装配结束后，运用自我加工的方法，消除装配累积误差，达到装配要求，就有十分重要的意义。例如，牛头刨床要求滑枕运动方向与工作台面平行，影响这一精度要求的零件很多，就可以通过机床装配后自刨工作台来达到要求。其他如平面磨床自磨工作台面，龙门刨床自刨工作台面及立式车床自车转盘平面、外圆等均是采用这种方法。

3. 合并加工修配法

将两个或多个零件装配在一起后，进行合并加工修配，以减少累积误差，减少修配工作量，称为合并加工修配法。例如车床尾架与垫块，可以先进行组装，然后再对尾架套筒孔进行最后的镗孔，于是本来由尾座和垫块两个高度尺寸进入装配尺寸链，变成合件的一个尺寸进入装配尺寸链，从而减小了刮削余量。其他如车床溜板箱中开合螺母部分的装配；万能铣床上为保证工作台面与回转盘底面的平行度，而采用工作台和回转盘的组装加工等，均是合并加工修配法。

合并加工修配法在装配中使用时，要求零件对号入座，给组织生产带来一定的麻烦。因此，单件小批生产中使用较为合适。

四、调整法

用一个可调整零件，装配时调整它在机器中的位置，或者增加一个定尺寸零件如垫片、套筒等，以达到装配精度的方法，称为调整法。用来起调整作用的这两种零件，都起到补偿装配累积误差的作用，称为补偿件。

调整法应用很广，在实际生产中，常用的具体调整法有以下三种。

1. 可动调整法

采用移动调整件位置来保证装配精度。调整过程中不需拆卸调整件，比较方便。实际应用例子很多。图 6-5 所示是常见的轴承间隙调整；图 6-6 所示是机床封闭式导轨的间隙调整装置，压板 1 用螺钉紧固在运动部件 2 上，平镶条 4 装在压板 1 与支承导轨 3 之间，用带有锁紧螺母的螺钉 5 来调整平镶条的上下位置，使导轨与平镶条结合面之间的间隙控制在适当的范围内，以保证运动部件能够沿着导轨面平稳，轻快而又精确地移动；图 6-7 所示为滑动丝杠螺母的楔块调整间隙装置，该装置利用调整螺钉使楔块上下移动来调整丝杠与螺母之间的轴向间隙。以上各调整装置分别采用螺钉、楔块作为调整件，是可动调整法的典型结构。

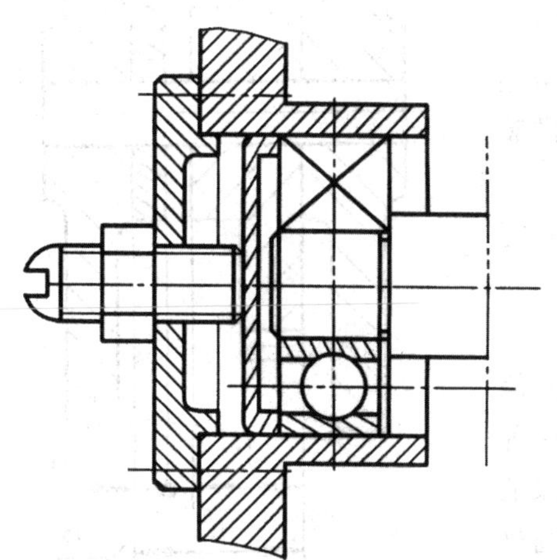

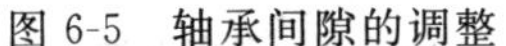

图 6-5 轴承间隙的调整

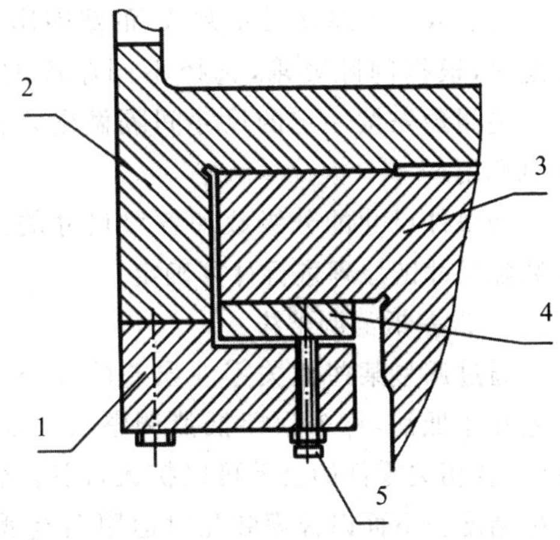

图 6-6 机床封闭式导轨的间隙调整装置

1—压板 2—运动部件 3—导轨 4—平镶条 5—螺钉

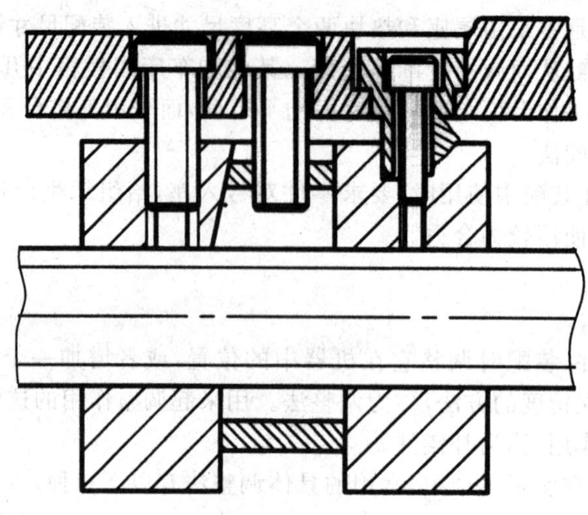

图 6-7　楔块调整螺母间隙

2. 固定调整法

选定某一零件为调整件，根据装配要求来确定该调整件的尺寸，以达到装配精度。由于调整件尺寸是固定的，称为固定调整法。图 6-8 所示为固定调整法的实例。箱体孔中轴上装有齿轮，齿轮的轴向窜动量 A_0 是装配要求。可以在结构中专门加入一个厚度尺寸为 A_3 的垫圈作调整件。装配时，根据间隙要求，选择不同厚度的垫圈垫入。垫圈预先按一定的尺寸间隔做出几种，供装配时选用。

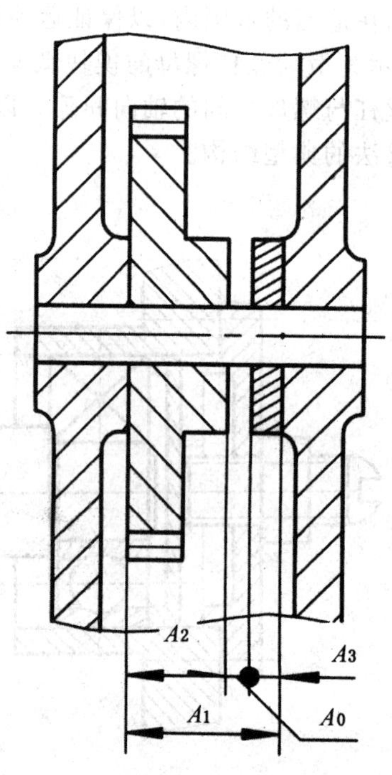

图 6-8　固定调整示意图

调整件尺寸的分级数和各级尺寸的大小，应按装配尺寸链原理进行计算确定。

3. 误差抵消调整法

通过调整某些相关零件误差的大小、方向使误差互相抵消，称为误差抵消调整法。采用这种方法，各相关零件的公差可以扩大，同时又能保证装配精度。下面以镗模装配时运用误差抵消调整为例来说明其原理。

装配要求镗模的镗套孔中心距为 100±0.015mm。设镗模板上镗套底孔孔距为 100 ±0.009 mm，镗套内、外圆的同轴度为0.003 mm,则无论怎样装配均能满足装配精度要求。但其加工相当困难,采用误差抵消调整法进行装配,放大零件的制造公差,装配前先测量各零件的尺寸误差及位置误差,并记下误差的方向,然后按抵消误差的方向进行装配。实质上,本例是利用镗套同轴度误差来抵消镗模板上镗套底孔孔距误差的一个范例,其优点是降低了零件制造精度,靠调整最佳的装配位置,来达到满意的装配精度。这个最佳装配位置就是用误差抵消法进行调整得到的。

本节讲述了四种保证装配精度的装配方法。在选择装配方法时,先要了解各种装配方法的特点及应用范围,如表6-1所示。

表6-1　各种装配方法适用范围和应用实例

装配方法	适用范围	应用举例
完全互换法	适用于零件数较少、批量很大、零件可用经济精度加工时	汽车、拖拉机、缝纫机及小型电机的部分部件
不完全互换法	适用于零件数稍多、批量大、零件加工精度需适当放宽时	机床、仪器仪表中某些部件
分组装配法	适用于成批或大量生产中,装配精度很高,零件数很少,又不便于采用调整装置时	中小型柴油机的活塞与缸套、活塞与活塞销、滚动轴承内外圈与滚子
修配法	单件小批生产中,装配精度要求高且零件数量较多的场合	车床尾座垫板、滚齿机分度蜗轮与工作台装配后精加工齿形、平面磨床砂轮对工作台面自磨
调整法	除必须采用分组装配法选配的精密件外,调整法可用于各种装配场合	机床导轨的楔形镶条、内燃机气门间隙的调整螺钉、滚动轴承调整间隙的间隔套、垫圈、锥齿轮调整间隙的垫片

§6-4　装配工艺规程的制订

将合理的装配工艺过程按一定的格式编写成书面文件,就是装配工艺规程。它是组织装配工作、指导装配作业、设计或改建装配车间的基本依据之一。

制定装配工艺规程与制订机械加工工艺规程一样,也需考虑多方面的问题。现就主要问题叙述如下。

一、装配工艺规程的制订原则

1. 确保产品的装配质量,并力求进一步提高

装配是机器制造过程的最后一个环节。不准确的装配,即使是高质量的零件,也会装

出质量不高的机器。像清洗、去毛刺等辅助工作,看来无关大局,但缺少了这些工序也会危及整个产品。准确细致地按规范进行装配,就能达到预定的质量要求,并且还可以争取得到较大的精度储备,以延长机器使用寿命。

2. 钳工工作尽量减少,努力降低手工劳动的比重

钳工装配效率低,工作强度大,应合理安排作业计划与装配顺序,采用机械化、自动化手段进行装配等。

3. 尽可能缩短装配周期

最终装配与产品出厂仅一步之差,装配周期拖长,必然阻滞产品出厂,造成半成品的堆积,资金的积压。缩短装配周期对加快工厂资金周转、产品占领市场十分重要。

4. 节省装配面积,提高面积利用率

例如,大量生产的汽车工厂,组织部件、组件平行装配,总装在流水线上按严格的节拍进行,装配效率高,车间布置又极为紧凑,是一个好的典型。

5. 合理安排装配工艺过程的顺序

无论装配什么产品,都应首先确定一个基准件先进入装配线。如图 6-13、图 6-15 所示,锥齿轮轴即为装配基准件,然后再按先下后上、先内后外、先难后易、先重大后轻小、先精密后一般等原则,将零件或装配单元依次地进入装配;还应重视零件或装配单元装配前的准备工作,如清洗、去毛刺、防止碰伤拉毛、防止基准件变形等。另外,对装配中、装配后的检验工作也不可忽视,以便及时发现问题,减少返工。

二、制订装配工艺规程所需的原始资料

制订装配工艺规程所需的原始资料有:

(1) 总装配图和部件装配图以及重要零件的零件图。

(2) 产品的验收标准和技术要求。

(3) 生产纲领和现有生产条件等。

三、制订装配工艺规程的步骤

制订装配工艺规程按下述步骤进行:

1. 进行产品分析

产品的装配工艺必须满足设计要求,工艺人员应对产品进行分析,必要时会同设计人员共同进行。

(1) 分析产品图样,即所谓读图阶段。通过读图,熟悉装配的技术要求和验收标准。

(2) 对产品的结构进行尺寸分析和工艺分析。所谓尺寸分析,就是进行装配尺寸链的分析和计算。对产品图上装配尺寸链及其精度进行验算,在此基础上,确定保证装配精度的装配工艺方法并进行必要的计算。工艺分析就是对产品装配结构的工艺性进行分析,确定产品结构是否便于装配拆卸和维修。这就是所谓审图阶段。在审图过程中,如发现属于设计结构上的问题或有更好的改进设计意见,应及时会同设计人员加以解决,必要时对产品图纸进行工艺会签。

(3) 研究产品分解成“装配单元”的方案,以便组织平行、流水作业。

2. 确定装配的组织形式

装配的组织形式的选择，应根据产品的结构特点（包括尺寸、质量的大小和复杂程度）、生产纲领和现有生产条件确定。

装配的组织形式按产品在装配过程中移动与否分为固定式和移动式两种。对于固定式装配，全部装配工作在一个固定的地点进行，产品在装配过程中不移动，多用于单件小批生产或重型产品的成批生产；固定式装配也可组织工人专业分工，按装配顺序轮流到各产品点进行装配，这种形式称为固定流水装配，多用于成批生产结构比较复杂、工序数多的产品，如机床、汽轮机等的装配。

移动式装配是将零、部件用输送带或小车按装配顺序从一个装配地点移动到下一个装配地点，各装配点分别完成一部分装配工作，全部装配点完成产品的全部装配工作。移动式装配按移动的形式可分为连续移动和间歇移动两种。连续移动式装配即装配线连续按节拍移动，工人在装配时边装边随装配线走动，装配完毕立即回到原位继续重复装配；间歇移动式装配即装配时产品不动，工人在规定时间（节拍）内完成装配规定工作后，产品再被输送带或小车送到下一工作地。移动式装配按移动时节拍变化与否又可分为强制节拍和变节拍两种。变节拍式移动比较灵活，有柔性，适合多品种装配。移动式装配常用于大批大量生产时组成流水作业线或自动线，如汽车、拖拉机、仪器仪表等产品的装配。

3. 划分装配单元和确定装配顺序

将产品划分为可进行独立装配的单元是制订装配工艺规程中最重要的一个步骤，这对于大批大量生产结构复杂的产品时尤为重要。只有划分好装配单元，才能合理安排装配顺序和划分装配工序，组织平行流水作业。

产品或机器是由零件、合件、组件和部件等装配单元组成。

各装配单元都要选定某一零件或比它低一级的单元作为装配基准件。通常应选体积或质量较大、有足够支承面能保证装配时稳定性的零件、组件或部件作为装配基准件。如床身零件是床身组件的装配基准件，床身组件是床身部件的装配基准组件，床身部件是机床产品的装配基准部件。

划分好装配单元，并确定装配基准件后，就可安排装配顺序。确定装配顺序的要求是保证装配精度，以及使装配连接、调整、校正和检验工作能顺利进行，前面工序不妨碍后面工序的进行，后面工序不应损坏前面工序的质量等。

一般装配顺序的安排是：

① 预处理工序先行　如零件的清洗、倒角、清除毛刺与飞边等。

② 先下后上　先装处于机器下方的有关零、部件，后装处于机器上方的有关零、部件，使重心始终处于最稳定状态。

③ 先内后外　使先装部分不会成为后续作业的障碍。

④ 先难后易　开始装配时，基础件上有较大的安装、调整、检测空间，便于较难零、部件的安装。

⑤ 先重大后轻小　一般先安装机体等重大的基础件，再将一些轻小的零、部件装在基础件上。

⑥ 先精密后一般　先将影响机器精度的零、部件安装好，再装一般要求的零、部件。

⑦ 安排必要的检验工序　对产品质量和性能有影响的重要工序或易出废品的工序，均应安排检验工序。

⑧ 合理安排电线、液压管等安装工序　为了清晰表示装配顺序，常用装配单元系统图来表示产品零、部件间相互装配关系及装配流程的。图 6-9 所示是部件的装配单元系统图。图 6-10 所示是产品的装配单元系统图。比较简单的产品也可把所有部件的装配单元系统图合在产品的装配单元系统图中，如图 6-11 所示。

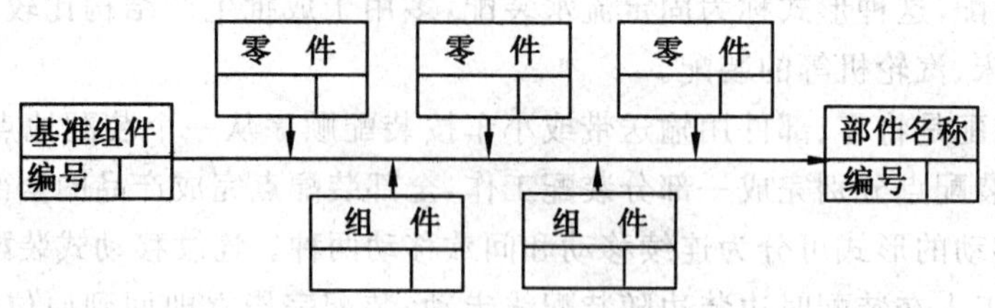

图 6-9　部件的装配单元系统图

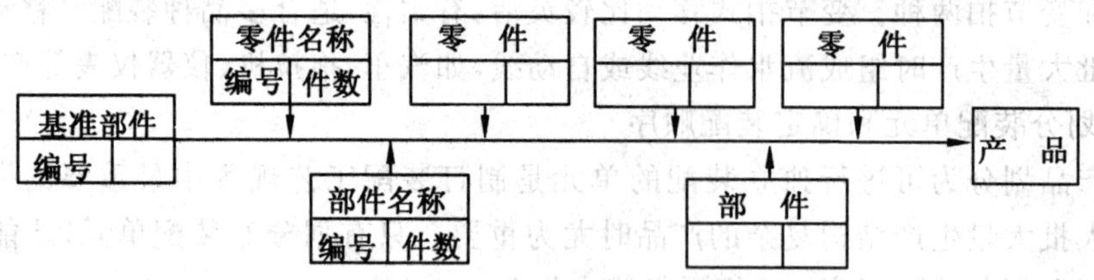

图 6-10　产品的装配单元系统图

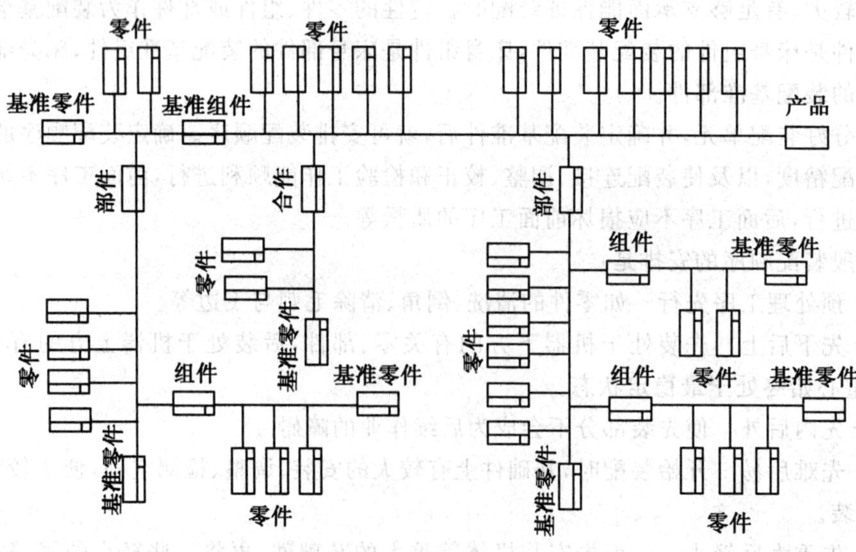

图 6-11　装配单元系统图合成图

装配单元系统图的画法是：首先画一条横线，横线右端箭头指向装配单元的长方格，横线左端为基准件的长方格。再按装配的先后顺序，从左向右依次将装入基准件的零件、合件、组件和部件引人。表示零件的长方格画在横线上方，表示合件、组件和部件的长方格画在横线下方。每一长方格内，上方注明装配单元名称，左下方填写装配单元的编号，右下方填写装配单元的件数。在装配单元系统图上加注所需的工艺说明，如焊接、配钻、配刮、冷压、热压和检验等，就形成装配工艺系统图。装配工艺系统图比较清楚而全面地反映出装配单元的划分、装配顺序和装配工艺方法。它是装配工艺规程制订中的主要文件之一，也是划分装配工序的依据。

4. 装配工序的划分与设计

装配顺序确定后，就可将工艺过程划分为若干个工序，并进行具体装配工序的设计。工序的划分主要是确定工序集中与工序分散的程度，并根据产品的结构和装配精度的要求确定各装配工序的具体内容。工序的划分通常和工序设计一起进行。

工序设计的主要内容有：

(1) 必须选择合适的装配方法，制定工序的操作规范。例如，过盈配合所需压力、变温装配的温度值、紧固螺栓连接的预紧扭矩、装配环境等。

(2) 选择设备与工艺装备。如选择装配工作所需的设备、工具、夹具和量具等。若需要专用设备与工艺装备，则应提出设计任务书。

(3) 确定工时定额，并协调各工序内容。目前装配的工时定额都根据实践经验估计。在大批大量生产时，要严格测算平衡工序的节拍，均衡生产，实现流水作业。

5. 编写工艺文件

装配工艺规程设计完成后，以文件的形式将其内容固定下来的工艺文件，称为装配工艺规程。装配工艺规程中的装配工艺过程卡片和装配工序卡片的编写方法与机械加工的工艺过程卡和工序卡基本相同。在单件小批生产中，一般只编写工艺过程卡，对关键工序才编写工序卡。在生产批量较大时，除编写工艺过程卡外还需编写详细的工序卡及工艺守则。装配工艺过程卡片和装配工序卡片内容与格式见 JB/Z187.3-88。

6. 制定产品检测与试验规范

产品装配完毕之后，应按产品图样要求制定检测与试验规范，其内容有：

(1) 检测和试验的项目及检验质量指标。

(2) 检测和试验的方法、条件与环境要求 。

(3) 检测和试验所需工装的选择与设计。

四、装配工艺规程编制实例

为了进一步掌握装配工艺规程的编制过程，下面介绍减速器的部件及总装配工艺。

图 6-12 所示为蜗杆、锥齿轮减速器总装配图。减速器的运动由右端联轴器传入，由蜗杆轴传至蜗轮，蜗轮通过平键传给同轴上的锥齿轮，最后通过锥齿轮副，由左端锥齿轮轴上的圆柱齿轮传出。

1. 减速器装配技术要求

(1) 零件和组件必须正确安装在规定位置上,不得装入图样未规定的零件。

(2) 固定连接件必须保证将零件或组件牢固地连接在一起。

(3) 旋转机构必须转动灵活,轴承间隙合适,润滑良好,润滑油不得有渗漏现象。

(4) 各轴线之间应有正确的相对位置,确保蜗杆蜗轮副、齿轮副正确啮合。

2. 工艺分析

(1) 成批生产,须制定装配工艺卡。

(2) 先进行组件的装配,检验完毕后进行总装与调试。

3. 确定装配顺序

以锥齿轮轴组件装配为例,装配顺序是:以锥齿轮轴为基准件,依次装入锥齿轮分组件(衬垫14、锥齿轮15),轴承套分组件(轴承套12与轴承外圈13),压装内圈9、隔圈8、内圈7、外圈6,轴承盖分组件(轴承盖5与毛毡4),最后装入平键10、套装齿轮3、垫圈2、拧紧螺母1。详见图6-13、图6-14、图6-15。

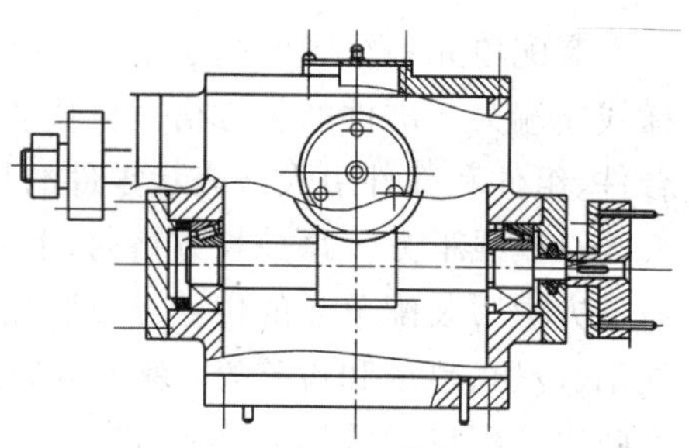

(a)

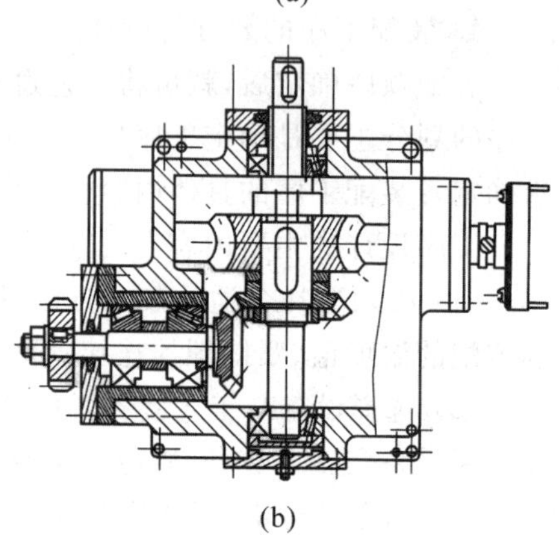

(b)

图6-12　减速器总装配图

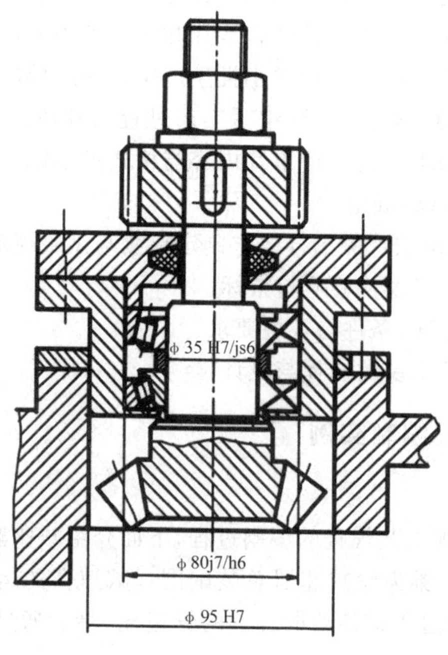

图6-13　锥齿轮轴组件装配图

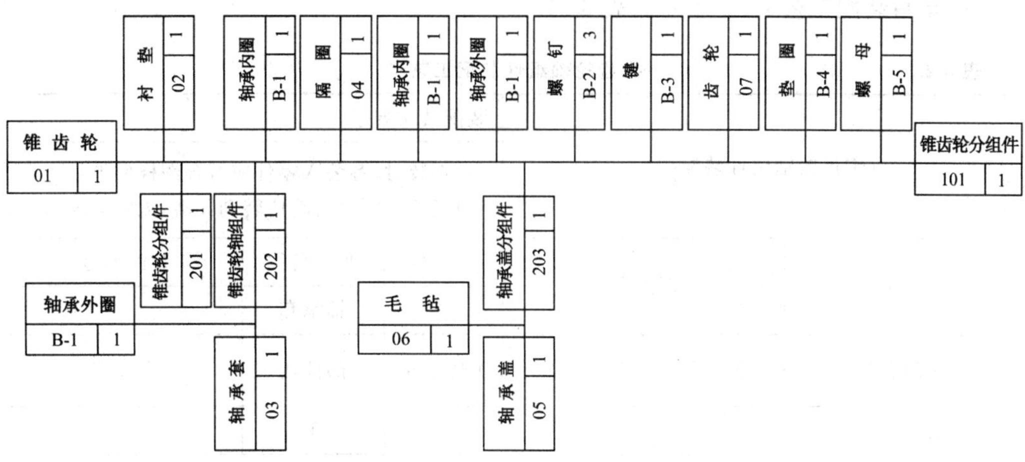

图 6-14　锥齿轮轴组件装配单元系统图

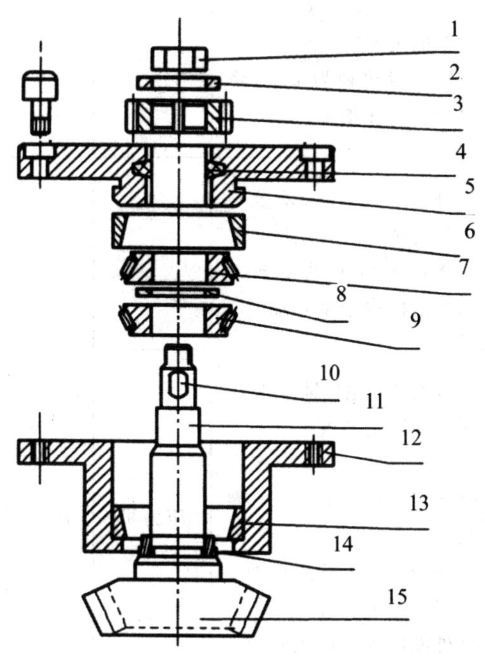

图 6-15 锥齿轮轴组件装配顺序示意图

1—螺母　2—垫圈　3—齿轮　4—毛毡

5—轴承盖　6,13—轴承外圈　7,9—轴承内圈　8—隔圈

10—键　11,15—锥齿轮　12—轴承套　14—衬垫

4. 定装配组织形式

由于批量不大,故采用固定式装配。装配过程互换法装配为主,轴承间隙以及蜗杆、

蜗轮正确啮合位置的调整等采用调整法和修配法。

5. 填写装配工艺卡(见表 6-2、表 6-3)

表 6-2 锥齿轮轴组件装配工艺卡

（锥齿轮轴组件装配图）				装配技术要求 (1)组装时,各装入零件应符合图样要求 (2)组装后圆锥齿轮应转动灵活,无轴向窜动			
××工厂		装配工艺卡		型　号	产品名称		装配图号
					轴承套		
车间名称		工　段	班　组	工序数量	部件数		净　重
装配车间				4	1		
工序号	工步号	装配内容		设　备	工艺装备		工人等级	工序时间
					名称	编号		
Ⅰ	1	分组件装配:锥齿轮与衬垫的装配 以锥齿轮轴为基准,将衬套套装在轴上						
Ⅱ	1	分组件装配:轴承盖与毛毡的装配 将已剪好的毛毡塞入轴承盖槽内锥度心轴						
Ⅲ	1 2 3	分组件装配:轴承套与轴承外圈的装配 用专用量具分别检查轴承套孔及轴承外圈尺寸 在配合面上涂上机油 以轴承套为基准,将轴承外圈压入孔内至底面		压力机	塞规、卡板			

（续表）

Ⅳ	1 2 3 4 5 6 7	轴承套组件装配： 1 以圆锥齿轮组件为基准，将轴承套分组件套装在轴上 2 在配合面上加油，将轴承内圈压装在轴上，并紧贴衬垫 3 套上隔圈，将另一轴承内圈压装在轴上，直至与隔圈接触 4 将另一轴承外圈涂上油，轻压至轴承套内 5 装入轴承盖分组件，调整端面的高度，使轴承间隙符合要求后，拧紧三个螺钉 6 安装平键，套装齿轮、垫圈，拧紧螺母，注意配合面加油 7 检查锥齿轮转动的灵活性及轴向窜动压力机							
									共　张
编号	日期	签章	编号	日期	签章	编制	移交	批准	第　张

表 6-3　**减速器总装工艺卡**

减速器总装图			装配技术要求		
			1. 零、组件正确安装，不得装入图样未规定垫圈 2. 旋转机构必须转动灵活，轴承间隙合适 3. 啮合零件的啮合必须符合图样要求 4. 各轴线之间应有正确的相对位置		
××工厂	装配工艺卡		型号	产品名称	装配图号
				减速器	
车间名称	工段	班组	工序数量	部件数	净重
装配车间					

（续表）

工序号	工步号	装配内容	设备	工艺装备		工人等级	工序时间
				名称	编号		
Ⅰ	1 2 3 4 5	将蜗杆组件装入箱体 用专用量具分别检查箱体孔和轴承外圈尺寸 从箱体孔两端装入轴承外圈 装上右端轴承盖组件，并用螺钉旋紧，轻敲蜗杆轴端，使右端轴承消除间隙 装入调整垫圈的左端轴承盖，并用百分表测量间隙确定垫圈厚度，最后将上述零件装入，用螺钉旋紧保证蜗杆轴向间隙为 0.01～0.02mm。	压力机	卡规 塞规 百分表 表架			
Ⅱ	 1 2 3 4 5 6	试装： 用专用量具测量轴承、轴等相配零件的外圈及孔尺寸 将轴承装入蜗轮轴两端 将蜗轮轴通过箱体孔，装上蜗轮、锥齿轮、轴承外圈、轴承套、轴承盖组件 移动蜗轮轴，调整蜗杆与蜗轮正确啮合位置，测量轴承端面至孔端面距离 H，并调整轴承盖台肩尺寸（台肩尺寸＝$H_{-0.02}$） 装上蜗轮轴两端轴承盖，并用螺钉拧紧 装入轴承套组件，调整两锥齿轮正确啮合位置（齿背齐平） 分别测量轴承套肩面与孔端面的距离 H_1，以及锥齿轮端面与蜗轮端面距离 H_2，并调整好垫圈尺寸，然后卸下各零件	压力机	卡规 塞规 深度游标卡尺 内径千分尺 塞尺			
Ⅲ	 1 2	最后装配： 从大轴孔方向装入蜗轮轴，同时依次将键、蜗轮、垫圈、锥齿轮、带翅垫圈和圆螺母装在轴上。然后箱体轴承孔两端分别装入滚动轴承及轴承盖，用螺钉旋紧并调好间隙，装好后，用手转动蜗杆时，应灵活无阻滞现象 将轴承套组件与调整垫圈一起装入箱体，并用螺钉紧固	压力机				
Ⅳ		安装联轴器及箱盖零件					

（续表）

V		运转试验： 清理内腔，注入润滑油，连上电动机。接上电源，进行空转试车。运转30min左右后，要求齿轮无明显噪声、轴承温度符合装配后各项技术要求							
									共　张
编号	日期	签章	编号	日期	签章	编制	移交	批准	第　张

习　题

6-1　装配工作基本内容有哪些？

6-2　保证产品装配精度的方法有哪些？如何选择装配方法？

6-3　装配精度包括哪些项目？举例说明装配精度与零件精度的关系。

6-4　装配顺序安排原则有哪些？简述理由。

6-5　装配工艺规程的文件主要有哪些？

6-6　图6-16为一齿轮装配结构图，要求齿轮3在轴1上回转。因此，齿轮左、右端面与轴套4和挡圈2之间应留有一定间隙 A_0。已知 $A_1=35\text{mm}$，$A_2=14\text{mm}$，$A_3=49\text{mm}$，若要求装配后齿轮右端的间隙在0.10～0.35 mm之间，试以完全互换法求各组成环尺寸及其极限偏差。

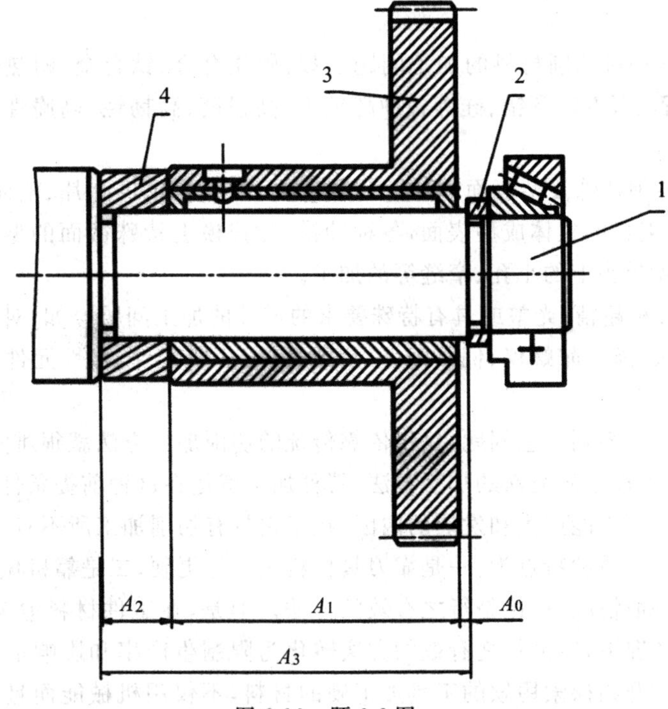

图6-16　题6-6图

第七章　特种加工

§7-1　概　述

一、特种加工的产生及发展

第二次世界大战以后，特别是进入 20 世纪 50 年代以来，随着生产发展和科学实验的需要，很多工业部门，尤其是国防工业部门，要求尖端科学技术产品向高精度、高速度、高温、高压、大功率、小型化等方向发展，它们所使用的材料愈来愈难加工，零件形状愈来愈复杂，精度、表面粗糙度和某些特殊要求也愈来愈高，对机械制造部门提出了下列新的要求：

(1) 解决各种难切削材料的加工问题　如：硬质合金、钛合金、耐热钢、不锈钢、淬火钢、金刚石、宝石、石英以及锗、硅等各种高硬度、高强度、高韧性、高脆性的金属及非金属材料的加工。

(2) 解决各种特殊复杂表面的加工问题　如：喷气涡轮机叶片、整体涡轮、发动机机匣、锻压模和注射模的立体成型表面，各种冲模、冷拔模上特殊截面的型孔，炮管内膛线，喷油嘴、栅网、喷丝头上的小孔、窄缝等的加工。

(3) 解决各种超精、光整或具有特殊要求的零件的加工问题　如：对表面质量和精度要求很高的航天、航空陀螺仪、伺服阀，以及细长轴、薄壁零件、弹性元件等低刚度零件的加工。

要解决上述一系列工艺问题，仅仅依靠传统的切削加工方法就很难实现，甚至根本无法实现，人们相继探索研究新的加工方法，特种加工就是在这种前提条件下产生和发展起来的。特种加工所以能产生和发展的内因，在于它具有切削加工所不具有的本质和特点。

切削加工的本质和特点为：一是靠刀具材料比工件更硬；二是靠机械能把工件上多余的材料切除。一般情况下，这是行之有效的方法。但是，在工件材料愈来愈硬，加工表面愈来愈复杂的情况下，原来行之有效的方法转化为限制生产率和影响加工质量的不利因素了。于是人们开始探索用软的工具加工硬的材料，不仅用机械能而且还采用电、化学、光、声等能量来进行加工。到目前为止，已经找到了多种这一类的加工方法。为区别于现有的金属切削加工，这类新加工方法统称为特种加工，国外称作非传统加工(NTM，Non-Traditional Machining)或非常规机械加工(NCM，Non-Conventional Machining)。它们与切削加工的不同点是：

(1) 不是主要依靠机械能，而是主要用其他能量(如电、化学、光、声、热等)去除金属材料。

(2) 工具硬度可以低于被加工材料的硬度。

(3) 加工过程中工具和工件之间不存在显著的机械切削力。

正因为特种加工工艺具有上述特点，所以就总体而言，特种加工可以加工任何硬度、强度、韧性、脆性的金属或非金属材料，且专长于加工复杂、微细表面和低刚度零件。同时，有些方法还可用以进行超精加工、镜面光整加工和纳米级(原子级)加工。

我国的特种加工技术起步较早。20 世纪 50 年代中期，我国工厂中已设计研制出电火花穿孔机床、电火花表面强化机。20 世纪 50 年代末，营口电火花机床厂开始成批生产电火花强化机和电火花机床，成为我国第一家电加工机床专业生产厂。

1979 年，我国成立了全国性的电加工学会。1981 年，我国高校间成立了特种加工教学研究会。这对电加工和特种加工的普及和提高起了很大的促进作用。1997 年，我国电火花穿孔、成形机床的年产量超过 1000 台，电火花数控线切割机床的年产量超过 3800 台，其他电加工机床在 200 台以上。2002 年，电火花穿孔成形机床年产量大于 3000 台，电火花数控线切割机床年产量大于 15000 台，电加工机床生产企业已由 50 家增至 100 家以上。电加工、特种加工的机床总拥有量也居世界前列。但是，由于我国原有的工业基础薄弱，特种加工设备和整体技术水平与国际先进水平还有不小差距，高档电加工机床每年从国外进口 300 台以上。

二、特种加工的分类

特种加工一般按能量来源和作用形式以及加工原理可分为表 7-1 所示的类型。

表 7-1 常用特种加工方法分类表

特种加工方法		能量来源及形式	作用原理	英文缩写
电火花加工	电火花成形加工	电能、热能	熔化、气化	EDM
	电火花线切割加工	电能、热能	熔化、气化	WEDM
电化学加工	电解加工	电化学能	金属离子阳极溶解	ECM(ELM)
	电解磨削	电化学、机械能	阳极溶解、磨削	EGM(ECG)
	电解研磨	电化学、机械能	阳极溶解、研磨	ECH
	电铸	电化学能	金属离子阴极沉积	EFM
	涂镀	电化学能	金属离子阴极沉积	EPM

(续表)

特种加工方法		能量来源及形式	作用原理	英文缩写
激光加工	激光切割、打孔	光能、热能	熔化、气化	LBM
	激光打标记	光能、热能	熔化、气化	LBM
	激光处理、表面改性	光能、热能	熔化、相变	LBT
电子束加工	切割、打孔、焊接	电能、热能	熔化、气化	EBM
离子束加工	蚀刻、镀覆、注入	电能、动能	原子撞击	IBM
等离子弧加工	切割(喷镀)	电能、热能	熔化、气化(涂覆)	PAM
超声加工	切割、打孔、雕刻	声能、机械能	磨料高频撞击	USM
化学加工	化学铣削	化学能	腐蚀	CHM
	化学抛光	化学能	腐蚀	CHP
	光刻	光、化学能	光化学腐蚀	PCM
快速成形	液相固化法	光、化学能	增材法加工	SL
	粉末烧结法			SLS
	纸片叠层法	光、机械能 电、热、机械能		LOM
	熔丝堆积法			FDM

在特种加工发展过程中,还形成了某些介于常规机械加工和特种加工工艺之间的过渡性工艺。例如,在切削过程中引入超声振动或低频振动切削,在切削过程中通以低电压大电流的导电切削、加热切削以及低温切削等。这些加工方法是在切削加工的基础上发展起来的,目的是改善切削的条件,基本上还属于切削加工。

在特种加工范围内还有一些属于减小表面粗糙度值或改善表面性能的工艺,前者如电解抛光、化学抛光、离子束抛光等,后者如电火花表面强化、镀覆、刻字,激光表面处理、改性,电子束曝光,离子镀、离子束注入掺杂等。

几种常用特种加工方法的综合比较如表 7-2 所示。

表 7-2　几种常用特种加工方法的综合比较

加工方法	可加工材料	工具损耗率(%)最低/平均	材料去除率(mm^3/min)平均/最高	可达到尺寸精度(mm)平均/最高	可达到表面粗糙度 Ra(μm)平均/最高	主要适用范围
电火花加工	任何导电的金属材料如硬质合金、耐热钢、不锈钢、淬火钢、钛合金等	0.1/10	30/3000	0.03/0.003	10/0.04	从数微米的孔、槽到数米的超大型模具、工件等。如圆孔、方孔、异形孔、深孔、微孔、弯孔、螺纹孔以及冲模、锻模、压铸模、塑料模、拉丝模，还可刻字、表面强化、涂覆加工
电火花线切割加工		较小（可补偿）	20/200[①](mm^2/min)	0.02/0.002	5/0.32	切割各种冲模、塑料模、粉末冶金模等二维及三维直纹面组成的模具及零件。可直接切割各种样板、磁钢、硅钢片冲片，也常用于钼、钨、半导体材料或贵重金属的切割电解加工
电解加工		不损耗	100/10000	0.1/0.01	1.25/0.16	从细小零件到1吨的超大型工件及模具。如仪表微型小轴、齿轮上的毛刺，蜗轮叶片、炮管膛线，螺旋花键孔、各种异形孔，锻造模、铸造模，以及抛光、去毛刺等
电解磨削		1/50	1/100	0.02/0.001	1.25/0.04	硬质合金等难加工材料的磨削。如硬质合金刀具、量具、轧辊、小孔、深孔、细长杆磨削，以及超精光整研磨、珩磨
超声加工	任何脆性材料	0.1/10	1/50	0.03/0.005	0.63/0.16	加工、切割脆硬材料。如玻璃、石英、宝石、金刚石、半导体单晶锗、硅等。可加工型孔、型腔、小孔、深孔、切割等

(续表)

加工方法	可加工材料	工具损耗率(%)最低/平均	材料去除率(mm^3/min)平均/最高	可达到尺寸精度(mm)平均/最高	可达到表面粗糙度 $Ra(\mu m)$ 平均/最高	主要适用范围
激光加工	任何材料	不损耗(三种加工,没有成形的工具)	瞬时去除率很高,受功率限制,平均去除率不高	0.01/0.001	10/1.25	精密加工小孔、窄缝及成形切割、刻蚀。如金刚石拉丝模、钟表宝石轴承、化纤喷丝孔镍、不锈钢板上打小孔,切割钢板、石棉、纺织品、纸张,还可焊接、热处理
电子束加工						在各种难加工材料上打微孔、切缝、蚀刻、曝光以及焊接等,现常用于制造中、大规模集成电路微电子器件
离子束加工			很低②	/0.01μm	/0.01	对零件表面进行超精密、超微量加工、抛光、蚀刻、掺杂、镀覆等
水射流切割	钢铁、石材	无损耗	>300	0.2/0.1	20/5	下料、成形切割、剪裁
快速成形	增材加工,无可比性			0.3/0.1	10/5	快速制作样件、模具

① 线切割加工的金属去除率按惯例均以 mm^2/min 为单位。

② 这类工艺,主要用于精微和超精微加工,不能单纯比较材料去除率。

三、特种加工对机械制造工艺技术产生的影响

上述各种特种加工工艺的特点,引起了机械制造工艺技术领域内的许多变革。

(1) 提高了材料的可加工性　以往认为金刚石、硬质合金、淬火钢、石英、玻璃、陶瓷等是很难加工的,现在可以用电火花、电解、激光等多种方法来加工。材料的可加工性不再与硬度、强度、韧性、脆性等成直接关系,对电火花、线切割加工而言,淬火钢比未淬火钢更易加工。特种加工方法使材料的可加工范围从普通材料发展到硬质合金、超硬材料和特殊材料。

(2) 改变了零件的典型工艺路线　以往除磨削外,其他切削加工、成形加工等都必须安排在淬火热处理工序之前,这是一切工艺人员决不可违反的工艺准则。特种加工的出现,改变了这种一成不变的程序格式。由于它基本上不受工件硬度的影响,而且为了免除

加工后再引起淬火热处理变形，一般都先淬火而后加工。最为典型的是，电火花线切割加工、电火花成形加工和电解加工等都必须先淬火，后加工。

(3) 特种加工改变了试制新产品的模式 以往试制新产品的关键零部件时，必须先设计、制造相应的刀具、夹具、量具和模具及二次工装，现在采用数控电火花线切割，可以直接加工出各种标准和非标准直齿轮、微型电动机定子、转子硅钢片，各种变压器铁心，各种特殊、复杂的二次曲面体零件。这样可以省去设计和制造相应的刀具、夹具、量具、模具及二次工装，大大缩短了试制周期。快速成形技术更是试制新产品的必要手段，改变了过去传统的产品试制模式。

(4) 特种加工对产品零件的结构设计带来很大的影响 例如，花键孔、轴，枪炮膛线的齿根部分，从设计的观点为了减少应力集中，最好做成小圆角，但拉削加工时刀齿做成圆角对排屑不利，容易磨损，刀齿只能设计与制造成清棱清角的齿根，而电解加工时由于存在尖角变圆现象，非采用小圆角的齿根不可。各种复杂冲模如山形硅钢片冲模，过去由于不易制造，往往采用拼镶结构，而采用电火花、线切割加工后，即使是硬质合金的模具或刀具，也可做成整体结构。喷气发动机涡轮也由于电加工而可采用带冠整体结构，大大提高了发动机性能。

(5)重新衡量传统的结构工艺性的好与坏 过去对方孔、小孔、深孔、弯孔、窄缝等被认为是工艺性很“坏”的典型，对工艺、设计人员是非常忌讳的，有的甚至是禁区。特种加工的采用改变了这种现象。对于电火花穿孔、电火花线切割工艺来说，加工方孔和加工圆孔的难易程度是一样的。现代产品结构中还可以大量采用小孔、小深孔、深槽和窄缝。

(6)特种加工已经成为微细加工和纳米加工的主要手段 近年来出现并快速发展的微细加工和纳米加工技术，主要是电子束、离子束、激光、电火花、电化学等电物理、电化学特种加工技术。

§7-2 电火花加工

一、电火花加工的原理及特点

电火花加工是在一定的介质中通过工具电极和工件电极之间的脉冲放电的电蚀作用，对工件进行加工的方法，国外称为放电加工。

电火花加工原理如图 7-1 所示，工件 1 与工具(电极)4 分别与脉冲电源 2 的两输出端相连接。自动进给调节装置 3(此处为液压油缸及活塞)使工具和工件间经常保持一很小的放电间隙，当脉冲电压加到两极之间，便在当时条件下相对某一间隙最小处或绝缘强度最弱处击穿介质，在该局部产生火花放电，瞬时高温使工具和工件表面局部熔化，甚至气化蒸发而电蚀掉一小部分金属，各自形成一个小凹坑，如图 7-2 所示。其中，图(a)表示单个脉冲放电后的电蚀坑，图(b)表示多次脉冲放电后的电极表面。脉冲放电结束后，经过脉冲间隔时间，使工作液恢复绝缘后，第二个脉冲电压又加到两极上，又会在当时极间距离相对最近或绝缘强度最弱处击穿放电，又电蚀出一个小凹坑。这样随着相当高的频率，连续不断地重复放电，工具电极不断地向工件进给，就可将工具的形状复制在工件上，加工出所需要的零件，整个加工表面将由无数小凹坑组成。这种放电循环每秒钟重复数千到数万次，使工件表面形成许许多多非常小的凹坑，称为电蚀现象。

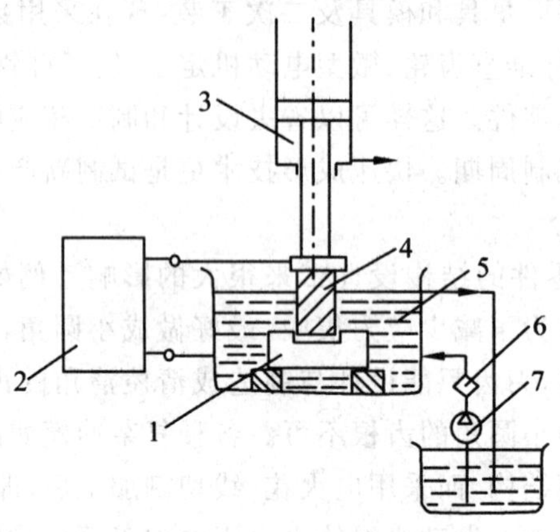

图 7-1 电火花加工原理示意图

1—工件 2—脉冲电源 3—自动进给调节装置

4—工具 5—工作液 6—过滤器 7—工作液泵

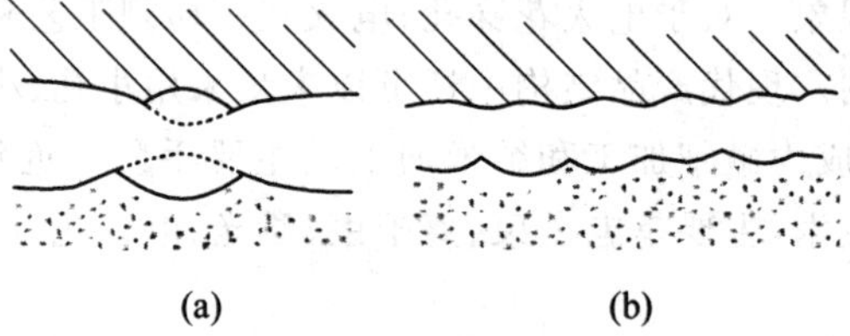

图 7-2 电火花加工表面局部放大图

1. 电火花加工工艺主要优点

(1) 电火花加工是利用火花放电破坏材料的原理，因此这种方法可以加工任何导电的材料，而不受材料硬度、韧性和脆性等限制。所以可以加工热处理后的各种高硬度钢和合金钢、高脆性的磁钢、高黏度的耐热合金钢，以及硬质合金和金属陶瓷等材料。

(2) 加工电极与工件不接触，没有切削力的影响，这对于某些刚性极差的薄壁和窄槽、毛细孔等加工十分有利。

(3) 电火花加工不需要复杂的切削运动，可以加工形状复杂(甚至不能展开的空间曲面)的零件表面。

(4) 工具只是一个电极，常采用紫铜、黄铜或石墨等材料制成，不必采用复杂而昂贵的切削刀具。

此外，由于电火花加工时，脉冲能量是间歇地以极短的时间作用在材料上，工作液是流动的，起到了散热作用，致使工件几乎不受热，从而保证了加工精度不受热变形的影响。

2. 电火花加工的局限性

(1) 主要用于加工金属等导电材料，在一定条件下才可以加工半导体和非导体材料。

(2) 一般加工速度较慢，因此通常安排工艺时先采用切削加工去除大部分余量，然后再进行电火花加工，以提高生产率。但最近已有新的研究成果表明，采用特殊水基不燃性工作液进行电火花加工，其生产率甚至可不亚于切削加工。

(3) 存在电极损耗，由于电极损耗多集中在尖角或底面，影响成形精度。但近年来粗加工时已能将电极相对损耗比降至0.1%以下，甚至更小。

二、电火花加工的分类及其应用

按工具电极和工件相对运动的方式和用途的不同，大致可分为电火花穿孔成形加工、电火花线切割、电火花磨削和镗磨、电火花同步共轭回转加工、电火花高速小孔加工、电火花表面强化与刻字六大类。前五类属电火花成形、尺寸加工，是用于改变零件形状或尺寸的加工方法；最后一类则属表面加工方法，用于改善或改变零件表面性质。其中以电火花穿孔成形加工和电火花线切割应用最为广泛。表 7-3 所列为总的分类情况及各类加工方法的主要特点和用途。

表 7-3　电火花加工工艺方法分类

类别	工艺方法	特　点	用　途	备　注
Ⅰ	电火花穿孔成形加工	1. 工具和工件间主要只有一个相对的伺服进给运动 2. 工具为成形电极，与被加工表面有相同的截面或形状	1. 型腔加工：加工各类型腔模及各种复杂的型腔零件 2. 穿孔加工：加工各种冲模、挤压模、粉末冶金模、各种异形孔及微孔等	约占电火花机床总数的 30%，典型机床有 D7125，D7140 等电火花成形机床
Ⅱ	电火花线切割加工	1. 工具电极为顺电极丝轴线方向移动着的线状电极 2. 工具与工件在两个水平方向同时有相对伺服进给运动	1. 切割各种冲模和具有直纹面的零件 2. 下料、截割和窄缝加工	约占电火花机床总数的 60%，典型机床有 DK7725，DK7740 数控电火花线切割机床
Ⅲ	电火花内孔、外圆和成形磨削	1. 工具与工件有相对的旋转运动 2. 工具与工件间有径向和轴向的进给运动	1. 加工高精度、表面粗糙度值小的小孔，如拉丝模、挤压模、微型轴承内环、钻套等 2. 加工外圆、小模数滚刀等	约占电火花机床总数的 3%，典型机床有 D6310 电火花小孔内圆磨床等

(续表)

类别	工艺方法	特 点	用 途	备 注
Ⅳ	电火花同步共轭回转加工	1. 成形工具与工件均作旋转运动,但二者角速度相等或成整数倍,相对应接近的放电点可有切向相对运动速度 2. 工具相对工件可作纵、横向进给运动	以同步回转,展成回转、倍角速度回转等不同方式,加工各种复杂型面的零件,如高精度的异形齿轮,精密螺纹环规、高精度、高对称度、表面粗糙度值小的内、外回转体表面等	约占电火花机床总数不足 1%,典型机床有 JN-2,JN-8 内外螺纹加工机床
Ⅴ	电火花高速小孔加工	1. 采用细管(>∅0.3 mm)电极,管内冲入高压水基工作液 2. 细管电极旋转 3. 穿孔速度轮高(60 mm/min)	1. 线切割穿丝预孔 2. 深径比很大的小孔,如喷嘴等	占电火花机床 2%,典型机床有 D703A 电火花高速小孔加工机床
Ⅵ	电火花表面强化、刻字	1. 工具在工件表面上振动 2. 工具相对工件移动	1. 模具刃口,刀具、量具刃口表面强化和镀覆 2. 电火花刻字、打印记	占电火花机床总数的 2%~3%。典型设备有 D9105 电火花强化器等

由于电火花加工具有许多传统切削加工所无法比拟的优点,因此其应用领域日益扩大,目前已广泛应用于机械(特别是模具制造)、宇航、航空、电子、电机电器、精密机械、仪器仪表、汽车拖拉机、轻工等行业,以解决难加工材料及复杂形状零件的加工问题。加工范围已达到小至几微米的小轴、孔、缝,大到几米的超大型模具和零件。

三、电火花加工的基本规律

电火花加工过程中,为了保证加工精度和加工质量,降低工具电极的损耗,提高电火花加工的生产率,研究其基本规律是极为重要的。

(一) 加工精度的规律

电火花加工精度主要受下列因素的影响:① 火花放电间隙的大小及其一致性;② 工具电极加工中的损耗大小及其稳定性;③ 电火花加工机床的精度和刚度以及工具电极的制造精度、安装精度等。这里主要讨论与电火花加工工艺有关的影响加工精度的规律。

在电火花加工时,工具电极与工件被加工表面之间存在着一定的放电间隙。如果加工过程中放电间隙能保持不变,则可以通过修正工具电极的尺寸或用补偿方法修正线切割的轨迹,对放电间隙进行补偿和调整,能够获得较高的加工精度。然而,放电间隙的大小实际上是变化的。火花放电间隙的变化主要受单个脉冲能量、工作电压和工作介质的介电强度、工件材料的热学性能、热膨胀和冷收缩以及机械振动等因素的影响。

除了放电间隙能否保持一致性以外,间隙大小对加工精度也有影响,尤其是对复杂形状的工件加工表面,其棱角部位由于电场强度分布不均,间隙越大,加工精度影响越严重。因此,为了减少加工误差,应该采用较弱小的加工规准,缩小放电间隙,这样不但能够提高仿形精度,而且放电间隙愈小,可能产生的间隙变化量也愈小;另外,还必须尽可能使加工过程稳定,从而使火花放电间隙稳定。电参数对放电间隙的影响是非常显著的,精加工的放电间隙一般只有 0.01 mm(单面),而在粗加工时则可以达到 0.5 mm 以上。

工具电极的损耗对工件的尺寸精度和形状精度都有影响。在电火花穿孔加工时,电极可以贯穿工件的型孔而补偿电极的损耗;在型腔加工时则无法采用这方法,精密型腔加工时可采用更换电极的方法来保证工件的尺寸精度和形状精度。在电火花线切割加工时,由于慢速走丝加工时电极丝一般只使用一次,因此电极损耗对工件的尺寸精度基本没有影响;在快速走丝情况下,电极丝的损耗在精加工及工件的轮廓轨迹线较长时往往不可忽视。

影响电火花加工形状精度的主要因素还有电极损耗和“二次放电”。二次放电是指已加工表面上由于电蚀产物等的介入而引起再次非正常的火花放电,集中反映在加工深度方向产生斜度和加工棱角、棱边变钝等方面。

产生加工斜度的情况如图 7-3 所示。由于工具电极下端部加工工作时间较长,绝对损耗大,而电极入口处的放电间隙则由于电蚀产物的存在,“二次放电”的几率大大增加,因而产生了加工斜度。

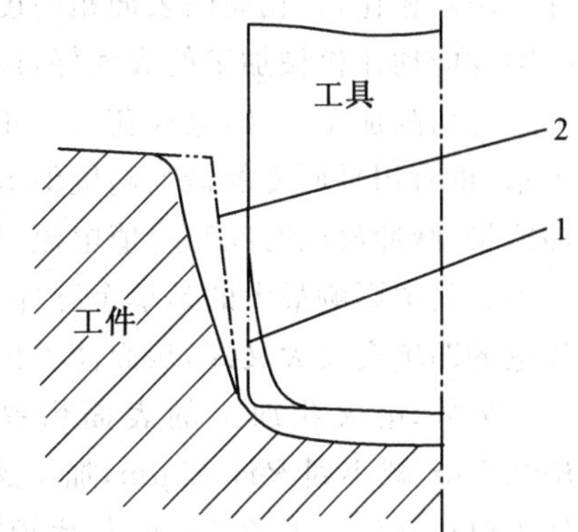

图 7-3 电火花加工时的加工斜度

1—电极无损耗时的工具轮廓线

2—电极有损耗而不考虑二次放电时的工件轮廓线

在电火花加工时,工具的尖角或凹角很难精确地复制在工件上。这是因为当工具为凹角时,工件上对应的尖角处放电蚀除的几率大,容易遭受火花腐蚀而成为圆角,如图 7-4(a)所示。当工具为尖角时,一是由于放电间隙的等距性,工件上只能加工出以尖角顶点为圆心,放电间隙 s 为半径的圆弧;二是工具上的尖角本身因尖端放电蚀除的几率大而损耗成为圆角,如图 7-4(b)所示。在电火花加工工艺上,采用高频窄脉冲精加工,放电间隙小,圆角半径可以明显减小,因而提高了仿形精度,并可以获得圆角半径小于0.01mm的尖棱。

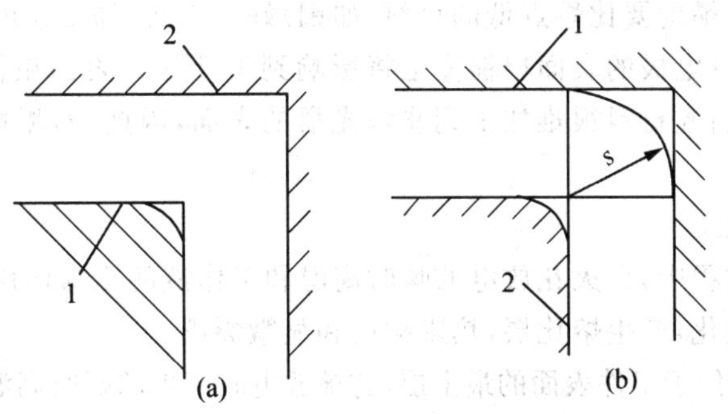

图 7-4 电火花加工时尖角变圆

1—工件 2— 工具

对于电火花线切割加工,机床的机械精度,控制系统的精度等对加工精度的影响是很大的；另外，电极丝入口处的工作液状况和出口处的差别较大，因而放电间隙是不一致的，由于线切割切缝很窄，排除电蚀产物不顺利也会使放电间隙不一致。还有，电火花线切割机床按走丝方式分为快速走丝（8～10 m/s）和慢速走丝（0.01～0.1 m/s）两类，走丝过程中电极丝的振动等，都会影响加工精度，尤其在快速走丝时影响较大。

目前，电火花穿孔加工的精度可达 0.01～0.05mm，型腔加工可达 0.1mm 左右，线切割加工可达 0.005～0.01mm。

（二）表面质量的规律

电火花加工的表面质量主要包括表面粗糙度、表面变质层和表面力学性能三部分。

1. 表面粗糙度

电火花加工表面和机械加工的表面不同，它是由无数小凹坑和光滑的硬凸边所组成，特别有利于保存润滑油；而机械加工表面则存在着许多切削（或磨削）刀痕，并具有方向性。两者相比，在相同的表面粗糙度和有润滑油的情况下，电火花加工表面的润滑性能和耐磨性能均比机械加工的表面好，国内外的实验结果都证实了这点。

与切削加工一样，电火花加工的表面粗糙度通常用微观平面度的平均算术偏差 Ra 表示，也有用平面度的最大高度值 R_{max} 表示的。对表面粗糙度影响的主要因素有单个脉冲能量、脉冲放电时间和峰值电流、加工速度、工件材料的性能以及工具电极表面粗糙度等等。其中影响最大的是单个脉冲能量，因为脉冲能量大，每次脉冲放电的蚀除量也大，放电的凹坑会又大又深，从而使工件表面粗糙度恶化。

另外，电火花加工的表面粗糙度和加工速度之间存在着很大的矛盾。例如，从 $Ra2.5\mu m$ 减小到 $Ra1.25\mu m$，加工速度要下降十多倍。按目前的工艺水平，电火花成形加工要达到优于 $Ra0.32\mu m$ 是比较困难的。目前，电火花成形加工和线切割加工的表面粗糙度为 $Ra1.25$～$0.32\mu m$，电火花穿孔的表面粗糙度为 $Ra0.63$～$0.04\mu m$，而类似于电火花磨削加工方法的表面粗糙度可优于 $Ra0.04$～$0.02\mu m$，但这时加工速度很低。因此，一般加工到表面粗糙度 $Ra2.5$～$0.63\mu m$ 之后采用其他研磨方法来改善其表面粗糙度比较经济。

工件材料的性能对加工表面粗糙度也有影响，熔点高的材料（如硬质合金），在相同能量下加工的表面粗糙度要比熔点低的材料（如钢）好。当然，加工速度也会相应下降。

精加工时，工具电极的表面粗糙度也将影响到工件加工表面粗糙度。当选用石墨做工具电极时，由于石墨材料很难加工到非常光滑的表面，因此，石墨电极加工的工件表面粗糙度较差。

2. 表面变质层

电火花加工过程中，在火花放电的瞬时高温和工作液的冷却作用下，工件材料的表面层会发生很大的变化，产生熔化层，热影响层和显微裂纹。

(1) 熔化层　位于工件表面的最上层，它被放电时产生的瞬时高温熔化而滞留下来，遇工作液快速冷却而凝固。它与基体金属完全不同，是一种树枝状的淬火铸造组织，与内层的结合也不甚牢固。熔化层中有渗碳（工作液和石墨电极中的碳元素）、渗金属（电极中的金属元素）、气孔及其他夹杂物。熔化层的厚度随着脉冲能量的增大而变厚，大约为(1～2)R_{max}，但一般不超过 0.1mm。

(2) 热影响层　介于熔化层与基体之间。热影响层的金属材料并没有熔化，只是受到高温的影响，使材料的金相组织发生了变化，它和基体材料之间并没有明显的界限。由于温度场分布和冷却速度的不同，对淬火钢的热影响层包括再淬火区、高温回火区和低温回火区；对未淬火钢的热影响层主要为淬火区。因此，淬火钢的热影响层厚度比未淬火钢的大。

在热影响层中靠近熔化层部分，由于受到高温作用并迅速冷却，形成淬火区，其厚度与加工条件有关，一般为(2～3)R_{max}。对淬火钢，与淬火层相邻的部分受到温度的影响而形成高温和低温回火区，回火区的厚度为(3～4)R_{max}。一般而言，不同金属材料的热影响层金相组织结构是不同的，耐热合金的热影响层与基体差异不大。

(3) 显微裂纹　电火花加工表面由于受到高温作用并迅速冷却而产生拉应力，往往会出现显微裂纹。实验表明，一般裂纹仅在熔化层内出现，只有在脉冲能量很大的情况下(粗加工时)才有可能扩展到热影响层。

脉冲能量对显微裂纹的影响是非常明显的，能量越大，显微裂纹越宽，延伸也越深。脉冲能量很小时，一般不会出现裂纹。另外，不同工件材料对裂纹的敏感性也不同，硬脆材料容易产生裂纹。还有，工件预备热处理状态对裂纹产生的影响也很明显，加工淬火材料要比加工淬火后回火或退火的材料容易产生裂纹，因为淬火材料的原始内应力较大。

3. 表面力学性能

(1) 显微硬度及耐磨性　电火花加工表面的熔化层硬度一般均比较高，对某些淬火钢，也可能稍低于基体硬度。对未淬火钢，特别是原来含碳量较低的钢，热影响层的硬度都比基体材料高；对淬火钢，热影响层中的再淬火区的硬度稍高或接近于基体硬度，而回火区的硬度比基体低，高温回火区又比低温回火区的硬度低。因此，一般来说，电火花加工表面最外层的硬度比较高，耐磨性较好。但是，对于滚动摩擦，如果是交变载荷和干摩擦，则熔化层和基体因结合不牢固，容易产生剥落而磨损。

在电火花线切割加工过程中，加工区有可能暴露在空气中，使含碳量较高的钢有可能产生表面脱碳现象，造成工件表面熔化层的硬度大大降低。

(2) 残余应力　电火花加工表面存在着由于热作用而形成的残余应力，而且大部分表现为拉应力。残余应力的大小和分布，主要和材料在加工前的热处理状态以及加工时的脉冲能量有关。因此，对表面层要求质量较高的工件，应尽量避免使用较大的加工标准，使残余应力降低到最小的程度。

(3) 耐疲劳性能　电火花加工表面由于存在着较大的残余拉应力，还可能存在显微裂纹，因此其疲劳性能比机械加工表面低许多倍。采用回火处理、喷丸处理等，有助于降低残余应力，或使残余拉应力转变为压应力，从而提高工件加工表面的耐疲劳性能。

实验表明，当表面粗糙度在 $Ra0.32\sim0.08\mu m$ 范围内时，电火花加工表面的耐疲劳性能将与机械加工表面相近，这是因为电火花精微加工表面所使用的加工规准很小，熔化凝固层和热影响层均非常薄，不会出现显微裂纹，而且表面的残余拉应力也较小的原因。

(三) 工具电极损耗的规律

电火花加工过程中，影响工具电极损耗的因素是十分复杂的。经研究发现，工具电极的损耗与极性效应、电参数、金属材料的热学性能以及工作液的性质等都有密切关系，讨论其规律对降低工具电极的损耗是极为重要的。

1. 极性效应

在电火花加工过程中,无论是正极还是负极,都会受到不同程度的电蚀。即使是相同材料(如:钢加工钢),正、负电极的电蚀量也是不同的。这种由于正、负极性不同而电蚀量不一样的现象叫做极性效应。如果两极的材料不同,则极性效应更加复杂。在生产中,通常把工件接脉冲电源的正端,工具电极接负端时,称“正极性”加工;反之,工件接脉冲电源的负端,工具电极接正端时,称“负极性”加工,又称为“反极性”加工。

产生极性效应的原因很复杂,对这一现象可解释为:在火花放电过程中,正、负电极表面分别受到负电子和正离子的轰击和瞬时热源作用,在两极表面所分配到的能量不一样,因而熔化、气化抛出的电蚀量也不一样。这是因为电子的质量和惯性均小,容易获得很高的加速度和速度,在击穿放电的初始阶段就有大量的电子奔向正极,把能量传递给阳极表面,使电极材料迅速熔化和气化;而正离子则由于质量和惯性较大,起动和加速较慢,在击穿放电的初始阶段,大量的正离子来不及到达阴极表面,而到达阴极表面并传递能量的只有一小部分离子。所以用短脉冲(即放电持续时间较短)加工时,电子的轰击作用大于离子的轰击作用,阳极的蚀除速度大于阴极的蚀除速度,这时工件应接正极。当采用长脉冲加工时,由于放电持续时间较长,质量和惯性较大的正离子将有足够的时间加速,到达并轰击阴极表面的离子数将随放电时间的增长而增多;由于正离子的质量大,对阴极表面的轰击破坏作用强,同时自由电子挣脱阴极时要从阴极获取逸出功,而正离子到达阴极后与电子结合释放位能,故阴极的蚀除速度将大于阳极,这时工件应接负极。因此,当采用短脉冲(如紫铜电极加工钢时,脉冲宽度 $t_i<12\mu s$)加工时,应选用正极性加工;当采用长脉冲(如紫铜加工钢时,脉冲宽度 $t_i>50\mu s$)加工时,应采用负极性加工。

从提高加工生产率和减少工具损耗的角度来看,极性效应愈显著愈好。故在电火花加工过程中必须充分利用极性效应。但是,当用交变的脉冲电流加工时,单个脉冲的极性效应便相互抵消,反而增加了工具电极的损耗。因此,电火花加工一般都采用单向脉冲电源。为了充分地利用极性效应,最大限度地降低工具电极的损耗,应合理的选用工具电极的材料,根据电极对材料的物理性能、加工要求选用最佳的电参数,正确地选用极性,使工件的蚀除速度最高,工具电极损耗尽可能小。

2. 电参数对电蚀量的影响

实验结果表明,在电火花加工过程中,无论正极还是负极,都存在单个脉冲的蚀除量与单个脉冲能量在一定范围内成正比的关系。一般来说,在某一段时间内的总蚀除量约等于这段时间内各单个有效脉冲蚀除量的总和,故正、负极的蚀除速度,与单个脉冲能量、脉冲频率成正比。工件电极在单位时间内的蚀除量是电火花加工的生产率。提高生产率的途径有:提高脉冲频率;增加单个脉冲能量或增加平均放电电流和脉冲宽度。当然,在实际生产中,要考虑到这些因素之间的相互制约关系和对其他工艺指标的影响,例如,频率过高、脉冲间隙时间过短,将会产生电弧放电;随着单个脉冲能量的增加,工件加工表面粗糙度也随之增加,等等。

3. 金属材料热学性能对电蚀量的影响

金属材料的热学性能是指熔点、沸点(气化点)、热导率、比热容、熔化潜热、气化潜热等。在电火花加工过程中，每次脉冲放电在通道内以及正、负电极放电点都瞬时获得大量热能。而正、负电极放电点所获得的热能，除一部分由于热传导散失到电极其他部分和工作液中以外，其余部分将依次消耗在：① 使局部金属材料温度升高直至达到熔点，而每克金属材料升高 1℃（或 1K）所需之热量即为该金属材料的比热容；② 每熔化 1kg 材料所需之热量即为该金属的熔化潜热；③ 使熔化的金属液体继续升温至沸点，每千克材料升高 1℃所需之热量即为该熔融金属的比热容；④ 使熔融金属气化，每气化 1kg 材料所需的热量称为该金属的气化潜热；⑤ 使金属蒸气继续加热成为过热蒸气，每千克金属蒸气升高 1℃所需的热量为该蒸气的比热容。

显然，当脉冲放电能量相同时，金属的熔点、沸点、比热容、熔化热以及气化热愈高，电蚀量将愈少，愈难加工，生产率也愈低；另一方面，热导率愈大的工件材料，由于较多地把瞬时产生的热量传导散失到其他部位，从而降低了工件本身的蚀除量，而且当单个脉冲能量一定时，脉冲电流幅值愈小、脉冲宽度愈长，散失的热量也愈多，从而也影响生产率。相反，若脉冲宽度愈短、脉冲电流幅值愈大，由于热量过于集中而来不及传导扩散，虽然散失的热量减少，但抛出的金属中气化部分比例增加，多耗用不少气化热，电蚀量也会降低，生产率也受影响。因此，工件电极的蚀除量（或生产率）与电极材料的热导率以及其他热学性能、放电持续时间、单个脉冲能量都有密切的关系。

4. 工作液对电蚀量的影响

在电火花加工过程中，工作液的作用是：① 形成火花击穿电通道，并在放电结束后迅速恢复间隙的绝缘状态；② 对放电通道产生压缩作用，有利于脉冲能量充分作用；③ 帮助电蚀产物的抛出和排除；④ 对工具和工件的冷却作用。因而，工作液对电蚀量也有较大的影响。一般来说，介电性能好、密度和黏度较大的工作液有利于压缩放电通道，提高放电的能量密度，强化电蚀产物的抛出效应；但黏度大不利于电蚀产物的排出，并影响正常放电。目前电火花成形加工主要采用油类作为工作液，粗加工时所用脉冲能量大、加工间隙也较大、爆炸排屑抛出能力强，往往选用介电性能和黏度较大的机油，并且机油的燃点较高，大能量加工时着火燃烧的可能性小；而在精加工时放电间隙比较小，排屑比较困难，故一般均选用黏度小、流动性好、渗透性好的煤油作为工作液。

在电火花线切割加工时，由于电极丝细，加工面积小，对电极丝的迅速冷却作用成为主要问题，水的冷却作用强，且不会起火燃烧，故都采用水基工作液。在高速走丝电火花线切割机床上都采用乳化液，而在慢速走丝机床上则广泛采用去离子水。

（四）电火花加工的生产率

在电火花加工时，正极和负极（工具和工件）同时遭到不同程度的电蚀，单位时间内工件的电蚀量称为加工速度，亦即生产率；单位时间内工具的电蚀量称为损耗速度。它们是一个问题的两个方面。

加工速度（生产率）一般表示为：

$$v_{\omega}=V_{Q}/t \text{ 或 } v_{G}=G/t$$

式中：v_{ω}——体积加工速度（mm^3/min）；

v_G——重量加工速度（g/min）；

V_Q——工件被蚀除的体积（mm^3）；

G——工件被蚀除的重量(g)；

t——单位时间(min)。

对电火花线切割的加工速度，则采用单位时间内所切割的面积来表示。即：

$$v_A = A/t = hL/t$$

式中：v_A——电火花线切割加工速度(mm^2/min)；

A——切割面积(mm^2)；

h——切割厚度(mm)；

L——切割轨迹行程长度(mm)。

在生产中用来衡量工具电极损耗，不只是看工具损耗速度 v_E，还要看同时能达到的加工速度 v_ω(或 v_G)。因此，采用相对损耗或者称损耗比 θ 作为衡量工具电极耐损耗的指标。即：

$$\theta = (v_E / v_\omega) 100\%$$

式中：θ——体积相对损耗(加工速度用 v_G时，则 θ 为重量相对损耗)；

v_E——工具损耗速度，其单位应与加工速度单位相适应。

四、电火花电极切割加工

电火花电极切割加工，简称“线切割”。其基本原理与电火花加工相同，也是利用工具对工件进行脉冲放电去除金属的。所不同之处是工具电极由一根移动的钼丝(∅0.02～0.03mm)所代替，工件靠 X，Y 两坐标移动来获得平面图形。图 7-5 为电火花线切割加工及装置的原理图。利用移动着的细钼丝、钨丝或铜丝作工具电极进行切割，传动轮 7 使钼丝作正反向交替移动，加工能源由脉冲电源 3 供给。在电极丝和工件之间浇上工作液介质，工作台在水平面的两个坐标方向各自按预定的控制程序，根据火化间隙状态作伺服进给移动，从而合成各种曲线轨迹，把工件切割成形。

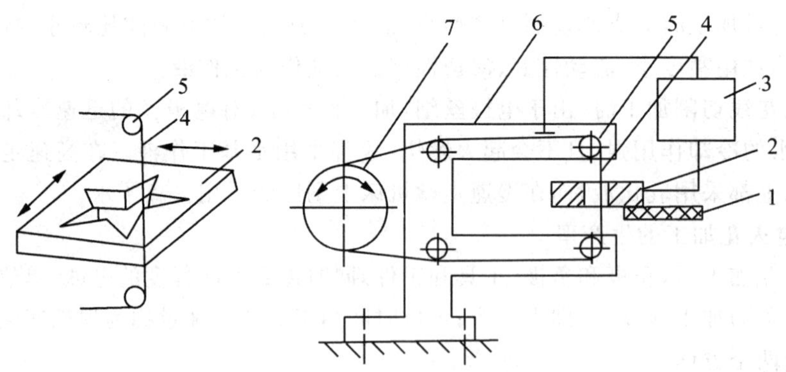

图 7-5 电火花线切割加工原理

1—绝缘底板 2—工件 3—脉冲电源 4—钼丝 5—导向轮 6—支架 7—传动轮

与电火花成形加工相比较，电火花线切割加工具有五个方面的优点：

(1) 省掉了成形的工具电极；

(2) 由于电极丝比较细(钼丝直径一般选用∅0.08～0.15mm)可以加工微细异形孔、窄缝和复杂形状的工件；

(3) 工件的加工量小，材料利用率高，而且比电火花成形加工生产率高；

(4) 电极丝采用移动进行加工，使单位长度损耗较小，故对加工精度影响较小；

(5) 对不同轮廓图形只需编制不同软件，故成本低，加工自动化程度高。

电火花线切割加工的缺点是不能加工盲孔类零件表面和阶梯成形表面(立体成形表面)。

§7-3 电解加工

一、电解加工的原理及其特点

电解加工是继电火花加工之后发展较快、应用较广泛的一项新工艺。目前已用于枪炮的膛线，航空发动机的叶片，汽车、拖拉机等机械制造业中的模具加工。

电解加工是利用金属在电解液中可以发生阳极溶解的原理，将零件加工成形。如图7-6所示，加工时，工件接在直流电源的正极，工具接负极，两极间保持0.1～1mm的间隙，两极之间的直流电压通常为5～25V，采用10%～20%的NaCl水溶液为电解液。电解液由泵输送，保持一定的压力(0.2～5MPa)，从两极间隙快速流过。此时，阳极工件的金属逐渐溶解，电解的产物被电解液冲走，脏的电解液集中后，经分离过滤后再使用。

电解加工成形原理如图7-7所示。图中的细竖线表示通过阴极(工具)与阳极(工件)间的电流，竖线的疏密程度表示电流密度的大小。在加工刚开始时，阴极与阳极距离较近的地方通过的电流密度较大，电解液的流速也较高，阳极溶解速度也就较快，如图7-7(a)所示。由于工具相对工件不断进给，工件表面就不断被电解，电解产物不断被电解液冲走，直至工件表面形成与阴极工作面基本相似的形状为止，如图7-7(b)所示。

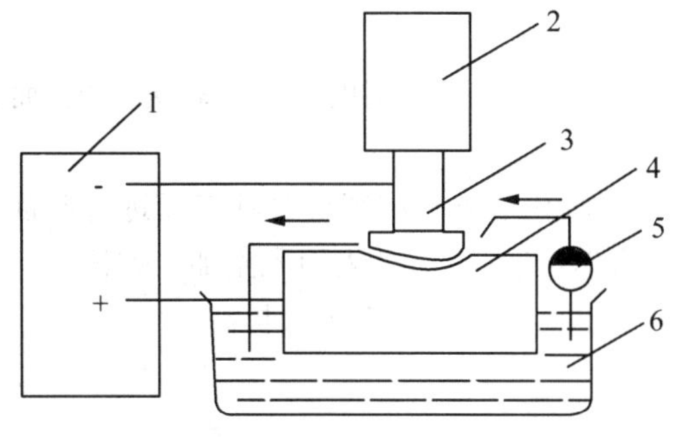

图7-6 电解加工原理示意图

1—直流电源 2—进给机构 3—工具
4—工件 5—电解液泵 6—电解液

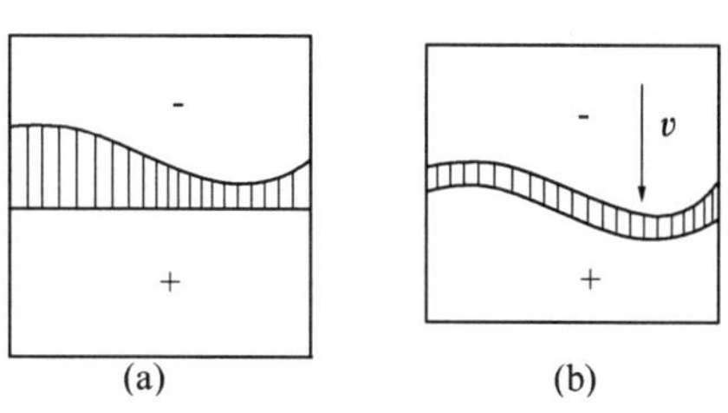

图7-7 电解加工成形原理

与其他加工方法相比较，电解加工具有以下特点：

(1) 加工范围广，不受金属材料本身硬度和强度的限制，可以加工硬质合金、淬火钢、不锈钢、耐热合金等高硬度、高强度及韧性的金属材料，并可以加工叶片、锻模等各种复杂的型面。

(2) 电解加工的生产率较高，为电火花加工的 5～10 倍，在某些情况下，比切削加工的生产率还高，且加工生产率不直接受加工精度和表面粗糙度的限制。

(3) 可以达到较好的表面粗糙度($Ra1.25 \sim 0.2\mu m$)，平均加工精度可达±0.1mm。

(4) 由于加工过程中不存在机械切削力，所以不会产生切削力所引起的残余应力和变形，没有飞边毛刺。

(5)加工过程中阴极工具在理论上不会损耗，可以长期使用。

电解加工的主要缺点和局限性是：

(1) 不易达到较高的加工精度和加工稳定性。这一方面是由于阴极的设计、制造和修正都比较困难，阴极本身的精度难以保证；另一方面是影响电解加工间隙稳定性的因素很多，控制比较困难。

(2) 电解加工的附属设备比较多，占地面积较大，机床需要有足够的刚性和防腐蚀性能，造价较高，因此单件小批生产时的成本较高。

(3) 电解产物应进行妥善处理，否则将污染环境。

二、电解加工的应用

电解加工主要用于切削加工困难的领域，如硬质合金、淬火钢等硬度、韧性大的材料和形状复杂的表面，以及刚性极差的薄板与套筒表面的异形孔加工。目前，广泛应用以下几个方面：

(1) 叶片加工　如喷气发动机叶片、汽轮机叶片等形状复杂、精度要求较高的零件。采用机械加工难度较大，而电解加工，则不受叶片材料硬度和韧性的限制，在一次行程中(单面加工或双面加工)就可加工出复杂的叶片型面，生产率高、表面粗糙度值小。

(2) 型孔和型腔加工　某些尺寸较小的四方、六方、半圆、椭圆等形状的通孔和不通孔以及各类腔膜的复杂成型表面的加工大都采用电解加工。采用机械加工很困难，而电火花加工生产率较低。

(3) 深孔扩孔加工　如枪炮的膛线、花键孔表面加工，采用电解加工较为方便，而且生产率也较高。

(4) 电解抛光　它是利用金属在电解液中的电化学阳极溶解对工件表面进行腐蚀抛光的，用于改善工件的表面粗糙度和表面物理力学性能，是一种表面光整加工方法。

此外，用电解法倒棱、去毛刺等工艺，其工效也比机械加工有很大提高。

§7-4　超声加工

超声加工(Ultrasonic Machining，简称 USM)有时也称超声波加工。电火花加工和电化学加工都只能加工金属导电材料，不易加工不导电的非金属材料，然而超声加工不仅能加工硬质合金、淬火钢等脆硬金属材料，而且更适合于加工玻璃、陶瓷、半导体锗和硅片等不导电的非金属脆硬材料，同时还可以用于清洗、焊接和探伤等。

声波是人耳能感受的一种纵波，它的频率在 16～16000Hz 范围内。当频率超过 16000Hz 即超出一般人耳听觉范围，就称为超声波。

一、声加工的原理与特点

1. 超声加工的基本原理

超声加工是利用工具端面作超声频振动，通过磨料悬浮液加工脆硬材料的一种成形方法。加工原理如图 7-8 所示。加工时，在工具 1 和工件 2 之间加入液体（水或煤油等）和磨料混合的悬浮液 3，并使工具以很小的力 F 轻轻压在工件上。超声换能器 6 产生 16000Hz 以上的超声频纵向振动，并借助于变幅杆把振幅放大到 0.05～0.1mm，驱动工具端面作超声振动，迫使工作液中悬浮的磨粒以很大的速度和加速度不断地撞击、抛磨被加工表面，把被加工表面的材料粉碎成很细的微粒，从工件上被打击下来。虽然每次打击下来的材料很少，但由于每秒钟打击的次数多达 16000 次以上，所以仍有一定的加工速度。与此同时，工作液受工具端面超声振动作用而产生的高频、交变的液压正负冲击波和“空化”作用，促使工作液钻入被加工材料的微裂缝处，加剧了机械破坏作用。所谓空化作用，是指当工具端面以很大的加速度离开工件表面时，加工间隙内形成负压和局部真空，在工作液体内形成很多微空腔，当工具端面以很大的加速度接近工件表面时，空泡闭合，引起极强的液压冲击波，可以强化加工过程。此外，正负交变的液压冲击也使悬浮工作液在加工间隙中强迫循环，使变钝了的磨粒及时得到更新。

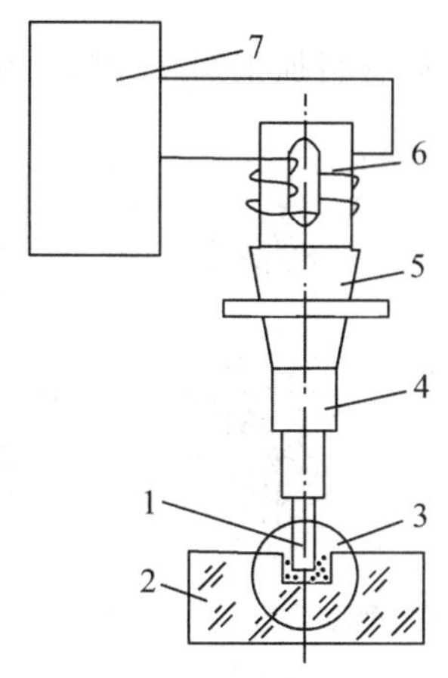

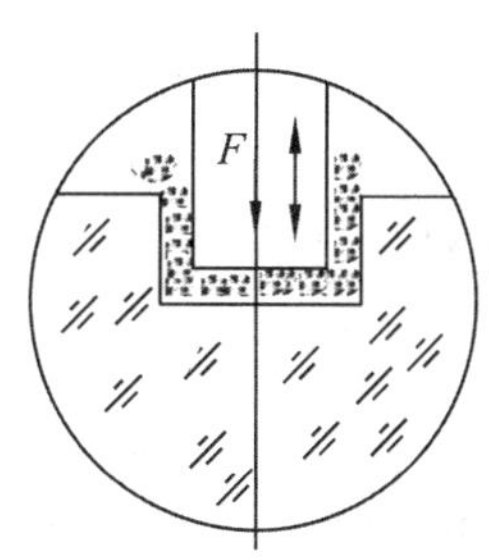

图 7-8　超声加工原理图

1—工具　2—工件　3—磨料悬浮液　4,5—变幅杆
6—换能器　7—超声波发生器

由此可见，超声加工是磨粒在超声振动作用下的机械撞击和抛磨作用以及超声空化作用的综合结果，其中磨粒的撞击作用是主要的。

既然超声加工是基于局部撞击作用，因此就不难理解，越是脆硬的材料，受撞击作用遭受的破坏越大，越易超声加工。相反，脆性和硬度不大的韧性材料，由于它的缓冲作用而难以加工。根据这个道理，人们可以合理选择工具材料，使之既能撞击磨粒，又不致使自身受到很大破坏，例如，用45钢作工具即可满足上述要求。

2. 超声加工的特点

(1) 适合于加工各种硬脆材料，特别是不导电的非金属材料，例如玻璃、陶瓷(氧化铝、氮化硅等)、石英、锗、硅、玛瑙、宝石、金刚石等。对于导电的硬质金属材料如淬火钢、硬质合金等，也能进行加工，但加工生产率较低。

(2) 由于工具可用较软的材料做成较复杂的形状，故不需要使工具和工件作比较复杂的相对运动。因此，超声加工机床的结构比较简单，只需一个方向轻压进给，操作、维修方便。

(3) 由于去除加工材料是靠极小磨料瞬时局部的撞击作用，故工件表面的宏观切削力很小，切削应力、切削热很小，不会引起变形及烧伤，表面粗糙度也较好，可达 $Ra1\sim0.1\mu m$，加工精度可达 0.01～0.02mm，而且可以加工薄壁、窄缝、低刚度零件。

二、超声加工的应用

超声加工的生产率虽然比电火花、电解加工等低，但其加工精度和表面粗糙度都比它们好，而且能加工半导体、非导体的脆硬材料如玻璃、石英、宝石、锗、硅甚至金刚石等。即使是电火花加工后的一些淬火钢、硬质合金冲模、拉丝模、塑料模具，最后还常用超声抛磨进行光整加工。

1. 型孔、型腔加工

超声加工目前在各工业部门中主要用于对脆硬材料加工圆孔、型孔、型腔、套料、微细孔等，如图7-9所示。

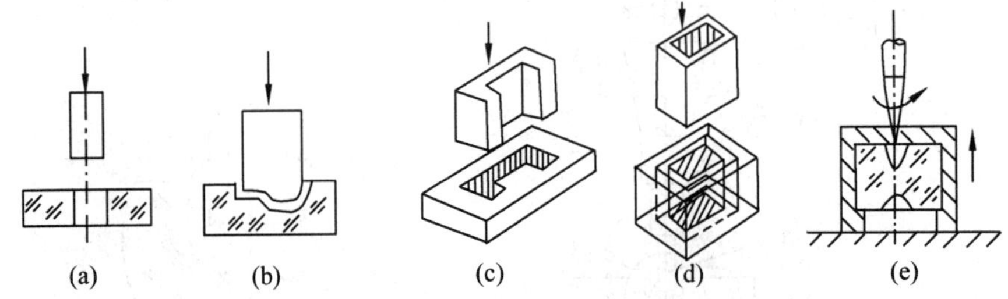

图7-9　超声加工的型孔、型腔类型

(a)加工圆孔　(b)加工型腔　(c)加工异形孔　(d)套料加工　(e)加工微细孔

2. 切割加工

用普通机械加工切割脆硬的半导体材料是很困难的，采用超声切割则较为有效。图7-10为用超声加工法切割单晶硅片示意图。用锡焊或铜焊将工具(薄钢片或磷青铜片)焊接在变幅杆的端部，加工时喷注磨料液，一次可以切割10～20片。

图7-11所示为成批切块刀具，它采用了一种多刃刀具，即包括一组厚度为0.127mm的软钢刃刀片，间隔1.14mm，铆合在一起，然后焊接在变幅杆上。刀片伸出的高度应满足在磨损后可做几次重磨。最外边的刀片应比其他刀片高出0.5mm，切割时插入坯料的

导槽中，起定位作用。

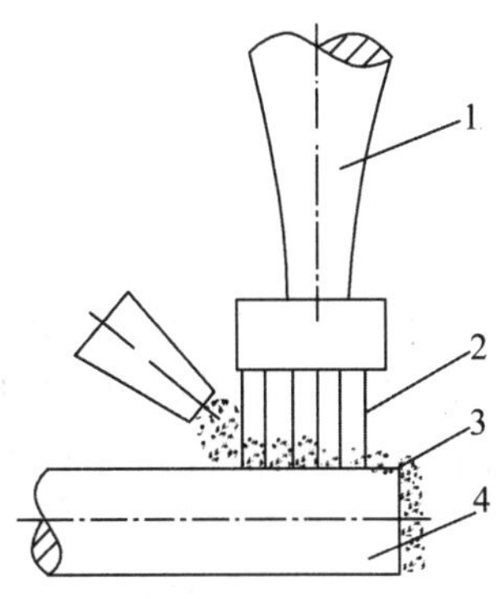

图 7-10　超声切割单晶硅片

1—变幅杆　2—工具(薄钢片)

3—磨料液　4—工件(单晶硅)

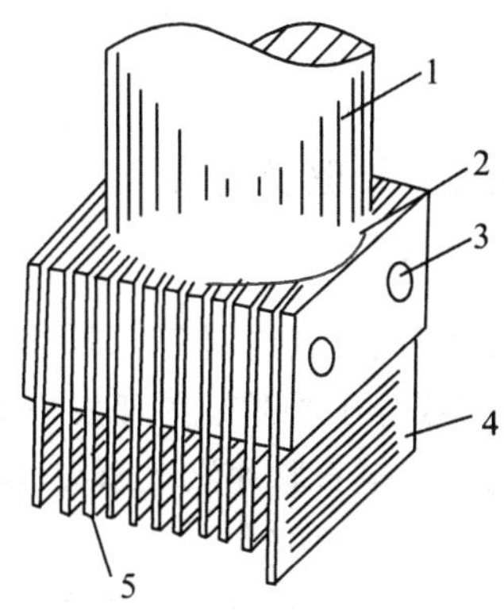

图 7-11　成批切槽(块)刀具

1—变幅杆　2—焊缝　3—铆钉

4—导向片　5—软钢刀片

加工时喷注磨料液，将坯料片先切割成 1mm 宽的长条，然后将刀具转过 90°，使导向片插入另一导槽中，进行第二次切割以完成模块的切割加工。图 7-12 所示为已切割的陶瓷模块。

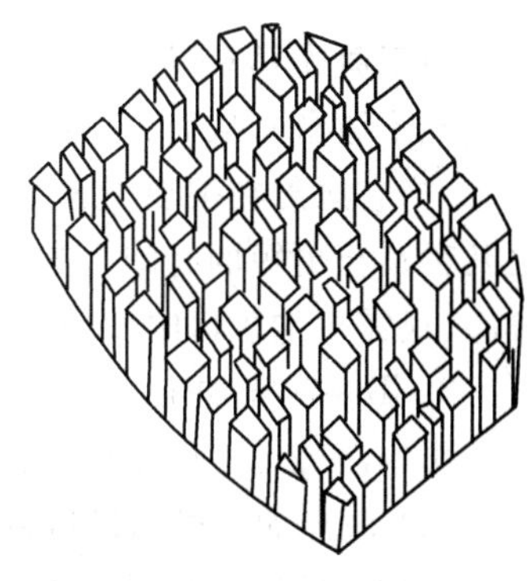

图 7-12　切割成的陶瓷模块

3. 复合加工

在超声加工硬质合金、耐热合金等硬质金属材料时，加工速度较低，工具损耗较大。为了提高加工速度及降低工具损耗，可以把超声加工和其他加工方法相结合进行复合加工。例如采用超声与电化学或电火花加工相结合的方法来加工喷油嘴、喷丝板上的小孔或窄缝，可以大大提高加工速度和质量。常用的复合加工方法有超声电解复合加工、超声电火花复合加工、超声调制激光打孔、超声振动切削加工等。这些复合加工方法，由于把两种以至多种加工方法的工作原理结合在一起，取长补短，使加工效率、加工精度和加工表面质量都有显著提高。

4. 超声清洗

超声清洗的原理主要是基于超声频振动在液体中产生的交变冲击波和空化作用。超声波在清洗液(汽油、煤油、酒精、丙酮或水等)中传播时，液体分子往复高频振动产生正负交变的冲击波。当声强达到一定数值时，液体中急剧生长微小空化气泡并瞬时强烈闭合，产生的微冲击波使被清洗物表面的污物遭到破坏，并从被清洗表面脱落下来。即使是被清洗物上的窄缝、细小深孔、弯孔中的污物，也很易被清洗干净。虽然每个微气泡的作用并不大，但每秒钟有上亿个空化气泡在作用，就具有很好的清洗效果。所以，超声振动被广泛用于对喷油嘴、喷丝板、微型轴承、仪表齿轮、零件，手表整体机心、印制电路板、集成电路微电子器件的清洗，可获得很高的净化度。

§7-5 激光加工

一、激光加工原理及特点

1. 激光的基本特征

普通光源如电灯、日光灯、氙灯等，都是由于自发辐射而发光的，激光则是由于处于激发态的原子、离子或分子受激辐射而发出的得到加强的光。激光具有以下几个基本特征：

(1) 强度高　红宝石脉冲激光器发出的激光亮度比高压脉冲氙灯高 370 亿倍，比太阳表面的亮度还要高 200 亿倍。

(2) 单色性好　激光的波长或频率是某一确定值，即波长的范围(谱线宽度)非常小。

(3) 相干性好　光源先后发出的两束光波，在空间产生干涉现象的时间或所走的路程(相干长度)很大。单色性很好的氪灯，其相干长度只有 78cm，而激光的相干长度可达几十公里。

(4) 方向性好　激光束的发射角很小，几乎可视为平行光。

由于激光具有以上特性，通过光学系统可以使它聚集成一个极小的光斑(直径仅几微米到几十微米)，从而获得极高的能量密度(10^7～10^{10} W/cm。)和极高的温度(10000℃以上)。当它照射在被加工表面时，光能被加工表面吸收并转换成热能，使工件材料在千分之几秒甚至更短的时间内被熔化和气化，从而达到材料蚀除的目的。为了帮助蚀除物的排除，还需对加工区吹气或吸气，吹氧(加工金属时)或吹保护性气体(CO_2，N_2等)。

2. 影响激光加工的主要因素

影响激光加工的主要因素如下：

(1) 激光加工机的机械系统和光学系统的精度对激光加工精度等有密切关系。激光加工的加工精度往往只有 1～10μm，对于打小孔、划线等微细加工的机床，要求具有较高精度的机械系统；而作为焊接、切割、热处理等加工机床的机械系统精度要求可以较低。

(2) 激光的输出功率与照射时间的乘积等于激光束的能量，输出的激光能量愈大，所打的孔就大而深，且锥度较小。激光照射时间应适当，过长会使热量扩散，太短则使能量密度过高，使蚀除材料气化，两者都会使激光能量效率降低。

(3) 焦距、发散角和焦点位置对打孔的大小、深度和形状精度等有密切关系。采用短焦距物镜(焦距 20mm 左右)，减小激光束的发散角，可使打出的孔小而深，且锥度小。焦点位置应在工件表面或略低于工件表面，焦点位置过高会使孔径大、深度浅，过低则使孔呈喇叭口状。

(4) 照射次数多可使孔深大大增加，锥度减小。激光照射一次，加工的孔深约为孔径的五倍，多次照射可使孔形向下延伸，而孔径基本不变，但当孔深达到饱和值(如照 20～30 次)，就不能继续加深。

(5) 光斑内的能量分布对打孔的形状有直接影响。光斑的能量如果以焦点的轴心对称分布，中心强度最大，离中心愈远，强度愈低，这种光束称为基模光束，所加工出的孔是正圆的。

(6)工件材料不同,对不同波长激光的吸收率不同,从而影响加工效率。因此,必须根据工件的材料性质来选用合理的激光器、对于高反射率和透射率的工件表面还应打毛或黑化,以增大对激光的吸收率。

3. 激光加工的基本设备

激光加工的基本设备包括激光器、电源、光学系统及机械系统等四部分,如图 7-13 所示,其中激光器是最主要的器件。激光器按照所用的工作物质种类可分为固体激光器、气体激光器、液体激光器和半导体激光器。激光加工中广泛应用固体激光器(工作物质有红宝石、钕玻璃及钇铝石榴石 YAG)和气体激光器(工作物质为 CO_2 分子)。固体激光器具有输出能量较大,峰值功率高,结构紧凑,牢固耐用,噪声小等优点,因而应用较广,如切割、打孔、焊接、刻线等。随着激光技术的发展,固体激光器的输出能量逐步增大,目前单根 YAG 晶体棒的连续输出能量已达数百瓦,几根棒串联起来可达数千瓦。但固体激光器的能量效率都很低,红宝石激光器为 0.1%～0.3%,钕玻璃激光器为 1%,YAG 激光器为 1%～2%。气体 CO_2 激光器具有能量效率高,可达 20%～25%,其工作物质 CO_2 来源丰富,结构简单,造价低廉等优点。输出功率大,从数瓦到数万瓦,既能连续工作,又能脉冲工作。所输出的激光波长为 10.6μm 的红外光,对眼睛的危害比 YAG 激光小。其缺点是体积大,输出的瞬时功率不高,噪声较大。现已广泛用于金属热处理,钢板切割、焊接、金属表面合金化,难加工材料的加工等方面。

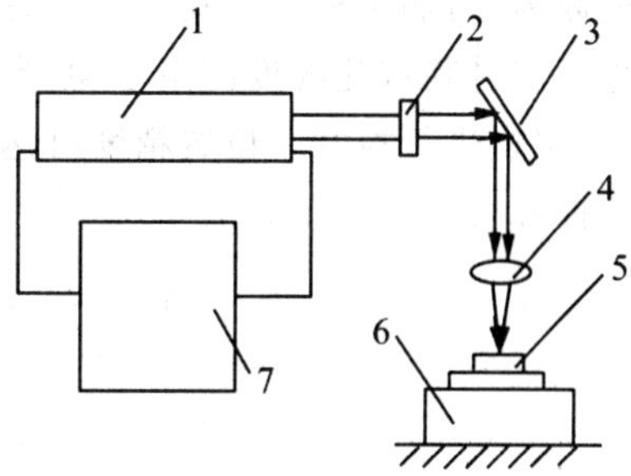

4. 激光加工的特点

激光加工具有以下特点:

(1) 不需要加工工具,故不存在工具磨损问题,同时也不存在断屑、排屑的麻烦。这对高度自动化生产系统非常有利,国外已在柔性制造系统中采用激光加工机床。

(2) 激光束的功率密度很高,几乎对任何难加工材料(金属和非金属)都可以加工。

(3) 激光加工是非接触加工,加工中的热变形、热影响区都很小,适用于微细加工。

(4) 通用性强,同一台激光加工装置,可用于多种加工,如打孔、切割、焊接等可以在同一台机床上进行。

图 7-13 激光加工机示意图

1—激光器 2—光阑 3—反射镜

4—聚焦镜 5—工件 6—工作台 7—电源

随着激光技术与电子计算机数控技术的密切结合,激光加工技术的应用将会得到更快、更广泛的发展。当前激光加工存在的主要问题是:设备价格高,一次性投资大;更大功率的激光器尚在试验研究阶段,不论是激光器本身的性能质量,还是使用者的操作技术水平都有待于进一步的提高。

二、激光加工的应用

激光加工可以用于打孔、切割、电子器件的微调、焊接、热处理以及激光存储等各个领域。利用激光几乎可以在任何材料上打微型小孔,目前已应用于火箭发动机和柴油机的燃料喷嘴加工、化学纤维喷丝板打孔、钟表及仪表中的宝石轴承打孔、金刚石拉丝模加工等方面。激光可用于切割各种各样的材料，既可以切割金属，也可以切割非金属；既可以切割无机物，也可以切割皮革之类的有机物。它可以代替锯切割木材，代替剪子切割布料、纸张，还可切割无法进行机械接触的工件，如从电子管外部切断内部的灯丝。由于加工速度快、表面变形小，可以加工各种材料，激光加工已经在生产实践中愈来愈显示出它的优越性。

§7-6　其他特种加工

一、电子束加工

在真空条件下，利用电子枪中产生的电子经加速、聚集，形成高能量大密度的细电子束以轰击工件被加工部位，使该部位的材料熔化和蒸发，从而进行加工，或利用电子束照射引起的化学变化而进行加工的方法称为电子束加工，其加工原理如图 7-14 所示。电子束加工与其他的加工方法相比，有其突出的优点：① 电子束能够极其微细地聚焦，其聚焦直径在 0.01～100μm 之间。另外，最小直径的电子束长度可达该电子束断面的几十倍以上，故适合深孔加工。② 加工速度快。如材料厚度为 0.1～1mm 的打孔时间仅为几微秒至数秒(与加工材料及孔径大小有关)。③ 适用范围广。不论什么材料，只需要功率密度能量超过其汽化温度的电子束照射就能加工。④ 可通过磁场或电场对电子束强度、位置、聚焦进行控制。位置精度可达 0.1μm 左右，强度和束斑可达 1%的控制精度，而且便于计算机自动控制。

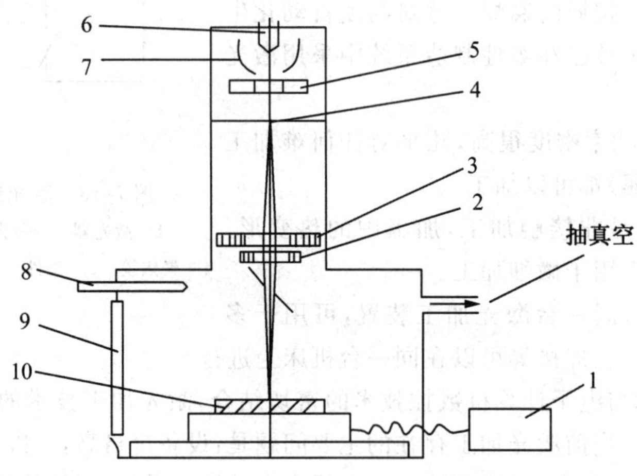

图 7-14　电子束加工装置结构示意图

1—工作台系统　2—偏转线圈　3—电磁透镜　4—光阑
5—加速阳极　6—发射电子的阴极　7—控制栅极
8—光学观察系统　9—带窗真空室门　10—工件

在机械制造业中，电子束加工多用于焊接、微孔加工及热处理。由于电子束打孔不需工具，所以对打小孔特别有利。目前电子束能加工的最小孔径为 3～20μm，例如，玻璃纤维喷丝头上的直径 0.8μm 深度 3mm 的孔，用电子束打孔效率可达 20 孔/秒，比电火花打孔快 100 倍。电子束热处理具有供给能量的有效利用率高，成本低，工件热变形和金相组织变化极小，不需后处理工序等优点。在电子工业制造大规模集成电路时，需在数毫米见方的硅片上安排十万个晶体管或类似元件，采用的就是电子束曝光技术。

二、离子束加工

离子束加工的原理和电子束加工基本类似，也是在真空条件下，将离子源产生的离子束经过加速聚焦，使之撞击到工件表面。不同的是离子带正电荷，其质量比电子大数千、数万倍，如氩离子的质量是电子的 7.2 万倍，所以一旦离子加速到较高速度时，离子束比电子束具有更大的撞击动能。它是靠微观的机械撞击能量，而不是靠动能转化为热能来加工的。

离子束加工的物理基础是离子束射到材料表面时所发生的撞击效应、溅射效应和注入效应。具有一定动能的离子斜射到工件材料（或靶材）表面时，可以将表面的原子撞击出来，这就是离子的撞击效应和溅射效应。如果将工件直接作为离子轰击的靶材，工件表面就会受到离子刻蚀（也称离子铣削）。如果将工件放置在靶材附近，靶材原子就会溅射到工件表面而被溅射沉积吸附，使工件表面镀上一层靶材原子的薄膜。如果离子能量足够大并垂直工件表面撞击时，离子就会钻进工件表面，这就是离子的注入效应。

离子束加工的特点是：

(1) 由于离子束可以通过电子光学系统进行聚焦扫描，离子束轰击材料是逐层去除原子，离子束流密度及离子能量可以精确控制，所以离子刻蚀可以达到毫微米即纳米(0.001μm)级的加工精度。离子镀膜可以控制在亚微米级精度，离子注入的深度和浓度也可极精确地得到控制。因此，离子束加工是所有特种加工方法中最精密、最微细的加工方法，是当代毫微米加工（纳米加工）技术的基础。

(2) 由于离子束加工是在高真空中进行，所以污染少，特别适于对易氧化的金属、合金材料和高纯度半导体材料的加工。

(3) 离子束加工是靠离子轰击材料表面的原子来实现的。它是一种微观作用，宏观压力很小，所以加工应力、热变形等极小，加工质量高，适合于对各种材料和低刚度零件的加工。

(4) 离子束加工设备费用贵、成本高，加工效率低，因此应用范围受到一定限制。

三、电解磨削加工

电解磨削是利用阳极溶解和机械磨削两种作用的复合加工，其加工原理如图 7-15 所示。导电砂轮（用铜粉或石墨作粘结剂的砂轮或电镀金刚石砂轮）接负极，工件接正极，加工时在砂轮和工件间喷入电解液，接通直流电源，工件表面发生电解作用，并产生一层极薄的阳极钝化膜，随即被砂轮刮除，有利于新表面的电解。电解磨削过程中，金属主要是靠电解作用来蚀除的，砂轮只起刮除阳极钝化膜和整平工件表面的作用。因此生产率比机械磨削高 3～5 倍，砂轮的磨耗量也低得多，而耗电量也比电解加工低得多，加工精度高于电解加工，与磨削相似，表面粗糙度值比磨削小一些，一般可低于 $Ra0.16\mu m$.

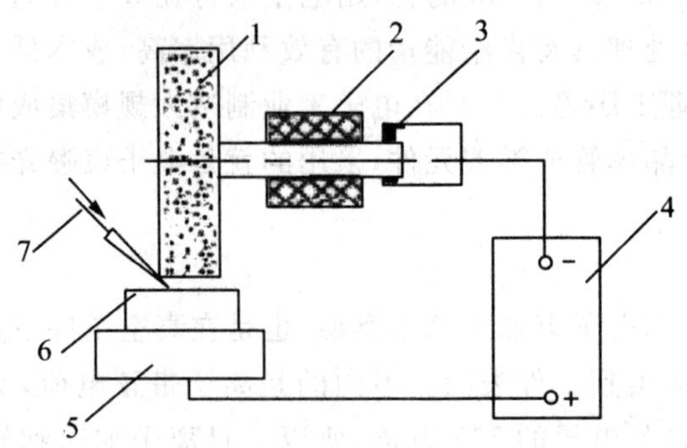

图 7-15　电解磨削原理示意图

1—导电砂轮　2—绝缘套　3—导流环

4—直流电源　5—工作台　6—工件　7—电解液

电解磨削的主要参数为：工作电压 5～15V；电流密度 50～200A/cm^2；磨削压力 0.1～0.3MPa；加工间隙 0.01～0.10mm；砂轮粒度 40～100 号。电解液一般以采用 $NaNO_3$ 和 $NaNO_2$，KNO_3 为主，比电解加工所用的以 NaCl 为主的电解液活性低，因而对机床的腐蚀性较低，防护问题较易解决。

电解磨削可以用于内、外圆磨削、成形磨削、平面磨削等。适用于加工淬硬钢、不锈钢、耐热钢、硬质合金等材料，尤其对硬质合金刀具刃磨、模具的磨削更为有利，不仅可以达到高精度、小的表面粗糙度值，而且可以避免表面裂纹，得到锋利的刀刃，提高刀具的耐用度及模具的寿命。

与电解磨削相似的还有电解珩磨，电解研磨等，用于加工轧辊、深孔、薄壁等工件表面。

四、水射流切割技术

水射流切割(Water Jet Curing，简称 WJC)又称液体喷射加工(Liquid Jet Machining，简称 LJM)，是利用高压高速水流对工件的冲击作用来去除材料的，有时简称水切割，俗称水刀。采用水或带有添加剂的水，以 500～900m/s 的高速冲击工件进行加工或切割。水经水泵后通过增压器增压，贮液蓄能器使脉动的液流平稳。水从孔径为 0.1～0.5mm 的人造蓝宝石喷嘴喷出，直接压射在工件加工部位上。加工深度取决于液压喷射的速度、压力以及压射距离。被水流冲刷下来的“切屑”随着液流排出，入口处水流的功率密度可达 $10^6 W/mm^2$。

水射流切割可以加工很薄、很软的金属和非金属材料，例如铜、铝、铅、塑料、木材、橡胶、纸等七八十种材料和制品。水射流切割可以代替硬质合金切槽刀具，而且切边的质量很好。所加工的材料厚度少则几毫米，多则几百毫米，例如切割 19 mm 厚的吸音天花板，采用的水压为 310MPa，切割速度为 76m/min。玻璃绝缘材料可加工到 125mm 厚。由于加工的切缝较窄，可节约材料和降低加工成本。由于加工温度较低，因而可以加工木板和纸品，还能在一些化学加工的零件保护层表面上划线。

影响水射流切割广泛采用的主要因素是一次性初期投资较高。

习　题

7-1　什么是特种加工？有何特点？

7-2　试举出几种因采用特种加工工艺而对材料的可加工性和结构工艺性产生重大影响的实例。

7-3　电火花加工的原理是什么？有哪些应用？

7-4　何谓极性效应？正极性加工和负极性加工各自适用于什么场合？

7-5　什么是电火花线切割加工？有何工艺特点？

7-6　电解加工的原理是什么？举例说明其实际用途。

7-7　电解磨削的原理是什么？它与机械磨削有什么不同之处？

7-8　激光的基本特点有哪些？影响激光加工的主要因素是什么？

7-9　何谓超声加工？有什么特点？

7-10　何谓电子束加工？有何特点？

7-11　磨料喷射加工、水射流切割技术各有何特点？实际应用如何？

参考文献

[1]哈尔滨工业大学,上海工业大学.机械制造工艺学(第一分册)——机械制造工艺理论基础.上海:上海科学技术出版社,1980
[2]赵志修.机械制造工艺学.北京:机械工业出版社,1985
[3]顾崇衔.机械制造工艺学.山西:山西科学技术出版社,1981
[4]赵元吉.机械制造工艺学.北京:机械工业出版社,1995
[5]陈于萍,高晓康.互换性与测量技术.北京:高等教育出版社,2004
[6]陆剑中,孙家宁.金属切削原理与刀具.北京:机械工业出版社,2001
[7]郑修本.机械制造工艺学.北京:机械工业出版社,1995
[8]顾京.现代机床设备.北京:化学工业出版社,2001
[9]袁哲俊.金属切削刀具.上海:上海科学技术出版社,1984
[10]宋昭祥.机械制造基础.北京:机械工业出版社,1998
[11]朱正心.机械制造技术.北京:机械工业出版社,1999
[12]尚德香.机械制造工艺学.延吉:延边大学出版社,1987
[13]王先逵.机械制造工艺学.北京:清华大学出版社,1989
[14]姚智慧,张广玉等.机械制造技术.哈尔滨:哈尔滨工业大学出版社,2002
[15]倪森寿.机械制造工艺与装备.北京:化学工业出版社,2003
[16]谢家瀛.机械制造技术概论.北京:机械工业出版社,2001
[17]王季琨,沈中伟,刘锡珍.机械制造工艺学.天津:天津大学出版社,1998
[18]杨晓兰.机械制造工艺学习题集.北京:机械工业出版社,1999
[19]顾崇衔.机械制造工艺学.西安:陕西科学技术出版社,1987
[20]陆剑中,孙家宁主编.金属切削原理与刀具(第三版).北京:机械工业出版社,2003
[21]太原市金属切削刀具协会编.金属切削实用刀具技术(第二版).北京:机械工业出版社,2002
[22]孙学强.机械加工技术.北京:机械工业出版社,1999
[23]机械工业技师考评培训教材编审委员会编.车工技师培训教材.北京:机械工业出版社,2003
[24]武友德,李先跃.车刀刃磨技术.北京:化学工业出版社,2004

[25]劳动部教材办公室.车工工艺学.北京:中国劳动出版社,1997
[26]劳动和社会保障部教材办公室组织编写.金属切削原理与刀具(第二版).北京:中国劳动和社会保障出版社,2002
[27]傅水根.机械制造工艺基础.北京:清华大学出版社,1998
[28]卢秉恒.机械制造技术基础.北京:机械工业出版社,1999
[29]肖继德,陈宁平.机床夹具设计(第二版).北京:机械工业出版社,2000
[30]姚智慧,张光玉.机械制造技术.哈尔滨:哈尔滨工业大学出版社,2002
[31]韩洪涛.机械制造技术.北京:化学工业出版社,2003
[32]肖继德,陈宁平.机床夹具设计.北京:机械工业出版社,2002
[33]王先逵主编.机械制造工艺学.北京:机械工业出版社,1995
[34]徐发仁.机床夹具设计.重庆:重庆大学出版社,2003
[35]贾亚洲.金属切削机床概论.北京:机械工业出版社,2002
[36]徐圣群主编.简明机械加工工艺手册.上海:上海科学技术出版社,1989
[37]刘守勇主编.机械制造工艺与机床夹具.北京:机械工业出版社,1994
[38]任家龙主编.机械制造技术.北京:机械工业出版社,2000
[39]李庆寿主编.机床夹具设计.北京:机械工业出版社,1996
[40]余光国主编.机床夹具设计.重庆:重庆大学出版社,1995
[41]孙学强主编.机械加工技术.北京:机械工业出版社,1999
[42]孙学强主编.机床夹具设计习题集.北京:机械工业出版社,1997
[43]张德泉主编.机械制造装备及其设计.天津:天津大学出版社,2003
[44]白成轩主编.机床夹具设计新原理.北京:机械工业出版社,1997
[45]杜君文主编.机械制造技术装备及设计.天津:天津大学出版社,1998
[46]钱同一主编.机械制造工艺基础.北京:冶金工业出版社,1997
[47]王建峰主编.机械制造技术.北京:电子工业出版社,2002
[48]张俊生主编.金属切削机床与数控机床.北京:机械工业出版社,2002
[49]陈海魁主编.机械制造工艺基础(第四版).北京:中国劳动社会保障出版社,2000
[50]苏建修主编.机械制造基础.北京:机械工业出版社,2001

图书在版编目(CIP)数据

机械制造工艺学基础/陈福恒,孔凡杰主编.—济南:山东大学出版社,2010.8(2018.7 重印)
ISBN 978-7-5607-2853-7

Ⅰ.机…
Ⅱ.①陈…②孔…
Ⅲ.机械制造工艺—高等学校:技术学校—教材
Ⅳ.TH16

中国版本图书馆 CIP 数据核字(2004)第 086374 号

山东大学出版社出版发行
(山东省济南市山大南路 20 号 邮政编码:250100)
山 东 省 新 华 书 店 经 销
莱芜文源印务有限公司印刷
787 毫米×1092 毫米 1/16 22.25 印张 539 千字
2010 年 8 月第 3 版 2018 年 7 月第 9 次印刷
定价:33.80 元